Fundamentos cuánticos de la estructura de la materia

La colección Docencia tiene como función principal la de presentar publicaciones destinadas a la enseñanza universitaria, en todos los campos del saber, que se fundamenten en los resultados de estudios recientes para conformar un corpus de consulta acorde a las necesidades formativas actuales, para así constituir una biblioteca básica para docentes y discentes.

Comité científico de la colección

Fundamentos cuánticos de la estructura de la materia

Óscar Moreno Díaz

PRIMERA EDICIÓN: JULIO 2025

© 2025, Óscar Moreno Díaz
© 2025, Ediciones Complutense
Pabellón de Gobierno
Isaac Peral s/n
28015 Madrid
913 941127
info.ediciones@ucm.es
www.ucm.es/ediciones-complutense

ISBN: 978-84-669-3891-4
Depósito Legal: M-89-2025

Diseño de cubiertas de la colección: Koln Studio

Imagen de cubierta: *Circles in a circle*, Kandinsky. Philadelphia Museum of Art.

Todos los recursos gráficos y tablas contenidos en esta publicación han sido elaborados por el autor.

Impresión
Masquelibros
Pol. Ind. Los Olivares
Beas de Segura, 29
23009 Jaén

Ediciones Complutense es miembro de Unión de Editoriales Universitarias Españolas (UNE) y está asociado a Cedro.

Ediciones Complutense garantiza un riguroso proceso de selección y evaluación de los trabajos que publica.

Printed in Spain

Índice

Prólogo

Este texto pretende ofrecer una visión general y unificada de la mecánica cuántica y de su aplicación a la descripción de las estructuras microscópicas de la materia en cuatro niveles: partículas, núcleos, átomos y moléculas. Su principal objetivo es servir de guía o manual básico para asignaturas sobre física cuántica y sobre fundamentos de física de partículas, nuclear, atómica y molecular que se imparten en los últimos cursos de grados universitarios de ciencias como Física o Química.

Los contenidos y la organización de este libro tienen como punto de partida los programas de las asignaturas Física Cuántica II y Estructura de la Materia del tercer curso del Grado en Física y del Doble Grado en Física y Matemáticas de la Universidad Complutense de Madrid. Algunos de los conceptos tratados en estas materias pueden resultar difíciles de relacionar entre sí, especialmente si se cursan con profesorado de diferentes departamentos o que provengan de distintas áreas de especialización. Aquí se busca introducirlas de una manera coherente y estableciendo continuas referencias entre temas que permitan conectar los conceptos más abstractos, relativos al formalismo de la mecánica cuántica, con las aplicaciones concretas a las estructuras de la materia. Además, se establecen vínculos con contenidos más avanzados que sirven como amplia introducción a asignaturas más especializadas, como Física Nuclear o Física Atómica y Molecular, que suelen impartirse en cuarto curso de grado. Se quiere con todo ello facilitar al estudiante la comprensión de nuevos conceptos mediante su articulación en esquemas previamente adquiridos y a través de comparaciones y relaciones entre diversos ámbitos, por ejemplo entre las estructuras de partículas compuestas, núcleos, átomos y moléculas, tratadas todas ellas con uniformidad de estilo y profundidad. Los conocimientos previos recomendados para seguir este texto son, con carácter general, los de los dos primeros cursos del Grado en Física, es decir, una introducción al cálculo y, especialmente, al álgebra, por el lado matemático, y por el lado físico unos fundamentos de mecánica y electromagnetismo clásicos y cierta familiaridad con la fenomenología y algunos aspectos formales básicos de la física cuántica.

Si bien la asignatura de Física Cuántica II de la Universidad Complutense es análoga a la de otras universidades españolas, con el mismo nombre o como parte de una de mayor carga lectiva denominada Mecánica Cuántica, la asignatura de Estructura de la Materia es relativamente específica del Grado en Física en esta universidad y se introdujo como novedad en los planes de estudio hace algunos años. En otras universidades su contenido suele estar repartido en varias asignaturas más especializadas, como Física Nuclear y de Partículas o Física Atómica y Molecular, lo que dificulta que los estudiantes puedan identificar semejanzas y diferencias entre distintas estructuras de la materia.

El texto comienza con una introducción (cap. 1) en la que se describen algunos de los conceptos y relaciones más fundamentales de la física, se expone brevemente el desarrollo histórico de la disciplina y se explican las principales magnitudes y unidades usadas en este ámbito. A continuación, el contenido principal se organiza en seis partes:

   I. Principios de la mecánica cuántica: formalismo matemático (cap. 2), postulados (cap. 3), momento angular (cap. 4) y partículas indistinguibles (cap. 5).

   II. Métodos aproximados de cálculo de energías en mecánica cuántica: teoría de perturbaciones estacionarias (cap. 6), método variacional (cap. 7) y teoría de perturbaciones dependientes del tiempo (cap. 8).

   III. Partículas: partículas elementales e interacciones fundamentales (cap. 9) y hadrones (cap. 10).

   IV. Núcleos: interacción nuclear fuerte y deuterón (cap. 11), propiedades globales de los núcleos (cap. 12), modelos de estructura nuclear (cap. 13) y desintegraciones nucleares (cap. 14).

   V. Átomos: átomo de hidrógeno (cap. 15), átomo de helio (cap. 16) y átomos polielectrónicos (cap. 17).

   VI. Moléculas: enlaces atómicos y molécula de hidrógeno (cap. 18) y espectros moleculares (cap. 19).

En el apéndice se describen algunas magnitudes y relaciones electromagnéticas que aparecen en varios de los capítulos anteriores. Finalmente, se incluye una lista de referencias bibliográficas sobre los temas tratados.

En este texto, especialmente en las partes sobre el formalismo de la mecánica cuántica, se intercalan demostraciones y ejemplos con un desarrollo detallado que permite su seguimiento de manera autónoma, y que sirven para familiarizarse con los procedimientos formales de cálculo. Se ha procurado emplear en todo momento una notación homogénea y lo más explícita posible, con el fin de facilitar la identificación de los mismos objetos matemáticos o magnitudes físicas aunque aparezcan en contextos diferentes. Para representar el estado cuántico de los sistemas se emplea tanto la notación de bras y kets de Dirac como la de funciones de onda, la primera especialmente al introducir el formalismo de la mecánica cuántica y en su aplicación a partículas y núcleos, y la segunda principalmente en su aplicación a átomos y moléculas.

Agradecimientos

La visión pedagógica del área de conocimiento de Física Atómica, Molecular y Nuclear en el Grado en Física de la Universidad Complutense de Madrid proviene de una larga tradición docente a la que han contribuido numerosos profesores del actual Departamento de Estructura de la Materia, Física Térmica y Electrónica, y antes en el de Física Atómica, Molecular y Nuclear. A todos ellos agradezco sus aportaciones a lo largo de los años, y de manera muy particular a aquellos que me introdujeron en la docencia e investigación en el área y que me han ayudado de manera más directa a profundizar en ella: Elvira Moya de Guerra Valgañón, José Manuel Udías Moinelo, Joaquín Retamosa Granado, Luis Mario Fraile Prieto y Juan Manuel Rodríguez Parrondo, así como a los investigadores del Instituto de Estructura de la Materia del CSIC Pedro Sarriguren Suquilbide y Eduardo Garrido Bellido.

A todos los alumnos que en los últimos años han estudiado atentamente los diversos materiales docentes que han dado lugar a este texto les agradezco su motivación e interés por la materia (nunca mejor dicho), las preguntas que me han formulado (algunas más prácticas y otras de carácter más interpretativo, a veces casi filosófico), sus sugerencias y su apoyo.

1. Introducción

1.1. Cuantos de energía y dualidad onda-partícula

Todo cuerpo con temperatura por encima del cero absoluto emite radiación electromagnética, que bajo las condiciones ideales de perfecta opacidad y nula reflectancia, asociadas a un emisor perfecto, recibe el nombre de *radiación de cuerpo negro*. Las teorías clásicas del electromagnetismo y de la termodinámica predicen que esa radiación transporta la misma cantidad de energía en cada uno de sus *modos*, es decir, para cada uno de los posibles valores que puede tomar su longitud de onda λ o su frecuencia f (relacionadas como $f = c/\lambda$, con c la velocidad constante de la radiación en el vacío). El número de modos distintos en que emite un cuerpo negro crece conforme disminuye la longitud de onda, de manera que, al incluir en el cálculo clásico la contribución de longitudes cada vez más cortas, la energía total emitida resulta infinita. Para resolver esta inconsistencia, conocida como *catástrofe ultravioleta*, Max Planck propuso en 1900 que la energía asociada a una onda electromagnética solo puede tomar ciertos valores discretos, múltiplos enteros de unas unidades o paquetes fundamentales (*cuantos*), cuya energía individual es inversamente proporcional a la longitud de onda. Según esta hipótesis, si la energía del cuanto asociado a una cierta longitud de onda es grande en comparación con la que le correspondería en la teoría clásica, su contribución a la radiación emitida se reduce con un factor exponencial. Así, para longitudes de onda cada vez más cortas, asociadas a cuantos cada vez más energéticos, su contribución a la energía emitida disminuye exponencialmente, y la energía total es finita. La distribución de energía resultante (*ley de Planck*) reproduce los datos experimentales en todo el rango de longitudes de onda.

Por otro lado, a principios del siglo XX también comenzaron a surgir evidencias de que los sistemas, a muy pequeña escala y dependiendo del experimento que se realice o de las magnitudes que se midan, pueden comportarse como partículas o como ondas, que son dos entidades fácilmente distinguibles en física clásica. Por ejemplo, la luz se comporta como una onda en los fenómenos de interferencia, como el experimento de la *doble rendija*, y se comporta como partículas en otras situaciones, como en el *efecto fotoeléctrico*.

El experimento de la doble rendija, descrito por primera vez por Thomas Young en 1801, consiste en dirigir un haz de luz sobre un obstáculo opaco que tiene dos finas aperturas próximas entre sí, cada una de las cuales actúa como origen de ondas independiente. Las ondas que surgen de las dos rendijas interfieren entre sí, sumando sus amplitudes en algunos puntos del espacio (interferencia constructiva) y restándolas en otros (interferencia destructiva). Si se coloca a continuación una pantalla, aparece en ella una imagen cuya intensidad varía alternativamente entre franjas brillantes y oscuras, que constituye un patrón de interferencia típico cuyo detalle depende de la forma de las rendijas y de la separación entre ellas.

Por otro lado, en el efecto fotoeléctrico, estudiado por primera vez en 1887 por Heinrich Hertz, se observa que un haz de luz, o de radiación electromagnética en general, que incide sobre una pieza de metal es capaz de arrancar electrones de ella. Para cada metal existe una frecuencia mínima de la radiación (*frecuencia umbral*) por debajo de la cual ningún electrón es arrancado, pero si la frecuencia supera ese umbral, los electrones saltan instantáneamente de la pieza, en número directamente proporcional a la intensidad de la radiación y con energía cinética directamente proporcional a la frecuencia. Según la teoría clásica del electromagnetismo, la incidencia continua de radiación sobre el metal, incluso de muy baja intensidad, podría acumular energía suficiente para arrancar electrones, y ello de manera independiente de su frecuencia, en clara contradicción con lo observado. Para resolverlo, Albert Einstein propuso en 1905 que la radiación electromagnética está constituida por unidades discretas, cada una de ellas con una energía directamente proporcional a la frecuencia. Estas unidades se pueden identificar con los cuantos introducidos por Planck, que posteriormente recibieron el nombre de *fotones*. Según esta interpretación, cuando la radiación incide sobre un metal, cada uno de los fotones colisiona con un único electrón y lo arranca únicamente si transporta la energía suficiente, es decir, si la frecuencia es mayor que la umbral. Cuanto más se supere la frecuencia umbral, mayor será la energía cinética cedida a los electrones arrancados. En cambio, el número de estos será proporcional al número de fotones incidentes, es decir, a la intensidad de la radiación, pero independiente de su frecuencia.

Las dos descripciones alternativas de la naturaleza de la luz, en términos de partículas (corpúsculos) o de ondas, habían estado presentes en la física desde el siglo XVII, con Isaac Newton como principal defensor de la primera hipótesis y Christiaan Huygens de la segunda. Los resultados experimentales e interpretaciones teóricas de la doble rendija y del efecto fotoeléctrico condujeron en el siglo XX a una visión integrada de ambas corrientes: la *dualidad onda-partícula*. Este doble carácter se extendió posteriormente desde la luz a la materia, cuyos componentes, por ejemplo los electrones, habían sido considerados tradicionalmente como paradigma de partículas. En 1927 Clinton Davisson y Lester Germer llevaron a cabo un experimento en el que se dirigía un haz de electrones sobre una lámina de níquel, que resultaban dispersados por esta, y a continuación se detectaban a diferentes ángulos respecto a la dirección de incidencia. Observaron que el número de electrones detectados variaba con el ángulo, tomando valores mínimos y máximos alternativamente. A partir de ello interpretaron que los electrones se comportan como ondas, que son dispersadas por los obstáculos que encuentran en la lámina, es decir, por los cationes de níquel dispuestos regularmente en la red metálica. Al interactuar con los electrones, cada catión actúa como origen de ondas, de manera que las que proceden de diferentes posiciones de la red interfieren entre sí generando el patrón observado. Los cationes de la red metálica actúan de manera análoga a las aperturas del experimento de la doble rendija; de hecho, este último se ha llevado a cabo, además de con haces de luz, con haces de electrones y de otros cuerpos de tamaños y masas cada vez mayores, como núcleos, átomos e incluso macromoléculas, y en todos los casos aparecen patrones de interferencia propios del comportamiento ondulatorio.

El principio de dualidad onda-partícula está abierto a interpretaciones que otorgan diferente grado de realidad a cada uno de los dos aspectos, o que consideran uno de ellos como fundamental y el otro como una propiedad derivada o emergente. Por ejemplo, la onda puede considerarse como una mera herramienta de cálculo o bien como una entidad real, tanto como pueda serlo la partícula asociada. En la mecánica cuántica ondulatoria de Erwin Schrödinger, publicada en 1926, adquieren un papel protagonista las funciones de onda, que describen el estado de los sistemas cuánticos asignando un número complejo adimensional a cada punto del espacio de configuraciones, constituido por coordenadas generalizadas y cuya dimensión depende del número de componentes del sistema. A pesar del nombre, el comportamiento ondulatorio de la función de onda solo se evidencia en algunas representaciones; en cualquier caso, su introducción en la física tuvo como antecedente directo el concepto de *onda de materia* propuesto por Louis De Broglie en 1924, que relaciona el momento de una partícula (producto de su masa y su velocidad) con la longitud de la onda de su descripción complementaria (ec. 1.1). Sin embargo, las ondas de materia de De Broglie y las funciones de onda de Schrödinger son conceptualmente muy diferentes. Las primeras son en cierto modo análogas a las ondas que aparecen en muchas áreas de la física clásica y que describen la variación periódica en el espacio y en el tiempo del valor real (no complejo) de una magnitud física con dimensiones, que en este caso sería una hipotética densidad de materia o algo similar. Las segundas, en cambio, toman valores complejos adimensionales que dependen de una variable perteneciente a un espacio de configuraciones multidimensional.

1.2. Desarrollo histórico de los marcos teóricos de la mecánica

El desarrollo histórico de la mecánica clásica y el de la mecánica cuántica han sido en muchos aspectos paralelos, aunque con un desfase temporal entre ambos. El origen de la mecánica clásica se encuentra en las evidencias observacionales y experimentales acerca del movimiento de los cuerpos celestes y terrestres, como las descritas en las obras *Astronomia Nova* de Johannes Kepler (1609) o en *Discorsi e dimostrazioni matematiche intorno a due nuove scienze attenenti alla meccanica e i movimenti locali* de Galileo Galilei (1638). El inicio análogo en la mecánica cuántica, casi tres siglos más tarde, se encuentra en el análisis de fenómenos como la radiación del cuerpo negro y el efecto fotoeléctrico, descritos en el apartado anterior, y que dieron lugar a las hipótesis de Planck de 1900 y de Einstein de 1905, respectivamente.

La mecánica racional fue una primera formulación coherente de los principios de la mecánica clásica, cuyos máximos exponentes son las leyes de Newton, publicadas en su *Philosophiae Naturalis Principia Mathematica* (1687), o los desarrollos de Leonhard Euler, publicados en su *Mechanica sive motus scientia analytice exposita* (1736) y en obras posteriores, en particular sobre la mecánica del sólido rígido (1765). El análogo en la mecánica cuántica de estas primeras formulaciones sería la conocida como vieja teoría cuántica, que tiene como hito representativo la cuantización de las órbitas del electrón en el átomo de hidrógeno propuesta por Niels Bohr en 1913 y perfeccionada por Arnold Sommerfeld y William Wilson en 1916.

Desde finales del siglo XVIII se desarrollaron formulaciones sistemáticas de la mecánica clásica, comenzando por la que Joseph-Louis Lagrange expuso en su *Mécanique Analytique* (1788), que ya había sido propuesta en parte previamente por Euler y que hoy se conoce como mecánica lagrangiana. Un formalismo sistemático análogo en mecánica cuántica es el de integración sobre caminos de Richard Feynman, aunque no fue uno de los primeros (1948). La formulación clásica de William Hamilton (a partir de 1834), que ya había sido planteada parcialmente por Lagrange y que hoy se conoce como mecánica hamiltoniana, encuentra su formulación cuántica análoga en la mecánica ondulatoria de Erwin Schrödinger (1926) y en generalizaciones relativistas como la de Paul Dirac (1929). La ecuación de Hamilton-Jacobi junto con la hipótesis de las ondas de materia de De Broglie (1924), además de inspirar la ecuación de ondas de Schrödinger, fueron el origen de los formalismos de onda piloto como el de David Bohm (1952), asociados a una interpretación realista (no ortodoxa) de la mecánica cuántica basada en variables ocultas. Por último, la formulación clásica de corchetes de Siméon Poisson propuesta a partir de 1811 en su *Traité de mécanique* es equiparable en el ámbito cuántico a la mecánica matricial de Werner Heisenberg (1925). Paul Dirac unificó la mecánica ondulatoria de Schrödinger y la mecánica matricial de Heisenberg como dos representaciones distintas de una misma teoría, que formuló en el marco de espacios de Hilbert (*The Principles of Quantum Mechanics*, 1930). Este formalismo fue posteriormente completado por John von Neumann (*Mathematical Foundations of Quantum Mechanics*, 1932)[1].

Independientemente de la formulación empleada, y a pesar de los paralelismos existentes entre ellas, la mecánica clásica y la mecánica cuántica presentan algunas diferencias formales con profundas consecuencias. En mecánica clásica el estado de un sistema viene determinado por su posición y por su momento, cuyas componentes en un espacio tridimensional corresponden a un punto del espacio de fases. Cualquier magnitud mecánica observable del sistema es una función de esas dos variables dinámicas que hace corresponder cada punto del espacio de fases con un número real que representa el valor de la magnitud. En mecánica cuántica, en cambio, el estado de un sistema se representa mediante un vector de estado o función de onda, que es

---

[1] El formalismo de la mecánica cuántica de Dirac y von Neumann, basado en un conjunto de axiomas matemáticos y de postulados físicos, es el que se seguirá esencialmente en este libro, empleando las representaciones matricial y de funciones de onda y la notación de bras y kets introducida por Dirac en 1939.

un elemento de una estructura algebraica de tipo espacio vectorial denominada espacio de Hilbert (apdo. 3.1), y las magnitudes observables se representan mediante un cierto tipo de operadores, que son objetos matemáticos que actúan sobre los vectores de estado. Los posibles resultados de las medidas de esos observables corresponden a unos números reales asociados al operador, denominados autovalores (apdo. 3.2), que pueden pertenecer a un intervalo continuo o bien a un conjunto discreto. Este último caso representa una importante diferencia con la mecánica clásica, ya que implica que algunas magnitudes cuánticas solo pueden tomar ciertos valores discretos, o cuantizados, como ocurre por ejemplo con el momento angular siempre, o con la energía o el momento lineal en algunos casos.

Otra diferencia fundamental entre la mecánica clásica y la cuántica es que la primera es determinista, ya que, para una posición y momento dados, la función que representa el observable proporciona con certeza el resultado de la medida. En mecánica cuántica, en cambio, para cada autovalor del operador que representa el observable únicamente se puede calcular la probabilidad de que sea obtenido en una medida[2]. Además, tras realizar una medida sobre un sistema cuántico el vector o función de onda que representa su estado cambia instantáneamente (apdo. 3.2). Este es el motivo por el que el orden en que se efectúan las medidas de distintos observables sobre un mismo sistema puede influir en los resultados obtenidos, dependiendo de las relaciones de conmutación que cumplan los operadores correspondientes. De esas relaciones de conmutación se derivan relaciones de incertidumbre entre observables, que en algunos casos fijan límites a la precisión con que se pueden determinar los valores que toman en un sistema (ecs. 1.2, 1.4, apdo. 3.2.2).

La evolución temporal de un sistema en mecánica clásica se obtiene a través de ecuaciones diferenciales para las variables posición y momento dependientes del tiempo, por ejemplo las ecuaciones de Hamilton. En mecánica cuántica no relativista se remplazan por la ecuación de Schrödinger, cuya variable es el propio vector o función de onda que representa el estado del sistema, o bien, en una descripción alternativa, se emplea la ecuación de Heisenberg, que determina la evolución temporal de un operador que representa un observable sobre el sistema (apdo. 3.4).

Por último, un sistema compuesto por varios sistemas individuales se describe en mecánica clásica mediante un punto del espacio de fases que resulta del producto cartesiano de los espacios de fases de los sistemas constituyentes. El análogo en mecánica cuántica es un producto tensorial entre los vectores de estado de cada uno de los sistemas constituyentes, que pertenece al espacio de Hilbert producto tensorial de los espacios individuales. Pero también es posible que el estado del sistema compuesto venga descrito por una combinación lineal de esos productos tensoriales entre

---

[2]Esas probabilidades se calculan de manera determinista, y en ese sentido la mecánica cuántica también lo es, pero no en lo que se refiere a los resultados efectivamente obtenidos en una medida. El carácter probabilístico o aleatorio de la mecánica cuántica está relacionado con la distribución de probabilidades de los posibles resultados de las medidas, y no con los fenómenos caóticos que pueden darse en mecánica clásica, que son consecuencia de una evolución temporal no lineal que introduce una alta sensibilidad a las condiciones iniciales (la evolución temporal en mecánica cuántica es lineal, apdo. 3.4.).

vectores individuales, lo que amplía enormemente el número de estados posibles y abre la puerta al fenómeno del entrelazamiento cuántico (apdo. 3.5). En un estado cuántico entrelazado se puede conocer toda la información posible sobre el estado compuesto sin que ello implique conocer completamente el estado de los sistemas constituyentes, algo que no tiene sentido en mecánica clásica. Otra consecuencia del entrelazamiento cuántico es que ciertas medidas sobre sistemas distintos pueden presentar correlaciones perfectas, aunque se encuentren muy alejados entre sí, lo que permite someter a comprobación experimental algunos cimientos del mundo físico, como el *realismo*, que implica que las propiedades de los sistemas existen y están bien definidas antes de ser medidas, o la *localidad*, que impone un límite a la velocidad con que pueden transmitirse las señales.

La comparación realizada hasta aquí sobre la evolución histórica y los principios de la mecánica clásica y la cuántica se ha referido esencialmente al comportamiento de cuerpos individuales, denominados genéricamente *partículas*, en un régimen no relativista, es decir, con velocidades muy inferiores a la de la luz en el vacío. Para construir una mecánica relativista deben introducirse las relaciones entre espacio y tiempo y entre momento y energía que surgen de los postulados de la teoría de la relatividad especial de Einstein (apdo. 1.4). También es posible formular teorías mecánicas cuyas entidades fundamentales no estén localizadas en el espacio y por tanto no se describan mediante magnitudes totales, como en el caso de las partículas, sino que se refieran a *campos*, que se extienden en el espacio-tiempo y se describen mediante densidades de magnitudes en cada punto. Las partículas se pueden identificar entonces con excitaciones de esos campos, y en un contexto relativista puede describirse su creación y destrucción, razón por la cual las teorías cuánticas de campos relativistas son necesarias para la física de partículas y algunos aspectos de la física nuclear y atómica. La tabla 1.1 recoge las denominaciones de los diversos marcos teóricos de la mecánica según incluyan o no los principios cuánticos y relativistas o contengan como entidades fundamentales las partículas o los campos.

Tabla 1.1. Denominación de diversos marcos teóricos de la mecánica según los principios que contienen (clásicos o cuánticos, relativistas o no relativistas, sobre partículas o sobre campos)

	No relativista		Relativista	
	Partículas	**Campos**	**Partículas**	**Campos**
Clásico	Mecánica newtoniana	Teoría de campos newtoniana	Mecánica relativista	Teoría de campos relativista
Cuántico	Mecánica cuántica no relativista	(Teoría cuántica de campos no relativista)	Mecánica cuántica relativista	Teoría cuántica de campos (relativista)

1.3. Relación entre espacio y momento y entre tiempo y energía

Existen en física, a nivel fundamental, algunas relaciones generales entre el espacio y el momento lineal. En primer lugar, en el contexto de la dualidad onda-partícula, el espacio necesario para que una onda complete un ciclo, que es la *longitud de onda* λ, o su inversa el *número de onda* $\tilde{\nu} = 1/\lambda$ (o el *número de onda angular* $k = 2\pi\tilde{\nu}$), se relacionan con el momento lineal p de la partícula correspondiente a través de la *ecuación de De Broglie*:

$$p = \frac{h}{\lambda} = h\tilde{\nu} = \hbar k \tag{1.1}$$

donde h es la constante de Planck y $\hbar$ es la constante de Planck reducida, $\hbar = h/2\pi$ (apdo. 1.8).

La incertidumbre de una magnitud física está relacionada con el intervalo en el que podría encontrarse su valor en un cierto sistema. Continuando en el contexto de la dualidad onda-partícula, la segunda relación entre espacio y momento en física fundamental establece que el producto de la incertidumbre en la posición de un sistema Δx y de la incertidumbre en su momento lineal Δp cumple la siguiente desigualdad:

$$\Delta x \, \Delta p \geq \frac{\hbar}{2} \tag{1.2}$$

es decir, una menor incertidumbre (mayor precisión) en una de las magnitudes implica una mayor incertidumbre en la otra. Esta relación es un caso particular del conocido como *principio de incertidumbre* (apdo. 3.2.2).

Por último, según el teorema enunciado por Emmy Noether en 1915, existe una relación entre simetrías y cantidades conservadas que puede aplicarse al espacio y al momento: el hecho de que las leyes de la física sean las mismas en cualquier punto del espacio, es decir, que las ecuaciones sean invariantes (simétricas) bajo traslaciones espaciales, implica que el momento lineal es una cantidad conservada.

De manera análoga a lo anterior, existen también a nivel fundamental relaciones generales entre el tiempo y la energía. En el contexto de la dualidad onda-partícula, el tiempo necesario para que una onda complete un ciclo, que es el *periodo de la onda* $\mathcal{T}$, o su inversa la *frecuencia de la onda* $f = 1/\mathcal{T}$ (o la *frecuencia angular* $\omega = 2\pi f$), se relacionan con la energía E de la partícula correspondiente a través de la *ecuación de Planck-Einstein*:

$$E = \frac{h}{\mathcal{T}} = hf = \hbar\omega \tag{1.3}$$

donde h y $\hbar$ son, de nuevo, la constante de Planck y la constante de Planck reducida.

El producto de la incertidumbre en un intervalo de tiempo característico de un sistema Δt, que habitualmente está relacionado con el tiempo que permanece sin sufrir un cambio significativo en su estado, y de la incertidumbre en su energía ΔE cumple la siguiente desigualdad:

$$\Delta t \, \Delta E \geq \frac{\hbar}{2} \tag{1.4}$$

que es otro caso particular del principio de incertidumbre.

Por último, según el teorema de Noether, el hecho de que las leyes de la física sean las mismas en cualquier instante de tiempo, es decir, que las ecuaciones sean invariantes (simétricas) bajo traslaciones temporales, implica que la energía es una cantidad conservada.

1.4. Relación entre espacio y tiempo: relatividad especial

La teoría de la relatividad especial propuesta por Albert Einstein en 1905 se sustenta en dos postulados. Por un lado, todos los *sistemas inerciales*, es decir, con velocidad relativa constante, son equivalentes con respecto a todas las leyes de la física. Por otro lado, existe una velocidad máxima fundamental c (la que llevan en el vacío las radiaciones asociadas a partículas sin masa, como la luz) que es invariante, es decir, que es la misma en cualquier sistema de referencia inercial. De ambos postulados se deducen ciertas transformaciones que combinan el espacio y el tiempo a través de la velocidad de la luz en el vacío. Estas transformaciones y el resto de relaciones en relatividad especial pueden expresarse de manera más compacta en función de los siguientes parámetros dependientes de la velocidad v de un sistema:

$$\beta = \frac{v}{c} \tag{1.5}$$

$$\gamma = \frac{1}{\sqrt{1 - \beta^2}} \tag{1.6}$$

El valor de β varía entre 0 y 1, mientras que el valor más bajo de γ es 1, para $\beta = 0$, y tiende a infinito cuando β tiende a 1.

También resulta conveniente en relatividad especial emplear magnitudes en forma de *cuadrivectores*, de cuyas cuatro componentes (identificadas habitualmente con un superíndice $\mu = \{0, 1, 2, 3\}$) una está relacionada con la coordenada temporal (por ejemplo, la primera, $\mu = 0$) y las otras tres están relacionadas con las coordenadas espaciales. El cuadrivector posición se define como $x^\mu = (ct, \vec{x}) = (ct, x, y, z)$. El cuadrivector velocidad (*cuadrivelocidad*) se define como la derivada del cuadrivector posición respecto al tiempo propio del sistema, τ, que se relaciona con el tiempo en cualquier otro sistema de referencia como $\tau = t/\gamma$, resultando: $u^\mu = dx^\mu/d\tau = \gamma \, dx^\mu/dt = (\gamma c, \gamma \vec{v}) = (\gamma c, \gamma v_x, \gamma v_y, \gamma v_z)$. El cuadrivector momento (*cuadrimomento*) se define como el producto de la cuadrivelocidad por la masa: $p^\mu = mu^\mu = (\gamma mc, \gamma m\vec{v})$; la primera componente multiplicada por c se identifica con la energía total de un sistema aislado (sin interacciones), y las otras tres con el vector momento:

$$E = \gamma mc^2 \tag{1.7}$$

$$\vec{p} = \gamma m\vec{v} \tag{1.8}$$

de manera que el cuadrimomento puede escribirse como:

$$p^\mu = (\gamma mc, \gamma m\vec{v}) \equiv (E/c, \vec{p}) \tag{1.9}$$

De la energía total relativista de la ec. 1.7 y del módulo del momento relativista de la ec. 1.8, dado por $p \equiv |\vec{p}| = \gamma m |\vec{v}| = \gamma m \beta c$, se deduce la siguiente relación entre ambos:

$$E = \frac{pc}{\beta} \tag{1.10}$$

El módulo al cuadrado de un cuadrivector se obtiene como el producto escalar cuadridimensional consigo mismo: $(a^\mu)^2 = (a^0)^2 - \vec{a} \cdot \vec{a} = (a^0)^2 - (a^1)^2 - (a^2)^2 - (a^3)^2$ (o con signo opuesto, dependiendo del convenio empleado). Con esta definición, el módulo al cuadrado de un cuadrivector resulta una cantidad invariante, es decir, que no depende del sistema de referencia inercial en el que se mida. Así, el cuadrado del cuadrivector posición proporciona el intervalo (distancia espacio-temporal) invariante de un evento al origen de coordenadas, y el cuadrado de la diferencia entre los cuadrivectores posición de dos eventos es el intervalo invariante entre ambos. El cuadrado de la cuadrivelocidad, $(u^\mu)^2 = c^2$, reproduce el postulado de la invariancia de la velocidad de la luz. Y el cuadrado del cuadrimomento, $(p^\mu)^2 = (mu^\mu)^2 = (mc)^2$, es proporcional al cuadrado de la *masa invariante* del sistema[3]. De esta última relación y de la ec. 1.9, de donde $(p^\mu)^2 = (E/c)^2 - p^2$, se deduce:

$$E^2 = (pc)^2 + (mc^2)^2 \tag{1.11}$$

Para un sistema aislado (sin interacciones) y en reposo ($p = 0$) la energía que proporciona esta expresión es:

$$E_0 = mc^2 \tag{1.12}$$

es decir, en estas condiciones existe una equivalencia entre la masa y la energía, ya que ambas magnitudes se distinguen únicamente en el factor constante e invariante c^2. La energía E_0 es entonces la energía en reposo o la energía equivalente a la masa de un sistema aislado.

La energía cinética T de un sistema aislado se define como la diferencia entre su energía total y la energía equivalente a su masa:

$$T = E - mc^2 = mc^2 (\gamma - 1) \tag{1.13}$$

1.5. Energía

La energía es una de las magnitudes más importantes en la descripción de las estructuras microscópicas de la materia. En los apartados anteriores se ha visto su relación fundamental con el tiempo, en términos de la dualidad onda-partícula (relación de Planck-Einstein, principio de incertidumbre) y en términos de simetría (teorema de

---

[3]La masa invariante es la masa de un sistema aislado y en reposo. En un sistema compuesto la suma de las masas de sus constituyentes aislados y en reposo no coincide en general con la masa invariante del conjunto, porque esta última tiene en cuenta el movimiento de los constituyentes y sus interacciones mutuas dentro del sistema.

Noether), así como su relación con el momento, en el marco de la relatividad especial. Desde el punto de vista de la teoría cuántica, los posibles valores de la energía que se pueden obtener en una medida corresponden a los autovalores del operador hamiltoniano del sistema, que a su vez determinan su evolución temporal (apdo. 3.4).

En un marco no relativista se definen tres tipos fundamentales de energía:

- *Energía cinética*, asociada al movimiento del sistema, que depende de su momento lineal p y de su masa m:

$$T_{no\ rel.} = \frac{p^2}{2m} = \frac{mv^2}{2} \tag{1.14}$$

- *Energía potencial*, asociada a la posición del sistema en un campo o a su distancia respecto a otros sistemas que ejercen fuerzas sobre él.
- *Energía de masa*, asociada a la masa del sistema, que no suele aparecer explícitamente en tratamientos no relativistas, pero que facilita la comparación con el marco relativista:

$$E_{masa} = mc^2 \tag{1.15}$$

Por otro lado, en un marco relativista se definen dos tipos de energía:

- *Energía de movimiento* (ec. 1.11), que es una combinación de energía asociada al momento lineal p y de energía asociada a la masa m. Para velocidades mucho menores que la de la luz en el vacío, $v << c$, esta energía se aproxima a la suma de las energías no relativistas cinética (ec. 1.14) y de masa (ec. 1.15):

$$E = \left[(mc^2)^2 + (pc)^2\right]^{1/2} = mc^2 \left[1 + \left(\frac{p}{mc}\right)^2\right]^{1/2} \approx mc^2 \left[1 + \frac{1}{2}\frac{p^2}{m^2c^2}\right]$$

$$= mc^2 + \frac{p^2}{2m} = E_{masa} + T_{no\ rel.} \tag{1.16}$$

donde se ha llevado a cabo un desarrollo en serie de Taylor hasta primer orden en $(p/mc)^2$, que es pequeño cuando $v << c$. Si el sistema se encuentra en reposo ($p = 0$) esta energía toma el valor $E_0 = E_{masa} = mc^2$ (ecs. 1.12, 1.15). Para partículas sin masa, que se desplazan en el vacío a la velocidad de la luz, la teoría de la relatividad no permite obtener una energía de movimiento a partir de su velocidad, ya que la energía y el momento en las ecs. 1.7 y 1.8 resultan indeterminadas ($\gamma m \to \infty \cdot 0$). Sí se puede relacionar la energía con el momento mediante las ecs. 1.10 o 1.11, que resulta $E = pc$. La teoría cuántica determina esta energía a través de la relación de Planck-Einstein, que depende de la frecuencia f de la onda asociada a la partícula: $E = hf$ (ec. 1.3).

- *Energía de campo*, que es la integral en todo el espacio de la densidad de energía asociada a un campo. La densidad de energía depende del cuadrado de la intensidad del campo en cada punto. Cuando intervienen dos o más partículas que interactúan entre sí, en cada punto del espacio se suman las intensidades de los campos que crean todas ellas. Al calcular el cuadrado de la intensidad total para obtener la densidad de energía en ese punto resultan términos cruzados dependientes de las distancias entre las partículas, que corresponden a la energía potencial que se emplea habitualmente en contextos no relativistas.

La *energía de ligadura* de un sistema es la diferencia entre su energía en reposo y la energía de sus constituyentes también en reposo y en ausencia de interacciones entre ellos. En un sistema ligado las energías cinéticas y las energías potenciales de sus constituyentes están relacionadas mediante el *teorema del virial*. En particular, si la energía potencial entre dos constituyentes puede escribirse en función de la distancia que los separa, r_{ij}, como:

$$V_{ij} = \kappa \, r_{ij}^n \tag{1.17}$$

entonces el valor de la energía cinética total de los constituyentes promediada en el tiempo, $\langle T \rangle$, y el valor de la energía potencial total de los constituyentes promediada en el tiempo, $\langle V \rangle$, se relacionan como:

$$\langle T \rangle = \frac{n}{2} \, \langle V \rangle \tag{1.18}$$

Por ejemplo, para una estructura cuyos constituyentes se mantienen ligados por la interacción coulombiana, como el protón y el electrón en un átomo de hidrógeno, se tiene $V_{ij} = \kappa/r_{ij}$, de donde $n = -1$ y por tanto $\langle T \rangle = -\langle V \rangle/2$.

El teorema del virial implica que los promedios temporales $\langle T \rangle$ y $\langle V \rangle$ son en general del mismo orden de magnitud. La energía de ligadura total de un sistema es la suma de las energías potenciales y cinéticas de sus constituyentes, y cuanto mayor sea su valor absoluto, mayores serán también típicamente las energías cinéticas de los constituyentes en comparación con las energías equivalentes a sus masas, lo que se traduce en que adquieren velocidades relativistas en el interior del sistema ligado (un valor alto de T/mc^2 corresponde a un valor alto de γ, ec. 1.13).

1.6. Las estructuras microscópicas de la materia

La idea de que la materia no es continua, sino que está constituida por unidades discretas, ya se contemplaba en algunas corrientes filosóficas griegas en torno al siglo V a. C., donde esas entidades tomaron el nombre de *átomos*, término que hace alusión a su supuesta naturaleza indivisible. Sin embargo, las primeras evidencias de su existencia y de su estructura interna, ya que finalmente resultaron ser divisibles, no aparecieron hasta el siglo XIX.

En 1869 Dmitri Mendeleyev, basándose en algunas propuestas anteriores, organizó los 56 elementos químicos conocidos entonces en grupos según sus propiedades químicas y en orden creciente de masa, en una disposición similar a la de la tabla periódica actual. La mera organización de un número tan grande de sustancias ya parece indicar que los átomos que las forman pueden estar constituidos por diferentes combinaciones de un número reducido de entidades subatómicas más fundamentales. Una de ellas, el *electrón*, fue identificada en 1897 por Joseph John Thomson en los rayos catódicos, aunque muchos fenómenos eléctricos, que involucran el desplazamiento y acumulación de estas partículas, se conocían desde la Antigüedad. Thomson propuso en 1904 un modelo de estructura atómica basado en una distribución uniforme de masa con carga positiva que contiene en su superficie un conjunto de electrones (incrustados como pasas en un bizcocho, de donde procede el nombre de *modelo de pastel de pasas*), con una carga total negativa que iguala a la positiva del interior.

Un año antes, en 1896, Henri Becquerel había descubierto que algunas sustancias, como el uranio, emitían espontáneamente radiaciones originadas en los propios átomos como resultado de su desintegración y de la expulsión de algunos de los fragmentos producidos. Estudiando esas mismas radiaciones, Marie Sklodowska-Curie y Pierre Curie descubrieron en 1898 algunos elementos desconocidos hasta la fecha que también las emitían, es decir, que también eran *radiactivos*. Unos años más tarde Ernest Rutherford identificó tres tipos distintos de estas radiaciones, que denominó *alfa*, *beta* y *gamma*. A partir del año 1908 Rutherford y sus colaboradores Ernest Marsden y Hans Geiger llevaron a cabo una serie de experimentos en los que se dirigía un haz de partículas alfa sobre una lámina muy fina de oro, y a continuación se detectaban a diferentes ángulos respecto a la dirección de incidencia. La mayor parte de las partículas atravesaban la lámina y continuaban con una trayectoria ligeramente desviada respecto a la inicial, pero una pequeña proporción rebotaban y prácticamente daban media vuelta. Un análisis cuidadoso de los resultados llevó a Rutherford a concluir en 1911 que algunas partículas alfa chocaban con una estructura interna de los átomos de muy pequeño volumen en el que se concentra la mayor parte de su masa y una gran cantidad de carga eléctrica. Denominó *núcleo* a esta estructura y postuló que en torno a ella, y a una gran distancia en comparación con su tamaño, orbita un conjunto de electrones (como los planetas alrededor del Sol, de donde proviene el nombre de *modelo planetario*), cuya carga negativa total compensa la carga positiva del núcleo.

Los experimentos realizados en los años posteriores confirmaron que las radiaciones alfa, beta y gamma se originan en los núcleos atómicos, que deben poseer por tanto una cierta extensión y estructura interna. Rutherford descubrió que las partículas alfa podían reaccionar con núcleos del nitrógeno del aire y producir núcleos de hidrógeno, que son los más ligeros y tienen una unidad de carga positiva. En 1920 identificó el núcleo del átomo de hidrógeno como un constituyente elemental de todos los núcleos, que denominó *protón*. Esta idea coincidía con una hipótesis anterior de William Prout, basada en que las masas de los átomos de todos los elementos son, con muy buena aproximación, múltiplos enteros de la masa del átomo de hidrógeno. En 1932 James Chadwick identificó un nuevo constituyente de los núcleos atómicos, con una masa similar a la del protón (en ambos casos unas 1800 veces mayor que la del electrón), pero con carga neutra, que se denominó *neutrón*. Ese mismo año Werner Heisenberg propuso un modelo del núcleo atómico constituido por protones y neutrones que encajaba con las evidencias experimentales de masas y cargas nucleares.

Los principios de la física cuántica que surgieron a comienzos del siglo XX se incorporaron al modelo atómico elaborado por Niels Bohr en 1913. La teoría electromagnética clásica predice que las cargas aceleradas, como son los electrones en órbitas circulares en torno a un núcleo, emiten radiación electromagnética y por tanto pierden energía, lo que causaría su caída en espiral hacia el núcleo e implicaría la inestabilidad del átomo. Para evitarlo, el *modelo atómico de Bohr* contemplaba únicamente órbitas del electrón en las que su momento angular toma valores múltiplos enteros de una cierta cantidad, es decir, están cuantizadas. Años después, De Broglie reinterpretó esta condición como la que cumplen las órbitas cuya longitud contiene un número entero de longitudes de la onda asociada al electrón, según su hipótesis de dualidad onda-partícula (ec. 1.1). En 1916 Arnold Sommerfeld amplió el modelo para incluir órbitas elípticas, con momento angular también cuantizado. Estas descripciones reproducían las energías de la radiación electromagnética emitida o absorbida por el átomo de hidrógeno en procesos que se interpretaron como saltos instantáneos de su electrón entre las órbitas permitidas, cada una de ellas asociada a una cierta energía, que resultaba también una magnitud cuantizada.

En 1926 Erwin Schrödinger desarrolló la mecánica cuántica ondulatoria, en la que las órbitas de los electrones son remplazadas por *orbitales*, que son funciones de onda con las que se puede calcular la probabilidad de encontrar el electrón en una cierta región del espacio al efectuar una medida, y que se obtienen a partir de un operador hamiltoniano que contiene las energías cinética y potencial coulombiana entre el electrón y el núcleo (apdo. 15.1). Al año siguiente Wolfgang Pauli introdujo en la descripción del átomo un momento angular adicional para los electrones, denominado *espín*, que es una propiedad intrínseca, es decir, que depende de la propia naturaleza de las partículas y no de su distribución de probabilidad espacial, y que se puede relacionar en algunos aspectos con un movimiento de rotación, en contraste con el movimiento de traslación que se asocia al momento angular orbital. Las primeras evidencias experimentales de la existencia del momento angular de espín aparecieron en un experimento realizado en 1922 por Otto Stern y Walther Gerlach, en el que un haz de átomos de plata se dirigía a través de un campo magnético no uniforme e incidía en una pantalla (apdo. 4.7.1), aunque la interpretación correcta de los resultados no llegó hasta unos años después. En 1928 Paul Dirac desarrolló una mecánica cuántica relativista, que incorporaba los principios de la relatividad especial de Einstein (apdo. 1.4), en la que el espín del electrón surge de forma natural y aparecen correcciones de la energía relacionadas con su velocidad orbital. Las interacciones entre los momentos magnéticos asociados a los momentos angulares de espín y orbital de los electrones y del núcleo, junto con los efectos relativistas, introducen pequeñas correcciones de las energías del átomo de hidrógeno que se pueden calcular mediante técnicas aproximadas, como la teoría de perturbaciones estacionarias (cap. 6); esta técnica, junto con el método variacional (cap. 7), se emplean también para el cálculo aproximado de las energías de átomos polielectrónicos y de moléculas.

Durante la segunda mitad del siglo XX se realizaron experimentos de colisiones entre partículas con energías cada vez mayores, que junto con los avances en las técnicas de detección de los productos resultantes, permitieron completar el conjunto de partículas elementales, tanto de materia como mediadoras de interacciones, de lo que hoy se conoce como Modelo Estándar (cap. 9). Un tipo de partículas de materia son los *quarks*, que siempre permanecen ligados entre sí formando partículas compuestas denominadas *hadrones* (cap. 10), entre los que se encuentran los constituyentes de los núcleos atómicos, los *nucleones* (protones y neutrones). El marco matemático del Modelo Estándar contiene las teorías cuánticas de campos de las tres *interacciones fundamentales* que influyen en las estructuras microscópicas de la materia: la *electromagnética*, la *fuerte* y la *débil*. La interacción electromagnética (apdo. 9.3) es responsable de la estructura de átomos y moléculas, y de todos los fenómenos eléctricos, magnéticos, ópticos y químicos de la naturaleza. La interacción fuerte (apdo. 9.5) solo es relevante en la escala de partículas y núcleos y es responsable de la estructura de los hadrones, ya que liga sus quarks constituyentes, y también de la estructura de los núcleos, ya que liga los protones y neutrones a través de una interacción residual denominada *nuclear fuerte*. La interacción débil (apdo. 9.4) también es relevante únicamente en la escala de partículas y núcleos y es responsable de algunas de sus transformaciones, como por ejemplo la conversión de un protón en neutrón, o viceversa, que ocurre en las desintegraciones nucleares de tipo beta y que es origen de la radiación del mismo nombre.

En resumen, la materia ordinaria está constituida por un conjunto reducido de partículas elementales (electrón y dos tipos de quarks denominados u y d), que la teoría actual considera entidades puntuales, es decir, sin extensión espacial. Los quarks se unen entre sí mediante la interacción fuerte para formar partículas compuestas, entre ellas los nucleones, con un tamaño del orden de 10^{-15} metros (fermi). Los nucleones se ligan a su vez entre sí mediante la interacción nuclear fuerte para formar los núcleos atómicos (cap. 11 a 14), que alcanzan tamaños de unos pocos fermis. Los electrones se ligan a los núcleos mediante la interacción electromagnética para formar los átomos (cap. 15 a 17), con tamaños del orden de 10^{-10} metros (ángstrom). Por último, estos se unen entre sí de nuevo por interacción electromagnética, intercambiando o compartiendo electrones, para formar moléculas individuales (cap. 18 y 19), con tamaños del orden de unos pocos ángstroms y mayores, o para formar redes de diversos tipos (apdo. 18.9), que pueden alcanzar tamaños macroscópicos.

En la tabla 1.2 se resumen y comparan algunas de las principales características de las estructuras microscópicas de la materia, incluyendo el orden de magnitud típico de sus tamaños, masas, energías de ligadura promedio de sus constituyentes y energías de excitación de los niveles más bajos de sus espectros. Estos últimos pueden ser de varios tipos, por ejemplo excitaciones de espín, orbitales y radiales en nucleones (cap. 10); excitaciones de nucleón individual, vibracionales y rotacionales en núcleos (cap. 13); excitaciones electrónicas ópticas y de rayos X en átomos (cap. 17); y excitaciones electrónicas, vibracionales y rotacionales en moléculas (cap. 19).

1.7. Estudio experimental de las estructuras de la materia

En las estructuras de la materia pueden producirse *transiciones* entre diferentes estados de energía mediante la emisión o absorción de radiación electromagnética (apdo. 8.6). La energía E_{EM} del cuanto de radiación, el fotón, es la diferencia en valor absoluto entre las energías del estado inicial y del estado final del sistema, si se ignora su movimiento de retroceso al emitir o absorber el fotón. Esa energía corresponde a una cierta longitud de onda λ_{EM} y frecuencia f_{EM} (o frecuencia angular $\omega_{EM} = 2\pi f_{EM}$) de la radiación electromagnética asociada, relacionadas

Tabla 1.2. Para las estructuras microscópicas de la materia (nucleón, núcleo, átomo y molécula con $\lesssim$ 10 átomos) se indican los constituyentes, la principal interacción responsable de su ligadura y los órdenes de magnitud típicos aproximados del tamaño en metros (m), la masa total en MeV/c^2, la energía de ligadura promedio de los constituyentes en MeV y la energía de excitación de los niveles más bajos en MeV, en algunos casos para diferentes tipos de espectros: óptico atómico (O), rayos X atómico (X), rotacional molecular (R), vibracional molecular (V), electrónico molecular (E)

	Nucleón	Núcleo	Átomo	Molécula
Consti-tuyentes	Quarks	Nucleones	Núcleo y electrones	Átomos
Inter-acción	Fuerte	Fuerte (nuclear)	Electro-magnética	Electro-magnética
Tamaño [m]	10^{-15}	$10^{-15} - 10^{-14}$	$10^{-11} - 10^{-10}$	$10^{-10} - 10^{-9}$
Masa [MeV/c^2]	10^3	$10^4 - 10^5$	$10^4 - 10^5$	$10^5 - 10^6$
Energía ligadura [MeV]	10^3	10	$10^{-6} - 10^{-1}$	$10^{-5} - 10^{-6}$
Energías espectro [MeV]	10^2	$10^{-1} - 10$	10^{-6} (O) 10^{-2} (X)	10^{-9} (R) 10^{-7} (V) 10^{-5} (E)

entre sí como:

$$E_{EM} = h f_{EM} = \hbar \omega_{EM} = \frac{hc}{\lambda_{EM}} \qquad (1.19)$$

Además, la radiación electromagnética se puede caracterizar por su *multipolaridad* (apdo. 20.1), que se deduce del cambio de momento angular al pasar del estado inicial al estado final, y que determina la distribución angular de los fotones. En las transiciones electromagnéticas de átomos y moléculas la multipolaridad más probable es la de tipo dipolar eléctrico, que, si está permitida, es prácticamente la única que se observa. En los núcleos atómicos las transiciones electromagnéticas de desexcitación reciben el nombre de desintegraciones gamma (apdo. 14.4) y, aunque las de tipo dipolar eléctrico o magnético, si son posibles, son también las más probables, a menudo pueden observarse experimentalmente las de multipolos mayores.

El estudio *espectroscópico* de las estructuras de la materia consiste en el análisis de la radiación electromagnética que absorben o emiten, para determinar sus energías (o longitudes de onda o frecuencias), multipolaridades e intensidades relativas, y relacionarlo con las propiedades de los estados de energía del sistema involucrados en las transiciones que originan la radiación.

Las estructuras de la materia también pueden estudiarse experimentalmente a través de procesos de *dispersión* o *scattering*, que consisten en colisiones entre las partículas de un haz, que actúan como proyectiles, y las estructuras que se quieren explorar, que actúan como blancos (que también pueden estar en movimiento). Tras la colisión, el proyectil se aleja del blanco con energía y momento diferentes en general a los de incidencia. Para analizar la estructura interna de un sistema de muy pequeño tamaño se necesita una resolución espacial muy alta, lo que se consigue con partículas asociadas a una longitud de onda de De Broglie muy corta, correspondiente a un momento muy grande (ec. 1.1). Análogamente, para analizar la dinámica interna de un sistema cuyos constituyentes se mueven a gran velocidad se requiere una resolución temporal muy alta, lo que se consigue con partículas que interactúan durante un lapso de tiempo muy breve; este fenómeno es análogo al efecto estroboscópico en física clásica, con el que puede examinarse un objeto que tiene un movimiento muy rápido, y usualmente periódico, usando destellos de luz muy cortos y frecuentes. Las partículas que reúnen estas características de corta longitud de onda, o alto momento, durante tiempos de vida cortos se denominan *virtuales* (apdo. 9.6). A nivel fundamental, las colisiones entre proyectiles y blancos en los procesos de dispersión se describen a través del intercambio de partículas virtuales, que no son observables directamente.

De acuerdo con el principio de incertidumbre, una alta resolución espacial, es decir, una incertidumbre pequeña en la posición de un sistema, está asociada a una incertidumbre grande en su momento (ec. 1.2), es decir, a un intervalo amplio que se extiende hasta valores altos. De manera análoga, una alta resolución temporal, que se puede relacionar con una incertidumbre pequeña en el tiempo de vida de un estado, está asociada a una incertidumbre grande en su energía (ec. 1.4), es decir, a un intervalo amplio que se extiende hasta valores altos. Así, el estudio de las estructuras microscópicas de la materia mediante procesos de dispersión requiere el análisis de muchas colisiones en un rango amplio de momentos y de energías, de donde se pueda extraer una descripción precisa de la estructura espacio-temporal interna del blanco a través del procedimiento matemático de la transformada de Fourier. En las partículas virtuales el momento y la energía son magnitudes independientes entre sí, ya que no cumplen la relación relativista de la ec. 1.11 (se dice que estas partículas se encuentran fuera de su capa de masas). La energía y el momento transferidos entre el proyectil y el blanco por las partículas virtuales se pueden determinar experimentalmente a partir de la energía y el momento del proyectil antes y después de su dispersión por el blanco, aplicando las leyes de conservación de estas cantidades.

Cuando, a diferencia de lo que ocurre en las dispersiones, las colisiones alteran la estructura del blanco y/o del proyectil, transformándolos en uno o más sistemas distintos a los iniciales, se habla de *reacciones* (de partículas, nucleares, químicas).

Una magnitud muy relevante en los procesos de colisión de cualquier tipo es la *sección eficaz*, que expresa la probabilidad de que se produzca la interacción entre el proyectil y el blanco, entendiendo esa probabilidad no en el sentido matemático (número adimensional entre 0 y 1), sino como una medida de la facilidad o de las posibilidades de que tenga lugar el proceso. La sección eficaz puede interpretarse como un área circular centrada en el blanco y perpendicular a la dirección del proyectil, en la que este tiene que incidir para que se produzca la interacción. Tiene por tanto dimensiones de área, por ejemplo el barn (b), que equivale a 10^{-28} m^2. La sección eficaz es distinta para cada tipo de colisión, para cada tipo de proyectil y de blanco, y depende generalmente de la energía cinética relativa entre ellos.

Las colisiones a nivel microscópico, una vez fijadas unas ciertas condiciones iniciales en el proyectil y en el blanco, no ocurren necesariamente y de forma determinista, sino que poseen el carácter probabilístico propio de los fenómenos cuánticos. Por ese motivo los procesos de colisión se realizan experimentalmente con un haz de partículas que incide sobre un cuerpo macroscópico, que contienen respectivamente un gran número de proyectiles y de blancos. El ritmo de densidad de colisiones r (número de ellas que se producen por unidad de tiempo y por unidad de volumen) es proporcional al flujo de proyectiles del haz incidente ϕ (número de ellos que atraviesan una unidad de área por unidad de tiempo), a la densidad de blancos ρ (número de ellos por unidad de volumen) y a la sección eficaz entre el proyectil y el blanco σ (con dimensiones de área): $r = \phi\, \rho\, \sigma$.

Por último, las estructuras de la materia inestables pueden estudiarse experimentalmente a través de sus *desintegraciones*, que consisten en transformaciones espontáneas, es decir, no causadas por la colisión con proyectiles ni por ninguna otra influencia externa controlable. La magnitud más importante en estos procesos, análoga a la sección eficaz en las colisiones, es la *vida media*, que es el periodo de tiempo promedio durante el que el sistema permanece sin sufrir la transformación. Para deducir detalles de la estructura interna de un sistema que se desintegra espontáneamente o que se transforma en una reacción se analiza el tipo de fragmentos producidos, sus energías, momentos lineales, momentos angulares, etc.

1.8. Constantes y unidades habituales en física microscópica

Las constantes físicas que aparecen con más frecuencia en el estudio de las estructuras microscópicas de la materia son la velocidad de la luz en el vacío, $c = 3 \cdot 10^8$ m/s, la constante de Planck, $h = 6{,}626 \cdot 10^{-34}$ J·s, o la constante de Planck reducida, $\hbar = h/2\pi = 1{,}055 \cdot 10^{-34}$ J·s (dadas en el Sistema Internacional de Unidades, donde m es metro, s es segundo y J es julio), y la constante de estructura fina, $\alpha = 1/137$. La permitividad eléctrica del vacío, ϵ_0, y la permeabilidad magnética del vacío, μ_0, se relacionan con las anteriores como $c = 1/\sqrt{\epsilon_0\mu_0}$ y $\alpha = e^2/(4\pi\epsilon_0\hbar c)$, donde e es la carga del electrón en valor absoluto.

En la tabla 1.3 se recogen las principales magnitudes y unidades habituales en este campo, y su conversión al Sistema Internacional (SI). Habitualmente se emplean múltiplos o submúltiplos de esas unidades, que se indican mediante prefijos como:

atto- (a) $\rightarrow 10^{-18}$	femto- (f) $\rightarrow 10^{-15}$	pico- (p) $\rightarrow 10^{-12}$
nano- (n) $\rightarrow 10^{-9}$	micro- (μ) $\rightarrow 10^{-6}$	mili- (m) $\rightarrow 10^{-3}$
kilo- (k) $\rightarrow 10^{3}$	mega- (M) $\rightarrow 10^{6}$	giga- (G) $\rightarrow 10^{9}$
tera- (T) $\rightarrow 10^{12}$	peta- (P) $\rightarrow 10^{15}$	exa- (E) $\rightarrow 10^{18}$

En el caso de la unidad de longitud, el metro, son habituales en estas escalas los submúltiplos 10^{-15} m (femtómetro o fermi, fm), 10^{-12} m (picómetro, pm), 10^{-10} m (ángstrom, Å, que no forma parte del SI) o 10^{-9} m (nanómetro, nm).

Tabla 1.3. Unidades típicas en el estudio de las estructuras microscópicas de la materia y su conversión al Sistema Internacional (SI)

Magnitud	Unidad habitual	Conversión al SI
Carga eléctrica	Carga del electrón en valor absoluto (e)	$1\ e =$ $= 1{,}602 \cdot 10^{-19}$ C (culombios)
Energía	Electronvoltio (eV)	$1\ eV =$ $= (1{,}602 \cdot 10^{-19}$ C$) \cdot$ V $=$ $= 1{,}602 \cdot 10^{-19}$ J (julios)
Masa	Equivalente en masa del electronvoltio (eV/c^2)	$1\ eV/c^2 =$ $= 1{,}602 \cdot 10^{-19}$ J $/ (3 \cdot 10^8\,\text{m/s})^2 =$ $= 1{,}783 \cdot 10^{-36}$ kg (kilogramos)
Longitud	Metro (m)	1 m
Tiempo	Segundo (s)	1 s

La combinación de constantes $\hbar c$, que aparece a menudo, toma en las unidades habituales el valor:

$$\hbar c = 197{,}3\,\text{MeV} \cdot \text{fm} = 197{,}3\,\text{eV} \cdot \text{nm} \tag{1.20}$$

En ocasiones se utiliza el *sistema natural de unidades*, en el que las constantes c y $\hbar$ son adimensionales y toman el valor 1. La energía se sigue midiendo en eV y las dimensiones y unidades del resto de magnitudes se obtienen a partir de leyes físicas que relacionan cantidades fundamentales: distancia recorrida y tiempo transcurrido a la velocidad de la luz en el vacío ($d = ct$), energía y su masa equivalente en un sistema aislado y en reposo ($E_0 = mc^2$), o energía de una partícula y la frecuencia de su onda asociada ($E = hf$). Así, en unidades naturales la energía, el momento lineal y la masa tienen unidades de eV, el espacio y el tiempo tienen unidades de eV^{-1}, la velocidad es adimensional, la aceleración tiene unidades de eV, la fuerza tiene unidades de eV^2, etc. Las unidades naturales se emplean a menudo en los desarrollos matemáticos, dado que aligeran notablemente la notación, pero los resultados finales se suelen convertir a las unidades habituales.

En física atómica y molecular se emplean también las *unidades atómicas* (a.u.) de Hartree, en las que la constante de Planck reducida $\hbar$ y la constante de la interacción coulombiana $4\pi\epsilon_0$ son adimensionales con valor 1, y se toma como unidad de carga eléctrica la del electrón en valor absoluto (e), como unidad de masa la del electrón ($m_e = 0{,}511\,\text{MeV}/c^2$) y como unidad de longitud el radio de Bohr, que es la distancia más probable entre el electrón y el núcleo en el estado fundamental del átomo de hidrógeno ($a_0 = \hbar c/(\alpha m_e c^2) = 0,0529$ nm). La unidad derivada de energía es el Hartree, que es la energía potencial del estado fundamental del átomo de hidrógeno ($E_h = \alpha^2 m_e c^2 = 27,21$ eV).

En espectroscopía atómica y molecular se suele tomar como magnitud fundamental la longitud de onda de la radiación electromagnética, medida típicamente en cm, mm, μm, nm o Å. Las constantes c y h (no $\hbar$) suelen tomarse adimensionales con valor 1. En este sistema, la energía y la frecuencia de la radiación se miden en unidades de longitud inversas, por ejemplo cm^{-1} (de modo que el valor de la frecuencia f coincide con el del número de onda $\tilde{\nu} = 1/\lambda$). Para convertir una energía expresada en cm^{-1} a una expresada en eV se divide entre 8065, que proviene de multiplicar por el factor hc en unidades eV·cm:

$$hc = 2\pi\, 197,3\,\text{MeV} \cdot \text{fm} = 1,240 \cdot 10^{-4}\,\text{eV} \cdot \text{cm} = (1/8065)\,\text{eV} \cdot \text{cm} \qquad (1.21)$$

Para convertir una frecuencia expresada en cm^{-1} a una expresada en Hz (s^{-1}) se multiplica por $3 \cdot 10^{10}$, que es el factor c en unidades cm/s.

2. Formalismo matemático de la mecánica cuántica

Los conceptos y fenómenos físicos descritos por la mecánica cuántica se representan mediante objetos y relaciones matemáticas que poseen las propiedades formales adecuadas, y que incluyen la estructura algebraica de espacio de Hilbert, las propiedades del producto escalar definido en él y el concepto de base, las representaciones matricial y de funciones de onda de los elementos del espacio, los operadores que actúan entre ellos, los tipos y propiedades de esos operadores y las operaciones sobre ellos, etc.

2.1. Espacio de Hilbert y producto escalar

Un *espacio de Hilbert* $\mathcal{H}$ es una estructura algebraica con las siguientes propiedades:

- Es un *espacio vectorial* (*espacio lineal*) sobre el cuerpo de los números complejos $\mathbb{C}$. En este espacio se define una operación interna (adición o suma) entre dos elementos cualesquiera del espacio vectorial (*vectores*), $|\psi\rangle$, $|\phi\rangle$, simbolizada como $|\psi\rangle + |\phi\rangle$, con las propiedades conmutativa, asociativa y existencia de elementos neutro y opuesto. Se define también una operación externa (multiplicación o producto) con elementos cualesquiera del cuerpo de los complejos (*escalares*), α, β, simbolizada como $\alpha|\psi\rangle$, con las propiedades distributiva respecto a la suma (de vectores y de escalares), asociativa respecto al producto de escalares y existencia de elemento neutro. Entonces la *combinación lineal* dada por $\alpha|\psi\rangle + \beta|\phi\rangle$ es un vector que pertenece al mismo espacio.
- Tiene definido un *producto interno* o *producto escalar*, que es una operación entre sus elementos que proporciona un número complejo: $(|\psi\rangle, |\phi\rangle) \equiv \langle\psi|\phi\rangle \in \mathbb{C}$, con las siguientes propiedades:
  - Es *simétrico conjugado*: $\langle\psi|\phi\rangle = \langle\phi|\psi\rangle^*$.

- Es *lineal* en un argumento: $\langle\phi|\,(\alpha|\psi_1\rangle + \beta|\psi_2\rangle) = \alpha\langle\phi|\psi_1\rangle + \beta\langle\phi|\psi_2\rangle$. Esto implica que es *antilineal* en el otro argumento.
- Su *norma* al cuadrado es real y definida positiva: $\big|\big|\,|\psi\rangle\,\big|\big|^2 \equiv \langle\psi|\psi\rangle > 0$ si $|\psi\rangle \neq 0$, $\big|\big|\,|\psi\rangle\,\big|\big|^2 \in \mathbb{R}$.

- Es *completo* respecto a la norma definida por el producto interno, es decir, toda sucesión de Cauchy de elementos del espacio converge a un elemento que pertenece a ese mismo espacio[4]. La propiedad de completitud de un espacio implica esencialmente que este no tiene agujeros, es decir, que los elementos a los que se acercan arbitrariamente las sucesiones de Cauchy forman parte de ese espacio, o que cualquier entorno centrado en un elemento del espacio acaba atrapando cualquier sucesión de Cauchy que converja a él.

Demostración: Antilinealidad del producto escalar en uno de sus argumentos

Si $|\psi\rangle = \alpha|\psi_1\rangle + \beta|\psi_2\rangle$, se tiene:

$$\langle\psi|\phi\rangle = \langle\phi|\psi\rangle^* = \left[\langle\phi|\,(\alpha|\psi_1\rangle + \beta|\psi_2\rangle)\right]^* = \alpha^*\langle\phi|\psi_1\rangle^* + \beta^*\langle\phi|\psi_2\rangle^*$$
$$= \alpha^*\langle\psi_1|\phi\rangle + \beta^*\langle\psi_2|\phi\rangle$$

donde se observa que, siendo lineal en el argumento $|\psi\rangle$, es antilineal en el argumento $\langle\psi|$, es decir, los coeficientes de la combinación lineal son los complejo-conjugados de los que aparecen en la expresión de $|\psi\rangle$.

2.2. Bases

En un espacio vectorial de dimensión d puede definirse una *base* $\{|e_i\rangle\}_{i=1}^d$, que es un conjunto de d vectores *completo*, es decir, que todo vector del espacio puede expresarse de manera única como combinación lineal de ellos:

$$|\psi\rangle = \sum_{i=1}^d \alpha_i\,|e_i\rangle \tag{2.1}$$

El conjunto de números complejos $\{\alpha_i\}_{i=1}^d$ son los *coeficientes*, *componentes* o *coordenadas* del vector $|\psi\rangle$ en la base $\{|e_i\rangle\}_{i=1}^d$.

En un espacio de Hilbert de dimensión infinita pueden definirse sumas de infinitos términos gracias a la propiedad de completitud del espacio (apdo. 2.1). La ec. 2.1 para d infinita implica que el límite de las sumas parciales que se obtienen conforme

---

[4]En una sucesión de Cauchy las distancias entre los términos (en este caso, las normas de las diferencias entre los vectores) se hacen arbitrariamente pequeñas. Para cualquier distancia dada ε, por pequeña que sea, siempre se puede encontrar un término N de la sucesión tal que la distancia entre dos términos cualesquiera posteriores es menor que ε:
$\{|\psi_i\rangle\}_{i\in\mathbb{N}} : \forall\varepsilon \in \mathbb{R}, \exists N, N \in \mathbb{N} \,/\, \big|\big|\,|\psi_n\rangle - |\psi_m\rangle\,\big|\big| < \varepsilon \ \ \forall n,m \geq N$.

se van añadiendo términos, es decir, conforme se van considerando más elementos de la base, converge al vector $|\psi\rangle$.

Si se tiene otro vector expresado en la misma base, $|\phi\rangle = \sum_{i=1}^{d} \beta_i |e_i\rangle$, el producto escalar entre ambos puede escribirse como:

$$\langle\psi|\phi\rangle = \sum_{i,j=1}^{d} \alpha_i^* \beta_j \langle e_i|e_j\rangle \tag{2.2}$$

Demostración: Producto escalar de dos vectores expresados en una base

Si $|\psi\rangle = \sum_{i=1}^{d} \alpha_i |e_i\rangle$ y $|\phi\rangle = \sum_{j=1}^{d} \beta_j |e_j\rangle$, entonces su producto escalar se puede escribir como:

$$\langle\psi|\phi\rangle = \langle\psi| \left(\sum_{j=1}^{d} \beta_j |e_j\rangle\right) = \sum_{j=1}^{d} \beta_j \langle\psi|e_j\rangle = \sum_{j=1}^{d} \beta_j \langle e_j|\psi\rangle^*$$

$$= \sum_{j=1}^{d} \beta_j \left[\langle e_j| \left(\sum_{i=1}^{d} \alpha_i |e_i\rangle\right)\right]^* = \sum_{j=1}^{d} \beta_j \sum_{i=1}^{d} \alpha_i^* \langle e_j|e_i\rangle^* = \sum_{i,j=1}^{d} \alpha_i^* \beta_j \langle e_i|e_j\rangle$$

Los vectores de una *base ortonormal* $\{|\hat{e}_i\rangle\}_{i=1}^{d}$ cumplen $\langle\hat{e}_i|\hat{e}_j\rangle = \delta_{i,j}$, es decir, el producto escalar de un vector consigo mismo, que es su norma al cuadrado, es 1 (normalización), y el producto escalar de dos vectores distintos es 0 (ortogonalización). Las coordenadas de un vector $|\psi\rangle$ en esa base se obtienen como:

$$\alpha_i = \langle\hat{e}_i|\psi\rangle \tag{2.3}$$

y el vector puede expresarse entonces como:

$$|\psi\rangle = \sum_{i=1}^{d} \langle\hat{e}_i|\psi\rangle |\hat{e}_i\rangle \tag{2.4}$$

El producto escalar de dos vectores expresados en una base ortonormal puede escribirse como:

$$\langle\psi|\phi\rangle = \sum_{i,j=1}^{d} \alpha_i^* \beta_j \langle\hat{e}_i|\hat{e}_j\rangle = \sum_{i=1}^{d} \alpha_i^* \beta_i = (\alpha_1^* \dots \alpha_d^*) \begin{pmatrix} \beta_1 \\ \vdots \\ \beta_d \end{pmatrix} \tag{2.5}$$

donde el sumatorio de productos de coordenadas se ha escrito como el producto de una matriz fila de coordenadas complejo-conjugadas por una matriz columna de coordenadas.

La norma al cuadrado es entonces:

$$\| \,|\psi\rangle\, \|^2 \equiv \langle\psi|\psi\rangle = \sum_{i=1}^{d} \alpha_i^* \alpha_i = \sum_{i=1}^{d} |\alpha_i|^2 = (\alpha_1^* \,...\, \alpha_d^*) \begin{pmatrix} \alpha_1 \\ \vdots \\ \alpha_d \end{pmatrix} \tag{2.6}$$

Demostración: Coordenadas de un vector en una base ortonormal

Sea un vector expresado en una base ortonormal: $|\psi\rangle = \sum_{i=1}^{d} \alpha_i \,|\hat{e}_i\rangle$. Entonces:

$$\langle\hat{e}_j|\psi\rangle = \langle\hat{e}_j| \left(\sum_{i=1}^{d} \alpha_i \,|\hat{e}_i\rangle \right) = \sum_{i=1}^{d} \alpha_i \,\langle\hat{e}_j|\hat{e}_i\rangle = \sum_{i=1}^{d} \alpha_i \,\delta_{i,j} = \alpha_j$$

Por tanto, las coordenadas del vector en la base ortonormal son $\alpha_i = \langle\hat{e}_i|\psi\rangle$ y el vector puede expresarse como $|\psi\rangle = \sum_{i=1}^{d}\langle\hat{e}_i|\psi\rangle\,|\hat{e}_i\rangle$.

La ec. 2.4 se puede reescribir como:

$$|\psi\rangle = \sum_{i=1}^{d} \langle\hat{e}_i|\psi\rangle\,|\hat{e}_i\rangle = \sum_{i=1}^{d} |\hat{e}_i\rangle\,\langle\hat{e}_i|\psi\rangle = \left(\sum_{i=1}^{d} |\hat{e}_i\rangle\langle\hat{e}_i| \right) |\psi\rangle \tag{2.7}$$

donde el factor entre paréntesis representa un operador, que actúa sobre un vector para proporcionar otro vector (apdo. 2.4); en este caso el vector resultante es el mismo que el inicial, por lo que se trata del operador identidad:

$$\sum_{i=1}^{d} |\hat{e}_i\rangle\langle\hat{e}_i| = \mathbb{I} \tag{2.8}$$

Esta relación es una forma compacta de expresar la completitud del conjunto de vectores $\{|e_i\rangle\}_{i=1}^{d}$, es decir, su carácter de base para el espacio en cuestión, ya que cualquier vector de ese espacio puede expresarse entonces en función de ese conjunto de vectores como en la ec. 2.4.

2.3. Notación de Dirac y representación matricial

En la *notación de Dirac* el producto escalar, escrito como $\langle\psi|\phi\rangle$, puede separarse en dos partes, por un lado un *bra*, $\langle\psi|$, y por otro lado un *ket*, $|\phi\rangle$, que pueden ser tratadas como entidades independientes. Un ket es un vector, mientras que un bra es una función lineal de un vector: cuando actúa sobre un vector produce un número complejo, a través del producto escalar. El conjunto de bras tiene también estructura de espacio vectorial, que se denomina *espacio dual*, y en ese sentido los bras son también vectores, es decir, son elementos de un espacio vectorial.

En *representación matricial* o *representación de coordenadas* un ket se representa mediante una matriz columna formada por sus coordenadas en una base ortonormal $\{|\hat{e}_i\rangle\}_{i=1}^{d}$:

$$|\psi\rangle \equiv \begin{pmatrix} \alpha_1 \\ \vdots \\ \alpha_d \end{pmatrix} = \begin{pmatrix} \langle \hat{e}_1|\psi\rangle \\ \vdots \\ \langle \hat{e}_d|\psi\rangle \end{pmatrix} \tag{2.9}$$

El bra correspondiente se representa como una matriz fila formada por las coordenadas complejo-conjugadas en la base ortonormal $\{|\hat{e}_i\rangle\}_{i=1}^{d}$:

$$\langle\psi| \equiv (\alpha_1^* \ldots \alpha_d^*) = (\langle \hat{e}_1|\psi\rangle^* \ldots \langle \hat{e}_d|\psi\rangle^*) \tag{2.10}$$

Estas representaciones de bras y kets aparecieron ya en la expresión 2.5 para el producto escalar de dos vectores.

Los propios kets de la base ortonormal se representan en esa misma base como:

$$|\hat{e}_1\rangle \equiv \begin{pmatrix} 1 \\ 0 \\ \vdots \end{pmatrix} \qquad |\hat{e}_2\rangle \equiv \begin{pmatrix} 0 \\ 1 \\ \vdots \end{pmatrix} \qquad \ldots \qquad |\hat{e}_d\rangle \equiv \begin{pmatrix} \vdots \\ 0 \\ 1 \end{pmatrix} \tag{2.11}$$

mientras que los bras correspondientes se representan por estas mismas coordenadas pero en forma de fila.

2.4. Operadores

Un *operador* es una aplicación entre vectores de un espacio de Hilbert $\mathcal{H}$:

$$A : \mathcal{H} \to \mathcal{H}$$
$$|\psi\rangle \to A\,|\psi\rangle \tag{2.12}$$

Un operador *lineal* cumple:

$$A\left(\alpha\,|\psi_1\rangle + \beta\,|\psi_2\rangle\right) = \alpha\,A\,|\psi_1\rangle + \beta\,A\,|\psi_2\rangle \tag{2.13}$$

donde $|\psi_1\rangle$, $|\psi_2\rangle$ son vectores cualesquiera de $\mathcal{H}$ y α, β son números complejos.

En representación matricial, empleando una base ortonormal $\{|\hat{e}_i\rangle\}_{i=1}^{d}$, un operador lineal puede escribirse como una matriz de elementos dados por $A_{ij} = \langle \hat{e}_i|A|\hat{e}_j\rangle$:

$$A \equiv \begin{pmatrix} A_{11} & A_{12} & \ldots & A_{1d} \\ A_{21} & A_{22} & \ldots & A_{2d} \\ \vdots & \vdots & \ddots & \vdots \\ A_{d1} & A_{d2} & \ldots & A_{dd} \end{pmatrix} = \begin{pmatrix} \langle \hat{e}_1|A|\hat{e}_1\rangle & \langle \hat{e}_1|A|\hat{e}_2\rangle & \ldots & \langle \hat{e}_1|A|\hat{e}_d\rangle \\ \langle \hat{e}_2|A|\hat{e}_1\rangle & \langle \hat{e}_2|A|\hat{e}_2\rangle & \ldots & \langle \hat{e}_2|A|\hat{e}_d\rangle \\ \vdots & \vdots & \ddots & \vdots \\ \langle \hat{e}_d|A|\hat{e}_1\rangle & \langle \hat{e}_d|A|\hat{e}_2\rangle & \ldots & \langle \hat{e}_d|A|\hat{e}_d\rangle \end{pmatrix} \tag{2.14}$$

Con dos vectores en forma de bra y de ket se puede construir un operador efectuando su *producto externo*, dado por $|\phi\rangle\langle\psi|$. Aplicando esta expresión sobre un tercer ket, $(|\phi\rangle\langle\psi|)\,|\xi\rangle = |\phi\rangle\,(\langle\psi|\xi\rangle)$, se observa que efectivamente actúa como un operador, ya que el resultado es un ket, $|\phi\rangle$, multiplicado por un número dado por el producto escalar $\langle\psi|\xi\rangle$. La representación de un operador como un producto externo o como una combinación lineal de ellos se emplea, por ejemplo, para expresar la condición de completitud de una base ortonormal (ec. 2.8), para la descomposición espectral de un operador (ec. 2.22) o en la definición de operadores proyección (apdo. 2.11).

Sobre los operadores se pueden realizar operaciones como las siguientes:

- El *inverso* de un operador A, simbolizado A^{-1}, cumple $A^{-1}A = AA^{-1} = \mathbb{I}$, donde $\mathbb{I}$ es el operador identidad, que deja inalterado cualquier vector sobre el que actúa.
- El *producto* de dos operadores A y B, simbolizado AB, actúa sobre un vector en primer lugar con el operador situado a la derecha, $B|\psi\rangle$, y sobre el vector resultante actúa a continuación el operador situado a la izquierda, $A(B|\psi\rangle)$. En general, el producto de operadores no es conmutativo, $AB \neq BA$.
- El *conmutador* de dos operadores A y B, simbolizado $[A,B]$, se define como:

$$[A,B] = AB - BA \tag{2.15}$$

Se dice que dos operadores conmutan si su conmutador es cero, $[A,B] = 0$, y entonces $AB = BA$, y se dice que no conmutan si su conmutador es distinto de cero, y entonces $AB \neq BA$. La operación de conmutación cumple la siguiente propiedad:

$$[AB,C] = A\,[B,C] - [A,C]\,B \tag{2.16}$$

- La *traza* de un operador A, simbolizada $\mathrm{Tr}(A)$, es un número que se obtiene sumando los elementos de la diagonal de la matriz que lo representa en cualquier base ortonormal:

$$\mathrm{Tr}(A) = \sum_{i=1}^{d} A_{ii} = \sum_{i=1}^{d} \langle \hat{e}_i|A|\hat{e}_i\rangle \tag{2.17}$$

Algunas propiedades importantes de la traza son:
- linealidad: $\mathrm{Tr}(\alpha A + \beta B) = \alpha\,\mathrm{Tr}(A) + \beta\,\mathrm{Tr}(B)$;
- propiedad cíclica: $\mathrm{Tr}(ABC) = \mathrm{Tr}(BCA) = \mathrm{Tr}(CAB)$; de aquí se deduce que $\mathrm{Tr}(AB) = \mathrm{Tr}(BA)$ aunque A y B no conmuten, es decir, aunque $AB \neq BA$.

La actuación de la traza sobre un producto externo de vectores resulta:

$$\mathrm{Tr}(|\phi\rangle\langle\psi|) = \langle\psi|\phi\rangle \tag{2.18}$$

- El *adjunto* o *conjugado hermítico* de un operador A, simbolizado $A^{\dagger}$, cumple para dos vectores cualesquiera de un espacio de Hilbert:

$$\left(|\psi\rangle, A|\phi\rangle\right) = \left(A^{\dagger}|\psi\rangle, |\phi\rangle\right) \quad\Rightarrow\quad \langle\psi|A\phi\rangle = \langle A^{\dagger}\psi|\phi\rangle = \langle\phi|A^{\dagger}\psi\rangle^{*}$$

$$\Rightarrow\quad \langle\psi|A|\phi\rangle = \langle\phi|A^{\dagger}|\psi\rangle^{*} \tag{2.19}$$

La operación de adjunción tiene las siguientes propiedades:
$$\left(A^\dagger\right)^\dagger = A \quad ; \quad (\alpha A)^\dagger = \alpha^* A^\dagger \quad ; \quad (A+B)^\dagger = A^\dagger + B^\dagger \quad ; \quad (AB)^\dagger = B^\dagger A^\dagger.$$
Para obtener el adjunto de un producto con factores de diverso tipo (números, bras, kets, operadores) se invierte el orden de los factores y se remplazan de la siguiente manera: $\alpha \to \alpha^*$, $|\psi\rangle \to \langle\psi|$, $\langle\psi| \to |\psi\rangle$, $A \to A^\dagger$.

En representación matricial, la matriz del operador adjunto $A^\dagger$ es la transpuesta y complejo-conjugada de la matriz del operador A, ya que sus elementos, usando la definición 2.19, son $A^\dagger_{ij} = \langle\hat{e}_i|A^\dagger|\hat{e}_j\rangle = \langle\hat{e}_j|A|\hat{e}_i\rangle^* = A^*_{ji}$.

Demostración: Traza de un producto externo de vectores

$$\mathrm{Tr}\left(|\phi\rangle\langle\psi|\right) = \sum_{j=1}^{d} \langle\hat{e}_j|\left(|\phi\rangle\langle\psi|\right)|\hat{e}_j\rangle = \sum_{j=1}^{d} \langle\hat{e}_j|\phi\rangle \langle\psi|\hat{e}_j\rangle = \sum_{j=1}^{d} \langle\psi|\hat{e}_j\rangle \langle\hat{e}_j|\phi\rangle$$

$$= \langle\psi|\left(\sum_{j=1}^{d} |\hat{e}_j\rangle\langle\hat{e}_j|\right)|\phi\rangle = \langle\psi|\mathbb{I}|\phi\rangle = \langle\psi|\phi\rangle$$

Demostración: Adjunto del producto de dos operadores

Aplicando al operador producto AB la definición de adjunto, ec. 2.19, se obtiene:
$\langle\psi|(AB)\phi\rangle = \langle(AB)^\dagger\psi|\phi\rangle$. Por otro lado, aplicando la definición a cada uno de los operadores sucesivamente se obtiene:
$\langle\psi|A(B\phi)\rangle = \langle A^\dagger\psi|B\phi\rangle = \langle B^\dagger(A^\dagger\psi)|\phi\rangle = \langle B^\dagger A^\dagger\psi|\phi\rangle$.
Por tanto: $\langle(AB)^\dagger\psi|\phi\rangle = \langle B^\dagger A^\dagger\psi|\phi\rangle$, de donde se deduce $(AB)^\dagger = B^\dagger A^\dagger$.

2.5. Autovalores y autovectores

Para un operador A, un *autovalor* o *valor propio* $a \in \mathbb{C}$ y un *autovector* o *vector propio* $|a\rangle \in \mathcal{H}$ asociado a ese autovalor cumplen la siguiente relación:

$$A|a\rangle = a|a\rangle \tag{2.20}$$

es decir, la acción del operador A sobre su autovector $|a\rangle$ produce ese mismo autovector multiplicado por un número complejo, que es el autovalor. El conjunto de autovalores de un operador constituye su *espectro*, que puede ser discreto o continuo (apdo. 2.8).

En ocasiones, los autovalores discretos pueden expresarse en función de números enteros o semienteros (impares divididos entre dos) denominados *números cuánticos*, que pueden usarse para identificar tanto los autovalores como los autovectores asociados como $A|a_n\rangle = a_n|a_n\rangle$ o $A|n\rangle = a_n|n\rangle$.

La *degeneración* g_a de un autovalor es el número de autovectores linealmente independientes asociados a él, que forman un *subespacio propio* del operador, $\mathcal{H}_a$.

Un operador A es *diagonalizable* en un espacio $\mathcal{H}$ si existe una base de ese espacio formada por sus autovectores, que se denomina *base propia* de A. Empleando esa base, la matriz que representa el operador es diagonal.

Si se expresa un vector $|\psi\rangle$ en la base propia de un operador A como $|\psi\rangle = \sum_{i=1}^{d} c_i|a_i\rangle$ (en el caso de espectro discreto), entonces la acción de ese operador sobre el vector se puede expresar como $A\,|\psi\rangle = \sum_{i=1}^{d} c_i\,a_i\,|a_i\rangle$.

2.6. Operador autoadjunto

Un operador *autoadjunto* o *hermítico* cumple $A = A^\dagger$, es decir, es igual a su adjunto, y tiene las siguientes propiedades:

- Los elementos de matriz cumplen:

$$\langle\psi|A|\phi\rangle = \langle\phi|A|\psi\rangle^* \tag{2.21}$$

- Los autovalores son reales: $A\,|a_i\rangle = a_i\,|a_i\rangle$ con $a_i \in \mathbb{R}$.
- Los autovectores asociados a autovalores distintos son ortogonales: $\langle a_i|a_j\rangle = 0$ si $a_i \neq a_j$.
- Se puede encontrar una base ortonormal formada por sus autovectores, que cumplen la relación de completitud (ec. 2.8), $\sum_{i=1}^{d} |a_i\rangle\langle a_i| = \mathbb{I}$.
- Puede expresarse en términos de su *descomposición espectral* como:

$$A = \sum_{i=1}^{d} a_i\,|a_i\rangle\langle a_i| \tag{2.22}$$

de donde se deduce que su traza (ec. 2.17) se obtiene como la suma de sus autovalores:

$$\mathrm{Tr}(A) = \sum_{i=1}^{d} a_i \tag{2.23}$$

Estas últimas propiedades se pueden demostrar para dimensión d finita, pero la prueba no es generalizable para dimensión infinita, donde un operador autoadjunto puede poseer o no un conjunto completo de autovectores, dependiendo del operador del que se trate y también de las características del espacio en que se defina. Aquellas situaciones en las que no exista esta base propia quedarían excluidas del formalismo de la mecánica cuántica. Sin embargo, unas propiedades análogas a estas, e igualmente útiles para los desarrollos en mecánica cuántica, se cumplen para ciertas definiciones generalizadas de los autovectores, por ejemplo cuando estos no son normalizables, como ocurre en el caso de espectros continuos, con dimensión infinita. Estos autovectores generalizados pueden incluirse en ampliaciones del espacio de Hilbert usual para tratar así el conjunto de manera consistente (apdo. 2.8).

Demostración: Los autovalores de un operador autoadjunto son reales y los auto-vectores asociados a autovalores distintos son ortogonales entre sí

Un operador autoadjunto cumple $\langle \psi|A|\phi \rangle = \langle \phi|A|\psi \rangle^*$. Entonces $\langle a|A|a \rangle = \langle a|A|a \rangle^*$ y por tanto esta cantidad es un número real. Si $|a\rangle$ es autovector de A con autovalor a, entonces $\langle a|A|a \rangle = a \langle a|a \rangle$, que es un número real, y como $\langle a|a \rangle$ también es real, el autovalor a es real.

Si $|a_i\rangle$ y $|a_j\rangle$ son dos autovectores de A se tiene, por un lado, $\langle a_i|A|a_j \rangle = a_j \langle a_i|a_j \rangle$, y por otro lado, $\langle a_i|A|a_j \rangle = \langle a_j|A|a_i \rangle^* = a_i^* \langle a_j|a_i \rangle^* = a_i \langle a_i|a_j \rangle$. Entonces $a_j \langle a_i|a_j \rangle = a_i \langle a_i|a_j \rangle$, de donde $(a_j - a_i)\langle a_i|a_j \rangle = 0$. Si los autovalores son distintos, $a_i \neq a_j$, entonces tiene que cumplirse que $\langle a_i|a_j \rangle = 0$, y por tanto los vectores son ortogonales entre sí.

En el caso de un autovalor degenerado, se puede demostrar que todos sus autovectores asociados son linealmente independientes, y generan un subespacio propio perpendicular a los autovectores asociados a los otros autovalores. En ese subespacio siempre se pueden encontrar autovectores ortonormales entre sí (procedimiento de Gram-Schmidt), ya que las combinaciones lineales de autovectores asociados al mismo autovalor son también autovectores: si $A|a_1\rangle = a|a_1\rangle$ y $A|a_2\rangle = a|a_2\rangle$, entonces $A(\alpha|a_1\rangle + \beta|a_2\rangle) = \alpha A|a_1\rangle + \beta A|a_2\rangle = a(\alpha|a_1\rangle + \beta|a_2\rangle)$, es decir, la combinación lineal $\alpha|a_1\rangle + \beta|a_2\rangle$ es autovector de A con el mismo autovalor a.

Demostración: Traza de un operador autoadjunto como suma de sus autovalores

$$\mathrm{Tr}\,(A) = \mathrm{Tr}\left(\sum_{i=1}^{d} a_i |a_i\rangle\langle a_i| \right) = \sum_{i=1}^{d} a_i \,\mathrm{Tr}\,(|a_i\rangle\langle a_i|) = \sum_{i=1}^{d} a_i \langle a_i|a_i \rangle = \sum_{i=1}^{d} a_i$$

donde se ha hecho uso de la expresión de la traza de un producto externo de vectores, $\mathrm{Tr}\,(|\phi\rangle\langle\psi|) = \langle \psi|\phi \rangle$.

2.7. Base propia común y conjunto completo

Si dos operadores autoadjuntos A y B conmutan entre sí, $[A,B] = 0$, entonces tienen una base propia común.

Un conjunto de operadores autoadjuntos, $\{A, B, C, ...\}$, se denomina *conjunto completo de operadores que conmutan* (CCOC) si conmutan dos a dos y poseen una única base propia común ortonormal. Cada uno de los autovectores de esa base propia común viene identificado de manera unívoca por el conjunto de autovalores correspondiente a los operadores del CCOC, y puede representarse como $|a_i\, b_j\, c_k\, ...\rangle$, tal que $A|a_i\, b_j\, c_k\, ...\rangle = a_i |a_i\, b_j\, c_k\, ...\rangle$; $B|a_i\, b_j\, c_k\, ...\rangle = b_j |a_i\, b_j\, c_k\, ...\rangle$; $C|a_i\, b_j\, c_k\, ...\rangle = c_k |a_i\, b_j\, c_k\, ...\rangle$; ... Estos autovalores están degenerados, porque cada uno de ellos está asociado a varios autovectores linealmente independientes, asociados a su vez a diferentes valores del resto de autovalores; por ejemplo, al autovalor

a_i le corresponden tantos autovectores como diferentes valores de b_j, c_k, etc. sean posibles.

Demostración: Existencia de una base propia común a dos operadores que conmutan

Se tiene $[A,B] = 0$ y $A|a_i\rangle = a_i|a_i\rangle$, de donde $AB|a_i\rangle = BA|a_i\rangle = a_iB|a_i\rangle$, es decir, $A\left(B\,|a_i\rangle\right) = a_i\left(B\,|a_i\rangle\right)$, por lo que $B|a_i\rangle$ es autovector de A con autovalor a_i. Así, tanto $B|a_i\rangle$ como $|a_i\rangle$ son autovectores de A con el mismo autovalor, a_i. Si el autovalor a_i es no degenerado, está asociado a un único autovector, y por tanto los dos autovectores obtenidos son proporcionales entre sí: $B|a_i\rangle = k_i|a_i\rangle$. Esta relación implica que $|a_i\rangle$ también es autovector de B, con autovalor k_i. En conclusión, si el conjunto $\{|a_i\rangle\}_{i=1}^{d}$ es una base propia de A, también lo es de B.

2.8. Espectro discreto y espectro continuo

En espacios de dimensión infinita un operador autoadjunto puede tener un *espectro continuo*, es decir, un conjunto infinito de autovalores pertenecientes a un intervalo continuo y asociados a *autovectores generalizados*, que tienen norma infinita y por tanto no pertenecen a un espacio de Hilbert[5]. Un operador autoadjunto A puede tener espectro discreto, espectro continuo o una combinación de ambos. Las características de los espectros discreto y continuo se comparan en la tabla 2.1.

La ortonormalización de los autovectores de un espectro continuo se define a través de una generalización del caso discreto que se denomina *ortonormalización de Dirac*:

$$\langle a|a'\rangle = \delta(a - a') \tag{2.24}$$

donde la función generalizada o distribución de Dirac se define como:

$$\begin{cases} \delta(a - a_0) = 0 & , \quad a \neq a_0 \\ \delta(a - a_0) = \infty & , \quad a = a_0 \end{cases} \tag{2.25}$$

con

$$\int_{-\infty}^{\infty} \delta(a - a_0)\, da = 1 \tag{2.26}$$

Por tanto, para una función cualquiera $f(a)$, se cumple:

$$f(a)\,\delta(a - a_0) = f(a_0)\,\delta(a - a_0) \quad \Rightarrow \quad \int_{-\infty}^{\infty} f(a)\,\delta(a - a_0)\, da = f(a_0) \tag{2.27}$$

---

[5]Los autovectores de un espectro continuo no son normalizables, es decir, el producto escalar consigo mismos no es finito. Sin embargo, pueden ser finitos sus productos escalares con todos los vectores de un cierto espacio de Hilbert, formando en él un conjunto completo que puede ser empleado como base. Así ocurre, por ejemplo, con los autovectores de los operadores autoadjuntos de posición y de momento (apdo. 3.3). Estos autovectores generalizados no pertenecen a un espacio de Hilbert, pero sí a una ampliación del mismo que se denomina espacio de Hilbert equipado.

Tabla 2.1. Comparativa entre expresiones de autovalores y autovectores de operadores autoadjuntos con espectro discreto y con espectro continuo

	Espectro discreto	Espectro continuo
Ecuación de autovalores de A	$A\,\lvert a_i\rangle = a_i\,\lvert a_i\rangle$	$A\,\lvert a\rangle = a\,\lvert a\rangle$
Ortonormalización de la base propia de A	$\langle a_i\lvert a_j\rangle = \delta_{i,j}$	$\langle a\lvert a'\rangle = \delta(a - a')$
Descomposición espectral de A	$A = \sum_{i=1}^{d} a_i\,\lvert a_i\rangle\langle a_i\rvert$	$A = \int a\,\lvert a\rangle\langle a\rvert\,da$
Expresión de un vector en la base propia de A	$\lvert\psi\rangle = \sum_{i=1}^{d}\langle a_i\lvert\psi\rangle\,\lvert a_i\rangle$	$\lvert\psi\rangle = \int\langle a\lvert\psi\rangle\,\lvert a\rangle\,da$

Demostración: Producto escalar y norma de los autovectores de un espectro continuo

Un vector cualquiera $\lvert\psi\rangle$ puede expresarse como combinación lineal de un conjunto completo de autovectores de un espectro continuo como $\lvert\psi\rangle = \int\langle a\lvert\psi\rangle\lvert a\rangle da$. Esta misma expresión puede aplicarse a un autovector de esa misma base continua como $\lvert a'\rangle = \int\langle a\lvert a'\rangle\lvert a\rangle da$. Para que el miembro de la derecha produzca $\lvert a'\rangle$, la única posibilidad es que los coeficientes de la combinación lineal sean deltas de Dirac: $\langle a\lvert a'\rangle = \delta(a - a')$. De aquí se deduce que la norma de los autovectores de la base es infinita: $\lvert\lvert\,\lvert a'\rangle\,\rvert\rvert^2 = \langle a'\lvert a'\rangle = \delta(a' - a') = \delta(0) = \infty$.

2.9. Función de onda

El conjunto de coordenadas de un vector $\lvert\psi\rangle$ en la base propia del operador autoadjunto A puede interpretarse como una función de los autovalores de su espectro, que se denomina *función de onda*:

$$\langle a\lvert\psi\rangle = \psi(a) \tag{2.28}$$

La función $\psi(a)$ hace corresponder a cada número real a (autovalor de un operador autoadjunto A) un número complejo (coordenada) a través del producto escalar entre el autovector normalizado asociado a ese autovalor, $\lvert a\rangle$, y un cierto vector $\lvert\psi\rangle$.

La representación de función de onda es equivalente al ket correspondiente, $\lvert\psi\rangle \equiv \psi(\cdot)$, y su conjugada compleja es equivalente al bra correspondiente, $\langle\psi\rvert \equiv \psi^*(\cdot)$, de modo que cualquier expresión en términos de bras y kets puede escribirse de manera equivalente en términos de funciones de onda, al igual que puede hacerse con representación matricial (apdo. 2.3). De hecho, ambas representaciones se construyen a partir de las coordenadas del vector en una cierta base, usualmente discreta en el caso matricial y continua en el caso de funciones de onda. La función de onda equivalente al autovector de un cierto operador se denomina *autofunción*.

Diferentes operadores autoadjuntos, a través de sus respectivas bases propias continuas, dan lugar a distintas *representaciones* de una misma función de onda; por ejemplo, puede tenerse la representación $\psi(a) = \langle a|\psi\rangle$, donde a pertenece al espectro continuo del operador A, o bien la representación $\widetilde{\psi}(b) = \langle b|\psi\rangle$, donde b pertenece al espectro continuo del operador B, ambas con formas funcionales distintas ($\widetilde{\psi}$ no es la misma función que ψ), pero que equivalen al mismo ket, $\psi(a) \equiv \widetilde{\psi}(b) \equiv |\psi\rangle$.

En representación de funciones de onda, el producto escalar entre dos vectores se obtiene como:

$$\langle\psi|\phi\rangle = \int \psi^*(a)\,\phi(a)\,da \tag{2.29}$$

donde la integral se extiende a todo el espectro continuo del operador A.

Las funciones de onda, al igual que sus kets equivalentes, son elementos (vectores) de un espacio de Hilbert. Así, el conjunto de las funciones normalizables, es decir, de *cuadrado integrable* en un cierto intervalo, $||\,|\psi\rangle\,||^2 = \langle\psi|\psi\rangle = \int |\psi(a)|^2\,da < \infty$, constituyen un espacio de Hilbert (simbolizado $\mathcal{L}^2$).

Demostración: Producto escalar en representación de funciones de onda

El producto escalar de dos vectores representados como funciones de onda de una variable continua viene dado por:

$$\langle\psi|\phi\rangle = \left(\int da\,\langle\psi|a\rangle\,\langle a|\right)\left(\int da'\,\langle a'|\phi\rangle\,|a'\rangle\right) = \int da\,\langle\psi|a\rangle \int da'\,\langle a'|\phi\rangle\,\langle a|a'\rangle$$

$$= \int da\,\langle\psi|a\rangle \int da'\,\langle a'|\phi\rangle\,\delta(a - a') = \int da\,\langle\psi|a\rangle\,\langle a|\phi\rangle$$

$$= \int da\,\langle a|\psi\rangle^*\,\langle a|\phi\rangle = \int da\,\psi^*(a)\,\phi(a)$$

2.10. Funciones de operadores

Si se tiene una función analítica de un número complejo, $f(z) : \mathbb{C} \to \mathbb{C}$, entonces se puede expresar como serie de potencias de la variable como $f(z) = \sum_{n=0}^{\infty} \kappa_n z^n$. De manera análoga, esa función analítica puede ser aplicada a un operador A, quedando definida como:

$$f(A) = \sum_{n=0}^{\infty} \kappa_n A^n \tag{2.30}$$

Los operadores A y $f(A)$ conmutan entre sí, $[A, f(A)] = 0$, y existe entonces una base propia común a ambos, con autovalores a_i para A y $\sum_{n=0}^{\infty} \kappa_n a_i^n = f(a_i)$ para $f(A)$.

Si se expresa un vector $|\psi\rangle$ en la base propia del operador A, $|\psi\rangle = \sum_{i=1}^{d} c_i |a_i\rangle$, entonces la acción del operador $f(A)$ sobre él se puede expresar como:

$$f(A) |\psi\rangle = \sum_{i=1}^{d} c_i \, f(a_i) |a_i\rangle \tag{2.31}$$

La descomposición espectral del operador $f(A)$, análoga a la de A (ec. 2.22), es:

$$f(A) = \sum_{i=1}^{d} f(a_i) |a_i\rangle\langle a_i| \tag{2.32}$$

Y su traza se puede obtener como:

$$\text{Tr}(\, f(A)\,) = \sum_{i=1}^{d} f(a_i) \tag{2.33}$$

2.11. Operador proyección

Un operador *proyección* Π tiene las siguientes propiedades:
- Es autoadjunto ($\Pi^\dagger = \Pi$).
- Es idempotente ($\Pi^2 = \Pi$).
- Sus autovalores son 0 o 1.
- Si $\{|\hat{e}_i\rangle\}_{i=1}^{d_1}$ es una base ortonormal del subespacio propio $\mathcal{H}_1$ asociado al autovalor 1, con dimensión d_1, la descomposición espectral del operador (ec. 2.22) es:

$$\Pi = \sum_{i=1}^{d_1} |\hat{e}_i\rangle\langle\hat{e}_i| \tag{2.34}$$

La acción de un operador proyección sobre un vector cualquiera resulta:

$$\Pi |\psi\rangle = \left(\sum_{i=1}^{d_1} |\hat{e}_i\rangle\langle\hat{e}_i| \right) |\psi\rangle = \sum_{i=1}^{d_1} \langle\hat{e}_i|\psi\rangle |\hat{e}_i\rangle \tag{2.35}$$

es decir, el nuevo vector $\Pi |\psi\rangle$ queda expresado como combinación lineal de los vectores de la base del subespacio $\mathcal{H}_1$, donde los coeficientes vienen dados por los productos escalares con los vectores unitarios de esa base, $\langle\hat{e}_i|\psi\rangle$, cada uno de los cuales es la proyección de $|\psi\rangle$ sobre el subespacio unidimensional definido por $|\hat{e}_i\rangle$. Por tanto, la acción de este operador sobre un vector consiste en proyectarlo sobre el subespacio $\mathcal{H}_1$ generado por la base $\{|\hat{e}_i\rangle\}_{i=1}^{d_1}$.

En la notación del operador proyección se puede indicar el subespacio sobre el que proyecta. Por ejemplo, en algunas aplicaciones (apdo. 3.2) es necesario proyectar sobre el subespacio propio de un operador autoadjunto A asociado a uno de sus autovalores, a_i, es decir, sobre el subespacio generado por todos los autovectores asociados a ese autovalor, $|a_{i,r}\rangle$:

$$\Pi_{a_i} = \sum_{r=1}^{g_{a_i}} |a_{i,r}\rangle\langle a_{i,r}| \qquad \text{o} \qquad \Pi_{a_i} = \sum_{j,k,\ldots} |a_i\, b_j\, c_k\, \ldots\rangle\langle a_i\, b_j\, c_k\, \ldots| \qquad (2.36)$$

donde los distintos autovectores asociados al autovalor a_i se han identificado de manera única añadiendo en la primera expresión el índice $r = \{1, \ldots, g_{a_i}\}$, donde g_{a_i} es la degeneración del autovalor y determina la dimensión del subespacio, o añadiendo en la segunda expresión los autovalores de otros operadores que forman un CCOC (apdo. 2.7), con g_{a_i} combinaciones posibles. En el caso de un autovalor no degenerado se tiene $\Pi_{a_i} = |a_i\rangle\langle a_i|$.

Demostración: Autovalores de un operador proyección

Para un operador proyección Π con autovalores ν y autovectores asociados $|\nu\rangle$, la ecuación de autovalores es $\Pi\,|\nu\rangle = \nu\,|\nu\rangle$. A partir de ella se obtiene:

$$\Pi^2\,|\nu\rangle = \Pi\,(\Pi\,|\nu\rangle) = \Pi\,(\nu\,|\nu\rangle) = \nu\,\Pi\,|\nu\rangle = \nu^2\,|\nu\rangle$$

Como Π es idempotente ($\Pi = \Pi^2$) se cumple:

$$\Pi\,|\nu\rangle = \Pi^2\,|\nu\rangle \quad \Rightarrow \quad \nu\,|\nu\rangle = \nu^2\,|\nu\rangle \quad \Rightarrow \quad \nu(1-\nu)\,|\nu\rangle = 0 \quad \Rightarrow \quad \nu = \{0,1\}$$

2.12. Operador unitario

Un operador *unitario* U cumple que su adjunto es igual a su inverso, $U^\dagger = U^{-1}$, que implica que $U^\dagger U = UU^\dagger = \mathbb{I}$. La acción de un operador unitario sobre vectores conserva el producto escalar, y por tanto la norma: si $|\psi'\rangle = U|\psi\rangle$ y $|\phi'\rangle = U|\phi\rangle$, entonces $\langle\psi'|\phi'\rangle = \langle\psi|U^\dagger U|\phi\rangle = \langle\psi|\phi\rangle$.

Si un operador A es autoadjunto, entonces el operador $UAU^\dagger$ también es autoadjunto y tiene el mismo espectro que A.

Si un operador A es autoadjunto con base propia ortonormal $\{|a_j\rangle\}_{j=1}^d$ y autovalores a_j, entonces el operador $U = e^{iA}$ es unitario (se tiene $U^\dagger = e^{-iA^\dagger} = e^{-iA}$, y entonces $UU^\dagger = e^{iA}e^{-iA} = \mathbb{I}$). Como este operador es una función analítica de A, tiene la misma base propia que A, autovalores e^{ia_j} y su descomposición espectral es $U = \sum_{j=1}^d e^{ia_j}\,|a_j\rangle\langle a_j|$ (apdo. 2.10).

Demostración: Los operadores A (autoadjunto) y $UAU^\dagger$ (con U unitario) tienen el mismo espectro

Si $K = UAU^\dagger$, entonces $K^\dagger = (UAU^\dagger)^\dagger = (U^\dagger)^\dagger A^\dagger U^\dagger = UAU^\dagger = K$, y por tanto K es autoadjunto. Sus autovalores μ son soluciones de la ecuación $\det(K - \mu\,\mathbb{I}) = 0$. Usando la propiedad $\det(AB) = \det(BA) = \det(A) \cdot \det(B)$, y teniendo en cuenta que $U^\dagger U = \mathbb{I}$, se obtiene:

$$\det(K - \mu\,\mathbb{I}) = \det(UAU^\dagger - \mu\,\mathbb{I}) = \det(UAU^\dagger - \mu\,UU^\dagger) = \det[U(A - \mu\,\mathbb{I})U^\dagger]$$
$$= \det[(A - \mu\,\mathbb{I})U^\dagger U] = \det(A - \mu\,\mathbb{I})\det(U^\dagger U) = \det(A - \mu\,\mathbb{I})$$

Por tanto, los autovalores μ del operador $K = UAU^\dagger$ son también autovalores del operador A.

2.13. Operador densidad

Un operador *densidad* ϱ tiene las siguientes propiedades:
- Es autoadjunto, $\varrho^\dagger = \varrho$.
- Tiene traza unidad, $\mathrm{Tr}(\varrho) = 1$.
- Es definido no negativo, $\langle\psi|\varrho|\psi\rangle \geq 0 \ \forall|\psi\rangle$.
- Todos sus autovalores λ_i son reales (por ser autoadjunto), no negativos (ya que $\langle\lambda_i|\varrho|\lambda_i\rangle = \lambda_i \geq 0 \ \forall|\lambda_i\rangle$) y se encuentran entre 0 y 1 (ya que $\mathrm{Tr}(\varrho) = \sum_i^d \lambda_i$ por ser autoadjunto, ec. 2.23, y $\sum_i^d \lambda_i = 1$ con $\lambda_i \geq 0$ implica $0 \leq \lambda_i \leq 1$).

2.14. Producto tensorial

Si $|\psi\rangle_1$ es un vector que pertenece al espacio de Hilbert $\mathcal{H}_1$, con dimensión d_1, y $|\phi\rangle_2$ es un vector que pertenece al espacio de Hilbert $\mathcal{H}_2$, con dimensión d_2, su *producto tensorial*, simbolizado como[6]:

$$|\psi\rangle_1 \otimes |\phi\rangle_2 \equiv |\psi\rangle_1\,|\phi\rangle_2 \equiv |\psi\,\phi\rangle \tag{2.37}$$

es un vector que pertenece al espacio de Hilbert producto tensorial $\mathcal{H} = \mathcal{H}_1 \otimes \mathcal{H}_2$, con dimensión $d = d_1 \cdot d_2$. Este espacio está constituido por todas las combinaciones lineales posibles de productos tensoriales entre vectores de $\mathcal{H}_1$ y de $\mathcal{H}_2$:

$$\mathcal{H} = \mathcal{H}_1 \otimes \mathcal{H}_2 = \mathrm{lin}\big\{|\psi\rangle_1 \otimes |\phi\rangle_2 \ / \ |\psi\rangle_1 \in \mathcal{H}_1, |\phi\rangle_2 \in \mathcal{H}_2\big\} \tag{2.38}$$

En este espacio se define el producto escalar como:

$$\big[\,\langle\psi_a|_1 \otimes \langle\phi_a|_2\,\big]\,\big[\,|\psi_b\rangle_1 \otimes |\phi_b\rangle_2\,\big] = \langle\psi_a|\psi_b\rangle_1\,\langle\phi_a|\phi_b\rangle_2 \tag{2.39}$$

El producto tensorial de vectores es lineal:

$$\big(\alpha\,|\psi_a\rangle_1 + \beta\,|\psi_b\rangle_1\big) \otimes |\phi\rangle_2 = \alpha\,\big(|\psi_a\rangle_1 \otimes |\phi\rangle_2\big) + \beta\,\big(|\psi_b\rangle_1 \otimes |\phi\rangle_2\big) \tag{2.40}$$

---

[6] Los subíndices en los kets, $|...\rangle_i$, indican el espacio de Hilbert al que pertenecen, $\mathcal{H}_i$, pero una vez escrito el producto tensorial (en cualquiera de las notaciones empleadas) no son imprescindibles porque la información viene dada por su orden (de izquierda a derecha se escriben sucesivamente los vectores de los espacios $\mathcal{H}_1$, $\mathcal{H}_2$, ...).

Si $\{|\hat{e}_i\rangle_1\}_{i=1}^{d_1}$ es una base ortonormal de $\mathcal{H}_1$ y $\{|\hat{\eta}_j\rangle_2\}_{j=1}^{d_2}$ es una base ortonormal de $\mathcal{H}_2$, entonces $\{|\hat{e}_i\rangle_1 \otimes |\hat{\eta}_j\rangle_2\}_{i,j=1}^{i=d_1, j=d_2}$ es una base ortonormal de $\mathcal{H} = \mathcal{H}_1 \otimes \mathcal{H}_2$.

Un operador A que actúa únicamente en el espacio $\mathcal{H}_1$, que se puede simbolizar A_1, puede extenderse para actuar en el espacio $\mathcal{H}$ como $A \otimes \mathbb{I}$; análogamente, un operador B que actúa únicamente en el espacio $\mathcal{H}_2$, que se puede simbolizar B_2, puede extenderse para actuar en $\mathcal{H}$ como $\mathbb{I} \otimes B$. Ambas extensiones tienen en $\mathcal{H}$ el mismo espectro que tenían en $\mathcal{H}_1$ y en $\mathcal{H}_2$, respectivamente.

El producto de los operadores A_1 y B_2 se puede expresar como el producto tensorial de los operadores A y B, ya que:

$$A_1 B_2 = (A \otimes \mathbb{I})(\mathbb{I} \otimes B) = A\mathbb{I} \otimes \mathbb{I}B = A \otimes B \tag{2.41}$$

que actúa sobre un producto tensorial de vectores como:

$$(A \otimes B)\left(|\psi\rangle_1 \otimes |\phi\rangle_2\right) = A|\psi\rangle_1 \otimes B|\phi\rangle_2 \tag{2.42}$$

Dos operadores que actúan en espacios diferentes siempre conmutan:

$$[A_1, B_2] = A_1 B_2 - B_2 A_1 = (A \otimes \mathbb{I})(\mathbb{I} \otimes B) - (\mathbb{I} \otimes B)(A \otimes \mathbb{I})$$
$$= A\mathbb{I} \otimes \mathbb{I}B - \mathbb{I}A \otimes B\mathbb{I} = A \otimes B - A \otimes B = 0 \tag{2.43}$$

Esta propiedad se cumple aunque esos mismos operadores no conmuten entre sí cuando actúan sobre el mismo espacio, es decir, aunque $[A_1, B_1] \neq 0$ y $[A_2, B_2] \neq 0$.

Si un vector u operador A se representa por una matriz de dimensión $m \times n$ y otro vector u operador B se representa por una matriz de dimensión $p \times q$, su producto tensorial $A \otimes B$ se representa por una matriz de dimensión $mp \times nq$ que se obtiene como *producto de Kronecker* de las matrices que representan A y B:

$$A \otimes B = \begin{pmatrix} a_{11}B & \cdots & a_{1n}B \\ \vdots & \ddots & \vdots \\ a_{m1}B & \cdots & a_{mn}B \end{pmatrix} = \tag{2.44}$$

$$= \begin{pmatrix} a_{11}b_{11} & a_{11}b_{12} & \cdots & a_{11}b_{1q} & \cdots & \cdots & a_{1n}b_{11} & a_{1n}b_{12} & \cdots & a_{1n}b_{1q} \\ a_{11}b_{21} & a_{11}b_{22} & \cdots & a_{11}b_{2q} & \cdots & \cdots & a_{1n}b_{21} & a_{1n}b_{22} & \cdots & a_{1n}b_{2q} \\ \vdots & \vdots & \ddots & \vdots & & & \vdots & \vdots & \ddots & \vdots \\ a_{11}b_{p1} & a_{11}b_{p2} & \cdots & a_{11}b_{pq} & \cdots & \cdots & a_{1n}b_{p1} & a_{1n}b_{p2} & \cdots & a_{1n}b_{pq} \\ \vdots & \vdots & & \vdots & \ddots & & \vdots & \vdots & & \vdots \\ \vdots & \vdots & & \vdots & & \ddots & \vdots & \vdots & & \vdots \\ a_{m1}b_{11} & a_{m1}b_{12} & \cdots & a_{m1}b_{1q} & \cdots & \cdots & a_{mn}b_{11} & a_{mn}b_{12} & \cdots & a_{mn}b_{1q} \\ a_{m1}b_{21} & a_{m1}b_{22} & \cdots & a_{m1}b_{2q} & \cdots & \cdots & a_{mn}b_{21} & a_{mn}b_{22} & \cdots & a_{mn}b_{2q} \\ \vdots & \vdots & \ddots & \vdots & & & \vdots & \vdots & \ddots & \vdots \\ a_{m1}b_{p1} & a_{m1}b_{p2} & \cdots & a_{m1}b_{pq} & \cdots & \cdots & a_{mn}b_{p1} & a_{mn}b_{p2} & \cdots & a_{mn}b_{pq} \end{pmatrix}$$

Todas las definiciones anteriores pueden extenderse a productos tensoriales de más de dos vectores $(|\psi\rangle_1 \otimes |\phi\rangle_2 \otimes |\xi\rangle_3 \otimes |\chi\rangle_4 \otimes ...)$ u operadores $(A \otimes B \otimes C \otimes D \otimes ...)$.

Tabla 2.2. Notación empleada en el capítulo. 2

$\mathcal{H}$	Espacio de Hilbert.
$\mathcal{H} = \mathcal{H}_1 \otimes \mathcal{H}_2$	Espacio de Hilbert producto tensorial de dos espacios.
d	Dimensión de un espacio de Hilbert.
$|\psi\rangle$, $|\phi\rangle$	Vectores generales en forma de ket, en notación de Dirac.
$\langle\psi|$, $\langle\phi|$	Vectores generales en forma de bra, en notación de Dirac (actúan como funciones lineales sobre vectores en forma de ket).
$\langle\psi|\phi\rangle$	Producto escalar o interno de dos vectores.
$\||\psi\rangle\|$	Norma de un vector.
$|\psi\rangle_1 \otimes |\phi\rangle_2$ $\equiv |\psi\rangle_1 |\phi\rangle_2$	Producto tensorial de un vector perteneciente a un espacio de Hilbert $\mathcal{H}_1$ y de un vector perteneciente a un espacio de Hilbert $\mathcal{H}_2$.
$|e_i\rangle$	Vectores de una base normalizada.
$|\hat{e}_i\rangle$	Vectores de una base ortonormal.
α_i, β_i	Coordenadas de vectores en una cierta base. En representación matricial, son elementos de la matriz columna asociada a un ket y sus complejo-conjugados son elementos de la matriz fila asociada a un bra.
A, B	Operadores generales.
A_{ij}	Elementos de la matriz asociada a un operador general en representación matricial.
$(...)^*$	Complejo-conjugado de una expresión, que puede contener operadores, bras, kets o escalares.
$(...)^\dagger$	Adjunto de una expresión, que puede contener operadores, bras, kets o escalares.
$(...)^{-1}$	Inverso de una expresión, que puede contener operadores, bras, kets o escalares.
$\text{Tr}(A)$	Traza de un operador.
$[A,B]$	Conmutador entre dos operadores.
AB	Producto de dos operadores. Actúa en el espacio de Hilbert en el que actúan A y B.

$A \otimes B$	Producto tensorial de dos operadores. Actúa en el espacio producto tensorial del espacio de Hilbert en el que actúa A y del espacio de Hilbert en el que actúa B.
$\lvert a_i \rangle$	Autovectores de un operador general A.
a_i	Autovalores de un operador general A asociados a los autovectores $\lvert a_i \rangle$.
g_{a_i}	Degeneración del autovalor a_i.
c_i	Coordenadas de vectores en una base propia (formada por autovectores) de un operador autoadjunto.
$\psi(a_i), \; \phi(a_i)$	Funciones de onda en representación de un operador con autovalores a_i.
U	Operador unitario general.
Π	Operador proyección general sobre un cierto subespacio.
Π_{a_i}	Operador proyección sobre el subespacio propio de autovectores asociados al autovalor a_i de un operador.
ϱ	Operador densidad general.

3. Postulados de la mecánica cuántica

Los postulados de la mecánica cuántica relacionan los conceptos y procesos físicos relevantes en la escala microscópica con los objetos matemáticos que se emplean para describirlos formalmente, cuyas definiciones y propiedades se introdujeron en el capítulo anterior. Estos postulados se refieren a la representación de los sistemas cuánticos individuales y de sus estados, a las propiedades medibles en ellos y sus posibles resultados, incluyendo en particular la posición y el momento lineal, a la evolución temporal de los estados cuánticos, a la descripción de sistemas cuánticos compuestos por varios sistemas individuales y a la descripción de sistemas cuánticos sobre los que se tiene información incompleta.

La tabla 3.1 resume algunas relaciones que se establecen en los postulados entre conceptos físicos, objetos matemáticos y posibles representaciones de estos últimos, recogiendo parte del contenido del capítulo anterior y adelantando parte del contenido de este.

3.1. Postulado sobre representación de un sistema

Un *sistema cuántico* se representa mediante un *espacio de Hilbert* $\mathcal{H}$ (apdo. 2.1) y sus posibles *estados cuánticos* se representan mediante *vectores de estado* $|\psi\rangle$, que son vectores unitarios pertenecientes a $\mathcal{H}$:

$$|\psi\rangle \in \mathcal{H}, \qquad \big|\big| \, |\psi\rangle \, \big|\big|^2 \equiv \langle\psi|\psi\rangle = 1 \tag{3.1}$$

Dos vectores de estado que se diferencian únicamente en un *factor de fase global*, $|\psi\rangle$ y $e^{i\theta}|\psi\rangle$ ($\forall \theta \in \mathbb{R}$), representan el mismo estado.

Un estado cuántico puede describirse como *superposición* de otros estados distintos, y el vector que lo representa se puede expresar entonces como combinación

Tabla 3.1. Relaciones entre conceptos físicos, objetos matemáticos y representaciones que se establecen en los postulados de la mecánica cuántica

Concepto físico	Objeto matemático	Representación
Sistema cuántico.	Espacio de Hilbert $\mathcal{H}$.	
Estado de un sistema cuántico.	Vector de $\mathcal{H}$ (vector de estado).	Como matriz: conjunto de números complejos en forma de matriz columna que corresponden a las coordenadas del vector de estado en una base discreta de $\mathcal{H}$ ($\equiv \mathbb{C}^d$). Como función de onda: conjunto de números complejos que corresponden a las coordenadas del vector de estado en una base continua de $\mathcal{H}$ ($\equiv \mathcal{L}^2$), p. ej., la base propia de posiciones o de momentos.
Magnitud observable (medible).	Operador autoadjunto que actúa en $\mathcal{H}$.	Como matriz: conjunto de números complejos en forma de matriz cuadrada que corresponden a los elementos de matriz en una base discreta de $\mathcal{H}$ ($\equiv \mathbb{C}^d$). Como operación algebraica o diferencial sobre las funciones de onda en una base continua de $\mathcal{H}$ ($\equiv \mathcal{L}^2$), p. ej., multiplicación por una coordenada espacial o derivada respecto a una coordenada espacial.
Valor obtenido en la medida de una magnitud observable.	Autovalor de operador autoadjunto.	Número real.
Probabilidad de obtener un cierto valor en una medida.	Norma al cuadrado de la proyección del vector de estado sobre un subespacio propio del operador autoadjunto.	Número real entre 0 y 1.

lineal compleja de los vectores que representan esos otros estados (apdo. 2.1), que pueden formar parte de una base (apdo. 2.2).

3.2. Postulado sobre medidas en un sistema

Las propiedades de un sistema cuántico que pueden ser medidas se denominan *observables* y se representan mediante *operadores autoadjuntos* o *hermíticos* (apdo. 2.6) que actúan en un espacio de Hilbert $\mathcal{H}$. Los posibles resultados de la medida de un cierto observable son los *autovalores* (apdo. 2.5) del operador autoadjunto correspondiente, que son números reales.

La *probabilidad* de obtener el valor a_i al medir el observable A en un sistema cuántico que se encuentra en el estado representado por el vector $|\psi\rangle$ viene dada por la norma al cuadrado de la proyección del vector de estado del sistema sobre el subespacio propio del operador del observable asociado al autovalor que se obtiene en la medida (*regla de Born*):

$$p_\psi(a_i) = ||\Pi_{a_i}|\psi\rangle||^2 = \langle\psi|\Pi_{a_i}|\psi\rangle = \sum_{j,k,\dots} |\langle a_i\, b_j\, c_k\,\dots|\psi\rangle|^2 \qquad (3.2)$$

donde Π_{a_i} es el *operador proyección* sobre el subespacio propio del observable A asociado al autovalor a_i (apdo. 2.11). La tercera expresión se obtiene de $||\Pi_{a_i}|\psi\rangle||^2 = \left(\langle\psi|\Pi_{a_i}^\dagger\right)\left(\Pi_{a_i}|\psi\rangle\right) = \langle\psi|\Pi_{a_i}|\psi\rangle$, teniendo en cuenta que los operadores proyección son autoadjuntos ($\Pi^\dagger = \Pi$) e idempotentes ($\Pi^2 = \Pi$). La última expresión de ec. 3.2 se obtiene escribiendo el operador proyección en función de todos los autovectores normalizados de A asociados al autovalor a_i fijo, que se identifican mediante los autovalores de todos los observables (A, B, C, ...) de un CCOC (ec. 2.36).

Una vez realizada una medida en la que se ha obtenido el valor a_i, el sistema cambia instantáneamente (se dice que *colapsa*) al estado representado por el vector $|\psi_{[m(a_i)]}\rangle$, que es la proyección normalizada del vector de estado inicial sobre el subespacio propio asociado al autovalor obtenido en la medida:

$$|\psi_{[m(a_i)]}\rangle = \frac{\Pi_{a_i}|\psi\rangle}{||\,\Pi_{a_i}|\psi\rangle\,||} \qquad (3.3)$$

Si el autovalor a_i es no degenerado, es decir, está asociado a un único autovector $|a_i\rangle$ (en el que no es necesario especificar más autovalores de otros observables), el operador proyección viene dado por $\Pi_{a_i} = |a_i\rangle\langle a_i|$ y entonces la probabilidad de obtener el valor a_i en una medida del observable A, según la regla de Born, resulta:

$$p_\psi(a_i) = |\langle a_i|\psi\rangle|^2 \qquad (3.4)$$

Tras obtener ese valor en una medida el sistema colapsa al estado representado por el vector $|\psi_{[m(a_i)]}\rangle = |a_i\rangle$.

Si el vector de estado viene expresado como función de onda (apdo. 2.9) en representación de un observable A con espectro continuo, $\psi(a)$, entonces $|\langle\hat{a}|\psi\rangle|^2 = |\psi(\hat{a})|^2$ (ec. 3.4, ec. 2.28) es la *densidad de probabilidad* asociada al autovalor $\hat{a}$. La probabilidad de que el resultado de una medida se encuentre en un cierto intervalo de valores de un espectro continuo, $\hat{a} \in [a_1, a_2]$, se obtiene integrando la función de densidad de probabilidad $|\psi(a)|^2$ respecto a la variable a en ese intervalo:

$$p_\psi \left(\hat{a} \in [a_1, a_2] \right) = \int_{a_1}^{a_2} |\psi(a)|^2 \, da \tag{3.5}$$

Ejemplo: Medida de un observable

Un sistema cuántico viene descrito por el siguiente vector de estado:

$$|\psi\rangle = \frac{1}{\sqrt{5}} \left(\sqrt{2}\, i \, |1\,2\,3\rangle - |4\,2\,3\rangle + \sqrt{2}\, |2\,3\,3\rangle \right)$$

que está expresado en una base propia común de los observables A, B y C, que forman un CCOC, cuyos autovectores vienen identificados por los autovalores asociados a esos observables en ese orden, $|a_i\, b_j\, c_k\rangle$.

a) ¿Cuál es la probabilidad de obtener el valor 2 al medir el observable B?

b) Si en la medida del observable B se obtiene de hecho el valor 2, ¿cuál es la probabilidad de obtener el valor 1 al medir a continuación el observable A?

c) ¿Cuál es la probabilidad conjunta de obtener el valor 2 al medir el observable B y el valor 1 al medir el observable A? ¿Depende de en qué orden se efectúen las medidas?

Resolución:

De acuerdo con el apdo. 3.1, el sistema cuántico está representado por un vector de estado, $|\psi\rangle$, que está normalizado, $\||\psi\rangle\| = \sqrt{\langle\psi|\psi\rangle} = 1$. El vector está expresado como una combinación lineal de tres vectores de una base (apdo. 2.2). Esa base es ortonormal, porque es base propia de operadores autoadjuntos (hermíticos), que representan observables (apdo. 2.5, 2.6). En particular, se trata de una base propia común a los tres observables, A, B y C, que conmutan entre sí y que forman un conjunto completo, CCOC (apdo. 2.7). Esto último significa que un autovalor de uno de esos observables puede estar degenerado, es decir, puede estar asociado a varios autovectores distintos, cada uno de ellos asociado a una combinación diferente de autovalores de los otros dos observables; fijando los autovalores a_i, b_j y c_k de los tres observables del CCOC se especifica de manera única cada vector de la base, $|a_i\, b_j\, c_k\rangle$.

a) El operador proyección sobre el subespacio propio asociado al autovalor $b_j = 2$ es (ec. 2.36):

$$\Pi_{b_j=2} = \sum_{i,k} |a_i\, 2\, c_k\rangle\langle a_i\, 2\, c_k|$$

La probabilidad de obtener el valor 2 al medir el observable B (ec. 3.2) es:

$$p_\psi(b_j = 2) = ||\Pi_{b_j=2} |\psi\rangle||^2$$

$$= \left|\left|\left(\sum_{i,k} |a_i\, 2\, c_k\rangle\langle a_i\, 2\, c_k|\right) \frac{1}{\sqrt{5}}\left(\sqrt{2}\, i\, |1\, 2\, 3\rangle - |4\, 2\, 3\rangle + \sqrt{2}\, |2\, 3\, 3\rangle\right)\right|\right|^2$$

$$= \left|\left|\frac{\sqrt{2}\, i}{\sqrt{5}}\, |1\, 2\, 3\rangle\, \langle 1\, 2\, 3|1\, 2\, 3\rangle - \frac{1}{\sqrt{5}}\, |4\, 2\, 3\rangle\, \langle 4\, 2\, 3|4\, 2\, 3\rangle\right|\right|^2$$

$$= \left|\left|\frac{\sqrt{2}\, i}{\sqrt{5}}\, |1\, 2\, 3\rangle - \frac{1}{\sqrt{5}}\, |4\, 2\, 3\rangle\right|\right|^2 = \left|\frac{\sqrt{2}\, i}{\sqrt{5}}\right|^2 + \left|-\frac{1}{\sqrt{5}}\right|^2 = \frac{2}{5} + \frac{1}{5} = \frac{3}{5}$$

En este desarrollo se ha usado la propiedad de ortonormalidad de los elementos de la base. En particular, los productos escalares $\langle a_i\, 2\, c_k|1\, 2\, 3\rangle$ solo son distintos de 0 cuando $a_i = 1$ y $c_k = 3$, y en ese caso su valor es 1; los productos escalares $\langle a_i\, 2\, c_k|4\, 2\, 3\rangle$ solo son distintos de 0 cuando $a_i = 4$ y $c_k = 3$, y en ese caso su valor es 1; y los productos escalares $\langle a_i\, 2\, c_k|2\, 3\, 3\rangle$ son siempre 0.

b) Tras la medida del observable B con resultado $b_j = 2$ el estado del sistema colapsa y queda representado por el vector (ec. 3.3):

$$|\psi_{[m(b_j=2)]}\rangle = \frac{\Pi_{b_j=2}\, |\psi\rangle}{||\Pi_{b_j=2}\, |\psi\rangle||} = \frac{\dfrac{\sqrt{2}\, i}{\sqrt{5}}\, |1\, 2\, 3\rangle - \dfrac{1}{\sqrt{5}}\, |4\, 2\, 3\rangle}{\sqrt{3/5}} =$$

$$= \frac{1}{\sqrt{3}}\left(\sqrt{2}\, i\, |1\, 2\, 3\rangle - |4\, 2\, 3\rangle\right)$$

El operador proyección sobre el subespacio propio asociado al autovalor $a_i = 1$ es:

$$\Pi_{a_i=1} = \sum_{j,k} |1\, b_j\, c_k\rangle\langle 1\, b_j\, c_k|$$

La probabilidad de obtener el valor 1 al medir el observable A ($a_i = 1$) cuando en la medida anterior del observable B se ha obtenido el valor 2 ($b_j = 2$), teniendo en cuenta que el estado del sistema tras la primera medida queda representado por el vector $|\psi_{[m(b_j=2)]}\rangle$, resulta:

$$p_\psi(a_i = 1|b_j = 2) = \left|\left|\, \Pi_{a_i=1}\, |\psi_{[m(b_j=2)]}\rangle\, \right|\right|^2$$

$$= \left|\left|\left(\sum_{j,k} |1\, b_j\, c_k\rangle\langle 1\, b_j\, c_k|\right) \frac{1}{\sqrt{3}}\left(\sqrt{2}\, i\, |1\, 2\, 3\rangle - |4\, 2\, 3\rangle\right)\right|\right|^2$$

$$= \left\| \frac{\sqrt{2}\,i}{\sqrt{3}} \,|1\,2\,3\rangle\,\langle 1\,2\,3|1\,2\,3\rangle \right\|^2 = \left\| \frac{\sqrt{2}\,i}{\sqrt{3}} \,|1\,2\,3\rangle \right\|^2 = \left| \frac{\sqrt{2}\,i}{\sqrt{3}} \right|^2 = \frac{2}{3}$$

En este desarrollo se ha usado de nuevo la propiedad de ortonormalidad de la base.

c) La probabilidad conjunta de obtener en primer lugar el valor 2 al medir el observable B y a continuación el valor 1 al medir el observable A resulta: $p_\psi(b_j = 2) \cdot p_\psi(a_i = 1|b_j = 2) = 3/5 \cdot 2/3 = 2/5$.

Se puede comprobar fácilmente que la probabilidad de obtener en primer lugar el valor 1 al medir el observable A es $p_\psi(a_i = 1) = 2/5$, la probabilidad de obtener a continuación el valor 2 al medir el observable B es $p_\psi(b_j = 2|a_i = 1) = 1$, y la probabilidad conjunta es por tanto 2/5, que coincide con la anterior[a].

---

[a]En este caso la probabilidad conjunta no depende de en qué orden se efectúan las medidas de cada observable porque los operadores que representan ambos observables conmutan entre sí, ya que forman parte de un CCOC, y tienen por tanto una base propia común (la formada por los vectores $|a_i\,b_j\,c_k\rangle$). Para observables cuyos operadores no conmutan entre sí, el resultado de las probabilidades conjuntas es en general diferente según el orden en que se efectúen las medidas.

3.2.1. Valor esperado de un observable

El *valor esperado* de un observable representado por el operador A en el estado representado por el vector $|\psi\rangle$ es la media de los valores obtenidos en la medida del observable en un conjunto de sistemas preparados de forma idéntica. Por tanto, se obtiene como la media ponderada de todos los autovalores del operador que representa el observable, donde los factores de ponderación son las probabilidades de obtener cada uno de los autovalores, y se calcula como:

$$\langle A \rangle_\psi \equiv \sum_i p_\psi(a_i)\, a_i = \langle \psi|A|\psi \rangle \tag{3.6}$$

Si el vector de estado se representa en la base propia del mismo operador A, con espectro discreto, como $|\psi\rangle = \sum_i c_i|a_i\rangle$, el valor esperado se obtiene como:

$$\langle A \rangle_\psi = \sum_i |c_i|^2\, a_i \tag{3.7}$$

Si el vector de estado se representa en la base propia del mismo operador A, con espectro continuo, como la función de onda $\psi(a)$ (apdo. 2.9), el valor esperado se obtiene como:

$$\langle A \rangle_\psi = \int |\psi(a)|^2\, a\, da \tag{3.8}$$

Demostración: Valor esperado

Introduciendo la expresión de la probabilidad para cada uno de los autovalores dada en la ec. 3.2, se obtiene:

$$\langle A \rangle_\psi \equiv \sum_i p_\psi(a_i)\, a_i = \sum_i \langle \psi | \Pi_{a_i} | \psi \rangle \, a_i = \langle \psi | \left(\sum_i a_i\, \Pi_{a_i} \right) | \psi \rangle = \langle \psi | A | \psi \rangle$$

donde Π_{a_i} (ec. 2.36) es el operador proyección sobre el subespacio propio asociado a cada autovalor a_i, y por tanto $\sum_i a_i\, \Pi_{a_i}$ es otra forma de expresar la descomposición espectral (ec. 2.22) del operador A.

Si el vector de estado se representa en la base propia del mismo operador A, con espectro discreto, se obtiene:

$$\langle \psi | A | \psi \rangle = \left(\sum_j c_j^* \langle a_j | \right) A \left(\sum_i c_i | a_i \rangle \right) = \sum_{i,j} c_j^* c_i \, \langle a_j | A | a_i \rangle$$

$$= \sum_{i,j} c_j^* c_i \, a_i \, \langle a_j | a_i \rangle = \sum_i |c_i|^2 \, a_i$$

Si el vector de estado se representa como función de onda en la base propia del mismo operador A, con espectro continuo, se obtiene:

$$\langle \psi | A | \psi \rangle = \left(\int da \, \langle \psi | a \rangle \, \langle a | \right) A \left(\int da' \, \langle a' | \psi \rangle \, | a' \rangle \right)$$

$$= \int da \, \langle \psi | a \rangle \int da' \, \langle a' | \psi \rangle \, \langle a | A | a' \rangle = \int da \, \langle \psi | a \rangle \int da' \, \langle a' | \psi \rangle \, a' \, \delta(a - a')$$

$$= \int da \, \langle \psi | a \rangle \, \langle a | \psi \rangle \, a = \int da \, \langle a | \psi \rangle^* \, \langle a | \psi \rangle \, a = \int |\psi(a)|^2 \, a \, da$$

3.2.2. Incertidumbre de un observable

La *incertidumbre* de un observable representado por el operador A en el estado representado por el vector $|\psi\rangle$ puede identificarse con la desviación típica $\sigma_{A,\psi}$ de los valores obtenidos en la medida del observable en un conjunto de sistemas preparados de forma idéntica, y se define entonces como:

$$\sigma_{A,\psi} = \sqrt{\langle (A - \langle A \rangle_\psi \, \mathbb{I})^2 \rangle_\psi} = \sqrt{\langle A^2 \rangle_\psi - \langle A \rangle_\psi^2} \tag{3.9}$$

que es una expresión análoga a la empleada en estadística[7], pero remplazando las medias por valores esperados.

La incertidumbre es nula si el vector de estado $|\psi\rangle$ es autovector del operador A, $A|\psi\rangle = a|\psi\rangle$, ya que entonces $\langle A^2\rangle_\psi - \langle A\rangle_\psi^2 = a^2 - a^2 = 0$. Se dice entonces que el sistema se encuentra en un *autoestado* del observable A o que el observable A está bien definido en ese estado.

Para dos observables cualesquiera se cumple la siguiente relación entre sus incertidumbres, denominada *principio de incertidumbre generalizado*:

$$\sigma_{A,\psi}\,\sigma_{B,\psi} \geq \frac{1}{2}\left|\langle [A,B]\rangle_\psi\right| \tag{3.10}$$

Esta expresión indica que el producto de las incertidumbres en las medidas de los observables A y B en el estado $|\psi\rangle$, representadas por sus desviaciones típicas $\sigma_{A,\psi}$ y $\sigma_{B,\psi}$, no puede ser menor de un cierto valor. Si los operadores que representan esos dos observables conmutan, $[A,B] = 0$, se dice que son *compatibles*, tienen una base propia común (apdo. 2.7) y cumplen $\sigma_A\sigma_B \geq 0$, es decir, es posible en principio medir ambos observables en el mismo sistema sin incertidumbres.

La identificación entre incertidumbre y desviación típica es solo una de las posibles interpretaciones del principio de incertidumbre, que se puede aplicar, por ejemplo, a los observables posición y momento (ecs. 1.2, 3.25). Otros casos no permiten esa identificación, como ocurre con el tiempo (ec. 1.4), que no es un observable asociado a una variable dinámica del sistema; su incertidumbre debe interpretarse como la duración característica del sistema en un cierto estado (o la duración promedio de un conjunto de sistemas preparados en ese mismo estado) antes de sufrir un cambio significativo (ec. 3.37), y en el caso de sistemas que se desintegran espontáneamente se asocia con su vida media, que es la inversa de su constante de desintegración (apdos. 8.5, 14.1).

Demostración: Principio de incertidumbre generalizado

Para dos vectores cualesquiera $|\mu\rangle, |\nu\rangle$ se cumple la desigualdad de Schwarz[a]:

$$|| \, |\mu\rangle \, ||^2 \, || \, |\nu\rangle \, ||^2 \geq |\langle\mu|\nu\rangle|^2 \qquad \Rightarrow \qquad \langle\mu|\mu\rangle\langle\nu|\nu\rangle \geq |\langle\mu|\nu\rangle|^2$$

Por otro lado, para cualquier número complejo, por ejemplo $\langle\mu|\nu\rangle$, se cumple:

$$|\langle\mu|\nu\rangle|^2 = [\text{Re}(\langle\mu|\nu\rangle)]^2 + [\text{Im}(\langle\mu|\nu\rangle)]^2 \geq [\text{Im}(\langle\mu|\nu\rangle)]^2$$

$$= \left[\frac{1}{2i}\left(\langle\mu|\nu\rangle - \langle\mu|\nu\rangle^*\right)\right]^2 = -\frac{1}{4}(\langle\mu|\nu\rangle - \langle\mu|\nu\rangle^*)^2 = -\frac{1}{4}\left(\langle\mu|\nu\rangle - \langle\nu|\mu\rangle\right)^2$$

---

[7]El cuadrado de la desviación típica (varianza) es la media de las diferencias al cuadrado entre cada valor de la variable y la media de todos ellos.

De las dos relaciones anteriores se obtiene:

$$\langle\mu|\mu\rangle\langle\nu|\nu\rangle \geq |\langle\mu|\nu\rangle|^2 \geq -\frac{1}{4}\left(\langle\mu|\nu\rangle - \langle\nu|\mu\rangle\right)^2$$

A partir de los operadores autoadjuntos A y B y el vector $|\psi\rangle$ se definen los vectores $|\Delta A_\psi\rangle = (A - \langle A\rangle_\psi \, \mathbb{I})\,|\psi\rangle$ y $|\Delta B_\psi\rangle = (B - \langle B\rangle_\psi \, \mathbb{I})\,|\psi\rangle$, que sirven para obtener las incertidumbres al cuadrado de ambos observables como $\sigma^2_{A,\psi} = \langle\Delta A_\psi|\Delta A_\psi\rangle$ y $\sigma^2_{B,\psi} = \langle\Delta B_\psi|\Delta B_\psi\rangle$. Haciendo uso de la desigualdad anterior se puede escribir:

$$\sigma^2_{A,\psi}\,\sigma^2_{B,\psi} = \langle\Delta A_\psi|\Delta A_\psi\rangle\langle\Delta B_\psi|\Delta B_\psi\rangle \geq |\langle\Delta A_\psi|\Delta B_\psi\rangle|^2$$
$$\geq -\frac{1}{4}\left(\langle\Delta A_\psi|\Delta B_\psi\rangle - \langle\Delta B_\psi|\Delta A_\psi\rangle\right)^2$$

El producto escalar $\langle\Delta A_\psi|\Delta B_\psi\rangle$ viene dado por:

$$\begin{aligned}
\langle\Delta A_\psi|\Delta B_\psi\rangle &= \langle\psi|\left(A - \langle A\rangle_\psi \, \mathbb{I}\right)\left(B - \langle B\rangle_\psi \, \mathbb{I}\right)|\psi\rangle \\
&= \langle\psi|\left(AB - A\langle B\rangle_\psi - B\langle A\rangle_\psi + \langle A\rangle_\psi\langle B\rangle_\psi \, \mathbb{I}\right)|\psi\rangle \\
&= \langle\psi|AB|\psi\rangle - \langle\psi|A|\psi\rangle\langle B\rangle_\psi - \langle\psi|B|\psi\rangle\langle A\rangle_\psi + \langle A\rangle_\psi\langle B\rangle_\psi \\
&= \langle AB\rangle_\psi - \langle A\rangle_\psi\langle B\rangle_\psi - \langle B\rangle_\psi\langle A\rangle_\psi + \langle A\rangle_\psi\langle B\rangle_\psi \\
&= \langle AB\rangle_\psi - \langle A\rangle_\psi\langle B\rangle_\psi
\end{aligned}$$

y, análogamente, $\langle\Delta B_\psi|\Delta A_\psi\rangle = \langle BA\rangle_\psi - \langle A\rangle_\psi\langle B\rangle_\psi$. Entonces se tiene:

$$\begin{aligned}
\sigma^2_{A,\psi}\,\sigma^2_{B,\psi} &\geq -\frac{1}{4}\left(\langle\Delta A_\psi|\Delta B_\psi\rangle - \langle\Delta B_\psi|\Delta A_\psi\rangle\right)^2 \\
&= -\frac{1}{4}\left(\langle AB\rangle_\psi - \langle BA\rangle_\psi\right)^2 = -\frac{1}{4}\left(\langle[A,B]\rangle_\psi\right)^2
\end{aligned}$$

de donde se obtiene finalmente[b] $\sigma_{A,\psi}\,\sigma_{B,\psi} \geq \frac{1}{2}\left|\langle[A,B]\rangle_\psi\right|$.

---

[a]**Demostración:** Sea $|\kappa\rangle = |\nu\rangle - \frac{\langle\mu|\nu\rangle}{\langle\mu|\mu\rangle}|\mu\rangle$. Entonces:

$\langle\kappa|\kappa\rangle = \langle\nu|\nu\rangle - \frac{\langle\mu|\nu\rangle}{\langle\mu|\mu\rangle}\langle\nu|\mu\rangle - \frac{\langle\mu|\nu\rangle}{\langle\mu|\mu\rangle}\langle\mu|\nu\rangle + \left(\frac{\langle\mu|\nu\rangle}{\langle\mu|\mu\rangle}\right)^2\langle\mu|\mu\rangle = \langle\nu|\nu\rangle - \frac{\langle\mu|\nu\rangle\langle\nu|\mu\rangle}{\langle\mu|\mu\rangle} = \langle\nu|\nu\rangle - \frac{|\langle\mu|\nu\rangle|^2}{\langle\mu|\mu\rangle}$.

Como $\langle\kappa|\kappa\rangle \geq 0$, **entonces** $\langle\nu|\nu\rangle - \frac{|\langle\mu|\nu\rangle|^2}{\langle\mu|\mu\rangle} \geq 0 \quad \Rightarrow \quad \langle\mu|\mu\rangle\langle\nu|\nu\rangle \geq |\langle\mu|\nu\rangle|^2$.

[b]**El conmutador de dos operadores autoadjuntos es un operador anti-autoadjunto:**
$[A,B]^\dagger = (AB - BA)^\dagger = (AB)^\dagger - (BA)^\dagger = B^\dagger A^\dagger - A^\dagger B^\dagger = BA - AB = -(AB - BA) = -[A,B]$.
El valor esperado de un operador anti-autoautoadjunto es imaginario:
$\langle\psi|A|\phi\rangle = -\langle\phi|A|\psi\rangle^* \quad \Rightarrow \quad \langle\psi|A|\psi\rangle = -\langle\psi|A|\psi\rangle^* \quad \Rightarrow \quad \text{Re}(\langle\psi|A|\psi\rangle) = 0$
Por tanto, $(\langle[A,B]\rangle)^2$ **es negativo.**

Ejemplo: Valor esperado e incertidumbre de un observable

El vector $|\psi\rangle$ que representa el estado de un sistema cuántico y el operador A que representa un observable se representan matricialmente en la misma base como:

$$|\psi\rangle = \frac{1}{\sqrt{5}} \begin{pmatrix} i \\ 2 \end{pmatrix} \qquad\qquad A = \begin{pmatrix} 2 & 0 \\ 0 & 5 \end{pmatrix}$$

Obtener el valor esperado y la incertidumbre del observable en ese estado.

Resolución:
El valor esperado (ec. 3.6) viene dado por:

$$\langle A\rangle_\psi = \langle\psi|A|\psi\rangle = \frac{1}{\sqrt{5}} \begin{pmatrix} i & 2 \end{pmatrix}^* \begin{pmatrix} 2 & 0 \\ 0 & 5 \end{pmatrix} \frac{1}{\sqrt{5}} \begin{pmatrix} i \\ 2 \end{pmatrix} = \frac{22}{5} = 4{,}4$$

Como la matriz que representa el operador es diagonal, es inmediato deducir sus autovalores, que son los posibles resultados de la medida del observable correspondiente, $a_1 = 2$ y $a_2 = 5$, con probabilidades dadas por:

$$p_\psi(a_1) = |\langle a_1|\psi\rangle|^2 = \left| \begin{pmatrix} 1 & 0 \end{pmatrix}^* \frac{1}{\sqrt{5}} \begin{pmatrix} i \\ 2 \end{pmatrix} \right|^2 = \frac{1}{5}$$

$$p_\psi(a_2) = |\langle a_2|\psi\rangle|^2 = \left| \begin{pmatrix} 0 & 1 \end{pmatrix}^* \frac{1}{\sqrt{5}} \begin{pmatrix} i \\ 2 \end{pmatrix} \right|^2 = \frac{4}{5}$$

Estos resultados permiten calcular el valor esperado a través de su definición:

$$\langle A\rangle_\psi = p_\psi(a_1)\, a_1 + p_\psi(a_2)\, a_2 = \frac{1}{5}\, 2 + \frac{4}{5}\, 5 = \frac{22}{5} = 4{,}4$$

que coincide con el obtenido antes.

Para calcular la incertidumbre (ec. 3.9) se obtiene primero $\langle A^2\rangle_\psi$:

$$\langle A^2\rangle_\psi = \langle\psi|A^2|\psi\rangle = \frac{1}{\sqrt{5}} \begin{pmatrix} i & 2 \end{pmatrix}^* \begin{pmatrix} 2 & 0 \\ 0 & 5 \end{pmatrix} \begin{pmatrix} 2 & 0 \\ 0 & 5 \end{pmatrix} \frac{1}{\sqrt{5}} \begin{pmatrix} i \\ 2 \end{pmatrix} = \frac{104}{5}$$

La incertidumbre resulta entonces:

$$\sigma_{A,\psi} = \sqrt{\langle A^2\rangle_\psi - \langle A\rangle_\psi^2} = \sqrt{\frac{104}{5} - \left(\frac{22}{5}\right)^2} = \frac{6}{5} = 1{,}2$$

3.3. Postulado sobre observables posición y momento

En mecánica cuántica las variables dinámicas posición y momento lineal son observables asociados a operadores autoadjuntos con espectro continuo.

El *operador posición* en una dimensión del espacio físico, X, se define por su actuación sobre una función de onda cuya variable es la posición en esa dimensión, $\psi(x)$, como:

$$X\,\psi(x) \equiv x\,\psi(x) \tag{3.11}$$

Es decir, el operador posición actúa sobre la función de onda en representación de posiciones (apdo. 3.3.1) multiplicándola por la propia variable posición. La ecuación de autovalores de este operador es:

$$X\,|x_0\rangle = x_0\,|x_0\rangle \tag{3.12}$$

Cada autovector del operador posición, $|x_0\rangle$, tiene una función de onda equivalente (autofunción), que en representación de posiciones se puede expresar como $\xi_{x_0}(x)$, cuya variable es la posición x y cuyo subíndice x_0 indica a qué autovector es equivalente. Aplicando la ec. 3.11 de definición del operador posición a esta autofunción resulta:

$$X\,\xi_{x_0}(x) \equiv x\,\xi_{x_0}(x) \tag{3.13}$$

y aplicando la ec. 3.12 de autovalores resulta:

$$X\,\xi_{x_0}(x) = x_0\,\xi_{x_0}(x) \tag{3.14}$$

Juntando las dos expresiones anteriores se obtiene:

$$x\,\xi_{x_0}(x) = x_0\,\xi_{x_0}(x) \quad \Rightarrow \quad (x - x_0)\,\xi_{x_0}(x) = 0 \tag{3.15}$$

de donde se deduce que $\xi_{x_0}(x)$ debe tomar el valor 0 para $x \neq x_0$, y puede tomar cualquier valor para $x = x_0$; si se introduce además la condición de ortonormalización de Dirac (ec. 2.24), $\langle x_0|x_0'\rangle = \delta(x_0 - x_0')$, las autofunciones del operador posición resultantes son deltas de Dirac:

$$\xi_{x_0}(x) = \delta(x - x_0) \tag{3.16}$$

El operador posición se puede definir para las tres dimensiones del espacio físico[8] como un vector de tres componentes, cada una de las cuales es un operador posición

---

[8]Conviene resaltar aquí la diferencia entre las dimensiones del espacio físico o espacio real y las dimensiones de la estructura algebraica a la que pertenecen los vectores de estado y en la que actúan los operadores. Algunos operadores, como el de posición, representan observables relacionados con el espacio físico, que tiene tres dimensiones físicas (aunque algunos procesos pueden desarrollarse en solo dos o una). Cada uno de los autovectores del operador posición representa una posición o punto en ese espacio físico, que forman parte de un continuo y por tanto son infinitos. Esos infinitos autovectores, que son linealmente independientes, forman una estructura algebraica (en este caso un espacio de Hilbert equipado, apdo. 2.8), que se dice entonces que tiene infinitas dimensiones. De manera análoga, el operador momento que se introducirá a continuación puede definirse para cada una de las tres dimensiones del espacio físico, y sus infinitos autovectores forman una estructura algebraica de tipo espacio de Hilbert equipado que tiene infinitas dimensiones.

en una dimensión; por ejemplo, en componentes cartesianas, $\vec{R} = (X, Y, Z)$, con autovalores $\vec{r} = (x, y, z)$.

Por su parte, el *operador momento* en una dimensión del espacio físico, P_x, se define por su actuación sobre una función de onda cuya variable es la posición en esa dimensión, $\psi(x)$, como:

$$P_x \, \psi(x) \equiv -i\hbar \, \frac{d}{dx} \, \psi(x) \tag{3.17}$$

Es decir, el operador momento actúa sobre la función de onda en representación de posiciones (apdo. 3.3.1) derivándola respecto a la propia variable posición y multiplicándola por el factor constante $-i\hbar$. La ecuación de autovalores de este operador es:

$$P_x \, |p_0\rangle = p_0 \, |p_0\rangle \tag{3.18}$$

Cada autovector del operador momento, $|p_0\rangle$, tiene una función de onda equivalente (autofunción), que en representación de posiciones se puede expresar como $\widetilde{\xi}_{p_0}(x)$, cuya variable es la posición x y cuyo subíndice p_0 indica a qué autovector es equivalente. Aplicando la ec. 3.17 de definición del operador momento a esta autofunción resulta:

$$P_x \, \widetilde{\xi}_{p_0}(x) \equiv -i\hbar \, \frac{d}{dx} \, \widetilde{\xi}_{p_0}(x) \tag{3.19}$$

y aplicando la ec. 3.18 de autovalores resulta:

$$P_x \, \widetilde{\xi}_{p_0}(x) = p_0 \, \widetilde{\xi}_{p_0}(x) \tag{3.20}$$

Juntando las dos expresiones anteriores se obtiene:

$$-i\hbar \, \frac{d}{dx} \, \widetilde{\xi}_{p_0}(x) = p_0 \, \widetilde{\xi}_{p_0}(x) \tag{3.21}$$

Resolviendo esta ecuación diferencial de variables separadas se obtiene que las autofunciones del operador momento son[9]:

$$\widetilde{\xi}_{p_0}(x) = \frac{1}{\sqrt{2\pi\hbar}} \, e^{\frac{i}{\hbar} p_0 x} \tag{3.22}$$

donde el factor $1/\sqrt{2\pi\hbar}$ se ha introducido para que estas autofunciones cumplan la condición de ortonormalización de Dirac (ec. 2.24), $\langle p_0|p_0'\rangle = \delta(p_0 - p_0')$.

---

[9] Estas autofunciones tienen forma ondulatoria (sinusoidal), lo que da origen al término función de onda. La longitud de onda correspondiente es $\lambda = 2\pi\hbar/p_0 = h/p_0$, que coincide con la longitud de onda de De Broglie asociada a una partícula con momento p_0 (ec. 1.1). De este modo se pueden relacionar las funciones de onda del formalismo de Schrödinger con las ondas de materia de De Broglie, a pesar de las importantes diferencias de concepto que existen entre ambas (apdo. 1.1.).

El operador momento se puede definir para las tres dimensiones del espacio físico como un vector de tres componentes, cada una de las cuales es un operador momento en una dimensión:

$$\vec{P} \equiv -i\hbar\vec{\nabla} \tag{3.23}$$

donde $\vec{\nabla}$ es el *operador gradiente*. En componentes cartesianas $\vec{P} = (P_x,\, P_y,\, P_z) = -i\hbar\,(\partial/\partial x,\, \partial/\partial y,\, \partial/\partial z)$, con autovalores $\vec{p} = (p_x, p_y, p_z)$.

Los autovalores de los operadores posición y momento pueden tomar cualquier valor de un intervalo de la recta real, y por tanto los autovectores asociados no son normalizables, no pertenecen a un espacio de Hilbert, y no representan estados físicos, lo que implica que un sistema no puede tener una posición o un momento perfectamente definidos. Sin embargo, esos conjuntos de autovectores pueden ser útiles como base para expresar cualquier vector de un espacio de Hilbert (apdo. 3.3.1), que sí representan estados físicos, por ejemplo el de una partícula libre en forma de paquete de ondas con una cierta distribución de posiciones y de momentos (ec. 3.58).

El conmutador entre los operadores posición y momento en la misma coordenada es:

$$[P_x,X] = [P_y,Y] = [P_z,Z] = -i\hbar\,\mathbb{I} \tag{3.24}$$

A partir de estos conmutadores se deduce que el principio de incertidumbre (ec. 3.10) asociado a cada una de estas parejas de observables incompatibles es:

$$\sigma_{P_x}\,\sigma_X \geq \frac{\hbar}{2} \qquad \sigma_{P_y}\,\sigma_Y \geq \frac{\hbar}{2} \qquad \sigma_{P_z}\,\sigma_Z \geq \frac{\hbar}{2} \tag{3.25}$$

que coinciden con la ec. 1.2. Para coordenadas distintas ambos operadores conmutan ($[P_x,Y] = [P_x,Z] = [P_y,X] = [P_y,Z] = [P_z,X] = [P_z,Y] = 0$), ya que se refieren a espacios de Hilbert distintos, y sus observables correspondientes son compatibles.

El operador momento P_x definido como en la ec. 3.17 se denomina *momento canónico* o *momento conjugado* del operador posición X. Un indicio de la correspondencia entre esa definición y el concepto clásico de momento lineal se obtiene a partir de la definición de velocidad como derivada temporal del valor esperado del operador posición, como se comprobará más adelante (ec. 3.36). Otro indicio es la relación descrita antes entre las autofunciones del operador posición (ec. 3.22) y la onda de De Broglie. Pero el principal argumento que sostiene la definición del operador momento es que produce la relación de conmutación con el operador posición de la ec. 3.24, que podría tomarse como postulado de la mecánica cuántica.

Demostración: Los operadores posición y momento son autoadjuntos

Se expresa un elemento de matriz del operador posición entre dos vectores de estado cualesquiera en representación de funciones de onda, introduciendo la definición del operador (ec. 3.11), y a continuación se introduce el complejo-conjugado de la expresión completa, teniendo en cuenta que la posición x es un número real:

$$\langle\psi|X|\phi\rangle = \int_{-\infty}^{\infty} \psi^*(x)\, x\, \phi(x)\, dx = \left[\int_{-\infty}^{\infty} \psi(x)\, x\, \phi^*(x)\, dx\right]^* = \langle\phi|X|\psi\rangle^*$$

Como se cumple $\langle\psi|X|\phi\rangle = \langle\phi|X|\psi\rangle^*$ (ec. 2.21), el operador X es autoadjunto.

De manera análoga, se expresa un elemento de matriz del operador momento entre dos vectores de estado cualesquiera en representación de funciones de onda, introduciendo la definición del operador (ec. 3.17):

$$\langle\psi|P_x|\phi\rangle = -i\hbar \int_{-\infty}^{\infty} \psi^*(x)\, \frac{d}{dx}\phi(x)\, dx$$

$$= -i\hbar \left[\left(\psi^*(x)\phi(x)\right)\Big|_{-\infty}^{\infty} - \int_{-\infty}^{\infty} \phi(x)\frac{d}{dx}\psi^*(x)dx\right] = i\hbar \int_{-\infty}^{\infty} \phi(x)\frac{d}{dx}\psi^*(x)dx$$

donde la integral inicial se ha reescrito haciendo uso del método de integración por partes y se ha tenido en cuenta que las funciones de onda tienden a cero en el infinito (por ser normalizables), lo que anula el primero de los términos obtenidos. A continuación se introduce el complejo-conjugado de la expresión resultante:

$$i\hbar \int_{-\infty}^{\infty} \phi(x)\, \frac{d}{dx}\psi^*(x)\, dx = \left[-i\hbar \int_{-\infty}^{\infty} \phi^*(x)\, \frac{d}{dx}\psi(x)\, dx\right]^* = \langle\phi|P_x|\psi\rangle^*$$

Se obtiene entonces $\langle\psi|P_x|\phi\rangle = \langle\phi|P_x|\psi\rangle^*$ y por tanto el operador P_x es autoadjunto (ec. 2.21).

Demostración: Conmutador de los operadores posición y momento y principio de incertidumbre asociado a ellos

$$[P_x,X]\,\psi(x) = \left(-i\hbar\,\frac{d}{dx}\right)x\,\psi(x) - x\left(-i\hbar\,\frac{d}{dx}\right)\psi(x)$$

$$= -i\hbar\,\psi(x) - i\hbar\,x\,\frac{d\psi(x)}{dx} + i\hbar\,x\,\frac{d\psi(x)}{dx} = -i\hbar\,\psi(x)$$

de donde se deduce $[P_x,X] = -i\hbar\,\mathbb{I}$. El principio de incertidumbre asociado es:

$$\sigma_{P_x}\,\sigma_X \geq \frac{1}{2}|\langle[P_x,X]\rangle| = \frac{1}{2}|(-i\hbar)| = \frac{\hbar}{2}$$

3.3.1. Representación de posiciones y de momentos

Un vector $|\psi\rangle$ puede expresarse en la base propia del operador posición como:

$$|\psi\rangle = \int dx_0 \, \langle x_0|\psi\rangle \, |x_0\rangle = \int dx_0 \, \psi(x_0) \, |x_0\rangle \tag{3.26}$$

donde $\psi(x_0) = \langle x_0|\psi\rangle$ es la función de onda en *representación de posiciones*.

Asimismo, el vector $|\psi\rangle$ puede expresarse en la base propia del operador momento como:

$$|\psi\rangle = \int dp_0 \, \langle p_0|\psi\rangle \, |p_0\rangle = \int dp_0 \, \widetilde{\psi}(p_0) \, |p_0\rangle \tag{3.27}$$

donde $\widetilde{\psi}(p_0) = \langle p_0|\psi\rangle$ es la función de onda en *representación de momentos*.

Las representaciones de posiciones y de momentos de una función de onda se relacionan entre sí como transformadas de Fourier recíprocas:

$$\widetilde{\psi}(p_0) = \frac{1}{\sqrt{2\pi\hbar}} \int dx_0 \, \psi(x_0) \, e^{-\frac{i}{\hbar}p_0 x_0} \tag{3.28}$$

$$\psi(x_0) = \frac{1}{\sqrt{2\pi\hbar}} \int dp_0 \, \widetilde{\psi}(p_0) \, e^{\frac{i}{\hbar}p_0 x_0} \tag{3.29}$$

Dado que estas relaciones son válidas para cualquier valor de x_0 o de p_0, pueden expresarse directamente en función de las variables posición y momento, x y p.

A partir de estas relaciones se pueden obtener las autofunciones de onda de los operadores posición y momento empleando la representación de momentos, $\xi_{x_0}(p)$ y $\widetilde{\xi}_{p_0}(p)$, en lugar de la representación de posiciones de las ecs. 3.16 y 3.22:

$$\xi_{x_0}(p) = \frac{1}{\sqrt{2\pi\hbar}} \, e^{-\frac{i}{\hbar}p x_0} \tag{3.30}$$

$$\widetilde{\xi}_{p_0}(p) = \delta(p - p_0) \tag{3.31}$$

Demostración: Relación entre funciones de onda en representación de posiciones y de momentos

A partir de la definición de función de onda en representación de momentos e introduciendo su representación de posiciones se obtiene:

$$\widetilde{\psi}(p_0) = \langle p_0|\psi\rangle = \langle p_0| \left(\int dx_0 \, \psi(x_0) \, |x_0\rangle \right) = \int dx_0 \, \psi(x_0) \, \langle p_0|x_0\rangle$$

Escribiendo los autovectores $|x_0\rangle$ y $|p_0\rangle$ como sus autofunciones de onda correspondientes en representación de posiciones (ecs. 3.16 y 3.22), su producto escalar resulta:

$$\langle p_0|x_0\rangle = \int \widetilde{\xi}_{p_0}^{*}(x) \, \xi_{x_0}(x) \, dx = \int \frac{1}{\sqrt{2\pi\hbar}} \, e^{-\frac{i}{\hbar}p_0 x} \, \delta(x - x_0) \, dx = \frac{1}{\sqrt{2\pi\hbar}} \, e^{-\frac{i}{\hbar}p_0 x_0}$$

Introduciendo este resultado en la expresión anterior, la representación de momentos de una función de onda general se puede expresar en términos de su representación de posiciones como:

$$\widetilde{\psi}(p_0) = \frac{1}{\sqrt{2\pi\hbar}} \int dx_0 \, \psi(x_0) \, e^{-\frac{i}{\hbar} p_0 x}$$

3.4. Postulado sobre evolución temporal de un sistema

La *evolución temporal* de un sistema cuántico cuyo estado está representado por el vector $|\psi\rangle$ viene dada por la *ecuación de Schrödinger*[10]:

$$i\hbar \frac{\partial}{\partial t} |\psi(t)\rangle = H |\psi(t)\rangle \tag{3.32}$$

donde H es el operador *hamiltoniano*, que representa el observable de energía del sistema y puede tomar diferentes formas (apdo. 3.4.2), por ejemplo una suma de un operador de energía cinética y de un operador de energía de interacción con otros sistemas o con un campo.

En general, la evolución de un vector de estado entre dos instantes de tiempo viene dada por:

$$|\psi(t)\rangle = U(t,t_0) |\psi(t_0)\rangle \tag{3.33}$$

donde $U(t,t_0)$ es un operador unitario (apdo. 2.12) que depende únicamente de los instantes de tiempo inicial t_0 y final t. Para la evolución temporal continua dictada por la ecuación de Schrödinger con un hamiltoniano que no cambia con el tiempo, este operador toma la forma:

$$U(t,t_0) = e^{-\frac{i}{\hbar} H(t-t_0)} \tag{3.34}$$

Demostración: Unitariedad del operador de evolución temporal y expresión para evolución continua

En el instante inicial, el operador $U(t,t_0)$ que describe la evolución temporal de un vector de estado (ec. 3.33) tiene que cumplir $U(t_0,t_0) = \mathbb{I}$. Por otro lado, la evolución temporal del propio operador $U(t,t_0)$ cumple también la ecuación de Schrödinger, ya que:

$$i\hbar \frac{\partial}{\partial t} |\psi(t)\rangle = H |\psi(t)\rangle \quad \Rightarrow \quad i\hbar \frac{\partial}{\partial t} U(t,t_0) |\psi(t_0)\rangle = H \, U(t,t_0) |\psi(t_0)\rangle$$

---

[10]Esta ecuación puede interpretarse como la expresión de la conservación de la energía en formalismo cuántico, donde los operadores incluidos en el hamiltoniano producen la energía total E del sistema, que corresponde al operador mecanocuántico $i\hbar \, \partial/\partial t$ (de manera análoga a la correspondencia entre el momento lineal clásico p_x y el operador mecanocuántico $-i\hbar \, d/dx$, ec. 3.17).

$$\Rightarrow \quad i\hbar \frac{\partial}{\partial t} U(t,t_0) = H\, U(t,t_0) \quad \text{o la ec. adjunta} \quad -i\hbar \frac{\partial}{\partial t} U^\dagger(t,t_0) = U^\dagger(t,t_0)\, H^\dagger$$

Se obtiene entonces (teniendo en cuenta que $H^\dagger = H$):

$$\frac{\partial}{\partial t}\left(U^\dagger U\right) = \left(\frac{\partial}{\partial t} U^\dagger\right) U + U^\dagger \left(\frac{\partial}{\partial t} U\right) = \left(\frac{i}{\hbar} U^\dagger H^\dagger\right) U + U^\dagger \left(-\frac{i}{\hbar} H\, U\right) =$$

$$= \frac{i}{\hbar}\left(U^\dagger H^\dagger U - U^\dagger H\, U\right) = \frac{i}{\hbar}\left(U^\dagger H\, U - U^\dagger H\, U\right) = 0$$

Por tanto, $U^\dagger U$ permanece constante, y como inicialmente $U = \mathbb{I}$, se cumple en todo momento $U^\dagger U = \mathbb{I}$, por lo que el operador U es unitario: $U^\dagger = U^{-1}$ (apdo. 2.12).

Dado que la evolución temporal continua del operador $U(t,t_0)$ cumple la ecuación de Schrödinger, para un hamiltoniano independiente del tiempo toma la forma:

$$i\hbar \frac{\partial}{\partial t} U(t,t_0) = H\, U(t,t_0) \quad \Rightarrow \quad \frac{\frac{\partial}{\partial t} U(t,t_0)}{U(t,t_0)} = -\frac{i}{\hbar} H$$

$$\Rightarrow \quad \ln U(t,t_0) = -\frac{i}{\hbar} H(t - t_0) \quad \Rightarrow \quad U(t,t_0) = e^{-\frac{i}{\hbar} H(t - t_0)}$$

La evolución temporal del valor esperado de un observable representado por el operador A en un estado representado por el vector $|\psi(t)\rangle$ viene dada por:

$$i\hbar \frac{d}{dt} \langle A \rangle_{\psi(t)} = \langle [A,H] \rangle_{\psi(t)} + i\hbar \left\langle \frac{\partial A}{\partial t} \right\rangle_{\psi(t)} \tag{3.35}$$

De esta ecuación se deduce que para un operador que conmuta con el hamiltoniano, $[A,H] = 0$, y que no cambia con el tiempo, $\partial A/\partial t \neq 0$, el valor esperado, así como la probabilidad de obtener cada uno de sus autovalores al efectuar una medida del observable, permanecen constantes para cualquier estado del sistema. El observable se denomina entonces *constante del movimiento*.

Como ejemplo de aplicación de la ec. 3.35 se puede obtener la velocidad de un sistema, que en mecánica cuántica se define como la derivada temporal del valor esperado del operador posición en el estado en que se encuentra el sistema. Para un sistema que se mueve en una dimensión con hamiltoniano $H = P_x^2/2m + V(X)$ se obtiene:

$$v_x \equiv \frac{d}{dt} \langle X \rangle = \frac{i}{\hbar} \langle [H,X] \rangle + i\hbar \left\langle \frac{\partial X}{\partial t} \right\rangle^{\,0} = \frac{i}{2m\hbar} \langle [P_x^2,X] \rangle + \frac{i}{\hbar} \langle [V(X),X] \rangle^{\,0}$$

$$= \frac{i}{2m\hbar} \langle P_x\,[P_x,X] + [P_x,X]\,P_x \rangle = \frac{i}{2m\hbar} \langle P_x\,(-i\hbar) + (-i\hbar)\,P_x \rangle = \frac{1}{m} \langle P_x \rangle \tag{3.36}$$

donde se ha usado que la definición del operador posición no cambia con el tiempo, que $[V(X),X] = 0$ y que $[P_x,X] = -i\hbar$ (ec. 3.24). La relación resultante, $\langle P_x \rangle = mv_x$, es análoga a la expresión clásica del momento (no relativista) y constituye por tanto una justificación adicional para la definición del observable momento en mecánica cuántica dada en la ec. 3.17.

El resultado de la ec. 3.36 se cumple análogamente para todas las coordenadas, de manera que $\vec{v} \equiv d\langle \vec{R}\rangle/dt = \langle \vec{P}\rangle/m$. Esta relación, junto con $d\langle \vec{P}\rangle/dt = -\langle \vec{\nabla}V(X)\rangle = \langle \vec{F}(X)\rangle$ (que también se deduce de la ec. 3.35 usando $\vec{P} = -i\hbar\vec{\nabla}$, siendo $\vec{F}(X)$ la fuerza ejercida sobre el sistema), constituyen el *teorema de Ehrenfest*.

En el principio de incertidumbre generalizado (ec. 3.10) aplicado al hamiltoniano H y a otro observable cualquiera A que no cambia con el tiempo, $\partial A/\partial t \neq 0$, el valor esperado de su conmutador en un cierto estado ψ puede obtenerse de la ec. 3.35, resultando:

$$\sigma_{A,\psi}\,\sigma_{H,\psi} \geq \frac{1}{2}\left|\langle [A,H]\rangle_\psi\right| = \frac{\hbar}{2}\left|\frac{d}{dt}\langle A\rangle_\psi\right| \tag{3.37}$$

La desviación típica de las medidas del hamiltoniano, que es el observable asociado a la energía, se puede interpretar como la incertidumbre de esta, $\Delta E \equiv \sigma_{H,\psi}$. Por otro lado, la incertidumbre en el tiempo Δt, que a veces se define de manera imprecisa como el tiempo necesario para que en el sistema ocurra un cambio sustancial, se puede identificar aquí con el tiempo necesario para que el valor esperado de un observable cambie una cantidad igual a la desviación típica de sus medidas en el sistema: $\sigma_{A,\psi} = |d\langle A\rangle_\psi/dt|\Delta t$. Es decir, puede definirse como $\Delta t \equiv \sigma_{A,\psi}/|d\langle A\rangle_\psi/dt|$, y con ello la ec. 3.37 da lugar al principio de incertidumbre para energía y tiempo, $\Delta t\,\Delta E \geq \hbar/2$ (ec. 1.4).

Demostración: Evolución temporal de un valor esperado

$$\frac{d}{dt}\langle A\rangle_{\psi(t)} = \frac{d}{dt}\langle\psi(t)|A|\psi(t)\rangle$$

$$= \left(\frac{d}{dt}\langle\psi(t)|\right)A|\psi(t)\rangle + \langle\psi(t)|\left(\frac{\partial A}{\partial t}\right)|\psi(t)\rangle + \langle\psi(t)|A\left(\frac{d}{dt}|\psi(t)\rangle\right)$$

Introduciendo la derivada temporal según la ecuación de Schrödinger para un ket, $(d/dt)|\psi(t)\rangle = (-i/\hbar)H|\psi(t)\rangle$, y para un bra, $(d/dt)\langle\psi(t)| = (i/\hbar)\langle\psi(t)|H$ (construida con el adjunto de ambos miembros), se obtiene:

$$\frac{d}{dt}\langle A\rangle_{\psi(t)} = \frac{i}{\hbar}\langle\psi(t)|HA|\psi(t)\rangle + \left\langle\frac{\partial A}{\partial t}\right\rangle_{\psi(t)} - \frac{i}{\hbar}\langle\psi(t)|AH|\psi(t)\rangle$$

$$= \frac{i}{\hbar}\langle\psi(t)|[H,A]|\psi(t)\rangle + \left\langle\frac{\partial A}{\partial t}\right\rangle_{\psi(t)} = \frac{i}{\hbar}\langle[H,A]\rangle_{\psi(t)} + \left\langle\frac{\partial A}{\partial t}\right\rangle_{\psi(t)}$$

3.4.1. Ecuación de Schrödinger independiente del tiempo y estados estacionarios

Un operador hamiltoniano independiente del tiempo actúa sobre un sistema de manera continua y sin cambios. En contraste, un hamiltoniano dependiente del tiempo cambia con el tiempo, o bien actúa de manera intermitente. La mayoría de los hamiltonianos que aparecerán aquí son del primer tipo, mientras que los del segundo tipo se introducirán en el cap. 8.

La ecuación de autovalores de un operador hamiltoniano independiente del tiempo se denomina *ecuación de Schrödinger independiente del tiempo* y viene dada por:

$$H \left| \varepsilon_i \right\rangle = E_i \left| \varepsilon_i \right\rangle \tag{3.38}$$

Los autovalores del hamiltoniano, E_i, son los posibles valores de la *energía* del sistema y sus autovectores asociados $\left| \varepsilon_i \right\rangle$ representan *autoestados de energía*, cuya evolución temporal viene dada por:

$$\left| \varepsilon_i(t) \right\rangle = e^{-\frac{i}{\hbar} E_i (t-t_0)} \left| \varepsilon_i(t_0) \right\rangle = e^{-i\omega_i (t-t_0)} \left| \varepsilon_i(t_0) \right\rangle \tag{3.39}$$

donde la *frecuencia* ω_i introducida en el factor de evolución temporal se define como:

$$\omega_i = \frac{E_i}{\hbar} \tag{3.40}$$

Los autoestados de energía son *estacionarios*, ya que su evolución temporal solamente genera un factor de fase global en el autovector, de modo que $\left| \varepsilon_i(t) \right\rangle$ y $\left| \varepsilon_i(t_0) \right\rangle$ representan el mismo estado cuántico (apdo. 3.1), que se puede expresar simplemente como $\left| \varepsilon_i \right\rangle$. Por tanto, en un sistema que se encuentra en un autoestado de energía la probabilidad de obtener un cierto autovalor a_j en la medida de un observable A cualquiera, así como el valor esperado de ese observable, permanecen constantes:

$$p_{\varepsilon_i}(a_j) = |\langle a_j | \varepsilon_i \rangle|^2 \tag{3.41}$$

$$\langle A \rangle_{\varepsilon_i} = \langle \varepsilon_i | A | \varepsilon_i \rangle \tag{3.42}$$

Los observables que conmutan con el hamiltoniano, es decir, que son constantes del movimiento[11], tienen una base propia común con él, de manera que los autoestados de energía también son autoestados de esos otros observables, cada uno asociado a un único autovalor. Así, en cada estado estacionario la medida de un observable que es constante del movimiento proporciona siempre el mismo valor, que no cambia con el tiempo y puede ser usado para identificar el estado.

---

[11] En un estado estacionario, para cualquier observable A las probabilidades de los valores que se pueden obtener en la medida, y por tanto el valor esperado, son independientes del tiempo: $|\psi\rangle = |\varepsilon_k\rangle \Rightarrow d\langle A \rangle_\psi / dt = 0 \, \forall A$. Por otro lado, para un observable C que es constante del movimiento (que conmuta con el hamiltoniano), en cualquier estado las probabilidades de los valores que se pueden obtener en la medida, y por tanto el valor esperado, son independientes del tiempo: $[H,C] = 0 \Rightarrow d\langle C \rangle_{\psi(t)} / dt = 0 \, \forall |\psi(t)\rangle$.

Un vector de estado cualquiera dependiente del tiempo puede expresarse en la base propia del hamiltoniano como:

$$|\psi(t)\rangle = \sum_i c_i(t) |\varepsilon_i\rangle \tag{3.43}$$

donde la dependencia temporal está incluida en las coordenadas, $c_i(t)$. De acuerdo con la ecuación de Schrödinger (ec. 3.32), esta evolución temporal puede expresarse como:

$$|\psi(t)\rangle = \sum_i c_i(t_0)\, e^{-\frac{i}{\hbar} E_i (t-t_0)} |\varepsilon_i\rangle \tag{3.44}$$

donde $c_i(t_0)$ son las coordenadas en el instante inicial, dados por $c_i(t_0) = \langle \varepsilon_i | \psi(t_0) \rangle$. El operador $U(t,t_0)$ de la ec. 3.33 puede escribirse entonces como:

$$U(t,t_0) = \sum_i e^{-\frac{i}{\hbar} E_i (t-t_0)} |\varepsilon_i\rangle \langle \varepsilon_i| \tag{3.45}$$

La probabilidad de medir en un estado cuántico un cierto valor de la energía E_i, asociado a un estado estacionario $|\varepsilon_i\rangle$, permanece constante y viene dada por (apdo. 3.2):

$$p_\psi(E_i) = |\langle \varepsilon_i | \psi(t) \rangle|^2 = |c_i(t_0)|^2 \tag{3.46}$$

El valor esperado de un hamiltoniano independiente del tiempo, $\langle H \rangle_{\psi(t)}$, que se define a partir de esas probabilidades (ec. 3.6), tampoco depende entonces del tiempo.

Demostración: Evolución temporal de un vector de estado y estados estacionarios

Se tiene un hamiltoniano independiente del tiempo que actúa sobre un vector de estado expresado en la base propia de ese hamiltoniano como $|\psi(t)\rangle = \sum_i c_i(t) |\varepsilon_i\rangle$. Introduciéndolo en la ecuación de Schrödinger resulta:

$$i\hbar \frac{\partial}{\partial t} |\psi(t)\rangle = H |\psi(t)\rangle \quad \Rightarrow \quad i\hbar \frac{\partial}{\partial t} \left(\sum_i c_i(t) |\varepsilon_i\rangle \right) = H \left(\sum_i c_i(t) |\varepsilon_i\rangle \right)$$

$$\Rightarrow \quad i\hbar \sum_i \left(\frac{\partial}{\partial t} c_i(t) \right) |\varepsilon_i\rangle = \sum_i c_i(t)\, E_i |\varepsilon_i\rangle \quad \Rightarrow \quad i\hbar \frac{\partial}{\partial t} c_i(t) = c_i(t)\, E_i$$

$$\Rightarrow \quad \frac{\frac{\partial}{\partial t} c_i(t)}{c_i(t)} = -\frac{i E_i}{\hbar} \quad \Rightarrow \quad c_i(t) = c_i(t_0)\, e^{-\frac{i}{\hbar} E_i (t-t_0)}$$

Por tanto, la evolución temporal del vector es: $|\psi(t)\rangle = \sum_i c_i(t_0) e^{-\frac{i}{\hbar} E_i (t-t_0)} |\varepsilon_i\rangle$. Si el estado inicial es un autoestado de energía, $|\psi(t_0)\rangle = |\varepsilon_k\rangle$, entonces $c_i(t_0) = \delta_{i,k}$ y la dependencia temporal del vector de estado es $|\psi(t)\rangle = e^{-\frac{i}{\hbar} E_k (t-t_0)} |\varepsilon_k\rangle$, que representa el mismo estado que $|\varepsilon_k\rangle$ ya que solamente difieren en una fase global. En ese estado se cumple que la probabilidad de obtener en una medida del observable A un autovalor cualquiera a no depende del tiempo:

$$p_{\varepsilon_k}(a) = |\langle a|\varepsilon_k(t)\rangle|^2 = \left|\langle a|\left(e^{-\frac{i}{\hbar}E_k(t-t_0)}|\varepsilon_k(t_0)\rangle\right)\right|^2$$

$$= \left|e^{-\frac{i}{\hbar}E_k(t-t_0)}\right|^2 |\langle a|\varepsilon_k(t_0)\rangle|^2 = |\langle a|\varepsilon_k\rangle|^2$$

El valor esperado del observable A tampoco depende del tiempo:

$$\langle A\rangle_{\varepsilon_k(t)} = \langle\varepsilon_k(t)|A|\varepsilon_k(t)\rangle = \langle\varepsilon_k(t_0)|\,e^{\frac{i}{\hbar}E_k(t-t_0)}\,A\,e^{-\frac{i}{\hbar}E_k(t-t_0)}\,|\varepsilon_k(t_0)\rangle$$

$$= e^{\frac{i}{\hbar}E_k(t-t_0)}\,e^{-\frac{i}{\hbar}E_k(t-t_0)}\,\langle\varepsilon_k(t_0)|A|\varepsilon_k(t_0)\rangle = \langle\varepsilon_k|A|\varepsilon_k\rangle$$

Ejemplo: Evolución temporal de un vector de estado

Un sistema cuántico se encuentra inicialmente en un estado representado por el vector $|\psi(0)\rangle$ y está sometido al hamiltoniano H, que en notación matricial en la misma base vienen dados por:

$$|\psi(0)\rangle = \frac{1}{\sqrt{10}}\begin{pmatrix} 3 \\ -1 \end{pmatrix} \qquad\qquad H = \epsilon\begin{pmatrix} 0 & 1 \\ 1 & 0 \end{pmatrix}$$

donde el parámetro ϵ del hamiltoniano tiene dimensiones de energía. Hallar el vector que representa el estado del sistema para cualquier tiempo posterior.

Resolución:

Los autovalores del operador hamiltoniano (energías) son $E_1 = \epsilon$ y $E_2 = -\epsilon$, y los autovectores normalizados asociados a ellos son:

$$|\varepsilon_1\rangle = \frac{1}{\sqrt{2}}\begin{pmatrix} 1 \\ 1 \end{pmatrix} \qquad\qquad |\varepsilon_2\rangle = \frac{1}{\sqrt{2}}\begin{pmatrix} 1 \\ -1 \end{pmatrix}$$

El vector de estado inicial se puede expresar en esa base de autovectores del hamiltoniano como $|\psi(0)\rangle = c_1(0)\,|\varepsilon_1\rangle + c_2(0)\,|\varepsilon_2\rangle$, cuyas coordenadas son:

$$c_1(0) = \langle\varepsilon_1|\psi(0)\rangle = \frac{1}{\sqrt{2}}\begin{pmatrix} 1 & 1 \end{pmatrix}^* \frac{1}{\sqrt{10}}\begin{pmatrix} 3 \\ -1 \end{pmatrix} = \frac{1}{\sqrt{5}}$$

$$c_2(0) = \langle\varepsilon_2|\psi(0)\rangle = \frac{1}{\sqrt{2}}\begin{pmatrix} 1 & -1 \end{pmatrix}^* \frac{1}{\sqrt{10}}\begin{pmatrix} 3 \\ -1 \end{pmatrix} = \frac{2}{\sqrt{5}}$$

La evolución temporal del vector de estado se obtiene entonces como (ec. 3.44):

$$|\psi(t)\rangle = c_1(0)\, e^{-\frac{i}{\hbar}E_1 t}\, |\varepsilon_1\rangle + c_2(0)\, e^{-\frac{i}{\hbar}E_2 t}\, |\varepsilon_2\rangle = \frac{1}{\sqrt{5}}\, e^{-\frac{i}{\hbar}\epsilon t}\, |\varepsilon_1\rangle + \frac{2}{\sqrt{5}}\, e^{\frac{i}{\hbar}\epsilon t}\, |\varepsilon_2\rangle$$

Se comprueba que las probabilidades de obtener cada posible valor de la energía del sistema son $p(\epsilon) = 1/5$ y $p(-\epsilon) = 4/5$, tanto en el instante inicial (vector de estado $|\psi(0)\rangle$) como en cualquier tiempo posterior (vector de estado $|\psi(t)\rangle$).

3.4.2. Tipos de hamiltonianos

El operador hamiltoniano se construye habitualmente como la suma de un operador de *energía cinética* T, asociado al movimiento y que depende de un operador momento al cuadrado (lineal o angular), y de un operador de *energía potencial* o de *energía de interacción* V, denominado a menudo simplemente *potencial*, asociado a la interacción con un campo o con otros sistemas y que puede depender del operador posición.

El operador de energía cinética de traslación no relativista se construye a partir de la expresión clásica, ec. 1.14, sustituyendo el momento lineal por su operador correspondiente:

$$T = \frac{P^2}{2m} \tag{3.47}$$

donde m es la masa del sistema. El operador momento lineal al cuadrado en tres dimensiones actuando sobre funciones de onda en representación de posiciones es $P^2 = -\hbar^2\, \nabla^2$ (a partir de la ec. 3.23), donde ∇^2 es el *operador laplaciano*, y en coordenadas cartesianas viene dado por:

$$P^2 = -\hbar^2 \left(\frac{\partial^2}{\partial x^2} + \frac{\partial^2}{\partial y^2} + \frac{\partial^2}{\partial z^2} \right) \tag{3.48}$$

mientras que en coordenadas esféricas viene dado por:

$$P^2 = -\hbar^2 \left[\frac{1}{r^2}\, \frac{\partial}{\partial r}\left(r^2 \frac{\partial}{\partial r} \right) + \frac{1}{r^2 \operatorname{sen}\theta}\, \frac{\partial}{\partial \theta}\left(\operatorname{sen}\theta \frac{\partial}{\partial \theta} \right) + \frac{1}{r^2 \operatorname{sen}^2\theta}\, \frac{\partial^2}{\partial \varphi^2} \right] \tag{3.49}$$

Para el caso de cuerpos extensos puede definirse un operador de energía cinética de rotación, que describe el giro, o cambio de orientación, del cuerpo respecto a un cierto eje, en lugar del desplazamiento de todos sus constituyentes con la misma velocidad, como ocurre en la traslación. En este operador se remplaza el momento lineal por el momento angular y la masa del sistema por momentos de inercia (apdo. 4.4).

Algunas formas importantes de energía potencial que resultan útiles para describir estructuras de la materia son las siguientes (dadas en la forma en que actúan sobre funciones de onda en representación de posiciones):

- Ausencia de potencial: $V = 0$. El espectro de energías es continuo y corresponde a partículas libres.
- Barrera rectangular: $V = V_0$ para $0 \leq x \leq a$, $V(x) = 0$ para $x < 0$ y $x > a$. El espectro de energías es continuo y se emplea, por ejemplo, para describir la desintegración de tipo alfa que sufren algunos núcleos atómicos (apdo. 14.2.1), o en general en todos aquellos procesos donde intervienen partículas que atraviesan una barrera de energía potencial más alta que la propia energía de la partícula (*efecto túnel*).
- Pozo rectangular: $V = -V_0$ para $0 \leq x \leq a$, $V(x) = 0$ para $x < 0$ y $x > a$. El espectro de energías tiene una parte discreta (energías negativas) y una parte continua (energías positivas). Puede usarse como aproximación a la energía potencial que mantiene ligados el protón y el neutrón en el deuterón (apdo. 11.2).
- Pozo rectangular de paredes infinitas: $V = 0$ para $0 < x < a$, $V(x) = \infty$ para $x \leq 0$ y $x \geq a$. El espectro de energías es discreto y puede usarse como aproximación a la energía potencial que mantiene ligados los protones y neutrones en el núcleo atómico (modelo de gas de Fermi, apdo. 13.2), los electrones en la corteza atómica (modelo de Thomas-Fermi, apdo. 17.2) o los electrones de valencia en un sólido.
- Pozo de oscilador armónico: $V = (1/2)\, m\omega^2 x^2$, con m y ω constantes positivas (masa de la partícula y frecuencia de oscilación, respectivamente). El espectro de energías es discreto y puede usarse como aproximación a la energía potencial que mantiene ligados los protones y neutrones en los núcleos atómicos (apdo. 13.3), o para describir las vibraciones nucleares (apdo. 13.4.1) o moleculares (apdo. 19.2). Sus energías y autofunciones se obtendrán mediante un método algebraico en el apdo. 5.5.
- Pozo coulombiano: $V = -\kappa/r$, donde κ una constante positiva (relacionada con la intensidad de la interacción coulombiana) y r es la coordenada radial que representa la distancia a la carga eléctrica que origina el campo. El espectro de energías tiene una parte discreta (energías negativas) y una parte continua (energías positivas). Por ejemplo, es la energía potencial que mantiene ligado el electrón de los átomos hidrogenoides, y sus energías y autofunciones se obtendrán en los apdo. 15.1.1, 15.1.2.
- Interacción de un momento dipolar magnético $\vec{\mu}$ con un campo magnético $\vec{B}$, dada por $V = -\vec{\mu} \cdot \vec{B}$ (apdo. 4.7, 20.1), o interacción de un momento dipolar eléctrico $\vec{p}$ con un campo eléctrico $\vec{\mathcal{E}}$, dada por $V = -\vec{p} \cdot \vec{\mathcal{E}}$ (apdo. 20.1). Aparecen en diversas estructuras de la materia y pueden estar producidas por campos internos creados por los propios constituyentes, por ejemplo en los efectos de estructura fina e hiperfina en átomos hidrogenoides (apdo. 15.2, 15.4) o por campos externos, por ejemplo cuando un átomo hidrogenoide se introduce en un campo magnético o eléctrico (efectos Zeeman y Paschen-Back, apdo. 15.7, y efecto Stark, apdo. 15.8).

En los subapartados siguientes se resolverá la ecuación de Schrödinger independiente del tiempo para hamiltonianos sin energía potencial (partículas libres), con barrera rectangular unidimensional de altura mayor que la energía de la partícula, con pozo rectangular unidimensional para una partícula con energía negativa y con pozo rectangular de paredes infinitas en tres dimensiones (figura 3.1).

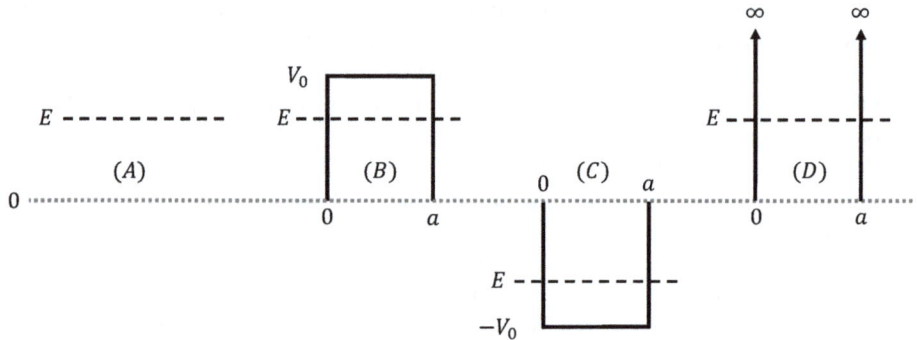

Figura 3.1. Algunos tipos de potenciales en una dimensión. (A) Partícula en ausencia de potencial. (B) Barrera rectangular mayor que la energía de la partícula ($0 < E < V_0$). (C) Pozo rectangular con partícula de energía negativa ($-V_0 < E < 0$). (D) Pozo rectangular de paredes infinitas.

Partícula en ausencia de potencial (libre)

Una partícula de masa m se desplaza libremente en la dirección x. La función de onda de la partícula obedece la ecuación de Schrödinger independiente del tiempo (ec. 3.38) con un hamiltoniano que contiene la energía cinética (usando la ec. 3.48 en una dimensión) y sin energía potencial, que escrita en representación de funciones de onda es:

$$-\frac{\hbar^2}{2m}\frac{d^2\psi(x)}{dx^2} = E\,\psi(x) \qquad \Rightarrow \qquad \frac{d^2\psi(x)}{dx^2} = -k^2\,\psi(x) \tag{3.50}$$

donde el número de onda angular k viene dado por:

$$k = \frac{\sqrt{2mE}}{\hbar} \tag{3.51}$$

La solución general de la ecuación (con $|\varepsilon\rangle \equiv \psi(x)$) viene dada por:

$$\psi(x) = \alpha\,e^{ikx} + \beta\,e^{-ikx} \tag{3.52}$$

y su evolución temporal (con $|\varepsilon(t)\rangle \equiv \Psi(x,t)$) es, según la ec. 3.39:

$$\Psi(x,t) = \psi(x)\,e^{-\frac{i}{\hbar}Et} = \left(\alpha\,e^{ikx} + \beta\,e^{-ikx}\right)e^{-i\omega t} = \alpha\,e^{i(kx-\omega t)} + \beta\,e^{-i(kx+\omega t)} \tag{3.53}$$

Esta solución general es una combinación de exponenciales complejas, constituidas por funciones sinusoidales, que representan una onda con número de onda angular k

(ec. 3.51) y con frecuencia angular ω (ec. 3.40). Esta última se puede escribir, según la ec. 3.51, como:

$$\omega = \frac{E}{\hbar} = \frac{\hbar k^2}{2m} \tag{3.54}$$

Cada valor fijo de la función ondulatoria $\Psi(x,t)$ corresponde a un cierto valor fijo κ del argumento de las exponenciales complejas, $\pm kx - \omega t = \kappa$, de donde:

$$x = \pm\frac{\kappa}{k} \pm \frac{\omega}{k}t \tag{3.55}$$

Así, conforme transcurre el tiempo cualquier valor fijo de la función $\Psi(x,t)$ se desplaza hacia x crecientes (primer término de ec. 3.53) o hacia x decrecientes (segundo término de ec. 3.53), sin que cambie la forma ondulatoria de la función. Se trata por tanto de *ondas viajeras* desplazándose hacia x crecientes o decrecientes con una *velocidad de fase* dada por el factor de proporcionalidad entre la posición y el tiempo en la ec. 3.55:

$$v_f = \frac{\omega}{k} = \frac{\hbar k}{2m} \tag{3.56}$$

La distancia que ocupa un ciclo completo de estas ondas viajeras en un instante dado, que es su longitud de onda, viene dada por $\lambda = 2\pi/k$. Por otro lado, para la partícula libre asociada a estas ondas el momento y la energía están relacionados como $p = \sqrt{2mE}$. De ambas relaciones y de la ec. 3.51 se obtiene:

$$p = \sqrt{2mE} = \hbar k = 2\pi\hbar/\lambda = h/\lambda \tag{3.57}$$

estableciéndose así una conexión entre las funciones de onda de la mecánica cuántica ondulatoria de Schrödinger y las ondas de materia de la hipótesis de De Broglie (apdo. 1.1 y 1.3, ec. 1.1).

Permitiendo que el número de onda k tome valores tanto positivos como negativos, $k = \pm\sqrt{2mE}/\hbar$, la función 3.53 puede escribirse de manera más compacta como $\Psi(x,t) = \alpha\, e^{i(kx-\omega t)}$. Estas soluciones, separables en parte temporal y en parte espacial formada por autofunciones del momento (ec. 3.22), no son normalizables y por tanto no pueden representar estados físicos (apdo. 3.3). Sin embargo, con ellas pueden construirse combinaciones lineales continuas sobre el momento o número de onda $k = p/\hbar$, que siguen siendo solución de la ecuación de Schrödinger y que sí son normalizables, denominadas *paquete de ondas*:

$$\overline{\Psi}(x,t) = \frac{1}{\sqrt{2\pi}} \int_{-\infty}^{\infty} \phi(k)\, e^{i(kx-\omega t)}\, dk \tag{3.58}$$

Los coeficientes, dados por la función $\phi(k)$, se encuentran en un intervalo continuo, de modo que la combinación lineal se construye como una integral en lugar de como una suma de estados discretos. La función de coeficientes modula la amplitud de las funciones sinusoidales con diferente k contenidas en la exponencial compleja, que interfieren entre sí en la superposición de manera que pueden dar lugar a una función de onda localizada en el espacio, y por tanto normalizable. Es habitual que la función $\phi(k)$ presente un pico bien definido en torno al cual se localiza la función de onda, para que el paquete resultante mantenga su forma conforme se desplaza, al menos de manera aproximada.

Si se conoce la función de onda que representa el estado en el instante inicial, $\overline{\Psi}(x,0)$, que está normalizada, se puede obtener la función de coeficientes $\phi(k)$ mediante la transformada de Fourier, según se deduce de la ec. 3.58 para $t = 0$:

$$\overline{\Psi}(x,0) = \frac{1}{\sqrt{2\pi}} \int_{-\infty}^{\infty} \phi(k)\, e^{ikx}\, dk \quad \Leftrightarrow \quad \phi(k) = \frac{1}{\sqrt{2\pi}} \int_{-\infty}^{\infty} \overline{\Psi}(x,0)\, e^{-ikx}\, dx \quad (3.59)$$

Suponiendo que la función de coeficientes $\phi(k)$ presenta un pico bien definido en $k = k_0$, el integrando de la ec. 3.58 tiene su mayor contribución en el entorno de k_0, y resulta conveniente desarrollar la frecuencia $\omega(k)$ (ec. 3.54) en serie de Taylor respecto a ese valor:

$$\omega(k) \approx \omega(k_0) + \left.\frac{d\omega(k)}{dk}\right|_{k_0} (k - k_0) = \omega_0 + \omega_0'\, \bar{k} \quad (3.60)$$

donde se ha definido $\bar{k} \equiv k - k_0$, $\omega(k_0) \equiv \omega_0$ y $\omega_0' \equiv d\omega(k)/dk|_{k_0} = \hbar k_0/m$. Entonces la función de onda, cambiando a la variable $\bar{k}$ e introduciendo la aproximación anterior para ω, resulta:

$$\begin{aligned}
\overline{\Psi}(x,t) &= \frac{1}{\sqrt{2\pi}} \int_{-\infty}^{\infty} \phi(k)\, e^{i(kx-\omega t)}\, dk \\
&\approx \frac{1}{\sqrt{2\pi}} \int_{-\infty}^{\infty} \phi(k_0 + \bar{k})\, e^{i\left[(k_0+\bar{k})x - (\omega_0 + \omega_0'\bar{k})t\right]}\, d\bar{k} \\
&= e^{i(-\omega_0 + k_0\omega_0')t} \frac{1}{\sqrt{2\pi}} \int_{-\infty}^{\infty} \phi(k_0 + \bar{k})\, e^{i(k_0+\bar{k})(x - \omega_0't)}\, d\bar{k} \\
&= e^{i(-\omega_0 + k_0\omega_0')t}\, \overline{\Psi}(x - \omega_0't, 0) \quad (3.61)
\end{aligned}$$

que se ha escrito en términos de la función de onda en $t = 0$. De esta expresión, ignorando el factor de fase global, se deduce que tras un intervalo de tiempo t la amplitud del paquete de ondas en la posición x es la misma que tenía inicialmente en la posición $x - \omega_0't$, es decir, se ha desplazado a una *velocidad de grupo*:

$$v_g \approx \omega_0' = \frac{\hbar k_0}{m} \quad (3.62)$$

Este resultado coincide con la velocidad clásica no relativista de la partícula para $k = k_0$:

$$v_c = \frac{p}{m} = \frac{\sqrt{2mE}}{m} = \frac{\hbar k_0}{m} \quad (3.63)$$

Comparando la velocidad de grupo con la velocidad de fase de la ec. 3.56 se deduce que $v_g \approx v_c = 2v_f$, es decir, la velocidad de grupo del paquete de ondas coincide aproximadamente con la velocidad clásica de la partícula a la que representa, que es el doble de la velocidad de fase de las funciones de onda que componen el paquete.

Potencial de barrera rectangular unidimensional mayor que la energía de la partícula

Se tiene una barrera de potencial cuadrada en una dimensión, que se extiende desde $x = 0$ hasta $x = a$, con altura V_0. La coordenada se divide en tres regiones: $x < 0$, donde $V(x) = 0$ (región 1); $0 \leq x \leq a$, donde $V(x) = V_0$ (región 2); y $x > a$, donde $V(x) = 0$ (región 3). Una partícula de masa m y energía menor que la altura de la barrera, $E < V_0$, incide sobre ella desde la región 1 moviéndose hacia valores crecientes de x. La función de onda de la partícula obedece la ecuación de Schrödinger independiente del tiempo (ec. 3.38) con un hamiltoniano que contiene la energía cinética (usando la ec. 3.48 en una dimensión) y la energía potencial $V(x)$. En cada una de las tres regiones del potencial la función de onda resultante es:

$$\psi_1(x) = e^{ik_1 x} + \rho\, e^{-ik_1 x} \qquad \psi_2(x) = \alpha\, e^{k_2 x} + \beta\, e^{-k_2 x} \qquad \psi_3(x) = \tau\, e^{ik_1 x} \quad (3.64)$$

Las funciones $\psi_1(x)$ y $\psi_3(x)$, correspondientes a las regiones con $V(x) = 0$, contienen exponenciales complejas y su número de onda angular es el mismo, k_1, mientras que la función $\psi_2(x)$, correspondiente a la región con barrera de potencial mayor que la energía de la partícula, $V(x) = V_0 > E$, contiene exponenciales reales con número de onda angular k_2. Estos números de onda vienen dados por:

$$k_1 = \frac{1}{\hbar}\sqrt{2mE} \qquad\qquad k_2 = \frac{1}{\hbar}\sqrt{2m(V_0 - E)} \qquad\qquad (3.65)$$

En las regiones 1 y 2 hay contribuciones de onda transmitida (moviéndose hacia x crecientes, de tipo $e^{|k|x}$) y de onda reflejada (moviéndose hacia x decrecientes, de tipo $e^{-|k|x}$) por las discontinuidades en los límites de la barrera; en la región 3 solo hay onda transmitida (moviéndose hacia x crecientes).

Las primeras derivadas de las funciones de onda anteriores son:

$$\frac{d\psi_1(x)}{dx} = ik_1\left(e^{ik_1 x} - \rho\, e^{-ik_1 x}\right)$$

$$\frac{d\psi_2(x)}{dx} = k_2\left(\alpha\, e^{k_2 x} - \beta\, e^{-k_2 x}\right)$$

$$\frac{d\psi_3(x)}{dx} = ik_1\tau\, e^{ik_1 x} \qquad\qquad (3.66)$$

Las funciones de onda y sus primeras derivadas deben ser continuas en todo punto del espacio. Lo son de manera trivial en el interior de cada una de las regiones, y deben serlo también en sus fronteras, es decir, en $x = 0$ y en $x = a$:

Continuidad de ψ en $x = 0 \quad \Rightarrow \quad 1 + \rho = \alpha + \beta$

Continuidad de ψ en $x = a \quad \Rightarrow \quad \alpha\, e^{k_2 a} + \beta\, e^{-k_2 a} = \tau\, e^{ik_1 a}$

Continuidad de $d\psi/dx$ en $x = 0 \quad \Rightarrow \quad ik_1\,(1 - \rho) = k_2\,(\alpha - \beta)$

Continuidad de $d\psi/dx$ en $x = a \quad \Rightarrow \quad k_2\,(\alpha\, e^{k_2 a} - \beta\, e^{-k_2 a}) = ik_1\tau\, e^{ik_1 a}$

Se trata de un sistema de cuatro ecuaciones algebraicas con cinco incógnitas (los coeficientes α, β, ρ, τ y la energía E de la que dependen los números de onda k_1 y k_2, ec. 3.65).

Una magnitud importante en un sistema como este es la *probabilidad de transmisión* a través de la barrera de potencial, que se define como el cociente entre los flujos de probabilidad (velocidad por densidad de probabilidad, $v|\psi|^2$) de la función de onda transmitida en la región 3 y de la función de onda incidente en la región 1, ambas moviéndose hacia x crecientes con la misma velocidad v_1 (ya que el potencial es igual en ambas regiones). La primera de ellas es $\psi_3(x) = \tau\, e^{ik_1 x}$ y la segunda corresponde al primer término de $\psi_1(x)$, $e^{ik_1 x}$. La probabilidad de transmisión se puede expresar entonces como:

$$\mathcal{T} = \frac{v_1\, |\tau\, e^{ik_1 x}|^2}{v_1\, |e^{ik_1 x}|^2} = |\tau|^2 \tag{3.67}$$

Despejando τ del sistema de ecuaciones algebraicas para los coeficientes que se deduce de las condiciones de continuidad e introduciéndolo en la expresión anterior se obtiene:

$$\mathcal{T} = \left[1 + \frac{(k_1^2 + k_2^2)^2}{4k_1^2 k_2^2}\, \operatorname{senh}^2(k_2 a)\right]^{-1}$$

$$= \left[1 + \frac{V_0^2}{4\,E\,(V_0 - E)}\, \operatorname{senh}^2\left(\frac{a}{\hbar}\, \sqrt{2m(V_0 - E)}\right)\right]^{-1} \tag{3.68}$$

Si se cumple $k_2 a \gg 1$, la probabilidad se puede aproximar como:

$$\mathcal{T} \approx \frac{16\,E\,(V_0 - E)}{V_0^2}\, e^{-2k_2 a} \tag{3.69}$$

El paso de una partícula a través de la barrera de potencial cuando su energía no es suficiente para saltarla ($E < V_0$) se denomina *efecto túnel*, y es un fenómeno puramente cuántico, prohibido clásicamente. Se puede definir también la *probabilidad de reflexión* de la partícula causada por la barrera de potencial, que es complementaria a la probabilidad de transmisión: $\mathcal{R} = 1 - \mathcal{T}$.

Potencial de pozo rectangular unidimensional con partícula de energía negativa

Se tiene un pozo de potencial cuadrado en una dimensión, que se extiende desde $x = 0$ hasta $x = a$, con profundidad $-V_0$ ($V_0 > 0$). La coordenada se divide en tres regiones: $x < 0$, donde $V(x) = 0$ (región 1); $0 \le x \le a$, donde $V(x) = -V_0$ (región 2); y $x > a$, donde $V(x) = 0$ (región 3). Una partícula de masa m se encuentra ligada en el interior del pozo, con energía $-V_0 < E < 0$. La función de onda de la partícula obedece la ecuación de Schrödinger independiente del tiempo (ec. 3.38) con un hamiltoniano que contiene la energía cinética (usando la ec. 3.48 en una dimensión) y la energía potencial $V(x)$. En cada una de las tres regiones del potencial la función de onda resultante es:

$$\psi_1(x) = \rho\, e^{k_1 x} \qquad \psi_2(x) = \alpha\, e^{ik_2 x} + \beta\, e^{-ik_2 x} \qquad \psi_3(x) = \tau\, e^{-k_1 x} \tag{3.70}$$

Las funciones $\psi_1(x)$ y $\psi_3(x)$, correspondientes a las regiones con $V(x) = 0$, contienen exponenciales reales normalizables (que tienden a 0 para $x \to -\infty$ en la región 1 y para $x \to +\infty$ en la región 3) y su número de onda angular es el mismo, k_1, mientras que la función $\psi_2(x)$, correspondiente a la región con pozo de potencial en la que $-V_0 < E < 0$, contiene exponenciales complejas con número de onda angular k_2. Estos números de onda vienen dados por:

$$k_1 = \frac{1}{\hbar}\sqrt{-2mE} \qquad\qquad k_2 = \frac{1}{\hbar}\sqrt{2m(V_0 + E)} \qquad\qquad (3.71)$$

Las primeras derivadas de las funciones de onda anteriores son:

$$\frac{d\psi_1(x)}{dx} = k_1 \rho \, e^{k_1 x}$$
$$\frac{d\psi_2(x)}{dx} = ik_2 \left(\alpha \, e^{ik_2 x} - \beta \, e^{-ik_2 x}\right)$$
$$\frac{d\psi_3(x)}{dx} = -k_1 \tau \, e^{-k_1 x} \qquad\qquad (3.72)$$

Las funciones de onda y sus primeras derivadas deben ser continuas en todo punto del espacio. Lo son de manera trivial en el interior de cada una de las regiones, y deben serlo también en sus fronteras, es decir, en $x = 0$ y en $x = a$:

Continuidad de ψ en $x = 0 \quad \Rightarrow \quad \rho = \alpha + \beta$

Continuidad de ψ en $x = a \quad \Rightarrow \quad \alpha \, e^{ik_2 a} + \beta \, e^{-ik_2 a} = \tau \, e^{-k_1 a}$

Continuidad de $d\psi/dx$ en $x = 0 \quad \Rightarrow \quad k_1 \rho = ik_2 (\alpha - \beta)$

Continuidad de $d\psi/dx$ en $x = a \quad \Rightarrow \quad ik_2 (\alpha \, e^{ik_2 a} - \beta \, e^{-ik_2 a}) = -k_1 \tau \, e^{-k_1 a}$

Se trata de un sistema de cuatro ecuaciones algebraicas con cinco incógnitas (los coeficientes α, β, ρ, τ y la energía E de la que dependen los números de onda k_1 y k_2, ec. 3.71). Dividiendo la ecuación para la continuidad de $d\psi/dx$ en $x = a$ entre la ecuación para la continuidad de ψ en $x = a$ se obtiene:

$$\frac{ik_2 (\alpha \, e^{ik_2 a} - \beta \, e^{-ik_2 a})}{\alpha \, e^{ik_2 a} + \beta \, e^{-ik_2 a}} = -k_1 \;\Rightarrow\; \frac{ik_2 \left[(\alpha - \beta)\cos(k_2 a) + i(\alpha + \beta)\,\mathrm{sen}(k_2 a)\right]}{(\alpha + \beta)\cos(k_2 a) + i(\alpha - \beta)\,\mathrm{sen}(k_2 a)} = -k_1$$
$$(3.73)$$

Resolviendo esta ecuación para la parte real y para la parte imaginaria se obtienen las siguientes ecuaciones que tienen que cumplir los números de onda:

$$k_1 = k_2 \tan(k_2 a) \qquad\qquad k_1 = -k_2 \cot(k_2 a) \qquad\qquad (3.74)$$

a partir de las cuales, junto con las ecs. 3.71, se pueden calcular numéricamente los valores discretos que pueden tomar las energías E.

Potencial de pozo rectangular tridimensional de paredes infinitas

Una partícula de masa m se encuentra confinada en un cubo de lado a, es decir, en un pozo de potencial rectangular tridimensional con $V(x) = 0$ para $0 < x < a$

y $V(x) = \infty$ fuera de ese intervalo, y análogamente para las coordenadas y y z. La función de onda de la partícula en el interior del pozo obedece la ecuación de Schrödinger independiente del tiempo (ec. 3.38) con un hamiltoniano que contiene solamente energía cinética (usando la ec. 3.48 en tres dimensiones), que escrita en representación de funciones de onda es:

$$-\frac{\hbar^2}{2m}\left(\frac{\partial^2}{\partial x^2} + \frac{\partial^2}{\partial y^2} + \frac{\partial^2}{\partial z^2}\right)\psi(x,y,z) = E\,\psi(x,y,z) \tag{3.75}$$

En el exterior del pozo es imposible encontrar la partícula, ya que el potencial es infinito, y por tanto su función de onda tiene que anularse ya en las propias paredes del pozo, dando lugar a las condiciones de contorno $\psi(0,y,z) = \psi(x,0,z) = \psi(x,y,0) = 0$ y $\psi(a,y,z) = \psi(x,a,z) = \psi(x,y,a) = 0$.

La solución puede escribirse como producto de funciones de variables separadas: $\psi(x,y,z) = \alpha(x)\beta(y)\gamma(z)$, que introducida en la ecuación de Schrödinger anterior resulta:

$$\frac{1}{\alpha(x)}\frac{d^2\alpha(x)}{dx^2} + \frac{1}{\beta(y)}\frac{d^2\beta(y)}{dy^2} + \frac{1}{\gamma(z)}\frac{d^2\gamma(z)}{dz^2} = -k^2 \tag{3.76}$$

con las condiciones de contorno $\alpha(0) = \beta(0) = \gamma(0) = 0$ y $\alpha(a) = \beta(a) = \gamma(a) = 0$, donde el número de onda angular viene dado por $k = \sqrt{2mE}/\hbar$, que corresponde al de una partícula que no está sometida a ningún potencial (ec. 3.51), de manera que su energía y momento se relacionan como $p = \sqrt{2mE}$ y por tanto $p = \hbar k$ (ec. 3.57).

Para que la ecuación de Schrödinger con variables separadas se cumpla para cualquier valor de ellas, cada término por separado debe ser igual a un valor constante, de modo que debe cumplirse cada una de las tres ecuaciones siguientes:

$$\frac{1}{\alpha(x)}\frac{d^2\alpha(x)}{dx^2} = -k_x^2 \qquad \frac{1}{\beta(y)}\frac{d^2\beta(y)}{dy^2} = -k_y^2 \qquad \frac{1}{\gamma(z)}\frac{d^2\gamma(z)}{dz^2} = -k_z^2 \tag{3.77}$$

donde las constantes introducidas deben cumplir la condición $k_x^2 + k_y^2 + k_z^2 = k^2$. Las soluciones de estas ecuaciones son:

$$\alpha(x) = \alpha_0\,\text{sen}\big(k_x(x + x_0)\big) \quad \beta(y) = \beta_0\,\text{sen}\big(k_y(y + y_0)\big) \quad \gamma(z) = \gamma_0\,\text{sen}\big(k_z(z + z_0)\big) \tag{3.78}$$

Las condiciones de contorno expresadas anteriormente fijan las constantes que aparecen en esta solución como $x_0 = y_0 = z_0 = 0$ y

$$k_x = \frac{n_x\pi}{a} \qquad\qquad k_y = \frac{n_y\pi}{a} \qquad\qquad k_z = \frac{n_z\pi}{a} \tag{3.79}$$

donde n_x, n_y y n_z son números cuánticos que toman valores enteros positivos.

Las funciones de onda totales, producto de las tres anteriores, y normalizadas son por tanto:

$$\psi_{n_x n_y n_z} = \left(\frac{2}{a}\right)^{3/2}\text{sen}\left(\frac{n_x\pi}{a}x\right)\text{sen}\left(\frac{n_y\pi}{a}y\right)\text{sen}\left(\frac{n_z\pi}{a}z\right) \tag{3.80}$$

y las energías correspondientes son:

$$E_{n_x n_y n_z} = E_{n_x} + E_{n_y} + E_{n_z} = \frac{\hbar^2}{2m}(k_x^2 + k_y^2 + k_z^2) = \frac{\hbar^2 \pi^2}{2ma^2}\left(n_x^2 + n_y^2 + n_z^2\right) \quad (3.81)$$

En un sistema como el descrito, en el que se basa el modelo de gas de Fermi que se emplea para describir de manera aproximada algunas estructuras de la materia, resulta útil analizar el número de estados de energía posibles por unidad de volumen. Para ello se calcula en primer lugar el número de estados que tienen una energía o momento por debajo de un cierto valor dado, E o p. La combinación de valores de los números cuánticos n_x, n_y, n_z tiene que ser tal que:

$$n_x^2 + n_y^2 + n_z^2 \leq \frac{2ma^2}{\hbar^2 \pi^2} E = \left(\frac{pa}{\pi \hbar}\right)^2 \quad \Rightarrow \quad \sqrt{n_x^2 + n_y^2 + n_z^2} \leq \frac{pa}{\pi \hbar} \quad (3.82)$$

De esta última expresión se deduce que, en el espacio tridimensional cuyos ejes cartesianos representan los valores n_x, n_y, n_z, el número de estados posibles con momento inferior a p, considerado como una función continua $N(p)$, viene dado por el volumen del octante de valores positivos delimitado por la esfera de radio $pa/\pi\hbar$:

$$N(p) = \frac{1}{8}\frac{4\pi}{3}\left(\frac{pa}{\pi\hbar}\right)^3 = \frac{p^3 V}{6\pi^2 \hbar^3} \quad (3.83)$$

donde $V = a^3$ es el volumen físico del cubo de potencial en el que está confinada la partícula. La *densidad de estados* (densidad espacial, es decir, número de estados por unidad de volumen físico) con momento inferior a p es entonces:

$$n(p) = \frac{p^3}{6\pi^2 \hbar^3} \quad (3.84)$$

La *densidad de momentos* es la derivada del número de estados con momento inferior a p con respecto a p:

$$\widetilde{N}(p) = \frac{dN(p)}{dp} = \frac{p^2 V}{2\pi^2 \hbar^3} \quad (3.85)$$

El diferencial $dN(p) = \widetilde{N}(p)\, dp$ representa el número de estados con momento entre p y $p + dp$.

3.4.3. Imágenes de Schrödinger y de Heisenberg

En el formalismo *imagen de Schrödinger*, que ha sido empleado para describir el postulado sobre evolución temporal y que continuará usándose de manera habitual, el vector que representa un estado depende del tiempo, $|\psi(t)\rangle$, y contiene en particular la información del sistema en el instante inicial. El formalismo *imagen de Heisenberg* se obtiene introduciendo una evolución temporal inversa en el conjunto de los vectores de estado en imagen de Schrödinger tal que:

- Los vectores de estado resultan independientes del tiempo, $|\psi_H\rangle$, y cada uno de ellos representa un estado inicial del sistema (en t_0) junto con su evolución temporal completa ($\forall t$). Se construyen a partir de los vectores en imagen de Schrödinger como:

$$|\psi_H\rangle = U^\dagger(t,t_0)\,|\psi(t)\rangle = |\psi(t_0)\rangle \qquad (3.86)$$

- Los operadores que representan observables resultan dependientes del tiempo, $A_H(t)$. Se construyen a partir de los operadores en imagen de Schrödinger como:

$$A_H(t) = U^\dagger(t,t_0)\,A\,U(t,t_0) \qquad (3.87)$$

Como A es autoadjunto, A_H también lo es y ambos tienen el mismo espectro, ya que el operador $U(t,t_0)$ es unitario (apdo. 2.12). La evolución temporal de un operador en imagen de Heisenberg viene dada por la *ecuación de Heisenberg*[12]:

$$i\hbar\,\frac{dA_H(t)}{dt} = [A_H,H_H] + i\hbar\left(\frac{\partial A(t)}{\partial t}\right)_H \qquad (3.88)$$

Demostración: Evolución temporal de un operador en imagen de Heisenberg

$$\frac{dA_H}{dt} = \frac{d}{dt}\left[U^\dagger(t,t_0)\,A\,U(t,t_0)\right] = \left(\frac{\partial}{\partial t}U^\dagger\right)A\,U + U^\dagger\left(\frac{\partial}{\partial t}A\right)U + U^\dagger A\left(\frac{\partial}{\partial t}U\right)$$

$$= \left(\frac{i}{\hbar}\,U^\dagger H\right)A\,U + U^\dagger\left(\frac{\partial}{\partial t}A\right)U + U^\dagger A\left(-\frac{i}{\hbar}\,H\,U\right)$$

$$= \frac{i}{\hbar}\,U^\dagger[H,A]\,U + U^\dagger\left(\frac{\partial}{\partial t}A\right)U = \frac{i}{\hbar}\,[H_H,A_H] + \left(\frac{\partial A(t)}{\partial t}\right)_H$$

3.5. Postulado sobre representación de un sistema compuesto

Si un sistema cuántico está descrito por el espacio de Hilbert $\mathcal{H}_1$ y otro sistema cuántico está descrito por el espacio de Hilbert $\mathcal{H}_2$, el *sistema compuesto* por ambos está descrito por el *espacio producto tensorial* de los dos espacios individuales[13]:

---

[12] Esta expresión tiene una estructura análoga a la ec. 3.35, pero en este caso las variables son operadores, no valores esperados (números). En general, es más difícil resolver esta ecuación para operadores que la ecuación de Schrödinger para vectores de estado o funciones de onda (ec. 3.32). Para los operadores posición y momento en imagen de Heisenberg, la ecuación de Heisenberg de evolución temporal resulta formalmente análoga a las ecuaciones de Hamilton en mecánica clásica.

[13] El producto tensorial de espacios de Hilbert también se puede emplear para describir sistemas individuales (no compuestos) caracterizados por varias propiedades independientes entre sí, cuyos estados se representan mediante vectores que pertenecen a espacios diferentes. Por ejemplo, una partícula caracterizada por su posición en el espacio, cuyos vectores de estado pertenecen al espacio $\mathcal{H}_{\vec{r}}$, y por su momento angular intrínseco o espín (apdo. 4.5), cuyos vectores de estado pertenecen al espacio $\mathcal{H}_S$, viene descrita globalmente por el espacio $\mathcal{H} = \mathcal{H}_{\vec{r}} \otimes \mathcal{H}_S$.

$\mathcal{H} = \mathcal{H}_1 \otimes \mathcal{H}_2$.

Si los estados de un sistema se representan por los vectores $|\psi_i\rangle_1 \in \mathcal{H}_1$ y los estados de otro sistema se representan por los vectores $|\phi_j\rangle_2 \in \mathcal{H}_2$, los estados del sistema compuesto por ambos se representan por vectores $|\Psi^{(2)}\rangle \in \mathcal{H}$ construidos como combinaciones lineales normalizadas de productos tensoriales entre vectores de los sistemas individuales:

$$|\Psi^{(2)}\rangle = \sum_{i,j} c_{ij} |\psi_i\rangle_1 \otimes |\phi_j\rangle_2 \tag{3.89}$$

con $\sum_{i,j} |c_{ij}|^2 = 1$ (condición de normalización), donde también se puede emplear la notación $|\psi_i\rangle_1 \otimes |\phi_j\rangle_2 \equiv |\psi_i\rangle_1 |\phi_j\rangle_2 \equiv |\psi_i \, \phi_j\rangle$.

Los estados de un sistema compuesto descritos por vectores de la forma:

$$|\Psi^{(2,\otimes)}\rangle = |\psi\rangle_1 \otimes |\phi\rangle_2 \tag{3.90}$$

para algún $|\psi\rangle_1 \in \mathcal{H}_1$ y algún $|\phi\rangle_2 \in \mathcal{H}_2$, se denominan *estados producto* o *estados separables*. Los estados que no pueden representarse de esa forma sino necesariamente como combinaciones lineales de productos tensoriales (ec. 3.89 con dos o más $c_{ij} \neq 0$) se denominan *estados entrelazados*. Un estado separable o producto puede representarse también en la forma general de la ec. 3.89, pero siempre se pueden encontrar vectores de estado de los sistemas individuales constituyentes que permitan representarlo como un único producto tensorial, algo que no es posible en el caso de un estado entrelazado.

Todas las definiciones anteriores son generalizables de manera trivial a sistemas compuestos por N sistemas individuales, representados por espacios de Hilbert $\mathcal{H} = \mathcal{H}_1 \otimes ... \otimes \mathcal{H}_N$ y cuyos estados se representan por vectores $|\Psi^{(N)}\rangle \in \mathcal{H}$ construidos como combinaciones lineales de productos tensoriales de vectores de los N sistemas individuales: $|\Psi^{(N)}\rangle = \sum_{i_1,...,i_N} c_{i_1...i_N} |\psi_{i_1}\rangle_1 \otimes ... \otimes |\psi_{i_N}\rangle_N$.

Ejemplo: Estados compuestos producto y entrelazados

Se tienen los siguientes vectores de estado de un sistema compuesto por dos sistemas individuales:

$$|\Psi^{(2)}\rangle = \frac{1}{\sqrt{10}} \left(i \, |\psi\rangle_1 \otimes |\psi\rangle_2 - 2 \, |\phi\rangle_1 \otimes |\phi\rangle_2 - 2i \, |\psi\rangle_1 \otimes |\phi\rangle_2 + |\phi\rangle_1 \otimes |\psi\rangle_2 \right)$$

$$|\Phi^{(2)}\rangle = \frac{1}{\sqrt{2}} \left(|\psi\rangle_1 \otimes |\phi\rangle_2 + |\phi\rangle_1 \otimes |\psi\rangle_2 \right)$$

¿Se trata de estados producto o entrelazados?

Resolución:

Ambos vectores de estado compuestos están expresados como combinaciones lineales de productos tensoriales de vectores de estado individuales, pero es necesario comprobar si se pueden escribir como un único producto tensorial. En el vector de estado $|\Psi^{(2)}\rangle$ se pueden extraer factores comunes de los productos tensoriales para escribirlo como:

$$|\Psi^{(2)}\rangle = \frac{1}{\sqrt{10}}\left[i\,|\psi\rangle_1 \otimes \left(-2\,|\phi\rangle_2 + |\psi\rangle_2\right) + |\phi\rangle_1 \otimes \left(-2\,|\phi\rangle_2 + |\psi\rangle_2\right)\right]$$

$$= \frac{1}{\sqrt{2}}\left(i\,|\psi\rangle_1 + |\phi\rangle_1\right) \otimes \frac{1}{\sqrt{5}}\left(-2\,|\phi\rangle_2 + |\psi\rangle_2\right)$$

Por tanto, el estado compuesto $|\Psi^{(2)}\rangle$ es producto o separable, ya que se puede escribir como $|\Psi^{(2)}\rangle = |\bar\psi\rangle_1 \otimes |\bar\phi\rangle_2$, donde $|\bar\psi\rangle_1 = \frac{1}{\sqrt{2}}\left(i\,|\psi\rangle_1 + |\phi\rangle_1\right)$ representa el estado de un sistema individual y $|\bar\phi\rangle_2 = \frac{1}{\sqrt{5}}\left(-2\,|\phi\rangle_2 + |\psi\rangle_2\right)$ representa el estado del otro sistema individual.

En cambio, el estado compuesto $|\Phi^{(2)}\rangle$ es entrelazado, porque no se puede expresar como un único producto tensorial de dos vectores de estado individuales. De hecho, cualquier vector de estado compuesto de la forma $\alpha\,|\psi\rangle_1 \otimes |\phi\rangle_2 + \beta\,|\phi\rangle_1 \otimes |\psi\rangle_2$, con $\alpha, \beta \in \mathbb{C}$ y $\alpha, \beta \neq 0$, es entrelazado.

Ejemplo: Medida de un observable en un sistema compuesto

Un sistema está compuesto por dos sistemas individuales, cada uno de ellos representado por un espacio de Hilbert de dos dimensiones con base ortonormal $\{|0\rangle, |1\rangle\}$. El sistema compuesto se encuentra en el estado representado por el vector:

$$|\Psi^{(2)}\rangle = \frac{1}{\sqrt{5}}\left(2\,|0\rangle \otimes |1\rangle + |1\rangle \otimes |1\rangle\right)$$

sobre el que se mide el observable $\sigma_z \otimes \sigma_z$. La representación matricial en la base $\{|0\rangle, |1\rangle\}$ de esos mismos vectores y del observable σ_z es:

$$|0\rangle = \begin{pmatrix} 1 \\ 0 \end{pmatrix} \qquad |1\rangle = \begin{pmatrix} 0 \\ 1 \end{pmatrix} \qquad \sigma_z = \begin{pmatrix} 1 & 0 \\ 0 & -1 \end{pmatrix}$$

Obtener los posibles valores de la medida y la probabilidad de cada uno de ellos.

Resolución:
La representación matricial del operador $\sigma_z \otimes \sigma_z$, dada por el producto de

Kronecker (ec. 2.44), es:

$$\sigma_z \otimes \sigma_z = \begin{pmatrix} 1 & 0 \\ 0 & -1 \end{pmatrix} \otimes \begin{pmatrix} 1 & 0 \\ 0 & -1 \end{pmatrix} = \begin{pmatrix} 1 & 0 & 0 & 0 \\ 0 & -1 & 0 & 0 \\ 0 & 0 & -1 & 0 \\ 0 & 0 & 0 & 1 \end{pmatrix}$$

Como esta matriz es diagonal, los autovalores del operador, y por tanto los posibles resultados de la medida del observable, son los elementos de la diagonal: $\lambda = 1$ y $\lambda = -1$, ambos doblemente degenerados, y la base empleada es una base propia ortonormal. Se comprueba además que los autovectores de esa base del espacio producto tensorial $\mathcal{H} = \mathcal{H}_1 \otimes \mathcal{H}_2$ (de dimensión 4) se pueden construir como productos tensoriales de los autovectores de la base ortonormal de los dos espacios individuales $\mathcal{H}_1$ y $\mathcal{H}_2$ (cada uno con dimensión 2) formada por los autovectores $|0\rangle$ y $|1\rangle$, empleando de nuevo el producto de Kronecker (ec. 2.44) para las matrices columna que representan los kets (escritas aquí como matrices fila transpuestas):

$$|\hat{e}_1\rangle = |0\rangle \otimes |0\rangle = \begin{pmatrix} 1 & 0 \end{pmatrix}^t \otimes \begin{pmatrix} 1 & 0 \end{pmatrix}^t = \begin{pmatrix} 1 & 0 & 0 & 0 \end{pmatrix}^t$$

$$|\hat{e}_2\rangle = |0\rangle \otimes |1\rangle = \begin{pmatrix} 1 & 0 \end{pmatrix}^t \otimes \begin{pmatrix} 0 & 1 \end{pmatrix}^t = \begin{pmatrix} 0 & 1 & 0 & 0 \end{pmatrix}^t$$

$$|\hat{e}_3\rangle = |1\rangle \otimes |0\rangle = \begin{pmatrix} 0 & 1 \end{pmatrix}^t \otimes \begin{pmatrix} 1 & 0 \end{pmatrix}^t = \begin{pmatrix} 0 & 0 & 1 & 0 \end{pmatrix}^t$$

$$|\hat{e}_4\rangle = |1\rangle \otimes |1\rangle = \begin{pmatrix} 0 & 1 \end{pmatrix}^t \otimes \begin{pmatrix} 0 & 1 \end{pmatrix}^t = \begin{pmatrix} 0 & 0 & 0 & 1 \end{pmatrix}^t$$

Como los autovalores están degenerados, sus probabilidades se calculan haciendo uso de los operadores proyección sobre el subespacio propio de cada uno de ellos (ec. 2.34), con base $|\hat{e}_1\rangle$ y $|\hat{e}_4\rangle$ para $\lambda = 1$ y con base $|\hat{e}_2\rangle$ y $|\hat{e}_3\rangle$ para $\lambda = -1$:

$$\Pi_{\lambda=1} = |\hat{e}_1\rangle\langle\hat{e}_1| + |\hat{e}_4\rangle\langle\hat{e}_4| = \big(|0\rangle \otimes |0\rangle\big)\big(\langle 0| \otimes \langle 0|\big) + \big(|1\rangle \otimes |1\rangle\big)\big(\langle 1| \otimes \langle 1|\big)$$

$$\Pi_{\lambda=-1} = |\hat{e}_2\rangle\langle\hat{e}_2| + |\hat{e}_3\rangle\langle\hat{e}_3| = \big(|0\rangle \otimes |1\rangle\big)\big(\langle 0| \otimes \langle 1|\big) + \big(|1\rangle \otimes |0\rangle\big)\big(\langle 1| \otimes \langle 0|\big)$$

La probabilidad de obtener cada uno de los valores viene dada por (ec. 3.2):

$$p_\Psi(\lambda = 1) = || \, \Pi_{\lambda=1} \, |\Psi^{(2)}\rangle \, ||^2$$

$$= \left|\left| \left[\big(|0\rangle \otimes |0\rangle\big)\big(\langle 0| \otimes \langle 0|\big) + \big(|1\rangle \otimes |1\rangle\big)\big(\langle 1| \otimes \langle 1|\big) \right] \frac{1}{\sqrt{5}} \big(2 \, |0\rangle \otimes |1\rangle + |1\rangle \otimes |1\rangle\big) \right|\right|^2$$

$$= \left|\left| \frac{1}{\sqrt{5}} \, |1\rangle \otimes |1\rangle \right|\right|^2 = \frac{1}{5}$$

$$p_\Psi(\lambda = -1) = || \, \Pi_{\lambda=-1} \, |\Psi^{(2)}\rangle \, ||^2$$

$$= \left|\left|\left[\big(|0\rangle\otimes|1\rangle\big)\big(\langle 0|\otimes\langle 1|\big) + \big(|1\rangle\otimes|0\rangle\big)\big(\langle 1|\otimes\langle 0|\big)\right]\frac{1}{\sqrt{5}}\big(2\,|0\rangle\otimes|1\rangle + |1\rangle\otimes|1\rangle\big)\right|\right|^2$$

$$= \left|\left|\frac{2}{\sqrt{5}}\,|0\rangle\otimes|1\rangle\right|\right|^2 = \frac{4}{5}$$

En los cálculos anteriores los operadores proyección y el vector de estado compuesto se han expresado explícitamente en términos de la base de los espacios individuales y se ha hecho uso de la ec. 2.39, de manera que, por ejemplo, $\big(\langle 1|\otimes\langle 1|\big)\big(|1\rangle\otimes|1\rangle\big) = \langle 1|1\rangle\langle 1|1\rangle = 1\cdot 1 = 1$, o $\big(\langle 0|\otimes\langle 0|\big)\big(|0\rangle\otimes|1\rangle\big) = \langle 0|0\rangle\langle 0|1\rangle = 1\cdot 0 = 0$. También se podría haber usado la expresión de los operadores proyección en la base del espacio producto junto con la expresión del vector de estado compuesto en esa base, que es $|\Psi^{(2)}\rangle = \frac{1}{\sqrt{5}}\big(2\,|\hat{e}_2\rangle + |\hat{e}_4\rangle\big)$.

3.6. Postulado sobre representación de un sistema con información incompleta

Un vector de estado contiene toda la información posible sobre el estado de un sistema cuántico. Un sistema sobre el que se conoce toda la información posible se dice que está en un *estado puro*, que puede representarse mediante un vector de estado. En cambio, cuando la información que se tiene sobre un sistema cuántico no es completa se dice que está en un *estado mezcla*, que no puede representarse mediante un único vector de estado.

El hecho de no conocer toda la información posible sobre un sistema cuántico puede tener un origen clásico, asociado a una incertidumbre experimental en la preparación o medida del estado o a que se trate de una mezcla estadística, por ejemplo resultante de un equilibrio térmico. O bien puede tener un origen cuántico, como ocurre con los sistemas constituyentes de un estado compuesto entrelazado (apdo. 3.5), en el que se conoce toda la información posible sobre el sistema compuesto, pero no sobre sus sistemas constituyentes, situación que no tiene sentido en física clásica.

Tanto un estado puro como un estado mezcla puede representarse mediante un *operador densidad* (apdo. 2.13), que generaliza el vector de estado introducido en el primer postulado. El operador densidad se construye a partir de los vectores $|\psi_i\rangle$ que representan los estados puros en los que puede encontrarse el sistema y de las probabilidades estadísticas (clásicas) p_i de que el sistema se encuentre efectivamente en cada uno de ellos, como:

$$\varrho = \sum_{i=1}^{d} p_i \, |\psi_i\rangle\langle\psi_i| \tag{3.91}$$

donde las probabilidades cumplen $p_i \in \mathbb{R}$, $p_i \geq 0$ y $\sum_{i=1}^{d} p_i = 1$.

Un mismo operador densidad puede representar diferentes conjuntos de estados puros con distintas probabilidades. Uno de esos conjuntos, pero no necesariamente el único, es el de los autoestados del operador ϱ, representados por sus autovectores, donde el autovalor asociado a cada uno de ellos corresponde a su probabilidad.

Un estado puro representado por el vector de estado $|\psi\rangle$ se puede representar también por el operador densidad $\varrho_P = |\psi\rangle\langle\psi|$, que cumple:

$$\varrho_P^2 = \varrho_P \qquad\qquad \mathrm{Tr}(\varrho_P^2) = 1 \qquad\qquad (3.92)$$

Un estado mezcla debe expresarse necesariamente como combinación lineal de estados puros, como en la ec. 3.91, ya que no existe un vector de estado $|\psi\rangle$ que permita construir su operador densidad de la forma $|\psi\rangle\langle\psi|$. El operador densidad de un estado mezcla ϱ_M cumple:

$$\varrho_M^2 \neq \varrho_M \qquad\qquad \mathrm{Tr}(\varrho_M^2) < 1 \qquad\qquad (3.93)$$

La clasificación de estados en puros y mezcla según la información que se tiene sobre ellos es independiente de la clasificación de estados compuestos en producto y entrelazados (apdo. 3.5). Por otro lado, un estado mezcla es distinto de un estado superpuesto. En un estado mezcla cada uno de los estados puros que lo forman está asociado a una probabilidad estadística, recogida en el operador densidad que lo representa (ec. 3.91). En un estado superpuesto, en cambio, cada uno de los estados que lo forman está asociado a una amplitud de probabilidad, recogida en el vector de estado que lo representa (que se construye como combinación lineal compleja de los vectores que representan los estados que forman la superposición, cuyos coeficientes son esas amplitudes). Una superposición de estados puros sigue siendo un estado puro, es decir, un estado puro puede ser un estado superpuesto.

Demostración: Propiedades de un operador densidad en relación con la representación de una mezcla de estados

Un operador definido como $\varrho = \sum_{i=1}^{d} p_i |\psi_i\rangle\langle\psi_i|$, donde p_i son probabilidades y por tanto son números reales con $0 \leq p_i \leq 1$ y $\sum_{i=1}^{d} p_i = 1$, tiene las siguientes propiedades:

- Es autoadjunto:

$$\varrho^\dagger = \left(\sum_{i=1}^{d} p_i |\psi_i\rangle\langle\psi_i| \right)^\dagger = \sum_{i=1}^{d} p_i^* \left(|\psi_i\rangle\langle\psi_i| \right)^\dagger = \sum_{i=1}^{d} p_i |\psi_i\rangle\langle\psi_i| = \varrho$$

- Es definido no negativo, ya que para cualquier vector de estado $|\phi\rangle$ se tiene:

$$\langle\phi|\varrho|\phi\rangle = \sum_{i=1}^{d} p_i \langle\phi|\psi_i\rangle\langle\psi_i|\phi\rangle = \sum_{i=1}^{d} p_i \langle\phi|\psi_i\rangle\langle\phi|\psi_i\rangle^* = \sum_{i=1}^{d} p_i |\langle\phi|\psi_i\rangle|^2 \geq 0$$

- Su traza es 1 (haciendo uso de la ec. 2.18):

$$\text{Tr}\,(\varrho) = \text{Tr}\left(\sum_{i=1}^{d} p_i\,|\psi_i\rangle\langle\psi_i|\right) = \sum_{i=1}^{d} p_i\,\text{Tr}\,(|\psi_i\rangle\langle\psi_i|) = \sum_{i=1}^{d} p_i\,\langle\psi_i|\psi_i\rangle = 1$$

En el sentido opuesto, cualquier operador autoadjunto puede expresarse según su descomposición espectral como $\varrho = \sum_{i=1}^{d}\lambda_i|\lambda_i\rangle\langle\lambda_i|$ (ec. 2.22), donde $|\lambda_i\rangle$ son sus autovectores (ortonormales) y λ_i son sus autovalores (reales). Si además el operador es definido no negativo, entonces $\lambda_i \geq 0$, y si cumple $\text{Tr}(\varrho) = 1$, entonces $\sum_i^{d}\lambda_i = 1$ (ec. 2.23) y por tanto $0 \leq \lambda_i \leq 1$, que son las propiedades de las probabilidades. Así, el operador ϱ puede interpretarse como un operador densidad que representa, por ejemplo, una mezcla de los estados $|\lambda_i\rangle$, cada uno con probabilidad $p_i \equiv \lambda_i$.

Demostración: Propiedades del operador densidad en estados puros y estados mezcla

Los autovalores λ_i de un operador densidad ϱ cumplen $\sum_i^{d}\lambda_i = 1$ y $0 \leq \lambda_i \leq 1$, que implica $\lambda_i^2 \leq \lambda_i$. Los autovalores del operador ϱ^2, que es una función analítica de ϱ, son λ_i^2 (apdo. 2.10).

En un estado puro el operador densidad viene dado por $\varrho = |\psi\rangle\langle\psi|$, de manera que $\varrho^2 = |\psi\rangle\langle\psi|\psi\rangle\langle\psi| = |\psi\rangle\langle\psi| = \varrho$. En sentido opuesto, si el operador densidad cumple $\varrho^2 = \varrho$, sus autovalores cumplen $\lambda_i^2 = \lambda_i$, es decir, $\lambda_i = \{0, 1\}$, que junto con la condición $\sum_i^{d}\lambda_i = 1$ implica que solo uno de los autovalores puede valer 1 ($\lambda_p = 1$) y el resto vale 0 ($\lambda_i = 0 \,\forall i \neq p$). Esta situación corresponde a un estado puro representado por el vector $|\lambda_p\rangle$ (autovector asociado al autovalor λ_p), o bien por $\varrho = |\lambda_p\rangle\langle\lambda_p|$. Así, para que el operador densidad ϱ represente un estado puro es condición necesaria y suficiente que $\varrho^2 = \varrho$, mientras que $\varrho^2 \neq \varrho$ caracteriza a un estado mezcla.

En un estado puro el operador densidad, que cumple $\varrho^2 = \varrho$, también cumple $\text{Tr}(\varrho^2) = \text{Tr}(\varrho) = 1$ (por definición de matriz densidad). En sentido opuesto, si el operador densidad cumple $\text{Tr}(\varrho^2) = 1$, sus autovalores cumplen $\sum_i^{d}\lambda_i^2 = 1$ (ec. 2.23), que junto con las condiciones $\sum_i^{d}\lambda_i = 1$ y $\lambda_i^2 \leq \lambda_i$ implica que $\lambda_i^2 = \lambda_i \,\forall i$, es decir, $\lambda_i = \{0, 1\}$, y entonces solo uno de los autovalores puede valer 1 ($\lambda_p = 1$) y el resto vale 0 ($\lambda_i = 0 \,\forall i \neq p$). Esta situación corresponde, de nuevo, a un estado puro representado por $|\lambda_p\rangle$ o por $\varrho = |\lambda_p\rangle\langle\lambda_p|$. Así, para que el operador densidad ϱ represente un estado puro es condición necesaria y suficiente que $\text{Tr}(\varrho^2) = 1$, mientras que $\text{Tr}(\varrho^2) \neq 1$ caracteriza a un estado mezcla.

3.6.1. Postulados de la mecánica cuántica en representación de operador densidad

Los postulados de la mecánica cuántica descritos en los apartados anteriores, relativos a la representación de sistemas y sus estados, tanto individuales como compuestos, a la medida de observables o a la evolución temporal de los estados, pueden formularse de manera equivalente para estados descritos mediante operadores densidad, como se resume en la tabla 3.2.

Tabla 3.2. Postulados de la mecánica cuántica para estados descritos mediante vectores de estado o mediante operadores densidad

	Vectores de estado	Operadores densidad
Representación estado individual	$\lvert\psi\rangle$	$\varrho = \sum_i p_i \lvert\psi_i\rangle\langle\psi_i\rvert$
Probabilidad de una medida y valor esperado	$p_\psi(a) = \lVert \Pi_a \lvert\psi\rangle \rVert^2$ $\langle A\rangle_\psi = \langle\psi\lvert A\rvert\psi\rangle$	$p_\varrho(a) = \mathrm{Tr}(\varrho\Pi_a)$ $\langle A\rangle_\varrho = \mathrm{Tr}(\varrho A)$
Evolución temporal	$i\hbar \dfrac{\partial}{\partial t}\lvert\psi(t)\rangle = H\lvert\psi(t)\rangle$	$i\hbar \dfrac{\partial}{\partial t}\varrho(t) = [H, \varrho(t)]$
Representación estado compuesto	$\lvert\Psi^{(2)}\rangle = \sum_{i,j} c_{ij}\lvert\psi_i\rangle_1 \otimes \lvert\phi_j\rangle_2$	$\varrho^{(2)} = \sum_k p_k \lvert\Psi_k^{(2)}\rangle\langle\Psi_k^{(2)}\rvert$

Postulado sobre las medidas en un sistema

La probabilidad de obtener el valor a en una medida del observable representado por el operador A en un estado representado por el operador densidad ϱ se calcula como la suma de las probabilidades (cuánticas) de obtener el valor a en cada uno de los estados $\lvert\psi_i\rangle$ presentes en la mezcla, $p_{\psi_i}(a)$, ponderadas por las probabilidades (clásicas) de cada uno de esos estados en la mezcla, p_i:

$$p_\varrho(a) = \sum_{i=1}^{d} p_i\, p_{\psi_i}(a) = \mathrm{Tr}(\varrho\Pi_a) \tag{3.94}$$

donde Π_a es el operador proyección sobre el subespacio propio asociado al autovalor a (apdo. 3.2). El valor esperado del observable en ese estado se calcula como la suma de los valores esperados en cada uno de los estados $\lvert\psi_i\rangle$ presentes en la mezcla, $\langle A\rangle_{\psi_i}$, ponderados por las probabilidades (clásicas) de cada uno de esos estados en la mezcla, p_i:

$$\langle A\rangle_\varrho = \sum_{i=1}^{d} p_i\, \langle A\rangle_{\psi_i} = \mathrm{Tr}(\varrho A) \tag{3.95}$$

Demostración: Probabilidad de una medida y valor esperado de un observable en un estado representado por un operador densidad

Se demuestra en primer lugar la expresión del valor esperado de un observable representado por el operador A en el estado representado por el operador densidad $\varrho = \sum_{i=1}^{d} p_i |\psi_i\rangle\langle\psi_i|$:

$$\mathrm{Tr}\,(\varrho A) = \mathrm{Tr}\left(\sum_{i=1}^{d} p_i |\psi_i\rangle\langle\psi_i| A\right) = \sum_{i=1}^{d} p_i\,\mathrm{Tr}\,(|\psi_i\rangle\langle\psi_i| A)$$

$$= \sum_{i=1}^{d} p_i \left(\sum_{j=1}^{d}\langle\hat{e}_j|\,(|\psi_i\rangle\langle\psi_i| A)\,|\hat{e}_j\rangle\right) = \sum_{i=1}^{d} p_i \left(\sum_{j=1}^{d}\langle\psi_i|A|\hat{e}_j\rangle\langle\hat{e}_j|\psi_i\rangle\right)$$

$$= \sum_{i=1}^{d} p_i\,\langle\psi_i|A\left(\sum_{j=1}^{d}|\hat{e}_j\rangle\langle\hat{e}_j|\right)|\psi_i\rangle = \sum_{i=1}^{d} p_i\,\langle\psi_i|A\,\mathbb{I}|\psi_i\rangle = \sum_{i=1}^{d} p_i\langle A\rangle_{\psi_i} = \langle A\rangle_{\varrho}$$

La probabilidad (cuántica) de obtener el valor a en un estado representado por el vector $|\psi_i\rangle$ viene dada por $p_{\psi_i}(a) = \langle\psi_i|\Pi_a|\psi_i\rangle$ (ec. 3.2). Esa misma probabilidad en el estado representado por el operador densidad ϱ puede escribirse entonces como:

$$p_{\varrho}(a) = \sum_{i=1}^{d} p_i\,p_{\psi_i}(a) = \sum_{i=1}^{d} p_i\,\langle\psi_i|\Pi_a|\psi_i\rangle = \sum_{i=1}^{d} p_i\,\langle\Pi_a\rangle_{\psi_i}$$

El estado representado por el vector $|\psi_i\rangle$ puede representarse también mediante el operador densidad $\varrho_{\psi_i} = |\psi_i\rangle\langle\psi_i|$. De acuerdo con la ec. 3.95 demostrada antes, el valor esperado del operador Π_a en el estado representado por el operador densidad ϱ_{ψ_i} viene dado por $\langle\Pi_a\rangle_{\varrho_{\psi_i}} = \mathrm{Tr}\,(\varrho_{\psi_i}\Pi_a)$, que introducido en el desarrollo anterior, y teniendo en cuenta que $\varrho = \sum_{i=1}^{d} p_i\varrho_{\psi_i}$, resulta:

$$p_{\varrho}(a) = \sum_{i=1}^{d} p_i\,\langle\Pi_a\rangle_{\varrho_{\psi_i}} = \sum_{i=1}^{d} p_i\,\mathrm{Tr}\,(\varrho_{\psi_i}\Pi_a) = \mathrm{Tr}\left(\sum_{i=1}^{d} p_i\,\varrho_{\psi_i}\Pi_a\right) = \mathrm{Tr}\,(\varrho\Pi_a)$$

Ejemplo: Sistema representado por una matriz densidad y medidas sobre él

Un sistema se encuentra en el estado representado por la siguiente matriz densidad, dada en la base propia de un observable A, $\{|a_1\rangle, |a_2\rangle\}$:

$$\varrho = \frac{\sqrt{2}}{3}\begin{pmatrix} 1/\sqrt{2} & -i \\ i & \sqrt{2} \end{pmatrix}$$

a) Comprobar que ϱ cumple las condiciones de un operador densidad y determinar si el estado que representa es puro o mezcla.

b) Si se trata de un estado puro, obtener el vector de estado que lo representa en la base propia del observable A.

c) Obtener la matriz densidad ϱ_m que representa el estado del sistema tras una medida del observable A de la que no se conoce el resultado. Determinar si se trata de un estado puro o mezcla.

d) Obtener la matriz densidad ϱ_{a_1} que representa el estado del sistema tras una medida del observable A que da como resultado el valor a_1, asociado al autoestado $|a_1\rangle$. Determinar si se trata de un estado puro o mezcla.

Resolución:

a) El operador ϱ es autoadjunto, ya que la matriz que lo representa es igual a su matriz adjunta, es decir, a la matriz transpuesta con elementos complejo-conjugados. Tiene traza unidad: $\text{Tr}(\varrho) = (\sqrt{2}/3)(1/\sqrt{2} + \sqrt{2}) = 1$. Sus autovalores son $\lambda_1 = 0$ y $\lambda_2 = 1$, que son no negativos y por tanto se trata de un operador definido no negativo. En conclusión, el operador ϱ cumple las propiedades que definen un operador densidad. El cuadrado de la matriz que representa el operador es igual a ella misma, $\varrho^2 = \varrho$, y se cumple también $\text{Tr}(\varrho^2) = 1$, de manera que el operador densidad ϱ representa un estado puro.

b) Los autovalores de la matriz densidad son $\lambda_1 = 0$ y $\lambda_2 = 1$, y los autovectores normalizados asociados son:

$$|\lambda_1\rangle = \sqrt{\frac{2}{3}} \begin{pmatrix} 1 \\ -i/\sqrt{2} \end{pmatrix} \qquad\qquad |\lambda_2\rangle = \sqrt{\frac{1}{3}} \begin{pmatrix} 1 \\ \sqrt{2}\,i \end{pmatrix}$$

En la base $\{|\lambda_1\rangle, |\lambda_2\rangle\}$ el operador densidad se representa mediante la matriz cuyos elementos de la diagonal son los autovalores (0 y 1), y el resto de elementos son cero. De manera equivalente, el operador densidad se puede expresar como $\varrho = 0\,|\lambda_1\rangle\langle\lambda_1| + 1\,|\lambda_2\rangle\langle\lambda_2| = |\lambda_2\rangle\langle\lambda_2|$, que confirma, como se obtuvo en el apartado anterior, que se trata de un estado puro, que puede representarse mediante el vector de estado $|\lambda_2\rangle$. Este último se obtuvo antes expresado en la base propia del observable A: $|\lambda_2\rangle = \sqrt{1/3}\left(|a_1\rangle + \sqrt{2}\,i\,|a_2\rangle\right)$.

c) Si se efectúa una medida del observable A sobre el sistema, que inicialmente se encuentra en el estado $|\lambda_2\rangle$, colapsará al estado $|a_1\rangle$ con probabilidad $p_{\lambda_2}(a_1) = |\langle a_1|\lambda_2\rangle|^2 = 1/3$ o al estado $|a_2\rangle$ con probabilidad $p_{\lambda_2}(a_2) = |\langle a_2|\lambda_2\rangle|^2 = 2/3$. Por tanto, si no se conoce cuál de los dos resultados se ha obtenido, el estado tras la medida puede representarse mediante la siguiente matriz densidad en la base propia de A:

$$\varrho_m = p_{\lambda_2}(a_1)\,|a_1\rangle\langle a_1| + p_{\lambda_2}(a_2)\,|a_2\rangle\langle a_2| = \begin{pmatrix} 1/3 & 0 \\ 0 & 2/3 \end{pmatrix} = \frac{\sqrt{2}}{3}\begin{pmatrix} 1/\sqrt{2} & 0 \\ 0 & \sqrt{2} \end{pmatrix}$$

que coincide con la diagonal de la matriz densidad inicial ϱ, es decir, tras la medida se anulan los elementos de fuera de la diagonal (proceso de decoherencia).

El cuadrado de la matriz que representa el operador ϱ_m no es igual a ella misma, $\varrho_m^2 \neq \varrho_m$, y su traza no es 1, de manera que el operador densidad ϱ_m representa un estado mezcla. Efectivamente, esta matriz representa un estado formado por la mezcla (clásica) de los estados $|a_1\rangle$ y $|a_2\rangle$, construido con las probabilidades de que el sistema haya colapsado a cada uno de ellos cuando no se sabe a cuál lo ha hecho. Esta falta de información sobre el sistema da lugar a que su estado sea mezcla.

d) Si se efectúa una medida del observable A sobre el sistema y se comprueba que se ha obtenido el valor a_1, habrá colapsado al estado $|a_1\rangle$ (con probabilidad 1). Por tanto, el estado tras la medida puede representarse mediante la matriz densidad $\varrho_{a_1} = |a_1\rangle\langle a_1|$. Se trata de un estado puro, ya que se puede representar también por un vector de estado, $|a_1\rangle$. Se puede ver inmediatamente que $\varrho_{a_1}^2 = \varrho_{a_1}$. En este caso se conoce toda la información posible sobre el estado del sistema tras la medida, como corresponde a un estado puro.

Postulado sobre la evolución temporal de un sistema

La evolución temporal de un estado representado por el operador densidad $\varrho(t)$ depende de su conmutador con el operador hamiltoniano de la forma:

$$i\hbar \frac{\partial}{\partial t} \varrho(t) = [H, \varrho(t)] \tag{3.96}$$

Demostración: Evolución temporal de un estado representado por un operador densidad

$$\frac{\partial}{\partial t}\varrho = \sum_{i=1}^{d} p_i \frac{\partial}{\partial t}\left(|\psi_i\rangle\langle\psi_i|\right) = \sum_{i=1}^{d} p_i \left[\left(\frac{\partial}{\partial t}|\psi_i\rangle\right)\langle\psi_i| + |\psi_i\rangle\left(\frac{\partial}{\partial t}\langle\psi_i|\right)\right]$$

Introduciendo la derivada temporal según la ecuación de Schrödinger (ec. 3.32) para un ket, $\frac{\partial}{\partial t}|\psi_i\rangle = -\frac{i}{\hbar}H|\psi_i\rangle$, y para un bra, $\frac{\partial}{\partial t}\langle\psi_i| = \langle\psi_i|\frac{i}{\hbar}H$ (construida con el adjunto de ambos miembros), se obtiene:

$$\frac{\partial}{\partial t}\varrho = \sum_{i=1}^{d} p_i \left(-\frac{i}{\hbar}H|\psi_i\rangle\langle\psi_i| + |\psi_i\rangle\langle\psi_i|\frac{i}{\hbar}H\right) = -\frac{i}{\hbar}\sum_{i=1}^{d} p_i [H, |\psi_i\rangle\langle\psi_i|]$$

$$= -\frac{i}{\hbar}\left[H, \sum_{i=1}^{d} p_i|\psi_i\rangle\langle\psi_i|\right] = -\frac{i}{\hbar}[H, \varrho]$$

Postulado sobre la representación de un sistema compuesto

Los estados de un sistema compuesto por dos sistemas individuales se representan por operadores densidad de la forma:

$$\varrho^{(2)} = \sum_{k}^{d'} p_k \, |\Psi_k^{(2)}\rangle\langle\Psi_k^{(2)}| \tag{3.97}$$

donde los vectores $|\Psi_k^{(2)}\rangle$ representan estados (puros) del sistema compuesto (ec. 3.89) y p_k son las probabilidades estadísticas de esos estados en la mezcla. Si los estados del sistema compuesto que forman parte de la mezcla son de tipo producto, $|\Psi_k^{(2,\otimes)}\rangle = |\psi_k\rangle_1 \otimes |\phi_k\rangle_2$ (ec. 3.90), entonces el sistema compuesto se encuentra en un estado producto y el operador densidad puede escribirse como:

$$\varrho^{(2,\otimes)} = \sum_{k}^{d'} p_k \, (|\psi_k\rangle_1\langle\psi_k|_1) \otimes (|\phi_k\rangle_2\langle\phi_k|_2) = \sum_{k}^{d'} p_k \, \varrho_{k[1]} \otimes \varrho_{k[2]} \tag{3.98}$$

donde $\varrho_{k[1]} = |\psi_k\rangle_1\langle\psi_k|_1$ y $\varrho_{k[2]} = |\phi_k\rangle_2\langle\phi_k|_2$ son operadores densidad que representan estados puros de los sistemas individuales. Los estados compuestos producto no contienen entrelazamiento cuántico entre los estados individuales, pero sí pueden contener correlaciones clásicas entre ellos[14].

A partir del operador densidad que describe el estado compuesto se puede obtener el *operador densidad reducido* de cada uno de los estados individuales como:

$$\hat{\varrho}_{[1]} = \mathrm{Tr}_2\left(\varrho^{(2)}\right) \qquad\qquad \hat{\varrho}_{[2]} = \mathrm{Tr}_1\left(\varrho^{(2)}\right) \tag{3.99}$$

donde $\mathrm{Tr}_s(...)$ es una *traza parcial*, que actúa únicamente sobre el estado del sistema individual s. Por ejemplo, para el operador densidad compuesto $|\psi_i\rangle_1\langle\psi_{i'}|_1 \otimes |\phi_j\rangle_2\langle\phi_{j'}|_2$, que es el tipo de términos que aparecen al desarrollar el operador densidad general de la ec. 3.97, la traza parcial sobre el sistema individual 2 es:

$$\mathrm{Tr}_2\big(|\psi_i\rangle_1\langle\psi_{i'}|_1 \otimes |\phi_j\rangle_2\langle\phi_{j'}|_2\big) = |\psi_i\rangle_1\langle\psi_{i'}|_1 \, \mathrm{Tr}\big(|\phi_j\rangle_2\langle\phi_{j'}|_2\big) = |\psi_i\rangle_1\langle\psi_{i'}|_1 \, \langle\phi_j|\phi_{j'}\rangle_2 \tag{3.100}$$

donde se ha hecho uso de la ec. 2.18. Con las ecs. 3.99 siempre es posible calcular los operadores densidad reducidos de los sistemas individuales constituyentes a partir del operador densidad del sistema compuesto, pero eso no significa que este último pueda escribirse como $\varrho^{(2)} = \hat{\varrho}_{[1]} \otimes \hat{\varrho}_{[2]}$, ya que esta expresión (al contrario que en la forma de la ec. 3.98) no contempla las correlaciones clásicas que puedan existir entre los estados de los sistemas individuales.

---

[14]Por ejemplo, el siguiente estado compuesto producto:

$\varrho^{(2,\otimes)} = p_1 \, (|0\rangle_1 \otimes |0\rangle_2) \, (\langle 0|_1 \otimes \langle 0|_2 + p_2 \, (|1\rangle_1 \otimes |1\rangle_2) \, (\langle 1|_1 \otimes \langle 1|_2 =$

$= p_1 \, |0\rangle_1\langle 0|_1 \otimes |0\rangle_2\langle 0|_2 + p_2 \, |1\rangle_1\langle 1|_1 \otimes |1\rangle_2\langle 1|_2$

contiene en la mezcla únicamente estados compuestos puros producto ($|0\rangle_1 \otimes |0\rangle_2$ y $|1\rangle_1 \otimes |1\rangle_2$), es decir, sin entrelazamiento entre estados individuales, pero con correlaciones clásicas entre ellos, ya que $|0\rangle_1$ siempre va con $|0\rangle_2$ y $|1\rangle_1$ siempre va con $|1\rangle_2$.

Tabla 3.3. Notación empleada en el capítulo 3

$\lvert\psi\rangle$, $\lvert\phi\rangle$	Vectores de estado generales en forma de ket que, si son unitarios, representan estados cuánticos de un sistema.
$\langle\psi\rvert$, $\langle\phi\rvert$	Vectores de estado generales en forma de bra que, si son unitarios, representan estados cuánticos de un sistema.
A	Operador general que, si es autoadjunto ($A = A^\dagger$), representa un observable de un sistema cuántico.
$\lvert a_i\rangle$	Autovectores de un operador general A. Si A es autoadjunto, forman una base propia ortonormal y representan los estados a los que puede colapsar un sistema cuántico al medir el observable representado por el operador A.
a_i	Autovalores de un operador general A asociados a los autovectores $\lvert a_i\rangle$. Si A es autoadjunto, son reales y representan los valores que se pueden obtener en un sistema cuántico al medir el observable representado por el operador A.
$p_\psi(a_i)$	Probabilidad de obtener el autovalor a_i tras una medida del observable representado por el operador A en el estado representado por el vector $\lvert\psi\rangle$.
$\langle A\rangle_\psi$	Valor esperado de las medidas del observable representado por el operador A en el estado representado por el vector $\lvert\psi\rangle$.
$\sigma_{A,\psi}$	Incertidumbre (desviación típica) de las medidas del observable representado por el operador A en el estado representado por el vector $\lvert\psi\rangle$.
$\vec{R}=(X,Y,Z)$, $\vec{P}=(P_x,P_y,P_z)$	Operadores autoadjuntos que representan observables de posición y de momento lineal (como vector y para cada una de las componentes cartesianas).
$\lvert x_0\rangle \equiv \xi_{x_0}$	Autovectores y autofunciones del operador posición X (en una dimensión).
$\lvert p_0\rangle \equiv \widetilde{\xi}_{p_0}$	Autovectores y autofunciones del operador momento P_x (en una dimensión).
$\psi(x)$	Función de onda en representación de posiciones (en una dimensión).
$\widetilde{\psi}(p)$	Función de onda en representación de momentos (en una dimensión).
H, T, V	Operadores autoadjuntos que representan los observables hamiltoniano (energía total), energía cinética y energía potencial.

$\lvert \varepsilon_i \rangle$	Autovectores del operador hamiltoniano, que representan auto-estados de energía (estacionarios).
E_i	Autovalores del operador hamiltoniano, que representan las energías de los autoestados de energía.
$\lvert \Psi^{(2)} \rangle$, $\lvert \Phi^{(2)} \rangle$	Vectores de estado generales en forma de ket que, si son unitarios, representan estados cuánticos de un sistema compuesto por dos subsistemas.
ϱ	Operador densidad que representa el estado (puro o mezcla) de un sistema.
p_i	Probabilidad de que un sistema cuántico se encuentre en el estado puro representado por el vector $\lvert \psi_i \rangle$.
$p_\varrho(a_i)$	Probabilidad de obtener el autovalor a_i al medir el observable representado por el operador A en un estado representado por el operador densidad ϱ.
$\langle A \rangle_\varrho$	Valor esperado de las medidas del observable representado por el operador A en el estado representado por el operador densidad ϱ.
$\varrho^{(2)}$	Operador densidad que representa el estado (puro o mezcla) de un sistema compuesto por dos sistemas individuales.
$\hat{\varrho}_{[1]}$, $\hat{\varrho}_{[2]}$	Operadores densidad reducidos de dos sistemas individuales.

4. Momento angular en mecánica cuántica

El momento angular en mecánica cuántica presenta unas características que lo distinguen considerablemente de su análogo clásico, especialmente en el caso del momento angular intrínseco o de espín que, a diferencia del momento angular orbital, no está relacionado con un desplazamiento en el espacio. Todo momento angular en mecánica cuántica está cuantizado, es decir, solo puede tomar valores discretos, y solo una de las tres componentes en el espacio real está bien definida, junto con el módulo. Estas características tienen importantes consecuencias en el procedimiento de suma de momentos angulares.

4.1. Momento angular en mecánica cuántica

Un *momento angular* es un operador autoadjunto vectorial con tres componentes, $\vec{J} = (J_x, J_y, J_z)$, que cumplen las siguientes relaciones de conmutación entre ellas:

$$[J_x, J_y] = i\hbar\, J_z \qquad\qquad [J_y, J_z] = i\hbar\, J_x \qquad\qquad [J_z, J_x] = i\hbar\, J_y \qquad (4.1)$$

El operador módulo al cuadrado $J^2 \equiv |\vec{J}|^2 = J_x^2 + J_y^2 + J_z^2$ conmuta con cualquiera de las componentes: $[J^2, J_x] = [J^2, J_y] = [J^2, J_z] = 0$. Se puede encontrar por tanto una base propia común a J^2 y a una de las componentes, por ejemplo la tercera J_z, cuyos autovectores cumplen:

$$J^2 |\gamma\,\mu\rangle = \gamma |\gamma\,\mu\rangle \qquad\qquad (4.2)$$

$$J_z |\gamma\,\mu\rangle = \mu |\gamma\,\mu\rangle \qquad\qquad (4.3)$$

Estos autovectores vienen identificados por el autovalor γ del operador J^2 y por el autovalor μ del operador J_z. También es habitual identificarlos con los números cuánticos j y m asociados a esos autovalores:

$$J^2 \, |j \, m\rangle = \hbar^2 \, j(j+1) \, |j \, m\rangle \tag{4.4}$$

$$J_z \, |j \, m\rangle = \hbar \, m \, |j \, m\rangle \tag{4.5}$$

El número cuántico j, asociado al operador módulo al cuadrado J^2, tiene que ser un entero o un semientero no negativo ($2j \in \mathbb{Z}, j \geq 0$). Para cada valor de j, el número cuántico m, asociado al operador de tercera componente J_z, solo puede tomar los valores $\{-j, -j+1, -j+2, ..., j-2, j-1, j\}$. El subespacio propio de J^2 asociado al autovalor $\gamma = \hbar^2 \, j(j+1)$ tiene dimensión $2j+1$, que es el número de posibles valores distintos que puede tomar el autovalor $\mu = \hbar \, m$.

Las propiedades anteriores implican, por un lado, que no se puede determinar simultáneamente el valor de las tres componentes en el espacio real del momento angular de un sistema cuántico, porque no conmutan entre sí, cumpliéndose entre ellas el principio de incertidumbre (ec. 3.10). Solamente puede determinarse el valor de una de las componentes junto con el módulo, y por esta razón el vector momento angular en el espacio real tridimensional no se puede representar rigurosamente como una flecha con longitud y dirección fijas, sino como la superficie de un cono circular con altura fija (que corresponde a la proyección del momento sobre un eje, por ejemplo el z, que es el autovalor de J_z) y generatriz fija (que corresponde al módulo del momento, que es la raíz cuadrada del autovalor de J^2), figura 4.1 izquierda. Por otro lado, las componentes y el módulo están siempre cuantizados, es decir, solo pueden tomar ciertos valores discretos.

Figura 4.1. Izquierda: representación de un momento angular en mecánica cuántica como la superficie de un cono con eje de simetría en la dirección z, de altura $m\hbar$ (autovalor de J_z) y generatriz $\sqrt{j(j+1)} \, \hbar$ (raíz del autovalor de J^2). Derecha: representación de un vector de estado de momento angular 1/2, $|\chi\rangle$, como un punto en la superficie de la esfera de Bloch.

Los *operadores escalera* de momento angular, que no representan observables (no son autoadjuntos), se definen como:

$$J_\pm = J_x \pm iJ_y \tag{4.6}$$

y actúan sobre los vectores de la base propia de J^2 y J_z, $|j\,m\rangle$, como:

$$J_\pm\,|j\,m\rangle = \hbar\,\sqrt{j(j+1)-m(m\pm 1)}\,|j\,\,m\pm 1\rangle \tag{4.7}$$

Los elementos de matriz de los operadores J^2, J_z y $J_\pm$ en la base $|j\,m\rangle$ vienen dados por:

$$\langle j\,m|\,J^2\,|j'\,m'\rangle = \hbar^2\,j(j+1)\,\delta_{m,m'}\,\delta_{j,j'} \tag{4.8}$$

$$\langle j\,m|\,J_z\,|j'\,m'\rangle = \hbar\,m\,\delta_{m,m'}\,\delta_{j,j'} \tag{4.9}$$

$$\langle j\,m|\,J_\pm\,|j'\,m'\rangle = \hbar\,\sqrt{j(j+1)-m'(m'\pm 1)}\,\delta_{m,m'\pm 1}\,\delta_{j,j'} \tag{4.10}$$

Los elementos de matriz de los operadores J_x y J_y se obtienen de las siguientes relaciones, a partir de las ecs. 4.6:

$$J_x = \frac{1}{2}(J_+ + J_-) \qquad\qquad J_y = \frac{1}{2i}(J_+ - J_-) \tag{4.11}$$

Todas las definiciones y propiedades que se acaban de describir son aplicables a cualquier operador de momento angular, independientemente de su significado físico, como pueden ser el orbital $\vec{L}$ (apdo. 4.3), el de rotación de un cuerpo rígido o de rotación colectiva $\vec{I}$ (apdo. 4.4), el intrínseco o de espín $\vec{S}$ (apdo. 4.5), el total (suma de orbital y de espín) $\vec{J}$, etc. Todos ellos juegan papeles esenciales en diversas estructuras de la materia.

Demostración: Conmutadores entre operadores de momento angular

El operador $J^2 = J_x^2 + J_y^2 + J_z^2$ cumple la siguiente regla de conmutación con el operador J_z (empleando las ecs. 4.1 de reglas de conmutación entre sus componentes y la propiedad 2.16):

$$\begin{aligned}
\left[J^2, J_z\right] &= \left[(J_x^2 + J_y^2 + J_z^2), J_z\right] = \left[J_x^2, J_z\right] + \left[J_y^2, J_z\right] + \left[J_z^2, J_z\right] \\
&= J_x\left[J_x, J_z\right] + \left[J_x, J_z\right]J_x + J_y\left[J_y, J_z\right] + \left[J_y, J_z\right]J_y \\
&= J_x\left(-i\hbar J_y\right) + \left(-i\hbar J_y\right)J_x + J_y\left(i\hbar J_x\right) + \left(i\hbar J_x\right)J_y = 0
\end{aligned}$$

y de manera análoga se obtiene $\left[J^2, J_x\right] = 0$ y $\left[J^2, J_y\right] = 0$.

Los operadores escalera, definidos como $J_\pm = J_x \pm iJ_y$, cumplen las siguientes relaciones de conmutación con J^2 y J_z:

$$\left[J^2, J_\pm\right] = \left[J^2, J_x\right] \pm i\left[J^2, J_y\right] = 0$$

$$\left[J_z, J_\pm\right] = \left[J_z, J_x\right] \pm i\left[J_z, J_y\right] = i\hbar\,J_y \pm i(-i\hbar J_x) = \hbar\left(iJ_y \pm J_x\right) = \pm\,\hbar J_\pm$$

Demostración: Los operadores J^2 y J_z tienen espectro discreto

Aplicando a los vectores de la base propia común a J^2 y J_z el producto de operadores $J^2 J_\pm$ se obtiene:

$$J^2 J_\pm \, |\gamma\,\mu\rangle = J_\pm \, J^2 \, |\gamma\,\mu\rangle = J_\pm \, \gamma \, |\gamma\,\mu\rangle = \gamma \, J_\pm \, |\gamma\,\mu\rangle$$

Y aplicando el producto de operadores $J_z J_\pm$ se obtiene (usando $[J_z, J_\pm] = \pm\,\hbar J_\pm$):

$$J_z J_\pm \, |\gamma\,\mu\rangle = J_\pm J_z \, |\gamma\,\mu\rangle \pm \hbar \, J_\pm \, |\gamma\,\mu\rangle = J_\pm \, \mu \, |\gamma\,\mu\rangle \pm \hbar \, J_\pm \, |\gamma\,\mu\rangle$$
$$= \mu \, J_\pm \, |\gamma\,\mu\rangle \pm \hbar \, J_\pm \, |\gamma\,\mu\rangle = (\mu \pm \hbar) \, J_\pm \, |\gamma\,\mu\rangle$$

En esta última ecuación se observa que el vector $J_\pm \, |\gamma\,\mu\rangle$ es autovector de J_z con autovalor $\mu \pm \hbar$, ya que $J_z \, [J_\pm \, |\gamma\,\mu\rangle] = (\mu \pm \hbar) \, [J_\pm \, |\gamma\,\mu\rangle]$. El vector $|\gamma\,\mu \pm \hbar\rangle$ también es autovector de J_z con el mismo autovalor: $J_z |\gamma\mu\pm\hbar\rangle = (\mu\pm\hbar)|\gamma\mu\pm\hbar\rangle$. Por tanto, el vector $J_\pm |\gamma\mu\rangle$ es proporcional al vector $|\gamma\mu\pm\hbar\rangle$. Se deduce entonces que la actuación del operador $J_\pm$ sobre un autovector de esa base lo transforma en el autovector asociado a un autovalor de J_z al que se le suma (caso de J_+) o se le resta (caso de J_-) una unidad de $\hbar$.

La proyección de un vector no puede ser mayor que su módulo, de modo que el autovalor de J_z en valor absoluto tiene que ser menor que la raíz del autovalor de J^2: $|\mu| \leq \sqrt{\gamma}$. Por tanto, el autovalor de J_z está acotado entre un cierto valor máximo, μ_M, y un cierto valor mínimo, μ_m. Para los autovectores asociados se cumple: $J_+ \, |\gamma\,\mu_M\rangle = 0$ y $J_- \, |\gamma\,\mu_m\rangle = 0$.

El operador J^2 se puede expresar en función de los operadores escalera y J_z como:

$$J_\pm J_\mp = J_x^2 + J_y^2 \mp i(J_x J_y - J_y J_x) = J_x^2 + J_y^2 \mp i[J_x, J_y] = J^2 - J_z^2 \pm \hbar J_z$$
$$\Rightarrow \quad J^2 = J_\pm J_\mp + J_z^2 \mp \hbar J_z$$

Haciendo actuar el operador J^2 sobre el autovector asociado al autovalor máximo μ_M usando una de las dos expresiones del resultado anterior se obtiene:

$$J^2 \, |\gamma\,\mu_M\rangle = \left(J_- J_+ + J_z^2 + \hbar J_z\right) |\gamma\,\mu_M\rangle = \left(0 + \mu_M^2 + \hbar\mu_M\right) |\gamma\,\mu_M\rangle$$
$$= \mu_M \left(\mu_M + \hbar\right) |\gamma\,\mu_M\rangle$$

De manera análoga, usando la otra expresión de J^2 se obtiene:

$$J^2 \, |\gamma\,\mu_m\rangle = \left(J_+ J_- + J_z^2 - \hbar J_z\right) |\gamma\,\mu_m\rangle = \left(0 + \mu_m^2 - \hbar\mu_m\right) |\gamma\,\mu_m\rangle$$
$$= \mu_m \left(\mu_m - \hbar\right) |\gamma\,\mu_m\rangle$$

Como este autovector también cumple $J^2 \left|\gamma \, \mu_M\right\rangle = \gamma \left|\gamma \, \mu_M\right\rangle$ y $J^2 \left|\gamma \, \mu_m\right\rangle = \gamma \left|\gamma \, \mu_m\right\rangle$, igualando los autovalores se obtiene:

$$\gamma = \mu_M(\mu_M + \hbar) = \mu_m(\mu_m - \hbar)$$

De aquí se deduce que $\mu_M = -\mu_m$ (la otra solución, $\mu_M = \mu_m - \hbar$, no es posible porque, por definición, $\mu_M > \mu_m$). Se tiene entonces que μ (autovalor de J_z) toma valores desde el mínimo $\mu_m = -\mu_M$ hasta el máximo μ_M, con incrementos de una unidad de $\hbar$, asociados a los autovectores $J_\pm \left|\gamma \, \mu\right\rangle$. Por tanto, en el intervalo entre $-\mu_M$ y μ_M tiene que haber un número natural de unidades de $\hbar$: $\mu_M - (-\mu_M) = N\hbar \Rightarrow \mu_M = N\hbar/2$, con $N \in \mathbb{N}$.

Con este procedimiento se obtienen todos los posibles autovalores de J_z. Si hubiera otro conjunto de ellos (cuyos miembros también estarían separados entre sí por una unidad de $\hbar$), los autovectores asociados a sus autovalores máximo y mínimo también cumplirían $J_+|\gamma \, \mu'_M\rangle = 0$ y $J_-|\gamma \, \mu'_m\rangle = 0$, y por tanto la acción de J^2 (expresada en términos de J_+ y J_-) sobre esos autovectores sería la descrita antes, y el desarrollo posterior sería idéntico. En conclusión, ese nuevo conjunto de autovectores y autovalores sería en realidad el mismo que el ya obtenido.

Introduciendo el número cuántico $j = N/2$, se tiene $\mu_M = j\hbar$ y el autovalor de J^2 puede escribirse entonces como $\gamma = \mu_M(\mu_M+\hbar) = j\hbar(j\hbar+\hbar) = j(j+1)\hbar^2$. El número cuántico j solo puede tomar valores enteros (cuando N es par) o semienteros (cuando N es impar) no negativos.

Introduciendo el número cuántico m, el autovalor de J_z puede escribirse como: $\mu = m\hbar$. Como este autovalor va desde $\mu_m = -\mu_M = -j\hbar$ hasta $\mu_M = j\hbar$ en unidades de $\hbar$, el número cuántico m solo puede tomar los valores $\{-j, -j + 1, -j + 2, ..., j - 2, j - 1, j\}$.

Demostración: Acción de los operadores escalera $J_\pm$ sobre autovectores de J^2 y J_z

En la demostración anterior se obtuvo que el vector $J_\pm \left|\gamma \, \mu\right\rangle$ es proporcional al vector $\left|\gamma \, \mu \pm \hbar\right\rangle$. Identificando los vectores con los números cuánticos j y m se puede escribir: $J_+ \left|j \, m\right\rangle = k_+ \left|j \, m + 1\right\rangle$ y $J_- \left|j \, m\right\rangle = k_- \left|j \, m - 1\right\rangle$.

Se obtienen los valores esperados de los productos $J_\pm J_\mp$ en los estados $\left|jm\right\rangle$:

$$\langle j \, m|J_-J_+|j \, m\rangle = \langle j \, m|J_- \, k_+|j \, m + 1\rangle = k_+ \langle j \, m|J_-|j \, m + 1\rangle$$
$$= k_+ \langle j \, m + 1|J_-^\dagger|j \, m\rangle^* = k_+ \langle j \, m + 1|J_+|j \, m\rangle^*$$
$$= k_+ \langle j \, m + 1|k_+|j \, m + 1\rangle^* = k_+ k_+^* = |k_+|^2$$

donde se ha empleado la propiedad 2.19 y que $J_-^\dagger = J_+$ (a partir de la definición 4.6). De manera análoga se obtiene $\langle j \, m|J_+J_-|j \, m\rangle = |k_-|^2$.

Por otro lado, en la demostración anterior se dedujo $J_\pm J_\mp = J^2 - J_z^2 \pm \hbar J_z$, que aplicado a los mismos valores esperados proporciona:

$$\langle j\,m|J_-J_+|j\,m\rangle = \langle j\,m|\left(J^2 - J_z^2 - \hbar J_z\right)|j\,m\rangle = j(j+1)\hbar^2 - m^2\hbar^2 - m\hbar^2$$
$$= \hbar^2\left[j(j+1) - m(m+1)\right]$$

y de manera análoga se obtiene $\langle j\,m|J_+J_-|j\,m\rangle = \hbar^2\left[j(j+1) - m(m-1)\right]$.

Comparando con los resultados anteriores se deducen los factores $k_\pm$ que aparecen al aplicar los operadores escalera de momento angular a los estados $|j\,m\rangle$:

$$|k_+|^2 = \hbar^2\left[j(j+1) - m(m+1)\right] \quad \Rightarrow \quad k_+ = \hbar\,\sqrt{j(j+1) - m(m+1)}$$
$$|k_-|^2 = \hbar^2\left[j(j+1) - m(m-1)\right] \quad \Rightarrow \quad k_- = \hbar\,\sqrt{j(j+1) - m(m-1)}$$

que contienen un factor de fase arbitrario que se ha fijado para que $k_\pm$ sean reales y positivos (convenio de Condon-Shortley).

4.2. Operador rotación y generadores de rotaciones

Una rotación de ángulo θ en torno al eje definido por el vector unitario $\hat{n}$ se representa mediante el *operador rotación* $R_{\hat{n}}(\theta)$. Haciendo uso de ese operador, un vector de estado arbitrario $|\psi\rangle$ se transforma como $|\psi'\rangle = R_{\hat{n}}(\theta)\,|\psi\rangle$ y un operador arbitrario A se transforma como $A' = R_{\hat{n}}(\theta)\,A\,[R_{\hat{n}}(\theta)]^{-1}$.

Los operadores de momento angular son los *generadores* de las rotaciones, de manera que el operador $R_{\hat{n}}(\theta)$ puede expresarse como:

$$R_{\hat{n}}(\theta) = e^{-\frac{i}{\hbar}J_{\hat{n}}\theta} \tag{4.12}$$

donde el operador $J_{\hat{n}} = \vec{J}\cdot\hat{n}$ es la proyección del operador momento angular en la dirección definida por el vector $\hat{n}$. Como $J_{\hat{n}}$ es un operador autoadjunto, $R_{\hat{n}}(\theta)$ es un operador unitario (apdo. 2.12).

Esta relación entre el operador de rotación espacial y su operador generador, el momento angular, se puede establecer también para otras transformaciones espacio-temporales, como las traslaciones en el espacio, $r_i \to r_i + \rho_i$ ($i = \{x,y,z\}$), cuyo operador unitario asociado es $e^{-\frac{i}{\hbar}P_i\rho_i}$, donde el operador generador es el momento lineal en la dirección correspondiente, P_i (apdo. 3.3), o la traslación en el tiempo, $t \to t + \tau$, cuyo operador unitario asociado es $e^{\frac{i}{\hbar}H\tau}$, donde el operador generador es el hamiltoniano, H (apdo. 3.4).

Demostración: Rotación de un vector y de un operador a través del operador rotación

Un vector de estado $|\psi\rangle$ se transforma bajo una rotación $R_{\hat{n}}(\theta)$ como $R_{\hat{n}}(\theta)|\psi\rangle = |\psi'\rangle$ y se transforma bajo el operador A como $A\,|\psi\rangle = |\phi\rangle$. Este último vector, $|\phi\rangle$, se transforma bajo la misma rotación como $R_{\hat{n}}(\theta)\,|\phi\rangle = |\phi'\rangle$. Entonces los dos vectores rotados se relacionan entre sí mediante el operador rotado A' como

$A' \left| \psi' \right\rangle = \left| \phi' \right\rangle$. La expresión del operador rotado se puede obtener como:

$$R_{\hat{n}}(\theta) \left| \phi \right\rangle = \left| \phi' \right\rangle = A' \left| \psi' \right\rangle \quad \Rightarrow \quad R_{\hat{n}}(\theta) A \left| \psi \right\rangle = A' R_{\hat{n}}(\theta) \left| \psi \right\rangle$$

$$\Rightarrow \quad R_{\hat{n}}(\theta) A = A' R_{\hat{n}}(\theta) \quad \Rightarrow \quad R_{\hat{n}}(\theta) A \left[R_{\hat{n}}(\theta) \right]^{-1} = A' R_{\hat{n}}(\theta) \left[R_{\hat{n}}(\theta) \right]^{-1}$$

$$\Rightarrow \quad A' = R_{\hat{n}}(\theta) A \left[R_{\hat{n}}(\theta) \right]^{-1}$$

Demostración: Operador momento angular como generador de rotaciones

Una función de onda rotada, $R\psi$ (donde R es el operador que rota funciones de onda), cuyo argumento es el vector posición rotado, $\mathcal{R}\vec{r}$ (donde $\mathcal{R}$ es la matriz que rota el vector posición $\vec{r}$ en el espacio real), tiene que ser igual a la función de onda y al argumento originales, de donde se deduce:

$$R\,\psi(\mathcal{R}\vec{r}) = \psi(\vec{r}) \quad \Rightarrow \quad R\,\psi(\mathcal{R}\vec{r}) = \psi\big(\mathcal{R}^{-1}(\mathcal{R}\vec{r})\big) \quad \Rightarrow \quad R\,\psi(\vec{r}\,') = \psi\big(\mathcal{R}^{-1}\vec{r}\,'\big)$$

que es válido para cualquier vector posición $\vec{r}\,'$, que se puede remplazar por $\vec{r}$. Entonces para una rotación de la función de onda de ángulo θ respecto al eje z se tiene:

$$R_z(\theta)\,\psi(\vec{r}) = \psi\big(\mathcal{R}_z^{-1}(\theta)\,\vec{r}\big) = \psi(x\cos\theta + y\,\mathrm{sen}\,\theta,\ -x\,\mathrm{sen}\,\theta + y\cos\theta,\ z)$$

Para un ángulo de rotación infinitesimal $d\theta$ se pueden aproximar $\cos d\theta = 1 + \frac{1}{2}d\theta^2 + o(d\theta^4) \approx 1$ y $\mathrm{sen}\,d\theta = d\theta + \frac{1}{6}d\theta^3 + o(d\theta^5) \approx d\theta$, de modo que la rotación infinitesimal de la función de onda se puede escribir como[a]:

$$R_z(d\theta)\,\psi(x,y,z) \approx \psi(x + y\,d\theta,\ -x\,d\theta + y,\ z)$$

$$\approx \psi(x,y,z) + y\,d\theta\,\frac{\partial \psi(x,y,z)}{\partial x} + (-x\,d\theta)\,\frac{\partial \psi(x,y,z)}{\partial y}$$

$$= \left[\mathbb{I} + d\theta \left(y\,\frac{\partial}{\partial x} - x\,\frac{\partial}{\partial y} \right) \right] \psi(x,y,z)$$

Por otro lado, empleando la definición del operador rotación a partir de su generador (el momento angular en la dirección z) para un ángulo infinitesimal (aproximando $e^x = 1 + x + o(x^2) \approx 1 + x$) se tiene:

$$R_z(d\theta)\,\psi(x,y,z) = e^{-\frac{i}{\hbar}J_z\,d\theta}\,\psi(x,y,z) \approx \left[\mathbb{I} - \frac{i}{\hbar}J_z\,d\theta \right] \psi(x,y,z)$$

Comparando las dos expresiones obtenidas para $R_z(d\theta)$ se deduce:

$$\mathbb{I} + d\theta \left(y\,\frac{\partial}{\partial x} - x\,\frac{\partial}{\partial y} \right) = \mathbb{I} - \frac{i}{\hbar}J_z\,d\theta \quad \Rightarrow \quad J_z = -i\hbar \left(x\,\frac{\partial}{\partial y} - y\,\frac{\partial}{\partial x} \right)$$

Esta última expresión es la del operador diferencial de momento angular orbital L_z (apdo. 4.3). Es decir, el operador J_z actúa sobre una función de onda en representación de posiciones como lo hace L_z, de donde se deduce que las componentes del momento angular orbital generan las rotaciones infinitesimales en torno al eje correspondiente.

[a]La rotación inversa infinitesimal del vector posición respecto al eje z se puede expresar también como $\mathcal{R}_z^{-1}(d\theta)\,\vec{r} = \vec{r} - \hat{e}_z \times \vec{r}\,d\theta$, donde $\hat{e}_z$ es un vector unitario en la dirección z.

4.3. Momento angular orbital

En física clásica el momento angular orbital de un sistema en movimiento respecto a un punto (origen de coordenadas) viene dado por el producto vectorial del vector posición del sistema $\vec{r}$, con su momento lineal $\vec{p}$: $\vec{L} = \vec{r} \times \vec{p}$. En mecánica cuántica el operador momento angular orbital se define de manera análoga a través del operador posición $\vec{R}$ (definido para una componente en ec. 3.11), y del operador momento lineal $\vec{P}$ (definido para una componente en ec. 3.17), como $\vec{L} = \vec{R} \times \vec{P}$. En representación de posiciones viene dado por:

$$\vec{L} = -i\hbar\,\vec{r} \times \vec{\nabla} \tag{4.13}$$

cuyas componentes en coordenadas cartesianas (x,y,z) son:

$$L_x = -i\hbar \left(y\frac{\partial}{\partial z} - z\frac{\partial}{\partial y} \right)$$

$$L_y = -i\hbar \left(z\frac{\partial}{\partial x} - x\frac{\partial}{\partial z} \right)$$

$$L_z = -i\hbar \left(x\frac{\partial}{\partial y} - y\frac{\partial}{\partial x} \right) \tag{4.14}$$

y en coordenadas esféricas (r,θ,φ) son:

$$L_x = i\hbar \left(\operatorname{sen}\varphi\frac{\partial}{\partial\theta} + \frac{\cos\varphi}{\tan\theta}\frac{\partial}{\partial\varphi} \right)$$

$$L_y = i\hbar \left(-\cos\varphi\frac{\partial}{\partial\theta} + \frac{\operatorname{sen}\varphi}{\tan\theta}\frac{\partial}{\partial\varphi} \right)$$

$$L_z = -i\hbar\frac{\partial}{\partial\varphi} \tag{4.15}$$

El operador de momento angular orbital al cuadrado en coordenadas esféricas es:

$$L^2 = -\hbar^2 \left[\frac{1}{\operatorname{sen}\theta}\frac{\partial}{\partial\theta}\left(\operatorname{sen}\theta\frac{\partial}{\partial\theta}\right) + \frac{1}{\operatorname{sen}^2\theta}\frac{\partial^2}{\partial\varphi^2} \right] \tag{4.16}$$

y los operadores escalera, a partir de su definición, son:

$$L_\pm = L_x \pm iL_y = \pm\hbar\,e^{\pm i\varphi}\left(\frac{\partial}{\partial\theta} \pm i\frac{1}{\tan\theta}\frac{\partial}{\partial\varphi} \right) \tag{4.17}$$

Los autovectores de la base propia común a los operadores L^2 y L_z pueden identificarse mediante los números cuánticos l (asociado al autovalor de L^2) y m_l (asociado al autovalor de L_z): $|l\, m_l\rangle$. El primero solo puede tomar valores enteros no negativos, $l = \{0,\, 1,\, 2,\, 3,\, ...\}$, y para un valor de l dado el segundo solo puede tomar los valores $m_l = \{-l,\, -l+1,\, ...,\, l-1,\, l\}$.

Los autovectores se pueden expresar también como funciones de onda en representación de posiciones en coordenadas esféricas como:

$$|l\, m_l\rangle \equiv Y_{lm_l}(\theta, \varphi) \tag{4.18}$$

Esta función se denomina *armónico esférico* y su expresión general para $m_l \geq 0$ es:

$$Y_{lm_l}(\theta,\varphi) = (-1)^{m_l} \sqrt{\frac{(2l+1)}{4\pi} \frac{(l-m_l)!}{(l+m_l)!}}\; e^{im_l\varphi}\, P_{lm_l}(\cos\theta) \tag{4.19}$$

donde el factor $(-1)^{m_l}$ se introduce por el convenio de fase de Condon-Shortley. Para $m_l \leq 0$ se obtienen a partir de la anterior como:

$$Y_{l(-m_l)}(\theta,\varphi) = (-1)^{m_l}\, Y_{lm_l}^*(\theta,\varphi) \tag{4.20}$$

La *función asociada de Legendre* que aparece en la expresión del armónico esférico, $P_{lm_l}(\xi)$ con $\xi = \cos\theta$, se define como:

$$P_{lm_l}(\xi) = \frac{1}{2^l\, l!}\, (1-\xi^2)^{m_l/2}\, \frac{d^{(l+m_l)}}{d\xi^{(l+m_l)}}(\xi^2-1)^l \tag{4.21}$$

Los armónicos esféricos para $l \leq 3$ son los siguientes:

$$Y_{0\,0} = \sqrt{\frac{1}{4\pi}} \qquad\qquad Y_{2\,\pm 2} = \sqrt{\frac{15}{32\pi}}\, \operatorname{sen}^2\theta\, e^{\pm 2i\varphi}$$

$$Y_{1\,0} = \sqrt{\frac{3}{4\pi}}\, \cos\theta \qquad\qquad Y_{3\,0} = \sqrt{\frac{7}{16\pi}}\left(5\cos^3\theta - 3\cos\theta\right)$$

$$Y_{1\,\pm 1} = \mp\sqrt{\frac{3}{8\pi}}\, \operatorname{sen}\theta\, e^{\pm i\varphi} \qquad\qquad Y_{3\,\pm 1} = \mp\sqrt{\frac{21}{64\pi}}\, \operatorname{sen}\theta\left(5\cos^2\theta - 1\right) e^{\pm i\varphi}$$

$$Y_{2\,0} = \sqrt{\frac{5}{16\pi}}\left(3\cos^2\theta - 1\right) \qquad\qquad Y_{3\,\pm 2} = \sqrt{\frac{105}{32\pi}}\, \operatorname{sen}^2\theta\, \cos\theta\, e^{\pm 2i\varphi}$$

$$Y_{2\,\pm 1} = \mp\sqrt{\frac{15}{8\pi}}\, \operatorname{sen}\theta\, \cos\theta\, e^{\pm i\varphi} \qquad\qquad Y_{3\,\pm 3} = \mp\sqrt{\frac{35}{64\pi}}\, \operatorname{sen}^3\theta\, e^{\pm 3i\varphi}$$

$$\tag{4.22}$$

Bajo inversión de coordenadas espaciales (inversión de paridad, apdo. 9.10), es decir, $\vec{r} \to -\vec{r}$, que para coordenadas angulares implica $\theta \to \pi - \theta$ y $\varphi \to \pi + \varphi$, los armónicos esféricos cumplen:

$$Y_{lm_l}(\pi - \theta, \pi + \varphi) = (-1)^l\, Y_{lm_l}(\theta,\varphi) \tag{4.23}$$

y se dice que tienen *paridad* definida, dada por $(-1)^l$.

Demostración: Autofunciones de los operadores de momento angular orbital al cuadrado y de la tercera componente

Un autovector de la base común de L^2 y L_z puede escribirse en representación de funciones de onda como: $|l\ m_l\rangle = Y_{lm_l}(\theta,\varphi)$. La actuación de L_z sobre él, usando ec. 4.15, produce:

$$L_z\,|l\ m_l\rangle = \hbar\,m_l\,|l\ m_l\rangle \qquad \Rightarrow \qquad -i\,\frac{\partial Y_{lm_l}(\theta,\varphi)}{\partial\varphi} = m_l\,Y_{lm_l}(\theta,\varphi)$$

$$\Rightarrow \qquad Y_{lm_l}(\theta,\varphi) = g_{lm_l}(\theta)\,e^{im_l\varphi}$$

donde $g_{lm_l}(\theta)$ es una constante de integración, que no depende de la variable de integración φ, pero sí de θ. A continuación, se hace actuar el operador escalera L_+ (ec. 4.17) sobre la autofunción asociada al máximo valor de m_l, que es $m_l = l$, resultando:

$$L_+\,|l\ l\rangle = \hbar\,e^{i\varphi}\left[\frac{\partial g_{ll}(\theta)}{\partial\theta} - l\,\frac{1}{\tan\theta}\,g_{ll}(\theta)\right]e^{il\varphi}$$

Como esta expresión se anula, ya que $L_+\,|l\ l\rangle = 0$, se tiene:

$$\frac{\partial g_{ll}(\theta)}{\partial\theta} = l\,\frac{1}{\tan\theta}\,g_{ll}(\theta) \qquad \Rightarrow \qquad g_{ll}(\theta) = c_l\,\text{sen}^l\,\theta$$

y por tanto $Y_{ll}(\theta,\varphi) = c_l\,\text{sen}^l\,\theta\,e^{il\varphi}$. El valor de la constante de integración c_l se determina teniendo en cuenta la normalización de la función de onda:

$$\int_0^{2\pi} d\varphi \int_0^\pi d\theta\,\text{sen}\,\theta\,|Y_{lm_l}(\theta,\varphi)|^2 = 1$$

Para obtener las funciones de onda asociadas a $m_l < l$ se realizan aplicaciones sucesivas del operador escalera L_- (ec. 4.17) sobre $Y_{ll}(\theta,\varphi)$.

Ejemplo: Obtención de autofunciones de los operadores de momento angular al cuadrado y de tercera componente

Expresar en representación de funciones de onda en coordenadas esféricas los siguientes autovectores de L^2 y L_z ($|l\ m_l\rangle$): $|0\ 0\rangle$, $|1\ 1\rangle$, $|1\ 0\rangle$, $|1\ {-1}\rangle$.

Resolución:

Los autovectores $|0\ 0\rangle$ y $|1\ 1\rangle$ tienen valores de m_l máximos para sus l respectivas, y por tanto se puede usar la expresión obtenida antes para el armónico esférico, $Y_{ll}(\theta,\varphi) = c_l\,\text{sen}^l\,\theta\,e^{il\varphi}$, con la constante c_l proveniente de la normalización, resultando $|0\ 0\rangle = \sqrt{1/(4\pi)}$ y $|1\ 1\rangle = -\sqrt{3/(8\pi)}\,\text{sen}\,\theta\,e^{i\varphi}$, donde el signo en $|1\ 1\rangle$ se introduce por el convenio de fase de Condon-Shortley (usado también en la ec. 4.19).

El autovector $|1\,0\rangle$ se obtiene aplicando el operador escalera L_- sobre $|1\,1\rangle$: $L_-\,|1\,1\rangle = \hbar\,\sqrt{2}\,|1\,0\rangle \Rightarrow |1\,0\rangle = (1/\sqrt{2}\,\hbar)\,L_-\,|1\,1\rangle$. A continuación, se introducen las expresiones del operador L_- (ec. 4.17) y del autovector $|1\,1\rangle$ en representación de funciones de onda en coordenadas esféricas, resultando:

$$|1\,0\rangle = \frac{1}{\sqrt{2}\,\hbar}\left[-\hbar\,e^{-i\varphi}\left(\frac{\partial}{\partial\theta} - i\,\frac{1}{\tan\theta}\,\frac{\partial}{\partial\varphi}\right)\right]\left[-\sqrt{\frac{3}{8\pi}}\,\operatorname{sen}\theta\,e^{i\varphi}\right]$$

$$= \sqrt{\frac{3}{16\pi}}\,e^{-i\varphi}\left(\cos\theta + \frac{1}{\tan\theta}\,\operatorname{sen}\theta\right)e^{i\varphi} = \sqrt{\frac{3}{4\pi}}\,\cos\theta$$

Para el autovector $|1\,{-}1\rangle$ se puede seguir aplicando el operador escalera L_-, o bien la ec. 4.20, de donde resulta $|1\,{-}1\rangle = \sqrt{3/(8\pi)}\,\operatorname{sen}\theta\,e^{-i\varphi}$.

Las componentes cartesianas y el cuadrado del operador momento angular orbital (L_x, L_y, L_z y L^2) y las componentes cartesianas del operador posición (X, Y, Z) cumplen las siguientes relaciones de conmutación:

$$[L_x, X] = 0 \qquad [L_x, Y] = i\hbar\,Z \qquad [L_x, Z] = -i\hbar\,Y$$
$$[L_y, X] = -i\hbar\,Z \qquad [L_y, Y] = 0 \qquad [L_y, Z] = i\hbar\,X \qquad (4.24)$$
$$[L_z, X] = i\hbar\,Y \qquad [L_z, Y] = -i\hbar\,X \qquad [L_z, Z] = 0$$

$$\left[L^2, X\right] = 2i\hbar\,(Y L_z - Z L_y - i\hbar\,X)$$
$$\left[L^2, Y\right] = 2i\hbar\,(Z L_x - X L_z - i\hbar\,Y) \qquad (4.25)$$
$$\left[L^2, Z\right] = 2i\hbar\,(X L_y - Y L_x - i\hbar\,Z)$$

Demostración: Relaciones de conmutación entre los operadores de momento angular orbital y de posición

Tomando, por ejemplo, el operador de momento angular orbital L_z, se tienen las siguientes relaciones de conmutación con las componentes cartesianas del operador posición:

$$[L_z, X] = [X P_y - Y P_x, X] = [X P_y, X] - [Y P_x, X]$$
$$= X\,[P_y, X] + [X, X]\,P_y - Y\,[P_x, X] - [Y, X]\,P_x = -Y\,[P_x, X] = i\hbar\,Y$$
$$[L_z, Y] = [X P_y - Y P_x, Y] = [X P_y, Y] - [Y P_x, Y]$$
$$= X\,[P_y, Y] + [X, Y]\,P_y - Y\,[P_x, Y] - [Y, Y]\,P_x = X\,[P_y, Y] = -i\hbar\,X$$
$$[L_z, Z] = [X P_y - Y P_x, Z] = [X P_y, Z] - [Y P_x, Z]$$
$$= X\,[P_y, Z] + [X, Z]\,P_y - Y\,[P_x, Z] - [Y, Z]\,P_x = 0$$

donde se han tenido en cuenta las relaciones de conmutación entre los operadores momento lineal y posición (ecs. 3.24). De manera análoga se obtienen los
conmutadores con L_x y L_y.

Tomando, por ejemplo, el operador posición Z, su conmutador con L^2 es:

$$[L^2, Z] = [L_x^2, Z] + [L_y^2, Z] + [L_z^2, Z]$$
$$= L_x[L_x, Z] + [L_x, Z]L_x + L_y[L_y, Z] + [L_y, Z]L_y + L_z[L_z, Z] + [L_z, Z]L_z$$
$$= L_x(-i\hbar Y) + (-i\hbar Y)L_x + L_y(i\hbar X) + (i\hbar X)L_y$$
$$= i\hbar\left(-L_x Y - YL_x + L_y X + XL_y\right)$$
$$= i\hbar\left(-[L_x, Y] - YL_x - YL_x + [L_y, X] + XL_y + XL_y\right)$$
$$= 2i\hbar\left(-i\hbar\, Z - YL_x + XL_y\right)$$

De manera análoga se obtienen los conmutadores $[L^2, X]$ y $[L^2, Y]$.

4.3.1. Partícula en un campo central en tres dimensiones

La energía potencial de una partícula en un campo central depende únicamente de
la distancia a un punto fijo, que es el centro u origen del campo. El hamiltoniano de
la partícula, apdo. 3.4.2, es la suma de su energía cinética y de su energía potencial,
que en el caso no relativista, en tres dimensiones y empleando coordenadas esféricas
se puede escribir como:

$$H = \frac{P^2}{2m} + V(r) = \frac{1}{2m}\left(P_r^2 + \frac{1}{r^2}L^2\right) + V(r) \tag{4.26}$$

donde el operador momento lineal al cuadrado P^2 en coordenadas esféricas (ec. 3.49)
se ha reescrito en términos del operador momento angular orbital al cuadrado L^2
(ec. 4.16) y del operador *momento radial* al cuadrado P_r^2, dado por:

$$P_r^2 = -\hbar^2\, \frac{1}{r^2}\frac{\partial}{\partial r}\left(r^2\frac{\partial}{\partial r}\right) \tag{4.27}$$

La ecuación de Schrödinger independiente del tiempo (ec. 3.38) en representación
de funciones de onda para este hamiltoniano resulta entonces:

$$H\,\phi(r,\theta,\varphi) = E\,\phi(r,\theta,\varphi)$$
$$\Rightarrow \left[\frac{1}{2m}\left(P_r^2 + \frac{1}{r^2}L^2\right) + V(r)\right]\phi(r,\theta,\varphi) = E\,\phi(r,\theta,\varphi) \tag{4.28}$$

La actuación del hamiltoniano sobre las coordenadas angulares y sobre la coordenada
radial están separadas, y por tanto las autofunciones pueden factorizarse en parte
angular $Y(\theta,\varphi)$ y parte radial $R(r)$:

$$\phi(r,\theta,\varphi) = R(r)\,Y(\theta,\varphi) \tag{4.29}$$

La parte angular es autofunción del operador L^2, que es el único que actúa sobre las coordenadas angulares en el hamiltoniano, y está constituida por armónicos esféricos $Y_{lm_l}(\theta,\varphi)$, que solo existen para ciertos valores de los números cuánticos l y m_l. Haciendo uso de la ecuación de autovalores para L^2 (ec. 4.4) se obtiene:

$$L^2\,\phi(r,\theta,\varphi) = R(r)\,L^2\,Y_{lm_l}(\theta,\varphi) = R(r)\,\hbar^2\,l(l+1)\,Y_{lm_l}(\theta,\varphi) \qquad (4.30)$$

Introduciendo este resultado en la ecuación de Schrödinger anterior se obtiene:

$$\left[\frac{1}{2m}\left(P_r^2 + \frac{1}{r^2}\,L^2\right) + V(r)\right] R(r)\,Y_{lm_l}(\theta,\varphi) = E\,R(r)\,Y_{lm_l}(\theta,\varphi)$$

$$\Rightarrow \qquad \left[\frac{1}{2m}\left(P_r^2 + \frac{1}{r^2}\,\hbar^2\,l(l+1)\right) + V(r)\right] R(r) = E\,R(r) \qquad (4.31)$$

La ecuación resultante depende únicamente de la coordenada radial. Introduciendo la expresión del momento radial al cuadrado P_r^2 (ec. 4.27) junto con el cambio de variable $U(r) = rR(r)$ resulta:

$$-\frac{\hbar^2}{2m}\frac{d^2U(r)}{dr^2} + \left[\frac{\hbar^2}{2m}\frac{l(l+1)}{r^2} + V(r)\right] U(r) = E\,U(r) \qquad (4.32)$$

Esta *ecuación radial* es análoga a la ecuación de Schrödinger en una dimensión, pero con un término adicional sumado a la energía potencial que depende del número cuántico orbital l y que se denomina *potencial centrífugo*:

$$V_{cent}(r) = \frac{\hbar^2}{2m}\frac{l(l+1)}{r^2} \qquad (4.33)$$

Este término tiene un efecto sobre la partícula análogo al de la fuerza centrífuga en mecánica clásica, que tiende a alejarla del centro del campo. No se trata de un potencial usual originado por una interacción, como el potencial central $V(r)$, sino de un *pseudopotencial* que aparece al resolver la ecuación de Schrödinger en tres dimensiones.

Para obtener la parte radial de la autofunción del hamiltoniano, $R(r)$ o $U(r)$, es necesario conocer la forma específica de la energía potencial $V(r)$ en el sistema, que puede ser, por ejemplo, alguna de las dadas en el apdo. 3.4.2, con diferentes aplicaciones a estructuras de la materia.

4.4. Hamiltoniano de rotación

Un objeto con extensión espacial gira sobre sí mismo cuando lo hace en torno a un eje de rotación que pasa por su centro de masas. Todas las partículas del objeto que se encuentran a la misma distancia del eje se mueven con la misma velocidad, que es nula en el caso de las que se encuentran sobre el propio eje. Puede definirse entonces un operador hamiltoniano correspondiente a la energía cinética de rotación colectiva del objeto. Si se define un sistema de referencia fijo sobre el objeto en rotación cuyos ejes a, b y c coinciden con sus ejes principales de inercia, el hamiltoniano de rotación viene dado por:

$$H_{rot.} = \frac{I_a^2}{2\mathcal{I}_a} + \frac{I_b^2}{2\mathcal{I}_b} + \frac{I_c^2}{2\mathcal{I}_c} \tag{4.34}$$

donde $I_{a,b,c}$ son los operadores de momento angular de rotación del cuerpo en torno a esos ejes e $\mathcal{I}_{a,b,c}$ son los momentos de inercia respectivos.

Si un objeto cuántico tiene simetría bajo rotaciones en torno a una cierta dirección, por ejemplo la del eje z, entonces sus funciones de onda son autofunciones del operador de momento angular J_z, de manera que cualquier rotación generada por ese operador (apdo. 4.2) produce siempre la misma función de onda, y por tanto el objeto en rotación tiene siempre la misma energía. Esto implica que el operador de momento angular de rotación no puede tener componente sobre el eje z, que se puede hacer coincidir con uno de los ejes principales, por ejemplo el c: $\vec{I} = (I_a, I_b, 0)$. Por otro lado, los momentos de inercia en las otras dos direcciones principales, perpendiculares a c, son iguales entre sí debido a la simetría axial del objeto respecto al eje c: $\mathcal{I}_a = \mathcal{I}_b = \mathcal{I}$. En conclusión, para un objeto con eje de simetría en la dirección c, el hamiltoniano de rotación resulta:

$$H_{rot.} = \frac{I_a^2}{2\mathcal{I}} + \frac{I_b^2}{2\mathcal{I}} = \frac{I^2}{2\mathcal{I}} \tag{4.35}$$

con $I^2 = I_a^2 + I_b^2$. Las energías correspondientes son:

$$E_{rot} = \frac{\hbar^2}{2\mathcal{I}}\, i(i+1) \tag{4.36}$$

donde i es el número cuántico de momento angular de rotación, que puede tomar en principio cualquier valor entero positivo, $i = \{0, 1, 2, 3, ...\}$. Al estado con $i = 0$ se le denomina *origen de banda*.

4.5. Momento angular de espín

Además del momento angular orbital, asociado al desplazamiento respecto a un punto, un sistema puede poseer un momento angular intrínseco, independiente de su movimiento, denominado *espín*, $\vec{S}$. Este último puede relacionarse en ciertos aspectos con una rotación del sistema, mientras que el momento angular orbital está relacionado con un movimiento de traslación respecto a un punto.

Los autovectores de la base propia común a los operadores S^2 y S_z pueden identificarse mediante los números cuánticos s (asociado al autovalor de S^2) y m_s (asociado al autovalor de S_z): $|s\, m_s\rangle$. El primero solo puede tomar valores no negativos enteros $s = \{0, 1, 2, 3, ...\}$ o semienteros $s = \{1/2, 3/2, 5/2, ...\}$, y para un valor de s dado el segundo solo puede tomar los valores $m_s = \{-s, -s+1, ..., s-1, s\}$. Los valores semienteros que pueden tomar s y m_s no son posibles en el caso de los números cuánticos l y m_l del momento angular orbital.

Los autovectores de espín pueden escribirse con una notación análoga a 4.18, $|s\,m_s\rangle \equiv \chi_{sm_s}$, pero χ_{sm_s} no es una función de onda en representación de posiciones (como un armónico esférico), es decir, una función cuyo argumento son coordenadas espaciales, puesto que el observable de espín, al contrario que el orbital, no está relacionado con ellas. Así, las parte espacial y la parte de espín de un sistema se describen mediante espacios de Hilbert distintos, $\mathcal{H}_{\vec{r}}$ y $\mathcal{H}_S$ respectivamente, que se combinan en un espacio producto tensorial, $\mathcal{H} = \mathcal{H}_{\vec{r}} \otimes \mathcal{H}_S$, con base $|\vec{r}\rangle \otimes |s\,m_s\rangle \equiv |\vec{r}\,s\,m_s\rangle \equiv |\vec{r}\,m_s\rangle$. La representación de un vector de estado $|\psi\rangle$ en esa base viene dada por $\langle\vec{r}\,m_s|\psi\rangle \equiv \psi_{m_s}(\vec{r})$. La parte espacial $|\varphi\rangle$ y la parte de espín $|\chi\rangle$ pueden estar separadas, $|\psi\rangle = |\varphi\rangle \otimes |\chi\rangle$, o entrelazadas.

4.5.1. Espín 1/2

En el caso de espín $s = 1/2$, con $m_s = \pm 1/2$, los dos autovectores de la base propia común a S^2 y S_z en notación $|s\,m_s\rangle$ son $|\frac{1}{2}\,\frac{1}{2}\rangle$ y $|\frac{1}{2}\,-\frac{1}{2}\rangle$, que en otras notaciones habituales y en representación matricial (matrices columna de dos elementos, llamadas *espinores*), se escriben como:

$$|\tfrac{1}{2}\,\tfrac{1}{2}\rangle \equiv |\tfrac{1}{2}\rangle \equiv |\uparrow\,\rangle \equiv \begin{pmatrix} 1 \\ 0 \end{pmatrix} \qquad\qquad |\tfrac{1}{2}\,-\tfrac{1}{2}\rangle \equiv |-\tfrac{1}{2}\rangle \equiv |\downarrow\,\rangle \equiv \begin{pmatrix} 0 \\ 1 \end{pmatrix} \qquad (4.37)$$

En un sistema con espín $s = 1/2$ el vector de estado completo $|\psi\rangle$, con parte espacial y parte de espín, se puede representar como función de onda en la base $|\vec{r}\,m_s\rangle$ en forma de espinor como:

$$|\psi\rangle \equiv \begin{pmatrix} \langle\vec{r}\,\tfrac{1}{2}|\psi\rangle \\ \langle\vec{r}\,-\tfrac{1}{2}|\psi\rangle \end{pmatrix} \equiv \begin{pmatrix} \langle\vec{r}\,\uparrow|\psi\rangle \\ \langle\vec{r}\,\downarrow|\psi\rangle \end{pmatrix} \equiv \begin{pmatrix} \psi_\uparrow(\vec{r}) \\ \psi_\downarrow(\vec{r}) \end{pmatrix} \qquad (4.38)$$

Si las partes espacial $|\varphi\rangle$ y de espín $|\chi\rangle$ están separadas, el vector de estado completo se puede representar como el producto tensorial de ambas:

$$|\psi\rangle = |\varphi\rangle \otimes |\chi\rangle \equiv \varphi(\vec{r}) \begin{pmatrix} \langle\tfrac{1}{2}|\chi\rangle \\ \langle-\tfrac{1}{2}|\chi\rangle \end{pmatrix} \equiv \varphi(\vec{r}) \begin{pmatrix} \langle\uparrow|\chi\rangle \\ \langle\downarrow|\chi\rangle \end{pmatrix} \qquad (4.39)$$

Un vector de estado de espín $s = 1/2$ genérico puede expresarse en la base propia de S^2 y S_z en función de dos parámetros, $\theta \in [0, \pi]$ y $\varphi \in [0, 2\pi]$, como:

$$|\chi\rangle = \cos(\theta/2)\,|\uparrow\,\rangle + \operatorname{sen}(\theta/2)\,e^{i\varphi}\,|\downarrow\,\rangle \qquad (4.40)$$

Interpretando estos parámetros como coordenadas esféricas, cada vector de estado de espín $1/2$ puede asociarse a un único punto sobre una esfera de radio 1, denominada *esfera de Bloch*, cuyo polo norte ($\theta = 0$) corresponde al vector de estado $|\uparrow\,\rangle$ y cuyo polo sur ($\theta = \pi$) corresponde al vector de estado $|\downarrow\,\rangle$ (figura 4.1, derecha). Se establece así una relación biunívoca entre vectores de estado de espín $1/2$ en $\mathbb{C}^2$ y vectores unitarios en $\mathbb{R}^3$.

Los operadores de las componentes del vector de espín, $\vec{S} = (S_x, S_y, S_z)$, se representan en la base propia de S^2 y S_z mediante las siguientes matrices (donde σ_x, σ_y, σ_z son las *matrices de Pauli*):

$$S_x = \frac{\hbar}{2}\,\sigma_x = \frac{\hbar}{2}\begin{pmatrix} 0 & 1 \\ 1 & 0 \end{pmatrix}$$

$$S_y = \frac{\hbar}{2}\,\sigma_y = \frac{\hbar}{2}\begin{pmatrix} 0 & -i \\ i & 0 \end{pmatrix}$$

$$S_z = \frac{\hbar}{2}\,\sigma_z = \frac{\hbar}{2}\begin{pmatrix} 1 & 0 \\ 0 & -1 \end{pmatrix} \tag{4.41}$$

El operador del módulo al cuadrado del espín, $S^2 = S_x^2 + S_y^2 + S_z^2$, se representa matricialmente en esa misma base como:

$$S^2 = \frac{3\hbar^2}{4}\,\mathbb{I} = \frac{3\hbar^2}{4}\begin{pmatrix} 1 & 0 \\ 0 & 1 \end{pmatrix} \tag{4.42}$$

Se puede definir un operador asociado a la proyección del espín $1/2$ sobre una dirección arbitraria en el espacio como $S_{\hat{n}} = \vec{S}\cdot\hat{n}$, donde $\hat{n}$ es un vector unitario, que en coordenadas esféricas se puede expresar como $\hat{n} = (\operatorname{sen}\tilde{\theta}\cos\tilde{\varphi},\, \operatorname{sen}\tilde{\theta}\operatorname{sen}\tilde{\varphi},\, \cos\tilde{\theta})$. En representación matricial en la base propia de S^2 y S_z, usando las ecs. 4.41, este operador es:

$$S_{\hat{n}} = \vec{S}\cdot\hat{n} = S_x n_x + S_y n_y + S_z n_z = \frac{\hbar}{2}\begin{pmatrix} \cos\tilde{\theta} & \operatorname{sen}\tilde{\theta}\,e^{-i\tilde{\varphi}} \\ \operatorname{sen}\tilde{\theta}\,e^{i\tilde{\varphi}} & -\cos\tilde{\theta} \end{pmatrix} \tag{4.43}$$

Sus autovalores son $+\hbar/2$ y $-\hbar/2$, y sus autovectores respectivos en la misma base son:

$$|\uparrow\rangle_{\hat{n}} = \begin{pmatrix} \cos(\tilde{\theta}/2) \\ \operatorname{sen}(\tilde{\theta}/2)\,e^{i\tilde{\varphi}} \end{pmatrix} \qquad |\downarrow\rangle_{\hat{n}} = \begin{pmatrix} \operatorname{sen}(\tilde{\theta}/2) \\ -\cos(\tilde{\theta}/2)\,e^{i\tilde{\varphi}} \end{pmatrix} \tag{4.44}$$

En un estado de espín $|\chi\rangle$ escrito en la forma genérica de la ec. 4.40, que coincide con $|\uparrow\rangle_{\hat{n}}$ para $\tilde{\theta} = \theta$ y $\tilde{\varphi} = \varphi$, se obtiene con certeza el valor $+\hbar/2$ al medir el observable $S_{\hat{n}}$ en la dirección del vector unitario $\hat{n} = (\operatorname{sen}\theta\cos\varphi,\, \operatorname{sen}\theta\operatorname{sen}\varphi,\, \cos\theta)$. Esas mismas coordenadas angulares θ y φ definen la dirección en el espacio real del valor esperado del vector de espín en el estado $|\chi\rangle$ de la ec. 4.40:

$$\langle\vec{S}\rangle_\chi = \Big(\langle\chi|S_x|\chi\rangle,\, \langle\chi|S_y|\chi\rangle,\, \langle\chi|S_z|\chi\rangle\Big)$$

$$= \Big(\frac{\hbar}{2}\operatorname{sen}\theta\cos\varphi,\, \frac{\hbar}{2}\operatorname{sen}\theta\operatorname{sen}\varphi,\, \frac{\hbar}{2}\cos\theta\Big) \tag{4.45}$$

4.6. Suma de momentos angulares

El operador de *momento angular total* $\vec{J}$ de un sistema compuesto resulta de la suma o *acoplamiento* de los operadores de momento angular $\vec{j}_i$ de cada uno de los sistemas constituyentes. También es un operador momento angular total el que resulta de la suma del operador momento angular orbital $\vec{L}$ y del operador momento angular de espín $\vec{S}$ de un único sistema. Los operadores de momento angular de diferentes sistemas o de distinto tipo (orbital y de espín) actúan sobre espacios de Hilbert distintos y por tanto siempre conmutan entre sí (ec. 2.43) y tienen por tanto una base propia común (apdo. 2.7).

El operador momento angular total $\vec{J}$ correspondiente a la suma de dos momentos angulares $\vec{j}_1$ y $\vec{j}_2$ se define como:

$$\vec{J} = \vec{j}_1 + \vec{j}_2 = \vec{j} \otimes \mathbb{I} + \mathbb{I} \otimes \vec{j} \tag{4.46}$$

donde la actuación de los operadores individuales se ha extendido al espacio producto mediante $\vec{j}_1 = \vec{j} \otimes \mathbb{I}$ y $\vec{j}_2 = \mathbb{I} \otimes \vec{j}$ (apdo. 2.14), siendo $\mathbb{I}$ el operador identidad (con tres componentes espaciales) de la dimensión adecuada. Esta expresión es válida para cada una de las componentes espaciales por separado (J_x, J_y, J_z) y también para los operadores escalera ($J_\pm$), y es aplicable a la suma de momentos orbitales y de espín de un mismo sistema remplazando $\vec{j}_1$ por $\vec{L}$ y $\vec{j}_2$ por $\vec{S}$.

El momento angular $\vec{j}_1$ se define en un espacio $\mathcal{H}_1$, que es el subespacio propio asociado a un número cuántico j_1 fijo, con dimensión $2j_1 + 1$ y base propia formada por los vectores $|j_1 m_1\rangle$. Análogamente, el momento angular $\vec{j}_2$ se define en un espacio $\mathcal{H}_2$, que es el subespacio propio asociado a un número cuántico j_2 fijo, con dimensión $2j_2 + 1$ y base propia formada por los vectores $|j_2 m_2\rangle$. Entonces el momento angular total $\vec{J}$ se define en el espacio producto $\mathcal{H} = \mathcal{H}_1 \otimes \mathcal{H}_2$, con dimensión $(2j_1 + 1)(2j_2 + 1)$, y una de sus posibles bases está formada por los vectores $|j_1 m_1\rangle \otimes |j_2 m_2\rangle \equiv |j_1 m_1 j_2 m_2\rangle$.

La base que se acaba de definir se denomina *base desacoplada*, y es base propia común de los operadores j_1^2, j_{1z}, j_2^2, j_{2z}, que se relacionan con sus autovectores $|j_1 m_1 j_2 m_2\rangle$ y con sus autovalores como:

$$j_1^2 |j_1 m_1 j_2 m_2\rangle = \hbar^2 j_1(j_1 + 1) |j_1 m_1 j_2 m_2\rangle \tag{4.47}$$

$$j_{1z} |j_1 m_1 j_2 m_2\rangle = \hbar m_1 |j_1 m_1 j_2 m_2\rangle \tag{4.48}$$

$$j_2^2 |j_1 m_1 j_2 m_2\rangle = \hbar^2 j_2(j_2 + 1) |j_1 m_1 j_2 m_2\rangle \tag{4.49}$$

$$j_{2z} |j_1 m_1 j_2 m_2\rangle = \hbar m_2 |j_1 m_1 j_2 m_2\rangle \tag{4.50}$$

Esta base también es propia del operador $J_z = j_z \otimes \mathbb{I} + \mathbb{I} \otimes j_z$:

$$J_z |j_1 m_1 j_2 m_2\rangle = \hbar (m_1 + m_2) |j_1 m_1 j_2 m_2\rangle \tag{4.51}$$

de donde se deduce que el número cuántico asociado a J_z es $M = m_1 + m_2$.

También se puede definir la *base acoplada*, que es base propia común de los operadores j_1^2, j_2^2, J^2, J_z, que se relacionan con sus autovectores $|j_1 j_2 J M\rangle$, identificados mediante sus respectivos números cuánticos, y con sus autovalores como:

$$j_1^2 \left| j_1\, j_2\, J\, M \right\rangle = \hbar^2\, j_1(j_1 + 1) \left| j_1\, j_2\, J\, M \right\rangle \tag{4.52}$$

$$j_2^2 \left| j_1\, j_2\, J\, M \right\rangle = \hbar^2\, j_2(j_2 + 1) \left| j_1\, j_2\, J\, M \right\rangle \tag{4.53}$$

$$J^2 \left| j_1\, j_2\, J\, M \right\rangle = \hbar^2\, J(J + 1) \left| j_1\, j_2\, J\, M \right\rangle \tag{4.54}$$

$$J_z \left| j_1\, j_2\, J\, M \right\rangle = \hbar\, M \left| j_1\, j_2\, J\, M \right\rangle \tag{4.55}$$

El número cuántico J puede tomar en general los siguientes valores:

$$J = \{ |j_1 - j_2|,\ |j_1 - j_2| + 1,\ ...,\ j_1 + j_2 - 1,\ j_1 + j_2 \} \tag{4.56}$$

Para cada valor de J, el número cuántico M puede tomar en general los siguientes valores:

$$M = \{ -J,\ -J + 1,\ ...,\ J - 1,\ J \} \tag{4.57}$$

Si los números cuánticos individuales m_1 y m_2 están fijados, entonces M toma necesariamente el valor $M = m_1 + m_2$, y los posibles valores de J tienen que ser compatibles con él, lo que implica que $J \geq |M|$, es decir:

$$J = \{ |m_1 + m_2|,\ |m_1 + m_2| + 1,\ ...,\ j_1 + j_2 - 1,\ j_1 + j_2 \} \tag{4.58}$$

Demostración: Espectro de los operadores J^2 y J_z de suma de dos momentos angulares

Para la suma de dos momentos angulares con números cuánticos j_1 y j_2 dados, los posibles valores del número cuántico M de tercera componente de momento angular total cumplen $M = m_1 + m_2$, de donde se deduce que su valor máximo es $M_{max} = m_{1\,max} + m_{2\,max} = j_1 + j_2$ y su valor mínimo es $M_{min} = m_{1\,min} + m_{2\,min} = -j_1 - j_2$. Por su parte, el número cuántico J de momento angular total al cuadrado toma valores positivos únicamente enteros (si M es entero, es decir, si j_1 y j_2, y por tanto m_1 y m_2, son ambos enteros o ambos semienteros) o únicamente semienteros (si M es semientero, es decir, si j_1 y j_2, y por tanto m_1 y m_2, son uno entero y otro semientero), que van desde un valor máximo dado por $J_{max} = M_{max} = j_1 + j_2$ hasta un cierto valor mínimo $J_{min} = J_{max} - \chi$ (que no coincide con M_{min}, ya que este corresponde a $-J_{max}$).

Para obtener el valor de χ se pueden igualar los números totales de vectores (dimensiones) de la base acoplada y de la base desacoplada, que tienen que coincidir porque ambas bases se refieren al mismo espacio producto. Los vectores de la base desacoplada $\left| j_1\, m_1\, j_2\, m_2 \right\rangle$ tienen degeneración $(2j_1 + 1)(2j_2 + 1)$ (posibles combinaciones de valores de m_1 y m_2), mientras que los vectores de la base acoplada $\left| j_1\, j_2\, J\, M \right\rangle$ para cada posible valor de J tienen degeneración $2J + 1$ (posibles valores de M, que va de $-J$ a J de uno en uno).

Suponiendo a priori que los posibles valores de J van de uno en uno entre su valor máximo J_{max} y su valor mínimo $J_{max} - \chi$, el número total de vectores de la base acoplada viene dado por:

$$[2J_{max} + 1] + [2(J_{max} - 1) + 1] + [2(J_{max} - 2) + 1] + \cdots + [2(J_{max} - \chi) + 1] =$$

$$= \sum_{n=0}^{\chi} [2(J_{max} - n) + 1] = (\chi + 1) [2J_{max} + 1] - 2 \sum_{n=0}^{\chi} n =$$

$$= (\chi + 1) [2J_{max} + 1] - 2 \frac{1}{2} \chi(\chi + 1) = -\chi^2 + 2(j_1 + j_2) \chi + 2(j_1 + j_2) + 1$$

donde en el último paso se ha remplazado J_{max} por $j_1 + j_2$. Por otro lado, el número de vectores de la base desacoplada es:

$$(2j_1 + 1)(2j_2 + 1) = 4j_1 j_2 + 2(j_1 + j_2) + 1$$

Igualando los dos resultados anteriores se obtiene una expresión para χ:

$$4j_1 j_2 + 2(j_1 + j_2) + 1 = -\chi^2 + 2(j_1 + j_2) \chi + 2(j_1 + j_2) + 1$$

$$\Rightarrow \quad \chi^2 - 2(j_1 + j_2) \chi + 4j_1 j_2 = 0 \quad \Rightarrow \quad \chi = j_1 + j_2 \pm |j_1 - j_2|$$

Se tiene entonces que J_{min}, que tiene que ser positivo, vale:

$$J_{min} = J_{max} - \chi = j_1 + j_2 - (j_1 + j_2 - |j_1 - j_2|) = |j_1 - j_2|$$

Se puede comprobar que las combinaciones posibles de valores de m_1 y m_2 dan lugar a todos los valores y degeneraciones de M necesarios para formar los subespacios propios correspondientes a todos los valores de J que van de uno en uno entre su mínimo y su máximo. Por ejemplo, el valor $M = j_1 + j_2$ se obtiene únicamente con $m_1 = j_1$ y $m_2 = j_2$, por tanto su degeneración es 1 y se asocia a $J = j_1 + j_2$ (J_{max}); el siguiente valor por debajo, $M = j_1 + j_2 - 1$, se obtiene con $m_1 = j_1 - 1$ y $m_2 = j_2$ o con $m_1 = j_1$ y $m_2 = j_2 - 1$, por tanto su degeneración es 2 y se asocia a $J = j_1 + j_2$ y a $J = j_1 + j_2 - 1$; el siguiente valor por debajo, $M = j_1 + j_2 - 2$, se obtiene con $m_1 = j_1 - 2$ y $m_2 = j_2$, con $m_1 = j_1$ y $m_2 = j_2 - 2$ o con $m_1 = j_1 - 1$ y $m_2 = j_2 - 1$, por tanto su degeneración es 3 y se asocia a $J = j_1 + j_2$, a $J = j_1 + j_2 - 1$ y a $J = j_1 + j_2 - 2$; y así sucesivamente, hasta llegar al valor $M = |j_1 - j_2|$, que alcanza la degeneración máxima (dada por $\chi + 1$) y se asocia a $J = j_1 + j_2$, a $J = j_1 + j_2 - 1$, etc., hasta $J = |j_1 - j_2|$ (que es por tanto el valor más bajo de J que se puede construir, como se obtuvo anteriormente). Si se continúa el procedimiento para valores cada vez menores de M (incluyendo los negativos), cuyas degeneraciones se mantienen en la máxima y luego comienzan a disminuir de uno en uno, se acaba completando el conjunto de valores de M correspondientes a todos los valores de J que van de uno en uno entre su mínimo $|j_1 - j_2|$ y su máximo $j_1 + j_2$.

Los vectores de la base acoplada pueden expresarse como combinación lineal de los vectores de la base desacoplada:

$$|j_1 j_2 J M\rangle = \sum_{m_1=-j_1}^{j_1} \sum_{m_2=-j_2}^{j_2} \langle j_1 m_1 j_2 m_2|j_1 j_2 J M\rangle |j_1 m_1 j_2 m_2\rangle \qquad (4.59)$$

De manera análoga, los vectores de la base desacoplada pueden expresarse como combinación lineal de los vectores de la base acoplada:

$$|j_1 m_1 j_2 m_2\rangle = \sum_{J=|m_1+m_2|}^{j_1+j_2} \langle j_1 j_2 J M|j_1 m_1 j_2 m_2\rangle |j_1 j_2 J M\rangle \qquad (4.60)$$

En ambas expresiones se tiene que cumplir en todos los términos que $M = m_1 + m_2$.

Los números reales que constituyen los coeficientes de la combinación lineal, expresados como productos escalares entre vectores de ambas bases, se denominan *coeficientes de Clebsch-Gordan*: $\langle j_1 m_1 j_2 m_2|j_1 j_2 J M\rangle = \langle j_1 j_2 J M|j_1 m_1 j_2 m_2\rangle$. Estos pueden obtenerse partiendo de los vectores asociados a los números cuánticos máximos en ambas bases (para j_1 y j_2 dados), que cumplen $|j_1 j_2 J_{max} M_{max}\rangle = |j_1 m_{1max} j_2 m_{2max}\rangle$, y aplicando tantas veces como sea necesario el operador escalera total J_- al vector de la base acoplada y su equivalente $j_- \otimes \mathbb{I} + \mathbb{I} \otimes j_-$ al vector de la base desacoplada, haciendo uso en caso necesario de las condiciones de ortogonalidad entre diferentes vectores de la base y de normalización de cada uno de ellos (de manera análoga, se puede partir de los vectores asociados a los números cuánticos mínimos en ambas bases y aplicar el operador escalera J_+). Los coeficientes también pueden calcularse directamente usando una expresión general o bien, de manera más práctica, pueden consultarse en tablas (como las de la figura 4.2), que son matrices unitarias de cambio de base (usualmente con una disposición modificada), una para cada pareja de valores j_1, j_2, con dimensión $(2j_1 + 1)(2j_2 + 1)$, cuyas filas se identifican con parejas de valores m_1, m_2 y cuyas columnas se identifican con parejas de valores J, M.

Es habitual usar una notación aligerada eliminando los números cuánticos que se mantienen fijos en un desarrollo, j_1 y j_2, tanto en los vectores de las bases: $|j_1 m_1 j_2 m_2\rangle \equiv |m_1 m_2\rangle$, $|j_1 j_2 J M\rangle \equiv |J M\rangle$, como en los coeficientes de Clebsch-Gordan: $\langle j_1 m_1 j_2 m_2|j_1 j_2 J M\rangle \equiv \langle m_1 m_2|J M\rangle \equiv \mathbb{C}_{m_1 m_2}^{JM}$.

Ejemplo: Acoplamiento de dos momentos angulares, cambio entre base acoplada y desacoplada y consulta de coeficientes de Clebsch-Gordan

a) Dos sistemas con números cuánticos de momento angular al cuadrado $j_1 = 1/2$ y $j_2 = 1/2$ pueden formar estados compuestos acoplados con número cuántico de momento angular total al cuadrado desde $|j_1 - j_2|$ hasta $j_1 + j_2$ de uno en uno (ec. 4.56), es decir, $J = \{0, 1\}$, y con número cuántico de su tercera componente desde $-J$ hasta J de uno en uno (ec. 4.57), es decir, $M = 0$ para $J = 0$ y $M = \{-1, 0, +1\}$ para $J = 1$.

Si el estado compuesto tiene, por ejemplo, números cuánticos $J = 0$ y $M = 0$,

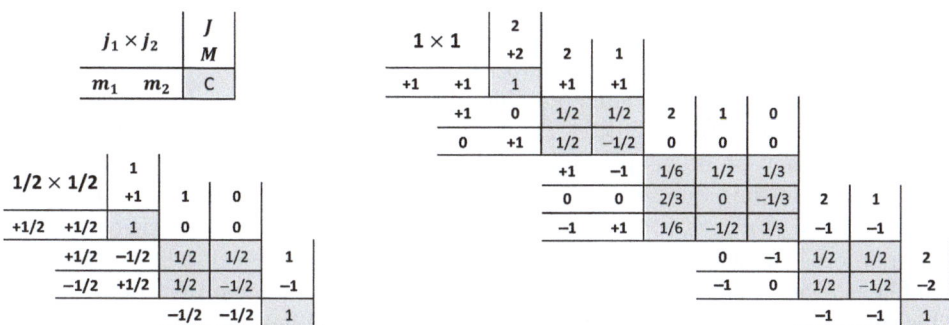

Figura 4.2. Ejemplos de tablas de coeficientes de Clebsch-Gordan para el acoplamiento de dos momentos angulares $j_1 = 1/2$ y $j_2 = 1/2$ (izquierda) y $j_1 = 1$ y $j_2 = 1$ (derecha). La leyenda (esquina superior izquierda) indica los números cuánticos de momento angular que identifican las tablas (los individuales j_1 y j_2), las filas (los individuales m_1 y m_2) y las columnas (los acoplados J y M). Los coeficientes son las raíces cuadradas, dejando el signo fuera, de los valores que aparecen en las casillas sombreadas.

se representa mediante el vector $|1/2\ \ 1/2\ \ 0\ \ 0\rangle_{[A]}$ de la base acoplada (por claridad, se indica como subíndice si el vector pertenece a la base acoplada, $[A]$, o a la desacoplada, $[D]$). Para expresarlo en la base desacoplada según la ec. 4.59 se necesitan los coeficientes de Clebsch-Gordan, que se pueden consultar en la tabla de la figura 4.2 para el acoplamiento $j_1 \times j_2 \equiv 1/2 \times 1/2$. Se localiza en primer lugar la cabecera de columna con números cuánticos acoplados $(J\ M) \equiv (0\ \ 0)$ y a continuación las cabeceras de fila asociadas a esa columna, que contienen los números cuánticos desacoplados $(m_1\ m_2) \equiv \{(+1/2\ \ -1/2),\ (-1/2\ \ +1/2)\}$ (que cumplen $|m_1| \leq j_1$, $|m_2| \leq j_2$ y $m_1 + m_2 = M$). Los valores que aparecen en las intersecciones de esa columna con esas filas son, respectivamente, $1/2$ y $-1/2$, cuyas raíces cuadradas, dejando el signo fuera, son los coeficientes de Clebsch-Gordan buscados. Por tanto, la expresión del vector en la base desacoplada (ec. 4.59) resulta:

$$|\tfrac{1}{2}\ \tfrac{1}{2}\ 0\ 0\rangle_{[A]} = \sqrt{\tfrac{1}{2}}\ |\tfrac{1}{2}\ +\tfrac{1}{2}\ \ \tfrac{1}{2}\ -\tfrac{1}{2}\rangle_{[D]} - \sqrt{\tfrac{1}{2}}\ |\tfrac{1}{2}\ -\tfrac{1}{2}\ \ \tfrac{1}{2}\ +\tfrac{1}{2}\rangle_{[D]}$$

Los vectores que representan todos los posibles estados compuestos por dos sistemas de momento angular $1/2$ se recogen en el apdo. 4.6.1 expresados en base acoplada y desacoplada y usando notación aligerada. El ejemplo tratado aquí corresponde a la ec. 4.62.

b) Dos sistemas con números cuánticos de momento angular al cuadrado $j_1 = 1$ y $j_2 = 1$ pueden formar estados compuestos acoplados con número cuántico de momento angular total al cuadrado $J = \{0, 1, 2\}$ y con número cuántico de su tercera componente $M = 0$ para $J = 0$, $M = \{-1, 0, +1\}$ para $J = 1$ y $M = \{-2, -1, 0, +1, +2\}$ para $J = 2$.

Si el estado compuesto tiene, por ejemplo, números cuánticos $J = 2$ y $M = 0$, se representa mediante el vector $|1\ \ 1\ \ 2\ \ 0\rangle_{[A]}$ de la base acoplada. Para expresarlo en la base desacoplada según la ec. 4.59 se necesitan los coeficientes de Clebsch-Gordan, que se pueden consultar en la tabla de la figura 4.2 para el acoplamiento $j_1 \times j_2 \equiv 1 \times 1$. Se localiza en primer lugar la cabecera de columna con números cuánticos acoplados $(J\ M) \equiv (2\ \ 0)$ y a continuación las cabeceras de fila asociadas a esa columna, que contienen los números cuánticos desacoplados $(m_1\ m_2) \equiv \{(+1\ -1),\ (0\ \ 0),\ (-1\ +1)\}$ (que cumplen $|m_1| \leq j_1$, $|m_2| \leq j_2$ y $m_1 + m_2 = M$). Los valores que aparecen en las intersecciones de esa columna con esas filas son, respectivamente, $1/6$, $2/3$ y $1/6$, cuyas raíces cuadradas son los coeficientes de Clebsch-Gordan buscados. Por tanto, la expresión del vector en la base desacoplada (ec. 4.59) resulta:

$$|1\ \ 1\ \ 2\ \ 0\rangle_{[A]} = \sqrt{\frac{1}{6}}\ |1\ +1\ \ 1\ -1\rangle_{[D]} + \sqrt{\frac{2}{3}}\ |1\ \ 0\ \ 1\ \ 0\rangle_{[D]} + \sqrt{\frac{1}{6}}\ |1\ -1\ \ 1\ +1\rangle_{[D]}$$

c) Si los dos sistemas del apartado anterior, con $j_1 = 1$ y $j_2 = 1$, se encuentran en estados individuales con números cuánticos de terceras componentes $m_1 = -1$ y $m_2 = +1$, el estado compuesto se representa mediante el vector $|1\ \ -1\ \ 1\ \ +1\rangle_{[D]}$ de la base desacoplada. Para expresarlo en la base acoplada según la ec. 4.60 se necesitan los coeficientes de Clebsch-Gordan, que se pueden consultar en la tabla de la figura 4.2 para el acoplamiento $j_1 \times j_2 \equiv 1 \times 1$. En este caso se localiza en primer lugar la cabecera de fila con números cuánticos desacoplados $(m_1\ m_2) \equiv (-1\ +1)$ y a continuación las cabeceras de columna asociadas a esa fila, que contienen los números cuánticos acoplados $(J\ M) \equiv \{(2\ \ 0),\ (1\ \ 0),\ (0\ \ 0)\}$ (que cumplen $|M| \leq J \leq j_1 + j_2$ y $M = m_1 + m_2$). Los valores que aparecen en las intersecciones de esa fila con esas columnas son, respectivamente, $1/6$, $-1/2$ y $1/3$, cuyas raíces cuadradas, dejando el signo fuera, son los coeficientes de Clebsch-Gordan buscados. Por tanto, la expresión del vector en la base acoplada (ec. 4.60) resulta:

$$|1\ -1\ \ 1\ +1\rangle_{[D]} = \sqrt{\frac{1}{6}}\ |1\ \ 1\ \ 2\ \ 0\rangle_{[A]} - \sqrt{\frac{1}{2}}\ |1\ \ 1\ \ 1\ \ 0\rangle_{[A]} + \sqrt{\frac{1}{3}}\ |1\ \ 1\ \ 0\ \ 0\rangle_{[A]}$$

4.6.1. Suma de dos espines 1/2

El caso de la suma de dos momentos angulares $j_1 = 1/2$ y $j_2 = 1/2$ es particularmente importante, especialmente en el contexto de sistemas compuestos por dos partículas o estructuras de la materia con espines $s_1 = 1/2$ y $s_2 = 1/2$. El espacio de Hilbert asociado tiene dimensión 4 y los elementos de su base desacoplada en notación

$|m_{s1}\ m_{s2}\rangle$ son:

$$|\tfrac{1}{2}\ \tfrac{1}{2}\rangle \qquad\qquad |\tfrac{1}{2}\ -\tfrac{1}{2}\rangle \qquad\qquad |-\tfrac{1}{2}\ \tfrac{1}{2}\rangle \qquad\qquad |-\tfrac{1}{2}\ -\tfrac{1}{2}\rangle \qquad (4.61)$$

El número cuántico S asociado al operador S^2 puede tomar los valores $S = \{0, 1\}$ y el número cuántico M_S asociado al operador S_z puede tomar los valores $M_S = \{-1, 0, 1\}$ para $S = 1$, que se denomina estado *triplete*, y $M_S = 0$ para $S = 0$, que se denomina estado *singlete*.

Los vectores de la base acoplada en notaciones $\Xi_{SM_S} \equiv |S\ M_S\rangle$ junto con sus expresiones en base desacoplada en notación $|m_{s1}\ m_{s2}\rangle$, son, para $S = 0$ (estado singlete):

$$\Xi_{00} \equiv |0\ 0\rangle = \tfrac{1}{\sqrt{2}}\left(|\tfrac{1}{2}\ -\tfrac{1}{2}\rangle - |-\tfrac{1}{2}\ \tfrac{1}{2}\rangle\right) \equiv \tfrac{1}{\sqrt{2}}\left(|\uparrow\downarrow\rangle - |\downarrow\uparrow\rangle\right) \qquad (4.62)$$

y para $S = 1$ (estado triplete):

$$\Xi_{11} = |1\ 1\rangle = |\tfrac{1}{2}\ \tfrac{1}{2}\rangle \equiv |\uparrow\uparrow\rangle \qquad\qquad (4.63)$$

$$\Xi_{10} = |1\ 0\rangle = \tfrac{1}{\sqrt{2}}\left(|\tfrac{1}{2}\ -\tfrac{1}{2}\rangle + |-\tfrac{1}{2}\ \tfrac{1}{2}\rangle\right) \equiv \tfrac{1}{\sqrt{2}}\left(|\uparrow\downarrow\rangle + |\downarrow\uparrow\rangle\right) \qquad (4.64)$$

$$\Xi_{1-1} = |1\ {-1}\rangle = |-\tfrac{1}{2}\ -\tfrac{1}{2}\rangle \equiv |\downarrow\downarrow\rangle \qquad\qquad (4.65)$$

4.7. Momento angular en campos magnéticos

Un sistema con *momento dipolar magnético* asociado a su momento angular de espín, $\vec{\mu}^{(s)}$, que se encuentra en reposo en un campo magnético de intensidad $\vec{\mathcal{B}}$, está sometido al hamiltoniano (ec. 20.18):

$$H = -\vec{\mu}^{(s)} \cdot \vec{\mathcal{B}} = -\gamma\,\vec{S} \cdot \vec{\mathcal{B}} \qquad (4.66)$$

donde el *cociente giromagnético* γ (ec. 20.24) es el factor de proporcionalidad entre el momento dipolar magnético y el espín. Para un campo magnético uniforme en la dirección z, $\vec{\mathcal{B}} = (0, 0, \mathcal{B}_z)$, el hamiltoniano es $H = -\gamma\mathcal{B}_z S_z$, cuyos autovectores son los mismos que los de S_z y cuyos autovalores son proporcionales a los de S_z.

Para un sistema de espín $s = 1/2$, los autovectores son $|\uparrow\rangle$ y $|\downarrow\rangle$ y los autovalores asociados son $E_\uparrow = -\gamma\mathcal{B}_z\hbar/2$ y $E_\downarrow = \gamma\mathcal{B}_z\hbar/2$. La evolución temporal de un vector de estado de espín $s = 1/2$ genérico escrito como en la ec. 4.40 sometido al hamiltoniano 4.66 resulta (ec. 3.44):

$$|\chi(t)\rangle = \cos(\theta/2)\,e^{i\gamma\mathcal{B}_z t/2}\,|\uparrow\rangle + \text{sen}(\theta/2)\,e^{i\varphi}\,e^{-i\gamma\mathcal{B}_z t/2}\,|\downarrow\rangle$$

$$\longrightarrow \quad |\chi(t)\rangle = \cos(\theta/2)\,|\uparrow\rangle + \text{sen}(\theta/2)\,e^{i(\varphi-\gamma\mathcal{B}_z t)}\,|\downarrow\rangle \qquad (4.67)$$

donde en la última expresión se ha extraído e ignorado un factor de fase global $e^{i\gamma\mathcal{B}_z t/2}$.

El valor esperado del vector de espín para este estado dependiente del tiempo es análogo al de la ec. 4.45, pero remplazando la fase φ por $\varphi - \gamma\mathcal{B}_z t$:

$$\langle\vec{S}\rangle_{\chi(t)} = \left(\langle\chi(t)|S_x|\chi(t)\rangle,\ \langle\chi(t)|S_y|\chi(t)\rangle,\ \langle\chi(t)|S_z|\chi(t)\rangle\right)$$

$$= \left(\frac{\hbar}{2} \operatorname{sen}\theta \cos(\varphi - \gamma \mathcal{B}_z t), \ \frac{\hbar}{2} \operatorname{sen}\theta \operatorname{sen}(\varphi - \gamma \mathcal{B}_z t), \ \frac{\hbar}{2} \cos\theta \right) \qquad (4.68)$$

Se observa que este vector forma un ángulo polar fijo θ con la dirección del campo magnético (eje z), mientras que el ángulo azimutal depende del tiempo, $\varphi - \gamma \mathcal{B}_z t$, lo que implica un movimiento de *precesión* en torno al eje z con frecuencia $\omega_L = |\gamma||\mathcal{B}_z|$, denominada *frecuencia de Larmor*. Un movimiento análogo y con la misma frecuencia es trazado por el punto que representa el vector de estado de espín $|\chi(t)\rangle$ en la esfera de Bloch (figura 4.1, derecha).

En general, el valor esperado del vector de espín de un sistema precesiona en el espacio real en torno al eje definido por el campo magnético externo aplicado, $\vec{\mathcal{B}}$, de manera que su hamiltoniano (ec. 4.66) resulta $H = -\gamma \vec{\mathcal{B}} \cdot \vec{S} = -\gamma |\vec{\mathcal{B}}| S_{\hat{n}_\mathcal{B}}$, donde $\hat{n}_\mathcal{B} = (\operatorname{sen}\theta_\mathcal{B}\cos\varphi_\mathcal{B}, \operatorname{sen}\theta_\mathcal{B}\operatorname{sen}\varphi_\mathcal{B}, \cos\theta_\mathcal{B})$ es el vector unitario en la dirección del campo, con $\theta_\mathcal{B}$ y $\varphi_\mathcal{B}$ las coordenadas esféricas que lo definen; la precesión tiene lugar entonces con una frecuencia de Larmor $\omega_L = |\gamma| |\vec{\mathcal{B}}|$.

4.7.1. Experimento de Stern-Gerlach

Un sistema con momento dipolar magnético asociado a su espín que se encuentra en un campo magnético no uniforme en la dirección z, dado por $\vec{\mathcal{B}} = (0, 0, \mathcal{B}_z + \widetilde{\mathcal{B}}_z z)$, está sometido al hamiltoniano:

$$H = -\gamma \left(\mathcal{B}_z + \widetilde{\mathcal{B}}_z z \right) S_z \qquad (4.69)$$

Para un sistema de espín $s = 1/2$ que atraviesa ese campo en la dirección y, el vector de estado genérico de espín al cabo de un tiempo Δt es (ec. 4.67):

$$|\chi(\Delta t)\rangle = \cos(\theta/2)\, e^{i\gamma(\mathcal{B}_z + \widetilde{\mathcal{B}}_z z)\Delta t/2}\, |\uparrow\rangle + \operatorname{sen}(\theta/2)\, e^{i\varphi}\, e^{-i\gamma(\mathcal{B}_z + \widetilde{\mathcal{B}}_z z)\Delta t/2}\, |\downarrow\rangle$$
$$(4.70)$$

Aplicando a este vector el operador momento lineal en la dirección z, $P_z = -i\hbar\, \partial/\partial z$, se obtiene que la componente con proyección de espín hacia arriba adquiere tras atravesar el campo magnético un momento $p_z = \gamma\, \widetilde{\mathcal{B}}_z\, \Delta t\, \hbar/2$, mientras que la componente con proyección de espín hacia abajo adquiere un momento $p_z = -\gamma\, \widetilde{\mathcal{B}}_z\, \Delta t\, \hbar/2$. Así, las trayectorias de ambas componentes, consideradas como paquetes de ondas de pequeña extensión, se separan conforme atraviesan el campo magnético no uniforme, y la probabilidad de incidencia en una pantalla situada a continuación se concentra en dos zonas diferenciadas, en lugar de en una sola[15].

---

[15] En el experimento original de 1922 se empleó un haz de átomos de plata neutros, cuyo momento angular es 1/2, originado por el espín 1/2 de su único electrón activo (su configuración electrónica es $5s^1$). Durante algunos años tras el experimento el resultado obtenido se atribuyó erróneamente al momento angular orbital de ese electrón.

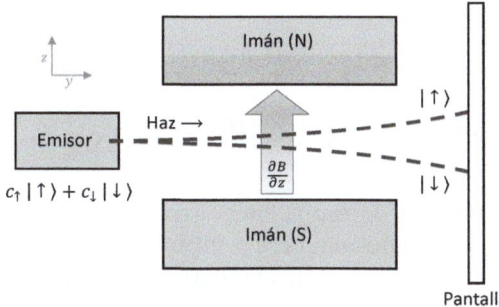 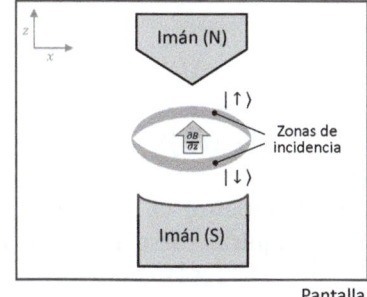

Figura 4.3. Esquema del experimento Stern-Gerlach (vista lateral a la izquierda, vista frontal a la derecha). Las líneas discontinuas (izquierda) representan las trayectorias del centro del paquete de ondas inicial y de los dos en que se separa conforme se atraviesa el campo magnético no uniforme, dando lugar a dos zonas diferenciadas en la pantalla (derecha) en las que se concentra la probabilidad de incidencia de los átomos según su tercera componente de espín ($|\uparrow\rangle$ o $|\downarrow\rangle$).

Demostración: Separación del haz en el experimento de Stern-Gerlach

Se establece un campo magnético en la dirección z que consta de un término uniforme y de un término dependiente de la posición en esa dirección[a]: $\vec{\mathcal{B}} = (0, 0, \mathcal{B}_z + \widetilde{\mathcal{B}}_z z)$. En el seno de este campo magnético, el hamiltoniano que actúa sobre un sistema con momento dipolar magnético de espín es:

$$H = -\vec{\mu}^{(s)} \cdot \vec{\mathcal{B}} = -\gamma\, \vec{S} \cdot \vec{\mathcal{B}} = -\gamma(\mathcal{B}_z + \widetilde{\mathcal{B}}_z z)S_z$$

Sus autovectores son los mismos de S_z y los autovalores son proporcionales a los de S_z. Por tanto, para un sistema de espín $s = 1/2$ los autovectores son $|\uparrow\rangle$ y $|\downarrow\rangle$ y los autovalores asociados son $E_\uparrow = -\gamma(\mathcal{B}_z + \widetilde{\mathcal{B}}_z z)\hbar/2$ y $E_\uparrow = \gamma(\mathcal{B}_z + \widetilde{\mathcal{B}}_z z)\hbar/2$.

Cuando el sistema atraviesa la región con campo magnético $\vec{\mathcal{B}}$ en la dirección y durante un tiempo Δt, el vector de estado final expresado en la base propia de S_z, que también es base propia de H, resulta:

$$|\chi(\Delta t)\rangle = c_\uparrow\, e^{-iE_\uparrow \Delta t/\hbar}\, |\uparrow\rangle + c_\downarrow\, e^{-iE_\downarrow \Delta t/\hbar}\, |\downarrow\rangle$$
$$= c_\uparrow\, e^{i\gamma(\mathcal{B}_z + \widetilde{\mathcal{B}}_z z)\Delta t/2}\, |\uparrow\rangle + c_\downarrow\, e^{-i\gamma(\mathcal{B}_z + \widetilde{\mathcal{B}}_z z)\Delta t/2}\, |\downarrow\rangle$$

Cada uno de los dos términos que componen el vector anterior, que se denominarán $|\alpha_\uparrow(\Delta t)\rangle$ y $|\alpha_\downarrow(\Delta t)\rangle$, es autovector del operador momento en la dirección

z, con ecuaciones de autovalores:

$$P_z \, |\alpha_\uparrow(\Delta t)\rangle = -i\hbar\frac{\partial}{\partial z}\left[c_\uparrow \, e^{i\gamma(\mathcal{B}_z+\widetilde{\mathcal{B}}_z z)\Delta t/2} \, |\uparrow\rangle\right] = \frac{\gamma\widetilde{\mathcal{B}}_z\hbar\Delta t}{2} \, |\alpha_\uparrow(\Delta t)\rangle$$

$$P_z \, |\alpha_\downarrow(\Delta t)\rangle = -i\hbar\frac{\partial}{\partial z}\left[c_\downarrow \, e^{-i\gamma(\mathcal{B}_z+\widetilde{\mathcal{B}}_z z)\Delta t/2} \, |\downarrow\rangle\right] = -\frac{\gamma\widetilde{\mathcal{B}}_z\hbar\Delta t}{2} \, |\alpha_\downarrow(\Delta t)\rangle$$

Por tanto, la componente con proyección de espín hacia arriba, $|\alpha_\uparrow(\Delta t)\rangle$, ha adquirido a su paso por la región de campo magnético un momento $p_z = \gamma\widetilde{\mathcal{B}}_z\hbar\Delta t/2$, y la componente con proyección de espín hacia abajo, $|\alpha_\downarrow(\Delta t)\rangle$, ha adquirido un momento $p_z = -\gamma\widetilde{\mathcal{B}}_z\hbar\Delta t/2$, desviándose las trayectorias de ambas en sentidos opuestos.

---

[a]Para que se cumpla la ecuación de Maxwell $\vec{\nabla} \cdot \vec{\mathcal{B}} = 0$, el campo magnético establecido debe contener también una componente no uniforme en la dirección x, de la forma $\vec{\mathcal{B}} = (-\widetilde{\mathcal{B}}_z x, 0, \mathcal{B}_z + \widetilde{\mathcal{B}}_z z)$, pero esa componente no influye en el desarrollo.

4.8. Formalismos análogos al de espín

4.8.1. Isoespín

La estructura matemática del *isoespín* $\vec{T}$ es igual a la de un momento angular $\vec{J}$, pero el primero se refiere a un espacio abstracto de propiedades de partículas mientras que el segundo puede referirse al espacio real. El isoespín se aplica a conjuntos de partículas idénticas en todos los aspectos excepto en alguna propiedad relacionada con una interacción fundamental.

Por ejemplo (apdo. 10.2), tiene isoespín $t = 1/2$ la pareja de quarks u y d, donde el u tiene $m_t = +1/2$ y el d tiene $m_t = -1/2$; también tiene $t = 1/2$ la pareja de nucleones protón y neutrón, donde el protón tiene $m_t = +1/2$ y el neutrón tiene $m_t = -1/2$; tiene isoespín $t = 1$ el triplete de piones π^+, π^0, π^-, donde π^+ tiene $m_t = +1$, π^0 tiene $m_t = 0$ y π^- tiene $m_t = -1$.

Los isoespines de distintas partículas se suman de modo análogo a como lo hacen los espines. Por ejemplo, la suma de dos isoespines $t = 1/2$ correspondientes a dos nucleones, en base acoplada en notación $|T\, M_T\rangle$ y en base desacoplada en notación $|m_{t1}\, m_{t2}\rangle$, da lugar al siguiente estado con $T = 0$ (singlete), análogo a la ec. 4.62:

$$|0\,0\rangle = \tfrac{1}{\sqrt{2}}\left(|\tfrac{1}{2}\,-\tfrac{1}{2}\rangle - |-\tfrac{1}{2}\,\tfrac{1}{2}\rangle\right) \equiv \tfrac{1}{\sqrt{2}}\left(|p\,n\rangle - |n\,p\rangle\right) \tag{4.71}$$

y a los siguientes estados con $T = 1$ (triplete), análogos a las ecs. 4.63, 4.64, 4.65:

$$|1\,1\rangle = |\tfrac{1}{2}\,\tfrac{1}{2}\rangle \equiv |p\,p\rangle \tag{4.72}$$

$$|1\,0\rangle = \tfrac{1}{\sqrt{2}}\left(|\tfrac{1}{2}\,-\tfrac{1}{2}\rangle + |-\tfrac{1}{2}\,\tfrac{1}{2}\rangle\right) \equiv \tfrac{1}{\sqrt{2}}\left(|p\,n\rangle + |n\,p\rangle\right) \tag{4.73}$$

$$|1\,-1\rangle = |-\tfrac{1}{2}\,-\tfrac{1}{2}\rangle \equiv |n\,n\rangle \tag{4.74}$$

4.8.2. Sistemas de dos niveles

Existen varios ejemplos importantes de sistemas que presentan dos únicos niveles de energía, o dos niveles próximos en energía y alejados del resto. Estos sistemas pueden ser descritos, de manera exacta o como aproximación, por un subespacio de Hilbert de dimensión dos, igual que una partícula de espín $s = 1/2$.

Equivalencia con una partícula de espín 1/2 en un campo magnético

La representación matricial en una base ortonormal del hamiltoniano de un sistema de dos niveles puede escribirse como suma de un término diagonal, con origen de energía trasladado a $(H_{11} + H_{22})/2$, y de un término no diagonal:

$$H = \begin{pmatrix} \frac{1}{2}(H_{11} - H_{22}) & 0 \\ 0 & -\frac{1}{2}(H_{11} - H_{22}) \end{pmatrix} + \begin{pmatrix} 0 & H_{12} \\ H_{12}^* & 0 \end{pmatrix} \tag{4.75}$$

Por otro lado, la representación matricial en la base propia de S_z del hamiltoniano de una partícula de espín $s = 1/2$ en el seno de un campo magnético $\vec{\mathcal{B}} = (\mathcal{B}_x, \mathcal{B}_y, \mathcal{B}_z)$ es (ecs. 4.66, 4.41):

$$H = -\gamma \, \vec{S} \cdot \vec{\mathcal{B}} = -\frac{\gamma \hbar}{2} \begin{pmatrix} \mathcal{B}_z & 0 \\ 0 & -\mathcal{B}_z \end{pmatrix} - \frac{\gamma \hbar}{2} \begin{pmatrix} 0 & \mathcal{B}_x - i\mathcal{B}_y \\ \mathcal{B}_x + i\mathcal{B}_y & 0 \end{pmatrix} \tag{4.76}$$

Ambos hamiltonianos son equivalentes si las componentes del campo magnético toman los valores $\mathcal{B}_x = -2 \operatorname{Re}(H_{12})/(\gamma\hbar)$, $\mathcal{B}_y = 2 \operatorname{Im}(H_{12})/(\gamma\hbar)$, $\mathcal{B}_z = (H_{22} - H_{11})/(\gamma\hbar)$, es decir, con una componente z de módulo $\mathcal{B}_z = |(H_{22} - H_{11})/(\gamma\hbar)|$ y una contribución perpendicular a ella de módulo $\mathcal{B}_\perp = |\mathcal{B}_x \pm i\mathcal{B}_y| = |2H_{12}/(\gamma\hbar)|$. Los autovectores del hamiltoniano 4.75 son entonces equivalentes a los autovectores $|\uparrow_{\hat{n}}\rangle$ y $|\downarrow_{\hat{n}}\rangle$ del hamiltoniano 4.76, donde $\hat{n}$ es el vector unitario en la dirección de $\vec{\mathcal{B}}$, y la diferencia de energía entre los dos autoestados es $\Delta E = E_\uparrow - E_\downarrow = \hbar\omega_L = \hbar|\gamma||\vec{\mathcal{B}}|$.

Qubits y computación cuántica

En computación clásica un bit representa una de dos posibilidades[16]: $|0\rangle$ o $|1\rangle$. El estado de un sistema compuesto por dos bits corresponde a una de las cuatro posibilidades siguientes: $|0\rangle_1 \otimes |0\rangle_2$, $|0\rangle_1 \otimes |1\rangle_2$, $|1\rangle_1 \otimes |0\rangle_2$ o $|1\rangle_1 \otimes |1\rangle_2$. Existen 24 operaciones lógicas reversibles[17] distintas sobre sistemas de dos bits, que corresponden a todas las permutaciones posibles de los cuatro estados anteriores.

---

[16] Los bits clásicos se representan aquí con notación de kets y sus compuestos se construyen con el símbolo del producto tensorial para facilitar su comparación con los qubits que se usan en computación cuántica.

[17] Las operaciones reversibles, que son las únicas que aparecen en computación cuántica, establecen una aplicación biyectiva entre estados iniciales y finales, asociando la lista de posibles estados iniciales con una cierta permutación de ella. Se pueden definir tantas operaciones lógicas reversibles como permutaciones distintas.

En computación cuántica un *qubit* (*quantum bit*) viene dado por cualquier combinación lineal compleja (superposición) normalizada de los posibles estados de un bit: $|\psi\rangle = \alpha_1|0\rangle + \alpha_2|1\rangle$, con α_1, α_2 números complejos sujetos a la condición de normalización $|\alpha_1|^2 + |\alpha_2|^2 = 1$. Es decir, se trata del vector de estado de un sistema de dos niveles. Un qubit se define especificando tres números reales: dos por cada coeficiente complejo menos el que queda fijado por la condición de normalización, y por tanto corresponde a una de entre ∞^3 posibilidades. El estado de un sistema compuesto por dos qubits viene dado por cualquier combinación lineal compleja de los cuatro posibles estados de dos bits:

$|\Psi^{(2)}\rangle = \alpha_1 \left(|0\rangle_1 \otimes |0\rangle_2\right) + \alpha_2 \left(|0\rangle_1 \otimes |1\rangle_2\right) + \alpha_3 \left(|1\rangle_1 \otimes |0\rangle_2\right) + \alpha_4 \left(|1\rangle_1 \otimes |1\rangle_2\right)$,

donde α_1, α_2, α_3, α_4 son números complejos sujetos a la condición de normalización $|\alpha_1|^2 + |\alpha_2|^2 + |\alpha_3|^2 + |\alpha_4|^2 = 1$. Un estado compuesto por dos qubits se define especificando siete números reales: dos por cada coeficiente complejo menos el que queda fijado por la condición de normalización, y por tanto corresponde a una de entre ∞^7 posibilidades. Existen infinitas operaciones lógicas reversibles distintas sobre sistemas compuestos por dos qubits, que vienen dadas por operadores unitarios (ya que representan una evolución temporal del estado del sistema) que actúan sobre un espacio de Hilbert de cuatro dimensiones.

Generalizando la descripción anterior, en computación clásica un estado de N bits corresponde a una de 2^N posibilidades, y existen $(2^N)!$ operaciones lógicas reversibles distintas que actúan sobre ellos. En computación cuántica un estado de N qubits viene dado por cualquier combinación lineal compleja de los 2^N posibles estados de N bits:

$$
\begin{aligned}
|\Psi^{(N)}\rangle = \ & \alpha_1 \left(|0\rangle_1 \otimes |0\rangle_2 \otimes \cdots \otimes |0\rangle_{N-1} \otimes |0\rangle_N\right) \\
& + \alpha_2 \left(|0\rangle_1 \otimes |0\rangle_2 \otimes \cdots \otimes |0\rangle_{N-1} \otimes |1\rangle_N\right) + \ldots \\
& + \alpha_{2^N-1} \left(|1\rangle_1 \otimes |1\rangle_2 \otimes \cdots \otimes |1\rangle_{N-1} \otimes |0\rangle_N\right) \\
& + \alpha_{2^N} \left(|1\rangle_1 \otimes |1\rangle_2 \otimes \cdots \otimes |1\rangle_{N-1} \otimes |1\rangle_N\right)
\end{aligned}
\tag{4.77}
$$

donde α_i son números complejos, con condición de normalización $\sum_{i=1}^{2^N} |\alpha_i|^2 = 1$. Un estado compuesto por N qubits se define especificando $2^{N+1} - 1$ números reales: dos por cada coeficiente complejo menos el que queda fijado por la condición de normalización, y por tanto corresponde a una de entre $\infty^{(2^{N+1}-1)}$ posibilidades. Existen infinitas operaciones lógicas reversibles distintas sobre sistemas compuestos por N qubits, dadas por operadores unitarios que actúan sobre un espacio de Hilbert de 2^N dimensiones.

Las operaciones lógicas en computación cuántica producen los $2^{N+1} - 1$ números reales que definen el estado final de un sistema compuesto por N qubits, pero no es posible extraer esa gran cantidad de información, ya que las medidas en mecánica cuántica no permiten conocer los valores de los coeficientes de una superposición. Una medida sobre un sistema compuesto por N qubits solo proporciona un conjunto de autovalores, $\{c_1, ..., c_N\}$, con $c_i = \{0,1\}$, y lo único que puede deducirse de ello es que el autovector asociado, $|c_1\rangle_1 \otimes ... \otimes |c_N\rangle_N$ (que es un estado compuesto por N bits clásicos), tenía un coeficiente α distinto de cero en la ec. 4.77. Además, una vez realizada esta medida, el vector de estado inicial $|\Psi^{(N)}\rangle$ colapsa a $|c\rangle_1 \otimes \ldots \otimes |c_N\rangle_N$, y ya no se pueden seguir extrayendo las amplitudes del vector de estado original.

La estrategia general que se sigue en computación cuántica consiste en diseñar una serie de operaciones lógicas (un algoritmo cuántico) que al actuar sobre un estado de N qubits produzcan un estado final cuyos coeficientes sean todos muy pequeños, excepto uno con módulo muy próximo a la unidad que es el que acompaña al estado de la base (N bits clásicos) que representa la solución del problema en cuestión. Así, ese resultado es el que se obtiene con mucha probabilidad en la medida del estado final. En estos problemas debe ser posible comprobar fácilmente que el resultado obtenido es efectivamente una solución, para confirmar que la medida no ha proporcionado uno de los valores con probabilidades muy bajas que no aportan información útil.

Tabla 4.1. Notación empleada en el capítulo 4

$\vec{J} = (J_x,\ J_y,\ J_z)$	Operador de momento angular genérico o total (de un sistema compuesto, u orbital más espín de un sistema individual) y sus componentes cartesianas.
$J^2,\ J_\pm$	Operador del módulo al cuadrado y operadores escalera del momento angular genérico o total (de un sistema compuesto, u orbital más espín de un sistema individual).
$\vec{L} = (L_x,\ L_y,\ L_z)$	Operador de momento angular orbital y sus componentes cartesianas.
$L^2,\ L_\pm$	Operador del módulo al cuadrado y operadores escalera del momento angular orbital.
$\vec{S} = (S_x,\ S_y,\ S_z)$	Operador de momento angular de espín y sus componentes cartesianas.
$S^2,\ S_\pm$	Operador del módulo al cuadrado y operadores escalera del momento angular de espín.
j, J	Número cuántico asociado al operador J^2 de un sistema (minúscula) o de la suma de varios sistemas (mayúscula).
m, M	Número cuántico asociado al operador J_z de un sistema (minúscula) o de la suma de varios sistemas (mayúscula).
l, L	Número cuántico asociado al operador L^2 de un sistema (minúscula) o de la suma de varios sistemas (mayúscula).
m_l, M_L	Número cuántico asociado al operador L_z de un sistema (minúscula) o de la suma de varios sistemas (mayúscula).
s, S	Número cuántico asociado al operador S^2 de un sistema (minúscula) o de la suma de varios sistemas (mayúscula).
m_s, M_S	Número cuántico asociado al operador S_z de un sistema (minúscula) o de la suma de varios sistemas (mayúscula).
$\lvert j\,m \rangle$	Autovector de una base propia común a los operadores J^2 y J_z.
$\lvert l\,m_l \rangle \equiv Y_{lm_l}(\theta, \varphi)$	Autovector de una base propia común a los operadores L^2 y L_z.
$\lvert s\,m_s \rangle \equiv \chi_{sm_s}$ $\lvert S\,M_S \rangle \equiv \Xi_{SM_S}$	Autovector de una base propia común a los operadores S^2 y S_z, para sistema individual (χ_{sm_s}) o para sistema compuesto (Ξ_{SM_S}).

$\lvert j_1\, m_1\rangle \otimes \lvert j_2\, m_2\rangle$ $\equiv \lvert j_1\, m_1\, j_2\, m_2\rangle$ $\equiv \lvert m_1\, m_2\rangle$	Autovector de una base desacoplada para la suma de dos momentos angulares genéricos (puede ser $\lvert j_1\,m_1\rangle \otimes \lvert j_2\,m_2\rangle$, $\lvert l\,m_l\rangle \otimes \lvert s\,m_s\rangle$, $\lvert l_1\,m_{l1}\rangle \otimes \lvert l_2\,m_{l2}\rangle$, $\lvert s_1\,m_{s1}\rangle \otimes \lvert s_2\,m_{s2}\rangle$, ...).
$\lvert j_1\, j_2\, J\, M\rangle \equiv \lvert J\, M\rangle$	Autovector de una base acoplada para la suma de dos momentos angulares genéricos (puede ser $\lvert j_1 j_2\, JM\rangle$, $\lvert l\,s\,j\,m\rangle$, $\lvert l_1\, l_2\, L\, M_L\rangle$, $\lvert s_1\, s_2\, S\, M_S\rangle$, ...).
$\langle j_1 m_1 j_2 m_2 \lvert j_1 j_2 JM\rangle$ $\equiv \langle m_1\, m_2 \lvert J\, M\rangle$ $\equiv \mathbb{C}^{JM}_{m_1 m_2}$	Coeficiente de Clebsch-Gordan.
$\lvert \tfrac{1}{2}\, \tfrac{1}{2}\rangle \equiv \lvert \tfrac{1}{2}\rangle \equiv \lvert \uparrow\,\rangle$ $\lvert \tfrac{1}{2}\, {-}\tfrac{1}{2}\rangle \equiv \lvert {-}\tfrac{1}{2}\rangle \equiv \lvert \downarrow\,\rangle$	Autovectores de la base propia común de los operadores S^2 y S_z ($\lvert s\,m_s\rangle$) para una partícula con espín $s = 1/2$.
$\lvert \chi\rangle$	Vector de estado que describe la parte de espín de un sistema.

5. Partículas indistinguibles en mecánica cuántica

El vector que representa el estado de un sistema compuesto por sistemas individuales indistinguibles entre sí debe cumplir ciertas propiedades, recogidas en el postulado de simetrización. Los sistemas individuales constituyentes, que se pueden denominar genéricamente 'partículas', son habitualmente estructuras microscópicas de la materia, como partículas, núcleos o átomos.

El momento angular de las partículas constituyentes es un ingrediente esencial en la aplicación del postulado de simetrización a través del teorema espín-estadística, que tiene consecuencias fundamentales para las estructuras de la materia, como el principio de exclusión de Pauli.

5.1. Postulado de simetrización

El *operador permutación* para un sistema compuesto por dos sistemas individuales (partículas), $\mathbb{P}_{1\leftrightarrow2}$, actúa sobre el vector de estado compuesto intercambiando los estados individuales. Sobre un vector de estado producto (ec. 3.90) actúa como:

$$\mathbb{P}_{1\leftrightarrow2}\,|\Psi^{(2,\otimes)}\rangle = \mathbb{P}_{1\leftrightarrow2}\big(|\psi\rangle_1 \otimes |\phi\rangle_2\big) = |\phi\rangle_1 \otimes |\psi\rangle_2 \tag{5.1}$$

donde el subíndice en un ket individual, $|\ldots\rangle_i$, indica que se trata del vector de estado de la partícula i, perteneciente al espacio de Hilbert $\mathcal{H}_i$, y donde el vector de estado compuesto por dos partículas, $|\Psi^{(2)}\rangle$, pertenece al espacio de Hilbert $\mathcal{H} = \mathcal{H}_1 \otimes \mathcal{H}_2$. Sobre un estado compuesto expresado en la forma general de la ec. 3.89 el operador permutación actúa sobre cada término como en la ec. 5.1, teniendo en cuenta la propiedad de linealidad.

Si las funciones de onda de dos partículas idénticas han solapado en algún momento, es imposible diferenciarlas y son por tanto *indistinguibles* (figura 5.1). En

consecuencia, el vector de estado del sistema compuesto en el que ambas partículas han sido intercambiadas (permutadas) debe ser igual al inicial, o en todo caso
multiplicado por un factor de fase, que representa el mismo estado:

$$\mathbb{P}_{1\leftrightarrow2} \, |\Psi^{(2)}\rangle = e^{i\theta} \, |\Psi^{(2)}\rangle \tag{5.2}$$

Volviendo a intercambiar ambas partículas debe recuperarse el vector de estado
inicial:

$$\mathbb{P}_{1\leftrightarrow2} \left(\mathbb{P}_{1\leftrightarrow2} \, |\Psi^{(2)}\rangle \right) = e^{2i\theta} \, |\Psi^{(2)}\rangle \equiv |\Psi^{(2)}\rangle \tag{5.3}$$

de donde se deduce que la fase puede tomar únicamente los valores $\theta = 0$ o $\theta = \pi$. Por
tanto, los factores de fase $e^{i\theta}$, que como refleja la ec. 5.2 son autovalores del operador
$\mathbb{P}_{1\leftrightarrow2}$, solo pueden tomar los valores $+1$ y -1, y por tanto el vector de estado de un
sistema compuesto por dos partículas indistinguibles tiene que cumplir:

$$\mathbb{P}_{1\leftrightarrow2} \, |\Psi^{(2)}\rangle = \pm \, |\Psi^{(2)}\rangle \tag{5.4}$$

Este resultado se conoce como *postulado de simetrización*.

**Figura 5.1. Representación esquemática de dos posibles procesos de interacción entre
dos partículas idénticas, 1 y 2, con solapamiento de sus funciones de onda en la región
circular sombreada. No es posible saber si la partícula que llega posteriormente al detector es la 1 (izquierda) o la 2 (derecha), y por tanto resultan indistinguibles.**

En general, el operador permutación para un sistema compuesto por N partículas,
$\mathbb{P}_\pi$, actúa reordenando los vectores de estado individuales dentro del vector de estado
compuesto, según indique la permutación π. Sobre un vector de estado producto
actúa como:

$$\begin{aligned}\mathbb{P}_\pi \, |\Psi^{(N,\otimes)}\rangle &= \mathbb{P}_\pi \left(|\psi_1\rangle_1 \otimes |\psi_2\rangle_2 \otimes ... \otimes |\psi_N\rangle_N \right) \\ &= |\psi_{\pi(1)}\rangle_1 \otimes |\psi_{\pi(2)}\rangle_2 \otimes ... \otimes |\psi_{\pi(N)}\rangle_N \end{aligned} \tag{5.5}$$

donde el subíndice en un ket individual, $|...\rangle_i$, indica que se trata del vector de
estado de la partícula i, perteneciente al espacio de Hilbert $\mathcal{H}_i$, y donde el vector
de estado compuesto por N partículas, $|\Psi^{(N)}\rangle$, pertenece al espacio $\mathcal{H} = \mathcal{H}_1 \otimes \mathcal{H}_2 \otimes$
$... \otimes \mathcal{H}_N$. Los distintos estados individuales se identifican por ψ_j, donde el valor de
cada subíndice j cambia a $\pi(j)$ tras la permutación.

Al igual que ocurre en el caso de dos partículas, el postulado de simetrización aplicado a un estado compuesto por N partículas indistinguibles exige que:

$$\mathbb{P}_\pi \left| \Psi^{(N)} \right\rangle = \pm \left| \Psi^{(N)} \right\rangle \tag{5.6}$$

Los operadores que representan observables de un sistema compuesto por partículas indistinguibles deben ser invariantes, o simétricos, bajo permutaciones entre ellas, es decir, deben conmutar con cualquier operador permutación, $[\mathbb{P}_\pi, A] = 0$, y por tanto tienen una base propia común. Esto se cumple en particular para el operador hamiltoniano, de modo que sus autovectores son también autovectores de $\mathbb{P}_\pi$ con autovalor $+1$ o -1, y como se trata de estados estacionarios, ese autovalor no cambia cuando el sistema evoluciona en el tiempo.

5.2. Teorema espín-estadística

Para un sistema compuesto por partículas indistinguibles, el *teorema espín-estadística* relaciona el comportamiento bajo permutaciones del vector de estado compuesto con el espín de las partículas:

- Para partículas indistinguibles de espín entero, $s = \{0, 1, 2, ...\}$, el vector de estado compuesto debe ser *simétrico* bajo intercambio de dos cualesquiera de ellas, es decir, tiene que ser autoestado del operador permutación $\mathbb{P}_{i \leftrightarrow j}$ para cualquier par de partículas i, j, con autovalor $+1$; las partículas con esta propiedad se denominan *bosones*.
- Para partículas indistinguibles de espín semientero, $s = \{1/2, 3/2, 5/2, ...\}$, el vector de estado compuesto debe ser *antisimétrico* bajo intercambio de dos cualesquiera de ellas, es decir, tiene que ser autoestado del operador permutación $\mathbb{P}_{i \leftrightarrow j}$ para cualquier par de partículas i, j, con autovalor -1; las partículas con esta propiedad se denominan *fermiones*.

Caso de bosones indistinguibles

El vector de estado de un sistema compuesto por dos bosones indistinguibles cumple:

$$\mathbb{P}_{1 \leftrightarrow 2} \left| \Psi^{(2)} \right\rangle_S = \left| \Psi^{(2)} \right\rangle_S \tag{5.7}$$

donde el subíndice S indica que el vector de estado es simétrico. Un vector de este tipo puede construirse a partir de uno sin simetrización definida como:

$$\left| \Psi^{(2)} \right\rangle_S = \mathcal{N} \left(\left| \Psi^{(2)} \right\rangle + \mathbb{P}_{1 \leftrightarrow 2} \left| \Psi^{(2)} \right\rangle \right) \tag{5.8}$$

con $\mathcal{N}$ un factor de normalización. Aplicando esta expresión a un vector de estado producto $\left| \Psi^{(2, \otimes)} \right\rangle = \left| \psi \right\rangle_1 \otimes \left| \phi \right\rangle_2$, el vector de estado simétrico resultante es:

$$\left| \Psi^{(2, \otimes)} \right\rangle_S = \mathcal{N} \left(\left| \psi \right\rangle_1 \otimes \left| \phi \right\rangle_2 + \left| \phi \right\rangle_1 \otimes \left| \psi \right\rangle_2 \right) \tag{5.9}$$

con $\mathcal{N} = 1/\sqrt{2}$ si los vectores de estado individuales son ortonormales.

En general, el vector de estado de un sistema compuesto por N bosones indistinguibles tiene que ser simétrico bajo cualquier permutación entre ellos, es decir, tiene que cumplir:

$$\mathbb{P}_\pi \, |\Psi^{(N)}\rangle_S = |\Psi^{(N)}\rangle_S \tag{5.10}$$

El conjunto de vectores de estado simétricos $|\Psi^{(N)}\rangle_S$ forma un espacio de Hilbert $\mathcal{H}_S$ que es más reducido que el espacio producto tensorial de los espacios individuales, $\mathcal{H} = \mathcal{H}_1 \otimes \mathcal{H}_2 \otimes ... \otimes \mathcal{H}_N$. Para un conjunto de bosones indistinguibles, los postulados de la mecánica cuántica sobre descripción de estados, medidas y evolución temporal se aplican en el espacio restringido $\mathcal{H}_S$ sin salirse de él.

Un vector de estado simétrico compuesto por N partículas puede construirse a partir de uno sin simetrización definida mediante una combinación lineal de todas sus posibles permutaciones de estados individuales, de la forma:

$$|\Psi^{(N)}\rangle_S = \mathcal{N} \sum_\pi \mathbb{P}_\pi \, |\Psi^{(N)}\rangle \tag{5.11}$$

Aplicando esta expresión a un vector de estado producto $|\Psi^{(N,\otimes)}\rangle = |\psi_1\rangle_1 \otimes |\psi_2\rangle_2 \otimes ... \otimes |\psi_N\rangle_N$, el vector de estado simétrico resultante es:

$$|\Psi^{(N,\otimes)}\rangle_S = \mathcal{N} \sum_\pi \left(|\psi_{\pi(1)}\rangle_1 \otimes |\psi_{\pi(2)}\rangle_2 \otimes ... \otimes |\psi_{\pi(N)}\rangle_N \right) \tag{5.12}$$

con $\mathcal{N} = \sqrt{N! \prod_j n_j!}$ si los vectores de estado individuales son ortonormales, donde n_j es el número de bosones en cada estado individual; si cada bosón está en un estado diferente, $\mathcal{N} = \sqrt{1/N!}$.

Caso de fermiones indistinguibles

El vector de estado de un sistema compuesto por dos fermiones indistinguibles cumple:

$$\mathbb{P}_{1\leftrightarrow 2} \, |\Psi^{(2)}\rangle_A = -|\Psi^{(2)}\rangle_A \tag{5.13}$$

donde el subíndice A indica que el vector de estado es antisimétrico. Un vector de este tipo puede construirse a partir de uno sin simetrización definida como:

$$|\Psi^{(2)}\rangle_A = \mathcal{N} \left(|\Psi^{(2)}\rangle - \mathbb{P}_{1\leftrightarrow 2} \, |\Psi^{(2)}\rangle \right) \tag{5.14}$$

con $\mathcal{N}$ un factor de normalización. Aplicando esta expresión a un vector de estado producto $|\Psi^{(2,\otimes)}\rangle = |\psi\rangle_1 \otimes |\phi\rangle_2$, el vector de estado antisimétrico resultante es:

$$|\Psi^{(2,\otimes)}\rangle_A = \mathcal{N} \left(|\psi\rangle_1 \otimes |\phi\rangle_2 - |\phi\rangle_1 \otimes |\psi\rangle_2 \right) \tag{5.15}$$

con $\mathcal{N} = 1/\sqrt{2}$ si los vectores de estado individuales son ortonormales. De este resultado se deduce que dos fermiones indistinguibles no pueden encontrarse en el mismo estado cuántico individual, ya que entonces el vector de estado antisimétrico del sistema compuesto se cancelaría. Esta consecuencia del teorema espín-estadística para fermiones indistinguibles se denomina *principio de exclusión de Pauli*.

En general, el vector de estado de un sistema compuesto por N fermiones indistinguibles tiene que ser antisimétrico bajo cualquier permutación entre ellos, es decir, tiene que cumplir:

$$\mathbb{P}_\pi \, |\Psi^{(N)}\rangle_A = (-1)^{\tau(\pi)} \, |\Psi^{(N)}\rangle_A \tag{5.16}$$

donde $\tau(\pi)$ es el número de intercambios entre pares de partículas (*transposiciones*) necesarios para generar la permutación π. Cada uno de esos intercambios cambia el signo del vector de estado (ec. 5.13), de manera que el factor $(-1)^{\tau(\pi)}$, denominado *paridad* o *signatura* de la permutación, produce el signo global en el vector de estado resultante de la permutación π.

El conjunto de vectores de estado antisimétricos $|\Psi^{(N)}\rangle_A$ forma un espacio de Hilbert $\mathcal{H}_A$ que es más reducido que el espacio producto tensorial de los espacios individuales, $\mathcal{H} = \mathcal{H}_1 \otimes \mathcal{H}_2 \otimes ... \otimes \mathcal{H}_N$. Para un conjunto de fermiones indistinguibles, los postulados de la mecánica cuántica sobre descripción de estados, medidas y evolución temporal se aplican en el espacio restringido $\mathcal{H}_A$ sin salirse de él.

Un vector de estado antisimétrico compuesto por N partículas puede construirse a partir de uno sin simetrización definida mediante una combinación lineal de todas sus posibles permutaciones de estados individuales, de la forma:

$$|\Psi^{(N)}\rangle_A = \mathcal{N} \sum_\pi (-1)^{\tau(\pi)} \, \mathbb{P}_\pi \, |\Psi^{(N)}\rangle \tag{5.17}$$

Aplicando esta expresión a un vector de estado producto $|\Psi^{(N,\otimes)}\rangle = |\psi_1\rangle_1 \otimes |\psi_2\rangle_2 \otimes ... \otimes |\psi_N\rangle_N$, el vector de estado antisimétrico resultante puede expresarse como un *determinante de Slater*:

$$|\Psi^{(N,\otimes)}\rangle_A = \mathcal{N} \begin{vmatrix} |\psi_1\rangle_1 & |\psi_2\rangle_1 & ... & |\psi_N\rangle_1 \\ |\psi_1\rangle_2 & |\psi_2\rangle_2 & ... & |\psi_N\rangle_2 \\ \vdots & \vdots & \ddots & \vdots \\ |\psi_1\rangle_N & |\psi_2\rangle_N & ... & |\psi_N\rangle_N \end{vmatrix} \tag{5.18}$$

con $\mathcal{N} = \sqrt{1/N!}$ si los vectores de estado individuales son ortonormales. En esta expresión los vectores que se refieren a las distintas partículas del sistema, $|...\rangle_i$, se colocan en cada una de las filas, mientras que los posibles estados, ψ_j, se colocan en cada una de las columnas (o viceversa).

Un sistema general de N fermiones indistinguibles verifica el principio de exclusión definido antes: dos o más de ellos no pueden encontrarse en el mismo estado cuántico. En este caso, el determinante que representa el vector de estado compuesto (ec. 5.18) se cancelaría porque contendría dos filas o dos columnas iguales.

Aplicación del teorema cuando intervienen varios grados de libertad independientes

Las partículas pueden presentar diferentes grados de libertad independientes entre sí, como los espaciales y los de espín. Un vector de estado compuesto por N partículas con la parte espacial $|\Psi_{[r]}^{(N)}\rangle$ y la parte de espín $|\Psi_{[s]}^{(N)}\rangle$ separadas, es decir, de tipo producto en espacio y espín, se escribe como:

$$|\Psi_{[r\otimes s]}^{(N)}\rangle = |\Psi_{[r]}^{(N)}\rangle \otimes |\Psi_{[s]}^{(N)}\rangle \tag{5.19}$$

En el caso de partículas indistinguibles cada parte está simetrizada o antisimetrizada de manera independiente, ya que el operador permutación actúa por separado en el espacio de posiciones y en el espacio de espín, $\mathbb{P}_\pi = \mathbb{P}_{\pi[r]} \otimes \mathbb{P}_{\pi[s]}$. Así, para bosones indistinguibles, cuyo vector de estado completo es simétrico, en caso de estar separado debe tener ambas partes simétricas o ambas antisimétricas:

$$|\Psi_{[r\otimes s]}^{(N)}\rangle_S = |\Psi_{[r]}^{(N)}\rangle_S \otimes |\Psi_{[s]}^{(N)}\rangle_S \qquad \text{o} \qquad |\Psi_{[r\otimes s]}^{(N)}\rangle_S = |\Psi_{[r]}^{(N)}\rangle_A \otimes |\Psi_{[s]}^{(N)}\rangle_A \tag{5.20}$$

y para fermiones indistinguibles, cuyo vector de estado completo es antisimétrico, en caso de estar separado debe tener una parte simétrica y otra antisimétrica:

$$|\Psi_{[r\otimes s]}^{(N)}\rangle_A = |\Psi_{[r]}^{(N)}\rangle_S \otimes |\Psi_{[s]}^{(N)}\rangle_A \qquad \text{o} \qquad |\Psi_{[r\otimes s]}^{(N)}\rangle_A = |\Psi_{[r]}^{(N)}\rangle_A \otimes |\Psi_{[s]}^{(N)}\rangle_S \tag{5.21}$$

Como se observa en estas expresiones, si la parte de espín es simétrica, la parte espacial es simétrica para bosones indistinguibles y antisimétrica para fermiones indistinguibles, mientras que si la parte de espín es antisimétrica, la parte espacial es antisimétrica para bosones indistinguibles y simétrica para fermiones indistinguibles.

Ejemplo: Dos partículas indistinguibles en un potencial de oscilador armónico

Dos partículas indistinguibles sin interacciones entre ellas se encuentran sometidas a un hamiltoniano de oscilador armónico unidimensional de frecuencia ω cuyas energías, que no dependen del espín, vienen dadas por $E_k = (k+1/2)\hbar\omega$, cada una de las cuales está asociada a un único autovector $|\varepsilon_k\rangle$, con $k = \{0,1,2,...\}$ (apdo. 5.5).

a) Si las dos partículas indistinguibles son bosones (con espín entero), el vector de estado compuesto debe ser simétrico bajo intercambio de los estados individuales. En la configuración de menor energía se sitúan ambos en el estado de oscilador $|\varepsilon_0\rangle$. Por ejemplo, para dos bosones sin espín ($s = 0$) el vector que representa el estado fundamental del sistema compuesto es:

$$|\Psi_0^{(2)}\rangle_S = |\varepsilon_0\rangle_1 \otimes |\varepsilon_0\rangle_2$$

que solo tiene parte espacial, necesariamente simétrica porque los estados individuales son iguales. La energía total asociada es $E_0^{(2)} = E_0 + E_0 = \hbar\omega$.

b) Si las dos partículas indistinguibles son fermiones (con espín semientero), el vector de estado compuesto debe ser antisimétrico bajo intercambio de los estados individuales. En el caso no realista de que se ignorase el grado de libertad de espín de estos fermiones, en la configuración de menor energía se situaría uno de ellos en el estado de oscilador $|\varepsilon_0\rangle$ y el otro en el estado $|\varepsilon_1\rangle$, ya que el principio de exclusión impide que ambos se encuentren en el mismo estado. El vector que representaría el estado fundamental del sistema compuesto sería:

$$|\Psi_0^{(2)}\rangle_A = \frac{1}{\sqrt{2}} \begin{vmatrix} |\varepsilon_0\rangle_1 & |\varepsilon_1\rangle_1 \\ |\varepsilon_0\rangle_2 & |\varepsilon_1\rangle_2 \end{vmatrix} = \frac{1}{\sqrt{2}} \left[|\varepsilon_0\rangle_1 \otimes |\varepsilon_1\rangle_2 - |\varepsilon_1\rangle_1 \otimes |\varepsilon_0\rangle_2 \right]$$

que solo tiene parte espacial, construida antisimétrica. La energía total asociada sería $E_0^{(2)} = E_0 + E_1 = 2\hbar\omega$.

c) Si se tiene en cuenta el grado de libertad de espín de los fermiones indistinguibles, ambos pueden situarse en el mismo estado de oscilador siempre que tengan tercera componente de espín diferente. Por ejemplo, para dos fermiones con espín $s = 1/2$, con posibles estados de espín $|s\, m_s\rangle = \{|\frac{1}{2} -\frac{1}{2}\rangle, |\frac{1}{2}\, \frac{1}{2}\rangle\}$, en la configuración de menor energía se sitúan ambos en el estado de oscilador $|\varepsilon_0\rangle$ (como en el caso de dos bosones), con estados de espín distintos. El vector que representa el estado fundamental del sistema compuesto es:

$$|\Psi_0^{(2)}\rangle_A = \frac{1}{\sqrt{2}} \begin{vmatrix} |\varepsilon_0\rangle_1 \otimes |\frac{1}{2}\, \frac{1}{2}\rangle_1 & |\varepsilon_0\rangle_1 \otimes |\frac{1}{2} -\frac{1}{2}\rangle_1 \\ |\varepsilon_0\rangle_2 \otimes |\frac{1}{2}\, \frac{1}{2}\rangle_2 & |\varepsilon_0\rangle_2 \otimes |\frac{1}{2} -\frac{1}{2}\rangle_2 \end{vmatrix} =$$

$$= |\varepsilon_0\rangle_1 \otimes |\varepsilon_0\rangle_2 \otimes \frac{1}{\sqrt{2}} \left[|\frac{1}{2}\, \frac{1}{2}\rangle_1 \otimes |\frac{1}{2} -\frac{1}{2}\rangle_2 - |\frac{1}{2} -\frac{1}{2}\rangle_1 \otimes |\frac{1}{2}\, \frac{1}{2}\rangle_2 \right]$$

donde la parte espacial es necesariamente simétrica, al ser iguales los estados individuales, y la parte de espín es antisimétrica, de manera que el producto es antisimétrico. La parte de espín corresponde a un acoplamiento a espín total $S = 0$ (apdo. 4.6.1). La energía total asociada es $E_0^{(2)} = E_0 + E_0 = \hbar\omega$.

5.3. Fuerza de intercambio

Una consecuencia importante del teorema espín-estadística para sistemas compuestos por partículas indistinguibles es el cambio en el valor esperado de la distancia que las separa respecto al que se obtendría si fueran distinguibles. Este efecto se puede interpretar como la aparición de una fuerza ficticia entre las partículas, de origen cuántico y no causada por una interacción fundamental.

En el caso de dos partículas indistinguibles cuyo vector de estado compuesto tiene parte espacial simétrica, como la ec. 5.9, el valor esperado de la separación al cuadrado entre ellas, construido con los operadores posición para cada partícula $\vec{R}_1 = (X_1, Y_1, Z_1)$ y $\vec{R}_2 = (X_2, Y_2, Z_2)$, puede escribirse como:

$$\langle \Psi_{[r]}^{(2)} | (\vec{R}_1 - \vec{R}_2)^2 | \Psi_{[r]}^{(2)} \rangle_S = \langle \Psi_{[r]}^{(2)} | (\vec{R}_1 - \vec{R}_2)^2 | \Psi_{[r]}^{(2)} \rangle_d - 2 |\langle \psi_{[r]} | \vec{R} | \phi_{[r]} \rangle|^2 \quad (5.22)$$

En el caso de dos partículas indistinguibles cuyo vector de estado compuesto tiene parte espacial antisimétrica, como la ec. 5.15, el mismo valor esperado puede escribirse como:

$$\langle \Psi_{[r]}^{(2)}| (\vec{R}_1 - \vec{R}_2)^2 |\Psi_{[r]}^{(2)}\rangle_A = \langle \Psi_{[r]}^{(2)}| (\vec{R}_1 - \vec{R}_2)^2 |\Psi_{[r]}^{(2)}\rangle_d + 2 |\langle \psi_{[r]}| \vec{R} |\phi_{[r]}\rangle|^2 \quad (5.23)$$

En ambas expresiones el término $\langle \Psi_{[r]}^{(2)}| (\vec{R}_1 - \vec{R}_2)^2 |\Psi_{[r]}^{(2)}\rangle_d$ es el valor esperado de la separación al cuadrado entre dos partículas distinguibles, cuyo vector de estado compuesto no requiere una simetrización definida. El elemento de matriz $\langle \psi_{[r]}|\vec{R}|\phi_{[r]}\rangle$ puede expresarse en términos de funciones de onda en representación de posiciones como:

$$\langle \psi_{[r]}| \vec{R} |\phi_{[r]}\rangle = \int \vec{r} \, \psi^*(\vec{r}) \, \phi(\vec{r}) \, d^3\vec{r} \quad (5.24)$$

Esta cantidad aumenta cuanto mayor es el solapamiento entre las funciones de onda individuales $\psi(\vec{r})$ y $\phi(\vec{r})$ (figura 5.2). Si el solapamiento es despreciable, ambas partículas resultan distinguibles en la práctica y puede ignorarse el efecto de la simetrización de la función de onda compuesta. En cambio, si el solapamiento no es despreciable, el valor esperado de la distancia al cuadrado entre ambas partículas indistinguibles disminuye si la parte espacial es simétrica (ec. 5.22) y aumenta si la parte espacial es antisimétrica (ec. 5.23) con respecto al caso de partículas distinguibles. Este efecto se denomina *fuerza de intercambio* o *fuerza de canje* y depende únicamente de la simetrización de la parte espacial de los vectores de estado, aunque esta última está correlacionada con la simetrización que presenta la parte de espín (ecs. 5.20 y 5.21) o la de cualquier otro grado de libertad que puedan tener las partículas individuales.

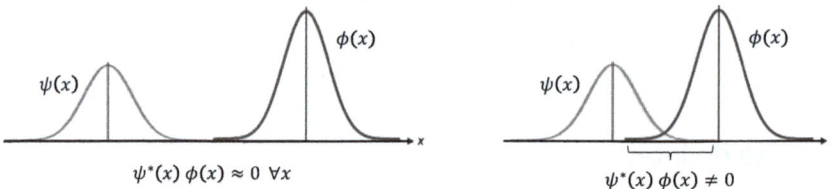

Figura 5.2. Representación esquemática del solapamiento entre dos funciones de onda en una dimensión, $\psi(x)$ y $\phi(x)$: despreciable (izquierda) y distinto de cero (derecha).

Demostración: Fuerza de intercambio

En este desarrollo todos los vectores de estado, tanto compuestos como individuales, se refieren únicamente a la parte espacial ($|\Psi\rangle \equiv |\Psi_{[r]}\rangle$, $|\psi\rangle \equiv |\psi_{[r]}\rangle$, $|\phi\rangle \equiv |\phi_{[r]}\rangle$).

El valor esperado de la separación al cuadrado entre dos partículas se obtiene como:

$$\langle\Psi|\,(\vec{R}_1 - \vec{R}_2)^2\,|\Psi\rangle = \langle\Psi|\,R_1^2\,|\Psi\rangle + \langle\Psi|\,R_2^2\,|\Psi\rangle - 2\,\langle\Psi|\,\vec{R}_1\cdot\vec{R}_2\,|\Psi\rangle$$

donde $|\Psi\rangle$ es la parte espacial del vector de estado compuesto por ambas partículas y donde $\vec{R}_1 \equiv \vec{R}\otimes\mathbb{I}$ y $\vec{R}_2 \equiv \mathbb{I}\otimes\vec{R}$ son los operadores posición que actúan sobre cada una de ellas (con $\vec{R}_1\cdot\vec{R}_2 \equiv (\vec{R}\otimes\mathbb{I})\cdot(\mathbb{I}\otimes\vec{R}) = \vec{R}\mathbb{I}\otimes\mathbb{I}\vec{R} = \vec{R}\otimes\vec{R}$).

En el caso de dos partículas distinguibles, el vector que representa el estado compuesto puede escribirse como:

$$|\Psi\rangle_d = |\psi\rangle_1 \otimes |\phi\rangle_2$$

que no tiene simetría definida y donde los vectores de estado individuales se suponen ortogonales entre sí. Para el término $\langle\Psi|\,R_1^2\,|\Psi\rangle$ se obtiene:

$$\langle\Psi|\,R_1^2\,|\Psi\rangle_d = \left[\langle\psi|_1 \otimes \langle\phi|_2\right] R_1^2 \left[|\psi\rangle_1 \otimes |\phi\rangle_2\right] = \langle\psi|\,R^2\,|\psi\rangle\,\langle\phi|\phi\rangle = \langle R^2\rangle_\psi$$

De manera análoga, para el término $\langle\Psi|\,R_2^2\,|\Psi\rangle$ se obtiene:

$$\langle\Psi|\,R_2^2\,|\Psi\rangle_d = \left[\langle\psi|_1 \otimes \langle\phi|_2\right] R_2^2 \left[|\psi\rangle_1 \otimes |\phi\rangle_2\right] = \langle\psi|\psi\rangle\,\langle\phi|\,R^2\,|\phi\rangle = \langle R^2\rangle_\phi$$

Por último, para el término cruzado $\langle\Psi|\,\vec{R}_1\cdot\vec{R}_2\,|\Psi\rangle$ se obtiene:

$$\langle\Psi|\,\vec{R}_1\cdot\vec{R}_2\,|\Psi\rangle_d = \left[\langle\psi|_1 \otimes \langle\phi|_2\right]\vec{R}_1\cdot\vec{R}_2\left[|\psi\rangle_1 \otimes |\phi\rangle_2\right]$$
$$= \langle\psi|\,\vec{R}\,|\psi\rangle\cdot\langle\phi|\,\vec{R}\,|\phi\rangle = \langle\vec{R}\rangle_\psi\cdot\langle\vec{R}\rangle_\phi$$

El resultado final es:

$$\langle\Psi|\,(\vec{R}_1 - \vec{R}_2)^2\,|\Psi\rangle_d = \langle R^2\rangle_\psi + \langle R^2\rangle_\phi - 2\,\langle\vec{R}\rangle_\psi\cdot\langle\vec{R}\rangle_\phi$$

En el caso de dos partículas indistinguibles, la parte espacial del vector que representa el estado compuesto debe estar simetrizada $|\Psi\rangle_S$ o antisimetrizada $|\Psi\rangle_A$:

$$|\Psi\rangle_{\binom{S}{A}} = \frac{1}{\sqrt{2}}\left[|\psi\rangle_1 \otimes |\phi\rangle_2 \pm |\phi\rangle_1 \otimes |\psi\rangle_2\right]$$

donde los vectores de estado individuales se suponen ortogonales entre sí. Para el término $\langle\Psi|\,R_1^2\,|\Psi\rangle$ se obtiene:

$$\langle\Psi|\,R_1^2\,|\Psi\rangle_{\binom{S}{A}} = \frac{1}{2}\left[\langle\psi|_1 \otimes \langle\phi|_2 \pm \langle\phi|_1 \otimes \langle\psi|_2\right] R_1^2 \left[|\psi\rangle_1 \otimes |\phi\rangle_2 \pm |\phi\rangle_1 \otimes |\psi\rangle_2\right]$$
$$= \frac{1}{2}\left\{\left[\langle\psi|_1 \otimes \langle\phi|_2\right] R_1^2 \left[|\psi\rangle_1 \otimes |\phi\rangle_2\right] + \left[\langle\phi|_1 \otimes \langle\psi|_2\right] R_1^2 \left[|\phi\rangle_1 \otimes |\psi\rangle_2\right]\right.$$

$$\pm \left[\langle\psi|_1 \otimes \langle\phi|_2 \right] R_1^2 \left[|\phi\rangle_1 \otimes |\psi\rangle_2 \right] \pm \left[\langle\phi|_1 \otimes \langle\psi|_2 \right] R_1^2 \left[|\psi\rangle_1 \otimes |\phi\rangle_2 \right] \Big\}$$

$$= \frac{1}{2} \Big\{ \langle\psi| R^2 |\psi\rangle\langle\phi|\phi\rangle + \langle\phi| R^2 |\phi\rangle\langle\psi|\psi\rangle$$

$$\pm \langle\psi| R^2 |\phi\rangle\langle\phi|\psi\rangle \pm \langle\phi| R^2 |\psi\rangle\langle\psi|\phi\rangle \Big\}$$

$$= \frac{1}{2} \Big\{ \langle\psi| R^2 |\psi\rangle + \langle\phi| R^2 |\phi\rangle \Big\} = \frac{1}{2} \Big\{ \langle R^2\rangle_\psi + \langle R^2\rangle_\phi \Big\}$$

De manera análoga, para el término $\langle\Psi| R_2^2 |\Psi\rangle$ se obtiene:

$$\langle\Psi| R_2^2 |\Psi\rangle_{\binom{S}{A}} = \frac{1}{2} \Big\{ \langle R^2\rangle_\psi + \langle R^2\rangle_\phi \Big\}$$

Y para el término cruzado $\langle\Psi| \vec{R}_1 \cdot \vec{R}_2 |\Psi\rangle$ se obtiene:

$$\langle\Psi| \vec{R}_1 \cdot \vec{R}_2 |\Psi\rangle_{\binom{S}{A}} =$$

$$= \frac{1}{2} \left[\langle\psi|_1 \otimes \langle\phi|_2 \pm \langle\phi|_1 \otimes \langle\psi|_2 \right] \vec{R}_1 \cdot \vec{R}_2 \left[|\psi\rangle_1 \otimes |\phi\rangle_2 \pm |\phi\rangle_1 \otimes |\psi\rangle_2 \right]$$

$$= \frac{1}{2} \Big\{ \left[\langle\psi|_1 \otimes \langle\phi|_2 \right] \vec{R}_1 \cdot \vec{R}_2 \left[|\psi\rangle_1 \otimes |\phi\rangle_2 \right] + \left[\langle\phi|_1 \otimes \langle\psi|_2 \right] \vec{R}_1 \cdot \vec{R}_2 \left[|\phi\rangle_1 \otimes |\psi\rangle_2 \right]$$

$$\pm \left[\langle\psi|_1 \otimes \langle\phi|_2 \right] \vec{R}_1 \cdot \vec{R}_2 \left[|\phi\rangle_1 \otimes |\psi\rangle_2 \right] \pm \left[\langle\phi|_1 \otimes \langle\psi|_2 \right] \vec{R}_1 \cdot \vec{R}_2 \left[|\psi\rangle_1 \otimes |\phi\rangle_2 \right] \Big\}$$

$$= \frac{1}{2} \Big\{ \langle\psi| \vec{R} |\psi\rangle \cdot \langle\phi| \vec{R} |\phi\rangle + \langle\phi| \vec{R} |\phi\rangle \cdot \langle\psi| \vec{R} |\psi\rangle$$

$$\pm \langle\psi| \vec{R} |\phi\rangle \cdot \langle\phi| \vec{R} |\psi\rangle \pm \langle\phi| \vec{R} |\psi\rangle \cdot \langle\psi| \vec{R} |\phi\rangle \Big\}$$

$$= \langle\psi| \vec{R} |\psi\rangle \cdot \langle\phi| \vec{R} |\phi\rangle \pm \langle\phi| \vec{R} |\psi\rangle \cdot \langle\psi| \vec{R} |\phi\rangle = \langle\vec{R}\rangle_\psi \cdot \langle\vec{R}\rangle_\phi \pm |\langle\phi| \vec{R} |\psi\rangle|^2$$

donde el módulo al cuadrado del último término se refiere tanto al del vector tridimensional como al del número complejo de cada componente.

El resultado final es:

$$\langle\Psi| (\vec{R}_1 - \vec{R}_2)^2 |\Psi\rangle_{\binom{S}{A}} = \langle R^2\rangle_\psi + \langle R^2\rangle_\phi - 2 \langle\vec{R}\rangle_\psi \cdot \langle\vec{R}\rangle_\phi \mp 2 |\langle\phi| \vec{R} |\psi\rangle|^2$$

$$= \langle\Psi| (\vec{R}_1 - \vec{R}_2)^2 |\Psi\rangle_d \mp 2 |\langle\phi| \vec{R} |\psi\rangle|^2$$

5.4. Formalismos de ocupación y de segunda cuantización

Un *sistema ideal* está compuesto por partículas que no interaccionan entre sí. El hamiltoniano para un conjunto de N partículas de este tipo puede expresarse como:

$$H^{(N)} = \sum_{i=1}^{N} H_i \tag{5.25}$$

con $H_i = \mathbb{I} \otimes \mathbb{I} \otimes ... \otimes H \otimes ... \otimes \mathbb{I} \otimes \mathbb{I}$, donde el factor i-ésimo es el hamiltoniano H para una sola partícula. Los autoestados de energía del hamiltoniano de partícula individual H se representan por los autovectores $|\varepsilon_j\rangle$ y sus autovalores asociados son las energías E_j. Cada una de las posibles distribuciones de las N partículas en los niveles de energía individual E_j se denomina *configuración* del sistema compuesto.

El vector de estado del sistema compuesto dado por:

$$|\varepsilon^{(N)}\rangle = |\varepsilon_{j_1}\rangle_1 \otimes |\varepsilon_{j_2}\rangle_2 \otimes ... \otimes |\varepsilon_{j_N}\rangle_N \tag{5.26}$$

o la expresión correspondiente convenientemente simetrizada, es entonces un autovector del hamiltoniano completo $H^{(N)}$ y su autovalor $E^{(N)} = \sum_{i=1}^{N} E_{j_i}$ es la energía total. La degeneración de la energía $E^{(N)}$ es el número de autovectores $|\varepsilon^{(N)}\rangle$ distintos asociados a ella.

El vector de estado de un sistema compuesto por N partículas indistinguibles en una configuración dada puede expresarse en *formalismo de números de ocupación* a través del número de partículas n_j que se encuentran en cada autoestado individual $|\varepsilon_j\rangle$ con energía individual E_j:

$$|\varepsilon^{(N)}\rangle = |n_1\, n_2\, ...\, n_j\, ...\rangle \tag{5.27}$$

Su energía asociada es $E^{(N)} = \sum_j E_j n_j$ y el número total de partículas es $N = \sum_j n_j$.

En este formalismo de números de ocupación, en lugar de representar en qué estado se encuentra cada una de las partículas (ec. 5.26), que resulta irrelevante cuando son indistinguibles, se representa cuántas partículas hay en cada uno de los estados posibles (ec. 5.27), sin identificar qué partículas son (figura 5.3).

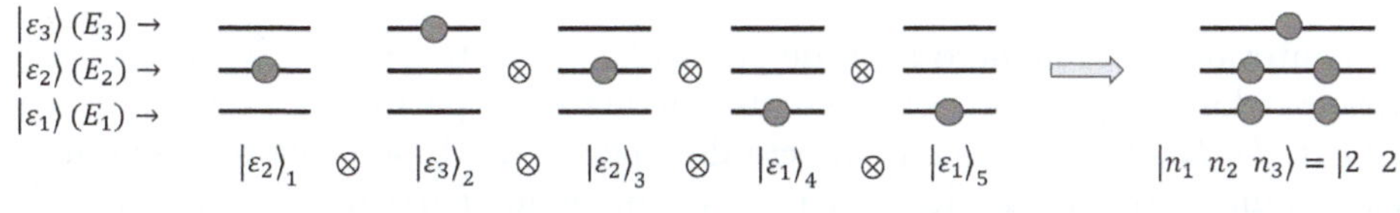

Figura 5.3. Representación esquemática de un ejemplo de configuración en un sistema compuesto con estados individuales no degenerados, en el formalismo habitual (izquierda de la flecha) y en formalismo de números de ocupación (derecha de la flecha).

En el caso de bosones indistinguibles, el número de ocupación de cada autoestado $|\varepsilon_j\rangle$ puede tomar cualquier valor natural, $n_j = \{0,\, 1,\, 2,\, 3,\, ...\}$. En el caso de fermiones indistinguibles, el número de ocupación de cada autoestado $|\varepsilon_j\rangle$ solo puede tomar los valores $n_j = \{0, 1\}$, debido al principio de exclusión, derivado de la antisimetrización del vector de estado compuesto. El número de ocupación de cada nivel de energía E_j puede ser como máximo la degeneración g_j de esa energía (el número de autoestados diferentes asociados a ella). En un sistema compuesto por N fermiones indistinguibles, el *estado fundamental* es aquel en el que se ocupan los N autoestados individuales de menor energía, la mayor de las cuales se denomina *energía* o *nivel de Fermi*, E_F. Cualquier otra configuración de los fermiones da lugar a un *estado excitado* del sistema compuesto.

El formalismo de números de ocupación se puede ampliar al *formalismo de segunda cuantización* introduciendo el *operador creación* a_j^+, que aumenta en una unidad el número de ocupación en el autoestado $|\varepsilon_j\rangle$, y el *operador destrucción* a_j, adjunto del anterior, que reduce en una unidad el número de ocupación en el autoestado $|\varepsilon_j\rangle$:

$$a_j^+ |\varepsilon^{(N)}\rangle = a_j^+ |n_1 \, n_2 \, ... \, n_j \, ...\rangle = \alpha^+(n_j) |n_1 \, n_2 \, ... \, n_j + 1 \, ...\rangle \qquad (5.28)$$

$$a_j |\varepsilon^{(N)}\rangle = a_j |n_1 \, n_2 \, ... \, n_j \, ...\rangle = \alpha(n_j) |n_1 \, n_2 \, ... \, n_j - 1 \, ...\rangle \qquad (5.29)$$

donde los factores numéricos $\alpha^+(n_j)$ y $\alpha(n_j)$ son funciones del número de ocupación n_j, y son diferentes para estados de bosones indistinguibles o de fermiones indistinguibles. Cualquier estado del sistema compuesto puede construirse aplicando el operador creación a_j^+ al *estado vacío*, representado por $|0 \, 0 \, ... \, 0\rangle$.

Los vectores de estado compuestos que se pueden expresar en formalismo de números de ocupación son autovectores del *operador número de ocupación*, que se define como:

$$N_j = a_j^+ \, a_j \qquad (5.30)$$

y cuyo autovalor es la ocupación n_j del autoestado de energía $|\varepsilon_j\rangle$:

$$N_j |\varepsilon^{(N)}\rangle = a_j^+ \, a_j |n_1 \, n_2 \, ... \, n_j \, ...\rangle = n_j |n_1 \, n_2 \, ... \, n_j \, ...\rangle \qquad (5.31)$$

También son autovectores del *operador número*, que se define como:

$$\mathbb{N} = \sum_j N_j \qquad (5.32)$$

y cuyo autovalor es el número total de partículas del sistema, $N = \sum_j n_j$.

Los estados compuestos por diferentes números de partículas pertenecen a un *espacio de Fock*, que es una suma directa de espacios de Hilbert que representan sistemas con diferente número de partículas: vacío, de una partícula, de dos partículas, etc. Los estados del espacio de Fock contienen en general combinaciones lineales de estados de una partícula, de dos partículas, etc.[18] En estos estados el número de

---

[18] Los estados de un espacio de Fock pueden escribirse como:
$$|\Psi\rangle = c |0\rangle \oplus \left(\sum_i c_i |\psi_i\rangle \right) \oplus \left(\sum_{i,j} c_{ij} |\psi_i\rangle_1 \otimes |\psi_j\rangle_2 \right) \oplus \left(\sum_{i,j,k} c_{ijk} |\psi_i\rangle_1 \otimes |\psi_j\rangle_2 \otimes |\psi_k\rangle_3 \right) \oplus ...,$$
donde cada término, asociado a un número de partículas dado, se supone normalizado y convenientemente simetrizado si es necesario.

partículas no es fijo, sino que es un observable que puede proporcionar diferentes valores, cada uno con una cierta probabilidad. El espacio de Fock es especialmente útil en formalismos teóricos donde es posible la creación o destrucción de partículas, que son aquellos que incorporan la relación entre masa y energía de la relatividad especial (ec. 1.12), como la teoría cuántica de campos.

5.5. Oscilador armónico y formalismo de segunda cuantización

El hamiltoniano de oscilador armónico en una dimensión para una partícula de masa m es la suma de su energía cinética, que depende del operador momento lineal P, y de la energía potencial de oscilador (figura 5.4), que depende del operador posición X y que es análoga a la energía potencial de un muelle con constante elástica o de recuperación $m\omega^2$, donde m es la masa de la partícula y ω es la *frecuencia angular de oscilación*:

$$H = \frac{1}{2m}P^2 + \frac{1}{2}m\omega^2 X^2 = \hbar\omega\left(a\,a^+ - \frac{1}{2}\right) = \hbar\omega\left(a^+a + \frac{1}{2}\right) \tag{5.33}$$

que se ha escrito también en función de los *operadores escalera de oscilador* a^+ y a, definidos como:

$$a^+ = \frac{1}{\sqrt{2\hbar m\omega}}\left(-iP + m\omega X\right) \qquad a = \frac{1}{\sqrt{2\hbar m\omega}}\left(iP + m\omega X\right) \tag{5.34}$$

Estos operadores cumplen $a^+ = a^\dagger$ y $[a, a^+] = \mathbb{I}$. Cuando actúan sobre un autoestado del hamiltoniano, el operador a^+ lo convierte en el autoestado con energía inmediatamente superior y el operador a lo convierte en el autoestado con energía inmediatamente inferior:

$$a^+\left|\varepsilon_k\right\rangle = \sqrt{k+1}\left|\varepsilon_{k+1}\right\rangle \qquad a\left|\varepsilon_k\right\rangle = \sqrt{k}\left|\varepsilon_{k-1}\right\rangle \tag{5.35}$$

La energía más baja del sistema, denominada *energía de punto cero*, es:

$$E_0 = \frac{1}{2}\hbar\omega \tag{5.36}$$

El autoestado asociado a esta energía, expresado como función de onda en representación de posiciones, es:

$$\left|\varepsilon_0\right\rangle = \left(\frac{m\omega}{\pi\hbar}\right)^{\frac{1}{4}} e^{-\frac{m\omega}{2\hbar}x^2} \tag{5.37}$$

El resto de autoestados puede obtenerse mediante aplicaciones sucesivas del operador escalera a^+ sobre el autoestado $\left|\varepsilon_0\right\rangle$:

$$\left|\varepsilon_k\right\rangle = \frac{1}{\sqrt{k!}}\left(a^+\right)^k\left|\varepsilon_0\right\rangle \tag{5.38}$$

cuyo resultado expresado como función de onda en representación de posiciones es:

$$|\varepsilon_k\rangle = \left(\frac{m\omega}{\pi\hbar}\right)^{\frac{1}{4}} \left(\frac{1}{2^k\,k!}\right)^{\frac{1}{2}} H_k(\gamma)\,e^{-\frac{\gamma^2}{2}} \tag{5.39}$$

con $\gamma = (m\omega/\hbar)^{1/2}\,x$ y donde $H_k(\gamma)$ son los *polinomios de Hermite*, definidos mediante la *fórmula de Rodrigues*:

$$H_k(\gamma) = (-1)^k\,e^{\gamma^2}\,\frac{d^k}{d\gamma^k}\,e^{-\gamma^2} \tag{5.40}$$

que cumplen la siguiente relación de recurrencia:

$$2\gamma\,H_k(\gamma) = H_{k+1}(\gamma) + 2k\,H_{k-1}(\gamma) \tag{5.41}$$

Los primeros polinomios de Hermite, con $k \le 5$, son:

$$
\begin{aligned}
H_0(\gamma) &= 1 & H_3(\gamma) &= 8\gamma^3 - 12\gamma \\
H_1(\gamma) &= 2\gamma & H_4(\gamma) &= 16\gamma^4 - 48\gamma^2 + 12 \\
H_2(\gamma) &= 4\gamma^2 - 2 & H_5(\gamma) &= 32\gamma^5 - 160\gamma^3 + 120\gamma
\end{aligned}
\tag{5.42}
$$

El *número cuántico de oscilador* $k = \{0, 1, 2, ...\}$ se emplea habitualmente para identificar los autovectores como $|k\rangle \equiv |\varepsilon_k\rangle$. La energía asociada a cada uno de ellos es (figura 5.4):

$$E_k = \left(k + \frac{1}{2}\right)\hbar\omega \tag{5.43}$$

La excitación mínima en el potencial de oscilador está asociada a la energía $\Delta E = E_{k+1} - E_k = \hbar\omega$.

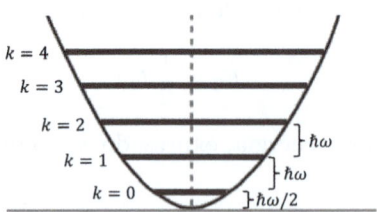

Figura 5.4. Representación del potencial de oscilador armónico en una dimensión, indicando los niveles de energía con su número cuántico k asociado, así como su separación energética $\hbar\omega$ y la energía de punto cero $\hbar\omega/2$.

Demostración: Resolución algebraica del oscilador armónico

El hamiltoniano de oscilador armónico (ec. 5.33) se escribe en función de los operadores escalera a^+ y a a partir de sus definiciones (ecs. 5.34) y teniendo en cuenta al construir los productos aa^+ y a^+a que $[P, X] = -i\hbar$ (ec. 3.24). Del mismo modo se demuestra que $[a, a^+] = \mathbb{I}$ (escrito a veces como $[a, a^+] = 1$). Además, cumplen que $a^\dagger = a^+$ y $(a^+)^\dagger = a$, como se comprueba fácilmente a partir de sus definiciones teniendo en cuenta que los operadores posición y momento son autoadjuntos.

Si $|\varepsilon\rangle$ es un autoestado del hamiltoniano H, su actuación sobre el estado $a^+|\varepsilon\rangle$ resulta:

$$H\left(a^+|\varepsilon\rangle\right) = \hbar\omega\left(a^+a + \frac{1}{2}\right)(a^+|\varepsilon\rangle) = \hbar\omega\left(a^+\,a\,a^+ + \frac{1}{2}a^+\right)|\varepsilon\rangle$$

$$= \hbar\omega\,a^+\left(a\,a^+ + \frac{1}{2}\right)|\varepsilon\rangle = a^+\hbar\omega\left(1 + a^+a + \frac{1}{2}\right)|\varepsilon\rangle$$

$$= a^+\left[\hbar\omega + \hbar\omega\left(a^+a + \frac{1}{2}\right)\right]|\varepsilon\rangle = a^+\left(\hbar\omega + H\right)|\varepsilon\rangle = (E + \hbar\omega)\left(a^+|\varepsilon\rangle\right)$$

donde se ha usado $[a, a^+] = 1 \Rightarrow aa^+ = 1 + a^+a$. De manera análoga, para $H(a\,|\varepsilon\rangle)$ se obtiene:

$$H\left(a\,|\varepsilon\rangle\right) = (E - \hbar\omega)\left(a\,|\varepsilon\rangle\right)$$

De estos resultados se deduce que la acción del operador escalera a^+ sobre un autovector del hamiltoniano lo convierte en otro autovector asociado a una energía adicional $\hbar\omega$, y que la acción del operador escalera a sobre un autovector del hamiltoniano lo convierte en otro autovector asociado a una energía inferior en $\hbar\omega$. El conjunto de autovectores así construido es el espectro completo del hamiltoniano, ya que el autovector asociado a la energía mínima, $|\varepsilon_0\rangle$, es único. Este último cumple por definición $a\,|\varepsilon_0\rangle = 0$, y haciendo uso de la definición del operador a y de los operadores momento P y posición X actuando sobre funciones de onda se obtiene:

$$a\,|\varepsilon_0\rangle = 0 \quad \Rightarrow \quad \frac{1}{\sqrt{2\hbar m\omega}}\left(\hbar\frac{d}{dx} + m\omega x\right)|\varepsilon_0\rangle = 0$$

$$\Rightarrow \quad \frac{d}{dx}|\varepsilon_0\rangle = -\frac{m\omega}{\hbar}\,x\,|\varepsilon_0\rangle \quad \Rightarrow \quad |\varepsilon_0\rangle = \mathcal{N}\,e^{-\frac{m\omega}{2\hbar}x^2}$$

que es la expresión como función de onda en posiciones del autovector asociado a la energía mínima, donde el factor de normalización es $\mathcal{N} = (m\omega/(\pi\hbar))^{1/4}$.

La energía mínima asociada es:

$$H\left|\varepsilon_0\right\rangle = \hbar\omega\left(a^+a + \frac{1}{2}\right)\left|\varepsilon_0\right\rangle = \hbar\omega\left(a^+a\left|\varepsilon_0\right\rangle + \frac{1}{2}\left|\varepsilon_0\right\rangle\right) = \frac{1}{2}\hbar\omega\left|\varepsilon_0\right\rangle \Rightarrow E_0 = \frac{1}{2}\hbar\omega$$

A partir del vector de estado asociado a la energía más baja se pueden obtener los demás por aplicación sucesiva del operador a^+ como $\left|\varepsilon_k\right\rangle = \mathcal{N}_k\,(a^+)^k\left|\varepsilon_0\right\rangle$, con $k = \{0, 1, 2, ...\}$ el número cuántico de oscilador, donde $\mathcal{N}_k$ es un factor de normalización. Haciendo actuar el hamiltoniano sobre el estado $\left|\varepsilon_k\right\rangle$ construido de esa manera se obtiene:

$$H\left|\varepsilon_k\right\rangle = H\,\mathcal{N}_k\,(a^+)^k\left|\varepsilon_0\right\rangle = \mathcal{N}_k\,H\left[(a^+)^k\left|\varepsilon_0\right\rangle\right]$$
$$= \mathcal{N}_k\,(E_0 + k\hbar\omega)\left[(a^+)^k\left|\varepsilon_0\right\rangle\right] = (E_0 + k\hbar\omega)\left|\varepsilon_k\right\rangle$$

de donde se deduce que los autovalores asociados son:

$$E_k = E_0 + k\hbar\omega = \hbar\omega/2 + k\hbar\omega = (k + 1/2)\,\hbar\omega$$

En términos del número cuántico k, la actuación de los operadores escalera es $a^+\left|\varepsilon_k\right\rangle = \mu_k\left|\varepsilon_{k+1}\right\rangle$ y $a\left|\varepsilon_k\right\rangle = \nu_k\left|\varepsilon_{k-1}\right\rangle$, es decir, resultan proporcionales al autovector correspondiente a una unidad más o menos de k, asociado a una unidad más o menos de energía $\hbar\omega$, pero el factor de proporcionalidad μ_k o ν_k no está aún determinado. Para ello, se obtienen los siguientes valores esperados:

$$\left\langle\varepsilon_k\right|aa^+\left|\varepsilon_k\right\rangle = \left\langle\varepsilon_{k+1}\right|\mu_k^*\mu_k\left|\varepsilon_{k+1}\right\rangle = \mu_k^*\mu_k\left\langle\varepsilon_{k+1}\middle|\varepsilon_{k+1}\right\rangle = \left|\mu_k\right|^2$$
$$\left\langle\varepsilon_k\right|a^+a\left|\varepsilon_k\right\rangle = \left\langle\varepsilon_{k-1}\right|\nu_k^*\nu_k\left|\varepsilon_{k-1}\right\rangle = \nu_k^*\nu_k\left\langle\varepsilon_{k-1}\middle|\varepsilon_{k-1}\right\rangle = \left|\nu_k\right|^2$$

donde se ha tenido en cuenta que $\left\langle\varepsilon_k\right|a = (a^+\left|\varepsilon_k\right\rangle)^\dagger = (\mu_k\left|\varepsilon_{k+1}\right\rangle)^\dagger = \left\langle\varepsilon_{k+1}\right|\mu_k^*$, ya que $a^\dagger = a^+$, y análogamente $\left\langle\varepsilon_k\right|a^+ = \left\langle\varepsilon_{k-1}\right|\nu_k^*$.

Por otro lado, el hamiltoniano se puede escribir $H\left|\varepsilon_k\right\rangle = \hbar\omega\,(aa^+ - 1/2)\left|\varepsilon_k\right\rangle$ y también se ha obtenido $H\left|\varepsilon_k\right\rangle = (k + 1/2)\,\hbar\omega\left|\varepsilon_k\right\rangle$, de donde se deduce $aa^+\left|\varepsilon_k\right\rangle = (k + 1)\left|\varepsilon_k\right\rangle$. Entonces $\left\langle\varepsilon_k\right|aa^+\left|\varepsilon_k\right\rangle = k + 1$, que junto con $\left\langle\varepsilon_k\right|aa^+\left|\varepsilon_k\right\rangle = \left|\mu_k\right|^2$ permite deducir (escogiendo la fase por convenio) que $\mu_k = \sqrt{k + 1}$. Análogamente, el hamiltoniano también se puede escribir como $H\left|\varepsilon_k\right\rangle = \hbar\omega\,(a^+a + 1/2)\left|\varepsilon_k\right\rangle$, y con $H\left|\varepsilon_k\right\rangle = (k + 1/2)\,\hbar\omega\left|\varepsilon_k\right\rangle$ se deduce $a^+a\left|\varepsilon_k\right\rangle = k\left|\varepsilon_k\right\rangle$. Entonces $\left\langle\varepsilon_k\right|a^+a\left|\varepsilon_k\right\rangle = k$, que junto con $\left\langle\varepsilon_k\right|a^+a\left|\varepsilon_k\right\rangle = \left|\nu_k\right|^2$ permite deducir (escogiendo la fase por convenio) que $\nu_k = \sqrt{k}$. En conclusión, la actuación de los operadores escalera sobre autovectores del hamiltoniano es $a^+\left|\varepsilon_k\right\rangle = \sqrt{k + 1}\left|\varepsilon_{k+1}\right\rangle$ y $a\left|\varepsilon_k\right\rangle = \sqrt{k}\left|\varepsilon_{k-1}\right\rangle$.

Con este resultado, el factor de normalización $\mathcal{N}_k$ que resulta al construir el autovector $\left|\varepsilon_k\right\rangle$ por aplicación sucesiva de a^+ sobre $\left|\varepsilon_0\right\rangle$ es:

$$\mathcal{N}_k = \left[\sqrt{1}\,\sqrt{2}\,...\,\sqrt{k-1}\,\sqrt{k} = \sqrt{k!}\right]^{-1}$$

El hamiltoniano de un conjunto de N osciladores armónicos distintos, cada uno caracterizado por una frecuencia diferente ω_i, es:

$$H^{(N)} = \sum_{i=0}^{N-1} \left(\frac{1}{2m_i} P_i^2 + \frac{1}{2} m_i \omega_i^2 X_i^2 \right) = \sum_{i=0}^{N-1} \left(a_i^+ a_i + \frac{1}{2} \right) \hbar \omega_i \qquad (5.44)$$

Sus autoestados pueden representarse en formalismo de números de ocupación como:

$$|\varepsilon^{(N)}\rangle = |k_0 \; k_1 \; ... \; k_i \; ... \; k_N\rangle \qquad (5.45)$$

donde cada k_i (empezando por convenio en $i = 0$) indica el número de excitaciones de energía $\hbar\omega_i$ en el oscilador i. Es decir, cada k_i indica el estado $|\varepsilon_{k_i}\rangle_i$, con energía $E_{k_i} = (k_i + 1/2) \hbar\omega_i$, en el que se encuentra el oscilador i.

Este formalismo de números de ocupación se diferencia en algunos aspectos del de la expresión 5.27 (apdo. 5.4). En aquel caso se contaba con un conjunto de partículas sometidas al mismo hamiltoniano individual H, y cada número de ocupación n_j representaba el número de partículas que se encontraban en el autoestado $|\varepsilon_j\rangle$ de H, con energía E_j. En este otro caso se tiene un conjunto de hamiltonianos diferentes H_i, en particular de osciladores armónicos con frecuencias ω_i distintas, y cada número de ocupación k_i representa el número de excitaciones de cada H_i, es decir, el autoestado $|\varepsilon_{k_i}\rangle$, con energía $E_{k_i} = (k_i + 1/2) \hbar\omega_i$, en que se encuentra cada H_i.

La energía total del conjunto de osciladores es:

$$E^{(N)} = \sum_{i=0}^{N-1} E_{k_i} = \sum_{i=0}^{N-1} \left(k_i + \frac{1}{2} \right) \hbar \omega_i \qquad (5.46)$$

Los operadores escalera de cada oscilador, a_i^+ y a_i, actúan sobre esos autoestados compuestos como:

$$a_i^+ |\varepsilon^{(N)}\rangle = \sqrt{k_i + 1} \; |k_0 \; k_1 \; ... \; k_i + 1 \; ... \; k_N\rangle \qquad (5.47)$$

$$a_i |\varepsilon^{(N)}\rangle = \sqrt{k_i} \; |k_0 \; k_1 \; ... \; k_i - 1 \; ... \; k_N\rangle \qquad (5.48)$$

Los operadores escalera de cada oscilador, a_i^+ y a_i, actúan sobre un vector de estado compuesto en formalismo de números de ocupación como operadores creación y destrucción: crean o destruyen una excitación en el oscilador i, con energía $\hbar\omega_i$.

Un conjunto de osciladores armónicos es formalmente análogo a un conjunto de partículas bosónicas indistinguibles. Cada oscilador puede representar un modo distinto de vibración, y el nivel de energía de cada uno de ellos (número de excitaciones) corresponde al número de bosones indistinguibles presentes en cada modo, es decir, con energía $\hbar\omega_i$. Por ejemplo, los osciladores pueden representar distintos modos de vibración del campo electromagnético, y entonces los bosones se identifican con fotones; o pueden representar distintos modos de vibración de los átomos en una red cristalina, y entonces los bosones se identifican con fonones.

En una teoría cuántica de campos (apdo. 1.2) los estados de partículas, que se interpretan como excitaciones de los campos, también pueden asociarse a estados excitados de osciladores armónicos, con los que tienen algunas características en común. Así, los k_i pueden representar el número de partículas con energía $\hbar\omega_i$ presentes en un campo. Los operadores a_i^+ y a_i crean y destruyen, respectivamente, una partícula con energía $\hbar\omega_i$, que en este contexto puede ser de tipo bosónico o fermiónico, según la relación de conmutación que se defina entre ambos operadores. En ausencia de partículas, es decir, en el vacío, existe una energía de punto cero del campo, dada por $E_0 = \sum_{i=0}^{N-1} \hbar\omega_i/2$.

Demostración: Operador número de ocupación y conmutador de operadores creación y destrucción de tipo bosónico (para un conjunto de osciladores)

$$a_i^+ a_i \, |k_1 \, k_2 \ldots k_i \ldots\rangle = \sqrt{k_i} \, a_i^+ \, |k_1 \, k_2 \ldots k_i - 1 \ldots\rangle$$
$$= \sqrt{k_i} \sqrt{(k_i - 1) + 1} \, |k_1 \, k_2 \ldots k_i \ldots\rangle = k_i \, |k_1 \, k_2 \ldots k_i \ldots\rangle$$

Por tanto, $a_i^+ a_i \, |k_1 \, k_2 \ldots k_i \ldots\rangle = k_i \, |k_1 \, k_2 \ldots k_i \ldots\rangle$, es decir, $a_i^+ a_i = k_i \, \mathbb{I}$.

$$[a_i, a_i^+] \, |k_1 \, k_2 \ldots k_i \ldots\rangle = a_i \, a_i^+ \, |k_1 \, k_2 \ldots k_i \ldots\rangle - a_i^+ \, a_i \, |k_1 \, k_2 \ldots k_i \ldots\rangle$$
$$= \sqrt{k_i + 1} \, a_i \, |k_1 \, k_2 \ldots k_i + 1 \ldots\rangle - \sqrt{k_i} \, a_i^+ \, |k_1 \, k_2 \ldots k_i - 1 \ldots\rangle$$
$$= \sqrt{k_i + 1}\sqrt{k_i + 1} \, |k_1 \, k_2 \ldots k_i \ldots\rangle - \sqrt{k_i}\sqrt{(k_i - 1) + 1} \, |k_1 \, k_2 \ldots k_i \ldots\rangle$$
$$= (k_i + 1) \, |k_1 \, k_2 \ldots k_i \ldots\rangle - k_i \, |k_1 \, k_2 \ldots k_i \ldots\rangle = |k_1 \, k_2 \ldots k_i \ldots\rangle$$

Por tanto, $[a_i, a_i^+] \, |k_1 \, k_2 \ldots k_i \ldots\rangle = |k_1 \, k_2 \ldots k_i \ldots\rangle$, es decir, $[a_i, a_i^+] = \mathbb{I}$.

Tabla 5.1. Notación empleada en el capítulo 5

$\lvert\psi\rangle_i$, $\lvert\phi\rangle_i$	Vector de estado individual de la partícula i en el estado ψ o ϕ.
$\lvert\psi_{[r],[s]}\rangle_i$, $\lvert\phi_{[r],[s]}\rangle_i$	Parte espacial ($[r]$) o parte de espín ($[s]$) del vector de estado individual de la partícula i en el estado ψ o ϕ.
$\lvert\psi_j\rangle_i$	Vector de estado individual de la partícula i en el estado ψ_j.
$\mathbb{P}_{1\leftrightarrow2}$	Operador que intercambia (permuta) las dos partículas de un sistema compuesto.
$\mathbb{P}_\pi$	Operador que genera la permutación π entre las N partículas de un sistema compuesto.
$\tau(\pi)$	Número de intercambios entre pares de partículas que equivalen a la permutación π entre ellas.
$\lvert\Psi^{(N)}\rangle$	Vector de estado de un sistema compuesto por N partículas.
$\lvert\Psi^{(N)}_{[r],[s]}\rangle$	Parte espacial ($[r]$) o parte de espín ($[s]$) del vector de estado de un sistema compuesto por N partículas.
$\lvert\Psi^{(N)}\rangle_{S,A}$	Vector de estado de un sistema compuesto por N partículas, simétrico (S) o antisimétrico (A) bajo permutación entre ellas.
$H^{(N)}$	Operador hamiltoniano de sistema compuesto por N partículas.
H_i	Operador hamiltoniano de la partícula i dentro de un sistema compuesto.
$\lvert\varepsilon^{(N)}\rangle$ y $E^{(N)}$	Autovector y autovalor del operador hamiltoniano en un sistema compuesto por N partículas. Representan un autoestado de energía del sistema compuesto y su energía asociada.
$\lvert\varepsilon_{k_i}\rangle$ y E_{k_i}	Autovector y autovalor del operador hamiltoniano para la partícula i dentro de un sistema compuesto. Representan un autoestado de energía de la partícula y su energía asociada.
n_k	Número de ocupación del autoestado de energía $\lvert\varepsilon_k\rangle$.
$\lvert n_1 \dots n_k \dots\rangle$	Vector de estado compuesto en formalismo de números de ocupación.
a_k^+	Operador creación de partícula en autoestado de energía $\lvert\varepsilon_k\rangle$.
a_k	Operador destrucción de partícula en autoestado de energía $\lvert\varepsilon_k\rangle$.
N_k	Operador número de ocupación del autoestado de energía $\lvert\varepsilon_k\rangle$, con autovalor n_k.
$\mathbb{N}$	Operador número (número total de partículas en un sistema compuesto), con autovalor N.

6. Teoría de perturbaciones estacionarias

La teoría de perturbaciones estacionarias, o independientes del tiempo, es una técnica de cálculo aproximado de las energías de un hamiltoniano que no cambia con el tiempo. Puede aplicarse cuando el hamiltoniano en cuestión puede descomponerse en una parte principal, cuyas energías y autoestados se conocen de manera exacta, y en un término adicional más pequeño (perturbación).

6.1. Desarrollo perturbativo

La *teoría de perturbaciones estacionarias* puede aplicarse cuando se cumplen las siguientes condiciones:

- El hamiltoniano H es independiente del tiempo.
- El hamiltoniano H puede expresarse como la suma de un hamiltoniano sin perturbar $H^{(0)}$ y de una perturbación pequeña ΔH, donde es conveniente escribir esta última, especialmente a efectos del desarrollo matemático, como producto de un factor μ y un hamiltoniano $H^{(1)}$:

$$H = H^{(0)} + \Delta H = H^{(0)} + \mu \, H^{(1)} \qquad (6.1)$$

- Se conoce de manera exacta la solución de la ecuación de autovalores del hamiltoniano sin perturbar $H^{(0)}$, es decir, sus autovalores y autovectores:

$$H^{(0)} \, |\hat{\varepsilon}_{k,i}^{(0)}\rangle = E_k^{(0)} \, |\hat{\varepsilon}_{k,i}^{(0)}\rangle \qquad (6.2)$$

El objetivo del método es resolver de manera aproximada la ecuación de autovalores del hamiltoniano completo H, es decir, obtener sus autovalores y autovectores:

$$H \, |\varepsilon_{k,i}\rangle = E_{k,i} \, |\varepsilon_{k,i}\rangle \qquad (6.3)$$

En la ec. 6.2 el índice k identifica cada autovalor del hamiltoniano sin perturbar y todos los autovectores asociados a él, y el índice i identifica cada uno de los autovectores asociados a un mismo autovalor, con $i = \{1, 2, \ldots, g_k\}$, donde g_k es la degeneración del autovalor. Al introducir la perturbación, es decir, con el hamiltoniano completo de la ec. 6.3, puede romperse la degeneración, de manera que cada uno de esos autovectores puede pasar a estar asociado a un autovalor distinto, que se identifica entonces también por ambos índices k, i (figura 6.1).

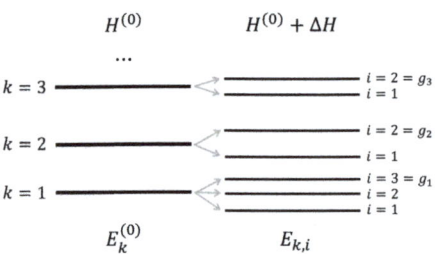

Figura 6.1. Representación esquemática de un ejemplo de niveles de energía para un hamiltoniano $H^{(0)}$ (izquierda), correspondientes a los autovalores degenerados $E_k^{(0)}$ (las degeneraciones de los tres primeros son $g_1 = 3$, $g_2 = 2$ y $g_3 = 2$), y para ese mismo hamiltoniano junto con una perturbación $H^{(0)} + \Delta H$ (derecha), correspondientes a los autovalores $E_{k,i}$, en los que ha desaparecido la degeneración.

Para resolver la ecuación de autovalores del hamiltoniano completo, sus autovectores se desarrollan en serie de potencias del factor μ:

$$|\varepsilon_{k,i}\rangle = |\varepsilon_{k,i}^{(0)}\rangle + \mu\,|\varepsilon_{k,i}^{(1)}\rangle + \mu^2\,|\varepsilon_{k,i}^{(2)}\rangle + \ldots \tag{6.4}$$

El término a orden cero de este desarrollo[19] se puede escoger para que cumpla la siguiente condición:

$$\langle \varepsilon_{k,i}^{(0)} | \varepsilon_{k,i}\rangle = 1 \tag{6.5}$$

de donde se deducen las siguientes condiciones de ortogonalización con los vectores del resto de órdenes del desarrollo perturbativo:

$$\langle \varepsilon_{k,i}^{(0)} | \varepsilon_{k,i}^{(j)}\rangle = \delta_{0,j} \tag{6.6}$$

De manera análoga, los autovalores asociados a los autovectores anteriores se desarrollan también en serie de potencias del factor μ:

$$E_{k,i} = E_k^{(0)} + \mu\,E_{k,i}^{(1)} + \mu^2\,E_{k,i}^{(2)} + \ldots \tag{6.7}$$

---

[19]El término a orden cero del desarrollo perturbativo del autovector con índices k, i del hamiltoniano completo se representa por $|\varepsilon_{k,i}^{(0)}\rangle$ y el autovector exacto con índices k, i del hamiltoniano sin perturbar (ec. 6.2) se representa por $|\hat{\varepsilon}_{k,i}^{(0)}\rangle$ (se distingue del anterior por el acento circunflejo).

Los desarrollos en serie de potencias del hamiltoniano completo (ec. 6.1), de sus autovectores (ec. 6.4) y de sus autovalores (ec. 6.7) se introducen en la ecuación de autovalores (ec. 6.3):

$$\left(H^{(0)} + \mu\, H^{(1)}\right)\left(|\varepsilon_{k,i}^{(0)}\rangle + \mu\, |\varepsilon_{k,i}^{(1)}\rangle + \mu^2\, |\varepsilon_{k,i}^{(2)}\rangle + ...\right)$$
$$= \left(E_k^{(0)} + \mu\, E_{k,i}^{(1)} + \mu^2\, E_{k,i}^{(2)} + ...\right)\left(|\varepsilon_{k,i}^{(0)}\rangle + \mu\, |\varepsilon_{k,i}^{(1)}\rangle + \mu^2\, |\varepsilon_{k,i}^{(2)}\rangle + ...\right) \quad (6.8)$$

De aquí se deducen distintas ecuaciones para términos con diferente potencia (orden) del factor μ, que deben cumplirse por separado porque μ toma valores arbitrarios:

Orden μ^0: $\quad H^{(0)} |\varepsilon_{k,i}^{(0)}\rangle = E_k^{(0)} |\varepsilon_{k,i}^{(0)}\rangle$ $\qquad\qquad\qquad\qquad\qquad\qquad$ (6.9)

Orden μ^1: $\quad H^{(0)} |\varepsilon_{k,i}^{(1)}\rangle + H^{(1)} |\varepsilon_{k,i}^{(0)}\rangle = E_k^{(0)} |\varepsilon_{k,i}^{(1)}\rangle + E_{k,i}^{(1)} |\varepsilon_{k,i}^{(0)}\rangle$ $\qquad\quad$ (6.10)

Orden μ^2: $\quad H^{(0)} |\varepsilon_{k,i}^{(2)}\rangle + H^{(1)} |\varepsilon_{k,i}^{(1)}\rangle = E_k^{(0)} |\varepsilon_{k,i}^{(2)}\rangle + E_{k,i}^{(1)} |\varepsilon_{k,i}^{(1)}\rangle + E_{k,i}^{(2)} |\varepsilon_{k,i}^{(0)}\rangle$ $\quad$ (6.11)

...

La ecuación para el orden μ^0 (ec. 6.9) coincide con la que se obtiene de la ecuación de autovalores del hamiltoniano completo (ec. 6.8) en el límite $\mu \to 0$, que equivale a eliminar la perturbación del hamiltoniano.

6.2. Caso no degenerado

En el *caso no degenerado* un autovalor del hamiltoniano sin perturbar está asociado a un único autovector. La ecuación de autovalores es:

$$H^{(0)} |\hat{\varepsilon}_k^{(0)}\rangle = E_k^{(0)} |\hat{\varepsilon}_k^{(0)}\rangle \qquad\qquad (6.12)$$

En esta ecuación no aparece el índice i de la ec. 6.2, y lo mismo ocurre en todas las expresiones del desarrollo perturbativo para el caso no degenerado, ya que solo existe un autoestado para cada energía $E_k^{(0)}$.

La ec. 6.9 para el orden μ^0 es una ecuación de autovalores para el hamiltoniano sin perturbar, al igual que la ec. 6.12. El conjunto de autovalores, que es el espectro de $H^{(0)}$, es el mismo en ambas. El conjunto de autovectores normalizados también debe ser el mismo en ambas, ya que a cada autovalor le corresponde un único autovector y los autovalores son los mismos:

$$|\varepsilon_k^{(0)}\rangle = |\hat{\varepsilon}_k^{(0)}\rangle \qquad\qquad (6.13)$$

es decir, en el caso no degenerado el autovector a orden cero del hamiltoniano completo coincide con el autovector exacto del hamiltoniano sin perturbar para cada valor de k.

La ec. 6.10 para el orden μ^1 se multiplica en ambos miembros por la izquierda por el bra $\langle\hat{\varepsilon}_k^{(0)}|$ para obtener:

$$E_k^{(1)} = \langle\hat{\varepsilon}_k^{(0)}|H^{(1)}|\hat{\varepsilon}_k^{(0)}\rangle \qquad\qquad (6.14)$$

es decir, la corrección de la energía a primer orden es el valor esperado de la perturbación del hamiltoniano en el autoestado del hamiltoniano sin perturbar.

La misma ecuación para el orden μ^1 se multiplica en ambos miembros por la izquierda por el bra $\langle \hat{\varepsilon}_m^{(0)} |$, con $m \neq k$, para obtener:

$$\langle \hat{\varepsilon}_m^{(0)} | \varepsilon_k^{(1)} \rangle = \frac{\langle \hat{\varepsilon}_m^{(0)} | H^{(1)} | \varepsilon_k^{(0)} \rangle}{E_k^{(0)} - E_m^{(0)}} \tag{6.15}$$

Los productos escalares $\langle \hat{\varepsilon}_m^{(0)} | \varepsilon_k^{(1)} \rangle$ son las coordenadas del vector $| \varepsilon_k^{(1)} \rangle$ en la base propia del hamiltoniano sin perturbar, $\{| \hat{\varepsilon}_m^{(0)} \rangle\}$. Por tanto, la corrección del autovector a primer orden se puede expresar como:

$$| \varepsilon_k^{(1)} \rangle = \sum_{m \neq k} \langle \hat{\varepsilon}_m^{(0)} | \varepsilon_k^{(1)} \rangle | \hat{\varepsilon}_m^{(0)} \rangle = \sum_{m \neq k} \frac{\langle \hat{\varepsilon}_m^{(0)} | H^{(1)} | \hat{\varepsilon}_k^{(0)} \rangle}{E_k^{(0)} - E_m^{(0)}} | \hat{\varepsilon}_m^{(0)} \rangle \tag{6.16}$$

La ec. 6.11 para el orden μ^2 se multiplica en ambos miembros por la izquierda por el bra $\langle \hat{\varepsilon}_k^{(0)} |$ para obtener:

$$E_k^{(2)} = \langle \hat{\varepsilon}_k^{(0)} | H^{(1)} | \varepsilon_k^{(1)} \rangle \tag{6.17}$$

Sustituyendo la expresión obtenida antes para $| \varepsilon_k^{(1)} \rangle$ (ec. 6.16) se obtiene la corrección de la energía a segundo orden:

$$E_k^{(2)} = \sum_{m \neq k} \frac{\left| \langle \hat{\varepsilon}_m^{(0)} | H^{(1)} | \hat{\varepsilon}_k^{(0)} \rangle \right|^2}{E_k^{(0)} - E_m^{(0)}} \tag{6.18}$$

En conclusión, las energías hasta segundo orden y los autovectores hasta primer orden del hamiltoniano completo son:

$$E_k = E_k^{(0)} + \langle \hat{\varepsilon}_k^{(0)} | \Delta H | \hat{\varepsilon}_k^{(0)} \rangle + \sum_{m \neq k} \frac{\left| \langle \hat{\varepsilon}_m^{(0)} | \Delta H | \hat{\varepsilon}_k^{(0)} \rangle \right|^2}{E_k^{(0)} - E_m^{(0)}} + \dots \tag{6.19}$$

$$| \varepsilon_k \rangle = | \hat{\varepsilon}_k^{(0)} \rangle + \sum_{m \neq k} \frac{\langle \hat{\varepsilon}_m^{(0)} | \Delta H | \hat{\varepsilon}_k^{(0)} \rangle}{E_k^{(0)} - E_m^{(0)}} | \hat{\varepsilon}_m^{(0)} \rangle + \dots \tag{6.20}$$

Estas expresiones están escritas en función de la información conocida inicialmente: perturbación del hamiltoniano ($\Delta H = \mu H^{(1)}$), autovectores del hamiltoniano sin perturbar ($| \hat{\varepsilon}_k^{(0)} \rangle$) y autovalores del hamiltoniano sin perturbar ($E_k^{(0)}$).

La condición de que la perturbación del hamiltoniano, ΔH, sea pequeña en comparación con el término sin perturbar, $H^{(0)}$, que es necesaria para poder aplicar teoría de perturbaciones, puede establecerse con mayor rigor a la vista de las expresiones anteriores, que sugieren que el valor esperado $\langle \hat{\varepsilon}_k^{(0)} | \Delta H | \hat{\varepsilon}_k^{(0)} \rangle$ debe ser pequeño en valor absoluto en comparación con la energía $E_k^{(0)}$, y que los elementos de matriz $\langle \hat{\varepsilon}_m^{(0)} | \Delta H | \hat{\varepsilon}_k^{(0)} \rangle$ deben ser pequeños en valor absoluto en comparación con sus respectivos denominadores de energía, $E_k^{(0)} - E_m^{(0)}$.

Demostración: Desarrollo perturbativo para el caso no degenerado

Se expresan las energías y los autovectores del hamiltoniano completo en serie de potencias del factor μ: $E_k = \sum_{j=0} \mu^j E_k^{(j)}$ y $|\varepsilon_k\rangle = \sum_{j=0} \mu^j |\varepsilon_k^{(j)}\rangle$ (ec. 6.7 y ec. 6.4, respectivamente, sin los índices i). Se escoge el vector a orden cero para que cumpla la condición $\langle \varepsilon_k^{(0)}|\varepsilon_k\rangle = 1$; como el parámetro μ del desarrollo perturbativo de $|\varepsilon_k\rangle$ puede tomar cualquier valor arbitrario, mantener esta condición implica:

$$\langle \varepsilon_k^{(0)}|\varepsilon_k\rangle = 1 \quad \Rightarrow \quad \sum_{j=0} \mu^j \langle \varepsilon_k^{(0)}|\varepsilon_k^{(j)}\rangle = 1 \quad \Rightarrow \quad \langle \varepsilon_k^{(0)}|\varepsilon_k^{(j)}\rangle = \delta_{0,j}$$

Los desarrollos perturbativos se introducen en la ecuación de autovalores del hamiltoniano completo (ec. 6.8) y se agrupan los términos para cada orden de μ.

De la ecuación para el orden μ^0 (ec. 6.9) se deduce que $|\varepsilon_k^{(0)}\rangle = |\hat{\varepsilon}_k^{(0)}\rangle$, lo que permitirá intercambiarlos en los desarrollos siguientes para hacer uso de las condiciones de ortonormalidad $\langle \hat{\varepsilon}_m^{(0)}|\hat{\varepsilon}_k^{(0)}\rangle = \delta_{m,k}$ (base propia de $H^{(0)}$) y $\langle \varepsilon_k^{(0)}|\varepsilon_k^{(j)}\rangle = \delta_{0,j}$.

La ecuación para el orden μ^1 (ec. 6.10) se multiplica por la izquierda por $\langle \hat{\varepsilon}_k^{(0)}|$, resultando:

$$\langle \hat{\varepsilon}_k^{(0)}|H^{(0)}|\varepsilon_k^{(1)}\rangle + \langle \hat{\varepsilon}_k^{(0)}|H^{(1)}|\varepsilon_k^{(0)}\rangle = E_k^{(0)} \langle \hat{\varepsilon}_k^{(0)}|\varepsilon_k^{(1)}\rangle + E_k^{(1)} \langle \hat{\varepsilon}_k^{(0)}|\varepsilon_k^{(0)}\rangle$$

$$\Rightarrow \quad E_k^{(0)}\cancel{\langle \hat{\varepsilon}_k^{(0)}|\varepsilon_k^{(1)}\rangle} + \langle \hat{\varepsilon}_k^{(0)}|H^{(1)}|\hat{\varepsilon}_k^{(0)}\rangle = E_k^{(0)}\cancel{\langle \hat{\varepsilon}_k^{(0)}|\varepsilon_k^{(1)}\rangle} + E_k^{(1)} \langle \hat{\varepsilon}_k^{(0)}|\hat{\varepsilon}_k^{(0)}\rangle$$

$$\Rightarrow \quad E_k^{(1)} = \frac{\langle \hat{\varepsilon}_k^{(0)}|H^{(1)}|\hat{\varepsilon}_k^{(0)}\rangle}{\langle \hat{\varepsilon}_k^{(0)}|\hat{\varepsilon}_k^{(0)}\rangle} = \langle \hat{\varepsilon}_k^{(0)}|H^{(1)}|\hat{\varepsilon}_k^{(0)}\rangle$$

La misma ecuación para el orden μ^1 se multiplica por la izquierda por $\langle \hat{\varepsilon}_m^{(0)}|$, con $m \neq k$, resultando:

$$\langle \hat{\varepsilon}_m^{(0)}|H^{(0)}|\varepsilon_k^{(1)}\rangle + \langle \hat{\varepsilon}_m^{(0)}|H^{(1)}|\varepsilon_k^{(0)}\rangle = E_k^{(0)} \langle \hat{\varepsilon}_m^{(0)}|\varepsilon_k^{(1)}\rangle + E_k^{(1)} \langle \hat{\varepsilon}_m^{(0)}|\varepsilon_k^{(0)}\rangle$$

$$\Rightarrow \quad E_m^{(0)} \langle \hat{\varepsilon}_m^{(0)}|\varepsilon_k^{(1)}\rangle + \langle \hat{\varepsilon}_m^{(0)}|H^{(1)}|\hat{\varepsilon}_k^{(0)}\rangle = E_k^{(0)} \langle \hat{\varepsilon}_m^{(0)}|\varepsilon_k^{(1)}\rangle + E_k^{(1)} \overset{0}{\cancel{\langle \hat{\varepsilon}_m^{(0)}|\varepsilon_k^{(0)}\rangle}}$$

$$\Rightarrow \quad \langle \hat{\varepsilon}_m^{(0)}|\varepsilon_k^{(1)}\rangle = \frac{\langle \hat{\varepsilon}_m^{(0)}|H^{(1)}|\hat{\varepsilon}_k^{(0)}\rangle}{E_k^{(0)} - E_m^{(0)}}$$

Estos productos escalares son las coordenadas del vector $|\varepsilon_k^{(1)}\rangle$ en la base propia de $H^{(0)}$ (ec. 6.16).

La ecuación para el orden μ^2 (ec. 6.11) se multiplica por la izquierda por $\langle \hat{\varepsilon}_k^{(0)} |$, resultando:

$$\langle \hat{\varepsilon}_k^{(0)} | H^{(0)} | \varepsilon_k^{(2)} \rangle + \langle \hat{\varepsilon}_k^{(0)} | H^{(1)} | \varepsilon_k^{(1)} \rangle$$

$$= E_k^{(0)} \langle \hat{\varepsilon}_k^{(0)} | \varepsilon_k^{(2)} \rangle + E_k^{(1)} \langle \hat{\varepsilon}_k^{(0)} | \varepsilon_k^{(1)} \rangle + E_k^{(2)} \langle \hat{\varepsilon}_k^{(0)} | \varepsilon_k^{(0)} \rangle$$

$$\Rightarrow \quad \cancel{E_k^{(0)} \langle \hat{\varepsilon}_k^{(0)} | \varepsilon_k^{(2)} \rangle} + \langle \hat{\varepsilon}_k^{(0)} | H^{(1)} | \varepsilon_k^{(1)} \rangle$$

$$= \cancel{E_k^{(0)} \langle \hat{\varepsilon}_k^{(0)} | \varepsilon_k^{(2)} \rangle} + \overset{0}{\cancel{E_k^{(1)} \langle \hat{\varepsilon}_k^{(0)} | \varepsilon_k^{(1)} \rangle}} + E_k^{(2)} \langle \hat{\varepsilon}_k^{(0)} | \varepsilon_k^{(0)} \rangle$$

$$\Rightarrow \quad E_k^{(2)} = \frac{\langle \hat{\varepsilon}_k^{(0)} | H^{(1)} | \varepsilon_k^{(1)} \rangle}{\langle \hat{\varepsilon}_k^{(0)} | \hat{\varepsilon}_k^{(0)} \rangle} = \langle \hat{\varepsilon}_k^{(0)} | H^{(1)} | \varepsilon_k^{(1)} \rangle$$

En este resultado se sustituye la expresión del vector $|\varepsilon_k^{(1)}\rangle$ en la base propia de $H^{(0)}$ (ec. 6.16) para obtener la corrección a segundo orden de las energías:

$$E_k^{(2)} = \langle \hat{\varepsilon}_k^{(0)} | H^{(1)} | \left(\sum_{m \neq k} \frac{\langle \hat{\varepsilon}_m^{(0)} | H^{(1)} | \hat{\varepsilon}_k^{(0)} \rangle}{E_k^{(0)} - E_m^{(0)}} | \hat{\varepsilon}_m^{(0)} \rangle \right)$$

$$= \sum_{m \neq k} \frac{\langle \hat{\varepsilon}_m^{(0)} | H^{(1)} | \hat{\varepsilon}_k^{(0)} \rangle}{E_k^{(0)} - E_m^{(0)}} \langle \hat{\varepsilon}_k^{(0)} | H^{(1)} | \hat{\varepsilon}_m^{(0)} \rangle = \sum_{m \neq k} \frac{\left| \langle \hat{\varepsilon}_m^{(0)} | H^{(1)} | \hat{\varepsilon}_k^{(0)} \rangle \right|^2}{E_k^{(0)} - E_m^{(0)}}$$

Ejemplo: Teoría de perturbaciones estacionarias (caso no degenerado) para una partícula cargada sometida a un potencial de oscilador armónico y a un campo eléctrico

El hamiltoniano de una partícula sometida a un potencial de oscilador armónico unidimensional viene dado por $H^{(0)} = (1/2m)P^2 + (m\omega^2/2)X^2$, del que se conocen los autovectores exactos $|\hat{\varepsilon}_k^{(0)}\rangle \equiv |k\rangle$ y sus energías exactas $E_k^{(0)} = (k + 1/2)\hbar\omega$ (ec. 5.43), que son no degeneradas.

Si la partícula, con carga q, interacciona además con un campo eléctrico uniforme externo de intensidad $\mathcal{E}$, el hamiltoniano completo del sistema se puede escribir como $H = H^{(0)} + \Delta H$, donde el término adicional viene dado por $\Delta H = -q\mathcal{E} X$ y puede tratarse como una perturbación si la intensidad del campo eléctrico externo es pequeña (actuando así como parámetro perturbativo μ). Para resolver el problema algebraicamente se introducen los operadores escalera de oscilador definidos en las ecs. 5.34, a partir de los cuales el operador posición puede expresarse como $X = \sqrt{\hbar/(2m\omega)} \, (a^+ + a)$.

Para obtener las correcciones perturbativas de las energías y los autovectores del hamiltoniano completo a diversos órdenes serán necesarios los siguientes elementos de matriz:

$$\langle m|\Delta H|k\rangle = -q\mathcal{E}\,\langle m|X|k\rangle = -q\,\mathcal{E}\,\sqrt{\frac{\hbar}{2m\omega}}\,\left(\langle m|a^+|k\rangle + \langle m|a|k\rangle\right)$$

$$= -q\mathcal{E}\,\sqrt{\frac{\hbar}{2m\omega}}\,\left(\sqrt{k+1}\,\langle m|k+1\rangle + \sqrt{k}\,\langle m|k-1\rangle\right)$$

$$= -q\mathcal{E}\,\sqrt{\frac{\hbar}{2m\omega}}\,\left(\sqrt{k+1}\,\delta_{m,k+1} + \sqrt{k}\,\delta_{m,k-1}\right)$$

Las correcciones a orden uno de las energías del hamiltoniano completo resultan entonces $E_k^{(1)} = \langle k|\Delta H|k\rangle = 0$. Las correcciones a orden dos se obtienen como:

$$E_k^{(2)} = \sum_{m\neq k} \frac{|\langle m|\Delta H|k\rangle|^2}{E_k - E_m}$$

$$= \frac{q^2\mathcal{E}^2\hbar}{2m\omega} \sum_{m\neq k} \left[\frac{(\sqrt{k+1}\,\delta_{m,k+1})^2}{E_k - E_m} + \frac{(\sqrt{k}\,\delta_{m,k-1})^2}{E_k - E_m} + \frac{2\sqrt{k+1}\sqrt{k}\,\delta_{m,k+1}\delta_{m,k-1}}{E_k - E_m}\right]$$

$$= \frac{q^2\mathcal{E}^2\hbar}{2m\omega}\left[\frac{k+1}{E_k - E_{k+1}} + \frac{k}{E_k - E_{k-1}} + 0\right] = \frac{q^2\mathcal{E}^2\hbar}{2m\omega}\left[\frac{k+1}{(-\hbar\omega)} + \frac{k}{\hbar\omega}\right] = -\frac{q^2\mathcal{E}^2}{2m\omega^2}$$

Por tanto, las energías del hamiltoniano completo se aproximan como:

$$E_k = \left(k + \frac{1}{2}\right)\hbar\omega - \frac{q^2\mathcal{E}^2}{2m\omega^2} + \ldots$$

Para la corrección a orden uno de los autovectores se tiene:

$$|\varepsilon_k^{(1)}\rangle = \sum_{m\neq k} \frac{\langle m|\Delta H|k\rangle}{E_k - E_m}\,|m\rangle$$

$$= -q\mathcal{E}\,\sqrt{\frac{\hbar}{2m\omega}} \sum_{m\neq k}\left[\frac{\sqrt{k+1}\,\delta_{m,k+1}}{E_k - E_m} + \frac{\sqrt{k}\,\delta_{m,k-1}}{E_k - E_m}\right]|m\rangle$$

$$= -q\mathcal{E}\,\sqrt{\frac{\hbar}{2m\omega}}\left[\frac{\sqrt{k+1}}{E_k - E_{k+1}}\,|k+1\rangle + \frac{\sqrt{k}}{E_k - E_{k-1}}\,|k-1\rangle\right]$$

$$= -q\mathcal{E}\,\sqrt{\frac{\hbar}{2m\omega}}\left[\frac{\sqrt{k+1}}{(-\hbar\omega)}\,|k+1\rangle + \frac{\sqrt{k}}{\hbar\omega}\,|k-1\rangle\right]$$

$$= q\mathcal{E}\,\sqrt{\frac{1}{2m\hbar\omega^3}}\left[\sqrt{k+1}\,|k+1\rangle - \sqrt{k}\,|k-1\rangle\right]$$

Por tanto, los autovectores (sin normalizar) del hamiltoniano completo se aproximan como:

$$|\varepsilon_k\rangle = |k\rangle + q\mathcal{E}\sqrt{\frac{k+1}{2m\hbar\omega^3}}\,|k+1\rangle - q\mathcal{E}\sqrt{\frac{k}{2m\hbar\omega^3}}\,|k-1\rangle + ...$$

La ecuación de autovalores del hamiltoniano completo de este sistema se puede resolver de manera exacta. Para ello se reescribe el hamiltoniano como:

$$H = \frac{1}{2m}\,P^2 + \frac{m\omega^2}{2}\,X^2 - q\mathcal{E}\,X = \frac{1}{2m}\,P^2 + \frac{m\omega^2}{2}\left(X - \frac{q\mathcal{E}}{m\omega^2}\right)^2 - \frac{q^2\mathcal{E}^2}{2m\omega^2}$$

Se observa que tiene la misma forma que el hamiltoniano sin perturbar, pero trasladando la coordenada espacial una cantidad constante $-q\mathcal{E}/(m\omega^2)$ y las energías una cantidad constante $-q^2\mathcal{E}^2/(2m\omega^2)$. Las energías exactas del hamiltoniano completo son por tanto $E_k = (k+1/2)\,\hbar\omega - q^2\mathcal{E}^2/(2m\omega^2)$, que coinciden con las energías obtenidas hasta segundo orden en teoría de perturbaciones. Las autofunciones exactas tienen la misma forma que las del hamiltoniano sin perturbar pero trasladando la coordenada espacial: $x \to x - q\mathcal{E}/(m\omega^2)$; dado que la dependencia en x de estas funciones de onda es altamente no lineal (ec. 5.37), resultan muy diferentes de las obtenidas con la teoría de perturbaciones hasta primer orden.

6.3. Caso degenerado

En el *caso degenerado* un autovalor del hamiltoniano sin perturbar está asociado a $g_k > 1$ autovectores distintos, que es su degeneración, y estos forman una base del subespacio propio $\mathcal{H}_k$ del hamiltoniano, con dimensión g_k. La ecuación de autovalores es:

$$H^{(0)}\,|\hat{\varepsilon}_{k,i}^{(0)}\rangle = E_k^{(0)}\,|\hat{\varepsilon}_{k,i}^{(0)}\rangle \tag{6.21}$$

donde el índice $i = \{1, 2, ..., g_k\}$ distingue los autovectores asociados al mismo autovalor $E_k^{(0)}$. Esta degeneración puede desaparecer (romperse) al incluir correcciones perturbativas a la energía, lo que introduce la dependencia en i en las energías del hamiltoniano completo (ecs. 6.3, 6.7).

La ec. 6.9 para el orden μ^0 es una ecuación de autovalores para el hamiltoniano sin perturbar, al igual que la ec. 6.21. El conjunto de autovalores, que es el espectro de $H^{(0)}$, es el mismo en ambas. En cambio, el conjunto de autovectores normalizados no tiene por qué coincidir, ya que en subespacios propios de más de una dimensión, asociados a un autovalor degenerado, cualquier combinación lineal de autovectores es autovector del mismo subespacio. Así, el conjunto ortonormalizado de autovectores a orden cero de la ec. 6.9 asociados al autovalor $E_k^{(0)}$ y el conjunto ortonormalizado de autovectores del hamiltoniano sin perturbar de la ec. 6.21 asociados al mismo autovalor $E_k^{(0)}$ forman dos bases en principio distintas, y los vectores de una se pueden expresar en función de los de la otra como:

$$|\varepsilon_{k,i}^{(0)}\rangle = \sum_{j=1}^{g_k} \alpha_{k,ij} \, |\hat{\varepsilon}_{k,j}^{(0)}\rangle \qquad (6.22)$$

La ec. 6.10 para el orden μ^1 se multiplica en ambos miembros por la izquierda por los diferentes bras del conjunto $\left\{ \langle\hat{\varepsilon}_{k,j}^{(0)}| \right\}_{j=1}^{g_k}$ para obtener el siguiente sistema de g_k ecuaciones, una para cada valor de j, donde se emplea para los coeficientes la notación abreviada $H_{k,jl}^{(1)} \equiv \langle\hat{\varepsilon}_{k,j}^{(0)}|H^{(1)}|\hat{\varepsilon}_{k,l}^{(0)}\rangle$:

$$\begin{cases} H_{k,11}^{(1)} \, \alpha_{k,i1} + H_{k,12}^{(1)} \, \alpha_{k,i2} + ... + H_{k,1g_k}^{(1)} \, \alpha_{k,ig_k} = E_{k,i}^{(1)} \, \alpha_{k,i1} \\[4pt] H_{k,21}^{(1)} \, \alpha_{k,i1} + H_{k,22}^{(1)} \, \alpha_{k,i2} + ... + H_{k,2g_k}^{(1)} \, \alpha_{k,ig_k} = E_{k,i}^{(1)} \, \alpha_{k,i2} \\[4pt] \qquad\qquad\qquad\vdots \\[4pt] H_{k,g_k 1}^{(1)} \, \alpha_{k,i1} + H_{k,g_k 2}^{(1)} \, \alpha_{k,i2} + ... + H_{k,g_k g_k}^{(1)} \, \alpha_{k,ig_k} = E_{k,i}^{(1)} \, \alpha_{k,ig_k} \end{cases} \qquad (6.23)$$

Este sistema puede escribirse en forma matricial como:

$$\begin{pmatrix} H_{k,11}^{(1)} & H_{k,12}^{(1)} & \cdots & H_{k,1g_k}^{(1)} \\ H_{k,21}^{(1)} & H_{k,22}^{(1)} & \cdots & H_{k,2g_k}^{(1)} \\ \vdots & \vdots & \ddots & \vdots \\ H_{k,g_k 1}^{(1)} & H_{k,g_k 2}^{(1)} & \cdots & H_{k,g_k g_k}^{(1)} \end{pmatrix} \begin{pmatrix} \alpha_{k,i1} \\ \alpha_{k,i2} \\ \vdots \\ \alpha_{k,ig_k} \end{pmatrix} = E_{k,i}^{(1)} \begin{pmatrix} \alpha_{k,i1} \\ \alpha_{k,i2} \\ \vdots \\ \alpha_{k,ig_k} \end{pmatrix} \qquad (6.24)$$

o en forma más compacta como $H_k^{(1)} \, \vec{\alpha}_{k,i} = E_{k,i}^{(1)} \, \vec{\alpha}_{k,i}$, donde $H_k^{(1)}$ es la matriz (autoadjunta) de coeficientes del sistema cuyos elementos son $H_{k,jl}^{(1)}$. Para que este sistema homogéneo tenga soluciones no triviales, es decir, para que las incógnitas $\alpha_{k,ij}$ no sean todas iguales a cero, es necesario que el rango de la matriz de coeficientes sea menor que su dimensión g_k, lo que se consigue únicamente para ciertos valores de $E_{k,i}^{(1)}$, que se identifican mediante el índice i: $E_{k,1}^{(1)}$, $E_{k,2}^{(1)}$, ..., $E_{k,g_k}^{(1)}$, y que son los autovalores de la matriz $H_k^{(1)}$. Se trata por tanto de una ecuación de autovalores, y resolviendo su ecuación característica, dada por $\det(H_k^{(1)} - E_{k,i}^{(1)} \, \mathbb{I}_{g_k \times g_k}) = 0$ (que es la condición para reducir el rango del sistema), se obtienen para cada k:

- Los g_k autovalores $E_{k,i}^{(1)}$, con los que se calculan las energías del hamiltoniano completo hasta primer orden:

$$E_{k,i} = E_k^{(0)} + \mu E_{k,i}^{(1)} \qquad (6.25)$$

- Los g_k autovectores $\vec{\alpha}_{k,i}$, a partir de cuyas componentes se construyen los autovectores del hamiltoniano completo a orden cero en la base propia del hamiltoniano sin perturbar (ec. 6.22):

$$|\varepsilon_{k,i}^{(0)}\rangle = \sum_{j=1}^{g_k} \alpha_{k,ij} \, |\hat{\varepsilon}_{k,j}^{(0)}\rangle \qquad (6.26)$$

Demostración: Desarrollo perturbativo para el caso degenerado

Se expresan las energías y los autovectores del hamiltoniano completo en serie de potencias del factor μ: $E_{k,i} = \sum_{j=0} \mu^j E_{k,i}^{(j)}$ con $E_{k,i}^{(0)} \equiv E_k^{(0)}$ y $|\varepsilon_{k,i}\rangle = \sum_{j=0} \mu^j |\varepsilon_{k,i}^{(j)}\rangle$ (ec. 6.7 y ec. 6.4, respectivamente). Se escoge el vector a orden cero para que cumpla la condición $\langle \varepsilon_{k,i}^{(0)}|\varepsilon_{k,i}\rangle = 1$, que implica $\langle \varepsilon_{k,i}^{(0)}|\varepsilon_{k,i}^{(j)}\rangle = \delta_{0,j}$.

Los desarrollos perturbativos se introducen en la ecuación de autovalores del hamiltoniano completo (ec. 6.8) y se agrupan los términos para diferentes órdenes de μ. De la ecuación para el orden μ^0 (ec. 6.9) se deduce que, para un autovalor degenerado dado, los autovectores del hamiltoniano completo a orden cero y los autovectores del hamiltoniano sin perturbar forman bases del mismo subespacio propio, y por tanto se pueden expresar los primeros como combinaciones lineales de los segundos, $|\varepsilon_{k,i}^{(0)}\rangle = \sum_{j=1}^{g_k} \alpha_{k,ij} |\hat{\varepsilon}_{k,j}^{(0)}\rangle$, o viceversa.

La ecuación para el orden μ^1 (ec. 6.10) se multiplica por la izquierda por los diferentes bras del conjunto $\left\{ \langle \hat{\varepsilon}_{k,j}^{(0)}| \right\}_{j=1}^{g_k}$, resultando un sistema de g_k ecuaciones (una para cada valor de j):

$$\langle \hat{\varepsilon}_{k,j}^{(0)}|H^{(0)}|\varepsilon_{k,i}^{(1)}\rangle + \langle \hat{\varepsilon}_{k,j}^{(0)}|H^{(1)}|\varepsilon_{k,i}^{(0)}\rangle = E_k^{(0)} \langle \hat{\varepsilon}_{k,j}^{(0)}|\varepsilon_{k,i}^{(1)}\rangle + E_{k,i}^{(1)} \langle \hat{\varepsilon}_{k,j}^{(0)}|\varepsilon_{k,i}^{(0)}\rangle$$

$$\Rightarrow \quad E_k^{(0)} \cancel{\langle \hat{\varepsilon}_{k,j}^{(0)}|\varepsilon_{k,i}^{(1)}\rangle} + \langle \hat{\varepsilon}_{k,j}^{(0)}|H^{(1)}|\varepsilon_{k,i}^{(0)}\rangle = E_k^{(0)} \cancel{\langle \hat{\varepsilon}_{k,j}^{(0)}|\varepsilon_{k,i}^{(1)}\rangle} + E_{k,i}^{(1)} \langle \hat{\varepsilon}_{k,j}^{(0)}|\varepsilon_{k,i}^{(0)}\rangle$$

$$\Rightarrow \quad \langle \hat{\varepsilon}_{k,j}^{(0)}|H^{(1)}| \left(\sum_{l=1}^{g_k} \alpha_{k,il} |\hat{\varepsilon}_{k,l}^{(0)}\rangle \right) = E_{k,i}^{(1)} \langle \hat{\varepsilon}_{k,j}^{(0)}| \left(\sum_{l=1}^{g_k} \alpha_{k,il} |\hat{\varepsilon}_{k,l}^{(0)}\rangle \right)$$

$$\Rightarrow \quad \sum_{l=1}^{g_k} \alpha_{k,il} \langle \hat{\varepsilon}_{k,j}^{(0)}|H^{(1)}|\hat{\varepsilon}_{k,l}^{(0)}\rangle = \sum_{l=1}^{g_k} \alpha_{k,il} E_{k,i}^{(1)} \langle \hat{\varepsilon}_{k,j}^{(0)}|\hat{\varepsilon}_{k,l}^{(0)}\rangle$$

$$\Rightarrow \quad \sum_{l=1}^{g_k} \alpha_{k,il} \langle \hat{\varepsilon}_{k,j}^{(0)}|H^{(1)}|\hat{\varepsilon}_{k,l}^{(0)}\rangle = \alpha_{k,ij} E_{k,i}^{(1)}$$

donde en el último paso se ha hecho uso de la ortogonalidad entre los autovectores de cada subespacio propio, $\langle \hat{\varepsilon}_{k,j}^{(0)}|\hat{\varepsilon}_{k,l}^{(0)}\rangle = \delta_{j,l}$.

El sistema de ecuaciones obtenido se puede representar como ecuación matricial, que resulta ser una ecuación de autovalores de la matriz de coeficientes formada por los elementos $\langle \hat{\varepsilon}_{k,j}^{(0)}|H_k^{(1)}|\hat{\varepsilon}_{k,l}^{(0)}\rangle$. Los autovalores $E_{k,i}^{(1)}$, con $i = \{1,...,g_k\}$, son las correcciones de las energías a primer orden. Los autovectores $\vec{\alpha}_{k,i}$, con $i = \{1,...,g_k\}$, están formados cada uno de ellos por las componentes $\alpha_{k,ij}$, con $j = \{1,...,g_k\}$, que son las coordenadas de los autovectores a orden cero del hamiltoniano completo en la base propia del hamiltoniano sin perturbar, como se expresó arriba.

Demostración: Desarrollo perturbativo particularizado a degeneración doble

Para un autovalor del hamiltoniano sin perturbar $E_k^{(0)}$ con degeneración doble ($g_k = 2$), cada uno de los dos autovectores del hamiltoniano completo a orden cero puede escribirse como combinación lineal de los dos autovectores del hamiltoniano sin perturbar: $|\varepsilon_{k,1}^{(0)}\rangle = \alpha_{k,11}|\hat{\varepsilon}_{k,1}^{(0)}\rangle + \alpha_{k,12}|\hat{\varepsilon}_{k,2}^{(0)}\rangle$ y $|\varepsilon_{k,2}^{(0)}\rangle = \alpha_{k,21}|\hat{\varepsilon}_{k,1}^{(0)}\rangle + \alpha_{k,22}|\hat{\varepsilon}_{k,2}^{(0)}\rangle$.

Multiplicando la ecuación de autovalores a orden μ^1 (ec. 6.10) por la izquierda por $\langle\hat{\varepsilon}_{k,1}^{(0)}|$ se obtiene:

$$\langle\hat{\varepsilon}_{k,1}^{(0)}|H^{(0)}|\varepsilon_{k,i}^{(1)}\rangle + \langle\hat{\varepsilon}_{k,1}^{(0)}|H^{(1)}|\varepsilon_{k,i}^{(0)}\rangle = E_k^{(0)}\langle\hat{\varepsilon}_{k,1}^{(0)}|\varepsilon_{k,i}^{(1)}\rangle + E_{k,i}^{(1)}\langle\hat{\varepsilon}_{k,1}^{(0)}|\varepsilon_{k,i}^{(0)}\rangle$$

$$\Rightarrow \quad \cancel{E_k^{(0)}\langle\hat{\varepsilon}_{k,1}^{(0)}|\varepsilon_{k,i}^{(1)}\rangle} + \langle\hat{\varepsilon}_{k,1}^{(0)}|H^{(1)}|\varepsilon_{k,i}^{(0)}\rangle = \cancel{E_k^{(0)}\langle\hat{\varepsilon}_{k,1}^{(0)}|\varepsilon_{k,i}^{(1)}\rangle} + E_{k,i}^{(1)}\langle\hat{\varepsilon}_{k,1}^{(0)}|\varepsilon_{k,i}^{(0)}\rangle$$

$$\Rightarrow \quad \alpha_{k,i1}\langle\hat{\varepsilon}_{k,1}^{(0)}|H^{(1)}|\hat{\varepsilon}_{k,1}^{(0)}\rangle + \alpha_{k,i2}\langle\hat{\varepsilon}_{k,1}^{(0)}|H^{(1)}|\hat{\varepsilon}_{k,2}^{(0)}\rangle =$$

$$= \alpha_{k,i1}E_{k,i}^{(1)}\langle\hat{\varepsilon}_{k,1}^{(0)}|\hat{\varepsilon}_{k,1}^{(0)}\rangle + \alpha_{k,i2}E_{k,i}^{(1)}\cancelto{0}{\langle\hat{\varepsilon}_{k,1}^{(0)}|\hat{\varepsilon}_{k,2}^{(0)}\rangle}$$

$$\Rightarrow \quad \alpha_{k,i1}\langle\hat{\varepsilon}_{k,1}^{(0)}|H^{(1)}|\hat{\varepsilon}_{k,1}^{(0)}\rangle + \alpha_{k,i2}\langle\hat{\varepsilon}_{k,1}^{(0)}|H^{(1)}|\hat{\varepsilon}_{k,2}^{(0)}\rangle = \alpha_{k,i1}E_{k,i}^{(1)}$$

Análogamente, multiplicándola por la izquierda por $\langle\hat{\varepsilon}_{k,2}^{(0)}|$ se obtiene:

$$\alpha_{k,i1}\langle\hat{\varepsilon}_{k,2}^{(0)}|H^{(1)}|\hat{\varepsilon}_{k,1}^{(0)}\rangle + \alpha_{k,i2}\langle\hat{\varepsilon}_{k,2}^{(0)}|H^{(1)}|\hat{\varepsilon}_{k,2}^{(0)}\rangle = \alpha_{k,i2}E_{k,i}^{(1)}$$

Las dos ecuaciones resultantes para las incógnitas $\alpha_{k,i1}$ y $\alpha_{k,i2}$ pueden expresarse de forma matricial y usando la notación $H_{k,jl}^{(1)} \equiv \langle\hat{\varepsilon}_{k,j}^{(0)}|H^{(1)}|\hat{\varepsilon}_{k,l}^{(0)}\rangle$ como:

$$\begin{pmatrix} H_{k,11}^{(1)} & H_{k,12}^{(1)} \\ H_{k,21}^{(1)} & H_{k,22}^{(1)} \end{pmatrix} \begin{pmatrix} \alpha_{k,i1} \\ \alpha_{k,i2} \end{pmatrix} = E_{k,i}^{(1)} \begin{pmatrix} \alpha_{k,i1} \\ \alpha_{k,i2} \end{pmatrix}$$

donde $H_{k,21}^{(1)} = H_{k,12}^{(1)\,*}$. Resolviendo la ecuación característica del sistema:

$$\det(H_k^{(1)} - E_{k,i}^{(1)}\mathbb{I}_{2\times 2}) = 0 \quad \Rightarrow \quad \left(H_{k,11}^{(1)} - E_{k,i}^{(1)}\right)\left(H_{k,22}^{(1)} - E_{k,i}^{(1)}\right) - \left|H_{k,12}^{(1)}\right|^2 = 0$$

se obtienen dos valores de $E_{k,i}^{(1)}$:

$$E_{k,\binom{1}{2}}^{(1)} = \frac{1}{2}\left[H_{k,11}^{(1)} + H_{k,22}^{(1)} \pm \sqrt{\left(H_{k,11}^{(1)} - H_{k,22}^{(1)}\right)^2 + 4\left|H_{k,12}^{(1)}\right|^2}\right]$$

que son las dos correcciones de la energía a primer orden que rompen en general la doble degeneración del autovalor $E_k^{(0)}$ del hamiltoniano sin perturbar.

En algunas circunstancias un caso degenerado puede resolverse con teoría de perturbaciones para el caso no degenerado. Para ello es necesario emplear una base propia del hamiltoniano sin perturbar, $\left\{ |\hat{\varepsilon}_{k,i}^{(0)}\rangle \right\}$, que sea a la vez base propia de un operador autoadjunto A que cumpla las siguientes condiciones:

- Conmuta con el hamiltoniano sin perturbar, $[A, H^{(0)}] = 0$, y con la perturbación, $[A, H^{(1)}] = 0$.
- Tiene autovalores distintos para los autovectores de la base propia común asociados a una misma energía del hamiltoniano sin perturbar, es decir, si se tiene por un lado $H^{(0)}|\hat{\varepsilon}_{k,i}^{(0)}\rangle = E_k^{(0)}|\hat{\varepsilon}_{k,i}^{(0)}\rangle$ y $H^{(0)}|\hat{\varepsilon}_{k,j}^{(0)}\rangle = E_k^{(0)}|\hat{\varepsilon}_{k,j}^{(0)}\rangle$, y por otro lado $A|\hat{\varepsilon}_{k,i}^{(0)}\rangle = a_{k,i}|\hat{\varepsilon}_{k,i}^{(0)}\rangle$ y $A|\hat{\varepsilon}_{k,j}^{(0)}\rangle = a_{k,j}|\hat{\varepsilon}_{k,j}^{(0)}\rangle$, debe cumplir que $a_{k,i} \neq a_{k,j} \,\forall i \neq j$.

Si se cumplen estas condiciones, la matriz $H_k^{(1)}$ que se construye en la teoría de perturbaciones para el caso degenerado es diagonal en la base propia de A, y las correcciones de la energía a primer orden se pueden calcular para cada pareja de valores k, i como en el caso no degenerado:

$$E_{k,i}^{(1)} = \langle \hat{\varepsilon}_{k,i}^{(0)} | H^{(1)} | \hat{\varepsilon}_{k,i}^{(0)} \rangle \tag{6.27}$$

Ejemplos habituales de operadores A empleados para tratar casos degenerados como no degenerados son el momento angular total al cuadrado o su tercera componente, usando la base acoplada correspondiente como base propia del hamiltoniano sin perturbar. En ocasiones no es suficiente con un único operador A y es necesario un conjunto de ellos que conmuten entre sí, que junto con el hamiltoniano sin perturbar formen un conjunto completo (CCOC, apdo. 2.7), y que además conmuten todos con la perturbación.

Demostración: Condiciones de aplicación de la teoría de perturbaciones para el caso no degenerado en un caso degenerado

Se cuenta con un operador autoadjunto A que conmuta con el hamiltoniano sin perturbar y con la perturbación: $[A, H^{(0)}] = 0$ y $[A, H^{(1)}] = 0$. Se escoge una base propia $\left\{ |\hat{\varepsilon}_{k,i}^{(0)}\rangle \right\}$ común a $H^{(0)}$ y a A (que existe porque conmutan), en la que los autovectores asociados al mismo autovalor de $H^{(0)}$ deben estar asociado a autovalores distintos de A, que son reales. Se tiene entonces:

$$\langle \hat{\varepsilon}_{k,i}^{(0)} | [A, H^{(1)}] |\hat{\varepsilon}_{k,j}^{(0)}\rangle = \langle \hat{\varepsilon}_{k,i}^{(0)} | AH^{(1)} |\hat{\varepsilon}_{k,j}^{(0)}\rangle - \langle \hat{\varepsilon}_{k,i}^{(0)} | H^{(1)} A |\hat{\varepsilon}_{k,j}^{(0)}\rangle$$

$$= a_{k,i} \langle \hat{\varepsilon}_{k,i}^{(0)} | H^{(1)} |\hat{\varepsilon}_{k,j}^{(0)}\rangle - a_{k,j} \langle \hat{\varepsilon}_{k,i}^{(0)} | H^{(1)} |\hat{\varepsilon}_{k,j}^{(0)}\rangle = (a_{k,i} - a_{k,j}) \langle \hat{\varepsilon}_{k,i}^{(0)} | H^{(1)} |\hat{\varepsilon}_{k,j}^{(0)}\rangle$$

Las condiciones impuestas sobre el operador A y su base propia implican que el elemento de matriz $\langle \hat{\varepsilon}_{k,i}^{(0)} | [A, H^{(1)}] |\hat{\varepsilon}_{k,j}^{(0)}\rangle$ es cero y que $a_{k,i} \neq a_{k,j} \,\forall i \neq j$, de manera que del resultado anterior se deduce que $\langle \hat{\varepsilon}_{k,i}^{(0)} | H^{(1)} |\hat{\varepsilon}_{k,j}^{(0)}\rangle = 0 \,\forall i \neq j$. Por tanto, en esta base la matriz $H_k^{(1)}$ que se construye a primer orden en teoría de perturbaciones para el caso degenerado es diagonal, y de la ec. 6.24 se deduce que $E_{k,i}^{(1)} = \langle \hat{\varepsilon}_{k,i}^{(0)} | H^{(1)} | \hat{\varepsilon}_{k,i}^{(0)} \rangle$, que es la misma expresión que para el caso no degenerado.

Ejemplo: Interacción espín-órbita en el átomo de hidrógeno mediante teoría de perturbaciones estacionarias (caso degenerado en el que se puede aplicar el caso no degenerado)

El hamiltoniano del átomo de hidrógeno puede escribirse como $H = H^{(0)} + \Delta H$, donde el hamiltoniano sin perturbar $H^{(0)}$ es el hamiltoniano de Bohr (ec. 15.3) y el término adicional ΔH, que puede tratarse como una perturbación, es proporcional al producto escalar de los operadores de momentos angulares orbital y de espín del electrón, $\Delta H = (\kappa/r^3)\, \vec{L} \cdot \vec{S}$ (ec. 15.40).

Las energías del hamiltoniano sin perturbar son $E_n = -\alpha^2 mc^2/2n^2$, donde el número cuántico principal n puede identificarse con el índice $k = \{1, 2, ...\}$ de $E_k^{(0)}$, y cada una de ellas tiene degeneración $g_n = 2n^2$. Como autovectores asociados a cada energía E_n se pueden escoger los de la base acoplada $|n\,l\,s\,j\,m_j\rangle$, donde las g_n combinaciones posibles distintas de los números cuánticos de momento angular orbital l, de momento angular total j y de su tercera componente m_j ($s = 1/2$ es fijo) pueden identificarse con el índice $i = \{1, 2, ..., g_n\}$ de $|\hat{\varepsilon}_{k,i}^{(0)}\rangle$. En el hamiltoniano completo, que incluye la interacción espín-órbita, se rompe la degeneración y las energías pasan a depender de los números cuánticos l y j, además de n.

Los autovectores $|n\,l\,s\,j\,m_j\rangle$ de $H^{(0)}$ son también autovectores de los operadores L^2, S^2, J^2 y J_z (todos ellos conmutan entre sí), y estos conmutan además con la perturbación ΔH, ya que L^2, S^2 y $\vec{L} \cdot \vec{S} = L_x S_x + L_y S_y + L_z S_z$ conmutan con todas las componentes de $\vec{L}$ y de $\vec{S}$:
$$[L^2, \vec{L} \cdot \vec{S}] = 0 \quad ; \quad [S^2, \vec{L} \cdot \vec{S}] = 0 \quad ;$$
$$[J^2, \vec{L} \cdot \vec{S}] = [L^2, \vec{L} \cdot \vec{S}] + [S^2, \vec{L} \cdot \vec{S}] + 2\,[\vec{L} \cdot \vec{S}, \vec{L} \cdot \vec{S}] = 0$$
y por otro lado:
$$[J_z, \vec{L} \cdot \vec{S}] = [L_z, \vec{L} \cdot \vec{S}] + [S_z, \vec{L} \cdot \vec{S}] = i\hbar\,(S_x L_y - S_y L_x) + i\hbar\,(S_y L_x - S_x L_y) = 0.$$

Además, cada uno de los autovectores $|n\,l\,s\,j\,m_j\rangle$ está asociado a una combinación distinta de autovalores de los operadores L^2, S^2, J^2 y J_z, que junto con $H^{(0)}$ forman un CCOC.

Se cumplen entonces las condiciones del teorema y por tanto la matriz de teoría de perturbaciones para el caso degenerado es diagonal, $\langle \hat{\varepsilon}_{k,i}^{(0)} | \Delta H | \hat{\varepsilon}_{k,j}^{(0)} \rangle = 0$ $\forall i \neq j$, y las correcciones de las energías hasta primer orden se obtienen como:
$$E_{nlj} = E_n + \langle n\,l\,s\,j\,m_j | \Delta H | n\,l\,s\,j\,m_j \rangle.$$

Tabla 6.1. Notación empleada en el capítulo 6

H	Hamiltoniano completo de un sistema.
$H^{(0)}$	Término del hamiltoniano correspondiente a su parte principal (hamiltoniano sin perturbar), de cuya ecuación de autovalores se conoce la solución.
ΔH $\equiv \mu H^{(1)}$	Término del hamiltoniano correspondiente a una pequeña corrección (perturbación) al término principal $H^{(0)}$. Puede depender explícitamente de un factor pequeño μ.
$E_k^{(0)}$	Autovalor (energía) k del hamiltoniano sin perturbar.
g_k	Degeneración del autovalor k del hamiltoniano sin perturbar.
$\lvert\hat{\varepsilon}_{k,i}^{(0)}\rangle$	Autovector i asociado al autovalor k del hamiltoniano sin perturbar.*
$E_{k,i}$	Autovalor (energía) k, i del hamiltoniano completo.*
$\lvert\varepsilon_{k,i}\rangle$	Autovector i asociado al autovalor k, i del hamiltoniano completo.*
$E_k^{(0)}$	Término de orden 0 en teoría de perturbaciones del autovalor (energía) k, i del hamiltoniano completo.*
$\lvert\varepsilon_{k,i}^{(0)}\rangle$	Término de orden 0 en teoría de perturbaciones del autovector i asociado al autovalor k, i del hamiltoniano completo.* En el caso no degenerado coincide con $\lvert\hat{\varepsilon}_{k,i}^{(0)}\rangle$, en el caso degenerado no coincide necesariamente.
$E_{k,i}^{(n)}$	Término de orden n en teoría de perturbaciones ($n = \{1, 2, ...\}$) del autovalor (energía) k, i del hamiltoniano completo.*
$\lvert\varepsilon_{k,i}^{(n)}\rangle$	Término de orden n en teoría de perturbaciones ($n = \{1,2,...\}$) del autovector i asociado al autovalor k, i del hamiltoniano completo.*
$\Delta H_{k,jl}$ $\equiv \mu H_{k,jl}^{(1)}$	Elementos de matriz de la perturbación del hamiltoniano en la base de autovectores del hamiltoniano sin perturbar, $\langle\hat{\varepsilon}_{k,j}^{(0)}\lvert\Delta H\rvert\hat{\varepsilon}_{k,l}^{(0)}\rangle$ (aparecen en teoría de perturbaciones para el caso degenerado).*
$\alpha_{k,ij}$	Coeficiente correspondiente al vector $\lvert\hat{\varepsilon}_{k,j}^{(0)}\rangle$ (autovector j asociado al autovalor k del hamiltoniano sin perturbar) en la expresión en la base propia del hamiltoniano sin perturbar del vector $\lvert\varepsilon_{k,i}^{(0)}\rangle$ (término de orden 0 del autovector i asociado al autovalor k, i del hamiltoniano completo).*

* Los subíndices i, j, l toman los valores $\{1, 2, \ldots, g_k\}$ para cada k.

7. Método variacional

El método variacional es una técnica de cálculo aproximado de las energías de un hamiltoniano que proporciona cotas superiores a sus valores exactos. Puede aplicarse al estado fundamental de un hamiltoniano y, bajo ciertas condiciones, también a sus estados excitados.

7.1. Principio variacional

Si E_0 es la energía más baja de un hamiltoniano H, correspondiente a su estado fundamental, y $|\phi\rangle$ es un vector de estado cualquiera, el *principio variacional* establece:

$$E_0 \leq \frac{\langle\phi|H|\phi\rangle}{\langle\phi|\phi\rangle} \tag{7.1}$$

Esta expresión permite obtener una cota superior a la energía exacta del estado fundamental partiendo de un *vector de estado de prueba* $|\phi\rangle$ cualquiera. Si este último está normalizado ($\langle\phi|\phi\rangle = 1$), la cota superior a la energía es directamente el valor esperado del hamiltoniano en este estado, $E_0 \leq \langle\phi|H|\phi\rangle$.

Se puede formular un principio variacional más general aplicable a una energía excitada $E_m > E_0$ asociada al autovector $|\varepsilon_m\rangle$ del hamiltoniano H. Para ello, se escoge un vector de estado $|\hat{\phi}\rangle$ ortogonal a todos los autovectores del hamiltoniano asociados a energías menores que la dada, es decir, $\langle\varepsilon_j|\hat{\phi}\rangle = 0$ para todo valor de j tal que $E_j < E_m$. Entonces se cumple:

$$E_m \leq \frac{\langle\hat{\phi}|H|\hat{\phi}\rangle}{\langle\hat{\phi}|\hat{\phi}\rangle} \tag{7.2}$$

Si se elige $|\hat{\phi}\rangle$ como autovector de un operador autoadjunto A que conmuta con el hamiltoniano, con autovalor a_m, entonces el principio variacional proporciona una cota superior a la menor de las energías del conjunto de estados del hamiltoniano que tienen el autovalor a_m del operador A.

El principio variacional permite demostrar que la corrección de la energía hasta primer orden en teoría de perturbaciones estacionarias en el caso no degenerado (apdo. 6.2) es una cota superior a la energía exacta del estado fundamental, y que, por tanto, la corrección a segundo orden es negativa:

$$E_0^{(0)} + \mu E_0^{(1)} \geq E_0, \quad E_0^{(2)} < 0 \tag{7.3}$$

Demostración: Principio variacional para la energía del estado fundamental

La ecuación de autovalores del hamiltoniano H viene dada por $H|\varepsilon_i\rangle = E_i|\varepsilon_i\rangle$, donde $i = 0$ corresponde al estado fundamental, $i = 1$ corresponde al primer estado excitado, etc. Un vector de estado cualquiera $|\phi\rangle$ se puede expresar en la base propia del hamiltoniano como $|\phi\rangle = \sum_i \alpha_i |\varepsilon_i\rangle$. El valor esperado del hamiltoniano en ese estado resulta entonces:

$$\langle\phi|H|\phi\rangle = \left(\sum_i \alpha_i^* \langle\varepsilon_i|\right) H \left(\sum_j \alpha_j |\varepsilon_j\rangle\right) = \sum_i \sum_j \alpha_i^* \alpha_j \langle\varepsilon_i|H|\varepsilon_j\rangle$$

$$= \sum_i \sum_j \alpha_i^* \alpha_j E_j \langle\varepsilon_i|\varepsilon_j\rangle = \sum_i |\alpha_i|^2 E_i \geq E_0 \sum_i |\alpha_i|^2 = E_0 \langle\phi|\phi\rangle$$

donde E_0 es la menor de todas las energías E_i, correspondiente al estado fundamental ($E_0 \leq E_i \; \forall i$). Se deduce entonces que $E_0 \leq \langle\phi|H|\phi\rangle/\langle\phi|\phi\rangle$.

Demostración: Principio variacional para las energías de estados excitados

Un vector de estado cualquiera $|\hat{\phi}\rangle$ se puede expresar en la base propia del hamiltoniano como $|\hat{\phi}\rangle = \sum_i \alpha_i |\varepsilon_i\rangle$. Se elige un vector de estado ortogonal a todos los autovectores del hamiltoniano con energía por debajo de una dada E_m, de manera que se cumple que $\langle\varepsilon_i|\hat{\phi}\rangle = \alpha_i = 0 \; \forall i$ tal que $E_i < E_m$. El valor esperado del hamiltoniano en ese estado resulta entonces:

$$\langle\hat{\phi}|H|\hat{\phi}\rangle = \sum_i |\alpha_i|^2 E_i \geq E_m \sum_i |\alpha_i|^2 = E_m \langle\hat{\phi}|\hat{\phi}\rangle$$

ya que E_m es la menor de todas las energías que no van multiplicadas por $\alpha_i = 0$ en el desarrollo del sumatorio. Se deduce entonces que $E_m \leq \langle\hat{\phi}|H|\hat{\phi}\rangle/\langle\hat{\phi}|\hat{\phi}\rangle$.

Si A es un operador autoadjunto tal que $[A, H] = 0$, ambos operadores tienen una base propia común, tal que $H|\varepsilon_{i,k}\, a_i\rangle = E_{i,k}|\varepsilon_{i,k}\, a_i\rangle$ y $A|\varepsilon_{i,k}\, a_i\rangle = a_i|\varepsilon_{i,k}\, a_i\rangle$. Si se elige el vector de estado $|\hat{\phi}\rangle$ como autovector del operador A, con $A|\hat{\phi}\rangle = a_m|\hat{\phi}\rangle$, entonces $\langle\varepsilon_{i,k}\, a_i|\hat{\phi}\rangle = \alpha_{i,k} = 0 \; \forall i \neq m$ (los autovectores de un operador autoadjunto asociados a autovalores distintos son ortogonales entre sí). El valor esperado del hamiltoniano en ese estado resulta entonces:

$$\langle\hat{\phi}|H|\hat{\phi}\rangle = \sum_{i,k}|\alpha_{i,k}|^2\,E_{i,k} = \sum_{k}|\alpha_{m,k}|^2\,E_{m,k} \geq E_{m,0}\sum_{k}|\alpha_{m,k}|^2 = E_{m,0}\,\langle\hat{\phi}|\hat{\phi}\rangle$$

donde $E_{m,0}$ es la menor de todas las energías $E_{m,k}$, que están todas ellas asociadas a autovectores de A con autovalor a_m. Se deduce entonces que $E_{m,0} \leq \langle\hat{\phi}|H|\hat{\phi}\rangle/\langle\hat{\phi}|\hat{\phi}\rangle$.

Demostración: Relación entre correcciones perturbativas y el principio variacional

Se emplea el vector normalizado del estado fundamental a primer orden en teoría de perturbaciones $|\varepsilon_0^{(0)}\rangle$ como vector de estado de prueba en el método variacional:

$$E_0 \leq \frac{\langle\varepsilon_0^{(0)}|H|\varepsilon_0^{(0)}\rangle}{\langle\varepsilon_0^{(0)}|\varepsilon_0^{(0)}\rangle} = \langle\varepsilon_0^{(0)}|H|\varepsilon_0^{(0)}\rangle$$

Teniendo en cuenta que el hamiltoniano completo se puede escribir como un hamiltoniano sin perturbar más una perturbación, $H = H^{(0)} + \Delta H$, y que en el caso no degenerado el vector de estado a orden cero es igual al autovector del hamiltoniano sin perturbar, $|\varepsilon_0^{(0)}\rangle = |\hat{\varepsilon}_0^{(0)}\rangle$, se obtiene:

$$\langle\varepsilon_0^{(0)}|H|\varepsilon_0^{(0)}\rangle = \langle\varepsilon_0^{(0)}|H^{(0)}|\varepsilon_0^{(0)}\rangle + \langle\varepsilon_0^{(0)}|\Delta H|\varepsilon_0^{(0)}\rangle$$
$$= \langle\hat{\varepsilon}_0^{(0)}|H^{(0)}|\hat{\varepsilon}_0^{(0)}\rangle + \langle\hat{\varepsilon}_0^{(0)}|\Delta H|\hat{\varepsilon}_0^{(0)}\rangle = E_0^{(0)} + \mu E_0^{(1)}$$

Del desarrollo anterior se deduce que $E_0 \leq E_0^{(0)} + \mu E_0^{(1)}$.

Este resultado perturbativo debe acercarse al valor exacto si se añade el término de segundo orden, y como hasta primer orden se obtiene una cota superior, se deduce que el término a segundo orden debe ser negativo. Esta conclusión se puede comprobar a partir de la expresión para la corrección de la energía del estado fundamental a segundo orden en teoría de perturbaciones, ec. 6.18 con $k = 0$, en la que los denominadores de todos los términos son negativos, ya que $E_0^{(0)} < E_m^{(0)}$ $\forall m$, y todos los numeradores son positivos, de manera que $E_0^{(2)} < 0$.

7.2. Método variacional

El *método variacional* es un procedimiento de cálculo aproximado de energías que hace uso del principio variacional. En primer lugar se elige una familia de vectores de estado que dependen de un conjunto de parámetros, $|\phi(\beta_i)\rangle$, y se calcula la expresión:

$$\widetilde{E}(\beta_i) = \frac{\langle\phi(\beta_i)|H|\phi(\beta_i)\rangle}{\langle\phi(\beta_i)|\phi(\beta_i)\rangle} \tag{7.4}$$

A continuación, se buscan los valores de los parámetros $\beta_i = \hat{\beta}_i$ que minimizan $\widetilde{E}$, que cumplen:

$$\left.\frac{\partial \widetilde{E}(\beta_i)}{\partial \beta_i}\right|_{\beta_i = \hat{\beta}_i} = 0 \tag{7.5}$$

De acuerdo con el principio variacional, el valor mínimo $\widetilde{E}_{min} \equiv \widetilde{E}(\hat{\beta}_i)$ es una cota superior a la energía del estado fundamental:

$$E_0 \le \widetilde{E}_{min} \tag{7.6}$$

Ejemplo: Resolución aproximada del oscilador armónico con el método variacional

El hamiltoniano de oscilador armónico en una dimensión (ec. 5.33) en la forma en que actúa sobre funciones de onda en representación de posiciones viene dado por:

$$H = -\frac{\hbar^2}{2m}\frac{d^2 x}{dx^2} + \frac{1}{2}m\omega^2 x^2$$

Se emplea la siguiente familia de funciones de onda de prueba:

$$|\phi(x;\beta)\rangle = \left(\frac{2\beta}{\pi}\right)^{1/4} e^{-\beta x^2}$$

que dependen del parámetro β y están normalizadas, $\langle\phi(x;\beta)|\phi(x;\beta)\rangle = 1$.

La expresión del método variacional para esta función de onda de prueba resulta[a]:

$$\widetilde{E}(\beta) = \langle\phi(x;\beta)|H|\phi(x;\beta)\rangle = \int_{-\infty}^{\infty} dx\, \phi^*(x;\beta)\, H\, \phi(x;\beta)$$

$$= \sqrt{\frac{2\beta}{\pi}} \int_{-\infty}^{\infty} dx\, e^{-\beta x^2} \left[-\frac{\hbar^2}{2m}\frac{d^2 x}{dx^2} + \frac{1}{2}m\omega^2 x^2\right] e^{-\beta x^2}$$

$$= \sqrt{\frac{2\beta}{\pi}} \int_{-\infty}^{\infty} dx\, e^{-\beta x^2} \left[-\frac{\hbar^2}{2m}2\beta(-1 + 2\beta x^2)\, e^{-\beta x^2} + \frac{1}{2}m\omega^2 x^2\, e^{-\beta x^2}\right]$$

$$= \sqrt{\frac{2\beta}{\pi}} \left[\frac{\hbar^2\beta}{m}\sqrt{\frac{\pi}{2\beta}} + \left(\frac{1}{2}m\omega^2 - \frac{2\hbar^2\beta^2}{m}\right)\sqrt{\frac{\pi}{2^5\beta^3}}\right] = \frac{\hbar^2\beta}{2m} + \frac{m\omega^2}{8\beta}$$

Minimizando el resultado respecto al parámetro β se obtiene:

$$\left.\frac{d\widetilde{E}(\beta)}{d\beta}\right|_{\beta=\hat{\beta}} = \frac{d}{d\beta}\left(\frac{\hbar^2\beta}{2m} + \frac{m\omega^2}{8\beta}\right)\bigg|_{\beta=\hat{\beta}} = \frac{\hbar^2}{2m} - \frac{m\omega^2}{8\hat{\beta}^2} = 0 \quad \Rightarrow \quad \hat{\beta} = \frac{m\omega}{2\hbar}$$

Por tanto, para la energía del estado fundamental E_0 se obtiene que:

$$E_0 \leq \widetilde{E}(\hat{\beta}) = \frac{\hbar^2 \hat{\beta}}{2m} + \frac{m\omega^2}{8\hat{\beta}} = \frac{\hbar\omega}{2}$$

Introduciendo $\hat{\beta}$ en la función de onda de prueba se obtiene:

$$|\phi(x;\hat{\beta})\rangle = \left(\frac{m\omega}{\pi\hbar}\right)^{1/4} e^{-\frac{m\omega}{2\hbar}x^2}$$

La cota superior obtenida para la energía del estado fundamental coincide con la energía exacta para el hamiltoniano dado, y lo mismo ocurre con la función de onda asociada (apdo. 5.5), ya que la familia de funciones de onda de prueba que se ha empleado en este ejemplo tiene la misma forma, y de hecho contiene como caso particular, la función de onda exacta.

---

[a]Haciendo uso de $\int_0^\infty x^n\, e^{-ax^2}\, dx = \frac{\Gamma((n+1)/2)}{2a^{(n+1)/2}}$, con $\Gamma(m+1/2) = \frac{1\cdot 3\cdot 5\cdots\cdots(2m-1)}{2^m}\sqrt{\pi}$.

7.3. Método de Ritz

El *método de Ritz*, o *de Rayleigh-Ritz*, es una aplicación del método variacional en la que el vector de estado de prueba se expresa como combinación lineal de n vectores de una base ortonormal:

$$|\phi(\alpha_i)\rangle = \sum_{i=1}^{n} \alpha_i\, |\hat{e}_i\rangle \tag{7.7}$$

donde el número n puede ser inferior a la dimensión d del espacio de Hilbert sobre el que actúa el hamiltoniano. Los coeficientes α_i pueden interpretarse como parámetros que definen una familia de vectores de estado de prueba, análogos a los parámetros β_i de la ec. 7.4. La expresión del método variacional resulta entonces:

$$\widetilde{E}(\alpha_i) = \frac{\langle\phi(\alpha_i)|H|\phi(\alpha_i)\rangle}{\langle\phi(\alpha_i)|\phi(\alpha_i)\rangle} = \frac{\displaystyle\sum_{i=1}^{n}\sum_{j=1}^{n}\alpha_i^*\alpha_j\,H_{ij}}{\displaystyle\sum_{i=1}^{n}\alpha_i^*\alpha_i} \tag{7.8}$$

donde se ha empleado la notación $H_{ij} = \langle\hat{e}_i|H|\hat{e}_j\rangle$. A continuación, siguiendo el método variacional, se minimiza este valor esperado respecto a los parámetros α_i. Tomando por ejemplo los coeficientes complejo-conjugados, se tiene que cumplir:

$$\left.\frac{\partial\widetilde{E}(\alpha_k^*)}{\partial\alpha_k^*}\right|_{\alpha_k=\hat{\alpha}_k} = 0 \quad\Rightarrow\quad \sum_{j=1}^{n}\hat{\alpha}_j H_{kj} - \widetilde{E}\,\hat{\alpha}_k = 0 \tag{7.9}$$

La expresión obtenida es un sistema homogéneo de n ecuaciones, una para cada valor de k. Para que tenga soluciones no triviales, es decir, para que las incógnitas $\hat{\alpha}_j$

no sean todas iguales a cero, es necesario que el rango de la matriz de coeficientes del sistema sea menor que n, lo que solo se consigue para ciertos valores de $\widetilde{E}$, que son los autovalores de la matriz formada por los elementos H_{kj}. Corresponde por tanto a una ecuación de autovalores del hamiltoniano H, pero restringida al subespacio subtendido por los n vectores de la base ortonormal empleada en la definición del vector de estado de prueba $|\phi(\alpha_i)\rangle$ (ec. 7.7). Los autovalores se obtienen resolviendo la ecuación característica del sistema, $\det(H - \widetilde{E}\,\mathbb{I}_{n \times n}) = 0$, que es la condición para reducir el rango.

De lo anterior se deduce que el autovalor más bajo del hamiltoniano H restringido al subespacio subtendido por los n vectores de la base, $\widetilde{E}_{min[n]}$, es una cota superior a la energía del estado fundamental de ese hamiltoniano en el espacio completo (de dimensión $d \geq n$), es decir, $E_0 \leq \widetilde{E}_{min[n]}$. Este resultado puede facilitar el cálculo de esa cota si la dimensión n del subespacio es pequeña, siempre que siga describiendo las propiedades más importantes del sistema. Este método se emplea, por ejemplo, para cálculos de energías y orbitales en la teoría de orbitales moleculares construidos como combinación lineal de orbitales atómicos, y en particular en la teoría de Hückel para moléculas aromáticas (apdo. 18.6.1).

Demostración: Método de Ritz

Para un vector de estado de prueba construido como combinación lineal de un número n de vectores de una base ortonormal, $|\phi\rangle = \sum_{i=1}^{n} \alpha_i \,|\hat{e}_i\rangle$, la expresión del método variacional puede escribirse como:

$$\widetilde{E}(\alpha_i) = \frac{\langle\phi(\alpha_i)|\, H \,|\phi(\alpha_i)\rangle}{\langle\phi(\alpha_i)|\phi(\alpha_i)\rangle} = \frac{\displaystyle\sum_{i=1}^{n}\sum_{j=1}^{n} \alpha_i^* \alpha_j \,\langle\hat{e}_i|H|\hat{e}_j\rangle}{\displaystyle\sum_{i=1}^{n}\sum_{j=1}^{n} \alpha_i^* \alpha_j \,\langle\hat{e}_i|\hat{e}_j\rangle} = \frac{\displaystyle\sum_{i=1}^{n}\sum_{j=1}^{n} \alpha_i^* \alpha_j \, H_{ij}}{\displaystyle\sum_{i=1}^{n} \alpha_i^* \alpha_i}$$

Las derivadas de esta expresión respecto a los coeficientes α_i^* resultan:

$$\frac{\partial\widetilde{E}(\alpha_i^*)}{\partial\alpha_k^*} = \frac{\left(\displaystyle\sum_{j=1}^{n} \alpha_j H_{kj}\right)\left(\displaystyle\sum_{i=1}^{n} \alpha_i^* \alpha_i\right) - \left(\displaystyle\sum_{i=1}^{n}\sum_{j=1}^{n} \alpha_i^* \alpha_j H_{ij}\right)\alpha_k}{\left(\displaystyle\sum_{i=1}^{n} \alpha_i^* \alpha_i\right)^2}$$

$$= \frac{\displaystyle\sum_{j=1}^{n} \alpha_j H_{kj} - \widetilde{E}\,\alpha_k}{\displaystyle\sum_{i=1}^{n} \alpha_i^* \alpha_i}$$

donde se ha sustituido la expresión de $\widetilde{E}$ en el último paso. En los mínimos de la función $\widetilde{E}(\alpha_i)$ estas derivadas se anulan, de donde $\sum_{j=1}^{n} \hat{\alpha}_j H_{kj} - \widetilde{E}\,\hat{\alpha}_k = 0$, que puede escribirse en forma matricial como:

$$
\begin{pmatrix}
H_{11} & H_{12} & \dots & H_{1n} \\
H_{21} & H_{22} & \dots & H_{2n} \\
\vdots & \vdots & \ddots & \vdots \\
H_{n1} & H_{n2} & \dots & H_{nn}
\end{pmatrix}
\begin{pmatrix}
\hat{\alpha}_1 \\
\hat{\alpha}_2 \\
\vdots \\
\hat{\alpha}_n
\end{pmatrix}
= \widetilde{E}
\begin{pmatrix}
\hat{\alpha}_1 \\
\hat{\alpha}_2 \\
\vdots \\
\hat{\alpha}_n
\end{pmatrix}
$$

Este sistema de ecuaciones tiene soluciones no triviales para los valores de $\widetilde{E}$ que cumplen la ecuación característica $\det(H - \widetilde{E}\,\mathbb{I}_{n\times n}) = 0$, que son los autovalores de H en el subespacio de dimensión n. Por el principio variacional, el más bajo de esos valores de $\widetilde{E}$ es una cota superior a la energía exacta del estado fundamental del hamiltoniano H. Si se aumenta la dimensión n del subespacio empleado en el cálculo, el nuevo valor más bajo de $\widetilde{E}$ que se obtiene es igual o menor que el anterior, aproximándose más al valor exacto de E_0. Más en general, se puede demostrar que todos los autovalores $\widetilde{E}$ obtenidos en el subespacio empleado representan cotas superiores a las energías exactas de H en el espacio completo, no solo la del estado fundamental, sino también las de los estados excitados, y que todas se aproximan más a los valores exactos si se aumenta la dimensión n del subespacio.

Tabla 7.1. Notación empleada en el capítulo 7

H	Hamiltoniano de un sistema.
E_0	Autovalor (energía) del hamiltoniano en el estado fundamental.
$|\varepsilon_0\rangle$	Autovector del hamiltoniano en el estado fundamental.
E_m	Autovalor (energía) del hamiltoniano en el estado excitado m.
$|\varepsilon_m\rangle$	Autovector del hamiltoniano en el estado excitado m.
$E_0^{(n)}$	Corrección de orden n en teoría de perturbaciones al autovalor (energía) del hamiltoniano en el estado fundamental.
$|\phi\rangle$	Vector de estado de prueba para el método variacional.
$|\hat{\phi}\rangle$	Vector de estado de prueba para el método variacional, ortogonal a todos los autovectores del hamiltoniano con energías menores a una dada.
$\widetilde{E}$	Expresión del principio variacional (cota superior a la energía del estado fundamental) para un cierto vector de estado de prueba.
$|\phi(\beta_i)\rangle$	Familia de vectores de estado de prueba para el método variacional, dependiente de los parámetros β_i.
$\widetilde{E}(\beta_i)$	Expresión del principio variacional (cota superior a la energía del estado fundamental) para una cierta familia de vectores de estado de prueba dependiente de los parámetros β_i.
$\widetilde{E}_{min}$	Valor mínimo de $\widetilde{E}(\beta_i)$ obtenido con el método variacional, que se alcanza en $\beta_i = \hat{\beta}_i$.

8. Teoría de perturbaciones dependientes del tiempo

La teoría de perturbaciones dependientes del tiempo es una técnica de cálculo aproximado de las energías de un hamiltoniano que cambia con el tiempo. Puede aplicarse cuando el hamiltoniano en cuestión puede descomponerse en una parte principal independiente del tiempo, cuyas energías y autoestados se conocen de manera exacta, y en un término adicional más pequeño (perturbación) que contiene la dependencia temporal.

La acción de un hamiltoniano dependiente del tiempo puede dar lugar a transiciones entre los estados estacionarios de energía de un sistema, y la teoría de perturbaciones dependientes del tiempo permite obtener las correspondientes probabilidades o ritmos de transición.

8.1. Hamiltonianos dependientes del tiempo

Un hamiltoniano dependiente del tiempo puede expresarse como suma de un término independiente del tiempo y de un término dependiente del tiempo:

$$H(t) = H^{(0)} + \Delta H(t) \tag{8.1}$$

En general, los autovectores y autovalores del hamiltoniano completo dependiente del tiempo también dependen del tiempo, y la ecuación de autovalores se puede escribir como:

$$H(t) \left| \varepsilon_k(t) \right\rangle = E_k(t) \left| \varepsilon_k(t) \right\rangle \tag{8.2}$$

mientras que para el término del hamiltoniano independiente del tiempo la ecuación de autovalores es:

$$H^{(0)} \left| \varepsilon_k^{(0)} \right\rangle = E_k^{(0)} \left| \varepsilon_k^{(0)} \right\rangle \tag{8.3}$$

donde los autoestados $|\varepsilon_k^{(0)}\rangle$ son estacionarios (apdo. 3.4.1). Al introducir la contribución dependiente del tiempo, los autoestados del hamiltoniano completo $H(t)$ pueden dejar de ser estacionarios y evolucionar en el tiempo, abriendo la posibilidad de que se produzcan *transiciones de energía* en el sistema, que consisten en medir al cabo de un cierto tiempo una energía de $H^{(0)}$ distinta a la del estado inicial (apdo. 8.3). El término independiente del tiempo $H^{(0)}$ puede corresponder al hamiltoniano que mantiene un sistema ligado, por ejemplo un átomo o una molécula, que posee un cierto conjunto de autoestados estacionarios de energía, y el término dependiente del tiempo $\Delta H(t)$ puede referirse a una influencia externa, por ejemplo un campo electromagnético, que no modifica sustancialmente el sistema ligado, pero que puede intercambiar energía con él dando lugar a las transiciones mencionadas.

La evolución temporal de un vector de estado con el hamiltoniano completo puede expresarse en la base de autovectores del hamiltoniano independiente del tiempo introduciendo una dependencia temporal en los coeficientes:

$$|\psi(t)\rangle = \sum_k c_k(t)\, e^{-\frac{i}{\hbar}E_k^{(0)}t}\, |\varepsilon_k^{(0)}\rangle \tag{8.4}$$

Introduciendo esta expresión en la ecuación de Schrödinger (ec. 3.32) para el hamiltoniano completo dependiente del tiempo se obtiene:

$$\frac{d}{dt}c_n(t) = -\frac{i}{\hbar}\sum_k c_k(t)\, e^{i\omega_{nk}t}\, \langle \varepsilon_n^{(0)}|\Delta H(t)|\varepsilon_k^{(0)}\rangle \tag{8.5}$$

donde las frecuencias ω_{nk} se definen como:

$$\omega_{nk} = \frac{1}{\hbar}\left(E_n^{(0)} - E_k^{(0)}\right) \tag{8.6}$$

El conjunto de ecuaciones diferenciales 8.5 para los coeficientes $c_n(t)$ es equivalente a la ecuación de Schrödinger y sus soluciones son exactas.

Demostración: Ecuación de Schrödinger para hamiltoniano dependiente del tiempo

El hamiltoniano completo del sistema se escribe como suma de un hamiltoniano independiente del tiempo y de un término dependiente del tiempo, $H = H^{(0)} + \Delta H(t)$. La ecuación de autovalores del término independiente del tiempo es $H^{(0)}|\varepsilon_k^{(0)}\rangle = E_k^{(0)}|\varepsilon_k^{(0)}\rangle$. Los autovectores $|\varepsilon_k^{(0)}\rangle$ forman una base en la que se puede expresar el vector de estado del sistema en el instante inicial como $|\psi(0)\rangle = \sum_k c_k(0)\,|\varepsilon_k^{(0)}\rangle$ y en cualquier instante posterior cuando solo actúa el hamiltoniano independiente del tiempo $H^{(0)}$ como (ec. 3.44):

$$|\widetilde{\psi}(t)\rangle = \sum_k c_k(0)\, e^{-\frac{i}{\hbar}E_k^{(0)}t}\, |\varepsilon_k^{(0)}\rangle$$

La evolución temporal del vector de estado cuando actúa el hamiltoniano completo dependiente del tiempo $H(t)$ se puede tener en cuenta mediante una dependencia temporal en los coeficientes de la expresión en esa misma base:

$$|\psi(t)\rangle = \sum_k c_k(t)\, e^{-\frac{i}{\hbar}E_k^{(0)}t}\, |\varepsilon_k^{(0)}\rangle$$

Introduciendo esta expresión en la ecuación de Schrödinger para el hamiltoniano completo se obtiene:

$$i\hbar\,\frac{\partial}{\partial t}\,|\psi(t)\rangle = \left[H^{(0)} + \Delta H(t)\right]|\psi(t)\rangle$$

$$\Rightarrow \quad i\hbar \sum_k \left[e^{-\frac{i}{\hbar}E_k^{(0)}t}\,\frac{d}{dt}c_k(t) + c_k(t)\,\frac{d}{dt}\left(e^{-\frac{i}{\hbar}E_k^{(0)}t}\right)\right]|\varepsilon_k^{(0)}\rangle$$

$$= \sum_k c_k(t)\, e^{-\frac{i}{\hbar}E_k^{(0)}t}\left[H^{(0)} + \Delta H(t)\right]|\varepsilon_k^{(0)}\rangle$$

$$\Rightarrow \quad i\hbar \sum_k e^{-\frac{i}{\hbar}E_k^{(0)}t}\left[\frac{d}{dt}c_k(t) - \frac{iE_k^{(0)}}{\hbar}\,c_k(t)\right]|\varepsilon_k^{(0)}\rangle$$

$$= \sum_k c_k(t)\, e^{-\frac{i}{\hbar}E_k^{(0)}t}\left[H^{(0)}\,|\varepsilon_k^{(0)}\rangle + \Delta H(t)\,|\varepsilon_k^{(0)}\rangle\right]$$

$$\Rightarrow \quad \sum_k e^{-\frac{i}{\hbar}E_k^{(0)}t}\left[i\hbar\left(\frac{d}{dt}c_k(t)\right)|\varepsilon_k^{(0)}\rangle + \cancel{E_k^{(0)}\,c_k(t)\,|\varepsilon_k^{(0)}\rangle}\right]$$

$$= \sum_k e^{-\frac{i}{\hbar}E_k^{(0)}t}\left[\cancel{c_k(t)\,E_k^{(0)}\,|\varepsilon_k^{(0)}\rangle} + c_k(t)\,\Delta H(t)\,|\varepsilon_k^{(0)}\rangle\right]$$

$$\Rightarrow \quad i\hbar \sum_k e^{-\frac{i}{\hbar}E_k^{(0)}t}\left(\frac{d}{dt}c_k(t)\right)|\varepsilon_k^{(0)}\rangle = \sum_k e^{-\frac{i}{\hbar}E_k^{(0)}t}\,c_k(t)\,\Delta H(t)\,|\varepsilon_k^{(0)}\rangle$$

Multiplicando ambos miembros por la izquierda por el bra $\langle\varepsilon_n^{(0)}|$ se obtiene:

$$i\hbar \sum_k e^{-\frac{i}{\hbar}E_k^{(0)}t}\left(\frac{d}{dt}c_k(t)\right)\langle\varepsilon_n^{(0)}|\varepsilon_k^{(0)}\rangle = \sum_k e^{-\frac{i}{\hbar}E_k^{(0)}t}\,c_k(t)\,\langle\varepsilon_n^{(0)}|\Delta H(t)|\varepsilon_k^{(0)}\rangle$$

$$\Rightarrow \quad i\hbar\, e^{-\frac{i}{\hbar}E_n^{(0)}t}\,\frac{d}{dt}c_n(t) = \sum_k e^{-\frac{i}{\hbar}E_k^{(0)}t}\,c_k(t)\,\langle\varepsilon_n^{(0)}|\Delta H(t)|\varepsilon_k^{(0)}\rangle$$

$$\Rightarrow \quad \frac{d}{dt}c_n(t) = -\frac{i}{\hbar}\sum_k e^{\frac{i}{\hbar}\left(E_n^{(0)}-E_k^{(0)}\right)t}\,c_k(t)\,\langle\varepsilon_n^{(0)}|\Delta H(t)|\varepsilon_k^{(0)}\rangle$$

donde se puede introducir la definición de la frecuencia ω_{nk} (ec. 8.6).

Si el hamiltoniano dependiente del tiempo conmuta consigo mismo en cualquier instante de tiempo, $[H(t), H(t')] = 0 \;\forall t,t'$, entonces existe una base propia común en cualquier instante de tiempo, cuyos autovectores deben ser por tanto independientes del tiempo, pero cuyas energías asociadas sí dependen:

$$H(t) |\varepsilon_k\rangle = E_k(t) |\varepsilon_k\rangle \tag{8.7}$$

La evolución temporal de un vector de estado con un hamiltoniano de esas características puede expresarse en esa base como:

$$|\psi(t)\rangle = \sum_k c_k(t) |\varepsilon_k\rangle \tag{8.8}$$

Introduciendo esta expresión en la ecuación de Schrödinger se obtiene la dependencia temporal de los coeficientes, que sustituida en la expresión anterior resulta:

$$|\psi(t)\rangle = \sum_k c_k(0) \, e^{-\frac{i}{\hbar} \int_0^t dt' \, E_k(t')} |\varepsilon_k\rangle \tag{8.9}$$

Un sistema que se encuentra inicialmente en un autoestado del hamiltoniano, $|\psi(0)\rangle = |\varepsilon_k\rangle$, permanece en él en cualquier instante posterior, $|\psi(t)\rangle = |\varepsilon_k\rangle \; \forall \, t$, y por tanto no se producen transiciones a energías asociadas a autoestados diferentes. Sin embargo, y al contrario de lo que ocurre en hamiltonianos independientes del tiempo, la energía del autoestado en que permanece el sistema, $E_k(t)$, sí cambia con el tiempo.

Si el hamiltoniano no conmuta consigo mismo en instantes posteriores, entonces sus autovectores sí dependen del tiempo y la ecuación de autovalores correspondiente es la 8.2. En este caso general puede ser válida la *aproximación adiabática* si el hamiltoniano varía lentamente con el tiempo, lo que equivale, de manera simplificada, a una variación lenta de sus autovectores: $\partial|\varepsilon_k(t)\rangle/\partial t \approx 0$. La evolución temporal de un vector de estado con un hamiltoniano de estas características viene dada aproximadamente por:

$$|\psi(t)\rangle \approx \sum_k c_k(0) \, e^{-\frac{i}{\hbar} \int_0^t dt' \, E_k(t')} |\varepsilon_k(t)\rangle \tag{8.10}$$

Este resultado es similar a la ec. 8.9, pero aquí se trata de una aproximación y además la base está formada por autovectores instantáneos, que cambian con el tiempo, en lugar de por autovectores estacionarios. La aproximación adiabática no es válida si los niveles de energía se cruzan o se aproximan mucho en algún instante de tiempo.

Un sistema que se encuentra inicialmente en un autoestado del hamiltoniano, $|\psi(0)\rangle = |\varepsilon_k(0)\rangle$, para el que es válida la aproximación adiabática, permanece en ese autoestado en cualquier instante posterior, $|\psi(t)\rangle \approx |\varepsilon_k(t)\rangle \; \forall \, t$, y por tanto no se producen transiciones a energías asociadas a autoestados instantáneos diferentes, aunque ambos (energías y autoestados) sí cambian lentamente con el tiempo.

Procedimientos relacionados con la aproximación adiabática aparecen en diversos contextos en estructuras de la materia. Por ejemplo, en física molecular la *aproximación de Born-Oppenheimer* es de tipo adiabático y permite separar la función de onda de una molécula en una parte nuclear, que tiene una evolución lenta debido a la gran masa de los núcleos atómicos, y en una parte electrónica, que se ajusta rápidamente a los cambios en la parte nuclear (apdo. 19.1).

Demostración: Ecuación de Schrödinger para un hamiltoniano dependiente del tiempo que conmuta consigo mismo en cualquier instante

Si $[H(t), H(t')] = 0 \ \forall t,t'$, existe una base propia del hamiltoniano que es independiente del tiempo, para la cual $H(t)|\varepsilon_k\rangle = E_k(t)|\varepsilon_k\rangle$. La evolución temporal de un vector de estado con el hamiltoniano completo $H(t)$ se puede introducir mediante una dependencia temporal en los coeficientes de su expresión en esa base, $|\psi(t)\rangle = \sum_k c_k(t) |\varepsilon_k\rangle$. Introduciendo esta expresión en la ecuación de Schrödinger para el hamiltoniano completo se obtiene:

$$i\hbar \frac{\partial}{\partial t} |\psi(t)\rangle = H(t) |\psi(t)\rangle \ \Rightarrow \ i\hbar \sum_k \left(\frac{d}{dt} c_k(t) \right) |\varepsilon_k\rangle = \sum_k c_k(t) \, H(t) |\varepsilon_k\rangle$$

$$\Rightarrow \ i\hbar \sum_k \left(\frac{d}{dt} c_k(t) \right) |\varepsilon_k\rangle = \sum_k c_k(t) \, E_k(t) |\varepsilon_k\rangle \ \Rightarrow \ i\hbar \frac{d}{dt} c_k(t) = c_k(t) \, E_k(t)$$

$$\Rightarrow \ \frac{dc_k(t)}{c_k(t)} = -\frac{i}{\hbar} E_k(t) \, dt \ \Rightarrow \ \int_{c_k(0)}^{c_k(t)} \frac{dc'_k(t)}{c'_k(t)} = -\frac{i}{\hbar} \int_0^t E_k(t') \, dt'$$

$$\Rightarrow \ c_k(t) = c_k(0) \, e^{-\frac{i}{\hbar} \int_0^t E_k(t') \, dt'}$$

Por tanto, la evolución temporal de un vector de estado se expresa como:

$$|\psi(t)\rangle = \sum_k c_k(0) \, e^{-\frac{i}{\hbar} \int_0^t E_k(t') \, dt'} |\varepsilon_k\rangle$$

Esta expresión también es válida en aproximación adiabática introduciendo una dependencia temporal suave en los autoestados de la base, $|\varepsilon_k(t)\rangle$.

8.2. Teoría de perturbaciones dependientes del tiempo

La *teoría de perturbaciones dependientes del tiempo* es una técnica de cálculo aproximado de las energías de un hamiltoniano dependiente del tiempo que puede aplicarse cuando se cumplen las siguientes condiciones:

- El hamiltoniano puede expresarse como la suma de un hamiltoniano sin perturbar independiente del tiempo, $H^{(0)}$, y de una perturbación pequeña dependiente del tiempo, $\Delta H(t)$, donde es conveniente escribir esta última, especialmente a efectos del desarrollo matemático, como producto de un factor μ y un hamiltoniano $H^{(1)}(t)$:

$$H(t) = H^{(0)} + \Delta H(t) = H^{(0)} + \mu \, H^{(1)}(t) \tag{8.11}$$

- Se conoce de manera exacta la solución de la ecuación de autovalores del hamiltoniano sin perturbar independiente del tiempo $H^{(0)}$, es decir, sus autovalores y autovectores:

$$H^{(0)} |\varepsilon_k^{(0)}\rangle = E_k^{(0)} |\varepsilon_k^{(0)}\rangle \tag{8.12}$$

Un vector de estado que es solución de la ecuación de Schrödinger con el hamiltoniano completo dependiente del tiempo puede expresarse de manera exacta según la ec. 8.4, donde los coeficientes obedecen las ecs. 8.5. En teoría de perturbaciones se tiene $\Delta H(t) \equiv \mu H^{(1)}(t)$ pequeño y las ecs. 8.5 se resuelven introduciendo el siguiente desarrollo de los coeficientes en serie de potencias del factor μ:

$$c_n(t) = c_n^{(0)}(t) + \mu\, c_n^{(1)}(t) + \mu^2\, c_n^{(2)}(t) + \dots \tag{8.13}$$

Se establecen entonces ecuaciones para cada potencia de μ por separado:

Orden μ^0: $\quad \dfrac{d}{dt}c_n^{(0)}(t) = 0 \quad \Rightarrow \quad c_n^{(0)}(t) = c_n^{(0)}(0) \tag{8.14}$

Orden μ^1: $\quad \dfrac{d}{dt}c_n^{(1)}(t) = -\dfrac{i}{\hbar}\sum_k c_k^{(0)}(0)\, e^{i\omega_{nk}t}\, \langle \varepsilon_n^{(0)}|H^{(1)}(t)|\varepsilon_k^{(0)}\rangle \tag{8.15}$

$\dots$

En la ec. 8.15 ya se ha introducido el resultado de la ec. 8.14, $c_k^{(0)}(t) = c_k^{(0)}(0)$. De hecho, la ec. 8.15 para los coeficientes a primer orden (multiplicada por μ) se diferencia de la ec. 8.5 para los coeficientes exactos en que en el miembro de la derecha aparecen los coeficientes $c_k^{(0)}(0)$ en lugar de $c_k(t)$. De ello se puede deducir que la aproximación perturbativa hasta primer orden es válida para tiempos no demasiado largos, de modo que $c_k(t)$ no se aleje demasiado de $c_k^{(0)}(0)$.

8.3. Probabilidad de transición

Si el vector de estado inicial coincide con un autovector del hamiltoniano independiente del tiempo, $|\psi(0)\rangle = |\varepsilon_i^{(0)}\rangle$, asociado a la energía $E_i^{(0)}$, entonces el vector de estado final que se obtiene de la ec. 8.4, desarrollado hasta primer orden en teoría de perturbaciones (ec. 8.13), resulta:

$$|\psi(t)\rangle \approx e^{-\frac{i}{\hbar}E_i^{(0)}t}\,|\varepsilon_i^{(0)}\rangle + \mu\sum_k c_k^{(1)}(t)\, e^{-\frac{i}{\hbar}E_k^{(0)}t}\,|\varepsilon_k^{(0)}\rangle \tag{8.16}$$

La probabilidad de que al cabo de un cierto tiempo una medida de la energía en ese estado proporcione un valor $E_f^{(0)}$ distinto al inicial, asociado al autovector $|\varepsilon_f^{(0)}\rangle$, viene dada en teoría de perturbaciones a primer orden por:

$$P_{i\to f}(t) = \left|\langle \varepsilon_f^{(0)}|\psi(t)\rangle\right|^2 \approx \frac{1}{\hbar^2}\left|\int_0^t dt'\, e^{i\omega_{fi}t'}\, \langle\varepsilon_f^{(0)}|\Delta H(t')|\varepsilon_i^{(0)}\rangle\right|^2 \tag{8.17}$$

Es importante resaltar que la perturbación del hamiltoniano dependiente del tiempo causa la evolución desde el estado $|\psi(0)\rangle = |\varepsilon_i^{(0)}\rangle$ hasta el estado $|\psi(t)\rangle$ (ec. 8.16). El estado final solo es $|\varepsilon_f^{(0)}\rangle$ cuando se mide la energía en el estado $|\psi(t)\rangle$ y se obtiene efectivamente el valor $E_f^{(0)}$, momento en que se produce el colapso del vector.

Demostración: Probabilidad de transición entre autoestados de energía

Si el vector de estado inicial coincide con un autovector del hamiltoniano independiente del tiempo, $|\psi(0)\rangle = |\varepsilon_i^{(0)}\rangle$, entonces los coeficientes de la expresión de ese vector en la base propia del hamiltoniano independiente del tiempo son $c_k(0) = \delta_{k,i}$, e introduciendo el desarrollo perturbativo de la ec. 8.13 se obtiene $c_k^{(0)}(0) + \mu\, c_k^{(1)}(0) + \mu^2\, c_k^{(2)}(0) + \ldots = \delta_{k,i}$. Esta última ecuación debe cumplirse para cualquier valor del parámetro μ, y por tanto $c_k^{(p)}(0) = \delta_{k,i}\, \delta_{p,0}$, es decir, $c_k^{(0)}(0) = \delta_{k,i}$ y los coeficientes del resto de órdenes en el instante inicial son cero.

Introduciendo este resultado en la ecuación a orden μ^1 (ec. 8.15) resulta:

$$\frac{d}{dt} c_n^{(1)}(t) = -\frac{i}{\hbar}\, e^{i\omega_{ni}t}\, \langle \varepsilon_n^{(0)}|H^{(1)}(t)|\varepsilon_i^{(0)}\rangle$$

$$\Rightarrow \quad c_n^{(1)}(t) = -\frac{i}{\hbar} \int_0^t dt'\, e^{i\omega_{ni}t'}\, \langle \varepsilon_n^{(0)}|H^{(1)}(t')\,|\varepsilon_i^{(0)}\rangle$$

La evolución temporal del vector de estado (ec. 8.4) hasta primer orden en teoría de perturbaciones, teniendo en cuenta que $c_k^{(0)}(t) = c_k^{(0)}(0)$ (ec. 8.14) y $c_k^{(0)}(0) = \delta_{k,i}$, viene dada por:

$$|\psi(t)\rangle = \sum_k c_k(t)\, e^{-\frac{i}{\hbar}E_k^{(0)}t}\, |\varepsilon_k^{(0)}\rangle \approx \sum_k \left[c_k^{(0)}(t) + \mu\, c_k^{(1)}(t) \right] e^{-\frac{i}{\hbar}E_k^{(0)}t}\, |\varepsilon_k^{(0)}\rangle$$

$$= e^{-\frac{i}{\hbar}E_i^{(0)}t}\, |\varepsilon_i^{(0)}\rangle + \mu \sum_k c_k^{(1)}(t)\, e^{-\frac{i}{\hbar}E_k^{(0)}t}\, |\varepsilon_k^{(0)}\rangle$$

La probabilidad de transición a un autoestado $|\varepsilon_f^{(0)}\rangle$ distinto del inicial ($f \neq i$) a primer orden en teoría de perturbaciones dependientes del tiempo resulta entonces:

$$P_{i\to f}(t) = \left| \langle \varepsilon_f^{(0)}|\psi(t)\rangle \right|^2 \approx \left| e^{-\frac{i}{\hbar}E_i^{(0)}t}\langle \varepsilon_f^{(0)}|\varepsilon_i^{(0)}\rangle + \mu \sum_k c_k^{(1)}(t)\, e^{-\frac{i}{\hbar}E_k^{(0)}t}\langle \varepsilon_f^{(0)}|\varepsilon_k^{(0)}\rangle \right|^2$$

$$= \left| \mu\, c_f^{(1)}(t)\, e^{-\frac{i}{\hbar}E_f^{(0)}t} \right|^2 = \left| \mu\, c_f^{(1)}(t) \right|^2 = \frac{1}{\hbar^2} \left| \int_0^t dt'\, e^{i\omega_{fi}t'}\, \langle \varepsilon_f^{(0)}|\mu H^{(1)}(t')|\varepsilon_i^{(0)}\rangle \right|^2$$

donde, en el último paso, se ha introducido la expresión para $c_f^{(1)}(t)$ obtenida arriba. La aproximación a primer orden perturbativo es adecuada para tiempos no demasiado largos, de modo que $c_k(t)$ no difiera mucho de $c_k(0) = c_k^{(0)}(0)$.

Para una perturbación dependiente del tiempo expresada como $\Delta H(t) = V f(t)$, donde V es un operador independiente del tiempo, la probabilidad de transición puede escribirse como:

$$P_{i \to f}(t) \approx \frac{1}{\hbar^2} \left| \langle \varepsilon_f^{(0)} | V | \varepsilon_i^{(0)} \rangle \right|^2 \left| \int_0^t dt' \, e^{i\omega_{fi}t'} f(t') \right|^2 \tag{8.18}$$

En este contexto la frecuencia $\omega_{fi} = (E_f^{(0)} - E_i^{(0)})/\hbar$ (ec. 8.6) se denomina *frecuencia natural de la transición* y la expresión $\langle \varepsilon_f^{(0)} | V | \varepsilon_i^{(0)} \rangle$ se denomina *elemento de matriz de la transición*.

En el caso de una *perturbación armónica* dada por $\Delta H(t) = V \cos(\omega t)$, la probabilidad de transición a primer orden resulta:

$$P_{i \to f}(t; \omega) \approx \frac{1}{4\hbar^2} \left| \langle \varepsilon_f^{(0)} | V | \varepsilon_i^{(0)} \rangle \right|^2 \left| e^{i\omega_{fi}^+ t/2} \frac{\mathrm{sen}\left(\omega_{fi}^+ t/2\right)}{\omega_{fi}^+/2} + e^{-i\omega_{fi}^- t/2} \frac{\mathrm{sen}\left(\omega_{fi}^- t/2\right)}{\omega_{fi}^-/2} \right|^2 \tag{8.19}$$

donde se ha definido $\omega_{fi}^+ = \omega + \omega_{fi}$ y $\omega_{fi}^- = \omega - \omega_{fi}$. En la región resonante, en la que $\omega \approx \omega_{fi}$ (figura 8.1), esta expresión puede aproximarse por:

$$P_{i \to f}(t; \omega \approx \omega_{fi}) \approx \frac{1}{4\hbar^2} \left| \langle \varepsilon_f^{(0)} | V | \varepsilon_i^{(0)} \rangle \right|^2 \frac{\mathrm{sen}^2\left(\omega_{fi}^- t/2\right)}{\left(\omega_{fi}^-/2\right)^2} \tag{8.20}$$

La probabilidad de transición resultante oscila con el tiempo entre cero y un valor máximo, fenómeno denominado *oscilaciones de Rabi* (figura 8.2). Este efecto no aparece solamente en la solución aproximada a primer orden en teoría de perturbaciones, sino también en la solución exacta, donde la frecuencia ω_{fi}^- se remplaza por la *frecuencia de Rabi* ω_R, dada por:

$$\omega_R = \sqrt{(\omega_{fi}^-)^2 + \frac{1}{\hbar^2} \left| \langle \varepsilon_f^{(0)} | V | \varepsilon_i^{(0)} \rangle \right|^2} \tag{8.21}$$

En el caso de una *perturbación constante* dada por $\Delta H = V$ puede emplearse la expresión obtenida para la perturbación armónica particularizada a $\omega = 0$, resultando:

$$P_{i \to f}(t; \omega = 0) \approx \frac{1}{\hbar^2} \left| \langle \varepsilon_f^{(0)} | V | \varepsilon_i^{(0)} \rangle \right|^2 \frac{\mathrm{sen}^2(\omega_{fi} t/2)}{(\omega_{fi}/2)^2} \tag{8.22}$$

que es similar a 8.20, pero remplazando ω_{fi}^- por ω_{fi} y eliminando un factor $1/4$.

Demostración: Probabilidad de transición para perturbación armónica o constante

Se tiene una perturbación de la forma $\Delta H(t) = V f(t)$ con $f(t) = \cos(\omega t)$ (se puede resolver de manera análoga con $f(t) = \mathrm{sen}(\omega t)$). La probabilidad de

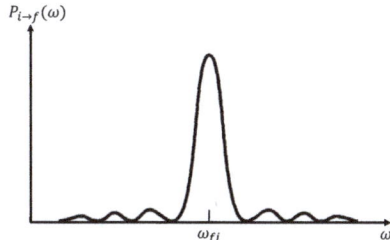

Figura 8.1. Probabilidad de transición en función de la frecuencia ω de una perturbación armónica, con frecuencia natural (resonante) ω_{fi}.

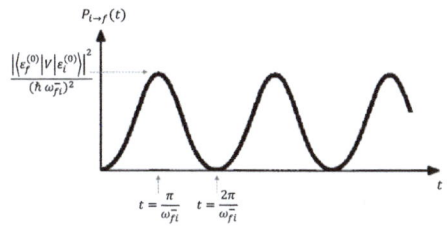

Figura 8.2. Probabilidad de transición en función del tiempo para una perturbación armónica, donde aparecen las oscilaciones de Rabi.

transición del autoestado inicial $|\varepsilon_i^{(0)}\rangle$ al autoestado final $|\varepsilon_f^{(0)}\rangle$ viene dada por:

$$P_{i\to f}(t;\omega) \approx \frac{1}{\hbar^2}\left|\langle\varepsilon_f^{(0)}|V|\varepsilon_i^{(0)}\rangle\right|^2 \left|\int_0^t dt'\, e^{i\omega_{fi}t'}\cos(\omega t')\right|^2$$

$$= \frac{1}{\hbar^2}\left|\langle\varepsilon_f^{(0)}|V|\varepsilon_i^{(0)}\rangle\right|^2 \left|\int_0^t dt'\, e^{i\omega_{fi}t'}\frac{1}{2}\left(e^{i\omega t'}+e^{-i\omega t'}\right)\right|^2$$

$$= \frac{1}{4\hbar^2}\left|\langle\varepsilon_f^{(0)}|V|\varepsilon_i^{(0)}\rangle\right|^2 \left|\int_0^t dt'\, e^{i(\omega+\omega_{fi})t'}+\int_0^t dt'\, e^{-i(\omega-\omega_{fi})t'}\right|^2$$

Definiendo $\omega_{fi}^+ = \omega + \omega_{fi}$ y $\omega_{fi}^- = \omega - \omega_{fi}$ y calculando las integrales se obtiene:

$$P_{i\to f}(t;\omega) \approx \frac{1}{4\hbar^2}\left|\langle\varepsilon_f^{(0)}|V|\varepsilon_i^{(0)}\rangle\right|^2 \left|\frac{e^{i\omega_{fi}^+t}-1}{i\omega_{fi}^+}+\frac{e^{-i\omega_{fi}^-t}-1}{(-i\omega_{fi}^-)}\right|^2$$

$$= \frac{1}{4\hbar^2}\left|\langle\varepsilon_f^{(0)}|V|\varepsilon_i^{(0)}\rangle\right|^2 \cdot$$

$$\cdot\left|e^{i\omega_{fi}^+t/2}\frac{\left(e^{i\omega_{fi}^+t/2}-e^{-i\omega_{fi}^+t/2}\right)}{i\omega_{fi}^+}+e^{-i\omega_{fi}^-t/2}\frac{\left(e^{-i\omega_{fi}^-t/2}-e^{i\omega_{fi}^-t/2}\right)}{(-i\omega_{fi}^-)}\right|^2$$

$$= \frac{1}{4\hbar^2}\left|\langle\varepsilon_f^{(0)}|V|\varepsilon_i^{(0)}\rangle\right|^2 \left|e^{i\omega_{fi}^+t/2}\frac{\text{sen}\left(\omega_{fi}^+t/2\right)}{\omega_{fi}^+/2}+e^{-i\omega_{fi}^-t/2}\frac{\text{sen}\left(\omega_{fi}^-t/2\right)}{\omega_{fi}^-/2}\right|^2$$

Para frecuencias cercanas a la resonancia, $\omega \approx \omega_{fi}$, se tiene $\omega_{fi}^- \ll \omega_{fi}^+$ (suponiendo $\omega_{fi} > 0$), y el término con denominador $\omega_{fi}^+/2$ se puede despreciar respecto al término con denominador $\omega_{fi}^-/2$, resultando:

$$P_{i \to f}(t; \omega \approx \omega_{fi}) \approx \frac{1}{4\hbar^2} \left| \langle \varepsilon_f^{(0)} | V | \varepsilon_i^{(0)} \rangle \right|^2 \frac{\text{sen}^2 \left(\omega_{fi}^- t/2 \right)}{\left(\omega_{fi}^-/2 \right)^2}$$

En la resonancia estrictamente, $\omega = \omega_{fi}$, la expresión anterior en el límite $\omega_{fi}^- \to 0$ proporciona:

$$P_{i \to f}(t; \omega_{fi}) \approx \frac{1}{4\hbar^2} \left| \langle \varepsilon_f^{(0)} | V | \varepsilon_i^{(0)} \rangle \right|^2 t^2$$

En el caso de una perturbación constante se tiene $f(t) = 1$, que corresponde a $\omega = 0$, y por tanto $\omega_{fi}^+ = \omega_{fi}$ y $\omega_{fi}^- = -\omega_{fi}$, resultando la siguiente probabilidad de transición:

$$P_{i \to f}(t; 0) \approx \frac{1}{4\hbar^2} \left| \langle \varepsilon_f^{(0)} | V | \varepsilon_i^{(0)} \rangle \right|^2 \left| e^{i\omega_{fi}t/2} \frac{\text{sen}(\omega_{fi}t/2)}{\omega_{fi}/2} + e^{i\omega_{fi}t/2} \frac{\text{sen}(-\omega_{fi}t/2)}{(-\omega_{fi}/2)} \right|^2$$

$$= \frac{1}{4\hbar^2} \left| \langle \varepsilon_f^{(0)} | V | \varepsilon_i^{(0)} \rangle \right|^2 \left| 2e^{i\omega_{fi}t/2} \frac{\text{sen}(\omega_{fi}t/2)}{\omega_{fi}/2} \right|^2 = \frac{1}{\hbar^2} \left| \langle \varepsilon_f^{(0)} | V | \varepsilon_i^{(0)} \rangle \right|^2 \frac{\text{sen}^2(\omega_{fi}t/2)}{(\omega_{fi}/2)^2}$$

Demostración: Cálculo exacto de la frecuencia de Rabi

La probabilidad de transición para una perturbación armónica, dada por $\Delta H(t) = V \cos(\omega t)$, cerca de la resonancia, $\omega \approx \omega_{fi}$, puede calcularse de manera exacta partiendo de una perturbación de la forma $\Delta H(t) = (V/2) \, e^{-i\omega t}$. Emplear desde el principio esta perturbación equivale a despreciar el término con denominador ω_{fi}^+ que aparece en el cálculo aproximado a primer orden en teoría de perturbaciones.

La ec. 8.5 es la ecuación diferencial exacta para cada uno de los coeficientes dependientes del tiempo. En particular, para un sistema de dos estados, inicial i y final f, e introduciendo la perturbación $\Delta H(t) = (V/2) \, e^{-i\omega t}$, se obtiene el siguiente sistema de dos ecuaciones:

$$\frac{d}{dt} c_f(t) = -\frac{i}{\hbar} e^{i\omega_{fi}t} c_i(t) \langle \varepsilon_f^{(0)} | \Delta H(t) | \varepsilon_i^{(0)} \rangle = -\frac{i}{2\hbar} e^{i\omega_{fi}t} c_i(t) V_{fi} e^{-i\omega t}$$

$$= -\frac{i}{2\hbar} e^{-i\omega_{fi}^- t} V_{fi} c_i(t)$$

$$\frac{d}{dt} c_i(t) = -\frac{i}{\hbar} e^{i\omega_{if}t} c_f(t) \langle \varepsilon_i^{(0)} | \Delta H(t) | \varepsilon_f^{(0)} \rangle = -\frac{i}{\hbar} e^{-i\omega_{fi}t} c_f(t) \langle \varepsilon_f^{(0)} | \Delta H(t) | \varepsilon_i^{(0)} \rangle^*$$

$$= -\frac{i}{2\hbar} e^{-i\omega_{fi}t} c_f(t) V_{fi}^* e^{i\omega t} = -\frac{i}{2\hbar} e^{i\omega_{fi}^- t} V_{fi}^* c_f(t)$$

donde se ha usado $\omega_{if} = -\omega_{fi}$ y se ha introducido la notación $V_{fi} = \langle \varepsilon_f^{(0)} | V | \varepsilon_i^{(0)} \rangle$ y $\omega_{fi}^- = \omega - \omega_{fi}$. De la primera ecuación se deduce la siguiente expresión para $c_i(t)$:

$$c_i(t) = -\frac{2\hbar}{iV_{fi}} \, e^{i\omega_{fi}^- t} \frac{d}{dt} c_f(t)$$

Para resolver el sistema se derivan de nuevo con respecto al tiempo los dos miembros de la ecuación para $c_f(t)$ y se introducen las expresiones para $c_i(t)$ y su derivada, de donde se obtiene una ecuación diferencial de segundo orden para $c_f(t)$:

$$\frac{d^2}{dt^2} c_f(t) = -\frac{i}{2\hbar} \, V_{fi} \, e^{-\omega_{fi}^- t} \left[-i\omega_{fi}^- \, c_i(t) + \frac{d}{dt} c_i(t) \right]$$

$$= -\frac{i}{2\hbar} \, V_{fi} \, e^{-\omega_{fi}^- t} \left[-i\omega_{fi}^- \left(-\frac{2\hbar}{iV_{fi}} \, e^{i\omega_{fi}^- t} \frac{d}{dt} c_f(t) \right) + \left(-\frac{i}{2\hbar} \, e^{i\omega_{fi}^- t} \, V_{fi}^* \, c_f(t) \right) \right]$$

$$\Rightarrow \qquad \frac{d^2}{dt^2} \, c_f(t) + i\omega_{fi}^- \frac{d}{dt} \, c_f(t) + \frac{|V_{fi}|^2}{4\hbar^2} \, c_f(t) = 0$$

Su solución es de la forma $c_f(t) = e^{\lambda t}$, que introducida en la ecuación diferencial anterior proporciona la ecuación algebraica $\lambda^2 + i\omega_{fi}^- \lambda + |V_{fi}|^2/(4\hbar^2) = 0$, que tiene dos soluciones para λ:

$$\lambda_\pm = \frac{1}{2} \left[-i\omega_{fi}^- \pm \sqrt{(i\omega_{fi}^-)^2 - 4\frac{|V_{fi}|^2}{4\hbar^2}} \right] = \frac{i}{2} \left[-\omega_{fi}^- \pm \omega_R \right]$$

donde $\omega_R = \sqrt{(\omega_{fi}^-)^2 + |V_{fi}|^2/\hbar^2}$ es la frecuencia de Rabi.

La solución general es una combinación lineal arbitraria de ambas soluciones:

$$c_f(t) = A \, e^{\lambda_+ t} + B \, e^{\lambda_- t} = e^{-i\omega_{fi}^- t/2} \left[A \, e^{i\omega_R t/2} + B \, e^{-i\omega_R t/2} \right]$$

$$= e^{-i\omega_{fi}^- t/2} \left[C \cos(\omega_R t/2) + D \operatorname{sen}(\omega_R t/2) \right]$$

La condición inicial $c_f(0) = 0$ implica $C = 0$ y $c_f(t) = D \, e^{-i\omega_{fi}^- t/2} \operatorname{sen}(\omega_R t/2)$, y entonces:

$$\frac{d}{dt} c_f(t) = \frac{D}{2} \left[\omega_R \cos(\omega_R t/2) - i\omega_{fi}^- \operatorname{sen}(\omega_R t/2) \right] e^{-i\omega_{fi}^- t/2}$$

Introduciendo el resultado obtenido en la expresión para $c_i(t)$ deducida antes, resulta:

$$
\begin{aligned}
c_i(t) &= -\frac{2\hbar}{iV_{fi}}\, e^{i\omega^-_{fi}t}\, \frac{d}{dt} c_f(t) \\
&= -\frac{2\hbar}{iV_{fi}}\, e^{i\omega^-_{fi}t}\, \frac{D}{2}\left[\omega_R \cos(\omega_R t/2) - i\omega^-_{fi}\, \mathrm{sen}(\omega_R t/2)\right] e^{-i\omega^-_{fi}t/2} \\
&= -\frac{\hbar}{iV_{fi}}\, D\, e^{i\omega^-_{fi}t/2}\left[\omega_R \cos(\omega_R t/2) - i\omega^-_{fi}\, \mathrm{sen}(\omega_R t/2)\right]
\end{aligned}
$$

Con esta expresión y la condición inicial $c_i(0) = 1$ se deduce $D = -iV_{fi}/(\hbar\omega_R)$, y el coeficiente $c_f(t)$ resulta finalmente:

$$
c_f(t) = D\, e^{-i\omega^-_{fi}t/2}\, \mathrm{sen}(\omega_R t/2) = -\frac{i}{\hbar\omega_R}\, V_{fi}\, e^{-i\omega^-_{fi}t/2}\, \mathrm{sen}(\omega_R t/2)
$$

La probabilidad de transición del estado inicial al estado final es entonces:

$$
P_{i\to f}(t) = |c_f(t)|^2 = \frac{1}{4\hbar^2}\left|\langle \varepsilon_f^{(0)}|V|\varepsilon_i^{(0)}\rangle\right|^2 \frac{\mathrm{sen}^2(\omega_R t/2)}{(\omega_R/2)^2}
$$

Esta expresión exacta es formalmente análoga a la obtenida con teoría de perturbaciones a primer orden (ec. 8.20), pero remplazando la frecuencia ω^-_{fi} por la frecuencia de Rabi ω_R (ec. 8.21).

8.4. Regla de oro de Fermi

Los estados de energía finales tras una transición pueden pertenecer a un espectro continuo, representados por autovectores generalizados del hamiltoniano asociados a un conjunto continuo de energías (apdo. 2.8), y la expresión $|\langle \varepsilon_f|\psi(t)\rangle|^2$ corresponde entonces a una densidad de probabilidad (apdo. 3.2). Para obtener una probabilidad de transición a estados del continuo es necesario multiplicarla por una *densidad de estados finales*, $\rho(E)$, e integrarla en un cierto intervalo de energías:

$$
P_{i\to\Delta f}(t) = \int_{\Delta E} dE\, \rho(E) \left|\langle \varepsilon_f^{(0)}(E)|\psi(t)\rangle\right|^2 \tag{8.23}
$$

Para una perturbación constante del hamiltoniano, $\Delta H = V$, se obtiene la expresión aproximada:

$$
P_{i\to\Delta f}(t) \approx \frac{2\pi}{\hbar}\, \rho(E_i^{(0)}) \left|\langle \varepsilon_f^{(0)}(E_i^{(0)})|V|\varepsilon_i^{(0)}\rangle\right|^2 t \tag{8.24}
$$

Se observa que, cuando se considera un intervalo continuo de estados finales, desaparece la reversibilidad característica de la transición entre dos estados discretos, pasando de una probabilidad oscilante en el tiempo (ec. 8.22), a una probabilidad aproximadamente lineal en el tiempo, válida a primer orden en teoría de perturbaciones para tiempos no muy largos ni excesivamente cortos.

El *ritmo de transición* resultante, que es la probabilidad de transición por unidad de tiempo, es constante y se conoce como *regla de oro de Fermi*:

$$R_{i \to \Delta f}(t) \approx \frac{2\pi}{\hbar} \, \rho(E_i^{(0)}) \left| \langle \varepsilon_f^{(0)}(E_i^{(0)}) | V | \varepsilon_i^{(0)} \rangle \right|^2 \qquad (8.25)$$

Los elementos de matriz $\langle \varepsilon_f^{(0)} | V | \varepsilon_i^{(0)} \rangle$ distintos de cero corresponden a *transiciones permitidas*, que están recogidas en las *reglas de selección* de las transiciones de un sistema. Los elementos de matriz nulos corresponden a *transiciones prohibidas*, que pueden tener lugar, aunque con menor probabilidad que las permitidas, si se consideran órdenes mayores en la perturbación.

Demostración: Transiciones al espectro continuo y regla de oro de Fermi

La probabilidad de transición a un intervalo continuo de estados finales (ec. 3.5), identificados por un índice continuo a, es:

$$P_{i \to \Delta f}(t) = \int_{\Delta a} da \left| \langle \varepsilon_f^{(0)}(a) | \psi(t) \rangle \right|^2 = \int_{\Delta E} dE \, \rho(E) \left| \langle \varepsilon_f^{(0)}(E) | \psi(t) \rangle \right|^2$$

donde se ha cambiado a la variable energía usando $da = (da(E)/dE) \, dE$ y se ha definido la *densidad de energía* de los estados finales del continuo, denominada en otros contextos *espacio de fases*, como $\rho(E) = da(E)/dE$.

Introduciendo en este resultado la densidad de probabilidad $|\langle \varepsilon_f^{(0)}(E) | \psi(t) \rangle|^2$ que se obtiene en teoría de perturbaciones a primer orden para una perturbación constante V (expresión de la ec. 8.22) y escribiendo la frecuencia de la transición en términos de la energía inicial $E_i^{(0)}$ (discreta) y de la energía final E (continua), resulta:

$$P_{i \to \Delta f}(t) \approx \int_{\Delta E} dE \, \rho(E) \frac{1}{\hbar^2} \left| \langle \varepsilon_f^{(0)}(E) | V | \varepsilon_i^{(0)} \rangle \right|^2 \frac{\operatorname{sen}^2 \left((E - E_i^{(0)}) \, t / 2\hbar \right)}{\left((E - E_i^{(0)}) / 2\hbar \right)^2}$$

El último factor del integrando de la expresión obtenida presenta un pico muy pronunciado en $E \approx E_i^{(0)}$ (figura 8.3). El resto de funciones del integrando pueden remplazarse aproximadamente por su valor en la posición del pico (en $E = E_i^{(0)}$) y extraerse de la integral. Además, la integral en un intervalo de energía que contiene el pico puede extenderse con muy buena aproximación a toda la recta real, ya que para energías alejadas del pico el valor del integrando es muy pequeño. El resultado aproximado es:

$$P_{i\to\Delta f}(t) \approx \frac{1}{\hbar^2}\,\rho(E_i^{(0)})\left|\langle\varepsilon_f^{(0)}(E_i^{(0)})|V|\varepsilon_i^{(0)}\rangle\right|^2 \int_{-\infty}^{\infty} dE\, \frac{\mathrm{sen}^2\left((E-E_i^{(0)})\,t/2\hbar\right)}{\left((E-E_i^{(0)})/2\hbar\right)^2}$$

$$= \frac{1}{\hbar^2}\,\rho(E_i^{(0)})\left|\langle\varepsilon_f^{(0)}(E_i^{(0)})|V|\varepsilon_i^{(0)}\rangle\right|^2 2\hbar\pi\,t = \frac{2\pi}{\hbar}\,\rho(E_i^{(0)})\left|\langle\varepsilon_f^{(0)}(E_i^{(0)})|V|\varepsilon_i^{(0)}\rangle\right|^2 t$$

que es válido para tiempos no muy largos, donde el tratamiento perturbativo es adecuado (ya que la probabilidad no puede ser mayor que 1), y no excesivamente cortos, ya que el pico de la función se ensancha y deja de ser válida la aproximación realizada. El ritmo de transición en esta aproximación, que se obtiene como $dP_{i\to\Delta f}(t)/dt$, se conoce como regla de oro de Fermi.

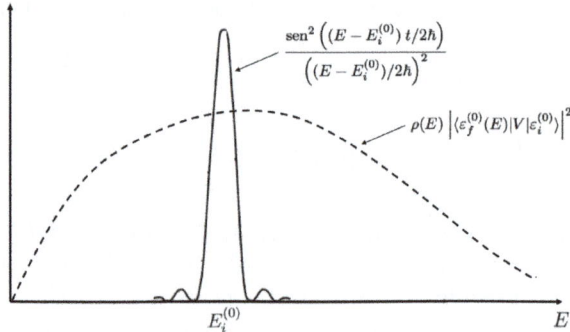

Figura 8.3. Factores en el integrando de la expresión de la probabilidad de transición a estados finales del continuo en función de la energía final.

8.5. Ley de decaimiento exponencial

El ritmo de transición constante de la regla de oro de Fermi (ec. 8.25) puede identificarse con la *constante de desintegración* o *de decaimiento* de un sistema, $\lambda_i \equiv R_{i\to\Delta f}$. La probabilidad en función del tiempo de que un sistema permanezca en un estado inicial i, es decir, que no tenga lugar una transición a otro estado f, puede obtenerse como el producto de las probabilidades de permanencia en n intervalos cortos sucesivos de duración $\Delta t = t/n$ y haciendo tender a infinito ese número de intervalos:

$$P_i(t) = [P_i(\Delta t)]^n = [1-\lambda_i\Delta t]^n = \left[1-\frac{\lambda_i t}{n}\right]^n \xrightarrow{\text{lím } n\to\infty} e^{-\lambda_i t} \qquad (8.26)$$

Este resultado se conoce como *ley de decaimiento exponencial*, que se obtiene para un ritmo de transición λ_i constante y es aplicable, por ejemplo, a transiciones electromagnéticas entre niveles de energía de estructuras de la materia como núcleos (desintegración de tipo gamma), átomos o moléculas, o a desintegraciones de partículas o de núcleos (de tipo alfa, beta, etc.).

Más en general, sin restringirse a la aproximación proporcionada por la teoría de perturbaciones a primer orden, se puede considerar un sistema que se encuentra inicialmente en un estado inicial, $|\varepsilon_i^{(0)}\rangle$, que es autoestado de un hamiltoniano sin perturbar independiente del tiempo, en el que se introduce a continuación una perturbación que da lugar a un hamiltoniano completo H dependiente del tiempo. La probabilidad de permanencia del sistema en el estado inicial se obtiene como:

$$P_i(t) = \left| \langle \varepsilon_i^{(0)} | e^{-\frac{i}{\hbar}Ht} | \varepsilon_i^{(0)} \rangle \right|^2 \tag{8.27}$$

donde se ha introducido la evolución temporal del vector de estado inicial con el hamiltoniano completo, según las ecs. 3.33 - 3.34. Expresando el vector de estado inicial en la base propia del hamiltoniano completo, $\{|\varepsilon_n\rangle\}$, la probabilidad de permanencia resulta:

$$P_i(t) = \left| \sum_n |\langle \varepsilon_n | \varepsilon_i^{(0)} \rangle|^2 \, e^{-\frac{i}{\hbar}E_n t} \right|^2 = \left| \int_{-\infty}^{\infty} \eta_i(E) \, e^{-\frac{i}{\hbar}Et} \, dE \right|^2 \tag{8.28}$$

que se ha reescrito en términos de la *función espectral* del estado inicial, dada por:

$$\eta_i(E) = \sum_n |\langle \varepsilon_n | \varepsilon_i^{(0)} \rangle|^2 \, \delta(E - E_n) \tag{8.29}$$

Como se observa en la ec. 8.28, la amplitud de probabilidad de permanencia en un estado y su función espectral se relacionan mediante una transformada de Fourier. Así, la probabilidad de permanencia en un estado no tiene una dependencia universal con el tiempo, sino que varía según la forma concreta que tome su función espectral. En particular, una probabilidad que disminuye exponencialmente con el tiempo corresponde a un estado inicial con una función espectral continua (asociada a un espectro continuo del hamiltoniano completo H) de tipo *lorentziana* o de *Breit-Wigner*[20], dada por:

$$\eta_i(E) = \frac{1}{\pi} \frac{\lambda_i \hbar/2}{(E - E_{i0})^2 + (\lambda_i \hbar/2)^2} \tag{8.30}$$

Esta función tiene forma de pico con máximo en E_{i0} y anchura a mitad del máximo dada por $\lambda_i \hbar$, donde λ_i es la constante de desintegración del sistema en el estado inicial, que es la inversa de su vida media, $\lambda_i = \tau_i^{-1}$ (apdo. 14.1). Esta proporcionalidad inversa entre la anchura de la distribución de energía de un estado y su tiempo esperado de supervivencia aparece también en el principio de incertidumbre para las

---

[20] En un sistema físico real el espectro de energía de un estado tiene un límite inferior, es decir, para $E < E_{min}$ se tiene $\eta(E) = 0$. Esta condición es incompatible con la distribución lorentziana, de manera que la probabilidad de permanencia del estado inicial no puede ser estrictamente exponencial. En consecuencia, para tiempos muy largos la probabilidad disminuye más lentamente que con una función exponencial decreciente, aunque este régimen suele ser difícil de explorar experimentalmente porque el número de sistemas que quedan sin desintegrar es muy pequeño.

variables energía y tiempo, donde la incertidumbre en la energía se interpreta como la desviación típica de su distribución (ecs. 1.4, 3.37).

Con la función espectral lorentziana la probabilidad de permanencia en el estado inicial (ec. 8.28) resulta $P_i(t) = |e^{-(i/\hbar)E_i't}|^2 = e^{-\lambda_i t}$, donde $E_i' \equiv E_{i0} - (\lambda_i \hbar/2)i$ puede interpretarse como una energía compleja que estaría asociada al estado inicial si este fuera autoestado del hamiltoniano completo, aunque en realidad solo lo es del hamiltoniano sin perturbar.

Demostración: Probabilidad de permanencia en términos de la función espectral

El vector de estado inicial, que es autovector del hamiltoniano sin perturbar, puede expresarse en la base propia del hamiltoniano completo como $|\varepsilon_i^{(0)}\rangle = \sum_n \langle\varepsilon_n|\varepsilon_i^{(0)}\rangle\,|\varepsilon_n\rangle$. Considerando la evolución temporal del estado inicial con el hamiltoniano completo H, la probabilidad de permanencia en el estado inicial viene dada por:

$$P_i(t) = \left|\langle\varepsilon_i^{(0)}|e^{-\frac{i}{\hbar}Ht}|\varepsilon_i^{(0)}\rangle\right|^2$$

$$= \left|\left(\sum_{n'}\langle\varepsilon_{n'}|\varepsilon_i^{(0)}\rangle^*\,\langle\varepsilon_{n'}|\right)e^{-\frac{i}{\hbar}Ht}\left(\sum_n\langle\varepsilon_n|\varepsilon_i^{(0)}\rangle\,|\varepsilon_n\rangle\right)\right|^2$$

$$= \left|\sum_{n,n'}\langle\varepsilon_{n'}|\varepsilon_i^{(0)}\rangle^*\,\langle\varepsilon_n|\varepsilon_i^{(0)}\rangle\,e^{-\frac{i}{\hbar}E_n t}\,\langle\varepsilon_{n'}|\varepsilon_n\rangle\right|^2$$

$$= \left|\sum_n |\langle\varepsilon_n|\varepsilon_i^{(0)}\rangle|^2\,e^{-\frac{i}{\hbar}E_n t}\right|^2 = \left|\int_{-\infty}^{\infty}\eta_i(E)\,e^{-\frac{i}{\hbar}Et}\,dE\right|^2$$

donde la función espectral se define como $\eta_i(E) = \sum_n |\langle\varepsilon_n|\varepsilon_i^{(0)}\rangle|^2\,\delta(E - E_n)$. Para una función espectral de tipo lorentziana (ec. 8.30) en el estado inicial la probabilidad de permanencia en ese estado resulta:

$$P_i(t) = \left|\int_{-\infty}^{\infty}\frac{1}{\pi}\frac{\lambda_i\hbar/2}{(E - E_{i0})^2 + (\lambda_i\hbar/2)^2}\,e^{-\frac{i}{\hbar}Et}\,dE\right|^2 = \left|e^{-\frac{i}{\hbar}\left(E_{i0} - \frac{\lambda_i\hbar}{2}i\right)t}\right|^2 = e^{-\lambda_i t}$$

El factor $E_{i0} - (\lambda_i\hbar/2)i$ en la penúltima exponencial puede interpretarse como una energía compleja E_i' del estado inicial, como si fuera un autoestado del hamiltoniano completo.

Para intervalos de tiempo Δt muy cortos la probabilidad de permanencia se puede aproximar como:

$$P_i(\Delta t) = \left|\langle\varepsilon_i^{(0)}|e^{-\frac{i}{\hbar}H\Delta t}|\varepsilon_i^{(0)}\rangle\right|^2 \approx 1 - \frac{1}{\hbar^2}\,\sigma_{H,\varepsilon_i^{(0)}}^2\,(\Delta t)^2 \tag{8.31}$$

donde $\sigma_{H,\varepsilon_i^{(0)}}$ es la incertidumbre de la energía en el estado $|\varepsilon_i^{(0)}\rangle$, definida como la desviación típica de sus posibles valores (ec. 3.9):

$$\sigma_{H,\varepsilon_i^{(0)}} = \sqrt{\langle H^2 \rangle_{\varepsilon_i^{(0)}} - \langle H \rangle_{\varepsilon_i^{(0)}}^2} \tag{8.32}$$

El hecho de que la energía no tenga un valor preciso se debe a que el estado $|\varepsilon_i^{(0)}\rangle$ y la energía E son autoestado y autovalor, respectivamente, del hamiltoniano independiente del tiempo, pero no del hamiltoniano completo H.

De la ec. 8.31 se deduce que para intervalos de tiempo muy cortos la probabilidad de permanencia en el estado inicial no es exponencial[21], que correspondería a una aproximación $P_i(\Delta t) \approx 1 - \alpha_i \Delta t$, sino parabólica, que corresponde a una aproximación $P_i(\Delta t) \approx 1 - \beta_i (\Delta t)^2$ como la obtenida en la ec. 8.31.

El resultado obtenido es compatible con el de teoría de perturbaciones a primer orden para tiempos muy cortos, donde no son válidas las aproximaciones que llevan a una dependencia temporal lineal de la probabilidad de transición y se obtiene, en cambio, una dependencia temporal cuadrática:

$$P_i(\Delta t) \approx 1 - \int_{\Delta E} dE\, \rho(E)\, \frac{1}{\hbar^2} \left| \langle \varepsilon_f^{(0)}(E)|V|\varepsilon_i^{(0)}\rangle \right|^2 \frac{\operatorname{sen}^2\left((E - E_i^{(0)})\,\Delta t/2\hbar \right)}{\left((E - E_i^{(0)})/2\hbar \right)^2}$$

$$\approx 1 - \left[\int_{\Delta E} dE\, \rho(E)\, \frac{1}{\hbar^2} \left| \langle \varepsilon_f^{(0)}(E)|V|\varepsilon_i^{(0)}\rangle \right|^2 \right] (\Delta t)^2 \tag{8.33}$$

Demostración: Probabilidad de permanencia en un estado para tiempos muy cortos

El operador de evolución temporal para tiempos muy cortos se puede desarrollar en serie de Taylor, de manera que el módulo al cuadrado de su valor esperado en el estado $|\varepsilon_i^{(0)}\rangle$, que proporciona la probabilidad de permanencia del sistema en él, resulta:

$$P_i(\Delta t) = \left| \langle \varepsilon_i^{(0)} | e^{-\frac{i}{\hbar}H\Delta t} | \varepsilon_i^{(0)}\rangle \right|^2 \equiv \left| \langle e^{-\frac{i}{\hbar}H\Delta t}\rangle_{\varepsilon_i^{(0)}} \right|^2$$

$$\approx \left| \left\langle 1 - \frac{i}{\hbar}H\Delta t - \frac{1}{2\hbar^2}H^2(\Delta t)^2 \right\rangle_{\varepsilon_i^{(0)}} \right|^2 = \left| 1 - \frac{i}{\hbar}\langle H \rangle_{\varepsilon_i^{(0)}}\Delta t - \frac{1}{2\hbar^2}\langle H^2 \rangle_{\varepsilon_i^{(0)}}(\Delta t)^2 \right|^2$$

$$\approx 1 - \frac{1}{\hbar^2}\langle H^2 \rangle_{\varepsilon_i^{(0)}}(\Delta t)^2 + \frac{1}{\hbar^2}\langle H \rangle_{\varepsilon_i^{(0)}}^2(\Delta t)^2 = 1 - \frac{1}{\hbar^2}\left(\langle H^2 \rangle_{\varepsilon_i^{(0)}} - \langle H \rangle_{\varepsilon_i^{(0)}}^2 \right)(\Delta t)^2$$

$$= 1 - \frac{1}{\hbar^2}\sigma_{H,\varepsilon_i^{(0)}}^2(\Delta t)^2$$

---

[21] Al igual que ocurre con los tiempos muy largos, los tiempos suficientemente cortos como para evidenciar la desviación respecto a la dependencia exponencial son difíciles de explorar experimentalmente.

En un conjunto grande de sistemas que se encuentran en un mismo estado inicial, cada uno de ellos se puede asociar a una variable aleatoria x_k de tipo Bernoulli que toma el valor $x_k(t) = 1$ si el sistema permanece en el estado inicial al cabo de un tiempo t, con probabilidad $p(t) = e^{-\lambda_i t}$ (ec. 8.26), o el valor $x_k(t) = 0$ si ha sufrido una transición a otro estado, con probabilidad $q(t) = 1 - p(t) = 1 - e^{-\lambda_i t}$.

En una muestra que consta inicialmente de N_0 sistemas, el número de ellos que no se han desintegrado al cabo de un cierto tiempo puede expresarse como la suma de sus variables de Bernoulli: $N(t) = \sum_{k=1}^{N_0} x_k(t)$. La variable $N(t)$ sigue entonces una *distribución de probabilidad binomial*, dada por:

$$P_i(N;t) = \binom{N_0}{N} [p(t)]^N [q(t)]^{N_0-N} = \frac{N_0!}{(N_0 - N)!N!} \left(e^{-\lambda_i t}\right)^N \left(1 - e^{-\lambda_i t}\right)^{N_0-N}$$

(8.34)

La media de esta distribución, que es el número promedio de sistemas que permanecen en el estado inicial tras un cierto tiempo, viene dada por:

$$\bar{N}(t) = N_0\, p(t) = N_0\, e^{-\lambda_i t} \tag{8.35}$$

y su desviación típica viene dada por:

$$\sigma_N(t) = \sqrt{N_0\, p(t)\, q(t)} = \sqrt{N_0\, e^{-\lambda_i t} \left(1 - e^{-\lambda_i t}\right)} \tag{8.36}$$

Cuando el número de sistemas presentes inicialmente en la muestra N_0 es muy grande y la probabilidad de permanencia de cada uno de ellos no es muy cercana a 0 o a 1, la distribución de probabilidad binomial se puede aproximar por una *distribución de probabilidad gaussiana (normal)* con la misma media (ec. 8.35) y la misma desviación típica (ec. 8.36). Haciendo uso de la distribución gaussiana se puede establecer que en una muestra grande el número de sistemas que permanecen en el estado inicial al cabo de un cierto tiempo se encuentra con un 99 % de probabilidad en el intervalo $N(t) \in [\bar{N}(t) - 2{,}58\, \sigma_N(t),\ \bar{N}(t) + 2{,}58\, \sigma_N(t)]$.

8.6. Transiciones electromagnéticas

El campo eléctrico asociado a una radiación electromagnética monocromática con frecuencia angular ω y vector número de onda angular $\vec{\kappa}$ viene dado por:

$$\vec{\mathcal{E}}(\vec{r},t) = \vec{\mathcal{E}}_0 \cos(\vec{\kappa} \cdot \vec{r} - \omega t) \tag{8.37}$$

Para un sistema situado en el origen de coordenadas cuyo tamaño es pequeño en comparación con la longitud de onda λ de la radiación se cumple en su interior que $r/\lambda \ll 1$ y por tanto $\vec{\kappa} \cdot \vec{r} \sim (2\pi/\lambda)\, r \ll 1$. Entonces el campo eléctrico se puede desarrollar en serie de Taylor como:

$$\vec{\mathcal{E}}(\vec{r},t) = \vec{\mathcal{E}}_0 \cos(\vec{\kappa} \cdot \vec{r} - \omega t) = \vec{\mathcal{E}}_0 \left[\cos(\vec{\kappa} \cdot \vec{r}) \cos(\omega t) + \mathrm{sen}(\vec{\kappa} \cdot \vec{r})\, \mathrm{sen}(\omega t)\right]$$

$$= \vec{\mathcal{E}}_0 \left[\left(1 - \frac{(\vec{\kappa} \cdot \vec{r})^2}{2} + ...\right) \cos(\omega t) + \left(\vec{\kappa} \cdot \vec{r} - \frac{(\vec{\kappa} \cdot \vec{r})^3}{6} + ...\right) \mathrm{sen}(\omega t)\right]$$

$$= \vec{\mathcal{E}}_0 \left[\cos(\omega t) + \vec{\kappa} \cdot \vec{r} \, \mathrm{sen}(\omega t) - \frac{(\vec{\kappa} \cdot \vec{r})^2}{2} \cos(\omega t) + \dots \right] \qquad (8.38)$$

Aproximando el campo por el primer término de este desarrollo, que equivale a despreciar por completo su variación en el interior del sistema, resulta:

$$\vec{\mathcal{E}}(t) \approx \vec{\mathcal{E}}_0 \cos(\omega t) = \mathcal{E}_0 \, \hat{n}_{\mathcal{E}_0} \cos(\omega t) \qquad (8.39)$$

donde $\mathcal{E}_0$ es el módulo de $\vec{\mathcal{E}}_0$ y $\hat{n}_{\mathcal{E}_0}$ es el vector unitario en su dirección.

Por otro lado, si el periodo de la radiación, $2\pi/\omega$, es largo en comparación con el tiempo que tarda en atravesar el sistema, el campo puede considerarse aproximadamente electrostático a efectos del cálculo de la energía de interacción con una carga q ligada en ese sistema[22], que procede del trabajo realizado sobre ella en una cierta trayectoria por su interior, $E = -q \int \vec{\mathcal{E}} \cdot d\vec{r}$. Empleando el campo en la aproximación uniforme de la ec. 8.39 y remplazando el vector posición de la carga por el operador correspondiente, se obtiene el siguiente operador hamiltoniano de interacción, que se denomina *hamiltoniano dipolar eléctrico*[23]:

$$\Delta H = -q \int \vec{\mathcal{E}}(t) \cdot d\vec{r} = -q \, \cos(\omega t) \, \vec{\mathcal{E}}_0 \cdot \vec{r} = -q \, \cos(\omega t) \, \mathcal{E}_0 \, \hat{n}_{\mathcal{E}_0} \cdot \vec{r} \qquad (8.40)$$

que habitualmente puede considerarse una perturbación sobre el hamiltoniano que mantiene ligado el sistema (por ejemplo, un átomo o una molécula) y que genera sus autoestados de energía. Se trata de una perturbación armónica, de la forma $\Delta H(t) = V \cos(\omega t)$ con $V = -q \, \mathcal{E}_0 \, \hat{n}_{\mathcal{E}_0} \cdot \vec{r}$, donde $\vec{r}$ es el operador posición. Esta perturbación dependiente del tiempo puede dar lugar a transiciones entre los autoestados de energía del sistema, cuya probabilidad en teoría de perturbaciones a primer orden en la región resonante viene dada por (ec. 8.20):

$$P_{i \to f}(t; \omega \approx \omega_{fi}) \approx \frac{q^2}{2\hbar^2 \epsilon_0} \, \xi \, \left| \hat{n}_{\mathcal{E}_0} \cdot \langle \varepsilon_f^{(0)} | \, \vec{r} \, | \varepsilon_i^{(0)} \rangle \right|^2 \, \frac{\mathrm{sen}^2\left(\omega_{fi}^- t/2 \right)}{\left(\omega_{fi}^-/2 \right)^2} \qquad (8.41)$$

que se ha escrito en función de la densidad de energía promedio de la radiación electromagnética, $\xi = \mathcal{E}_0^2 \epsilon_0/2$, con ϵ_0 la permitividad eléctrica del vacío.

La radiación no monocromática contiene un intervalo continuo de frecuencias, cada una de ellas asociada a una cierta densidad de energía según una cierta distribución $\xi(\omega)$. Suponiendo que la radiación para cada frecuencia es independiente de todas las demás (incoherente), la probabilidad de transición se puede obtener

---

[22] Por ejemplo, puede tratarse de un electrón con $q = -e$ ligado en un átomo o en una molécula, donde el núcleo, mucho más pesado, se supone en reposo y apenas interactúa con el campo oscilante de la radiación electromagnética.

[23] La denominación de dipolar eléctrico procede del factor $q\vec{r}$ que aparece en su expresión, por analogía con la definición del momento dipolar eléctrico de una distribución de cargas (ec. 20.5), aunque en este caso procede de la interacción de una carga puntual con un campo externo.

introduciendo en la ec. 8.41 la dependencia en frecuencias de la densidad de energía, $\xi(\omega)$, e integrando en la frecuencia, resultando:

$$P_{i \to \Delta f}(t) \approx \frac{q^2 \pi}{\hbar^2 \epsilon_0} \, \xi(\omega_{fi}) \left| \hat{n}_{\mathcal{E}_0} \cdot \langle \varepsilon_f^{(0)}(\omega_{fi}) | \, \vec{r} \, | \varepsilon_i^{(0)} \rangle \right|^2 t \qquad (8.42)$$

Si la radiación está polarizada, por ejemplo en la dirección z (y se propaga en la dirección y, perpendicular a la de polarización), entonces $\hat{n}_{\mathcal{E}_0} = (0,0,1)$ y se obtiene:

$$P_{i \to \Delta f}(t) \approx \frac{q^2 \pi}{\hbar^2 \epsilon_0} \, \xi(\omega_{fi}) \left| \langle \varepsilon_f^{(0)}(\omega_{fi}) | \, z \, | \varepsilon_i^{(0)} \rangle \right|^2 t \qquad (8.43)$$

Si, en cambio, la radiación no está polarizada y se propaga en cualquier dirección, se puede efectuar un promedio sobre las direcciones de polarización y de incidencia, resultando:

$$P_{i \to \Delta f}(t) \approx \frac{q^2 \pi}{3\hbar^2 \epsilon_0} \, \xi(\omega_{fi}) \left| \langle \varepsilon_f^{(0)}(\omega_{fi}) | \, \vec{r} \, | \varepsilon_i^{(0)} \rangle \right|^2 t \qquad (8.44)$$

El ritmo de transición electromagnética correspondiente es constante y su expresión es análoga a la regla de oro de Fermi (ec. 8.25):

$$R_{i \to \Delta f}(t) \approx \frac{q^2 \pi}{3\hbar^2 \epsilon_0} \, \xi(\omega_{fi}) \left| \langle \varepsilon_f^{(0)}(\omega_{fi}) | \, \vec{r} \, | \varepsilon_i^{(0)} \rangle \right|^2 \qquad (8.45)$$

Demostración: Probabilidad y ritmo de transición electromagnética

La radiación electromagnética no monocromática contiene un intervalo continuo de frecuencias $\Delta \omega$, cada una de ellas asociada a una densidad de energía $\xi(\omega)$. La probabilidad de una transición originada por esta radiación se calcula integrando la ec. 8.41 en el intervalo de frecuencias, que se puede extender a toda la recta real para obtener un resultado aproximado:

$$P_{i \to \Delta f}(t) \approx \frac{q^2}{2\hbar^2 \epsilon_0} \int_{\Delta \omega} d\omega \, \xi(\omega) \left| \hat{n}_{\mathcal{E}_0} \cdot \langle \varepsilon_f^{(0)}(\omega) | \, \vec{r} \, | \varepsilon_i^{(0)} \rangle \right|^2 \frac{\text{sen}^2 \left(\omega_{fi}^- t/2 \right)}{\left(\omega_{fi}^-/2 \right)^2}$$

$$\approx \frac{q^2}{2\hbar^2 \epsilon_0} \, \xi(\omega_{fi}) \left| \hat{n}_{\mathcal{E}_0} \cdot \langle \varepsilon_f^{(0)}(\omega_{fi}) | \, \vec{r} \, | \varepsilon_i^{(0)} \rangle \right|^2 \int_{-\infty}^{\infty} d\omega \, \frac{\text{sen}^2((\omega - \omega_{fi}) \, t/2)}{((\omega - \omega_{fi})/2)^2}$$

$$= \frac{q^2 \pi}{\hbar^2 \epsilon_0} \, \xi(\omega_{fi}) \left| \hat{n}_{\mathcal{E}_0} \cdot \langle \varepsilon_f^{(0)}(\omega_{fi}) | \, \vec{r} \, | \varepsilon_i^{(0)} \rangle \right|^2 t$$

Se ha tenido en cuenta que la densidad de energía y el elemento de matriz permanecen prácticamente constantes en el pico del integrando, de manera que pueden extraerse de la integral con su valor en $\omega = \omega_{fi}$, siguiendo argumentos similares a los que conducen a la regla de oro de Fermi (ec. 8.25).

Para una radiación en cualquier dirección de propagación y de polarización se puede calcular un valor promedio del módulo al cuadrado que aparece en la probabilidad de transición. Para ello, se expresa el elemento de matriz del operador posición, que es un vector con tres componentes espaciales, como:

$$\langle \varepsilon_f^{(0)}(\omega_{fi})| \, \vec{r} \, |\varepsilon_i^{(0)} \rangle \equiv \langle \vec{r} \rangle_{fi} = |\langle \vec{r} \rangle_{fi}| \, (\mathrm{sen}\,\tilde{\theta}\cos\tilde{\varphi}, \, \mathrm{sen}\,\tilde{\theta}\,\mathrm{sen}\,\tilde{\varphi}, \, \cos\tilde{\theta})$$

Por otro lado, se fija la propagación de la radiación en la dirección z y la polarización en una dirección perpendicular, por ejemplo la y, de manera que $\hat{n}_{\varepsilon_0} = (0,1,0)$. El producto escalar es entonces $\hat{n}_{\varepsilon_0} \cdot \langle \vec{r} \rangle_{fi} = |\langle \vec{r} \rangle_{fi}| \, \mathrm{sen}\,\tilde{\theta}\,\mathrm{sen}\,\tilde{\varphi}$. A continuación, se integra en todo el ángulo sólido ($d\Omega = \mathrm{sen}\,\tilde{\theta}\,d\tilde{\theta}\,d\tilde{\varphi}$), es decir, en todas las direcciones del vector $\langle \vec{r} \rangle_{fi}$ (con $\hat{n}_{\varepsilon_0}$ fijo, que equivale a fijar la dirección de $\langle \vec{r} \rangle_{fi}$ e integrar en todas las direcciones de propagación y de polarización), y se divide entre el ángulo sólido total (4π), resultando:

$$\overline{|\hat{n}_{\varepsilon_0} \cdot \langle \vec{r} \rangle_{fi}|^2} = \overline{\left| |\langle \vec{r} \rangle_{fi}| \, \mathrm{sen}\,\tilde{\theta} \, \mathrm{sen}\,\tilde{\varphi}\right|^2}$$

$$= \frac{1}{4\pi} \int_0^{2\pi} \int_0^{\pi} |\langle \vec{r} \rangle_{fi}|^2 \, \mathrm{sen}^2\tilde{\theta} \, \mathrm{sen}^2\tilde{\varphi} \, \mathrm{sen}\,\tilde{\theta} \, d\tilde{\theta} \, d\tilde{\varphi}$$

$$= \frac{1}{4\pi} |\langle \vec{r} \rangle_{fi}|^2 \int_0^{2\pi} \mathrm{sen}^2\tilde{\varphi} \, d\tilde{\varphi} \int_0^{\pi} \mathrm{sen}^3\tilde{\theta} \, d\tilde{\theta} = \frac{1}{3} |\langle \vec{r} \rangle_{fi}|^2$$

donde las barras verticales en el elemento de matriz $\langle \vec{r} \rangle_{fi}$ indican tanto el módulo del vector como el módulo del número complejo resultante. Introduciendo este promedio en la expresión de la probabilidad de transición dada arriba se obtiene la correspondiente a una radiación electromagnética en cualquier dirección de propagación y de polarización (ec. 8.44).

De acuerdo con los resultados anteriores, el ritmo de transición desde el estado i al estado f es el mismo que desde el estado f al estado i, $R_{i \to f} = R_{f \to i}$. Por tanto, la radiación electromagnética de frecuencia $\omega \approx \omega_{fi}$ que incide en un sistema puede, con la misma probabilidad:

- Excitar el sistema desde un estado inicial de energía E_i a un estado final de energía $E_f = E_i + \hbar\omega_{fi}$. Este proceso implica la captura de un fotón de energía $\hbar\omega_{fi}$ y se denomina *absorción*.
- Inducir la desexcitación del sistema desde un estado inicial de energía E_i a un estado final de energía $E_f = E_i - \hbar\omega_{fi}$. Este proceso implica la emisión de un fotón de energía $\hbar\omega_{fi}$, adicional al fotón de la misma energía que induce la desexcitación, y se denomina *emisión estimulada*[24].

---

[24] En un conjunto grande de sistemas, la emisión estimulada en cadena, en la que los fotones emitidos inducen nuevas emisiones de la misma energía, da lugar al fenómeno del láser (amplificación de luz por emisión estimulada de radiación). Para que se produzca, es necesario que una mayoría de los sistemas se encuentre inicialmente en el estado de mayor energía, situación que se denomina inversión de población, para que el número de fotones emitidos supere al de absorbidos.

Además de los dos procesos anteriores, un sistema puede sufrir una desexcitación no inducida por radiación electromagnética externa (figura 8.4). Este proceso implica la emisión de un fotón de energía $\hbar\omega_{fi}$ y se denomina *emisión espontánea*. En teoría cuántica de campos el campo electromagnético también está cuantizado, en contraste con la descripción clásica empleada en los desarrollos anteriores. En ese contexto, la emisión espontánea está causada por el campo electromagnético en su estado fundamental, cuyo valor no es nulo. Se puede interpretar por tanto como una emisión inducida, pero no por un campo electromagnético aplicado externamente, sino por fotones virtuales presentes en el vacío (apdo. 9.6). El ritmo de transición asociado a la emisión espontánea, $\widetilde{R}_{i\to f}$, viene dado por:

$$\widetilde{R}_{i\to\Delta f} = \frac{q^2}{3\pi\hbar c^3\epsilon_0}\ \omega_{fi}^3\ \left|\langle\varepsilon_f^{(0)}(\omega_{fi})|\ \vec{r}\ |\varepsilon_i^{(0)}\rangle\right|^2 \tag{8.46}$$

Este ritmo constante de transición dipolar espontánea recibe el nombre de *coeficiente A de Einstein*. En ese mismo contexto, el ritmo constante de absorción o de emisión inducida dado por la ec. 8.45 dividido entre la densidad de energía, $R_{i\to\Delta f}/\xi(\omega_{fi})$, recibe el nombre de *coeficiente B de Einstein*.

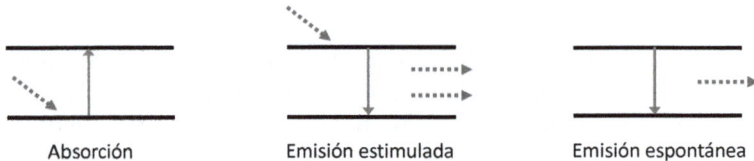

Absorción   Emisión estimulada   Emisión espontánea

Figura 8.4. Representación esquemática de diferentes tipos de transición electromagnética: absorción (izquierda), emisión estimulada (centro) y emisión espontánea (derecha). Las flechas verticales conectan los niveles de energía inicial y final de la transición, y las flechas discontinuas representan fotones incidentes o emitidos.

Demostración: Ritmo de transición espontánea (coeficiente A de Einstein)

La variación temporal del número de sistemas que se encuentran en un estado excitado f y que pueden dar lugar a una emisión inducida o espontánea al estado i de menor energía $(E_i < E_f)$ es:

$$\frac{dN_f}{dt} = -N_f\,\widetilde{R}_{f\to i} - N_f\,R_{f\to i} + N_i\,R_{i\to f}$$

$$= -N_f\,\widetilde{R}_{f\to i} + (N_i - N_f)\,\frac{q^2\pi}{3\hbar^2\epsilon_0}\ \xi(\omega_{fi})\left|\langle\varepsilon_f^{(0)}(\omega_{fi})|\ \vec{r}\ |\varepsilon_i^{(0)}\rangle\right|^2$$

donde N_f y N_i son el número de sistemas en el estado f y en el estado i, respectivamente, $\widetilde{R}_{f\to i}$ es el ritmo de transición espontánea de f a i, $R_{f\to i}$ es el ritmo de la misma transición, pero inducida por un campo externo, y $R_{i\to f}$ es el ritmo de transición inverso, de i a f, por absorción de energía del campo externo (ec. 8.45), que cumple $R_{i\to f} = R_{f\to i}$. En equilibrio térmico con el entorno el número de sistemas que se encuentra en cada nivel de energía no varía, $dN_f/dt = 0$, de donde se deduce:

$$\xi(\omega_{fi}) = \frac{\widetilde{R}_{f\to i}}{\left(\dfrac{N_i}{N_f} - 1\right) \dfrac{q^2\pi}{3\hbar^2\epsilon_0} \left|\langle\varepsilon_f^{(0)}(\omega_{fi})|\,\vec{r}\,|\varepsilon_i^{(0)}\rangle\right|^2}$$

El cociente entre el número de sistemas en ambos niveles de energía en equilibrio térmico, que siguen la distribución de Maxwell-Boltzmann, es $N_i/N_f = e^{-E_i/kT}/e^{-E_f/kT} = e^{\hbar\omega_{fi}/kT}$, donde k es la constante de Boltzmann y T la temperatura absoluta. Introduciéndolo en la expresión anterior resulta:

$$\xi(\omega_{fi}) = \frac{\widetilde{R}_{f\to i}}{\left(e^{\hbar\omega_{fi}/kT} - 1\right) \dfrac{q^2\pi}{3\hbar^2\epsilon_0} \left|\langle\varepsilon_f^{(0)}(\omega_{fi})|\,\vec{r}\,|\varepsilon_i^{(0)}\rangle\right|^2}$$

Por otro lado, la densidad de energía de la radiación térmica emitida por un cuerpo negro según la expresión de Planck es $\xi(\omega) = \hbar\omega^3/\left[\pi^2c^3\left(e^{\hbar\omega/kT}-1\right)\right]$. Particularizando esta expresión para $\omega = \omega_{fi}$ e igualando a la anterior se deduce:

$$\frac{\hbar\omega_{fi}^3}{\pi^2c^3\left(e^{\hbar\omega_{fi}/kT}-1\right)} = \frac{\widetilde{R}_{f\to i}}{\left(e^{\hbar\omega_{fi}/kT}-1\right)\dfrac{q^2\pi}{3\hbar^2\epsilon_0}\left|\langle\varepsilon_f^{(0)}(\omega_{fi})|\,\vec{r}\,|\varepsilon_i^{(0)}\rangle\right|^2}$$

$$\Rightarrow \quad \widetilde{R}_{f\to i} = \frac{q^2}{3\pi\hbar c^3\epsilon_0}\,\omega_{fi}^3\left|\langle\varepsilon_f^{(0)}(\omega_{fi})|\,\vec{r}\,|\varepsilon_i^{(0)}\rangle\right|^2$$

Tabla 8.1. Notación empleada en el capítulo 8

$H^{(0)}$	Término independiente del tiempo del hamiltoniano completo (hamiltoniano sin perturbar).
$\Delta H(t)$ $\equiv \mu H^{(1)}(t)$	Término dependiente del tiempo del hamiltoniano completo (perturbación). Puede expresarse como $\Delta H(t) = V f(t)$, donde V es un operador independiente del tiempo y $f(t)$ es una función (numérica) del tiempo.
$\lvert \varepsilon_k^{(0)} \rangle$	Autovector del término independiente del tiempo del hamiltoniano completo.
$E_k^{(0)}$	Autovalor (energía) del término independiente del tiempo del hamiltoniano completo.
$\lvert \psi(t) \rangle$	Vector de estado dependiente del tiempo.
$c_k(t)$	Coeficientes de la expresión de un vector de estado dependiente del tiempo en la base propia del hamitoniano sin perturbar.
$c_k^{(p)}(t)$	Término de orden p del desarrollo perturbativo del coeficiente $c_k(t)$.
ω_{fi}	Frecuencia natural de la transición entre un estado inicial, con energía $E_i^{(0)}$, y un estado final, con energía $E_f^{(0)}$.
ω	Frecuencia de una perturbación armónica. Se definen también $\omega_{fi}^+ = \omega + \omega_{fi}$ y $\omega_{fi}^- = \omega - \omega_{fi}$.
$P_{i \to f}$	Probabilidad de transición entre un estado inicial, con energía $E_i^{(0)}$, y un estado final, con energía $E_f^{(0)}$.
$R_{i \to f}$	Ritmo de transición entre un estado inicial, con energía $E_i^{(0)}$, y un estado final, con energía $E_f^{(0)}$.
$\rho(E)$	Densidad de estados de energía finales.
N_i	Número de sistemas en una muestra grande que se encuentran en el estado i (inicial).
λ_i	Constante de desintegración del estado i de un sistema.
τ_i	Vida media del estado i de un sistema.
$\widetilde{R}_{i \to f}$	Ritmo de transición espontánea entre un estado inicial, con energía $E_i^{(0)}$, y un estado final, con energía $E_f^{(0)}$ (coeficiente A).
$\xi(\omega)$	Distribución de densidad de la energía promedio de la radiación electromagnética en función de la frecuencia.

9. Partículas elementales e interacciones fundamentales

El Modelo Estándar de partículas elementales es actualmente la teoría física más fundamental sobre la materia ordinaria. Está basado en la teoría cuántica de campos y describe un conjunto limitado de partículas elementales, sin estructura interna conocida, y tres tipos de interacciones fundamentales entre ellas: electromagnética, débil y fuerte, cuya acción se interpreta como el intercambio de partículas mediadoras, de tipo bosónico, entre las partículas de materia, de tipo fermiónico. Las interacciones están vinculadas a simetrías entre las partículas, que permiten clasificarlas y de las que surgen magnitudes conservadas.

9.1. Partículas elementales

Las partículas elementales son los componentes básicos de la materia ordinaria, que en la teoría física actual se consideran puntuales, ya que no existen evidencias experimentales de su estructura interna. En el Modelo Estándar se distinguen dos tipos de partículas según el valor del número cuántico asociado al módulo de su momento angular intrínseco (apdo. 5.2): *fermiones elementales*, o partículas de materia, con espín $s = 1/2$, y *bosones elementales*, que incluyen partículas mediadoras de interacciones, con espín $s = 1$ (vectoriales), y al menos un *bosón de Higgs*, con espín $s = 0$ (escalar).

Los fermiones se organizan en tres *familias* o *generaciones*. Para cada partícula de una de las familias existen partículas análogas en las otras dos familias, con la mayor parte de las propiedades idénticas, pero con diferente masa. Solo los fermiones de la primera familia, que son los más ligeros, son estables y dan lugar a las estructuras microscópicas de la materia: los quarks forman nucleones (protones y neutrones), que a su vez forman núcleos atómicos, que junto con los electrones constituyen los átomos y estos a su vez se unen en moléculas o en redes atómicas.

Los fermiones también se clasifican en *quarks* y en *leptones*, que se diferencian en que los primeros intervienen en las interacciones fuertes (apdo. 9.5), porque poseen el tipo de carga necesaria para ello, mientras que los segundos, no. Cada una de las familias consta de dos quarks, uno con carga eléctrica $Q = +2/3$ y otro con carga eléctrica $Q = -1/3$, y de dos leptones, uno sin carga eléctrica (de tipo neutrino) y otro con carga $Q = -1$, donde todas las cargas están dadas en unidades de la del electrón en valor absoluto (e).

En resumen, los fermiones del Modelo Estándar se organizan de la siguiente manera (figura 9.1):

- Primera familia: quark u (*up*, arriba; $Q = +2/3$), quark d (*down*, abajo; $Q = -1/3$), leptón neutro ν_e (neutrino electrónico; $Q = 0$) y leptón cargado e (electrón; $Q = -1$).
- Segunda familia: quark c (*charm*, encanto; $Q = +2/3$), quark s (*strange*, extraño; $Q = -1/3$), leptón neutro ν_μ (neutrino muónico; $Q = 0$) y leptón cargado μ (muon; $Q = -1$).
- Tercera familia: quark t (*top*, cima; $Q = +2/3$), quark b (*bottom*, fondo; $Q = -1/3$), leptón neutro ν_τ (neutrino tauónico; $Q = 0$) y leptón cargado τ (tauón; $Q = -1$).

Para cada fermión existe una partícula con la misma masa y espín, pero con signo opuesto en otros números cuánticos, que es su *antipartícula*. Por ejemplo, la antipartícula del electrón (que es la única con nombre propio, el *positrón*, con símbolo e^+), tiene su misma masa y espín $s = 1/2$, pero carga eléctrica $Q = +1$ en lugar de $Q = -1$, además de otros números cuánticos opuestos. En general, las antipartículas se nombran con el prefijo *anti-* delante del nombre y su símbolo lleva una barra horizontal encima, por ejemplo el antiquark u ($\bar{u}$) o el antineutrino electrónico ($\bar{\nu}_e$). Los antifermiones son mucho menos abundantes en el Universo que los fermiones, pero el origen preciso de esa asimetría entre materia y antimateria aún no se conoce.

En cuanto a los bosones (figura 9.1), uno de ellos, el *fotón* γ, es el mediador de la interacción electromagnética (apdo. 9.3); otros tres, W^+, W^- y Z^0, son los mediadores de la interacción débil (apdo. 9.4); y otros ocho, los *gluones* g, son los mediadores de la interacción fuerte (apdo. 9.5). Todos ellos tienen espín $s = 1$. Además, existe al menos un bosón adicional con espín $s = 0$, el *bosón de Higgs* (apdo. 9.7). Cada bosón es su propia antipartícula, excepto W^+ y W^-, que lo son una de la otra.

Según esta descripción, el Modelo Estándar consta de 37 partículas elementales distintas: 12 fermiones, 12 antifermiones, 12 bosones mediadores y 1 bosón de Higgs. Sin embargo, este recuento y clasificación no refleja por completo cómo se comportan los fermiones frente a cada una de las interacciones fundamentales, respecto a las cuales forman distintos grupos de simetría.

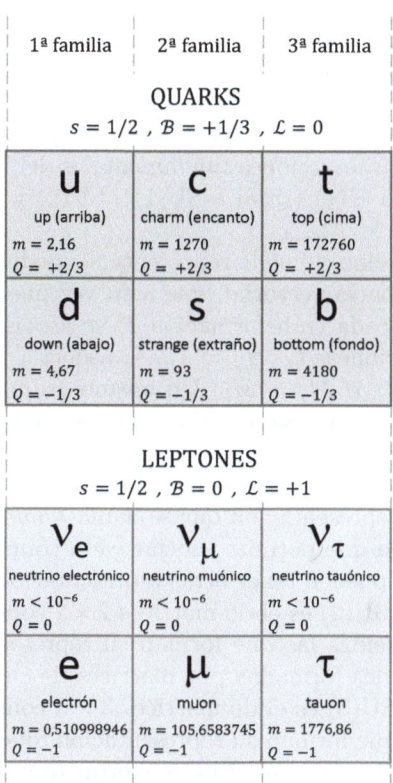

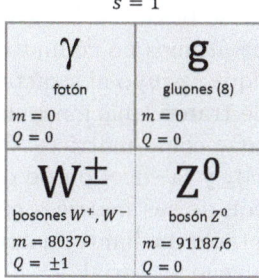

BOSONES MEDIADORES

BOSÓN DE HIGGS

Figura 9.1. Clasificación general de las partículas elementales del Modelo Estándar, indicando símbolo, nombre, masa m en MeV/c^2 y carga eléctrica Q en unidades e. Los fermiones (izquierda) se clasifican por un lado en tres familias (columnas), y por otro lado en quarks (bloque superior) y leptones (bloque inferior); en cada bloque se indica el espín ($s = 1/2$ en ambos), el número bariónico $\mathcal{B}$ y el número leptónico $\mathcal{L}$. Una clasificación análoga se aplica a los antifermiones, que tienen valores opuestos de los números cuánticos Q, $\mathcal{B}$ y $\mathcal{L}$. Los bosones (derecha) se clasifican en mediadores de interacciones fundamentales (con espín $s = 1$) y en bosón de Higgs (con espín $s = 0$).

9.2. Simetría de fase local y origen de las interacciones

Un conjunto de partículas se dice que posee una simetría si existe una colección de transformaciones entre ellas que lo deja invariante, de manera que el conjunto resultante es indistinguible del inicial, al menos en lo que respecta a ciertas propiedades. Las transformaciones que definen una simetría constituyen una estructura algebraica de *grupo*, que se caracteriza por ser cerrado (dos transformaciones sucesivas equivalen a otra transformación de la misma colección, $T_i \circ T_j = T_k$), contener una transformación identidad $T_{\mathbb{I}}$ (que cumple $T_i \circ T_{\mathbb{I}} = T_{\mathbb{I}} \circ T_i = T_i$), contener una transformación inversa T_i^{-1} para cada transformación T_i (que cumple $T_i \circ T_i^{-1} = T_i^{-1} \circ T_i = T_{\mathbb{I}}$), y cumplir la propiedad asociativa ($[T_i \circ T_j] \circ T_k = T_i \circ [T_j \circ T_k]$); si además cumple la propiedad conmutativa ($T_i \circ T_j = T_j \circ T_i$), el grupo se llama *conmutativo* o *abeliano*.

Los grupos de transformaciones de simetría más relevantes en el Modelo Estándar son de tipo SU(n), que son los grupos de matrices $n \times n$ complejas, unitarias ($M^{-1} = M^\dagger$) y con determinante 1. En concreto, las interacciones fundamentales del Modelo Estándar se basan en los grupos de simetría U(1) (igual a SU(1)), SU(2) y SU(3), estos dos últimos no conmutativos.

Cualquier grupo abstracto de transformaciones puede representarse mediante un grupo de transformaciones dentro de un espacio vectorial, que a su vez pueden representarse como matrices, de manera que cada transformación T_i se asocia a una matriz M_i y la sucesión de dos transformaciones, $T_i \circ T_j = T_k$, se asocia a la multiplicación de sus matrices correspondientes, $M_i M_j = M_k$. Un mismo grupo puede representarse mediante matrices de distintas dimensiones, que son las dimensiones de su espacio vectorial.

Los grupos SU(n) mencionados antes ya son de por sí grupos de matrices de dimensión $n \times n$, y ellas mismas forman una representación que se llama *fundamental* o *estándar* (que es la de dimensión más baja que permite asociar cada transformación del grupo a una matriz diferente), pero pueden tener otras representaciones con matrices de dimensión mayor. Así, el grupo SU(2) es el de matrices 2×2 complejas, unitarias y con determinante 1, que son además las que forman su representación fundamental, pero tiene otras representaciones formadas por matrices de cualquier dimensión: 3×3, 4×4, 5×5, ...; el grupo SU(3) es el de matrices 3×3 complejas, unitarias y con determinante 1, que son las que forman su representación fundamental, pero tiene otras representaciones formadas por matrices de ciertas dimensiones específicas: 6×6, 8×8, 10×10, ...

El origen de las interacciones fundamentales del Modelo Estándar puede relacionarse con simetrías de fase en las funciones de onda de las partículas fermiónicas elementales. En mecánica cuántica los vectores de estado, o las funciones de onda correspondientes, poseen una simetría de *fase global*, es decir, la función de onda dependiente del tiempo $\psi(\vec{r},t)$ representa el mismo estado que la función de onda transformada $\psi'(\vec{r},t) = e^{i\theta}\psi(\vec{r},t)$, donde $e^{i\theta}$ es un factor de fase (con módulo 1) y la fase θ es cualquier número real (apdo. 3.1). En particular, ambas funciones de onda satisfacen la ecuación de Schrödinger de evolución temporal (ec. 3.32) para una partícula libre, cuyo hamiltoniano contiene únicamente energía cinética: $H = T = -\hbar^2\nabla^2/2m$. En lugar de la fase global θ se puede introducir una *fase local* $\theta(x^\mu)$, que es función del punto del espacio y del instante de tiempo a través del cuadrivector posición x^μ. Sin embargo, en este caso la ecuación de Schrödinger para partícula libre ya no se satisface, porque la derivada temporal y las derivadas espaciales (provenientes de la energía cinética) actúan sobre ese factor de fase local y producen términos adicionales. Para asegurar la invariancia de la ecuación de Schrödinger bajo transformaciones de fase locales, es decir, para que sea igualmente aplicable a las funciones de onda $\psi(\vec{r},t)$ y $\psi'(\vec{r},t) = e^{i\theta(x^\mu)}\psi(\vec{r},t)$, debe añadirse a la energía cinética del hamiltoniano una energía de interacción con un campo que compense de manera exacta los términos adicionales que surgen. El nuevo campo que se introduce es el de los bosones mediadores de una interacción fundamental, que queda incorporada a la teoría. Así, la imposición de una invariancia o simetría de las ecuaciones bajo transformaciones de fase locales[25], también llamada *simetría gauge local*, origina una interacción fundamental.

Una simetría de fase local del tipo $\psi'(x^\mu) = e^{iq\theta(x^\mu)}\psi(x^\mu)$ está basada en un grupo de simetría U(1), porque el factor de fase es una matriz unitaria de dimensión 1 (un número complejo). Las *teorías de Yang-Mills* involucran simetrías de fase locales análogas a esta, pero asociadas a grupos de matrices de mayor dimensión, que son no conmutativos. En la asociada al grupo de simetría SU(2) el factor de fase es una matriz 2×2 unitaria de determinante 1 que puede escribirse como $e^{iq'\,\vec{\alpha}(x^\mu)\cdot\vec{\sigma}}$, donde el vector $\vec{\sigma}$ tiene tres componentes, que son matrices 2×2 autoadjuntas (las matrices de Pauli, ec. 4.41), y donde el vector $\vec{\alpha}(x^\mu)$ tiene tres componentes, que son funciones reales locales (dependientes del cuadrivector posición x^μ). En la asociada al grupo de simetría SU(3) el factor de fase es una matriz 3×3 unitaria de determinante 1, que puede escribirse como $e^{iq''\,\vec{\beta}(x^\mu)\cdot\vec{\lambda}}$, donde el vector $\vec{\lambda}$ tiene ocho componentes, que son matrices 3×3 autoadjuntas (matrices de Gell-Mann) y donde el vector $\vec{\beta}(x^\mu)$ tiene ocho componentes, que son funciones reales locales. Las matrices de Pauli $\{\sigma_x, \sigma_y, \sigma_z\}$ y las de Gell-Mann $\{\lambda_1,...,\lambda_8\}$ son las *matrices generadoras* de los grupos SU(2) y SU(3), respectivamente, y son autoadjuntas para que la matriz de la transformación (el factor de fase) sea unitaria (apdo. 2.12).

En las teorías de Yang-Mills las funciones de onda de los campos fermiónicos elementales sin masa tienen tantas componentes como la dimensión de las matrices del grupo de simetría asociado a las transformaciones entre esos campos. Así, las transformaciones de fase locales basadas en los grupos de simetría SU(2) y SU(3) actúan sobre funciones de onda con dos y con tres componentes, respectivamente, que se representan mediante matrices columna. La interacción que surge de la imposición de una simetría de fase local requiere tantos bosones mediadores como matrices generadoras tiene la simetría; así, aparecen tres campos bosónicos sin masa en el caso de SU(2) y ocho campos bosónicos sin masa en el caso de SU(3). Los números reales q, q' y q'' en los factores de fase dados antes para las simetrías U(1), SU(2) y SU(3), respectivamente, están relacionados con la intensidad de las interacciones, es decir, con la carga de los fermiones que participan en ellas.

En el Modelo Estándar, las interacciones electromagnética y débil se basan en simetrías de fase locales U(1) y SU(2), pero no de manera independiente, sino a través de una *mezcla electrodébil* cuyo origen se atribuye al campo de Higgs (apdo. 9.7), que además dota de masa a algunos de los bosones mediadores resultantes de la mezcla. La interacción fuerte se basa en una simetría de fase local SU(3) exacta, cuyos ocho bosones mediadores carecen de masa.

---

[25] En el marco de la teoría cuántica de campos las transformaciones de fase se aplican a las funciones de onda de los campos, no de las partículas (que son excitaciones de los campos), y la expresión invariante bajo las transformaciones de fase locales es la densidad lagrangiana.

9.3. Interacción electromagnética

La teoría cuántica de campos que describe la interacción electromagnética es la *electrodinámica cuántica* (*quantum electrodynamics*, QED), basada en el intercambio de fotones (γ) entre las partículas que poseen *carga eléctrica*: todos los quarks y antiquarks, los leptones y antileptones cargados (se excluyen los neutrinos) y los bosones W^+ y W^-. La constante de acoplamiento, que expresa la intensidad de la interacción, se denomina *constante de estructura fina* y se define como:

$$\alpha = \frac{e^2}{4\pi\epsilon_0 \hbar c} \approx \frac{1}{137} \tag{9.1}$$

donde e es la carga del electrón en valor absoluto y ϵ_0 es la permitividad eléctrica del vacío. La intensidad de esta interacción es por tanto del orden de 10^{-2}. El alcance es infinito, que está relacionado con el hecho de que los fotones no tienen masa.

Los fotones no cambian la identidad de las partículas con las que interactúan. Así, en lo que respecta a la interacción electromagnética, los fermiones cargados (todos excepto los neutrinos) se presentan individualmente, es decir, en *singletes* de carga eléctrica (figura 9.2), cuyo miembro se transforma (en sí mismo) mediante la representación de una dimensión del grupo de simetría U(1).

Los acoplamientos fermiónicos elementales en esta interacción, que involucran cualquier (anti)leptón l o (anti)quark q, son:

$$l \rightarrow l + \gamma$$
$$q \rightarrow q + \gamma$$

Son también acoplamientos fermiónicos válidos los que se obtienen de los anteriores pasando una partícula de un miembro a otro a la vez que se cambia por su antipartícula (en el caso de fermiones); por ejemplo el primer caso para leptones, $l^- \rightarrow l^- + \gamma$, incluye también $l^- + \gamma \rightarrow l^-$, $l^- + l^+ \rightarrow \gamma$, etc. (el superíndice indica la carga eléctrica, negativa en los leptones y positiva en los antileptones).

La actuación de la interacción electromagnética en un proceso se puede identificar por la emisión o absorción de fotones reales, o por ser mediada por un fotón (aunque este último no aparece explícitamente al escribir una reacción entre partículas). Se caracteriza además típicamente por una sección eficaz en colisiones de entre 10^{-7} y 10^{-3} barns (1 b = 100 fm^2) y por una vida media en desintegraciones de entre 10^{-20} y 10^{-16} segundos.

9.4. Interacción débil

La teoría cuántica de campos que describe la interacción débil es la *teoría de Glashow-Weinberg-Salam* (GWS), también denominada a veces *sabordinámica cuántica* (*quantum flavordynamics*), basada en el intercambio de los bosones W^+, W^- o Z^0 entre las partículas que poseen *carga débil* o *de sabor*: todos los fermiones y antifermiones y los propios bosones mediadores W^+, W^-, Z^0. Su intensidad efecti-

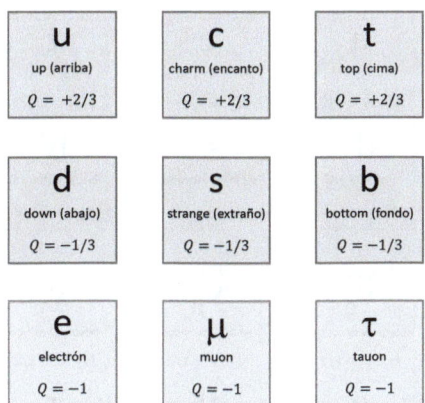

Figura 9.2. Clasificación de los fermiones (cargados) elementales del Modelo Estándar en singletes de carga eléctrica, según la interacción electromagnética. Se indica la carga eléctrica Q de cada partícula en unidades e. Una clasificación análoga se aplica a los antifermiones cargados.

va[26] es del orden de 10^{-6} y su alcance es muy corto, del orden de 10^{-2} fm; ambas características están relacionadas con el hecho de que los bosones mediadores tienen masas muy grandes (más de 80 GeV/c^2).

Los fermiones que participan en la interacción débil, que son todos, se agrupan en parejas o *dobletes* de *isoespín débil* o de *sabor*, con número cuántico de isoespín débil $\mathcal{T} = 1/2$ y con dos valores posibles del número cuántico de su tercera componente: $M_{\mathcal{T}} = +1/2$ o $M_{\mathcal{T}} = -1/2$; estos últimos identifican a cada uno de los miembros del doblete, que tienen diferente *sabor*. Los bosones mediadores W^+ y W^- transforman una partícula en otra dentro del mismo doblete, cambiando su valor de $M_{\mathcal{T}}$ (su sabor), mientras que el bosón mediador Z^0 no cambia la partícula. Así, en lo que respecta a la interacción débil, todos los fermiones se agrupan en dobletes (figura 9.3), cuyos miembros se transforman entre sí mediante la representación de dos dimensiones (la fundamental) del grupo de simetría SU(2).

Los acoplamientos fermiónicos elementales en esta interacción, que involucran (anti)leptones $l^{\pm}$, (anti)neutrinos ν_l, $\bar{\nu}_l$, (anti)quarks $q^{\pm 1/3}$, $q^{\pm 2/3}$ o (anti)fermiones en general f, son:

$$l^- \to \nu_l + W^-$$
$$l^+ \to \bar{\nu}_l + W^+$$
$$q^{-1/3} \to q^{+2/3} + W^-$$
$$q^{+1/3} \to q^{-2/3} + W^+$$
$$f \to f + Z^0$$

---

[26] Esta intensidad efectiva contiene una constante de acoplamiento análoga a la electromagnética y está dividida por la masa al cuadrado del bosón mediador.

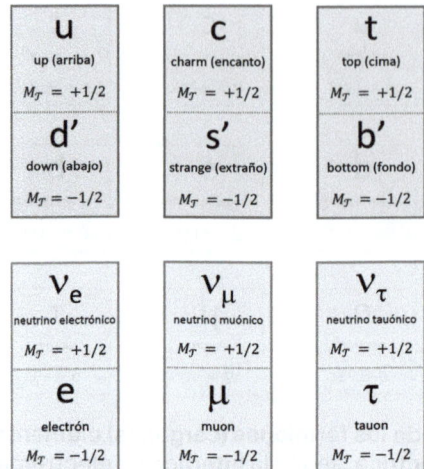

Figura 9.3. Clasificación de los fermiones elementales del Modelo Estándar en dobletes de sabor, según la interacción débil. Se indica la carga de sabor de cada partícula (número cuántico de tercera componente de isoespín débil $M_\mathcal{T}$). Una clasificación análoga se aplica a los antifermiones.

Son también acoplamientos fermiónicos válidos los que se obtienen de los anteriores pasando una partícula de un miembro a otro a la vez que se cambia por su antipartícula, por ejemplo en el primer caso: $l^- + W^+ \to \nu_l$, $\bar{\nu}_l \to l^+ + W^-$, $W^+ \to \nu_l + l^+$, etc. Los propios bosones mediadores también interactúan entre sí a través de los siguientes acoplamientos elementales: $W^\pm \to W^\pm + Z^0$, $W^+ + W^- \to Z^0 + Z^0$, $W^+ + W^- \to W^+ + W^-$.

La actuación de la interacción débil en un proceso se puede identificar por la emisión o absorción de neutrinos o por el cambio neto de sabor de quarks. Se caracteriza además típicamente por una sección eficaz en colisiones de entre $10^{-21}E$ y $10^{-18}E$ barns, donde E es la energía incidente introducida en MeV, y por una vida media en desintegraciones típicamente mayor que p_{fmax}^{-5} segundos, donde p_{fmax} es el momento lineal máximo en MeV/c de cualquiera de las partículas finales.

Autoestados débiles y autoestados de masa

Las partículas que forman los dobletes de isoespín débil ($M_\mathcal{T} = +1/2$, $M_\mathcal{T} = -1/2$) son, en los quarks, (u, d'), (c, s'), (t, b'), y en los leptones, (ν_e, e), (ν_μ, μ), (ν_τ, τ) (figura 9.3). Estas partículas corresponden a *autoestados débiles* o *de sabor*, es decir, del hamiltoniano de interacción débil, y se transforman entre sí dentro de cada doblete mediante el intercambio de bosones $W^\pm$. Estos autoestados no coinciden con los *autoestados de masa*, es decir, los del hamiltoniano de partícula libre, que corresponden a las partículas que se desplazan libremente en el vacío con una masa bien definida, y que coinciden con las que participan en las otras interacciones. Los autoestados débiles pueden expresarse como combinación lineal (superposición) de los autoestados de masa, y viceversa. Resulta físicamente equivalente, y por tanto se puede fijar por convenio, que uno de los miembros de cada doblete coincida con un autoestado de masa, y entonces el otro miembro se define como 'rotado' respecto a los autoestados de masa y se expresa como combinación lineal de ellos.

En el caso de los leptones, los miembros cargados de los dobletes (con $M_{\mathcal{T}} = -1/2$), que son más fácilmente identificables experimentalmente por su carga eléctrica y por su mayor masa, son autoestados débiles que se hacen coincidir con autoestados de masa, mientras que los miembros neutros (neutrinos, con $M_{\mathcal{T}} = +1/2$) son autoestados débiles $|\nu_\phi\rangle$ que se relacionan con autoestados de masa $|\nu_m\rangle$ como:

$$|\nu_\phi\rangle = \sum_m U_{\phi m} |\nu_m\rangle \qquad\qquad |\nu_m\rangle = \sum_\phi U_{\phi m}^* |\nu_\phi\rangle \qquad (9.2)$$

donde el subíndice ϕ identifica los autoestados débiles $|\nu_e\rangle$, $|\nu_\mu\rangle$, $|\nu_\tau\rangle$ y el subíndice m identifica los autoestados de masa $|\nu_1\rangle$, $|\nu_2\rangle$, $|\nu_3\rangle$. Los nueve coeficientes complejos $U_{\phi m}$ son los elementos de la matriz unitaria ($U^{-1} = U^\dagger$) de cambio de base débil-masa para leptones, que se denomina *matriz de Pontecorvo-Maki-Nakagawa-Sakata* (PMNS), y se pueden expresar en función de cuatro parámetros reales, por ejemplo tres ángulos de mezcla (θ_{12}, θ_{13}, θ_{23}) y una fase (δ). Así, el autoestado débil $|\nu_e\rangle$ (neutrino electrónico) se puede expresar como:

$$\begin{aligned}
|\nu_e\rangle &= U_{e1} |\nu_1\rangle + U_{e2} |\nu_2\rangle + U_{e3} |\nu_3\rangle \\
&= \cos\theta_{12} \cos\theta_{13} |\nu_1\rangle + \mathrm{sen}\,\theta_{12} \cos\theta_{13} |\nu_2\rangle + \mathrm{sen}\,\theta_{13}\, e^{-i\delta} |\nu_3\rangle \\
&\approx \cos\theta_{12} |\nu_1\rangle + \mathrm{sen}\,\theta_{12} |\nu_2\rangle
\end{aligned} \qquad (9.3)$$

con $\theta_{12} \approx 33.4°$ y $\theta_{13} \approx 8.5°$; el pequeño valor de este último permite aproximar $\cos\theta_{13} \approx 1$ y $\mathrm{sen}\,\theta_{13} \approx 0$ y despreciar por tanto la contribución del autoestado de masa $|\nu_3\rangle$.

Una vez creado en una interacción débil, la evolución temporal del autoestado débil $|\nu_e\rangle$ cuando se desplaza libremente en el vacío se obtiene como (ec. 3.44):

$$|\nu_e(t)\rangle \approx \cos\theta_{12}\, e^{-\frac{i}{\hbar}E_1 t} |\nu_1\rangle + \mathrm{sen}\,\theta_{12}\, e^{-\frac{i}{\hbar}E_2 t} |\nu_2\rangle \qquad (9.4)$$

ya que los autoestados de masa $|\nu_1\rangle$ y $|\nu_2\rangle$ son autoestados del hamiltoniano de partícula libre, con autovalores (energías) E_1 y E_2, respectivamente. La probabilidad de que al cabo de un cierto tiempo este estado sea medido como el autoestado débil $|\nu_e\rangle$, que es como se creó, resulta:

$$\begin{aligned}
P_{ee}(t) &= |\langle \nu_e | \nu_e(t) \rangle|^2 \\
&\approx \left| \left(\cos\theta_{12} \langle\nu_1| + \mathrm{sen}\,\theta_{12} \langle\nu_2| \right) \left(\cos\theta_{12}\, e^{-\frac{i}{\hbar}E_1 t} |\nu_1\rangle + \mathrm{sen}\,\theta_{12}\, e^{-\frac{i}{\hbar}E_2 t} |\nu_2\rangle \right) \right|^2 \\
&= 1 - \mathrm{sen}^2(2\theta_{12})\, \mathrm{sen}^2 \left[\frac{(E_2 - E_1)}{2\hbar} t \right]
\end{aligned} \qquad (9.5)$$

donde se ha tenido en cuenta la ortonormalidad de la base de autoestados de masa. Esta probabilidad tiene una dependencia oscilatoria en el tiempo con frecuencia

$\omega = (E_2 - E_1)/(2\hbar) \approx (m_2^2 - m_1^2)c^3/(4\hbar p)$, donde la aproximación se ha realizado teniendo en cuenta la pequeña masa de los neutrinos, de manera que cada una de las energías puede aproximarse como $E_i = \sqrt{(p_i c)^2 + (m_i c^2)^2} \approx p_i c + (m_i c^2)^2/(2p_i c)$, y suponiendo que todos los autoestados de masa se han creado con el mismo momento $p_i = p$ (que produce el mismo resultado que suponiendo la misma energía). En la aproximación ultrarrelativista este último es $p \approx E/c$, y la distancia recorrida por los neutrinos en el vacío se relaciona con el tiempo transcurrido como $L \approx ct$, de manera que la probabilidad en función de la distancia recorrida resulta:

$$P_{ee}(L) \approx 1 - \text{sen}^2(2\theta_{12}) \ \text{sen}^2 \left[\frac{(m_2^2 - m_1^2)c^3}{4\hbar\, E} \, L \right] \tag{9.6}$$

La probabilidad de que el neutrino sea medido como el autoestado débil $|\nu_\mu\rangle$ (neutrino muónico), es decir, que haya cambiado de sabor respecto al inicial, es entonces $P_{e\mu}(L) \approx 1 - P_{ee}(L)$.

El fenómeno de la variación periódica de la probabilidad de detectar los diferentes autoestados débiles en función de la distancia recorrida en el vacío se conoce como *oscilación de neutrinos*. Las probabilidades también se modifican cuando los neutrinos atraviesan materia, debido a que el autoestado débil electrónico tiene interacción débil cargada con los electrones de los átomos (ν_e y e forman parte del mismo doblete de isoespín débil), mientras que los otros autoestados débiles no la tienen[27]. Como resultado, los propios autoestados de masa y sus energías asociadas cambian en función de la densidad de electrones en el medio, que puede variar con la posición[28].

En el caso de los quarks, los miembros de los dobletes con carga $+2/3$ ($M_\mathcal{T} = +1/2$) son autoestados débiles que se hacen coincidir por convenio con autoestados de masa, mientras que los miembros con carga $-1/3$ ($M_\mathcal{T} = -1/2$) son autoestados débiles $|q_\phi\rangle$ que se relacionan con autoestados de masa $|q_m\rangle$ como:

$$|q_\phi\rangle = \sum_m V_{\phi m} |q_m\rangle \qquad\qquad |q_m\rangle = \sum_\phi V_{\phi m}^* |q_\phi\rangle \tag{9.7}$$

donde el subíndice ϕ identifica los autoestados débiles $|q_d\rangle \equiv |d'\rangle$, $|q_s\rangle \equiv |s'\rangle$, $|q_b\rangle \equiv |b'\rangle$ y el subíndice m identifica los autoestados de masa $|q_1\rangle \equiv |d\rangle$, $|q_2\rangle \equiv |s\rangle$, $|q_3\rangle \equiv |b\rangle$, donde se ha dado también la nomenclatura habitual de ambos tipos de autoestados. Los nueve coeficientes complejos $V_{\phi m}$ son los elementos de la matriz

---

[27] El hecho de que los autoestados débiles y los de masa no coincidan en el vacío, que es el origen de las oscilaciones, también puede atribuirse a interacciones desiguales de los tres autoestados débiles, pero no con la materia sino con el campo de Higgs, que atraviesan inevitablemente conforme se desplazan en el vacío (apdo. 9.7).

[28] La conversión del sabor de los neutrinos al atravesar materia se denomina efecto Mikheyev-Smirnov-Wolfenstein, y es el principal responsable de que aproximadamente dos tercios de los neutrinos de autoestado débil electrónico que se producen en la región central del Sol cambien a otro autoestado débil al atravesar su interior, en el que la densidad electrónica va disminuyendo hasta hacerse cero en la superficie, desde donde comienzan a viajar en el vacío, y parte de ellos alcanzan la Tierra y pueden ser detectados.

unitaria ($V^{-1} = V^\dagger$) de cambio de base débil-masa para quarks, que se denomina *matriz de Cabibbo-Kobayashi-Maskawa* (CKM); sus valores son distintos que los de la matriz asociada a los leptones (PMNS), y también se pueden expresar en función de cuatro parámetros reales, por ejemplo tres ángulos de mezcla ($\hat{\theta}_{12}$, $\hat{\theta}_{13}$, $\hat{\theta}_{23}$) y una fase ($\hat{\delta}$). Así, el autoestado débil $|q_d\rangle$ se puede expresar como:

$$\begin{aligned}
|q_d\rangle &= V_{d1}\,|q_1\rangle + V_{d2}\,|q_2\rangle + V_{d3}\,|q_3\rangle \\
&= \cos\hat{\theta}_{12}\cos\hat{\theta}_{13}\,|q_1\rangle + \mathrm{sen}\,\hat{\theta}_{12}\cos\hat{\theta}_{13}\,|q_2\rangle + \mathrm{sen}\,\hat{\theta}_{13}\,e^{-i\hat{\delta}}\,|q_3\rangle \\
&\approx \cos\hat{\theta}_{12}\,|q_1\rangle + \mathrm{sen}\,\hat{\theta}_{12}\,|q_2\rangle \quad \Leftrightarrow \quad |d'\rangle \approx \cos\theta_C\,|d\rangle + \mathrm{sen}\,\theta_C\,|s\rangle
\end{aligned} \tag{9.8}$$

que en la última expresión se ha dado en la notación habitual, y donde $\hat{\theta}_{12} \equiv \theta_C \approx 13{,}0°$, que se denomina *ángulo de Cabibbo*, y $\hat{\theta}_{13} \approx 0{,}2°$; el pequeño valor de este último permite aproximar $\cos\hat{\theta}_{13} \approx 1$ y $\mathrm{sen}\,\hat{\theta}_{13} \approx 0$ y despreciar por tanto la contribución del autoestado de masa $|q_3\rangle$.

Dado que los quarks se encuentran siempre confinados en partículas compuestas y no se desplazan libremente (apdo. 9.5), no se puede observar en ellos un fenómeno análogo a la oscilación de neutrinos. Sin embargo, la no coincidencia entre los autoestados débiles y los de sabor se evidencia en otro tipo de fenómenos. Por ejemplo, cuando un quark $|u\rangle$ en el interior de un protón se transforma por interacción débil cargada en un quark $|d'\rangle$ (desintegración beta, apdo. 14.3), el quark que permanece ligado en el interior de la partícula compuesta, que ahora es un neutrón, no es ese autoestado débil $|d'\rangle$, sino el autoestado fuerte $|d\rangle$ (que coincide con el de masa), ya que la interacción fuerte es la responsable de esa ligadura, y en consecuencia la probabilidad del proceso, de acuerdo con la ec. 9.8, resulta proporcional al factor $|\langle d|d'\rangle|^2 = \cos^2\theta_C$.

9.5. Interacción fuerte

La teoría cuántica de campos que describe la interacción fuerte es la *cromodinámica cuántica* (*quantum chromodynamics*, QCD), basada en el intercambio de ocho tipos de gluones (**g**) entre las partículas que poseen *carga fuerte* o *carga de color*: los quarks y antiquarks y los propios gluones. La intensidad de esta interacción aumenta con la distancia entre las partículas, como si estuvieran unidas por una goma elástica o un muelle. Por esta razón los quarks siempre permanecen ligados entre sí, propiedad que se conoce como *confinamiento*, formando partículas compuestas denominadas *hadrones* (cap. 10), como los *bariones*, constituidos por tres quarks (qqq), los *antibariones*, constituidos por tres antiquarks ($\bar{q}\bar{q}\bar{q}$), o los *mesones*, constituidos por un quark y un antiquark ($q\bar{q}$).

La interacción fuerte entre, por ejemplo, un quark y un antiquark ligados formando un mesón puede describirse de manera esquemática mediante una energía potencial dependiente de su separación r como la siguiente[29]:

$$V_f(r) = -\frac{4}{3}\,\alpha_f \hbar c\,\frac{1}{r} + \beta_f\,r \qquad (9.9)$$

que corresponde a la siguiente fuerza entre quark y antiquark:

$$F_f(r) = -\frac{\partial V_f(r)}{\partial r} = -\frac{4}{3}\,\alpha_f \hbar c\,\frac{1}{r^2} - \beta_f \qquad (9.10)$$

que para separaciones grandes es independiente de la distancia, atractiva y muy intensa, con valor $\beta_f \sim 900$ MeV/fm ~ 15000 kg-fuerza, y es la que origina el confinamiento. Si en un sistema de quark y antiquark ligados ($q\bar{q}$) se intenta contrarrestar esta fuerza para separarlos ($q \leftrightarrow \bar{q}$), el aporte de energía necesario es tan grande que se crean pares quark-antiquark en el vacío ($q \leftarrow [\bar{q}'q'] \rightarrow \bar{q}$), que se separan y se combinan inmediatamente con los quarks iniciales para formar nuevas partículas compuestas ($q\bar{q}' \leftrightarrow q'\bar{q}$). Este fenómeno, que ocurre al intentar desligar los quarks constituyentes tanto de mesones como de bariones, se denomina *hadronización*, y asegura que todos los quarks estén siempre confinados. El valor de los parámetros α_f y β_f disminuye cuando se reduce la separación entre los quarks debido al fenómeno de antiapantallamiento de las cargas de color (apdo. 9.8). En consecuencia, en el interior de los hadrones los quarks apenas interaccionan entre sí, de manera que se encuentran casi libres (*libertad asintótica*), pero a la vez están confinados debido a que la intensidad de la interacción aumenta sin límite con la separación.

La energía de ligadura de un sistema se define como la diferencia entre su energía en reposo y la energía de sus constituyentes en reposo y en ausencia de interacción entre ellos (apdo. 1.5); en el caso de los quarks esta última situación se produce cuando se encuentran en el mismo punto, y por tanto la pequeña separación promedio que existe entre ellos cuando forman los hadrones introduce energía potencial positiva al sistema, con un valor relativamente grande debido a la intensidad de la interacción fuerte. Así, la energía de los hadrones, o su equivalente en masa, es mayor que la del conjunto de sus quarks (asintóticamente) libres[30] (apdo. 9.7).

Los fermiones que participan en la interacción fuerte, que son los quarks, se agrupan en *tripletes de color*, formados por un quark con carga roja (*red, r*), un quark con carga verde (*green, g*) y un quark con carga azul (*blue, b*); los antiquarks se agrupan de manera análoga, pero sus cargas son de anticolor ($\bar{r}, \bar{g}, \bar{b}$). Los gluones

---

[29] El primer término es análogo al potencial coulombiano en electromagnetismo, siendo el parámetro α_f análogo a la constante de estructura fina. El segundo término, dependiente del parámetro β_f, es confinante y la dependencia lineal $\beta_f r$ puede ser remplazada por otra que también sea consistente con la fenomenología, por ejemplo de tipo logarítmico, $\beta_f \ln r$, o de tipo oscilador armónico, $\beta_f r^2$.

[30] En cambio, en los sistemas ligados por la interacción nuclear fuerte (apdo. 11.1), que son los núcleos, o en los ligados por la interacción electromagnética, como los átomos y las moléculas, la ausencia de interacción entre las partículas constituyentes ocurre cuando están infinitamente alejadas. Así, la energía de ligadura en estos sistemas es negativa, ya que cuando los constituyentes están separados una cierta distancia finita la energía potencial es menor que cuando están infinitamente separados. En estos casos la energía total del sistema, o su equivalente en masa, es menor que la del conjunto de sus constituyentes libres.

llevan una unidad de carga de color (r, g o b) y una unidad de carga de anticolor ($\bar{r}$, $\bar{g}$ o $\bar{b}$) en ocho combinaciones distintas, como por ejemplo las siguientes:

$$|g_1\rangle = \tfrac{1}{\sqrt{2}}\left(|r\bar{b}\rangle + |b\bar{r}\rangle\right) \qquad\qquad |g_5\rangle = -\tfrac{i}{\sqrt{2}}\left(|r\bar{g}\rangle - |g\bar{r}\rangle\right)$$

$$|g_2\rangle = -\tfrac{i}{\sqrt{2}}\left(|r\bar{b}\rangle - |b\bar{r}\rangle\right) \qquad\qquad |g_6\rangle = \tfrac{1}{\sqrt{2}}\left(|b\bar{g}\rangle + |g\bar{b}\rangle\right)$$

$$|g_3\rangle = \tfrac{1}{\sqrt{2}}\left(|r\bar{r}\rangle - |b\bar{b}\rangle\right) \qquad\qquad |g_7\rangle = -\tfrac{i}{\sqrt{2}}\left(|b\bar{g}\rangle - |g\bar{b}\rangle\right)$$

$$|g_4\rangle = \tfrac{1}{\sqrt{2}}\left(|r\bar{g}\rangle + |g\bar{r}\rangle\right) \qquad\qquad |g_8\rangle = \tfrac{1}{\sqrt{6}}\left(|r\bar{r}\rangle + |b\bar{b}\rangle - 2\,|g\bar{g}\rangle\right)$$

Este conjunto constituye un octete y sus miembros se transforman entre sí mediante la representación de ocho dimensiones del grupo de simetría SU(3). Una novena combinación posible de color y anticolor sería $\left(|r\bar{r}\rangle + |b\bar{b}\rangle + |g\bar{g}\rangle\right)/\sqrt{3}$, que es un singlete y está asociado a la representación trivial de una dimensión del grupo de simetría SU(3). Este hipotético gluon sería intercambiado por partículas compuestas cuyos quarks formasen también singletes de color, que es lo que ocurre en todos los hadrones (cap. 10), y produciría fuerzas muy intensas entre ellos que conducirían a su confinamiento. Sin embargo, los hadrones, como los protones y neutrones que forman los núcleos atómicos, no presentan esta propiedad y por tanto debe descartarse la existencia de este noveno gluon, quedando únicamente los del octete como bosones mediadores de la interacción fuerte.

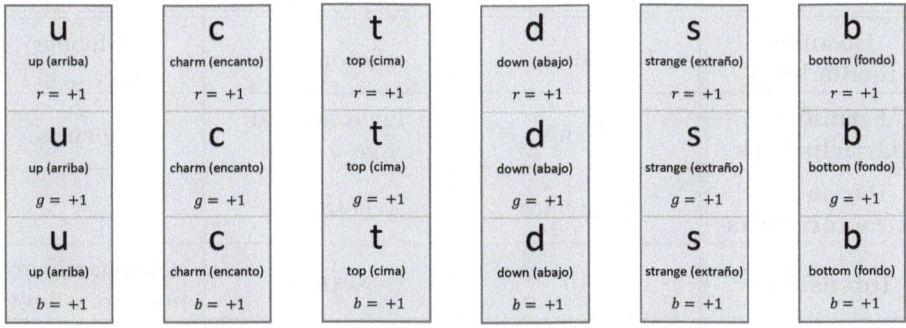

Figura 9.4. Clasificación de los fermiones (quarks) elementales del Modelo Estándar en tripletes de color, según la interacción fuerte. Se indica la carga de color de cada partícula (r, g, b). Una clasificación análoga se aplica a los antiquarks.

De los ocho tipos de gluones mediadores, algunos transforman unos quarks en otros dentro del mismo triplete, es decir, cambian su color, mientras que otros (g_3 y g_8) no lo cambian. Así, en lo que respecta a la interacción fuerte, los leptones no juegan ningún papel y los quarks se clasifican en tripletes (figura 9.4), cuyos miembros se transforman entre sí mediante la representación de tres dimensiones (la fundamental) del grupo de simetría SU(3).

El acoplamiento elemental fermiónico en esta interacción, que solo involucra quarks q, es:

$$q \rightarrow q + g$$

Son también acoplamientos fermiónicos válidos los que se obtienen del anterior pasando una partícula de un miembro a otro a la vez que se cambia por su antipartícula (en el caso de los quarks): $q + g \rightarrow q$, $q + \bar{q} \rightarrow g$, $g \rightarrow q + \bar{q}$. Los propios bosones mediadores también interactúan entre sí a través de los siguientes acoplamientos elementales: $g \rightarrow g + g$, $g + g \rightarrow g + g$.

La interacción fuerte solo actúa en los procesos que involucran quarks, es decir, en colisiones o desintegraciones de hadrones. Se caracteriza además típicamente por una sección eficaz en colisiones de entre 10^{-5} y 10^{-1} barns y una vida media en desintegraciones de entre 10^{-24} y 10^{-20} segundos.

Tabla 9.1. Para cada interacción fundamental del Modelo Estándar se indican bosones mediadores, fermiones participantes (que tienen el tipo de carga asociada a esa interacción), partículas características (cuya presencia en la reacción implica necesariamente la actuación de esa interacción), intensidad, alcance (en fm), y valores típicos de sección eficaz de colisiones (en barns, b) y de vida media de desintegraciones (en s)

	Débil	**Electro-magnética**	**Fuerte**
Bosones mediadores	W^+, W^-, Z^0	Fotón (γ)	Gluones $(g_1, ..., g_8)$
Fermiones participantes	Todos	Leptones con carga y quarks	Quarks
Partículas características	Neutrinos	Fotones	–
Intensidad	$\sim 10^{-6}$	$\sim 10^{-2}$	Confinamiento y libertad asintótica
Alcance [fm]	$\sim 10^{-2}$	∞	Confinamiento y libertad asintótica
Sección eficaz [b]	$10^{-21}E - 10^{-18}E$ (E en [MeV])	$10^{-7} - 10^{-3}$	$10^{-5} - 10^{-1}$
Vida media [s]	$\gtrsim p_{fmax}^{-5}$ (p en [MeV/c])	$10^{-20} - 10^{-16}$	$10^{-24} - 10^{-20}$

9.6. Cálculo perturbativo y diagramas de Feynman

Un *diagrama de Feynman* representa una interacción entre partículas y se emplea en el contexto de la teoría cuántica de campos para calcular una *contribución per-*

turbativa a la *amplitud de probabilidad* $\mathcal{M}$ de un proceso. Esta última equivale en mecánica cuántica no relativista al *elemento de matriz* $\langle \varepsilon_f | H_{int} | \varepsilon_i \rangle$, donde ε_i y ε_f son los autoestados de energía inicial y final y H_{int} es el hamiltoniano de la interacción; a primer orden perturbativo, correspondería al elemento de matriz que aparece en la probabilidad de transición de la ec. 8.17 o de la ec. 8.24. A partir del módulo al cuadrado de la amplitud de probabilidad, $|\mathcal{M}|^2$, se puede calcular la *constante de desintegración* λ de una partícula inestable (apdo. 8.5) o la *sección eficaz* σ de colisión entre dos partículas (apdo. 1.7), aplicando expresiones análogas a la regla de oro de Fermi (ec. 8.25).

Los diagramas de Feynman (figura 9.5) se representan en un plano cartesiano cuyos ejes indican el avance del tiempo y una coordenada espacial. Las partículas que intervienen en un proceso se representan mediante líneas o flechas, que se unen unas con otras en *vértices*. Las flechas apuntan en el mismo sentido que el eje temporal cuando representan partículas y en sentido opuesto cuando representan antipartículas. El número de vértices de un diagrama, que no tiene límite, determina el *orden* de la contribución perturbativa a la amplitud de probabilidad que representa. El orden más bajo posible para un proceso real contiene dos vértices.

Los diagramas de Feynman no son representaciones espaciales de los procesos, ya que uno de los ejes cartesianos indica el avance del tiempo, y las líneas o flechas no representan los vectores velocidad o momento de las partículas. Lo relevante en estos diagramas es qué líneas están conectadas entre sí en los vértices, mientras que su longitud o los ángulos que forman entre ellas carecen de significado. Así, estos diagramas se pueden considerar grafos, y en este sentido son similares a las representaciones de circuitos que se emplean habitualmente en electrónica.

Aplicando un conjunto de procedimientos conocidos como *reglas de Feynman*, los diversos elementos de un diagrama (líneas, vértices, ...) se asocian con componentes de la expresión matemática de la que se obtiene una contribución perturbativa a la amplitud del proceso representado. Estas reglas derivan de la densidad lagrangiana de la interacción que origina el proceso y algunas de ellas, que se describen aquí de manera simplificada y con carácter meramente ilustrativo, son las siguientes:

- Las líneas externas del diagrama, que son las que están unidas a un vértice únicamente en uno de sus extremos, representan *partículas reales* (que son las partículas iniciales que dan lugar a un proceso y las partículas finales que salen de él, y que pueden detectarse), y contribuyen a la expresión matemática con un factor relacionado con su función de onda, que depende de su cuadrimomento (ec. 1.9) y de su espín.
- Las líneas internas del diagrama, que son las que están unidas a vértices en sus dos extremos, representan *partículas virtuales* y contribuyen a la expresión matemática con un factor denominado *propagador*, que depende del *cuadrimomento transferido* por la partícula, $q^\mu = p_i^\mu - p_f^\mu$, donde p_i^μ y p_f^μ son los cuadrimomentos entrante y saliente de la partícula real conectada al mismo vértice que la partícula virtual[31].

---

[31] La expresión del propagador de una partícula puede relacionarse con la teoría de perturbaciones

- Los vértices del diagrama, que son los puntos donde se juntan dos o más líneas, representan una interacción entre partículas y contribuyen a la expresión matemática con un factor g que contiene la constante de acoplamiento de la interacción, que expresa su intensidad.
- En cada vértice del diagrama debe conservarse energía y momento, por lo que cada uno de ellos contribuye a la expresión matemática con un factor delta de Dirac cuyo argumento es la suma de los cuadrimomentos de las partículas que entran menos la suma de los cuadrimomentos de las partículas que salen del vértice, $\delta\left(\sum_i p_i^\mu - \sum_f p_f^\mu\right)$.
- Para cada línea interna, asociada a una partícula virtual, la expresión matemática obtenida con las reglas anteriores se integra sobre el cuadrimomento transferido por esa partícula, q^μ.

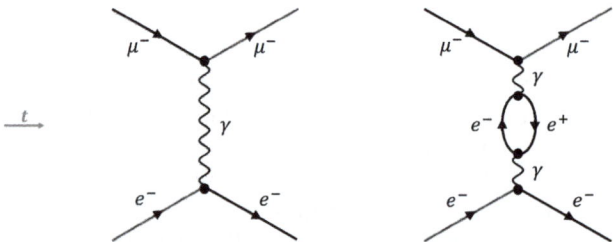

Figura 9.5. Ejemplos de diagramas de Feynman para el proceso electromagnético $e^- + \mu^- \to e^- + \mu^-$**, con la coordenada temporal avanzando de izquierda a derecha. Las líneas con flecha que representan las dos partículas entrantes y las dos partículas salientes (reales) son líneas externas, las líneas onduladas que representan fotones mediadores de la interacción (virtuales) son líneas internas, y los círculos negros son vértices, en los que confluyen las líneas. Izquierda: diagrama con dos vértices (a orden más bajo). Derecha: diagrama con cuatro vértices, que contiene dos líneas internas adicionales de** e^- **y** e^+ **virtuales formando un bucle o 'loop'.**

En las reglas de Feynman anteriores aparecen los conceptos de partícula real y de partícula virtual. En teoría cuántica de campos las partículas se pueden describir como excitaciones de los campos, que son entidades que asocian a cada punto del espacio-tiempo un conjunto de densidades de ciertas magnitudes. Esas excitaciones, cuando se describen en un marco relativista, pueden crearse y destruirse, además de desplazarse por el espacio o interactuar entre ellas. Se puede establecer una analogía entre un campo cuántico y la superficie del agua en calma de un estanque, donde el análogo de una partícula sería la perturbación ondulatoria causada por la caída de una piedra. Tanto las partículas reales como las virtuales pueden interpretarse

---

dependientes del tiempo (apdo. 8.2) a segundo orden (un orden perturbativo por cada uno de los dos vértices conectados por la línea interna), generalizada para incluir principios relativistas. Por ejemplo, el propagador de los bosones virtuales que median las interacciones es proporcional a $[(q^\mu)^2 - (mc)^2]^{-1}$, donde m es su masa (cero para fotones o gluones).

como excitaciones de los campos, aunque de distinto tipo. Las primeras son excitaciones independientes y persistentes, que no se atenúan conforme se desplazan y que se encuentran en su *capa de masas*, es decir, que cumplen la relación relativista entre energía total, momento y masa (ec. 1.11). En cambio, las partículas virtuales dependen de la presencia de partículas reales, tienen carácter transitorio y no se encuentran en su capa de masas. Cuanto más virtual es una partícula, menos tiempo dura y más alejada se encuentra de su capa de masas, es decir, más difieren los valores de su energía total, momento y masa de los que cumplen la ec. 1.11. Las partículas virtuales son intercambiadas en último término entre partículas reales y por definición no pueden ser detectadas[32].

Las interacciones fundamentales en teoría cuántica de campos se describen a través del intercambio de bosones mediadores virtuales[33] de diversos tipos, que en los diagramas de Feynman están representados por líneas internas que conectan dos vértices. Cuantos más intercambios de bosones virtuales se consideren, es decir, cuanto mayor número de líneas internas y mayor número de vértices contenga el diagrama, mayor será el orden perturbativo de su contribución a la amplitud del proceso[34]. Así, el mecanismo de interacción basado en el intercambio de bosones virtuales representa un intento de interpretar el procedimiento matemático que se emplea en los cálculos perturbativos, y no se refiere necesariamente a una realidad física contrastada experimentalmente.

9.7. Campo de Higgs y origen de la masa

El campo de Higgs, presente en todo el espacio, está asociado a una energía potencial cuyo valor mínimo se alcanza para valores no nulos del campo. Una posible forma esquemática de esta energía potencial, no necesariamente la real (cuyos detalles se

---

[32]Si se interpone un aparato de medida para detectar una partícula virtual, esta ya no alcanzaría la partícula real que la iba a absorber y que sustentaba, por definición, el carácter virtual de la partícula intercambiada. Sin embargo, la distinción entre partícula real y virtual no es tan nítida: una partícula creada en un punto y absorbida por un aparato de medida (detectada) en otro punto distante se considera una partícula real, pero técnicamente también es una partícula virtual intercambiada entre dos partículas reales (una de las cuales forma parte del aparato detector), aunque de larga duración y muy próxima a su capa de masas.

[33]Los bosones mediadores de las interacciones también pueden existir como partículas reales. Por ejemplo, las partículas con carga eléctrica interactúan intercambiando fotones virtuales, mientras que los fotones reales son los cuantos de la radiación electromagnética, que incluye la luz visible y el resto de regiones del espectro electromagnético. Por otro lado, también los fermiones pueden ocurrir de forma virtual. En el vacío se crean y destruyen continuamente fermiones virtuales, mecanismo al que se atribuye la dependencia de la intensidad de las interacciones con la energía de los procesos (apdo. 9.8.).

[34]Por ejemplo, la amplitud total de un cierto proceso se puede escribir como la serie perturbativa $\mathcal{M} = g^2 f_2 + g^4 f_4 + g^6 f_6 + ...$, donde f_k es la suma de los valores de las expresiones matemáticas asociadas, según las reglas de Feynman, a todos los diagramas con k vértices, extrayendo en cada término la constante de acoplamiento g con su potencia correspondiente k.

desconocen), pero que contiene los ingredientes principales, es la siguiente:

$$V(\phi) = -\frac{1}{2}\,\mu^2\,(\phi^*\phi) + \frac{1}{4}\,\lambda^2\,(\phi^*\phi)^2 \tag{9.11}$$

donde λ y μ son constantes reales y donde ϕ es un campo complejo que puede expresarse como $\phi = \phi_1 + i\phi_2$, donde ϕ_1 y ϕ_2 son campos reales. Los estados del campo que minimizan la energía $V(\phi)$, es decir, los estados fundamentales, cumplen $\hat{\phi}_1^2 + \hat{\phi}_2^2 = \mu^2/\lambda^2$, lo que implica que el valor de al menos uno de esos campos es no nulo. Esos valores forman un círculo de radio μ/λ en el plano formado por las coordenadas ϕ_1 y ϕ_2, en cuyo origen, $\phi_1 = \phi_2 = 0$, se tiene $V(0) = 0$, que es un máximo local. La gráfica del potencial $V(\phi_1,\phi_2)$ se asemeja entonces a un sombrero mexicano, con simetría bajo rotaciones en el plano ϕ_1-ϕ_2, o de manera equivalente, con simetría bajo multiplicación del campo complejo ϕ por un factor de fase $e^{i\theta}$, que son ambas continuas (el ángulo de rotación o la fase θ pueden tomar cualquier valor real). El conjunto de estados fundamentales (el círculo en el plano ϕ_1-ϕ_2) también tiene esa simetría, pero desaparece al seleccionar un estado concreto especificando los valores $\hat{\phi}_1$ y $\hat{\phi}_2$. Esta circunstancia, que sucede al pasar del hamiltoniano o lagrangiano que posee una simetría continua a un estado fundamental concreto que ya no la tiene, recibe el nombre de *ruptura espontánea de simetría*. Este mecanismo es el responsable de la *mezcla electrodébil*: los bosones mediadores de las interacciones basadas en los grupos de simetría exactos U(1) y SU(2), que originalmente carecen de masa y son independientes entre sí, dan lugar a una combinación lineal sin masa (el fotón, γ), que es el bosón mediador de la interacción electromagnética, y a tres combinaciones lineales con masa (W^+, W^-, Z^0), que son los bosones mediadores de la interacción débil.

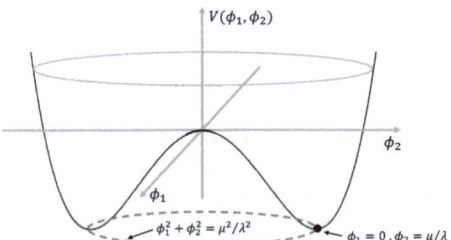

Figura 9.6. Representación esquemática de una posible forma del potencial de Higgs en función del valor de los campos ϕ_1 y ϕ_2. La línea discontinua representa el círculo de estados fundamentales (mínimos del potencial) y el punto negro indica uno de ellos en concreto, que surge tras una ruptura espontánea de simetría.

Por otro lado, el valor no nulo del campo de Higgs en su estado fundamental es el origen de la masa de los fermiones elementales del Modelo Estándar. Se puede comparar cualitativamente el movimiento de las partículas en el campo de Higgs con el de los cuerpos sumergidos en agua. Estos últimos interaccionan continuamente con las moléculas de agua, lo que dificulta su desplazamiento y puede interpretarse como un incremento de su masa inercial con respecto a la que tienen cuando se mueven en aire. De manera análoga, los fermiones que se mueven en el estado fundamental (en el vacío) no nulo del campo de Higgs interactúan continuamente con él, lo que dificulta su desplazamiento y puede interpretarse como un incremento de su masa inercial con respecto a la que tendrían con un valor nulo del campo, que sería cero.

El efecto del campo de Higgs en los fermiones elementales puede analizarse perturbativamente (apdo. 9.6) en términos de sus interacciones con bosones de Higgs virtuales, que son excitaciones del campo de Higgs. La intensidad de esas interacciones es directamente proporcional a la masa que adquiere cada tipo de fermión. El bosón de Higgs, el campo que lo origina y el mecanismo descrito de generación de masa fueron propuestos teóricamente en 1964 y el bosón de Higgs, como partícula real, fue detectado por primera vez en el acelerador de partículas LHC del CERN en 2012, con masa $125,2$ GeV$/c^2$, espín 0 y sin carga eléctrica. Los detalles de la energía potencial $V(\phi)$ asociada al campo de Higgs (ec. 9.11) y de las interacciones con los fermiones elementales aún no se han determinado experimentalmente.

Además de la masa de los fermiones elementales originada por el campo de Higgs, los sistemas compuestos formados por ellos pueden adquirir masa mediante un mecanismo distinto, relacionado con la interacción fundamental que los mantiene ligados. Este efecto es especialmente importante en los estados ligados de los quarks, los hadrones (apdo. 9.5). Incluso en el estado fundamental de estas partículas compuestas, los quarks constituyentes tienen una separación promedio no nula que genera una cierta cantidad de energía potencial positiva asociada a su interacción fuerte (ec. 9.9). De hecho, la coincidencia en el mismo punto del espacio de dos o más quarks sería incompatible con el principio de incertidumbre (apdo. 1.3), de manera que un mínimo de separación promedio entre ellos es inevitable. Como la interacción fuerte es muy intensa, esa energía potencial, y su equivalente en masa $m = E/c^2$, son relativamente grandes. Por ejemplo, la masa conjunta de los quarks constituyentes de un protón (dos de tipo u y uno de tipo d), originada por su interacción con el campo de Higgs, es de unos 10 MeV$/c^2$, mientras que la masa total del protón, que incluye la contribución de la interacción fuerte entre los quarks, es $938,27$ MeV$/c^2$. Así, aproximadamente el 99 % de la masa de los átomos tiene su origen en la interacción fuerte, no en las interacciones con el campo de Higgs que dotan de masa a los quarks y electrones. Sin embargo, estas últimas, a pesar de ser relativamente pequeñas, tienen un papel esencial en las estructuras de la materia, ya que, por ejemplo, electrones sin masa no se ligarían a los núcleos para formar átomos.

9.8. Apantallamiento de cargas y unificación de fuerzas

En teoría cuántica de campos el valor de la carga de una partícula depende de la distancia a ella, o lo que es lo mismo, del tamaño de la región del espacio que se explora en torno a ella. Esto último está relacionado con la longitud de la onda de De Broglie asociada a los bosones mediadores que interactúan con la carga, que es inversamente proporcional a su momento lineal (ec. 1.1). Así, cuanto mayor es el momento o energía de los proyectiles en un proceso de colisión, mayor es el momento transferido por el bosón mediador y menor su longitud de onda asociada, que es sensible a una región espacial más pequeña y más próxima a la partícula blanco.

La dependencia del valor de la carga con la distancia o con la energía del proceso es distinta para cada interacción fundamental, es decir, para cada tipo de carga (eléctrica, débil o fuerte). Aunque el análisis cuantitativo de este fenómeno requiere desarrollos en teoría cuántica de campos, pueden darse algunos argumentos cualitativos basados en el intercambio de partículas virtuales.

Toda partícula real con carga eléctrica emite y absorbe continuamente fotones virtuales, que a su vez se transforman transitoriamente en pares de partícula y antipartícula (por ejemplo, electrón y positrón) también virtuales, que rodean a la partícula real. Los pares de partícula y antipartícula, que tienen cargas opuestas, actúan como dipolos eléctricos que se orientan hacia la partícula real, de manera que el vacío en torno a ella queda polarizado. Esa carga, cuando se explora a cierta distancia, se encuentra entonces apantallada por una nube virtual polarizada y su valor efectivo se reduce, mientras que a distancias más cortas el valor de la carga aumenta y se aproxima al intrínseco. Como consecuencia del *apantallamiento* de la carga eléctrica, las interacciones electromagnéticas son más intensas cuanto más energéticos son los procesos, porque entonces los fotones mediadores son sensibles a regiones más pequeñas en el entorno de las cargas reales, donde el apantallamiento es menor.

El efecto es opuesto en la interacción fuerte, ya que cuanto mayor es la energía del gluon mediador, es decir, cuanto menor es la región del espacio que explora, menos intenso es el acoplamiento, debido al *antiapantallamiento* de las cargas de color. Por ejemplo, un quark con carga verde, q_g, emite continuamente gluones virtuales que pueden transportar, entre otras, combinaciones de cargas verde y antiazul, $\mathbf{g}_{g\bar{b}}$, de manera que el quark original pasa momentáneamente a tener carga azul, q_b, según el acoplamiento elemental $q_g \rightarrow q_b + \mathbf{g}_{g\bar{b}}$. Así, la carga verde inicial desaparece del punto en el que se encuentra el quark real y se extiende por su entorno en forma de nube de gluones virtuales $\mathbf{g}_{g\bar{b}}$, entre otros. Si el quark real se explora, por ejemplo, con un gluon mediador de cargas roja y antiverde, $\mathbf{g}_{r\bar{g}}$, este interactúa con la nube de carga verde dispersa en el entorno del quark real. Cuanto mayor es la región espacial explorada por el gluon mediador, mayor es el valor de la carga verde con la que interactúa, y por tanto mayor es la intensidad del acoplamiento. En conclusión, la interacción fuerte es menos intensa cuanto más energético es el proceso, porque entonces los gluones mediadores son sensibles a regiones más pequeñas en el entorno de las cargas reales y estas se encuentran menos antiapantalladas; y al contrario, es más intensa cuanto menos energético es el proceso, porque entonces la región espacial explorada es mayor y contiene más carga de color diseminada desde el quark real.

Este comportamiento de la interacción fuerte se debe a que los propios bosones mediadores transportan las cargas asociadas a la interacción (de color), al contrario que los fotones mediadores de la interacción electromagnética, que carecen de carga eléctrica. De hecho, a partir de cálculos cuantitativos se deduce que la formación de pares quark-antiquark virtuales produce un apantallamiento de carga análogo al de la interacción electromagnética, mientras que las cascadas de gluones virtuales, que interaccionan entre sí, dan lugar a un antiapantallamiento de carga. El predominio de uno u otro efecto depende en general del número de tipos (sabores) de quarks y del número de tipos de cargas fuertes; en el Modelo Estándar, con seis sabores y tres colores, el efecto neto resultante es de antiapantallamiento.

El antiapantallamiento de las cargas en la interacción fuerte está relacionado con el fenómeno del confinamiento (apdo. 9.5), ya que la carga de color de un quark aislado aumenta sin límite conforme crece la distancia a él, de manera que atrae intensamente a otros quarks para formar partículas compuestas con combinaciones de cargas de color que no interactúan con los gluones (singletes de color, apdo. 10.4). También es el origen de la libertad asintótica (apdo. 9.5), ya que los quarks muy próximos entre sí sienten unas cargas de color muy pequeñas, de modo que la intensidad de la interacción fuerte entre ellos se reduce y se encuentran prácticamente libres.

Un análisis cuantitativo permite deducir que las intensidades de las tres interacciones fundamentales, directamente relacionadas con los valores de sus respectivas cargas, son distintas entre sí a las bajas energías de los procesos habituales, pero se van aproximando conforme aumenta la energía. Una extrapolación de varios órdenes de magnitud apunta a que las tres intensidades se igualan aproximadamente a energías del orden de 10^{25} eV (los experimentos más energéticos hasta la fecha alcanzan 10^{13} eV). Esto puede interpretarse como un indicio de que las interacciones electromagnética, débil y fuerte son en realidad diferentes manifestaciones a baja energía de una única interacción, que estaría asociada a un grupo de simetría gauge más amplio que el de cada una de ellas por separado (U(1), SU(2), SU(3)) y que las englobaría. Estas hipótesis forman parte de las *teorías de gran unificación*, algunas de las cuales predicen la existencia de partículas elementales adicionales a las del Modelo Estándar, tanto fermiónicas como bosónicas, estas últimas asociadas a nuevas interacciones fundamentales.

9.9. Reacciones de partículas

Las partículas pueden sufrir *colisiones* entre ellas, en las que se pueden producir partículas distintas a las iniciales, o bien *desintegraciones*, en las que una partícula aislada se transforma espontáneamente en otras distintas. El *valor Q* de una reacción entre partículas es el equivalente en energía de la diferencia entre la masa de las partículas iniciales y la masa de las partículas finales:

$$Q = \left(\sum_i m_i - \sum_f m_f \right) c^2 \tag{9.12}$$

Si el valor Q es positivo, el proceso es favorable energéticamente y se libera energía en forma de energía cinética de las partículas finales. Si el valor Q es negativo, el proceso no es favorable energéticamente y, en el caso de colisiones, es necesario suministrar a las partículas iniciales una energía cinética por encima de un cierto valor, denominado *energía umbral*, que se obtiene a partir de la conservación de la energía y del momento lineal.

Las colisiones pueden ser *elásticas*, cuando se conserva la energía cinética y la masa, lo que implica que las partículas iniciales y finales son las mismas, por ejemplo $e^- + e^+ \to e^- + e^+$; o pueden ser *inelásticas*, cuando no se conserva la energía cinética ni la masa, lo que implica que en el estado final aparecen partículas distintas a las iniciales, por ejemplo $e^- + \nu_\mu \to \mu^- + \nu_e$ (donde la masa inicial es 0,51 MeV/c^2 y la masa final es 105,66 MeV/c^2). En el caso inelástico parte de la energía equivalente a la masa total de las partículas iniciales se transforma en energía cinética de las partículas finales (cuando el valor Q es positivo), o bien parte de la energía cinética de las partículas iniciales se transforma en energía equivalente a las masas de las partículas finales (cuando el valor Q es negativo). Un tipo de colisiones inelásticas son las *aniquilaciones*, en las que una partícula y su antipartícula desaparecen y se transforman en otras, por ejemplo $e^- + e^+ \to \gamma + \gamma$.

Las desintegraciones ocurren en aquellas partículas que se pueden transformar en otras cuya masa conjunta es menor que la inicial (valor Q positivo), siempre que no se incumpla ninguna ley de conservación (apdo. 9.10). El valor Q tiene que ser necesariamente positivo, porque de otro modo no se conservaría la energía total en el proceso. En el sistema de referencia del centro de momentos la partícula inicial no tiene energía cinética (aunque sí la tenga en el sistema de laboratorio), y por tanto no puede transformarse en energía equivalente a masa adicional para crear partículas finales más pesadas que la inicial; si el proceso no es posible en este o en cualquier otro sistema de referencia, no lo es en ninguno.

En partículas elementales solo la interacción débil cargada, mediada por los bosones $W^\pm$, da lugar a desintegraciones, porque transforma unos fermiones en otros con diferente masa. En partículas compuestas (hadrones), las desintegraciones pueden producirse también mediante las interacciones electromagnética o fuerte, ya sea por un cambio en la configuración de los quarks constituyentes, que da lugar a desexcitaciones electromagnéticas, o por creación o aniquilación de pares quark-antiquark del mismo tipo.

9.10. Leyes de conservación

La *conservación* de una magnitud implica que su valor es el mismo antes y después de que ocurra un proceso, por ejemplo una cierta interacción fundamental entre partículas. La *invariancia* de una magnitud, en cambio, implica que su valor es el mismo para distintos observadores, es decir, en distintos sistemas de referencia. Por último, una magnitud es *constante* cuando su valor no cambia con el tiempo. Por ejemplo, la velocidad de la luz en el vacío es constante, porque no cambia con el tiempo, e invariante, porque es la misma para cualquier observador.

La tabla 9.2 indica si se conservan en cualquier proceso o si son invariantes para cualquier sistema de referencia inercial las principales magnitudes relativistas (apdo. 1.4) totales de un conjunto de partículas. Se incluye la energía total, $E_T = \sum_k E_k$, donde E_k es la energía de cada partícula (ec. 1.11); la energía cinética total, $T_T = \sum_k T_k$, donde T_k es la energía cinética de cada partícula (ec. 1.13); la masa total, $m_T = \sum_k m_k$, donde m_k es la masa de cada partícula; el vector momento total, $\vec{p}_T = \sum_k \vec{p}_k$, donde $\vec{p}_k$ es el vector momento de cada partícula; el cuadrimomento total, $p_T^\mu = \sum_k p_k^\mu$, donde p_k^μ es el cuadrimomento de cada partícula (ec. 1.9); y el cuadrado de ese cuadrimomento total, $(p_T^\mu)^2$, que es una magnitud muy útil porque es a la vez conservada e invariante, y es proporcional al cuadrado de la *masa invariante* del conjunto, que en general no coincide con su masa total m_T (apdo. 1.4).

Tabla 9.2. Conservación e invariancia de las principales magnitudes en mecánica relativista

Magnitud	Conservación	Invariancia
Energía total	Sí	No
Energía cinética total	No	No
Masa total	No	Sí
Momento total	Sí	No
Cuadrimomento total	Sí	No
Cuadrimomento total al cuadrado	Sí	Sí

Las cargas de las partículas asociadas a las tres interacciones fundamentales del Modelo Estándar son cantidades conservadas: la carga eléctrica, la carga débil (de sabor, o tercera componente del isoespín débil) y la carga fuerte (de color). Este hecho se debe a que las densidades langrangianas correspondientes son invariantes bajo transformaciones gauge locales de los campos (apdo. 9.2), lo que según el teorema de Noether (apdo. 1.3) implica que existen ciertas cantidades conservadas, que son las cargas.

Los fermiones elementales con carga eléctrica son los quarks u, c, t, con $Q = +2/3$, los quarks d, s, b, con $Q = -1/3$, y los leptones e, μ, τ, con $Q = -1$, todas en unidades e. Las antipartículas correspondientes tienen la misma carga pero con signo opuesto. También tienen carga eléctrica los bosones mediadores de la interacción débil W^+ y W^-, indicada en su símbolo. En una reacción entre partículas la carga eléctrica neta inicial es igual a la carga eléctrica neta final.

Todos los fermiones elementales tienen carga débil, que se puede asociar con el número cuántico de tercera componente de isoespín débil: los quarks u, c, t y los leptones ν_e, ν_μ, ν_τ tienen $M_\mathcal{T} = +1/2$, y los quarks d, s, b y los leptones e, μ, τ tienen $M_\mathcal{T} = -1/2$. Las antipartículas correspondientes tienen el mismo valor pero con signo opuesto. También tienen carga débil los propios bosones mediadores de la interacción débil: W^+ con $M_\mathcal{T} = +1$, W^- con $M_\mathcal{T} = -1$, y Z^0 con $M_\mathcal{T} = 0$.

Los fermiones elementales con carga fuerte son los quarks, cada uno con una unidad de carga de color que puede ser de tipo r, g o b (rojo, verde o azul), y los antiquarks, cada uno con una unidad de carga de anticolor que puede ser de tipo $\bar{r}$, $\bar{g}$ o $\bar{b}$ (antirrojo, antiverde o antiazul). Los gluones mediadores de la interacción fuerte llevan una unidad de carga de color y una unidad de carga de anticolor (apdo. 9.5). El resto de partículas no tiene carga de color. Los quarks se encuentran siempre confinados en hadrones con una combinación específica de cargas de color y/o anticolor denominada singlete (apdo. 10.4), y por tanto la conservación de esta carga es trivial en cualquier proceso: tanto los hadrones iniciales como los hadrones finales son singletes de color.

Otras cantidades conservadas son el número neto de quarks y el número neto de leptones, a los que las partículas contribuyen con una unidad positiva y las antipartículas contribuyen con una unidad negativa. Los quarks siempre se presentan confinados en hadrones, y de ellos solo los bariones tienen número neto de quarks distinto de cero: $+3$ en el caso de los bariones, formados por tres quarks, y -3 en el caso de los antibariones, formados por tres antiquarks (los mesones, formados por un quark y un antiquark, tienen 0); por esta razón se emplea habitualmente el *número bariónico* en lugar del número de quarks: $\mathcal{B} = +1$ para bariones, $\mathcal{B} = -1$ para antibariones y $\mathcal{B} = 0$ para el resto de partículas. En cuanto al *número leptónico*, con el que se calcula el número neto de leptones, es $\mathcal{L} = +1$ para leptones, $\mathcal{L} = -1$ para antileptones y $\mathcal{L} = 0$ para el resto de partículas.

Por último, existen algunas leyes de conservación de números cuánticos multiplicativos asociados a transformaciones discretas. Una de ellas es la *inversión de paridad* P, que consiste en una inversión de las coordenadas espaciales respecto al origen, $\vec{r} \to -\vec{r}$, o, de manera equivalente, en una reflexión respecto a un plano seguida de una rotación de 180°. Si un sistema es simétrico bajo rotaciones, la transformación de paridad equivale simplemente a reflejar respecto a un plano. La mayoría de las partículas tienen un número cuántico asociado a la inversión de paridad, que puede valer $\pi = +1$ (paridad par: su función de onda invertida por paridad es igual a la inicial) o $\pi = -1$ (paridad impar: su función de onda invertida por paridad es igual a la inicial con signo opuesto). Por convenio, la paridad intrínseca de los fermiones elementales es $\pi = +1$ y la de los antifermiones elementales es $\pi = -1$. En partículas compuestas, la paridad es el producto de las paridades intrínsecas de las partículas constituyentes y del factor $(-1)^L$, donde L es el momento angular orbital relativo entre ellas, que proviene del armónico esférico contenido en la función de onda de la partícula compuesta (ec. 4.23, apdo. 10.3).

El operador de inversión de paridad puede escribirse como $P = e^{i\pi K}$, donde K es el operador generador de la transformación[35]. Los autovalores del operador P son $\pi = +1$ y $\pi = -1$, como se deduce de la condición $P^2 = \mathbb{I}$ (dos inversiones seguidas equivalen a no efectuar ninguna); los autovalores correspondientes del operador K son entonces 0 y 1. Los autovalores de P son números cuánticos multiplicativos, pero están directamente relacionados con los de K, que son aditivos módulo 2, es decir, $0 + 0 = 0$, $0 + 1 = 1$, $1 + 1 = 0$.

Otra transformación discreta es la *conjugación de carga* C, que consiste en intercambiar las partículas por sus antipartículas. Solo las partículas que son iguales a sus antipartículas tienen un número cuántico κ asociado a la conjugación de carga, por ejemplo algunos mesones (estados ligados de quark y antiquark) o el fotón. Este

---

[35]Esta expresión es análoga, por ejemplo, a la del operador rotación R escrito en función del operador generador de las rotaciones, que es el momento angular J (ec. 4.12).

número cuántico es multiplicativo, al igual que el asociado al operador P, y también puede definirse un operador generador con números cuánticos aditivos módulo 2.

Una tercera transformación discreta es la *inversión temporal* T, que consiste en invertir el sentido del tiempo, por ejemplo intercambiando las partículas que entran en una reacción con las que salen. Esta transformación no está asociada a ningún número cuántico.

Según el *teorema CPT* de la teoría cuántica de campos, todo proceso, independientemente de la interacción responsable, es invariante bajo la actuación conjunta de las tres transformaciones, efectuadas en cualquier orden. Es decir, las magnitudes observables en una reacción entre partículas tienen el mismo valor si se invierten la coordenadas espaciales (P), se intercambian las partículas y sus antipartículas correspondientes (C) y se intercambian las partículas entrantes y las salientes (T). Las interacciones fuerte y electromagnética son invariantes bajo cada una de las transformaciones T, C, P por separado. Así, en estas interacciones se cumplen leyes de conservación del número cuántico de paridad π y del número cuántico de conjugación de carga κ, teniendo en cuenta que son multiplicativos, no aditivos. En cambio, la interacción débil no es invariante bajo la transformación P ni bajo la transformación C, y por tanto no se cumplen las leyes de conservación de los números cuánticos asociados a ellas; tampoco es invariante bajo la actuación conjunta de ambas transformaciones (CP), y del teorema CPT se deduce entonces que tampoco es invariante bajo la transformación T por sí sola.

En la tabla 9.3 se recogen las principales leyes de conservación relacionadas con las magnitudes mecánicas relativistas, con las cargas y con las transformaciones discretas, y se indica si se cumplen o no en los procesos causados por cada una de las tres interacciones fundamentales.

Ejemplo: Reacciones de partículas, leyes de conservación e interacciones responsables

En los siguientes ejemplos de reacciones entre partículas se analiza el cumplimiento de las leyes de conservación para las que se aportan datos, y si las reacciones son posibles se identifica la interacción principal responsable y se describe el proceso en el Modelo Estándar.

- Reacción $e^+ + e^- \rightarrow \mu^+ + \mu^-$.

  Se trata de una reacción entre leptones, en la que colisionan un electrón y un positrón, que son antipartículas una de la otra, para formar un muon y un antimuón, también antipartículas una de la otra. Esta reacción conserva carga eléctrica $(+1 - 1 \rightarrow +1 - 1)$ y número leptónico (electrón y muon son leptones, positrón y antimuón son antileptones: $-1+1 \rightarrow -1+1$). La principal interacción responsable es la electromagnética: el electrón y el positrón se aniquilan en un fotón virtual, que a continuación se desintegra en muon y antimuón. El bosón mediador también puede ser el Z^0 de la interacción débil, pero la intensidad de esta fuerza es mucho menor que la electromagnética.

Tabla 9.3. Leyes de conservación en las tres interacciones fundamentales del Modelo Estándar

Magnitud	Fuerte	EM	Débil
Energía total	Sí	Sí	Sí
Momento lineal	Sí	Sí	Sí
Momento angular	Sí	Sí	Sí
Carga eléctrica	Sí	Sí	Sí
Carga débil (de sabor)	Sí	Sí	Sí
Carga fuerte (de color)	Sí	Sí	Sí
N.º de quarks (n.º bariónico)	Sí	Sí	Sí
Tipo (sabor) de quarks	Sí	Sí	No
N.º leptónico	–	Sí	Sí
Tipo (sabor) de leptones	–	Sí	No
N.º cuántico de paridad	Sí	Sí	No
Nº cuántico de conjugación de carga	Sí	Sí	No

- Reacción $\Delta^- \to n + \pi^-$.
  Se trata de una reacción entre hadrones, que son partículas compuestas por quarks (cap. 10), en concreto la desintegración de una partícula delta negativa en neutrón y pion negativo. La misma reacción, indicando el contenido de quarks de los hadrones es: $ddd \to udd + d\bar{u}$. Esta reacción conserva carga eléctrica ($-1 \to 0-1$) y número bariónico (la partícula delta y el neutrón son bariones, el pion no lo es: $+1 \to +1+0$); esto último también se puede analizar en términos de número de quarks: $(1+1+1) \to (1+1+1)+(1-1)$, donde el -1 corresponde al antiquark $\bar{u}$. También conserva el sabor de los quarks: tres de tipo d al inicio y al final (el quark u y el antiquark $\bar{u}$ se cancelan entre sí). Por tanto, la principal interacción responsable de este proceso es la fuerte[a]: uno de los quarks d iniciales emite un gluon virtual, manteniendo el sabor d (puede haber tenido lugar un cambio de carga de color). A continuación, el gluon virtual se desintegra en quark u y antiquark $\bar{u}$. En el estado final, el quark u queda ligado a dos quarks d formando el neutrón y el antiquark $\bar{u}$ queda ligado a un quark d formando el pion negativo. El bosón mediador de este proceso también puede ser el fotón de la interacción electromagnética o el Z^0 de la interacción débil, ya que ninguno de ellos cambia el sabor de los quarks, pero su intensidad es mucho menor que la interacción fuerte.

- Reacción $\Sigma^- \rightarrow n + \pi^-$.

Se trata de una reacción entre hadrones, que son partículas compuestas por quarks (cap. 10), en concreto la desintegración de una partícula sigma negativa en neutrón y pion negativo. La misma reacción, indicando el contenido de quarks de los hadrones es: $dds \rightarrow udd + d\bar{u}$. Esta reacción conserva carga eléctrica $(-1 \rightarrow 0 - 1)$ y número bariónico (la partícula sigma y el neutrón son bariones, el pion no lo es: $+1 \rightarrow +1 + 0)$, pero no conserva el sabor de los quarks, ya que inicialmente hay un quark s que no aparece en el estado final. Por tanto, la interacción responsable de este proceso es necesariamente la débil. El quark s inicial (ligado a los quarks dd), con tercera componente de isoespín débil $M_{\mathcal{T}} = -1/2$, emite un bosón W^- virtual y se convierte en un quark u (que continúa ligado a los quarks dd, formando el neutrón), con $M_{\mathcal{T}} = +1/2$. En este caso el cambio de sabor se ha producido entre dobletes de isoespín débil diferentes, (u,d') y (c,s'), que, aunque menos probable, es posible porque algunos de los autoestados de masa que forman los hadrones (s en este caso) son combinaciones lineales de autoestados de sabor (d', s', b' en este caso) (apdo. 9.4). A continuación, el bosón W^- se desintegra en quark d y antiquark $\bar{u}$, ambos con $M_{\mathcal{T}} = -1/2$, que forman el pion negativo. Así, se conserva la carga débil: $-1/2 \rightarrow +1/2 - 1/2 - 1/2$.

- Reacción $p \rightarrow e^+ + \gamma$. ($\times$)

Se trata de la desintegración de un protón en positrón y fotón. Esta reacción conserva la carga eléctrica $(+1 \rightarrow +1 + 0)$, pero no el número bariónico (el protón es un barión, el positrón y el fotón no lo son: $+1 \rightarrow 0 + 0)$ ni el número leptónico (el positrón es un antileptón, el protón y el fotón no son leptones: $0 \rightarrow -1 + 0)$. Por tanto, esta reacción es imposible.

- Reacción $p \rightarrow n + e^+ + \nu_e$. ($\times$)

Se trata de la desintegración de un protón en neutrón, positrón y neutrino electrónico. Esta reacción conserva la carga eléctrica $(+1 \rightarrow 0 + 1 + 0)$, el número bariónico (protón y neutrón son bariones, positrón y neutrino no lo son: $+1 \rightarrow +1 + 0 + 0)$ y el número leptónico (el positrón es antileptón y el neutrino es leptón: $0 \rightarrow 0 - 1 + 1)$. Sin embargo, a diferencia de los ejemplos de desintegraciones anteriores, esta reacción viola necesariamente la conservación de la energía. Esto se deduce directamente de la masa de las partículas involucradas, que es una propiedad intrínseca, sin necesidad de conocer sus energías cinéticas o momentos. La masa inicial es la del protón, $m_i = m_p = 938{,}27$ MeV/c^2, y la masa final es $m_f = m_n + m_e + m_\nu = 939{,}57 + 0{,}51 = 940{,}08$ MeV/c^2 (la masa del neutrino es despreciable), de modo que $m_f > m_i$ o lo que es lo mismo, $Q < 0$ (ec. 9.12)[b]. Esta reacción sí puede ocurrir cuando el protón inicial y el neutrón final están ligados en núcleos atómicos, porque en ese caso las masas que tienen que considerarse son las de los núcleos al completo, y el proceso se denomina desintegración nuclear beta más, β^+ (apdo. 14.3).

- Reacción $n \to p + e^- + \bar{\nu}_e$.

Esta reacción cumple las mismas leyes de conservación que la anterior, y en este caso también la de la energía, porque la masa del neutrón es mayor que la suma de masas de protón y electrón. Por tanto, la reacción es posible y la interacción responsable es la débil, porque aparece un neutrino y además hay cambio de sabor de los quarks: uno de los quarks d (ligado a los quarks ud formando el neutrón inicial) emite un bosón W^- virtual y se convierte en un quark u (que continúa ligado a los quarks ud formando el protón final), pasando con ello de tercera componente de isoespín débil $M_\mathcal{T} = -1/2$ a $M_\mathcal{T} = +1/2$; a continuación, el bosón W^- se desintegra en electrón e^- y antineutrino electrónico $\bar{\nu}_e$, ambos con tercera componente de isoespín débil $M_\mathcal{T} = -1/2$, de manera que se conserva la carga de sabor. Cuando el neutrón inicial y el protón final están ligados en núcleos atómicos el proceso se denomina desintegración nuclear beta menos, β^- (apdo. 14.3).

---

[a]Si no se hubiera conservado el sabor, la interacción responsable sería necesariamente la débil cargada, mediada por los bosones $W^\pm$.

[b]En el sistema de referencia de centro de momentos el protón inicial tiene momento lineal cero y por tanto carece de energía cinética que pueda convertirse en masa adicional en el estado final. Este análisis solo es necesario para desintegraciones, es decir, cuando solo hay una partícula inicial en la reacción. En colisiones, la energía necesaria para crear masa adicional en el estado final sí puede provenir de la energía cinética de las partículas iniciales, que no es nula a pesar de que la resultante de sus momentos lineales sí lo es en el sistema de centro de momentos.

10. Hadrones

Los hadrones son partículas compuestas por ciertas combinaciones de quarks ligados entre sí mediante la interacción fuerte. La estructura interna de estas partículas, que incluyen el protón y el neutrón, se evidencia en experimentos de dispersión, de cuyos resultados se puede deducir un modelo basado en partones que evoluciona hasta el actual modelo de quarks. Los tipos (sabores) de estos últimos y sus posibles combinaciones tienen su reflejo en los grupos o multipletes en los que se pueden organizar los hadrones.

10.1. Estructura de los hadrones y modelo de quarks

Los experimentos de dispersión de electrones de alta energía ($\lesssim 1$ GeV) por un blanco de protones muestran que estos últimos presentan una estructura interna constituida por entidades puntuales denominadas *partones*. A esas energías el fotón virtual intercambiado entre el electrón y el protón no interactúa con este último como un todo, sino con uno de sus partones constituyentes, que se encuentra casi libre en su interior y que transporta una cierta fracción x de la energía y momento totales del protón. De estos experimentos, denominados de *dispersión profundamente inelástica*, se extraen las siguientes evidencias sobre la estructura interna del protón:

- Contiene tres partones, que tienen carga eléctrica y espín 1/2.
- Los tres partones cargados solo transportan aproximadamente la mitad del momento total del protón ($x \approx 0{,}5$), existiendo otros componentes sin carga que transportan el resto del momento.
- Contiene partones adicionales que transportan una pequeña fracción x del momento total del protón.

Por otro lado, las numerosas partículas con propiedades parecidas a las del protón que se habían descubierto hasta la década de 1960, denominadas colectivamente *hadrones*, se organizaron en figuras geométricas (*multipletes*) según los valores de ciertos números cuánticos, como la carga eléctrica Q o la *extrañeza* S (figura 10.1), este último conservado en procesos mediados por las interacciones fuertes y electromagnéticas, pero no por las débiles. Algunas posiciones en estas figuras geométricas correspondían a partículas que no se conocían en la época, pero que se descubrieron posteriormente con las propiedades predichas por este esquema (apdo. 10.2).

A partir de las evidencias proporcionadas por la estructura de partones y por la clasificación en multipletes se deduce que los hadrones están constituidos por partículas elementales, los *quarks*, en las siguientes combinaciones: los *bariones* están formados por tres quarks (qqq), los *antibariones* están formados por tres antiquarks ($\bar{q}\bar{q}\bar{q}$), y los *mesones* están formados por un quark y un antiquark ($q\bar{q}$). Recientemente se han obtenido evidencias en laboratorio de la existencia de hadrones exóticos, como *tetraquarks* ($q\bar{q}q\bar{q}$) o *pentaquarks* ($qqqq\bar{q}$), que pueden interpretarse también como estados ligados entre mesones y/o bariones ordinarios en forma análoga a una molécula hadrónica. Los quarks q y antiquarks $\bar{q}$ que constituyen todos estos tipos de hadrones pueden ser de cualquiera de los seis sabores (u, d, c, s, t, b), dando lugar a una gran cantidad de hadrones diferentes. En particular, cada quark de sabor s contribuye con una unidad negativa al número cuántico de extrañeza S introducido antes (y cada antiquark $\bar{s}$ contribuye con una unidad positiva). Las cargas eléctricas Q de los hadrones siempre son números enteros: desde -1 hasta $+2$ para bariones, desde -2 hasta $+1$ para antibariones, y desde -1 hasta $+1$ para mesones.

Según este modelo de quarks, los resultados de los experimentos de dispersión profundamente inelástica en bariones, como el protón, se pueden interpretar de la siguiente manera:

- Los tres partones cargados y con espín $1/2$ corresponden a tres quarks, que se llaman *quarks de valencia*.
- Los constituyentes sin carga que transportan aproximadamente la mitad del momento total corresponden a *gluones virtuales* intercambiados por los quarks.
- Los partones adicionales cargados que transportan una pequeña fracción del momento total corresponden a pares virtuales quark-antiquark, que constituyen el *mar de quarks*.

A pesar de la satisfactoria interpretación de estos resultados, el modelo de quarks presentaba dos grandes problemas, que requirieron la introducción de nuevas hipótesis. Por un lado, la existencia de algunos bariones compuestos por tres quark del mismo sabor, como uuu, ddd o sss, parecía violar el principio de exclusión, ya que sus tres constituyentes son fermiones indistinguibles en el mismo estado cuántico. Para evitarlo, se introdujo una propiedad adicional de los quarks, el *color*, de tres tipos distintos (apdo. 9.5). Por otro lado, no existía (ni entonces ni ahora) evidencia experimental de los quarks como partículas aisladas independientes, lo que se explicó posteriormente a través del fenómeno de confinamiento, es decir, del hecho de que los quarks siempre se encuentran ligados formando partículas compuestas debido a que la intensidad de la interacción fuerte aumenta sin límite conforme crece la separación (apdo. 9.5).

10.2. Multipletes de sabor

Los quarks de sabores u y d forman un doblete de *isoespín fuerte*: ambos tienen número cuántico de isoespín fuerte $t = 1/2$, y el número cuántico de tercera componente es $m_t = +1/2$ para el quark u y $m_t = -1/2$ para el quark d (apdo. 4.8.1). La interacción fuerte presenta una simetría aproximada bajo rotaciones en el espacio de isoespín fuerte, porque no distingue entre los quarks u y d (excepto por su pequeña diferencia de masa)[36]. Esto permite asignar a los estados ligados de estos quarks un buen número cuántico de isoespín fuerte total T y de su tercera componente M_T.

Un hadrón acoplado a isoespín total T forma parte de un multiplete de isoespín fuerte que consta de $2T + 1$ miembros, cada uno de ellos con un valor distinto de M_T (ordenando los hadrones por carga decreciente y asignando al de mayor carga positiva el valor de M_T más alto), como en los siguientes ejemplos:

- El nucleón N, que es un barión con $T = 1/2$, corresponde al doblete de isoespín formado por el protón p, con $M_T = 1/2$; y el neutrón n, con $M_T = -1/2$.
- La partícula Δ, que es un barión con $T = 3/2$, corresponde al cuadruplete de isoespín formado por Δ^{++}, con $M_T = 3/2$; Δ^+, con $M_T = 1/2$; Δ^0, con $M_T = -1/2$; y Δ^-, con $M_T = -3/2$.
- El pion π, que es un mesón con $T = 1$, corresponde al triplete de isoespín formado por π^+, con $M_T = 1$; π^0, con $M_T = 0$; y π^-, con $M_T = -1$.

La simetría asociada al isoespín fuerte (sabores u y d) es la del grupo SU(2), que organiza los bariones en cuadrupletes (para $T = 3/2$, como Δ) y dobletes (para $T = 1/2$, como N) (apdo. 10.4.1) y los mesones en tripletes (para $T = 1$, como π) y singletes (para $T = 0$, como η) (apdo. 10.4.2). Se puede ampliar la simetría para incluir más sabores, como la del grupo SU(3) para los sabores u, d y s, que organiza los bariones en decupletes, octetes y singletes, y los mesones en octetes y singletes (mezclados en algunos casos en nonetes), representados algunos de ellos en la figura 10.1; o la del grupo SU(4) para los sabores u, d, s y c, que organiza los bariones en 20-pletes y cuadrupletes, y los mesones en 15-pletes y singletes (mezclados en 16-pletes). Todos estos multipletes corresponden a representaciones irreducibles de los grupos de simetría correspondientes.

La utilidad de los multipletes de sabor se basa en la indistinguibilidad de las partículas que los integran en lo que respecta a la interacción fuerte. Así, las diferentes cargas eléctricas o de sabor (tipos de quarks constituyentes) de los hadrones de un mismo multiplete no afectan a sus interacciones fuertes. Sin embargo, sus diferentes masas sí afectan a la dinámica de cualquier interacción. En el caso de los multipletes formados con quarks u y d las diferencias de masas entre los hadrones son pequeñas, de manera que la simetría, y la conservación asociada del isoespín fuerte, se respetan

---

[36] El isoespín fuerte presenta algunas diferencias con el isoespín débil (apdo. 9.4), aunque su estructura matemática es la misma, la del grupo SU(2). El isoespín débil forma dobletes tanto de quarks como de leptones de las tres familias, que además están rotados porque uno de los miembros no es autoestado de masa; la simetría de isoespín débil como simetría gauge local está relacionada con el origen de la interacción débil. Por su parte, el isoespín fuerte solo se aplica al doblete (u,d) de autoestados de masa y la simetría (aproximada) asociada sirve principalmente para describir y clasificar hadrones.

con muy buena aproximación. La diferencia de masas es mayor entre los hadrones constituidos por quarks u, d y s, lo que rompe la simetría de manera notable, y esa ruptura es aún mayor en los multipletes que incorporan más sabores de quarks.

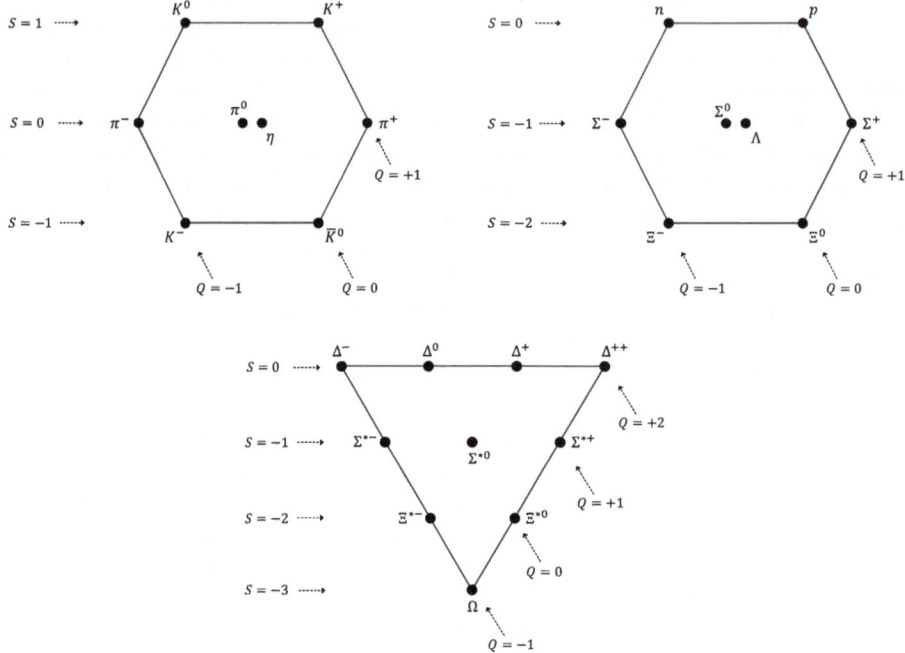

Figura 10.1. Algunos multipletes formados por los hadrones más ligeros: octete de mesones (arriba izquierda), octete de bariones (arriba derecha), decuplete de bariones (abajo). Se indica la carga eléctrica Q y la extrañeza S de cada hadrón.

Ejemplo: Predicción de la existencia y propiedades de hadrones a partir de su clasificación en multipletes de sabor

Cuando en 1961 se propusieron las clasificaciones de los hadrones en multipletes, el vértice inferior del decuplete de bariones más ligeros (figura 10.1, abajo) no estaba ocupado por ninguna partícula conocida. Murray Gell-Mann predijo su existencia con unas propiedades bien definidas que se deducían de su posición en el multiplete: carga eléctrica $Q = -1$, extrañeza $S = -3$ y una masa aproximada de 1680 MeV/c^2. Esta última se puede estimar a partir de las masas promedio de los bariones en cada fila del decuplete: la masa del cuadruplete de partículas Δ es 1232, la del triplete de partículas Σ^* es 1385, la del doblete de partículas Ξ^* es 1533, y, siguiendo el mismo patrón, la de la hipotética partícula que ocuparía el vértice inferior debería ser unos 150 MeV/c^2 mayor que la de Ξ^*, unos 1680

MeV/c^2. Esta partícula se podría desintegrar en un barión del octete y un mesón del octete, pero con las propiedades predichas no puede hacerlo mediante las interacciones fuerte o electromagnética, ya que las únicas desintegraciones que conservarían su carga y su extrañeza no conservan energía, porque la masa de los productos supera a la de la partícula; así ocurre, por ejemplo, en las desintegraciones a $\Xi^0 + K^-$ o a $\Xi^- + \bar{K}^0$, cuyas masas conjuntas superan los 1800 MeV/c^2. Debido a que las desintegraciones fuerte y electromagnética no son posibles, puede observarse la desintegración débil de esta partícula (en caso de competencia con las otras interacciones, una desintegración débil es muy difícil de detectar porque es mucho menos probable).

En un experimento realizado en 1964 se descubrió una partícula que dejó una traza de unos 0,5 cm de longitud en una cámara de burbujas antes de desintegrarse en $\Xi^0 + \pi^-$. Por conservación, la partícula desintegrada tenía carga eléctrica $Q = -1$ y número bariónico $\mathcal{B} = 1$, es decir, se trataba de un barión con una unidad de carga negativa. A partir de la longitud d de la traza dejada en el detector y de la velocidad máxima posible de desplazamiento de la partícula (la de la luz en el vacío, c), se podía estimar una cota inferior a su tiempo de vida medio, dada por: $\tau \geq d/c \approx 0{,}5\,\text{cm}/(3 \cdot 10^{10}\,\text{cm/s}) = 1{,}7 \cdot 10^{-11}\,\text{s}$. Tiempos de vida tan largos como este son solamente atribuibles a procesos mediados por la desintegración débil, lo que indica que la partícula en cuestión no podía desintegrarse mediante la interacción fuerte o electromagnética. En una desintegración débil no se conserva el número cuántico de extrañeza (en general, no se conserva el número de quarks de cada sabor, apdo. 9.10), y por tanto no se puede deducir el que tiene esta partícula a partir de sus productos de desintegración (que suman $\mathcal{S} = -2$).

La partícula detectada en la cámara de burbujas se identificó con la que correspondería al hueco del decuplete de bariones, ya que presentaba las propiedades predichas por Gell-Mann, y se denominó Ω^-. Su contenido de quarks de valencia es sss, que corresponde a extrañeza $\mathcal{S} = -3$ y carga eléctrica $Q = -1$, su masa medida es 1672 MeV/c^2 y su vida media medida es $8{,}2 \cdot 10^{-11}$ s.

10.3. Espectro de los hadrones

Los quarks de valencia de un hadrón pueden tomar distintas configuraciones, caracterizadas por (figura 10.2):

- El espín total al que se acoplan, $\vec{S} = \vec{s}_1 + \vec{s}_2 + \vec{s}_3$ en bariones o $\vec{S} = \vec{s}_1 + \vec{s}_2$ en mesones, asociado a los números cuánticos de espín total al cuadrado S y de su tercera componente M_S. Distintos acoplamientos de espín, correspondientes a distintos valores de S, dan lugar al estado fundamental y a *excitaciones de espín* de los hadrones.
- El momento angular orbital total al que se acoplan, $\vec{L} = \vec{l} + \vec{l}'$ en bariones o $\vec{L} = \vec{l}$ en mesones, asociado a los números cuánticos de momento angular orbital al cuadrado L (con $|l - l'| \leq L \leq |l + l'|$ en bariones y $L = l$ en mesones) y de su tercera componente M_L. Distintos acoplamientos de momento angular orbital,

correspondientes a distintos valores de L, dan lugar al estado fundamental y a *excitaciones orbitales* de los hadrones.

- La separación entre ellos, asociada a un número cuántico radial cuyos distintos valores dan lugar al estado fundamental y a *excitaciones radiales* de los hadrones.

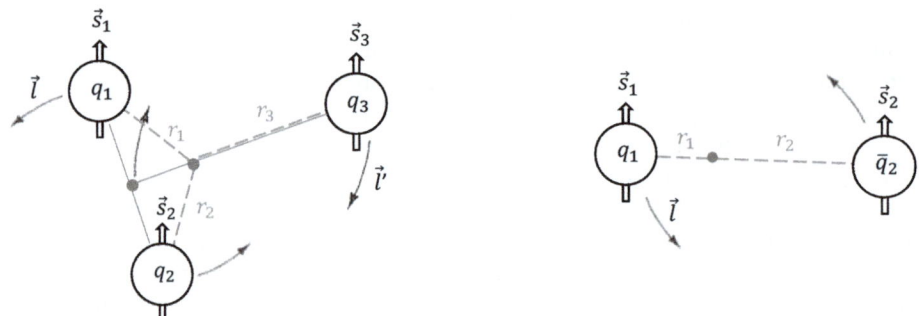

Figura 10.2. Izquierda: representación esquemática de un barión donde se indican, para los tres quarks de valencia q_i, los espines ($\vec{s}_i$), los momentos angulares relativos ($\vec{l}$ entre q_1 y q_2 y $\vec{l}'$ entre el centro de masas de los dos anteriores y q_3) y las distancias al centro de masas global (r_i). Derecha: lo mismo, pero para un mesón, con un quark y un antiquark de valencia.

Las energías asociadas a las diversas configuraciones de quarks tienen masas equivalentes considerablemente distintas, que pueden diferir hasta centenares de MeV/c^2, de manera que los niveles de energía en el espectro de un hadrón, incluso para un contenido fijo de sabores de quarks, se interpretan como partículas diferentes.

El momento angular total de un hadrón procede del acoplamiento entre su espín total y su momento angular orbital total, $\vec{J} = \vec{L} + \vec{S}$, y está asociado a los números cuánticos de momento angular al cuadrado J, con $|L - S| \leq J \leq L + S$, y de su tercera componente, $M_J = M_L + M_S$. Al número cuántico J también se le denomina espín de la partícula, pero no debe confundirse con el espín total S que proviene del acoplamiento de sus constituyentes.

La paridad de un barión viene dada por $\pi_B = \pi_{q_1} \pi_{q_2} \pi_{q_3} (-1)^l (-1)^{l'} = (-1)^{l+l'}$, donde π_{q_i} son las paridades intrínsecas de los quarks constituyentes (por convenio, $\pi_{q_i} = +1$) y donde l y l' son los números cuánticos de sus momentos orbitales relativos. La paridad del antibarión correspondiente es la opuesta. La paridad de un mesón viene dada por $\pi_M = \pi_q \pi_{\bar{q}} (-1)^l = (-1)^{L+1}$, donde la paridad intrínseca del antiquark es opuesta a la del quark (por convenio, $\pi_{\bar{q}} = -1$), y donde l es el número cuántico del momento orbital relativo entre el quark y el antiquark, que es el momento orbital total L del mesón.

Según el teorema del virial, la energía de ligadura B de un sistema es típicamente del mismo orden que las energías cinéticas promedio $\langle T \rangle$ de sus constituyentes (apdo. 1.5). En el caso de los mesones formados por quarks ligeros (u, d, s) la energía de ligadura, y por tanto las energías cinéticas promedio de los quarks, son mayores que las energías equivalentes a sus masas, de manera que se mueven a velocidades relativistas en el interior del mesón (un valor alto de $B/mc^2 \sim \langle T \rangle/mc^2$ corresponde a un valor alto de γ y a un valor próximo a 1 de β, ecs. 1.5, 1.6, 1.13). Así, los autoestados de energía de los mesones ligeros deben obtenerse con una versión relativista de la ecuación de Schrödinger denominada ecuación de Dirac. En cambio, en los mesones formados por quarks pesados (c, b, t) la energía de ligadura, y por tanto las energías cinéticas promedio de los quarks, son menores que las energías equivalentes a sus masas, de manera que se mueven a velocidades no relativistas y sus estados de energía pueden obtenerse de la ecuación de Schrödinger (ec. 3.32).

Los argumentos anteriores están relacionados con la energía potencial entre quark y antiquark de la forma esquemática V_f dada en la ec. 9.9. En un sistema ligado los constituyentes más ligeros tienden a estar más alejados entre sí, lo que en este caso los hace más sensibles al término confinante de la energía potencial V_f (el término lineal $\beta_f r$, o uno similar), para el que el cociente $B/mc^2 \sim \langle T \rangle/mc^2$ es grande si las masas son pequeñas. En cambio, los constituyentes más pesados tienden a estar más próximos entre sí, lo que en este caso los hace más sensibles al término de tipo coulombiano de V_f (el proporcional a $-\alpha_f/r$), para el que el cociente $B/mc^2 \sim \langle T \rangle/mc^2$ es pequeño e independiente de la masa; además, la energía de ligadura disminuye a distancias cortas porque los parámetros α_f y β_f reducen su valor debido al antiapantallamiento de las cargas fuertes que conduce a la libertad asintótica (apdo. 9.5).

En primera aproximación, el hamiltoniano de un mesón pesado contiene las energías cinéticas no relativistas del quark y del antiquark constituyentes, junto con la energía potencial entre ellos:

$$H = -\frac{\hbar^2}{2m_q}\nabla_q^2 - \frac{\hbar^2}{2m_{\bar{q}}}\nabla_{\bar{q}}^2 - V_f \qquad (10.1)$$

donde m_q y $m_{\bar{q}}$ son las masas del quark y del antiquark, respectivamente. Este hamiltoniano se puede separar en una parte para el movimiento del centro de masas y otra parte para el movimiento del quark y del antiquark en torno al centro de masas. Esta última es equivalente al hamiltoniano de un sistema de un solo cuerpo que orbita a una distancia $r = |\vec{r}_q - \vec{r}_{\bar{q}}|$ del centro de masas y que tiene la masa reducida del sistema, dada por:

$$m = \frac{m_q\, m_{\bar{q}}}{m_q + m_{\bar{q}}} \approx \frac{m_q}{2} \qquad (10.2)$$

La masa reducida es exactamente $m_q/2$ en los mesones formados por quark y antiquark del mismo sabor, que tienen masas iguales: $c\bar{c}$, $b\bar{b}$, $t\bar{t}$. El hamiltoniano resultante de un solo cuerpo es[37]:

$$H = -\frac{\hbar^2}{2m}\nabla^2 + V_f \qquad (10.3)$$

---

[37]Ver demostración de la separación entre el movimiento del centro de masas y el movimiento con respecto a él para un sistema de dos cuerpos, apdo. 15.1, figura 15.1.

Al resolver la ecuación de Schrödinger con este hamiltoniano se obtienen energías que dependen de un número cuántico radial, relacionado con la separación entre los constituyentes, y del número cuántico de momento angular orbital entre ellos. Para quarks pesados el término más relevante del potencial V_f es el de tipo coulombiano, y por tanto el espectro de energía de estos mesones es análogo al del átomo de hidrógeno con el hamiltoniano de Bohr (apdo. 15.1), teniendo en cuenta que la masa reducida y la intensidad del potencial son diferentes en ambos sistemas. Argumentos similares son aplicables a las energías de los bariones pesados.

También existe una contribución a las energías análoga a la de espín-órbita de la estructura fina del átomo de hidrógeno (apdo. 15.2.2), que depende del número cuántico orbital L, y otra contribución análoga a la de interacción entre espines de la estructura hiperfina (apdo. 15.4.1), que produce la dependencia de la energía de los hadrones con el acoplamiento entre los espines de los quarks constituyentes, S. Esta última toma la forma:

$$E_{SS} = K\, \frac{\langle \vec{S}_{q_i} \cdot \vec{S}_{q_j} \rangle}{m_{q_i}\, m_{q_j}} \tag{10.4}$$

donde, en el caso de los mesones, q_i es un quark y q_j es un antiquark, y en el caso de los bariones contribuyen tres términos de este tipo, tomando sus tres quarks constituyentes de dos en dos. Esta contribución a la energía de los hadrones tiene su origen es la interacción fuerte, y por tanto es mucho más intensa que la que actúa en el átomo de hidrógeno entre los espines del protón y del electrón, que proviene de la interacción electromagnética entre los dipolos magnéticos asociados.

10.4. Vector de estado de los hadrones

El vector de estado de un hadrón puede construirse como producto tensorial o como combinación lineal de productos tensoriales de una parte espacial, una parte de espín, una parte de sabor (tipos de quarks) y una parte de color (cargas de la interacción fuerte):

$$|\text{espacio}\rangle \otimes |\text{espín}\rangle \otimes |\text{sabor}\rangle \otimes |\text{color}\rangle \tag{10.5}$$

Se puede suponer que, a efectos de la interacción fuerte que los mantiene ligados, los tres quarks constituyentes de los bariones son fermiones indistinguibles, independientemente de su sabor. Por tanto, de acuerdo con el teorema de espín-estadística (apdo. 5.2), el vector de estado completo de un barión tiene que ser totalmente antisimétrico, es decir, debe serlo bajo intercambio de dos cualesquiera de sus quarks constituyentes.

En el caso de los mesones, el quark y el antiquark constituyentes no se pueden considerar indistinguibles, ya que uno es partícula y el otro es antipartícula. En consecuencia, el vector de estado completo de un mesón no requiere una simetrización específica bajo intercambio de sus constituyentes.

La parte espacial del vector de estado de un hadrón en el estado fundamental tiene números cuánticos orbitales $l = l' = 0$ ($L = 0$), y por tanto es totalmente simétrica bajo intercambio de dos cualesquiera de sus quarks constituyentes. En estados orbitales excitados, con otros valores de l o l', la parte espacial puede tener otra simetrización.

La parte de sabor del vector de estado se puede construir atendiendo a la simetría de sabor, especialmente útil en el caso del isoespín fuerte para quarks de sabores u y d. Los hadrones resultantes quedan agrupados en multipletes de sabor (apdo. 10.2), con simetrización definida.

En cuanto a la parte de color del vector de estado, solo admite la combinación *singlete de color*.

10.4.1. Bariones

En el vector de estado de los bariones la combinación singlete de la parte de color es totalmente antisimétrica y viene dada por:

$$\frac{1}{\sqrt{6}} \left(|rgb\rangle - |rbg\rangle + |gbr\rangle - |grb\rangle + |brg\rangle - |bgr\rangle \right) \tag{10.6}$$

Para la parte de espín, los espines $s = 1/2$ de los tres quarks se pueden acoplar[38] a espín total $S = 3/2$, cuyos vectores de estado son totalmente simétricos, o a espín total $S = 1/2$, cuyos vectores de estado se pueden construir parcialmente antisimétricos (bajo intercambio de dos quarks concretos).

Para la parte de sabor, cuando el barión está compuesto únicamente por quarks de sabores u y d puede emplearse el formalismo de isoespín fuerte, y el resultado es análogo al de la parte de espín. Así, los isoespines $t = 1/2$ de los tres quarks se pueden acoplar a isoespín total $T = 3/2$, cuyos vectores de estado son totalmente simétricos, o a isoespín total $T = 1/2$, cuyos vectores de estado se pueden construir parcialmente antisimétricos (bajo intercambio de dos quarks concretos).

Usando la notación en base acoplada $|S\ M_S\rangle$ para espín o $|T\ M_T\rangle$ para isoespín en el miembro de la izquierda y en base desacoplada $|m_{s1}\ m_{s2}\ m_{s3}\rangle$ para espín o $|m_{t1}\ m_{t2}\ m_{t3}\rangle$ para isoespín en el miembro de la derecha (apdo. 4.6), los vectores de estado para espín o isoespín total $3/2$ son:

$$\left|\tfrac{3}{2}\ \tfrac{3}{2}\right\rangle = \left|\tfrac{1}{2}\ \tfrac{1}{2}\ \tfrac{1}{2}\right\rangle \tag{10.7}$$

$$\left|\tfrac{3}{2}\ \tfrac{1}{2}\right\rangle = \tfrac{1}{\sqrt{3}} \left(\left|\tfrac{1}{2}\ \tfrac{1}{2}\ {-\tfrac{1}{2}}\right\rangle + \left|\tfrac{1}{2}\ {-\tfrac{1}{2}}\ \tfrac{1}{2}\right\rangle + \left|{-\tfrac{1}{2}}\ \tfrac{1}{2}\ \tfrac{1}{2}\right\rangle \right) \tag{10.8}$$

$$\left|\tfrac{3}{2}\ {-\tfrac{1}{2}}\right\rangle = \tfrac{1}{\sqrt{3}} \left(\left|{-\tfrac{1}{2}}\ {-\tfrac{1}{2}}\ \tfrac{1}{2}\right\rangle + \left|{-\tfrac{1}{2}}\ \tfrac{1}{2}\ {-\tfrac{1}{2}}\right\rangle + \left|\tfrac{1}{2}\ {-\tfrac{1}{2}}\ {-\tfrac{1}{2}}\right\rangle \right) \tag{10.9}$$

$$\left|\tfrac{3}{2}\ {-\tfrac{3}{2}}\right\rangle = \left|{-\tfrac{1}{2}}\ {-\tfrac{1}{2}}\ {-\tfrac{1}{2}}\right\rangle \tag{10.10}$$

Los vectores de estado para espín o isoespín total $1/2$ se pueden construir antisimétricos bajo intercambio de los quarks 1 y 2:

$$\left|\tfrac{1}{2}\ \tfrac{1}{2}\right\rangle_{(1\leftrightarrow2)} = \tfrac{1}{\sqrt{2}} \left(\left|\tfrac{1}{2}\ {-\tfrac{1}{2}}\ \tfrac{1}{2}\right\rangle - \left|{-\tfrac{1}{2}}\ \tfrac{1}{2}\ \tfrac{1}{2}\right\rangle \right) \tag{10.11}$$

---

[38] Dos espines 1/2 se pueden acoplar a $s_{1-2} = 1/2 - 1/2 = 0$ o a $s_{1-2} = 1/2 + 1/2 = 1$. Al acoplar el tercer espín 1/2 se obtiene, con el primer caso, $S = 0 + 1/2 = 1/2$, y con el segundo caso, $S = 1 - 1/2 = 1/2$ o $S = 1 + 1/2 = 3/2$.

$$|\tfrac{1}{2} -\tfrac{1}{2}\rangle_{(1\leftrightarrow 2)} = \tfrac{1}{\sqrt{2}} \left(|\tfrac{1}{2} -\tfrac{1}{2} -\tfrac{1}{2}\rangle - |-\tfrac{1}{2} \tfrac{1}{2} -\tfrac{1}{2}\rangle \right) \tag{10.12}$$

o bien antisimétricos bajo intercambio de los quarks 2 y 3:

$$|\tfrac{1}{2} \tfrac{1}{2}\rangle_{(2\leftrightarrow 3)} = \tfrac{1}{\sqrt{2}} \left(|\tfrac{1}{2} \tfrac{1}{2} -\tfrac{1}{2}\rangle - |\tfrac{1}{2} -\tfrac{1}{2} \tfrac{1}{2}\rangle \right) \tag{10.13}$$

$$|\tfrac{1}{2} -\tfrac{1}{2}\rangle_{(2\leftrightarrow 3)} = \tfrac{1}{\sqrt{2}} \left(|-\tfrac{1}{2} \tfrac{1}{2} -\tfrac{1}{2}\rangle - |-\tfrac{1}{2} -\tfrac{1}{2} \tfrac{1}{2}\rangle \right) \tag{10.14}$$

o bien antisimétricos bajo intercambio de los quarks 1 y 3:

$$|\tfrac{1}{2} \tfrac{1}{2}\rangle_{(1\leftrightarrow 3)} = \tfrac{1}{\sqrt{2}} \left(|\tfrac{1}{2} \tfrac{1}{2} -\tfrac{1}{2}\rangle - |-\tfrac{1}{2} \tfrac{1}{2} \tfrac{1}{2}\rangle \right) \tag{10.15}$$

$$|\tfrac{1}{2} -\tfrac{1}{2}\rangle_{(1\leftrightarrow 3)} = \tfrac{1}{\sqrt{2}} \left(|\tfrac{1}{2} -\tfrac{1}{2} -\tfrac{1}{2}\rangle - |-\tfrac{1}{2} -\tfrac{1}{2} \tfrac{1}{2}\rangle \right) \tag{10.16}$$

Cuando estos vectores de estado se aplican a la parte de espín es habitual remplazar en la base desacoplada 1/2 por ↑ y –1/2 por ↓; y cuando se aplican a la parte de isoespín es habitual usar el símbolo del quark correspondiente, remplazando en la base desacoplada 1/2 por u y –1/2 por d.

A partir del vector de estado de un barión en el modelo de quarks se pueden deducir algunas de sus propiedades, por ejemplo su momento dipolar magnético o el factor g de espín asociado (apdo. 20.2).

Ejemplo: Vectores de estado de la partícula Δ^{++} y del protón

La partícula Δ^{++} tiene isoespín $T = 3/2$, tercera componente $M_T = 3/2$, espín y paridad $J^\pi = 3/2^+$ y se encuentra en el estado fundamental orbital ($L = 0$). En el estado con tercera componente de espín $M_J = -3/2$ el vector de estado consta de:

- Una parte espacial con $L = 0$ y $M_L = 0$, que es totalmente simétrica.
- Una parte de color que es el singlete (ec. 10.6), que es totalmente antisimétrica.
- Una parte de espín con $S = \{|J - L|, ..., J + L\} = 3/2$ y $M_S = M_J - M_L = -3/2$ (ec. 10.10): $|-\tfrac{1}{2} -\tfrac{1}{2} -\tfrac{1}{2}\rangle \equiv |\downarrow\downarrow\downarrow\,\rangle$, que es totalmente simétrica.
- Una parte de isoespín (sabor) con $T = 3/2$ y $M_T = 3/2$ (ec. 10.7): $|\tfrac{1}{2} \tfrac{1}{2} \tfrac{1}{2}\rangle \equiv |uuu\rangle$, que es totalmente simétrica.

El vector de estado completo, que resulta totalmente antisimétrico, queda:

$$|\Delta^{++}_{(\downarrow)}\rangle = |\text{espacio}\rangle \otimes |\downarrow\downarrow\downarrow\,\rangle \otimes |uuu\rangle$$

$$\otimes \tfrac{1}{\sqrt{6}} \left(|rgb\rangle - |rbg\rangle + |gbr\rangle - |grb\rangle + |brg\rangle - |bgr\rangle \right)$$

El protón tiene isoespín $T = 1/2$, tercera componente $M_T = 1/2$, espín y paridad $J^\pi = 1/2^+$ y se encuentra en el estado fundamental orbital ($L = 0$). En el estado con tercera componente de espín $M_J = 1/2$ el vector de estado consta de:

- Una parte espacial con $L = 0$ y $M_L = 0$, que es totalmente simétrica.

- Una parte de color que es el singlete (ec. 10.6), que es totalmente antisimétrica.
- Una parte de espín con $S = \{|J - L|, ..., J + L\} = 1/2$ y $M_S = M_J - M_L = 1/2$, que se puede construir antisimétrica bajo intercambio de los quarks 1 y 2 (ec. 10.11), o 2 y 3 (ec. 10.13), o 1 y 3 (ec. 10.15).
- Una parte de isoespín (sabor) con $T = 1/2$ y $M_T = 1/2$, que se puede construir antisimétrica bajo intercambio de los quarks 1 y 2 (ec. 10.11), o 2 y 3 (ec. 10.13), o 1 y 3 (ec. 10.15).

Para que el vector de estado completo sea totalmente antisimétrico, la combinación de las partes de espín e isoespín tiene que ser totalmente simétrica, lo que se puede conseguir sumando productos de partes de espín e isoespín antisimétricas bajo intercambio de la misma pareja de quarks:

$$|\text{espín}\rangle_{(1\leftrightarrow2)} \otimes |\text{isoespín}\rangle_{(1\leftrightarrow2)} + |\text{espín}\rangle_{(2\leftrightarrow3)} \otimes |\text{isoespín}\rangle_{(2\leftrightarrow3)}$$
$$+ |\text{espín}\rangle_{(1\leftrightarrow3)} \otimes |\text{isoespín}\rangle_{(1\leftrightarrow3)}$$

El vector de estado completo totalmente antisimétrico queda:

$$|p_{(\uparrow)}\rangle = |\text{espacio}\rangle \otimes \frac{1}{3\sqrt{2}} \left[\left(| \uparrow\downarrow\uparrow \rangle - | \downarrow\uparrow\uparrow \rangle\right) \otimes \left(|udu\rangle - |duu\rangle\right) \right.$$
$$+ \left(| \uparrow\uparrow\downarrow \rangle - | \uparrow\downarrow\uparrow \rangle\right) \otimes \left(|uud\rangle - |udu\rangle\right) + \left(| \uparrow\uparrow\downarrow \rangle - | \downarrow\uparrow\uparrow \rangle\right) \otimes \left(|uud\rangle - |duu\rangle\right) \Big]$$
$$\otimes \frac{1}{\sqrt{6}} \left(|rgb\rangle - |rbg\rangle + |gbr\rangle - |grb\rangle + |brg\rangle - |bgr\rangle\right)$$

Las partes de espín e isoespín desarrolladas son:

$$|p_{(\uparrow)}(\text{espín-isoespín})\rangle = \frac{1}{3\sqrt{2}} \left[2 |u_{(\uparrow)}d_{(\downarrow)}u_{(\uparrow)}\rangle - |u_{(\downarrow)}d_{(\uparrow)}u_{(\uparrow)}\rangle - |u_{(\uparrow)}d_{(\uparrow)}u_{(\downarrow)}\rangle \right.$$
$$+ 2 |d_{(\downarrow)}u_{(\uparrow)}u_{(\uparrow)}\rangle - |d_{(\uparrow)}u_{(\downarrow)}u_{(\uparrow)}\rangle - |d_{(\uparrow)}u_{(\uparrow)}u_{(\downarrow)}\rangle$$
$$+ 2 |u_{(\uparrow)}u_{(\uparrow)}d_{(\downarrow)}\rangle - |u_{(\uparrow)}u_{(\downarrow)}d_{(\uparrow)}\rangle - |u_{(\downarrow)}u_{(\uparrow)}d_{(\uparrow)}\rangle \Big]$$

Ejemplo: Momento dipolar magnético del protón

El valor esperado de la proyección sobre el eje z del momento dipolar magnético de espín de un protón (ec. 20.31) viene dado por:

$$\langle p|\mu_z|p\rangle = g_p^{(s)} \frac{e}{2m_p} \langle p|S_z|p\rangle = g_p^{(s)} \frac{e\hbar}{2m_p} M_{Sp}$$

donde M_{Sp} es el número cuántico asociado a la proyección del espín S_z del protón. Para un protón con $M_{Sp} = 1/2$ se tiene en particular $\langle p_{(\uparrow)}|\mu_z|p_{(\uparrow)}\rangle = g_p^{(s)} e\hbar/(4m_p)$.

En el caso de un quark, con masa m_q, carga Q_q en unidades de e y factor g

de espín $g_q^{(s)} = 2$ por tratarse de una partícula elemental con espín $1/2$, el valor esperado del momento dipolar magnético de espín (ec. 20.21) en la dirección z viene dado por:

$$\langle q|\mu_z|q\rangle = g_q^{(s)} \, Q_q \, \frac{e}{2m_q} \, \langle q|S_z|q\rangle = \frac{Q_q e\hbar}{m_q} \, m_{sq}$$

donde m_{sq} es el número cuántico asociado a la proyección del espín S_z del quark.

A continuación se emplean las partes de espín e isoespín del vector de estado del protón con $M_{Sp} = 1/2$ en el modelo de quarks (simbolizado $|p_{(\uparrow)}\rangle$), y se tiene en cuenta el valor esperado de μ_z para cada quark, $\langle q|\mu_z|q\rangle$, con terceras componentes de espín $m_{sq} = 1/2$ (simbolizado $|q_{(\uparrow)}\rangle$) o $m_{sq} = -1/2$ (simbolizado $|q_{(\downarrow)}\rangle$) y con sabores $q \equiv u$ o $q \equiv d$. Las diversas combinaciones de espín para los términos de sabores $|u\,d\,u\rangle$ son:

$$\langle u_{(\uparrow)}d_{(\downarrow)}u_{(\uparrow)}| \, \mu_z \, |u_{(\uparrow)}d_{(\downarrow)}u_{(\uparrow)}\rangle = e\hbar \left[\frac{Q_u}{2m_u} - \frac{Q_d}{2m_d} + \frac{Q_u}{2m_u} \right] = \frac{e\hbar}{2} \left[2\frac{Q_u}{m_u} - \frac{Q_d}{m_d} \right]$$

$$\langle u_{(\downarrow)}d_{(\uparrow)}u_{(\uparrow)}| \, \mu_z \, |u_{(\downarrow)}d_{(\uparrow)}u_{(\uparrow)}\rangle = e\hbar \left[-\frac{Q_u}{2m_u} + \frac{Q_d}{2m_d} + \frac{Q_u}{2m_u} \right] = \frac{e\hbar}{2} \frac{Q_d}{m_d}$$

$$\langle u_{(\uparrow)}d_{(\uparrow)}u_{(\downarrow)}| \, \mu_z \, |u_{(\uparrow)}d_{(\uparrow)}u_{(\downarrow)}\rangle = e\hbar \left[\frac{Q_u}{2m_u} + \frac{Q_d}{2m_d} - \frac{Q_u}{2m_u} \right] = \frac{e\hbar}{2} \frac{Q_d}{m_d}$$

Teniendo en cuenta que el primero de los términos anteriores aparece con un factor 2 en el vector de estado $|p_{(\uparrow)}\rangle$ (por tanto con un factor 2^2 en el valor esperado), la contribución de todas las combinaciones de espín de los términos $\langle u\,d\,u| \, \mu_z \, |u\,d\,u\rangle$ resulta:

$$\langle u\,d\,u| \, \mu_z \, |u\,d\,u\rangle = 4\frac{e\hbar}{2} \left[2\frac{Q_u}{m_u} - \frac{Q_d}{m_d} \right] + \frac{e\hbar}{2} \frac{Q_d}{m_d} + \frac{e\hbar}{2} \frac{Q_d}{m_d} = e\hbar \left(4\frac{Q_u}{m_u} - \frac{Q_d}{m_d} \right)$$

Los términos $\langle u\,u\,d| \, \mu_z \, |u\,u\,d\rangle$ y $\langle d\,u\,u| \, \mu_z \, |d\,u\,u\rangle$ son permutaciones del que se acaba de calcular y su contribución es la misma. El resultado final es por tanto tres veces el anterior, y además hay que introducir el cuadrado del factor de normalización en $|p_{(\uparrow)}\rangle$, resultando:

$$\langle p_{(\uparrow)}| \, \mu_z \, |p_{(\uparrow)}\rangle = \left(\frac{1}{3\sqrt{2}} \right)^2 3e\hbar \left(4\frac{Q_u}{m_u} - \frac{Q_d}{m_d} \right) = \frac{e\hbar}{6} \left(4\frac{(2/3)}{m_u} - \frac{(-1/3)}{m_d} \right)$$

$$= \frac{e\hbar}{9} \left(\frac{4}{m_u} + \frac{1}{2m_d} \right)$$

Igualando este resultado con el dado más arriba para el momento dipolar magnético global del protón con $M_{Sp} = 1/2$, se extrae una expresión para su factor g de espín:

$$g_p^{(s)} \frac{e\hbar}{4m_p} = \frac{e\hbar}{9} \left(\frac{4}{m_u} + \frac{1}{2m_d} \right) \quad \Rightarrow \quad g_p^{(s)} = \frac{4m_p}{9} \left(\frac{4}{m_u} + \frac{1}{2m_d} \right)$$

La masa de los quarks en esta expresión es su masa constituyente en el barión, que incluye la masa del quark de valencia y la de los gluones y el mar de quarks asociados a él. Para cada uno de los quarks, la masa constituyente es aproximadamente un tercio de la del barión, pero un valor que ajusta mejor a los resultados de todos los bariones del octete al que pertenecen los nucleones es $m_u \approx m_d \approx m^* \approx 336$ MeV$/c^2$, resultando (ec. 20.32):

$$g_p^{(s)} \approx \frac{4m_p}{9} \left(\frac{4}{m^*} + \frac{1}{2m^*} \right) = \frac{2m_p}{m^*} \approx \frac{2 \cdot 938{,}27 \text{ MeV}/c^2}{336 \text{ MeV}/c^2} = 5{,}58$$

Un desarrollo análogo empleando el vector de estado del neutrón en el modelo de quarks, con contenido de sabores udd, proporciona $g_n^{(s)} \approx -3{,}83$ (ec. 20.33).

10.4.2. Mesones

En el vector de estado de los mesones la parte de color es de nuevo la combinación singlete, que en este caso se construye con colores y anticolores y viene dada por:

$$\frac{1}{\sqrt{3}} \left(|r\bar{r}\rangle + |g\bar{g}\rangle + |b\bar{b}\rangle \right) \tag{10.17}$$

Para la parte de espín, los espines $s = 1/2$ del quark y del antiquark se pueden acoplar a espín total $S = 1$ o a espín total $S = 0$.

Para la parte de sabor, cuando el mesón está compuesto únicamente por quarks de sabores u y d puede emplearse el formalismo de isoespín fuerte, y el resultado es análogo al de la parte de espín. Así, los isoespines $t = 1/2$ del quark y del antiquark se pueden acoplar a isoespín total $T = 1$ o a isoespín total $T = 0$.

Usando la notación en base acoplada $|S\,M_S\rangle$ para espín o $|T\,M_T\rangle$ para isoespín en el miembro de la izquierda y en base desacoplada $|m_{s1}\,m_{s2}\rangle$ para espín o $|m_{t1}\,m_{t2}\rangle$ para isoespín en el miembro de la derecha (apdo. 4.6), los vectores de estado para espín o isoespín total 1 son (ecs. 4.63 - 4.65):

$$\Xi_{11} \equiv |1\,1\rangle = |\tfrac{1}{2}\,\tfrac{1}{2}\rangle \tag{10.18}$$

$$\Xi_{10} \equiv |1\,0\rangle = \tfrac{1}{\sqrt{2}} \left(|\tfrac{1}{2}\,-\tfrac{1}{2}\rangle + |-\tfrac{1}{2}\,\tfrac{1}{2}\rangle \right) \tag{10.19}$$

$$\Xi_{1-1} \equiv |1\,-1\rangle = |-\tfrac{1}{2}\,-\tfrac{1}{2}\rangle \tag{10.20}$$

Y el vector de estado para espín o isoespín total 0 es (ec. 4.62):

$$\Xi_{00} \equiv |0\,0\rangle = \tfrac{1}{\sqrt{2}} \left(|\tfrac{1}{2}\,-\tfrac{1}{2}\rangle - |-\tfrac{1}{2}\,\tfrac{1}{2}\rangle \right) \tag{10.21}$$

Cuando estos vectores de estado se aplican a la parte de espín es habitual remplazar en la base desacoplada $1/2$ por $\uparrow$ y $-1/2$ por $\downarrow$; y cuando se aplican a la parte de isoespín es habitual usar el símbolo del quark o antiquark correspondiente, remplazando $1/2$ por u o por $-\bar{d}$ (cuyo signo, que se introduce por consistencia, se escribe fuera del ket), y $-1/2$ por d o por $\bar{u}$.

Ejemplo: Vector de estado del pion π^-

El pion π^- tiene isoespín $T = 1$, tercera componente $M_T = -1$, espín y paridad $J^\pi = 0^-$ (por tanto $M_J = 0$) y se encuentra en el estado fundamental orbital ($L = 0$). El vector de estado consta de:

- Una parte espacial con $L = 0$ y $M_L = 0$.
- Una parte de color que es el singlete (ec. 10.17).
- Una parte de espín con $S = \{|J - L|, ..., J + L\} = 0$ y $M_S = M_J - M_L = 0$ (ec. 10.21): $\frac{1}{\sqrt{2}} \left(|\frac{1}{2} -\frac{1}{2} \rangle - |-\frac{1}{2} \frac{1}{2} \rangle \right) \equiv \frac{1}{\sqrt{2}} \left(|\uparrow\downarrow\rangle - |\downarrow\uparrow\rangle \right)$.
- Una parte de isoespín (sabor) con $T = 1$ y $M_T = -1$ (ec. 10.20): $|-\frac{1}{2} -\frac{1}{2}\rangle \equiv |d\bar{u}\rangle$.

El vector de estado completo queda:

$$|\pi^-\rangle = |\text{espacio}\rangle \otimes \frac{1}{\sqrt{2}} \left(|\uparrow\downarrow\rangle - |\downarrow\uparrow\rangle \right) \otimes |d\bar{u}\rangle \otimes \frac{1}{\sqrt{3}} \left(|r\bar{r}\rangle + |g\bar{g}\rangle + |b\bar{b}\rangle \right)$$

Al tratarse de un mesón, no es necesario analizar la simetrización de cada una de las partes y no hay que imponer una simetrización definida en el vector de estado completo.

10.5. Clasificación y nomenclatura de los hadrones

Los bariones se pueden organizar en multipletes de sabor (apdo. 10.2) y multipletes de espín (cuadruplete en el caso de $S = 3/2$ y doblete en el caso de $S = 1/2$, apdo. 10.4.1), e incluso en multipletes para la parte espacial según la simetría O(3) en el espacio real, que combinados entre sí forman supermultipletes. Cada uno de los multipletes tiene una simetrización dada, ya sea total (bajo intercambio de cualquier pareja de quarks) o parcial (para algunas parejas en concreto), como se comprobó en los casos de espín e isoespín (apdo. 10.4). No todas las combinaciones de esos multipletes son posibles en los bariones, ya que su vector de estado completo tiene que ser totalmente antisimétrico.

Según el contenido de sabor de los quarks, se distinguen los siguientes tipos de bariones, con su nomenclatura asociada:

- Con tres quarks de sabores u o d: bariones N si $T = 1/2$ y bariones Δ si $T = 3/2$.
- Con dos quarks de sabores u o d: bariones Λ si $T = 0$ y bariones Σ si $T = 1$.
- Con un solo quark de sabor u o d: bariones Ξ ($T = 1/2$).
- Sin quarks de sabor u o d: bariones Ω ($T = 0$).

Además del símbolo, puede indicarse entre paréntesis la masa del barión en MeV/c^2, como superíndice la carga eléctrica y como subíndice el sabor de los quarks pesados que contenga (c, b, t). Junto al símbolo se puede dar su momento angular total (espín) y paridad, J^π.

Como ejemplo de un espectro de bariones con un mismo contenido de sabores, se detallan a continuación los números cuánticos que se asignan en el modelo de quarks a algunos bariones N (dobletes $T = 1/2$) y a algunos bariones Δ (cuadrupletes $T = 3/2$), que contienen únicamente los sabores u y d (figura 10.3). Se incluye el espín total S, el momento angular orbital total L, el momento angular total (espín) y paridad J^π y el número cuántico radial total N asociado a potenciales de oscilador armónico tridimensional entre los quarks:

- La partícula $N(939)$, nucleón, tiene $S = 1/2$, $L = 0$, $J^\pi = 1/2^+$, $N = 0$.
- La partícula $\Delta(1232)$, partícula delta, tiene $S = 3/2$, $L = 0$, $J^\pi = 3/2^+$, $N = 0$. Se puede interpretar como una excitación de espín del nucleón.
- La partícula $N(1440)$, resonancia Roper, tiene $S = 1/2$, $L = 0$, $J^\pi = 1/2^+$, $N = 1$. Se puede interpretar como una excitación radial del nucleón.
- La partícula $N(1520)$ tiene $S = 1/2$, $L = 1$, $J^\pi = 3/2^-$, $N = 0$. Se puede interpretar como una excitación orbital del nucleón, además de tener un acoplamiento J distinto.
- La partícula $N(1535)$ tiene $S = 1/2$, $L = 1$, $J^\pi = 1/2^-$, $N = 0$. Se puede interpretar como una excitación orbital del nucleón.
- La partícula $\Delta(1600)$ tiene $S = 3/2$, $L = 0$, $J^\pi = 3/2^+$, $N = 1$. Se puede interpretar como una excitación radial de la partícula delta.
- La partícula $\Delta(1620)$ tiene $S = 1/2$, $L = 1$, $J^\pi = 1/2^-$, $N = 0$.
- La partícula $N(1650)$ tiene $S = 3/2$, $L = 1$, $J^\pi = 1/2^-$, $N = 0$.
- La partícula $N(1675)$ tiene $S = 3/2$, $L = 1$, $J^\pi = 5/2^-$, $N = 0$.

Como en el caso de los bariones, los mesones también se pueden organizar en multipletes de sabor (apdo. 10.2), multipletes de espín (triplete en el caso de $S = 1$ y singlete en el caso de $S = 0$, apdo. 10.4.2), y en multipletes para la parte espacial según la simetría O(3) en el espacio real, que combinados entre sí forman supermultipletes. En los mesones no hay restricciones en cuanto a las posibles combinaciones de estos multipletes, ya que el vector de estado completo no requiere una simetrización definida.

Según el contenido de sabor de los quarks, se distinguen los siguientes tipos de mesones, con su nomenclatura asociada:

- Con $T = 1$: mesones π (piones) si $S = 0$ y L par; mesones ρ si $S = 1$ y L par; mesones b si $S = 0$ y L impar; mesones a si $S = 1$ y L impar.
- Con $T = 0$: mesones η, η' si $S = 0$ y L par; mesones ω, ϕ si $S = 1$ y L par; mesones h, h' si $S = 0$ y L impar; mesones f, f' si $S = 1$ y L impar.
- Compuestos por un quark y un antiquark del mismo sabor pesado ($c\bar{c}$, $b\bar{b}$ o $t\bar{t}$): mesones η_c, η_b, η_t si $S = 0$ y L par; mesones ψ, Υ, θ si $S = 1$ y L par; mesones h_c, h_b, h_t si $S = 0$ y L impar; mesones χ_c, χ_b, χ_t si $S = 1$ y L impar.
- Compuestos por un quark y un antiquark de distinto sabor: mesones K (kaones) si el más pesado es s o $\bar{s}$; mesones D si el más pesado es c o $\bar{c}$; mesones B si el más pesado es b o $\bar{b}$; mesones T si el más pesado es t o $\bar{t}$. Si el sabor más ligero que contiene no es u o d, se añade como subíndice.

En los nombres anteriores, se añade el espín J como subíndice (excepto si $J^\pi = \{0^-, 1^-\}$). Si $J^\pi = \{0^+, 1^-, 2^+, 3^-, ...\}$, se añade el símbolo * como superíndice en mesones con sabores pesados. Puede indicarse entre paréntesis la masa del mesón en MeV/c^2 y la carga eléctrica como superíndice.

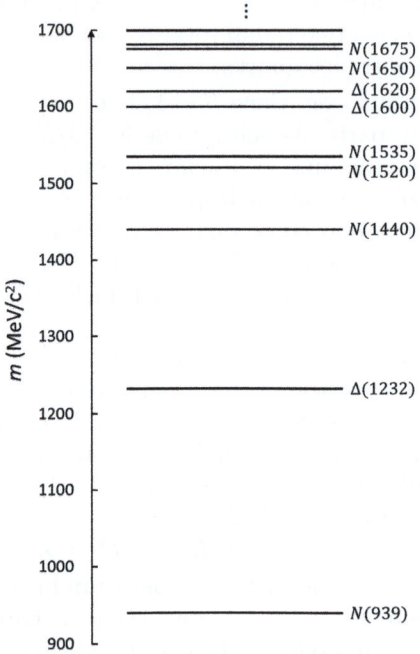

Figura 10.3. Espectro de los bariones constituidos por los quarks u y d (bariones N, con isoespín $T = 1/2$, y bariones Δ, con isoespín $T = 3/2$).

11. Interacción nuclear fuerte y deuterón

El deuterón, estado ligado de protón y neutrón, es el núcleo más sencillo y por tanto en el que más fácilmente se puede analizar la interacción que mantiene unidos los nucleones, la nuclear fuerte. Esta es una fuerza residual de la interacción fuerte entre los quarks, con características propias. La estructura del deuterón presenta diferencias notables respecto a la de los núcleos más pesados que se tratarán en los capítulos siguientes, pero, al igual que en ellos, pueden examinarse por separado sus propiedades espaciales (orbitales), de espín y de isoespín.

11.1. Interacción nuclear fuerte

El nucleón es el barión de menor masa y está constituido por quarks de sabores u y d. Tiene números cuánticos de momento angular total y paridad $J^{\pi} = 1/2^+$ y de isoespín total $T = 1/2$, con dos posibles valores del número cuántico de tercera componente de isoespín que corresponden al protón ($M_T = +1/2$), con carga e y masa $m_p = 938{,}27$ MeV/c^2, y al neutrón ($M_T = -1/2$), sin carga neta y masa $m_n = 939{,}57$ MeV/c^2. Entre los nucleones se establecen fuerzas originadas por la *interacción nuclear fuerte*, que es una interacción residual de la interacción fuerte o de color entre quarks (apdo. 9.5).

La interacción nuclear fuerte da lugar en algunos casos a estados ligados entre nucleones, el más simple de los cuales es el formado por un protón y un neutrón, denominado *deuterón*. Los sistemas ligados de nucleones, que tienen carga positiva porque contienen siempre al menos un protón, constituyen los núcleos atómicos. El deuterón en particular es el núcleo del átomo del isótopo 2 del hidrógeno, ^{2}H, denominado *deuterio*. Al considerar un nucleón individual en el contexto de su interacción con otros, por ejemplo como constituyente de un núcleo atómico, se indicará su momento angular total o espín ($\vec{J}$ en el capítulo anterior) como $\vec{s}$, con número cuántico asociado a su módulo al cuadrado s, y su isoespín total ($\vec{T}$ en el capítulo anterior) como $\vec{t}$, con número cuántico asociado a su módulo al cuadrado t; el acoplamiento de espín de varios nucleones se indicará entonces como $\vec{S}$, con número cuántico S, y el acoplamiento de isoespín como $\vec{T}$, con número cuántico T.

A partir de los datos experimentales de los núcleos en general, del deuterón en particular y de colisiones entre nucleones se pueden deducir las siguientes características de la interacción nuclear fuerte:

- Es fuertemente atractiva a distancias cortas, lo suficiente como para compensar la repulsión coulombiana entre los protones.
- Es despreciable a partir de una distancia menor o del orden del tamaño nuclear ($\gtrsim 2$ fm), lo que contribuye a la propiedad nuclear de saturación (apdo. 12.3).
- Es repulsiva a distancias muy cortas ($\lesssim 0.5$ fm), manteniendo los nucleones ligados a cierta separación entre ellos, lo que también contribuye a la propiedad nuclear de saturación (apdo. 12.3).
- Depende del acoplamiento de los espines de los nucleones, S, a través de un término de la forma $\vec{s}_1 \cdot \vec{s}_2$.
- Es independiente de la carga eléctrica, o lo que es lo mismo, de la tercera componente de isoespín: no distingue entre protones y neutrones.
- Depende del acoplamiento de los isoespines de los nucleones, T, a través de un término de la forma $\vec{t}_1 \cdot \vec{t}_2$.
- Tiene una componente central, que depende únicamente de la separación entre los nucleones, y una componente tensorial, que depende de la orientación de los espines de los nucleones respecto a la recta que los une (análoga a la energía potencial que surge entre dos dipolos magnéticos).
- A altas energías depende de la velocidad de los nucleones a través de un término de interacción entre sus momentos angulares de espín y orbital (interacción espín-órbita).

Para un acoplamiento de isoespín dado entre dos nucleones, que puede ser $T = 0$ o $T = 1$ (apdo. 4.8.1), y considerando únicamente las contribuciones más relevantes, la energía potencial entre ellos puede escribirse como:

$$V(r) = V_C(r) + V_{SS}(r)\,\frac{1}{\hbar^2}\,\vec{s}_1 \cdot \vec{s}_2$$

$$+ V_{\overline{T}}(r)\,\frac{1}{\hbar^2}\left[3\,\frac{(\vec{s}_1 \cdot \vec{r})(\vec{s}_2 \cdot \vec{r})}{r^2} - \vec{s}_1 \cdot \vec{s}_2\right] + V_{SO}(r)\,\frac{1}{\hbar^2}\,\vec{S} \cdot \vec{L} \qquad (11.1)$$

donde las funciones $V_X(r)$ dependen de la separación r entre los nucleones, y donde $\vec{S} = \vec{s}_1 + \vec{s}_2$ y $\vec{L} = \vec{l}_1 + \vec{l}_2$ son los momentos angulares de espín y orbital acoplados, respectivamente. Esta energía potencial contiene un término puramente central, V_C, que solo depende de la separación entre los nucleones; un término también de carácter central, pero que depende además del acoplamiento de los espines de los nucleones, V_{SS}; un término tensorial, $V_{\overline{T}}$, que depende del ángulo que forman los espines de los nucleones con la recta que los une, siendo nulo su promedio en todas direcciones (este término no contribuye si los nucleones se acoplan a $S = 0$); y un término de interacción espín-órbita (V_{SO}), que no contribuye si los nucleones se acoplan a $S = 0$ o a $L = 0$.

Para el acoplamiento de los espines de los nucleones a singlete, $S = 0$, los términos del potencial que contribuyen (V_C y V_{SS}), ambos de carácter central, no son suficientemente atractivos como para ligar los dos nucleones. En cambio, para un acoplamiento a triplete, $S = 1$, el término puramente central (V_C) junto con los términos de espín-espín (V_{SS}) y tensorial ($V_{\overline{T}}$) son suficientemente atractivos en el acoplamiento a isoespín $T = 0$ como para ligar el sistema protón-neutrón, que es el deuterón (apdo. 11.2).

La interacción nuclear fuerte entre nucleones tiene su origen en la interacción fuerte entre quarks mediada por gluones (apdo. 9.5), pero presenta características diferentes. La interacción fuerte se establece entre partículas con carga fuerte o de color, que son los quarks, y los confina en partículas compuestas (hadrones), como los nucleones, con acoplamiento singlete de la parte de color del vector de estado. Este acoplamiento equivale a la ausencia de carga de color neta, de manera que los hadrones que no están en contacto no intercambian gluones virtuales. En consecuencia, la interacción nuclear fuerte no presenta las características identificativas de la interacción fuerte entre quarks como el confinamiento o la libertad asintótica, y se puede considerar a la primera como una interacción residual de la segunda. Se puede establecer una analogía con la interacción electromagnética residual de tipo Van der Waals que actúa entre átomos o moléculas que son eléctricamente neutros pero presentan una polarización instantánea o permanentemente que surge de la distribución de cargas en su interior; en el caso de los hadrones se trataría de una polarización de la carga de color, aunque el efecto podría no ser suficientemente intenso como para dar lugar por sí solo a la interacción residual. Otra analogía se puede establecer con el enlace químico covalente, pero compartiendo quarks en lugar de electrones. Con ambos modelos se genera un potencial nuclear fuerte, análogo en un caso al de Van der Waals entre dos moléculas neutras (apdo. 18.9) y análogo en el otro caso al del enlace covalente entre dos átomos (apdo. 18.2), que es fuertemente repulsivo a cortas distancias ($\lesssim 0.5$ fm), va seguido de un intervalo en el que toma valores negativos y en el que alcanza un mínimo (en ~ 0.9 fm), y continúa aumentando suavemente hasta aproximarse a cero (para $\gtrsim 2$ fm).

Aunque dos nucleones no intercambian gluones virtuales, sí pueden intercambiar otras partículas hadrónicas de tipo bosónico, como son los mesones (parejas quark-antiquark, con espín entero), que pueden ser emitidos o absorbidos como partículas virtuales por los nucleones interactuantes. El *modelo de intercambio de mesones* es una evolución del modelo de enlace covalente que incorpora la posibilidad relativista de creación y destrucción de partículas y que conecta directamente con la teoría cuántica de campos. Las propiedades de los mesones virtuales intercambiados, como su masa, su espín y su isoespín, determinan las características de la interacción entre los nucleones para distintas distancias y para diferentes acoplamientos de sus espines e isoespines.

Entre los posibles mesones virtuales mediadores de la interacción nuclear fuerte se encuentra el triplete de piones ($T = 1$, $J^{\pi} = 0^-$), con masa $m_{\pi} \approx 140$ MeV/c^2 (figura 11.1, izquierda), el mesón η ($T = 0$, $J^{\pi} = 0^-$), con masa $m_{\eta} \approx 548$ MeV/c^2, el triplete de mesones ρ ($T = 1$, $J^\pi = 1^-$), con masa $m_\rho \approx 775$ MeV/c^2 o el mesón ω ($T = 0$, $J^\pi = 1^-$), con masa $m_\omega \approx 783$ MeV/c^2. Los piones, por ser los más ligeros, determinan el largo alcance de la interacción, mientras que el mesón η determina el alcance medio; debido a su carácter pseudoescalar ($J^\pi = 0^-$), ambos contribuyen al término tensorial del potencial ($V_{\overline{T}}$). Los mesones ρ y ω, por ser los más pesados, determinan el corto alcance, y debido a su carácter vectorial ($J^\pi = 1^-$) contribuyen a los términos de interacción espín-espín (V_{SS}) y espín-órbita (V_{SO}), y también al tensorial ($V_{\overline{T}}$). Para que la interacción resulte atractiva en el alcance intermedio es necesario introducir en este modelo el intercambio de un mesón adicional, con $T = 0$, $J^\pi = 0^+$ y una masa entre 500 y 600 MeV/c^2. Este mesón se suele denominar σ, pero no existen evidencias claras de su existencia como partícula libre, como sí ocurre con los otros mesones mediadores. Como alternativa, la atracción en distancias intermedias puede describirse mediante el intercambio simultáneo de dos piones virtuales con números cuánticos acoplados coincidentes con los del mesón σ, mecanismo que incluye la posibilidad de acoplamiento a excitaciones virtuales de los nucleones, como las partículas $\Delta(1232)$ (figura 11.1, derecha). Análogamente, la repulsión entre los nucleones a cortas distancias puede describirse mediante el intercambio simultáneo de tres piones, con números cuánticos acoplados coincidentes con los del mesón ω, aunque este último sí puede identificarse con un mesón existente como partícula libre.

En la ecuación de Schrödinger (ec. 3.32) un hamiltoniano que contiene, por ejemplo, la suma de las energías cinética y potencial de una partícula, $H = T + V = p^2/(2m) + V$, se iguala a una energía total E constante, y tanto el momento lineal p como la energía total E se remplazan por los operadores mecanocuánticos $-i\hbar\vec{\nabla}$ y $i\hbar\,\partial/\partial t$, respectivamente, que actúan sobre vectores de estado. Para aplicar esta ecuación a los mesones mediadores de la interacción nuclear fuerte, que se crean y destruyen continuamente al ser intercambiados entre los nucleones, es necesario introducir la relación relativista entre masa y energía (ec. 1.11): $E^2 = (pc)^2 + (mc^2)^2$. Sustituyendo en esta expresión los operadores asociados a p y a E y dividiendo entre $-(\hbar)^2$, para el caso de una partícula libre ($V = 0$) resulta la siguiente ecuación relativista:

$$\frac{1}{c^2}\frac{\partial^2}{\partial t^2}\,|\psi(t)\rangle = \nabla^2\,|\psi(t)\rangle - \left(\frac{mc}{\hbar}\right)^2|\psi(t)\rangle \qquad (11.2)$$

que es válida para partículas con espín cero y se denomina *ecuación de Klein-Gordon*. La correspondiente ecuación independiente del tiempo para funciones de onda con simetría esférica (con dependencia únicamente radial), haciendo uso de la ec. 3.49, resulta:

$$\frac{1}{r^2}\frac{\partial}{\partial r}\left(r^2\frac{\partial}{\partial r}\right)\psi(r) = \left(\frac{mc}{\hbar}\right)^2\psi(r) \qquad (11.3)$$

La solución, que puede interpretarse como la amplitud del campo de mesones virtuales creado por un nucleón en su entorno, es de la forma $\psi(r) = g\,e^{-\frac{mc}{\hbar}r}/r$, donde g se puede identificar con una carga nuclear fuerte del nucleón que determina la intensidad del campo. La interacción de otro nucleón con ese campo da lugar al *potencial de Yukawa*:

$$V_Y(r) = -g\,\psi(r) = -g^2\,\frac{1}{r}\,e^{-r/R} \tag{11.4}$$

donde la constante R, que determina cómo disminuye el potencial con la distancia y por tanto está relacionada con su alcance, viene dada por:

$$R = \frac{\hbar}{mc} \tag{11.5}$$

Un argumento análogo aplicado a un bosón mediador sin masa ($m = 0$, $R \to \infty$), como el fotón, produciría un potencial como el coulombiano, $V(r) \propto 1/r$, de alcance infinito. Aunque las masas de los mesones mediadores virtuales pueden diferir de las de los mesones reales correspondientes, estas últimas se pueden emplear para dar una estimación de los valores de R en el potencial de Yukawa. Para el intercambio de piones resulta $R_\pi \approx 1{,}4$ fm, y por tanto son ellos los que determinan el potencial nuclear fuerte en el largo alcance, mientras que los mesones más pesados como ρ y ω dan lugar a $R_{\rho,\omega} \approx 0{,}25$ fm y determinan el corto alcance.

La masa de las partículas mediadoras de la interacción nuclear fuerte también se puede estimar mediante el principio de incertidumbre. Se puede suponer que el alcance R de la interacción es finito debido a que las partículas mediadoras tienen un cierto tiempo de vida promedio, que se puede estimar como $\Delta t \approx R/c$, suponiendo que se desplazan a la velocidad de la luz. Aplicando el principio de incertidumbre para el tiempo y la energía (ec. 1.4) e introduciendo un alcance $R \approx 1$ fm, se obtiene para la incertidumbre en la energía de las partículas mediadoras:

$$\Delta E \geq \frac{\hbar}{2\,\Delta t} \gtrsim \frac{\hbar c}{2R} \approx 100\,\text{MeV} \tag{11.6}$$

La masa de estas partículas se puede estimar entonces como $m \gtrsim \Delta m \sim \Delta E/c^2 \sim 100$ MeV/c^2, que es del orden de la masa de los piones.

Para separaciones muy pequeñas entre nucleones la energía potencial crece más rápidamente de lo que predice el modelo de intercambio de mesones masivos, y puede atribuirse al solapamiento entre las funciones de onda de los quarks de valencia de los nucleones. El principio de exclusión no prohíbe que los quarks que se distinguen por su sabor o color se encuentren todos en el nivel de energía más bajo con momento angular orbital relativo $L = 0$, al contrario de lo que ocurre, por ejemplo, entre los electrones de dos átomos que se aproximan mucho. Sin embargo, la condición de antisimetrización del vector de estado completo de todos esos quarks impone un acoplamiento específico de sus espines que modifica la energía total (ec. 10.4), en este caso aumentándola considerablemente.

En general, entre los nucleones se establecen *fuerzas de intercambio*, que se denominan así porque intercambian propiedades de las partículas interactuantes, como la carga eléctrica o la tercera componente del espín o del isoespín (no están relacionadas con el fenómeno originado por el postulado de simetrización que se denomina fuerza de intercambio o canje). El concepto de fuerza de intercambio es más general que el mecanismo de intercambio de partículas virtuales (mesones en este caso), aunque este último puede ser el origen físico de la fuerza que intercambia las propiedades de las partículas. Por ejemplo, cuando un protón y un neutrón intercambian un pion virtual cargado ($\pi^\pm$), el primero se convierte en neutrón y el segundo en protón, es decir, intercambian sus cargas y sus terceras componentes de isoespín, lo que puede interpretarse como un intercambio de sus identidades (figura 11.1, izquierda).

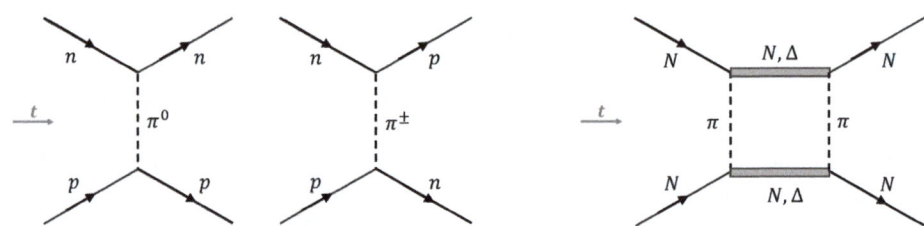

Figura 11.1. Izquierda: diagramas de Feynman que representan dos ejemplos de intercambio de un pion virtual entre nucleones; en el segundo de ellos, mediado por un pion cargado, el neutrón incidente se convierte en protón y el protón incidente se convierte en neutrón, dando lugar a una fuerza de intercambio de propiedades de los nucleones. Derecha: diagrama de Feynman que representa de manera genérica el intercambio de dos piones virtuales (cargados o neutros, π) entre nucleones (protón o neutrón, N), que pueden ser excitados virtualmente a partículas delta (cargadas o neutras, Δ).

11.2. Deuterón

Los espines $s = 1/2$ de dos nucleones pueden acoplarse a espín total $S = 0$ (singlete) o a $S = 1$ (triplete), y sus isoespines $t = 1/2$ pueden acoplarse a isoespín total $T = 0$ (singlete) o a $T = 1$ (triplete). Usando la notación en base acoplada $|SM_S\rangle$ para espín o $|TM_T\rangle$ para isoespín en el miembro de la izquierda y en base desacoplada $|m_{s1} m_{s2}\rangle$ para espín o $|m_{t1} m_{t2}\rangle$ para isoespín en el miembro de la derecha (apdo. 4.6), los vectores de estado en ambas bases para espín total $S = 1$ o para isoespín total $T = 1$ son (ecs. 4.63 - 4.65):

$$\Xi_{11} \equiv |1\,1\rangle = |\tfrac{1}{2}\,\tfrac{1}{2}\rangle \tag{11.7}$$

$$\Xi_{10} \equiv |1\,0\rangle = \tfrac{1}{\sqrt{2}}\left(|\tfrac{1}{2}\,-\tfrac{1}{2}\rangle + |-\tfrac{1}{2}\,\tfrac{1}{2}\rangle\right) \tag{11.8}$$

$$\Xi_{1-1} \equiv |1\,-1\rangle = |-\tfrac{1}{2}\,-\tfrac{1}{2}\rangle \tag{11.9}$$

Y para espín total $S = 0$ o para isoespín total $T = 0$ son (ec. 4.62):

$$\Xi_{00} \equiv |0\,0\rangle = \tfrac{1}{\sqrt{2}}\left(|\tfrac{1}{2}\,-\tfrac{1}{2}\rangle - |-\tfrac{1}{2}\,\tfrac{1}{2}\rangle\right) \tag{11.10}$$

Cuando estos vectores de estado se aplican al espín es habitual remplazar en la base desacoplada $1/2$ por $\uparrow$ y $-1/2$ por $\downarrow$, y cuando se aplican al isoespín se usa el símbolo del nucleón correspondiente, remplazando $1/2$ por p y $-1/2$ por n (como en apdo. 4.8.1). Estas construcciones son análogas a las de los mesones (apdo. 10.4.2), constituidos también por dos partículas de espín e isoespín $1/2$ (quark y antiquark en ese caso).

Experimentalmente se sabe que el dineutrón (con parte de isoespín $\Xi_{1-1} \equiv |nn\rangle$) y el diprotón (con parte de isoespín $\Xi_{11} \equiv |pp\rangle$) no son sistemas ligados. En este último la causa podría ser la repulsión coulombiana entre los protones, pero este argumento no es aplicable al dineutrón. Los tres miembros del triplete de isoespín deben tener la misma energía de ligadura originada por la interacción nuclear fuerte, ya que esta es independiente de la tercera componente de isoespín, de donde se deduce que el sistema formado por protón y neutrón con parte de isoespín Ξ_{10} ($T = 1$, $M_T = 0$) tampoco está ligado. Por tanto, en el estado ligado conocido como deuterón el protón y el neutrón deben estar acoplados a $T = 0$, con parte de isoespín:

$$\Xi_{00} \equiv \tfrac{1}{\sqrt{2}} \left(|pn\rangle - |np\rangle \right) \tag{11.11}$$

El vector de estado completo del deuterón se puede factorizar en tres partes: espacial, de espín y de isoespín:

$$|\text{deuterón}\rangle = |\text{espacio}\rangle \otimes |\text{espín}\rangle \otimes |\text{isoespín}\rangle \tag{11.12}$$

Se puede suponer que, a efectos de la interacción nuclear fuerte que los mantiene ligados, los nucleones son fermiones indistinguibles. En consecuencia, el vector de estado completo del deuterón tiene que ser antisimétrico bajo intercambio de sus nucleones. El estado fundamental tiene momento angular orbital relativo $L = 0$, que corresponde a una parte espacial simétrica. Dado que la parte de isoespín, ec. 11.11, es antisimétrica (singlete, $T = 0$), la parte de espín tiene que ser simétrica, es decir, los espines del protón y del neutrón deben acoplarse a triplete de espín ($S = 1$). El momento angular orbital $L = 0$ y el de espín $S = 1$ se acoplan para dar el momento angular total del deuterón, $J = 1$.

La pequeña componente tensorial (no central) de la interacción nuclear fuerte, $V_{\overline{T}}$ (ec. 11.1), rompe la simetría esférica del sistema, de manera que el momento angular orbital L no es un buen número cuántico exacto del deuterón. Así, la parte espacial de su vector de estado es principalmente $L = 0$ (un 96 %), pero contiene una pequeña contribución de $L = 2$ (un 4 %), ambas compatibles con paridad par.

En un estado con $L = 0$ puro el momento dipolar magnético del deuterón tendría su origen únicamente en los espines del protón y del neutrón: $\mu_d = \mu_p + \mu_n = (g_p^{(s)} + g_n^{(s)})(\mu_N/2) = 0{,}88\,\mu_N$ (ec. 20.39 para contribución únicamente de espín, con μ_N el magnetón nuclear, ec. 20.26). Este resultado difiere ligeramente del valor experimental, que es $0{,}86\,\mu_N$. La discrepancia es compatible con la pequeña mezcla de $L = 2$ en el estado fundamental del deuterón, que añadiría una contribución orbital al momento dipolar magnético, pero también puede tener otros orígenes, como la modificación del momento dipolar magnético de los nucleones ligados respecto a su valor cuando están libres o el efecto de los mesones intercambiados entre los nucleones. En el caso del momento cuadrupolar eléctrico, un estado con $L = 0$ puro, que tiene simetría esférica, produciría un valor nulo, mientras que experimentalmente se obtiene $Q = 0{,}29\ e \cdot \text{fm}^2$. Esta discrepancia también es compatible con la pequeña mezcla de $L = 2$, que desvía la distribución de carga de la simetría esférica y origina por tanto un momento cuadrupolar eléctrico. El momento dipolar magnético y el momento cuadrupolar eléctrico de los núcleos en general se definen con más detalle en el apdo. 12.6.

En primera aproximación, el hamiltoniano del deuterón contiene la energía cinética de los dos nucleones y la energía potencial entre ambos:

$$H = -\frac{\hbar^2}{2m_p}\nabla_p^2 - \frac{\hbar^2}{2m_n}\nabla_n^2 - V \tag{11.13}$$

donde m_p y m_n son las masas del protón y del neutrón, respectivamente. Este hamiltoniano se puede separar en una parte para el movimiento del centro de masas y otra parte para el movimiento del protón y del neutrón en torno al centro de masas. Esta última es equivalente al hamiltoniano de un sistema de un solo cuerpo que orbita a una distancia $r = |\vec{r}_p - \vec{r}_n|$ del centro de masas y que tiene la masa reducida del sistema, dada por:

$$m = \frac{m_p\, m_n}{m_p + m_n} \approx \frac{m_p}{2} \tag{11.14}$$

El hamiltoniano resultante de un solo cuerpo es[39]:

$$H = T + V = -\frac{\hbar^2}{2m}\nabla^2 + V \tag{11.15}$$

En la energía potencial responsable de la ligadura del deuterón, ec. 11.1, se pueden considerar en una primera aproximación únicamente el término central y el término dependiente de los espines para acoplamiento a triplete, ambos para acoplamiento a singlete de isoespín: $V(r) \approx V_C^{[T=0]}(r) + V_{SS}^{[S=1,T=0]}(r)$. Una forma realista de este potencial es la dada en la ec. 11.4, pero para estudiar algunas propiedades puede aproximarse por un pozo rectangular (apdo. 3.4.2) para la coordenada radial, definido como $V(r) = -V_0$ para $0 \le r \le a$ y $V(r) = 0$ para $r > a$ (que no incluye repulsión a cortas distancias). La anchura del pozo a puede identificarse con el alcance de la interacción, que para el modelo de intercambio de piones es $a \approx R_\pi = \hbar/m_\pi c = 1{,}4$ fm.

La solución de la ecuación de Schrödinger radial (para $L = 0$) con el potencial de pozo rectangular proporciona los números de onda k_1 y k_2 (ecs. 3.71), asociados en este caso a la parte radial de la función de onda redefinida como $U(r) = rR(r)$, y ambos números deben cumplir la relación $k_1 = -k_2 \cot(k_2 a)$ (ec. 3.74).

Usando la energía de ligadura experimental del deuterón, $E = -2{,}225$ MeV, se obtiene $k_1 \approx 0{,}23$ fm^{-1} (ec. 3.71). De la parte radial de la función de onda fuera del pozo, que es de la forma $e^{-k_1 r}$ (ec. 3.70), se deduce que valores de la separación entre

---

[39]Ver demostración de la separación entre el movimiento del centro de masas y el movimiento con respecto a él para un sistema de dos cuerpos, apdo. 15.1, figura 15.1.

los dos nucleones tan altos como $r \sim k_1^{-1} \approx 4{,}3$ fm siguen teniendo probabilidad no despreciable, a pesar de ser considerablemente mayores que el alcance estimado de la interacción.

Por otro lado, resolviendo numéricamente la ecuación que relaciona k_1 y k_2, usando $E = -2{,}225$ MeV y $a \approx R_\pi = 1{,}4$ fm, se obtiene un valor $V_0 \approx 65$ MeV para la profundidad del pozo rectangular. Si se toma como anchura del pozo el radio cuadrático medio de carga del deuterón, $a \approx 2$ fm, en lugar del alcance R_π del potencial de Yukawa, se obtiene una profundidad $V_0 \approx 35$ MeV, que es de hecho una buena aproximación a la profundidad del potencial promedio creado por un gran número de nucleones, es decir, para núcleos en general. Para cualquiera de estas dos estimaciones se obtiene que la energía de ligadura del deuterón queda muy por encima del fondo del pozo, $|E| << V_0$. De este resultado y del obtenido antes para la separación típica entre los nucleones se deduce que la interacción nuclear fuerte tiene apenas la intensidad justa para ligar el deuterón en su estado fundamental, y de hecho este sistema carece de estados excitados ligados.

12. Propiedades globales de los núcleos

Los núcleos son sistemas ligados de nucleones, desde el más ligero formado únicamente por dos de ellos, el deuterón, hasta los más pesados conocidos, que contienen casi 300. Estos sistemas presentan una serie de propiedades globales, independientes en gran medida de los detalles de su estructura interna, es decir, de las funciones de onda y energías de cada uno de sus nucleones constituyentes. Entre estas propiedades se encuentran la masa y energía de ligadura, el tamaño, la forma y los momentos electromagnéticos.

12.1. Composición y clasificación de los núcleos

Los núcleos atómicos están constituidos por nucleones de los dos tipos: protones, con carga eléctrica positiva, y neutrones, sin carga eléctrica neta. El número de protones se denomina *número atómico* y se simboliza Z, y el número total de nucleones se denomina *número másico* y se simboliza A. Los núcleos se representan con el símbolo del elemento químico al que pertenecen, que viene determinado por su número atómico, junto con un superíndice, usualmente a la izquierda del símbolo, que indica el número másico. También se pueden añadir como subíndices el número atómico Z (habitualmente a la izquierda) y el número de neutrones N (habitualmente a la derecha). Por ejemplo, ^{238}U representa el núcleo de uranio 238, es decir, un núcleo con $Z = 92$ protones (correspondiente al elemento uranio), $A = 238$ nucleones y $N = A - Z = 146$ neutrones, que también se puede simbolizar como $^{238}_{92}U_{146}$.

Se denominan *isótopos* los núcleos que tienen el mismo número atómico, y por tanto pertenecen al mismo elemento, pero difieren en el número de neutrones y en consecuencia también en el número másico; por ejemplo, ^{235}U y ^{238}U son dos isótopos del elemento uranio ($Z = 92$), con $N = 143$ el primero y $N = 146$ el segundo. En ocasiones se emplea este término de manera genérica para referirse a distintos tipos de núcleos, sean o no del mismo elemento. Se denominan *isótonos* los núcleos que tienen el mismo número de neutrones, pero distinto número atómico, y por tanto pertenecen a elementos distintos; por ejemplo, ^{238}U (núcleo de uranio, con $Z = 92$) y ^{240}Pu (núcleo de plutonio, con $Z = 94$), ambos con $N = 146$. Se denominan *isóbaros* los núcleos que tienen el mismo número másico, pero difieren en el número de neutrones y también en el número atómico, y pertenecen por tanto a elementos distintos; por ejemplo, ^{238}U (núcleo de uranio, con $Z = 92$ y $N = 146$) y ^{238}Pu (núcleo de plutonio, con $Z = 94$ y $N = 144$), ambos con $A = 238$.

Los núcleos se disponen de manera ordenada en la *tabla periódica*, donde cada una de las casillas está asociada al conjunto de núcleos que tienen un mismo número atómico, es decir, a todos los isótopos de un mismo elemento. Los núcleos se ordenan de izquierda a derecha, en diversas filas, por número atómico creciente, desde el hidrógeno ($Z = 1$) hasta el oganesón ($Z = 118$), que es el último que ha sido creado e identificado en laboratorio. La disposición en filas y columnas depende de la configuración de los electrones en la corteza de los átomos, que define sus propiedades químicas (apdo. 17.3), y no está relacionada con la composición de los núcleos, salvo por el hecho de que en un átomo neutro el número de electrones es igual al de protones. Otra disposición ordenada de los núcleos es la *carta de núcleos*, que es un plano cartesiano donde el eje vertical representa el número atómico Z y el eje horizontal representa el número de neutrones N, o viceversa, de manera que en cada punto del plano se sitúa una casilla que corresponde a un núcleo diferente. Las casillas situadas en líneas paralelas al eje de las N contienen todos los isótopos del mismo elemento (a diferencia de la tabla periódica, donde todos ellos se asocian a la misma casilla), mientras que las casillas situadas en líneas paralelas al eje de las Z contienen conjuntos de isótonos.

Los núcleos *estables* son aquellos que no se transforman espontáneamente, es decir, permanecen en su estado inicial a lo largo del tiempo, en particular con el mismo número de protones y de neutrones, si no se actúa sobre ellos. En cambio, los núcleos *inestables* o *radiactivos* (*radioisótopos*) sufren transformaciones de manera espontánea, algunas de las cuales pueden cambiar su número de protones o de neutrones (apdo. 12.2.1). Estas transformaciones reciben el nombre de *desintegraciones*, van acompañadas de la emisión de diversos tipos de partículas o de núcleos, y constituyen el fenómeno de la radiactividad nuclear (cap. 14).

En cuanto a su abundancia en la naturaleza, los núcleos *primordiales* son aquellos que se formaron con anterioridad al Sistema Solar y aún están presentes en él, en particular en la Tierra, en cantidades apreciables. Se trata de núcleos estables o de núcleos radiactivos con vida media muy larga, es decir, que tardan mucho tiempo en promedio en sufrir una transformación espontánea. Estos núcleos se formaron en el Big Bang (*nucleosíntesis primordial*), en el interior de una estrella (*nucleosíntesis estelar*), o por la acción de rayos cósmicos. Los núcleos denominados *post-primordiales* también se pueden encontrar actualmente en la Tierra, pero en cantidades pequeñas debido a que son radiactivos de vida media corta en comparación con el tiempo transcurrido desde que se formaron. Estos núcleos, a pesar de su corta duración promedio, están presentes en la naturaleza porque se crean continuamente por la acción de rayos cósmicos, por ejemplo al incidir en la atmósfera terrestre (isótopos *cosmo-génicos*), por la desintegración de otros isótopos (*radiogénicos*) o como producto de reacciones nucleares (*nucleogénicos*).

En la Tierra se pueden encontrar unos 339 núcleos diferentes entre primordiales y post-primordiales, de los cuales 251 son estables, o al menos no se ha observado nunca su desintegración. Entre estos últimos, 147 tienen Z y N pares, mientras que solo 5 tienen ambos impares. El núcleo primordial más pesado es el uranio 238 ($Z = 92$), que es radiactivo, y el núcleo estable más pesado es el plomo 208 ($Z = 82$). Todos los elementos más ligeros que el plomo tienen al menos un isótopo estable, excepto el tecnecio ($Z = 43$) y el prometio ($Z = 61$); la mayoría de ellos (54) tienen dos o más isótopos estables, hasta 10 en el caso del estaño ($Z = 50$).

12.2. Masa y energía de ligadura

La *energía de ligadura nuclear* es la diferencia entre la energía en reposo de un núcleo y la energía de sus nucleones constituyentes también en reposo y en ausencia de interacción entre ellos, es decir, infinitamente separados. Esta energía es negativa y se puede representar como $-B$, con $B > 0$. Para un núcleo del elemento X, con Z protones y A nucleones en total, la masa $m(^A_Z X)$ se obtiene entonces a partir de la masa de sus nucleones y de la masa equivalente a su energía de ligadura como:

$$m(^A_Z X) = Z\, m_p + (A - Z)\, m_n - B(^A_Z X)/c^2 \tag{12.1}$$

La masa del átomo neutro que contiene este núcleo, $\mathcal{M}(^A_Z X)$, se obtiene considerando además la masa de los Z electrones de la corteza y la masa equivalente a todas sus energías de ligadura en el átomo, b_i:

$$\mathcal{M}(^A_Z X) = m(^A_Z X) + Z\, m_e - \sum_i^Z b_i/c^2$$

$$= Z\,(m_p + m_e) + (A - Z)\, m_n - B(^A_Z X)/c^2 - \sum_i^Z b_i/c^2 \tag{12.2}$$

Despreciando las energías de ligadura de los electrones, de origen electromagnético y por tanto mucho más pequeñas que la energía de ligadura nuclear y que el equivalente en energía de las masas de los nucleones, se tiene:

$$\mathcal{M}(^A_Z X) \approx m(^A_Z X) + Z\, m_e = Z\,(m_p + m_e) + (A - Z)\, m_n - B(^A_Z X)/c^2 \tag{12.3}$$

Por otro lado, la masa atómica medida experimentalmente puede expresarse en función del *exceso de masa* Δ y de la *unidad de masa atómica unificada*, $u = 931{,}49$ MeV$/c^2$, como:

$$\mathcal{M}(^A_Z X) = A\, u + \Delta(^A_Z X) \tag{12.4}$$

La *energía de ligadura por nucleón* es la energía de ligadura total del núcleo dividida entre el número de nucleones que contiene, $-B/A$. Cuanto mayor (en valor absoluto) es la energía de ligadura por nucleón, mayor es la estabilidad del núcleo frente a cambios en su número de nucleones, es decir, frente a procesos de fusión, fisión, desintegración alfa, emisión de protón o de neutrón, etc.

La *fórmula semiempírica de masas* o *fórmula de Bethe-Weizsäcker* para la energía de ligadura (en valor absoluto) de un núcleo con A nucleones y Z protones viene dada por:

$$B(_Z^A X) = a_V\, A - a_S\, A^{2/3} - a_C\, \frac{Z^2}{A^{1/3}} - a_A\, \frac{(A-2Z)^2}{A} + a_P\, \frac{1}{A^{1/2}} \qquad (12.5)$$

Los términos que aparecen en esta expresión se denominan, por orden: de volumen, de superficie, coulombiano, de asimetría y de apareamiento o *pairing*. El valor del coeficiente a de cada uno de ellos puede deducirse empleando diversos modelos teóricos del núcleo, al igual que la propia dependencia en Z y A de cada término, o bien ajustando los resultados de la expresión a valores experimentales de las masas nucleares. Un posible conjunto de valores para los coeficientes, dados en MeV, es el siguiente: $a_V = 15{,}56$, $a_S = 17{,}23$, $a_C = 0{,}697$, $a_A = 23{,}285$; y para el término de apareamiento, $a_P = 12$ si Z y N son pares, $a_P = -12$ si Z y N son impares, y $a_P = 0$ si Z es par y N es impar, o viceversa.

12.2.1. Estabilidad nuclear

Los núcleos estables, cuando se encuentran aislados, no cambian su naturaleza con el paso del tiempo, mientras que los núcleos radiactivos emiten partículas espontáneamente y pueden convertirse en un núcleo diferente del mismo elemento (si se mantiene Z) o de un elemento distinto. La transformación que sufren los núcleos radiactivos se denomina *desintegración* y el tiempo promedio que permanecen inalterados los núcleos de un cierto tipo es su *vida media* (cap. 14).

Aunque la estabilidad así definida no admite grados (un núcleo es estable o es inestable, sin posibilidades intermedias), en ocasiones se emplea con otros significados de carácter relativo que permiten comparar unos núcleos con otros. Así, se puede decir que un tipo de núcleo es más estable que otro si el primero tarda más tiempo en desintegrarse en promedio, es decir, si su vida media es más larga. También se puede definir la estabilidad de los núcleos como la dificultad para separar sus nucleones entre sí, y se dice entonces que son más estables cuanto mayor es su energía de ligadura por nucleón en valor absoluto, B/A. Esta última definición resulta útil cuando se consideran procesos en los que no cambia el número total de neutrones ni de protones, sino que estos simplemente se redistribuyen en sistemas distintos a los iniciales, como ocurre en la desintegración alfa, en la fisión o en la fusión. Cuando se consideran procesos en los que sí cambia el número de protones y de neutrones, como ocurre en las desintegraciones beta, entonces no solo varía la energía de ligadura, sino también la contribución de las masas de los constituyentes libres y en reposo, que es mayor en neutrones que en protones ($m_n - m_p = 1{,}3$ MeV/c^2). En este caso, la estabilidad de un núcleo es mayor cuanto menor es su masa por nucleón, m/A, que tiene en cuenta las masas de los nucleones y el equivalente en masa de su energía de ligadura (ec. 12.1).

En la mayoría de los casos estas dos últimas definiciones de estabilidad nuclear, basadas en la energía de ligadura por nucleón o en la masa por nucleón, son prácticamente equivalentes, pero puede verse la diferencia al comparar, por ejemplo, los núcleos de hidrógeno 3 (tritio, ^{3}H) y de helio 3 (^{3}He). El ^{3}H tiene mayor energía de ligadura por nucleón en valor absoluto que el ^{3}He, pero el ^{3}H tiene un neutrón más y un protón menos que el ^{3}He. La diferencia de masas entre ambos nucleones supera el exceso de energía de ligadura del ^{3}H respecto al ^{3}He, de modo que tiene más masa por nucleón (y masa total) el ^{3}H que el ^{3}He. En este sentido, es más estable el ^{3}He que el ^{3}H, y de hecho este último es radiactivo y se convierte en ^{3}He a través de una desintegración de tipo beta menos, en la que un neutrón se transforma en protón (apdo. 14.3), con una vida media de 17,78 años.

La energía de ligadura por nucleón en valor absoluto aumenta rápidamente con el número másico hasta aproximadamente $A \approx 20$, y a continuación aumenta más despacio hasta alcanzar un máximo en $A \approx 62$, en concreto en el núcleo de níquel 62 (seguido del hierro 58 y del hierro 56, siendo este último el que tiene menor masa por nucleón de todos los isótopos). A partir de ese punto la energía de ligadura comienza a disminuir suavemente con el número másico. El valor obtenido promediando todos los núcleos es de unos 8 MeV por nucleón.

Según lo anterior, resulta energéticamente favorable que los núcleos con $A \lesssim 62$ se unan entre ellos, es decir, se *fusionen*, para formar un único núcleo más pesado cuya energía de ligadura por nucleón se encuentre más próxima a la máxima. Por el contrario, en los núcleos con $A \gtrsim 62$ resulta energéticamente favorable que se dividan, es decir, se *fisionen*, para formar dos o más núcleos más ligeros con energías de ligadura más próximas a la máxima. Este último proceso incluye la desintegración alfa, que es un caso de fisión muy asimétrica en la que uno de los fragmentos, que es el núcleo de helio 4 (^{4}He), es muy ligero en comparación con el otro (apdo. 14.2).

Para analizar la otra definición de estabilidad se puede estudiar la dependencia de las masas de un conjunto de núcleos isóbaros (con el mismo número de nucleones A) en función de su número atómico Z. Para ello puede emplearse la expresión de la masa atómica que se obtiene al introducir la fórmula semiempírica de masas para la energía de ligadura nuclear (ec. 12.5). Despreciando la ligadura de los electrones resulta:

$$\mathcal{M}(^A_Z X) = Z\,(m_p + m_e) + (A - Z)\,m_n - B(^A_Z X)/c^2$$

$$= \left[A\,m_n - \frac{a_V}{c^2}\,A + \frac{a_S}{c^2}\,A^{2/3} + \frac{a_A}{c^2}\,A - \frac{a_P}{c^2}\,\frac{1}{A^{1/2}} \right]$$

$$+ Z \left[m_p + m_e - m_n - 4\,\frac{a_A}{c^2} \right] + Z^2 \left[\frac{a_c}{c^2}\,\frac{1}{A^{1/3}} + 4\,\frac{a_A}{c^2}\,\frac{1}{A} \right] \qquad (12.6)$$

Cuando se representan los resultados de esta expresión, en la que se han agrupado los términos que van con diferentes potencias de Z (independiente, Z y Z^2), para un conjunto de isóbaros en función del número atómico Z, resulta la *parábola de masas*. Para núcleos con A par se obtienen dos parábolas distintas separadas por la cantidad $2a_P/(A^{1/2}c^2)$, ya que a_P toma el mismo valor pero con distinto signo si Z y N son ambas pares o si son ambas impares.

En un conjunto de isóbaros el elemento más estable es el que tiene la masa más pequeña, es decir, el que se encuentra más cerca del mínimo de la parábola, que puede estimarse derivando la expresión anterior respecto a Z e igualando a cero:

$$\frac{d\mathcal{M}}{dZ}\bigg|_{A \, cte.} = 0 \quad \Rightarrow \quad Z_{min} \approx \frac{47\,A}{0{,}7\,A^{2/3} + 93} \tag{12.7}$$

Por ejemplo, para el conjunto de isóbaros con $A = 101$ se obtiene $Z_{min} \approx 44$, que corresponde al elemento rutenio, es decir, el núcleo más estable con $A = 101$ es ^{101}Ru.

En los isóbaros con $Z < Z_{min}$ resulta energéticamente favorable transformar un neutrón en protón para aproximarse al núcleo más estable, mientras que en los isóbaros con $Z > Z_{min}$ resulta energéticamente favorable transformar un protón en neutrón. En isóbaros con A par, que tienen doble parábola, estas transformaciones de protón en neutrón o viceversa pasan de una parábola a otra, y para algunos núcleos ambas transformaciones pueden ser energéticamente favorables, porque ambas producen núcleos con menor masa total.

La transformación de un tipo de nucleón en otro, que se debe al cambio de sabor de uno de sus quarks constituyentes, tiene su origen en la interacción débil y recibe el nombre de desintegración beta. La transformación de neutrón en protón se lleva a cabo a través de una desintegración beta menos (β^-) y la transformación de protón en neutrón se lleva a cabo a través de una desintegración beta más (β^+) o una captura electrónica (C.E.) (apdo. 14.3).

12.2.2. Valor Q en procesos nucleares

El *valor Q* de una reacción o desintegración nuclear es el equivalente en energía de la diferencia entre la masa de los núcleos y partículas iniciales y la masa de los núcleos y partículas finales:

$$Q = \left(\sum_i m_i - \sum_f m_f \right) c^2 \tag{12.8}$$

Cuando el valor Q es positivo el proceso es favorable energéticamente, es decir, libera energía, pero ello no implica que ocurra de manera inmediata, especialmente en el caso de las desintegraciones, que están asociadas a una cierta vida media.

En cambio, cuando el valor Q es negativo el proceso no es favorable energéticamente. En el caso de las desintegraciones implica que no pueden producirse, y en el caso de las reacciones implica que es necesario suministrar a los núcleos y partículas iniciales una energía cinética por encima de un cierto valor denominado *energía umbral*.

12.3. Tamaño y forma de los núcleos

La extensión de un núcleo se puede caracterizar mediante la distribución de densidad en su interior, ya sea densidad de carga ρ_c, que depende de la distribución de los protones, o densidad de masa ρ, que depende de la distribución de todos los nucleones. Ambas se relacionan de manera aproximada como:

$$\frac{1}{A}\,\rho(\vec{r}) \approx \frac{1}{Ze}\,\rho_c(\vec{r}) \tag{12.9}$$

es decir, la dependencia de las densidades con la posición en el interior del núcleo es parecida, así como sus valores en cada punto si la de carga se normaliza con la carga total Ze y la de masa con el número de nucleones A.

Para determinar la distribución de densidad de carga en un núcleo se pueden realizar experimentos de dispersión de electrones, donde la sección eficaz en función del ángulo de dispersión depende del factor de forma del núcleo, que es la transformada de Fourier de la distribución de densidad (apdo. 12.3.1). También se pueden medir los rayos X procedentes de transiciones atómicas, ya que los niveles de energía de los electrones de la corteza se ven ligeramente afectados por la distribución de carga en el núcleo. Otro método consiste en determinar mediante desintegraciones beta o ciertas reacciones la diferencia de energía coulombiana, que depende de la distribución de carga, entre parejas de núcleos espejo (que tienen intercambiado el número de neutrones y de protones).

En cuanto a la determinación de la distribución de densidad de masa en un núcleo, se pueden realizar experimentos de dispersión de hadrones, por ejemplo partículas alfa (^{4}He), o medir los rayos X emitidos en transiciones atómicas de átomos piónicos, que son aquellos en los que un electrón ha sido sustituido por un pion negativo (π^-). Estos experimentos son análogos a los destinados a medir la densidad de carga, pero aquí se emplean partículas hadrónicas, que tienen interacción nuclear fuerte tanto con los protones como con los neutrones del núcleo, y por tanto son sensibles a la distribución de masa.

Una distribución de densidad de carga nuclear con simetría esférica se puede aproximar mediante la *parametrización de Fermi* o *de Woods-Saxon*:

$$\rho_c(r) = \frac{\rho_c^0}{1 + e^{\frac{r-b}{a}}} \tag{12.10}$$

donde ρ_c^0 es la densidad en la región central del núcleo, b es el valor de la coordenada radial en que la densidad alcanza la mitad de ρ_c^0 y a es la *difusividad*, que está relacionada con la anchura de la corteza superficial del núcleo. La difusividad se obtiene como $a = 0{,}23\,t$, donde t es la diferencia entre los valores de la coordenada radial en que la densidad alcanza un 10 % y un 90 % de su valor en la región central.

La densidad de masa en la región central toma un valor muy similar en todos los núcleos, unos 0,16 nucleones/fm^3, independientemente del número de nucleones que contengan. Esta propiedad se denomina *saturación* y se debe a que la interacción nuclear fuerte es de corto alcance (los nucleones solo son atraídos por sus vecinos más cercanos), a que es repulsiva a muy cortas distancias, y a la antisimetrización de la función de onda conjunta de los nucleones del mismo tipo, que tiene un efecto neto equivalente a una repulsión entre ellos (apdo. 5.3).

Si se considera el núcleo como una esfera sólida con una densidad de masa uniforme $\tilde{\rho}$, se puede establecer la siguiente relación aproximada entre su radio R y el número másico A:

$$\tilde{\rho} \approx \frac{A}{V} \approx \frac{A}{\frac{4}{3}\pi R^3} \quad \Rightarrow \quad R \approx \left(\frac{A}{\frac{4}{3}\pi\tilde{\rho}}\right)^{1/3} = R_0\, A^{1/3} \approx 1,2\, A^{1/3}\,\text{fm} \qquad (12.11)$$

donde el valor $R_0 \approx 1,2$ fm corresponde a una densidad promedio en todo el núcleo (no solo en la región central) de $\tilde{\rho} \approx 0,13$ nucleones/fm^3.

El radio cuadrático medio se define como el valor esperado de la coordenada radial al cuadrado para una cierta distribución de densidad. Para un núcleo esférico de radio R con distribución de densidad de masa uniforme normalizada, es decir, cuya función de onda es tal que $|\Psi(\vec{r})|^2 = \tilde{\rho}/A$, resulta:

$$\langle r^2 \rangle \equiv \langle \Psi | r^2 | \Psi \rangle = \int r^2\, |\Psi(\vec{r})|^2\, d^3\vec{r} = \frac{\tilde{\rho}}{A}\, 4\pi \int_0^R r^4\, dr = \frac{3}{5} R^2 \qquad (12.12)$$

Usando $R \approx 1,2\, A^{1/3}$ fm (ec. 12.11), su raíz cuadrada puede estimarse como:

$$\sqrt{\langle r^2 \rangle} = \sqrt{\frac{3}{5}}\, R \approx 0,93\, A^{1/3}\,\text{fm} \qquad (12.13)$$

12.3.1. Factor de forma nuclear

Una de las magnitudes más importantes en los experimentos de dispersión de partículas por núcleos es la sección eficaz (apdo. 1.7). En el caso de la dispersión elástica de electrones relativistas por un núcleo considerado puntual (sin extensión), la sección eficaz diferencial viene dada por la fórmula de Mott:

$$\frac{d\sigma_{Mott}}{d\theta} = \left(\frac{Z\alpha\hbar c}{2\, E\, \beta\, \text{sen}^2(\theta/2)}\right)^2 \left[1 - \beta^2\, \text{sen}^2(\theta/2)\right] \qquad (12.14)$$

donde θ es el ángulo de dispersión (el que forman la dirección de incidencia y la de salida del electrón, figura 12.1), E es la energía total del electrón, β es su velocidad en unidades de c, Z es el número atómico del núcleo blanco y α es la constante de estructura fina. Esta expresión es aplicable cuando el electrón no cede energía al núcleo en forma de excitación (proceso elástico), y no contempla el retroceso del núcleo ni interacción entre espines (es válida para núcleos con espín cero).

Para corregir la aproximación de núcleo puntual, es decir, para tener en cuenta que existe una cierta distribución espacial de la carga eléctrica en el núcleo, se puede modificar la expresión de la ec. 12.14 introduciendo el *factor de forma* nuclear $F(q)$:

$$\frac{d\sigma}{d\theta} = \frac{d\sigma_{Mott}}{d\theta}\, |F(q)|^2 \qquad (12.15)$$

donde q es el módulo del momento transferido en el proceso, definido como la diferencia entre el momento inicial y el momento final del proyectil:

$$\vec{q} = \vec{p}_i - \vec{p}_f \quad \Rightarrow \quad q = \left[p_i^2 + p_f^2 - 2\, p_i\, p_f \cos\theta\right]^{1/2} \qquad (12.16)$$

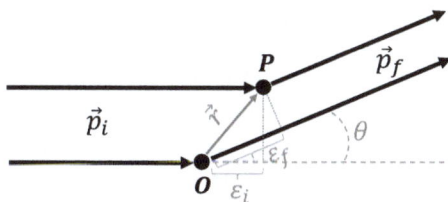

Figura 12.1. Representación del proceso de dispersión de un electrón por un núcleo extenso del que se muestran dos puntos de su interior, O (origen de coordenadas) y P (punto genérico con vector posición $\vec{r}$). El electrón tiene momento inicial $\vec{p}_i$ y momento final $\vec{p}_f$, perpendiculares a los frentes de onda plana incidente y saliente y que forman un ángulo (de dispersión) θ. Se indican también las diferencias de distancia recorrida por las ondas inicial y final, ε_i y ε_f.

La expresión del factor de forma nuclear puede obtenerse considerando una onda plana asociada a un proyectil que incide sobre un núcleo extenso, interactúa en cada punto de su interior y sale dispersada, también como onda plana, en una dirección distinta a la inicial. Como se observa en la figura 12.1, la onda que incide en el punto O (que se toma como origen de coordenadas) recorre menos distancia que la onda que incide en el punto P (con vector posición $\vec{r}$), y la diferencia viene dada por la proyección de $\vec{r}$ sobre $\vec{p}_i$: $\varepsilon_i = \vec{r} \cdot \vec{p}_i / |\vec{p}_i|$. Tras la interacción con el blanco, la onda dispersada por el punto O recorre más distancia que la onda dispersada por el punto P, con una diferencia $\varepsilon_f = \vec{r} \cdot \vec{p}_f / |\vec{p}_f|$. La diferencia neta de recorrido de ambas ondas es $\varepsilon = \varepsilon_i - \varepsilon_f = (\vec{p}_i - \vec{p}_f) \cdot \vec{r} / p = \vec{q} \cdot \vec{r} / p$, donde se ha tenido en cuenta que en una dispersión elástica y despreciando el retroceso del blanco se tiene $|\vec{p}_i| = |\vec{p}_f| = p$, y donde se ha introducido el momento transferido por el proyectil al blanco (ec. 12.16). Esta diferencia de recorrido corresponde a una fase de la onda de De Broglie asociada al proyectil dada por:

$$\delta_q(\vec{r}) = 2\pi \, \frac{\varepsilon(\vec{r})}{\lambda} = 2\pi \, \frac{\vec{q} \cdot \vec{r}}{\lambda \, p} = \frac{\vec{q} \cdot \vec{r}}{\hbar} \tag{12.17}$$

donde se ha usado la definición de longitud de onda de De Broglie (ec. 1.1), $\lambda = h/p$.

Así, para cada punto del interior del núcleo con vector posición $\vec{r}$ y con densidad de carga $\rho_c(\vec{r})$, la onda plana dispersada tiene asociada una fase $\delta_q(\vec{r})$. El factor de forma se obtiene como la superposición de las amplitudes de las ondas dispersadas por todos los puntos del núcleo, cada una de ellas ponderada por la densidad de carga en ese punto, lo que se traduce en la siguiente integral a todo el volumen nuclear:

$$F(q) = \frac{1}{Ze} \int e^{i\delta_q} \, \rho_c(\vec{r}) \, d^3\vec{r} = \frac{1}{Ze} \int e^{\frac{i}{\hbar}\vec{q}\cdot\vec{r}} \, \rho_c(\vec{r}) \, d^3\vec{r} \tag{12.18}$$

Por tanto, el factor de forma es, bajo las aproximaciones consideradas, la transformada de Fourier de la distribución de densidad de carga, y representa el efecto neto que tiene la extensión de la carga nuclear en la sección eficaz de un proceso de dispersión. Si la integral en todo el espacio de la distribución de densidad de carga proporciona la carga total del núcleo, Ze, entonces el factor de forma cumple $F(q \to 0) \to 1$.

Situando el momento transferido a lo largo del eje z, de manera que forma un ángulo $\tilde{\theta}$ con el vector posición de cada punto del núcleo, se tiene $\vec{q} \cdot \vec{r} = q\,r\cos\tilde{\theta}$. Para una distribución de densidad nuclear con simetría esférica, $\rho_c(\vec{r}) = \rho_c(r)$, el factor de forma se puede escribir como:

$$F(q) = \frac{1}{Ze} \int_0^\infty dr\, \rho_c(r)\, r^2 \int_0^\pi d\tilde{\theta}\, e^{\frac{i}{\hbar} qr\cos\tilde{\theta}}\, \mathrm{sen}\,\tilde{\theta} \int_0^{2\pi} d\varphi \qquad (12.19)$$

$$= \frac{1}{Ze} \int_0^\infty dr\, \rho_c(r)\, r^2 \left[-\frac{\hbar}{iqr}\, e^{\frac{i}{\hbar} qr\cos\tilde{\theta}} \right]_0^\pi [\varphi]_0^{2\pi} = \frac{4\pi\hbar}{Ze\,q} \int_0^\infty dr\, \rho_c(r)\, r\, \mathrm{sen}(qr/\hbar)$$

Empleando esta última expresión para una distribución de densidad de carga uniforme en una esfera de radio R, dada por $\rho_c(r) = \rho_0$ para $r \le R$ y $\rho_c(r) = 0$ para $r > R$, el factor de forma resultante es:

$$F(q) = 3 \left[\chi^{-3}\,\mathrm{sen}(\chi) - \chi^{-2}\cos(\chi) \right] \qquad (12.20)$$

con $\chi = qR/\hbar$, que tiene un comportamiento oscilatorio en función del momento transferido q. Para una distribución de tipo exponencial, $\rho_c(r) = \rho_0\, e^{-r/R}$, el factor de forma resultante es de tipo dipolar, $F(q) = (1 + \chi^2)^{-2}$; para una distribución de tipo gaussiano, $\rho_c(r) = \rho_0\, e^{-(r/R)^2/2}$, el factor de forma que se obtiene también es de tipo gaussiano, $F(q) = e^{-\chi^2/2}$; y para una distribución de tipo Yukawa, $\rho_c(r) = \kappa\, e^{-r/R}/r$, el factor de forma es $F(q) = (1 + \chi^2)^{-1}$.

12.4. Espectro

Como ocurre en general en los sistemas ligados, un núcleo tiene distintos estados o niveles de energía discretos, que constituyen su espectro. El estado de menor energía se denomina *estado fundamental*. Cuando el núcleo almacena ciertas cantidades específicas de energía, se encuentra en uno de sus *estados excitados*. La energía de excitación es la diferencia entre la energía del núcleo en un cierto estado excitado y su energía en el estado fundamental. Habitualmente se trasladan las energías de todos los estados para que la del fundamental sea cero, es decir, los estados se identifican con su energía de excitación. Un núcleo en un estado excitado puede desexcitarse a otro estado de menor energía emitiendo la diferencia, por ejemplo, en forma de radiación electromagnética, proceso que se denomina desintegración gamma (apdo. 14.4).

Los estados excitados corresponden a distintas configuraciones de los nucleones, ya sean de carácter individual, que dan lugar a estados de partícula individual (apdo. 13.3), o de carácter colectivo, que dan lugar a estados colectivos, por ejemplo vibracionales o rotacionales (apdo. 13.4).

12.5. Espín y paridad

Cada nucleón ligado posee un *momento angular orbital* $\vec{l}$ debido a su movimiento respecto al centro de masas del núcleo, asociado a los números cuánticos de módulo al cuadrado l y de tercera componente m_l, y un *momento angular intrínseco* o *espín* $\vec{s}$, asociado a los números cuánticos de módulo al cuadrado s y de tercera componente m_s. El *momento angular total de cada nucleón* $\vec{j}$ es la suma del orbital y el de espín: $\vec{j} = \vec{l} + \vec{s}$. Como el número cuántico orbital l es entero y el número cuántico de espín s de los nucleones es $1/2$, el número cuántico de módulo al cuadrado del momento angular total j de un nucleón es un semientero con dos posibles valores, $j = l - 1/2$ y $j = l + 1/2$ (únicamente $j = 1/2$ si $l = 0$).

El *momento angular total del núcleo* o *espín nuclear* $\vec{J}$ se obtiene para cada estado nuclear como la suma de los momentos angulares totales $\vec{j}_i$ de los A nucleones que contiene:

$$\vec{J} = \sum_i^A \vec{j}_i \tag{12.21}$$

El estado fundamental de los núcleos con Z y N pares tiene número cuántico de momento angular total $J = 0$, debido a que la interacción nuclear fuerte acopla preferentemente parejas de nucleones iguales a $J_{1,2} = 0$, propiedad que se denomina *apareamiento*. Los núcleos con A impar tienen J semientero y los núcleos con A par tienen J entero, cuyos valores concretos pueden deducirse mediante el modelo de capas nuclear (apdo. 13.3.1).

La *paridad* Π también es un buen número cuántico de los estados nucleares, e indica si la función de onda permanece igual (par, $\Pi = +$) o cambia de signo (impar, $\Pi = -$) al invertir las coordenadas espaciales. El estado fundamental de los núcleos con Z par y N par tiene paridad par, debido a que la interacción nuclear fuerte acopla preferentemente parejas de nucleones iguales a $\Pi_{1,2} = +$. Los valores de J y Π de un estado nuclear se indican como J^Π.

12.6. Momentos electromagnéticos

Los momentos electromagnéticos (apdo. 20.1) de un núcleo determinan su interacción con campos eléctricos y magnéticos externos, y dependen de la distribución de cargas y corrientes de carga en su interior. En los núcleos son distintos de cero los momentos eléctricos (ec. 20.2) con multipolaridad l par, que tienen paridad par ($\pi = +$) y por tanto pueden proporcionar un valor esperado (una integral a todo el espacio) distinto de cero. El multipolo más bajo, q_{00}, es la carga eléctrica, y los siguientes son los cuadrupolares, q_{2m}; debido a la simetría cilíndrica de los núcleos, ya sea por su forma intrínseca o en el promedio temporal resultante de su rotación, el único momento cuadrupolar distinto de cero es q_{20}. En cuanto a los momentos magnéticos (ec. 20.15), en los núcleos son distintos de cero los de multipolaridad l impar, que, de nuevo, tienen paridad par ($\pi = +$) y por tanto pueden proporcionar un valor esperado distinto de cero. El multipolo más bajo es el dipolar, m_{1m}; dada la simetría cilíndrica de los núcleos, el único distinto de cero es m_{10}.

El *momento cuadrupolar eléctrico* de un núcleo, Q, se define a partir del valor esperado del operador q_{20} en el estado fundamental nuclear (de protones) con mayor proyección del momento angular sobre el eje de simetría (eje z), representado mediante el vector de estado $|J\,M_J\rangle = |J\,J\rangle$:

$$Q = \sqrt{\frac{16\pi}{5}}\,\langle J\,J|\,q_{20}\,|J\,J\rangle = \sqrt{\frac{16\pi}{5}}\,e\,\langle J\,J|\,r^2\,Y_{20}^*\,|J\,J\rangle \qquad (12.22)$$

donde se ha introducido la definición del operador q_{20} (ec. 20.3). En el apdo. 13.3.2 se emplea esta expresión para obtener el momento cuadrupolar eléctrico nuclear en el modelo de capas extremo. Usando la relación entre q_{20} y Q_{zz} (ec. 20.9) y la definición de Q_{zz} (ec. 20.8) este momento también se puede escribir como:

$$Q = \langle J\,J|\,Q_{zz}\,|J\,J\rangle = 3e\,\langle J\,J|\,z^2\,|J\,J\rangle - e\,\langle J\,J|\,r^2\,|J\,J\rangle \qquad (12.23)$$

El momento cuadrupolar se mide en unidades de área multiplicada por la unidad de carga, por ejemplo en $e\cdot\text{fm}^2$ o en $e\cdot$b, donde b es el barn (1 b = 100 fm^2). Si un núcleo tiene forma esférica, entonces $\langle x^2\rangle = \langle y^2\rangle = \langle z^2\rangle$, que implica $\langle r^2\rangle = 3\langle z^2\rangle$ y resulta $Q = 0$. Una deformación nuclear *prolata* (forma parecida a un balón de rugby) implica $\langle x^2\rangle = \langle y^2\rangle < \langle z^2\rangle$, de donde $\langle r^2\rangle < 3\langle z^2\rangle$ y resulta $Q > 0$. Una deformación nuclear *oblata* (forma parecida a una lenteja) implica $\langle x^2\rangle = \langle y^2\rangle > \langle z^2\rangle$, de donde $\langle r^2\rangle > 3\langle z^2\rangle$ y resulta $Q < 0$.

En el seno de un campo eléctrico externo no uniforme (dependiente de la posición), con simetría cilíndrica y orientado en la dirección z, un núcleo adquiere una energía proporcional al gradiente de la intensidad del campo en esa dirección, $\partial\mathcal{E}_z/\partial z$, y a su momento cuadrupolar eléctrico Q (ec. 20.12).

El *momento dipolar magnético* de un núcleo, μ, se define a partir del valor esperado del operador m_{10} en el estado fundamental nuclear con mayor proyección del momento angular sobre el eje de simetría (eje z), representado mediante el vector de estado $|J\,M_J\rangle = |J\,J\rangle$:

$$\mu = \sqrt{\frac{4\pi}{3}}\,\langle J\,J|\,m_{10}\,|J\,J\rangle = \langle J\,J|\,\mu_z\,|J\,J\rangle \qquad (12.24)$$

donde se ha usado la relación entre m_{10} y μ_z (ec. 20.16). Esta última es la componente z del momento dipolar magnético, al que cada nucleón contribuye debido a su momento angular orbital (ec. 20.30) y a su momento angular de espín (ec. 20.31) acoplados a un momento angular total, quedando un valor esperado de μ_z de la forma de la ec. 20.39 (particularizada a $m_j = j$ y con $\mu_\Gamma = \mu_N$). En el apdo. 13.3.2 se emplea esta expresión para obtener el momento dipolar magnético nuclear en el modelo de capas extremo.

En el seno de un campo magnético externo orientado en la dirección z un núcleo adquiere una energía proporcional a la intensidad del campo, $\mathcal{B}_z$, y a su momento dipolar magnético μ (ec. 20.18).

12.7. Isoespín

La interacción nuclear fuerte no distingue entre protones y neutrones, por lo que resulta conveniente considerarlos como una única partícula, el nucleón, con número cuántico de isoespín $t = 1/2$ y posibles valores del número cuántico de tercera componente $m_t = +1/2$, que corresponde al protón, y $m_t = -1/2$, que corresponde al neutrón (apdos. 4.8.1, 10.2). Así, la interacción nuclear fuerte es invariante bajo rotaciones en el espacio de isoespín, es decir, no depende de su tercera componente, pero sí depende del isoespín total (apdo. 11.1).

El número cuántico de tercera componente del isoespín total de un núcleo, M_T, se obtiene como la suma de los números cuánticos de tercera componente de todos sus nucleones:

$$M_T = \sum_i^A m_{ti} = \sum_i^Z \left(+\frac{1}{2}\right) + \sum_i^N \left(-\frac{1}{2}\right) = \frac{Z-N}{2} \tag{12.25}$$

El número cuántico asociado al módulo al cuadrado del isoespín total de cada estado nuclear, T, toma valores enteros o semienteros compatibles con ese valor de la tercera componente:

$$|M_T| \leq T \leq \frac{A}{2} \tag{12.26}$$

Habitualmente están más ligados los estados con isoespín total más bajo. Los estados con mismo número cuántico de isoespín total pero distinto número cuántico de tercera componente (que pertenecen a distintos núcleos, puesto que tienen distinto número de protones y neutrones) forman multipletes de isoespín nuclear y poseen estructura y energías parecidas, pero no iguales, debido a la interacción coulombiana entre los protones y a la pequeña diferencia de masa entre el protón y el neutrón.

Ejemplo: Multiplete de isoespín nuclear

Los núcleos isóbaros de carbono 14 (^{14}C, $Z = 6$), nitrógeno 14 (^{14}N, $Z = 7$) y oxígeno 14 (^{14}O, $Z = 8$) tienen cada uno un estado de energía que forma parte de un triplete de isoespín, y que reciben el nombre de estados isobáricos análogos. Los tres estados tienen número cuántico de isoespín total $T = 1$, pero cada uno de ellos tiene un número cuántico de tercera componente distinto (ec. 12.25): $M_T = (Z - N)/2 = (6 - 8)/2 = -1$ en el estado que pertenece al ^{14}C, $M_T = (Z - N)/2 = (7 - 7)/2 = 0$ en el estado que pertenece al ^{14}N y $M_T = (Z - N)/2 = (8 - 6)/2 = 1$ en el estado que pertenece al ^{14}O.

Estos tres estados con $T = 1$ tienen espín y paridad $J^\pi = 0^+$ y sus energías, o masas equivalentes, serían iguales si solo existiese la interacción nuclear fuerte. Dos de ellos corresponden a los estados fundamentales del ^{14}C y del ^{14}O, que tienen $J^\pi = 0^+$ por apareamiento (tienen Z y N par). En cambio, el estado $J^\pi = 0^+$ del ^{14}N es un excitado, porque su estado fundamental tiene $J^\pi = 1^+$ y es un singlete de isoespín, $T = 0$, que está más ligado que el estado del triplete (figura 12.2).

Las energías de los tres estados del triplete de isoespín no son estrictamente iguales porque pertenecen a núcleos con diferente número de protones y de neutrones. Por un lado, la masa del protón es menor que la del neutrón, pero, por otro lado, la energía de repulsión coulombiana, que reduce la energía de ligadura y por tanto aumenta la masa nuclear, crece con el número de protones (es mayor entre los 8 protones del ^{14}O que entre los 7 protones del ^{14}N, que a su vez es mayor que entre los 6 protones del ^{14}C). Los dos efectos son opuestos, pero no se cancelan totalmente entre sí.

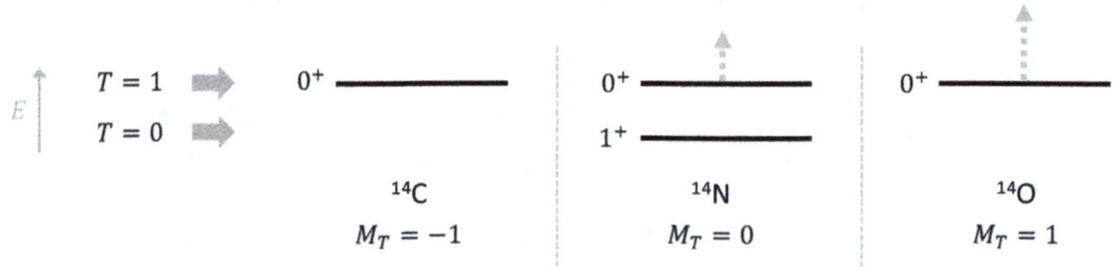

Figura 12.2. Representación esquemática de los estados de energía más bajos de los núcleos isóbaros ^{14}C, ^{14}N y ^{14}O, que forman un triplete ($T = 1$) y un singlete ($T = 0$) de isoespín. Los efectos no relacionados con la interacción nuclear fuerte no están incluidos, pero se indica su tendencia con las flechas discontinuas.

13. Modelos de estructura nuclear

Los modelos de estructura nuclear son teorías aproximadas sobre las propiedades de los núcleos y la dinámica de sus constituyentes, que deben resultar manejables desde el punto de visto matemático y computacional y deben ser capaces de reproducir información experimental ya conocida sobre los núcleos y predecir la de futuras medidas. La existencia de varias teorías aproximadas diferentes se debe a la dificultad de resolver de manera exacta la ecuación de Schrödinger a partir de las interacciones entre los nucleones, que son complicadas y muy numerosas en un núcleo típico. Un modelo dado puede describir un cierto conjunto de propiedades nucleares, y a menudo los resultados de varios modelos se complementan entre sí. Algunos de los modelos más importantes son el de gota líquida, en el que el núcleo se describe globalmente como una gota de líquido cargada; el de gas de Fermi, en el que los nucleones se encuentran confinados en un pozo de potencial y no interaccionan entre sí; el de capas, en el que se resuelve la ecuación de Schrödinger para cada nucleón sometido a un potencial promedio creado por todos ellos, al que se añade una interacción espín-órbita y en ocasiones otras interacciones residuales; y el colectivo, en el que se describen movimientos conjuntos de los nucleones superficiales.

13.1. Modelo de gota líquida

En este modelo el núcleo se compara con una gota de un líquido cargado y con densidad uniforme que se anula bruscamente en la superficie. Las expresiones de los términos de volumen, de superficie y coulombiano de la fórmula semiempírica de masas (ec. 12.5) pueden deducirse de este modelo para una gota esférica de radio R a través de analogías con la energía de cohesión entre las moléculas de un líquido, en el caso del primer término (proporcional a $R^3 \propto A$, según la ec. 12.11), con la energía de tensión superficial que presentan también los líquidos, en el caso del segundo término (proporcional a $R^2 \propto A^{2/3}$), y con la energía potencial electrostática de una esfera uniformemente cargada, en el caso del tercer término (dada por $(3/5)\,\alpha\hbar c\, Z^2/R$ para una esfera con carga Ze, de donde resulta $a_C\, Z^2/A^{1/3}$).

Además de la energía de ligadura en el estado fundamental, este modelo también permite describir varias propiedades asociadas a la deformación permanente de los núcleos, que está relacionada con su momento cuadrupolar eléctrico (apdo. 12.6), a sus excitaciones colectivas vibracionales y rotacionales (apdo. 13.4), o al proceso de fisión, este último comparable a la deformación progresiva de una gota líquida que finalmente se escinde en dos gotas más pequeñas.

13.2. Modelo de gas de Fermi

El modelo de gas de Fermi es una versión cuántica del modelo de gas ideal de física clásica, que consiste en un conjunto de partículas encerradas en un volumen que no interaccionan entre sí. En el caso del modelo de gas de Fermi nuclear, los nucleones constituyentes se describen mediante funciones de onda de partícula libre (apdo. 3.4.2), es decir, sin interacciones entre ellos, pero con las condiciones de contorno impuestas por un pozo de energía potencial de paredes infinitas que confina los nucleones en el interior del volumen nuclear. El número de estados de energía en el volumen de confinamiento se puede obtener de manera aproximada empleando un pozo de potencial cúbico, del que posteriormente se deduce la densidad espacial de estados y se aplica al volumen nuclear, por ejemplo una esfera.

En un volumen de confinamiento tan pequeño como el de un núcleo los niveles de energía están muy separados entre sí, de modo que los de menor energía tienen la ocupación máxima permitida por el principio de exclusión (apdo. 5.2). En las colisiones entre nucleones estos no pueden transferirse energía porque los estados próximos están totalmente ocupados, lo que en la práctica implica que las interacciones se suprimen y los nucleones tienen recorridos libres medios largos.

Se procede resolviendo la ecuación de Schrödinger para los nucleones en un pozo de potencial rectangular tridimensional de paredes infinitas con un volumen de confinamiento cúbico (apdo. 3.4.2), de donde se obtiene el número de estados con momento inferior a uno dado en forma de función continua $N(p)$ (ec. 3.83). En el caso del núcleo hay que tener en cuenta que los nucleones poseen dos posibles terceras componentes de espín ($m_s = 1/2$ y $m_s = -1/2$) y dos posibles terceras componentes de isoespín ($m_t = 1/2$ para protón y $m_t = -1/2$ para neutrón), dando lugar a cuatro combinaciones distintas. Por tanto, el número total de estados de nucleones con momento inferior a p es:

$$N(p) = 4\,\frac{p^3\, V}{6\pi^2\hbar^3} \tag{13.1}$$

La densidad espacial de estados es $N(p)/V$, que multiplicada por un volumen nuclear esférico de radio $R = R_0\, A^{1/3}$ fm (ec. 12.11) proporciona:

$$N(p) = 4\,\frac{p^3}{6\pi^2\hbar^3}\,\frac{4\pi}{3}\left(R_0\, A^{1/3}\right)^3 = \frac{8R_0^3}{9\pi\hbar^3}\,p^3 A \tag{13.2}$$

En función de una energía máxima, relacionada con el momento máximo no relativista como $p = (2mE)^{1/2}$, con m la masa del nucleón, la expresión resulta:

$$N(E) = \frac{8(2m)^{3/2}R_0^3}{9\pi\hbar^3} E^{3/2} A \tag{13.3}$$

La configuración fundamental de un núcleo corresponde a la ocupación de los A estados individuales de menor energía, uno por cada nucleón. La energía más alta de todos los estados ocupados es la *energía de Fermi* del núcleo, E_F. El número de estados individuales por debajo de la energía de Fermi es entonces, por definición, igual al número de nucleones: $N(E_F) = A$. Empleando la ec. 13.3 para $E = E_F$ e igualando a A se obtiene:

$$N(E_F) = \frac{8(2m)^{3/2}R_0^3}{9\pi\hbar^3} E_F^{3/2} A = A \quad \Rightarrow \quad E_F = \frac{(9\pi)^{2/3}}{8} \left(\frac{\hbar c}{R_0}\right)^2 \frac{1}{mc^2} \tag{13.4}$$

Para $R_0 = 1{,}2$ fm la energía de Fermi resultante es $E_F \approx 33{,}3$ MeV y su momento correspondiente es $p_F = (2mE_F)^{1/2} \approx 250$ MeV. En un pozo de potencial nuclear más realista, con una profundidad finita considerada constante V_0, esta resulta igual a la energía de Fermi más la *energía de separación* de un nucleón ϵ, que es la energía necesaria para arrancar el nucleón menos ligado: $V_0 = E_F + \epsilon$.

El número de estados con energías entre E y $E + dE$ es el diferencial del número de estados acumulados hasta una energía dada (ec. 13.3):

$$dN(E) = \frac{4(2m)^{3/2}R_0^3}{3\pi\hbar^3} E^{1/2} A \, dE \tag{13.5}$$

El valor medio de la energía de los nucleones, $\bar{E}$, se obtiene multiplicando cada valor de la energía por el número de nucleones que la poseen, $dN(E)$, integrando hasta la energía de Fermi y dividiendo entre el número total de nucleones:

$$\bar{E} = \frac{1}{A}\int_0^{E_F} E \, dN(E) = \frac{4(2m)^{3/2}R_0^3}{3\pi\hbar^3}\int_0^{E_F} E^{3/2} \, dE$$

$$= \frac{8(2m)^{3/2}R_0^3}{15\pi\hbar^3} E_F^{5/2} = \frac{3}{5} E_F \tag{13.6}$$

donde se ha empleado la ec. 13.4. Con el valor de la energía de Fermi obtenido antes, el valor medio de la energía de los nucleones es $\bar{E} \approx 20$ MeV.

Con el modelo de gas de Fermi se pueden explicar cualitativa y cuantitativamente los términos de volumen, de superficie y de asimetría de la fórmula semiempírica de masas (ec. 12.5). El término de asimetría aparece porque en este modelo los potenciales nucleares para protones y para neutrones se consideran iguales, y por tanto son iguales las energías de sus niveles y el llenado de mínima energía, que corresponde a $N = Z$. Una desviación de esa condición tiene un coste energético proporcional a $(N - Z)^2$.

13.3. Modelo de capas

El hamiltoniano de un conjunto de nucleones puede escribirse como suma de sus energías cinéticas T_i y de sus energías potenciales a dos cuerpos $V(|\vec{r}_i - \vec{r}_j|) \equiv V_{ij}$, que dependen de la separación entre dos nucleones:

$$H = \sum_i^A T_i + \sum_{i,\,j<i}^A V_{ij} \tag{13.7}$$

Se pueden introducir en este hamiltoniano energías potenciales a un cuerpo, dependientes de la posición de cada nucleón en un *campo medio nuclear* $U(\vec{r}_i) \equiv U_i$, que representa un promedio de las interacciones a dos cuerpos entre todos los nucleones:

$$H = \left[\sum_i^A (T_i + U_i)\right] + \left[\sum_{i,\,j<i}^A V_{ij} - \sum_i^A U_i\right] \tag{13.8}$$

El hamiltoniano queda expresado entonces como una suma de *hamiltonianos de partícula individual*, $\widetilde{H}_i = T_i + U_i$, y de *interacciones residuales*, $\widetilde{V}_{ij} = V_{ij} - U_i$:

$$H = \sum_i^A \widetilde{H}_i + \sum_{i,\,j<i}^A \widetilde{V}_{ij} \tag{13.9}$$

Las interacciones residuales $\widetilde{V}_{ij}$ contienen todas las interacciones a dos cuerpos entre los nucleones que no han sido incluidas en el campo medio. Este último se construye reduciendo lo máximo posible esas interacciones residuales, que en el *modelo de capas extremo* se desprecian por completo ($\widetilde{V}_{ij} = 0$). En este modelo extremo se consideran por tanto *nucleones independientes*, que significa que no tienen interacciones directas entre sí, aunque cada uno de ellos está sujeto al campo medio generado por la presencia de todos los demás nucleones.

El hamiltoniano de partícula individual de cada nucleón contiene su energía cinética y su energía potencial en el campo medio nuclear:

$$\widetilde{H}_i = T_i + U_i = -\frac{\hbar^2}{2m}\nabla_i^2 + U_i \tag{13.10}$$

La ecuación de Schrödinger independiente del tiempo para cada uno de estos hamiltonianos individuales es:

$$\widetilde{H}_i\,\psi_{n_r l m_l s m_s}(\vec{r}_i) = E_{n_r l}\,\psi_{n_r l m_l s m_s}(\vec{r}_i) \tag{13.11}$$

Las autofunciones individuales $\psi_{n_r l m_l s m_s}(\vec{r}_i) \equiv |n_r\,l\,m_l\,s\,m_s\rangle$ se pueden separar en parte espacial y parte de espín, y la parte espacial en coordenadas esféricas se puede separar a su vez en parte radial y parte angular, como en la ec. 4.29:

$$\psi_{n_r l m_l s m_s}(\vec{r}_i) = R_{n_r l}(r_i)\,Y_{l m_l}(\theta_i, \varphi_i)\,\chi_{s m_s} \tag{13.12}$$

La parte radial depende del número cuántico *de nodo radial* n_r, que se define como el número de ceros (nodos) de la función $rR(r)$, incluyendo el situado en $r = 0$, y del número cuántico orbital l (ver comparativa con la estructura atómica en el apdo. 17.8). La parte angular es un armónico esférico (ec. 4.19), que depende de los números cuánticos orbital l y de su tercera componente m_l. Las energías $E_{n_r l}$ dependen en general de los números cuánticos de nodo radial n_r y orbital l.

Suponiendo simetría esférica, el campo medio nuclear en la coordenada radial toma típicamente una forma intermedia entre un pozo cuadrado infinito y un pozo de oscilador armónico, y debe tender rápidamente a cero en el exterior del núcleo debido al corto alcance de la interacción nuclear fuerte. Una parametrización aproximada con estas características es la de *Woods-Saxon* (figura 13.1, izquierda), dada por:

$$U(r) = \frac{-U_0}{1 + e^{\frac{(r-R)}{a}}} \tag{13.13}$$

Esta forma es análoga a la del mismo nombre para la distribución de densidad de masa en el interior de un núcleo (ec. 12.10), ya que son los nucleones distribuidos de esa manera los que originan el potencial promedio de interacción nuclear fuerte. Para los nucleones con número cuántico orbital $l \neq 0$ el campo medio se ve modificado de manera efectiva al añadir el término de potencial centrífugo (ec. 4.33).

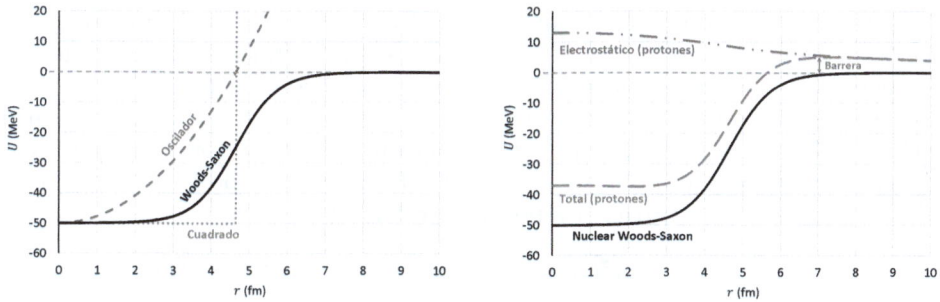

Figura 13.1. Representación esquemática de energías potenciales en el núcleo $^{58}_{28}$Ni en función de la coordenada radial. A la izquierda, tres tipos de potencial nuclear fuerte: pozo cuadrado (línea punteada), oscilador armónico (línea discontinua) y Woods-Saxon (línea continua). A la derecha, potencial nuclear fuerte de tipo Woods-Saxon (línea continua), potencial electrostático entre protones para núcleo esférico con densidad de carga uniforme (línea punteada-discontinua) y la suma de ambos (línea discontinua).

El campo medio es en general diferente para protones y para neutrones. Entre los protones actúa un potencial electrostático que produce una barrera en la superficie del núcleo y reduce la profundidad del pozo respecto al de neutrones (figura 13.1, derecha). Esto último da lugar a que los núcleos estables contengan más neutrones que protones, ya que sus energías de Fermi deben ser iguales para que la transformación de unos en otros por desintegración beta (apdo. 14.3) no resulte energéticamente favorable. A su vez, este hecho provoca que el pozo de potencial nuclear fuerte de protones sea más profundo que el de neutrones, ya que cada protón es atraído por todos los neutrones del núcleo, presentes en mayor número, sin que aparezcan repulsiones efectivas asociadas a la antisimetrización de la función de onda conjunta, como sí ocurre cuando interactúan neutrones entre sí o protones entre sí (fuerzas de intercambio, apdo. 5.3). Este efecto y el de la repulsión electrostática entre protones actúan en sentidos opuestos, pero no se cancelan por completo, resultando un menor número de estados entre el nivel de Fermi y el fondo del pozo de potencial para protones que para neutrones, es decir, $N \gtrsim Z$ en núcleos estables[40].

Para reproducir los datos experimentales relacionados con las energías de los nucleones individuales es necesario añadir al hamiltoniano de partícula individual de la ec. 13.10 una *interacción espín-órbita* de la forma:

$$\Delta \widetilde{H}_{SOi} = f(\vec{r}_i)\, \vec{L}_i \cdot \vec{S}_i = f(\vec{r}_i)\, \frac{1}{2} \left(J_i^2 - L_i^2 - S_i^2 \right) \tag{13.14}$$

con $f(\vec{r}_i) < 0$, donde $\vec{L}_i$ y $\vec{S}_i$ son los momentos angulares orbital y de espín, respectivamente, de cada nucleón, cuyo producto escalar $\vec{L}_i \cdot \vec{S}_i$ se ha expresado en función del momento angular total de cada nucleón $\vec{J}_i = \vec{L}_i + \vec{S}_i$ (suma del orbital y el de espín), usando:

$$J_i^2 = (\vec{L}_i + \vec{S}_i)^2 = L_i^2 + S_i^2 + 2\,\vec{L}_i \cdot \vec{S}_i \quad \Rightarrow \quad \vec{L}_i \cdot \vec{S}_i = \frac{1}{2} \left(J_i^2 - L_i^2 - S_i^2 \right) \tag{13.15}$$

El término de interacción espín-órbita $\Delta \widetilde{H}_{SOi}$ se puede considerar una perturbación al hamiltoniano $\widetilde{H}_i$ (ec. 13.10). Aunque las energías de este último están degeneradas, se puede emplear la teoría de perturbaciones a primer orden para el caso no degenerado (apdo. 6.3) usando los autovectores del hamiltoniano sin perturbar $|n_r\, l\, s\, j\, m_j\rangle \equiv \psi_{n_r l s j m_j}(\vec{r}_i)$, que también son autovectores de J_i^2 y J_{zi} con números cuánticos j y m_j, respectivamente. La corrección de la energía a primer orden en teoría de perturbaciones por interacción espín-órbita resulta:

$$\Delta E_{SOi} = \langle \Delta \widetilde{H}_{SOi} \rangle = \langle f(\vec{r}_i) \rangle \frac{1}{2} \left(\langle J_i^2 \rangle - \langle L_i^2 \rangle - \langle S_i^2 \rangle \right)$$

$$= \langle f(\vec{r}_i) \rangle \frac{\hbar^2}{2} \left[j(j+1) - l(l+1) - s(s+1) \right] \tag{13.16}$$

Así, las energías completas $E_{n_r l j}$ asociadas a las autofunciones $\psi_{n_r l s j m_j}$ dependen de los números cuánticos n_r, l y j ($s = 1/2$ es fijo). La diferencia de energía entre los estados con los dos posibles valores del número cuántico j procedentes de un mismo $l > 0$, que son $j = l - 1/2$ y $j = l + 1/2$, resulta:

$$\Delta E_{SOi\,[j=l+1/2]} - \Delta E_{SOi\,[j=l-1/2]} = \langle f(\vec{r}_i) \rangle \frac{\hbar^2}{2} (2l+1) \tag{13.17}$$

---

[40]La presencia de protones en un núcleo en lugar de neutrones sería siempre energéticamente desfavorable debido a la repulsión electrostática entre los primeros. El hecho de que los protones formen parte de los núcleos y que sean imprescindibles para su estabilidad (no existen núcleos formados solo por neutrones) se debe al principio de exclusión, que implica que un protón que se transformara en neutrón debería hacerlo a un nivel de energía por encima del nivel de Fermi de neutrones, lo que resulta energéticamente desfavorable.

Esta separación aumenta con l, y para un $l > 0$ dado está más ligado el estado de mayor valor de j ($j = l + 1/2$), ya que $f(\vec{r}_i) < 0$.

Los niveles de energía, o *subcapas*, que resultan del hamiltoniano de partícula individual con interacción espín-órbita se pueden simbolizar con el número cuántico de nodo radial n_r, el número cuántico orbital l en notación espectroscópica (s para $l = 0$, p para $l = 1$, d para $l = 2$, f para $l = 3$, y así sucesivamente en orden alfabético), y el número cuántico de momento angular total j como subíndice a la derecha. El orden de energía habitual de las subcapas, que es el orden en el que van siendo ocupadas conforme se añaden nucleones, es el siguiente:

$$1s_{1/2}, 1p_{3/2}, 1p_{1/2}, 1d_{5/2}, 2s_{1/2}, 1d_{3/2}, 1f_{7/2}, 2p_{3/2}, 1f_{5/2}, 2p_{1/2},$$

$$1g_{9/2}, 1g_{7/2}, 2d_{5/2}, 2d_{3/2}, 3s_{1/2}, 1h_{11/2}, 1h_{9/2}, ... \tag{13.18}$$

En algunos núcleos este orden puede sufrir alteraciones, o presentar algunas diferencias entre neutrones y protones.

La degeneración de cada subcapa es $2j + 1$, que son los posibles valores distintos que puede tomar el número cuántico m_j, del que no depende la energía. La distribución de los protones y de los neutrones (por separado y de manera independiente) en las subcapas respetando la ocupación máxima de cada una de ellas, que según el principio de exclusión viene dada por su degeneración, da lugar a la *configuración* del núcleo. Esta configuración nucleónica es análoga a la configuración electrónica de la corteza de átomos y moléculas.

Las subcapas con energías próximas se agrupan en *capas*, que están separadas entre sí por intervalos energéticos especialmente grandes. La subcapa $1s_{1/2}$ forma por sí misma la primera capa, que puede contener un máximo de 2 nucleones; las subcapas $1p_{3/2}$ y $1p_{1/2}$ forman la segunda capa, cuya ocupación máxima total es de 6 nucleones; las siguientes subcapas hasta $1d_{3/2}$ forman la tercera capa, con ocupación máxima 12; la subcapa $1f_{7/2}$ forma la cuarta capa, con ocupación 8; las siguientes subcapas hasta $1g_{9/2}$ forman la quinta capa, con ocupación 22; las siguientes subcapas hasta $1h_{11/2}$ forman la sexta capa, con ocupación 32; etc.

Este modelo predice que los núcleos con capas completas, es decir, cuyos nucleones llenan todas las subcapas de una capa, son especialmente estables. Se trata de los núcleos que contienen 2, 8, 20, 28, 50, 82 o 126 protones o neutrones, ya que en ellos se van completando sucesivamente la primera capa (2), la segunda capa ($2+6$), la tercera capa ($2 + 6 + 12$), etc. Estos valores se denominan *números mágicos*, y los núcleos que contienen ese número de protones o de neutrones son los *núcleos mágicos*; los núcleos doblemente mágicos son los que tienen tanto Z como N mágicos. Experimentalmente se observa que los núcleos con número mágico de Z y/o N se distinguen de los que tienen números cercanos en que poseen mayor energía de ligadura por nucleón, mayor número de isótopos (para Z mágico) o de isótonos (para N mágico) ligados, y entre ellos mayor número de estables o de vida media larga, mayor energía de separación de protón (para Z mágico) o de neutrón (para N mágico) y forma más próxima a la esférica, con momento cuadrupolar eléctrico muy próximo a cero en el estado fundamental.

13.3.1. Acoplamiento de espines de los nucleones

En una subcapa completa, que es aquella con ocupación máxima ($2j + 1$ nucleones), la antisimetrización de la función de onda fuerza el acoplamiento de los nucleones a espín y paridad totales $J^\pi = 0^+$. En consecuencia, los estados nucleares correspondientes a configuraciones con todas las subcapas completas tienen espín y paridad totales $J^\pi = 0^+$. Por otro lado, dos nucleones del mismo tipo en subcapas incompletas se acoplan también a espín y paridad $J^\pi_{1,2} = 0^+$, ya que ello aumenta su energía de ligadura (efecto de *apareamiento*), y por tanto el estado fundamental de los núcleos con Z y N pares tiene $J^\pi = 0^+$.

En núcleos con Z y/o N impar o que se encuentran en configuraciones excitadas, un neutrón o un protón sin emparejar se dice que está *desapareado*, y en el *modelo de capas extremo* son los que determinan el momento angular y la paridad del estado nuclear, de la siguiente manera:

- Un nucleón desapareado en una subcapa con momento angular orbital l y momento angular total j da lugar a un estado nuclear con espín $J = j$ y con paridad $\Pi = \pi = (-1)^l$.

- Dos nucleones desapareados de distinto tipo (un protón y un neutrón) en subcapas con l_a, j_a, m_{j_a} y l_b, j_b, m_{j_b} respectivamente, dan lugar a estados nucleares con espín entero en el intervalo $|j_a - j_b| \le J \le j_a + j_b$ y con paridad $\Pi = \pi_a \pi_b = (-1)^{l_a + l_b}$. La correspondiente función de onda del par acoplado a buen J y M viene dada por:

$$\Psi_{n_{r_a} l_a s_a n_{r_b} l_b s_b JM}(\vec{r}_1, \vec{r}_2) \tag{13.19}$$
$$= \sum_{m_{j_a}, m_{j_b}} \langle j_a m_{j_a} j_b m_{j_b} | JM \rangle \; \psi_{n_{r_a} l_a s_a j_a m_{j_a}}(\vec{r}_1) \; \psi_{n_{r_b} l_b s_b j_b m_{j_b}}(\vec{r}_2)$$

donde $\langle j_a m_{j_a} j_b m_{j_b} | JM \rangle$ es un coeficiente de Clebsch-Gordan y $m_{j_a} + m_{j_b} = M$. No se ha introducido ninguna condición de antisimetrización porque los orbitales del neutrón y del protón desapareados son en general (para $N > Z$) muy diferentes entre sí y por tanto su solapamiento es pequeño.

- Dos nucleones desapareados del mismo tipo en distintas subcapas, con l_a, j_a, m_{j_a} y l_b, j_b, m_{j_b} respectivamente, dan lugar a estados nucleares con espín entero en el intervalo $|j_a - j_b| \le J \le j_a + j_b$ y con paridad $\Pi = \pi_a \pi_b = (-1)^{l_a + l_b}$. Dado que la parte de isoespín para dos nucleones del mismo tipo es necesariamente simétrica ($T = 1$), la función de onda espacial y de espín del par acoplado a buen J y M tiene que estar antisimetrizada, y viene dada por:

$$\Psi_{n_{r_a} l_a s_a n_{r_b} l_b s_b JM}(\vec{r}_1, \vec{r}_2) = \sum_{m_{j_a}, m_{j_b}} \langle j_a m_{j_a} j_b m_{j_b} | JM \rangle \cdot \tag{13.20}$$
$$\cdot \left[\psi_{n_{r_a} l_a s_a j_a m_{j_a}}(\vec{r}_1) \; \psi_{n_{r_b} l_b s_b j_b m_{j_b}}(\vec{r}_2) - \psi_{n_{r_b} l_b s_b j_b m_{j_b}}(\vec{r}_1) \; \psi_{n_{r_a} l_a s_a j_a m_{j_a}}(\vec{r}_2) \right]$$

- Dos nucleones desapareados del mismo tipo y en la misma subcapa, ambos con los mismos l y j, pero con m_{j_a} y m_{j_b} distintos, se denominan *nucleones equivalentes* y dan lugar a estados nucleares con espín entero par en el intervalo

$0 \leq J \leq 2j$ (en el estado fundamental, $J = 0$ por apareamiento) y con paridad $\Pi = +1$. De nuevo, la correspondiente función de onda del par acoplado tiene que estar antisimetrizada, pero en este caso (ec. 13.20 particularizada a $j_a = j_b = j$, $l_a = l_b = l$, $n_{ra} = n_{rb} = n_r$) solo resulta distinta de cero para J par, debido a las propiedades de simetría de los coeficientes de Clebsch-Gordan con $j_a = j_b$ cuando se intercambian m_{j_a} y m_{j_b}, y viene dada por:

$$\Psi_{n_r l s n_r l s J_{[par]} M}(\vec{r}_1, \vec{r}_2) \tag{13.21}$$
$$= \sum_{m_{j_a}, m_{j_b}} \langle j m_{j_a} j m_{j_b} | J_{[par]} M \rangle \, \psi_{n_r l s j m_{j_a}}(\vec{r}_1) \, \psi_{n_r l s j m_{j_b}}(\vec{r}_2)$$

13.3.2. Momentos electromagnéticos nucleares

El momento dipolar magnético de un núcleo, μ (ec. 12.24), se obtiene en el modelo de capas extremo a partir del estado del nucleón desapareado. Como la definición de μ emplea el estado nuclear con valor máximo de la proyección del momento angular total, $M_J = J$, en este caso se introduce el estado del nucleón desapareado con $m_j = j$:

$$\mu = \langle J \, J | \, \mu_z \, | J \, J \rangle = \langle n_r \, l \, s \, j \, j | \, \mu_z \, | n_r \, l \, s \, j \, j \rangle \tag{13.22}$$

Teniendo en cuenta las dos contribuciones de un nucleón a esta cantidad, una asociada a su momento angular orbital y otra asociada a su momento angular de espín (apdo. 20.2), resulta:

$$\mu = \left[g^{(l)} \, j + (g^{(s)} - g^{(l)}) \, \frac{[j(j+1) - l(l+1) + s(s+1)]}{2(j+1)} \right] \mu_N \tag{13.23}$$

Particularizando esta expresión para los dos posibles valores de j cuando $l > 0$, que son $l \pm 1/2$, se obtiene:

$$\mu_{[j=l+1/2]} = \left[\left(j - \frac{1}{2} \right) g^{(l)} + \frac{1}{2} \, g^{(s)} \right] \mu_N \tag{13.24}$$

$$\mu_{[j=l-1/2]} = \left[\frac{j \left(j + \frac{3}{2} \right)}{(j+1)} \, g^{(l)} - \frac{j}{2(j+1)} \, g^{(s)} \right] \mu_N \tag{13.25}$$

Los factores g orbitales de protón y neutrón son $g_p^{(l)} = 1$ y $g_n^{(l)} = 0$, los factores g de espín de protón y neutrón son $g_p^{(s)} = 5{,}586$ y $g_n^{(s)} = -3{,}826$, y el magnetón nuclear es $\mu_N = 3{,}15 \cdot 10^{-14}$ MeV/T (ec. 20.26). La representación gráfica de estas dos expresiones del momento dipolar magnético en función de los valores de j dan lugar a las denominadas *líneas de Schmidt*. Los valores experimentales se sitúan aproximadamente entre ambas líneas, es decir, las ecs. 13.24 y 13.25 proporcionan generalmente cotas superiores e inferiores, en lugar de reproducir los valores experimentales. Uno de los posibles motivos de esta discrepancia es que los valores usados para los factores g de espín de los nucleones se refieren a su estado libre, mientras que su valor efectivo cuando se encuentran ligados puede ser inferior, hasta $g_{ef.}^{(s)} \approx 0{,}6\, g_{libre}^{(s)}$ en núcleos pesados, debido a efectos de polarización (alineamiento de los espines) causados por el término espín-espín V_{SS} de la interacción entre nucleones (ec. 11.1).

En cuanto al momento cuadrupolar eléctrico de un núcleo, Q (ec. 12.22), en el modelo de capas extremo se obtiene a partir del estado del protón desapareado, que tiene carga eléctrica, mientras que un neutrón desapareado no contribuye. Como la definición de Q emplea el estado nuclear con valor máximo de la proyección del momento angular total, $M_J = J$, en este caso se introduce el estado del protón desapareado con $m_j = j$:

$$
Q = \sqrt{\frac{16\pi}{5}}\, \langle J\, J|\, q_{20}\, |J\, J\rangle = \sqrt{\frac{16\pi}{5}}\, e\, \langle n_r\, l\, s\, j\, j|\, r^2\, Y_{20}^*\, |n_r\, l\, s\, j\, j\rangle
$$

$$
= -\frac{2j-1}{2j+2}\, e\, \langle r^2\rangle_{n_r l} \approx -\frac{2j-1}{2j+2}\, \frac{3}{5}\, e\, R^2 \tag{13.26}
$$

El valor esperado de la coordenada radial al cuadrado para el protón desapareado depende de los números cuánticos n_r y l, pero se ha aproximado por su valor en la superficie del núcleo, suponiendo que este tiene una distribución uniforme de carga en una esfera de radio R, siendo la relación entre ambos $\langle r^2\rangle = 3R^2/5$ (ec. 12.13).

Cuando una subcapa contiene más de un protón desapareado todos ellos pueden contribuir al momento cuadrupolar, y en una subcapa incompleta los huecos que quedan pueden contribuir con el mismo valor que los protones, pero con signo opuesto. Más allá del modelo de capas, un neutrón desapareado, que se encuentra cerca de la superficie del núcleo, puede deformar el interior debido a la atracción que produce su interacción nuclear fuerte (*efecto de marea*), rompiendo la simetría esférica de la distribución de protones y contribuyendo así indirectamente al momento cuadrupolar. Además, los núcleos alejados de números mágicos suelen presentar momentos cuadrupolares grandes asociados a movimientos colectivos de los nucleones.

Ejemplo: Modelo de capas extremo para el flúor 17 y estimación de sus momentos electromagnéticos

En el núcleo de flúor 17 ($Z = 9$, $N = 8$) el estado fundamental tiene espín y paridad $J^\pi = 5/2^+$, el primer estado excitado tiene $J^\pi = 1/2^+$ y el segundo estado excitado tiene $J^\pi = 1/2^-$. Con el modelo de capas extremo se puede analizar el origen de estos espines y paridades del espectro experimental y estimar el valor del momento dipolar magnético y del momento cuadrupolar eléctrico del núcleo en su estado fundamental.

Como N es par, todos los neutrones están apareados, es decir, acoplados por parejas a espín y paridad 0^+. Como Z es impar, queda un protón desapareado que, según el modelo de capas extremo, transfiere los números cuánticos de la subcapa en que se encuentra al estado nuclear completo. En el estado fundamental ese protón desapareado se sitúa en la subcapa $1d_{5/2}$, es decir, con $l_p = 2$, $j_p = 5/2$, ya que los otros ocho protones completan las subcapas de menor energía $1s_{1/2}$, $1p_{3/2}$ y $1p_{1/2}$ (13.18), cuyas ocupaciones máximas, dadas por $2j + 1$, son respectivamente 2, 4 y 2. Así, el espín del estado fundamental nuclear es $J = j_p = 5/2$ y la paridad es $\Pi = \pi_p = (-1)^{l_p} = (-1)^2 = +$. En el primer estado excitado lo más probable es que el protón desapareado sea excitado desde la subcapa $1d_{5/2}$ a la $2s_{1/2}$ ($l_p = 0$, $j_p = 1/2$), de manera que el estado nuclear tiene $J = j_p = 1/2$ y paridad $\Pi = \pi_p = (-1)^{l_p} = (-1)^0 = +$. En el segundo estado excitado se puede deducir en este caso que un protón se ha excitado desde la subcapa $1p_{1/2}$ a la $1d_{5/2}$, donde queda apareado con el que se encontraba inicialmente, resultando como único desapareado el protón que ha quedado en la subcapa $1p_{1/2}$ ($l_p = 1$, $j_p = 1/2$), de manera que el estado nuclear tiene $J = j_p = 1/2$ y paridad $\Pi = \pi_p = (-1)^{l_p} = (-1)^1 = -$.

El valor de j del protón desapareado en el estado fundamental corresponde a la combinación $j = l + s = l + 1/2$ (ya que $5/2 = 2 + 1/2$) y el momento dipolar magnético en el modelo de capas extremo, ec. 13.24, resulta:

$$\mu_{[j=l+1/2]} = \left[\left(\frac{5}{2} - \frac{1}{2} \right) g_p^{(l)} + \frac{1}{2}\, g_p^{(s)} \right] \mu_N = \left[2 \cdot 1 + \frac{1}{2} \cdot 5{,}586 \right] \mu_N = 4{,}79\, \mu_N$$

El valor experimental es $\mu_{exp.} = 4{,}72\, \mu_N$.

Como el nucleón desapareado es un protón, el momento cuadrupolar eléctrico en el estado fundamental puede estimarse en el modelo de capas extremo como (ec. 13.26):

$$Q \approx -\frac{2\,(5/2) - 1}{2\,(5/2) + 2}\, \frac{3}{5}\, e\, R^2 \approx -\frac{4}{7}\, \frac{3}{5}\, e\, \left(1{,}2\, A^{1/3}\, \text{fm} \right)^2 = -\frac{12}{35}\, e\, \left(1{,}2 \cdot 17^{1/3}\, \text{fm} \right)^2$$

$$= -3{,}26\, e\, \text{fm}^2 = -0{,}0326\, e\, \text{b}$$

El valor experimental es $Q_{exp.} = 0{,}058\, e$ b.

13.4. Modelo colectivo

Los nucleones superficiales situados por encima de una capa cerrada tienden a desviar el núcleo de la forma esférica, lo que puede dar lugar a una deformación permanente, y además pueden participar en movimientos colectivos asociados a ciertas energías cuantizadas que corresponden a estados excitados. Estas excitaciones colectivas pueden tener un origen vibracional o un origen rotacional, estas últimas solo posibles en núcleos con deformación permanente.

13.4.1. Modelo vibracional

En núcleos poco alejados de números mágicos, y en general con $A < 150$, la desviación respecto a la forma esférica promedio tiene lugar de manera instantánea a través de ondas estacionarias sobre el conjunto de los nucleones situados en la superficie del núcleo. La coordenada radial de la superficie nuclear, dependiente del tiempo, puede expresarse como:

$$R(\theta,\varphi;t) = R_0 \left(1 + \sum_{\lambda=0}^{\infty} \sum_{\mu=-\lambda}^{\lambda} \alpha_{\lambda\mu}^{*}(t)\, Y_{\lambda\mu}(\theta,\varphi) \right) \tag{13.27}$$

donde R_0 es el radio de la esfera que encierra el mismo volumen que el núcleo, y donde las deformaciones instantáneas se han expresado en términos de armónicos esféricos, $Y_{\lambda\mu}(\theta,\varphi)$ (ecs. 4.19, 4.22), cada uno asociado a un número cuántico de momento angular λ y de su tercera componente μ. Los *parámetros de deformación* $\alpha_{\lambda\mu}$ deben cumplir ciertas propiedades, entre ellas que $\alpha_{\lambda\mu}^{*} = (-1)^{\mu}\, \alpha_{\lambda(-\mu)}$.

Las ondas estacionarias superficiales del núcleo se interpretan como movimientos de vibración asociados a energías de excitación discretas, que en conjunto constituyen un *espectro* o *banda vibracional*.

Las ondas superficiales alejan los nucleones del centro del núcleo, que se ven entonces sometidos a una fuerza de recuperación que tiende a devolverlos a su posición de equilibrio. La superficie nuclear actúa así como una lámina elástica que se resiste a la deformación, de manera análoga a la tensión superficial en los líquidos (apdo. 13.1). El sistema puede describirse aproximadamente como un conjunto de osciladores armónicos cuyo hamiltoniano (ec. 5.44) puede expresarse como:

$$H_{vib.} = \sum_{\lambda,\mu} \left[\frac{1}{2} B_\lambda \left| \frac{d\alpha_{\lambda\mu}}{dt} \right|^2 + \frac{1}{2} C_\lambda \left| \alpha_{\lambda\mu} \right|^2 \right] \tag{13.28}$$

donde los parámetros de deformación $\alpha_{\lambda\mu}$ actúan como análogos del operador posición. Así, el primer término representa la energía cinética, donde B_λ es el parámetro de inercia, análogo a la masa, y $d\alpha_{\lambda\mu}/dt$ es análogo a la velocidad. El segundo término representa el potencial de oscilador armónico, donde C_λ es el parámetro de rigidez, análogo a la constante de recuperación del oscilador, que se relaciona con el parámetro de inercia y con la frecuencia de vibración ω_λ como:

$$C_\lambda = B_\lambda\, \omega_\lambda^2 \quad \Rightarrow \quad \omega_\lambda = \left(\frac{C_\lambda}{B_\lambda} \right)^{1/2} \tag{13.29}$$

Los valores de los parámetros vibracionales nucleares B_λ y C_λ se pueden estimar con el modelo de gota líquida, teniendo en cuenta que el fluido nuclear es aproximadamente irrotacional (el rotacional de su distribución de velocidades es nulo, $\vec{\nabla} \times \vec{v}(\vec{r}) = 0$), e incompresible (su densidad se mantiene constante en el tiempo, que por la ecuación de continuidad implica que la divergencia de su distribución de velocidades es nula, $\partial\rho/\partial t \propto \vec{\nabla} \cdot \vec{v}(\vec{r}) = 0$).

Las energías de este hamiltoniano asociadas a cada valor del momento angular λ son (ec. 5.46):

$$E_{vib.(\lambda)} = \hbar\omega_\lambda \left(\nu_\lambda + 1/2 \right) \tag{13.30}$$

donde ω_λ es la frecuencia angular de vibración y donde el número cuántico de oscilador ν_λ indica el número de cuantos de vibración o *fonones* presentes en el estado nuclear. Ambos valores dependen del momento angular λ asociado a la vibración, que está relacionado con el tipo de deformación instantánea producida en el núcleo. Por ejemplo, para $\lambda = 2$ se tiene una vibración cuadrupolar, en la que el núcleo se aleja instantáneamente de la forma de equilibrio esférica para tomar una forma próxima a un elipsoide de revolución, parecida a un balón de rugby; para $\lambda = 3$ se tiene una vibración octupolar, en la que el núcleo se aleja instantáneamente de la forma de equilibrio esférica para adquirir una forma parecida a una pera. La vibración monopolar ($\lambda = 0$) implica una compresión y expansión del núcleo manteniendo la forma esférica, con un movimiento que se asemeja a una respiración; aumentar la densidad de nucleones requiere mucha energía y por tanto esta vibración no aparece en los estados excitados nucleares más bajos. En cuanto a la vibración dipolar ($\lambda = 1$), es equivalente a un desplazamiento del núcleo como un todo, es decir, de su centro de masas, que no genera excitaciones intrínsecas.

Cada fonón de momento angular λ, con paridad asociada $\pi = (-1)^\lambda$, corresponde a una frecuencia angular de vibración ω_λ y a una energía $\hbar\omega_\lambda$. Si un estado nuclear contiene ν_λ fonones del mismo momento angular, sus energías se suman, resultando $\nu_\lambda \hbar\omega_\lambda$, y la función de onda compuesta se construye con momento angular acoplado Λ y tiene que estar simetrizada, porque los constituyentes son bosones (λ es entero) indistinguibles (apdo. 5.2). El requisito de simetrización de la función de onda reduce los valores posibles del momento angular acoplado. Por ejemplo, dos fonones cuadrupolares ($\lambda = 2$) podrían acoplarse a priori a momento angular total $\Lambda = \{0, 1, 2, 3, 4\}$, pero la función de onda simetrizada solo existe para $\Lambda = \{0, 2, 4\}$, como se puede comprobar fácilmente expresándolas en base desacoplada (apdo. 4.6) y permutando los estados individuales (apdo. 5.2). En este modelo los tres estados están asociados a la misma energía de excitación nuclear $2\hbar\omega_2$, que está por tanto degenerada. De manera análoga, para el acoplamiento de tres fonones cuadrupolares con función de onda simetrizada los únicos acoplamientos posibles son $\Lambda = \{0, 2, 3, 4, 6\}$, asociados a la misma energía de excitación nuclear $3\hbar\omega_2$, también degenerada.

La banda vibracional de un núcleo está formada por estados excitados con uno o más fonones de diferentes momentos angulares, habitualmente cuadrupolares ($\lambda = 2$), a intervalos de energía $\hbar\omega_2$, y octupolares ($\lambda = 3$), a intervalos de energía $\hbar\omega_3$.

Si un núcleo tiene una deformación permanente, la forma de equilibrio respecto a la que se producen las vibraciones no es esférica. A menudo se trata de una forma próxima a un elipsoide de revolución (parecida a un balón de rugby), que da lugar a dos tipos de vibraciones: de tipo β, en las que se mantiene la simetría axial (se comprime y se estira el balón de rugby por sus extremos, a lo largo del eje de simetría), y de tipo γ, cuando se rompe la simetría axial (se comprime y se estira el balón de rugby en una dirección perpendicular al eje de simetría).

Ejemplo: Espectro vibracional y frecuencia de vibración del teluro 120

En el núcleo de teluro 120 ($Z = 52$, $N = 68$) el estado fundamental tiene espín y paridad $J^\pi = 0^+$, el primer estado excitado tiene $J^\pi = 2^+$ y energía de excitación $E_{2^+} = 0{,}560$ MeV, y los tres estados excitados siguientes tienen

$J^\pi = 0^+$ $J^\pi = 4^+$ y $J^\pi = 2^+$ con energías $E_{0^+} = 1{,}103$ MeV, $E_{4^+} = 1{,}161$ MeV y $E_{2^+} = 1{,}201$ MeV, respectivamente. Con el modelo colectivo se puede analizar la estructura de banda vibracional de este espectro experimental y obtener la frecuencia de vibración cuadrupolar del núcleo.

El intervalo de energía entre el estado fundamental y el primer estado excitado, con energía $E_{2^+} = 0{,}560$ MeV, es muy similar al intervalo entre ese primer excitado y los tres estados excitados siguientes con energías próximas entre sí y cuyo promedio es $\bar{E}_{024} = 1{,}155$ MeV. Además, el espín y paridad del primer excitado, $J^\pi = 2^+$, es compatible con la presencia de un fonón cuadrupolar ($\nu_2 = 1$, con momento angular $\lambda = 2$) sobre el estado fundamental $J^\pi = 0^+$ (como corresponde a un núcleo con Z y N pares), y los espines y paridades de los tres estados excitados siguientes (0^+, 2^+, 4^+) son compatibles con la presencia de dos fonones cuadrupolares ($\nu_2 = 2$) acoplados. Así, los estados dados pueden interpretarse como un espectro de vibración cuadrupolar (figura 13.2, derecha).

A partir de la expresión de las energías del hamiltoniano de vibración en aproximación de oscilador armónico (ec. 13.30), la diferencia de energía entre el primer estado excitado (con $\nu_2 = 1$) y el estado fundamental (con $\nu_2 = 0$) es:

$$E_{2^+} - E_{0^+} = \hbar\omega_2 \left(1 + 1/2\right) - \hbar\omega_2 \left(0 + 1/2\right) = \hbar\omega_2$$

de donde se puede obtener la frecuencia angular de vibración cuadrupolar del núcleo:

$$\omega_2 = \frac{E_{2^+} - E_{0^+}}{\hbar} = \frac{(E_{2^+} - E_{0^+})\,c}{\hbar c} = \frac{0{,}56\,\text{MeV}\cdot 3\cdot 10^{23}\,\text{fm/s}}{197{,}3\,\text{MeV}\cdot\text{fm}} = 8{,}51\cdot 10^{20}\,\text{rad/s}$$

que corresponde a $f_2 = \omega_2/(2\pi) = 1{,}36\cdot 10^{20}$ Hz (vibraciones cada segundo). Un resultado muy similar puede obtenerse a partir de la diferencia de energía entre los tres estados excitados siguientes ($\nu_2 = 2$) y el estado fundamental ($\nu_2 = 0$).

En el espectro experimental de este núcleo aparece además un conjunto de cinco estados con espines y paridades 2^+, 0^+, 6^+, 4^+, 3^+ próximos en energía, con un promedio $\bar{E}_{02346} = 1{,}72$ MeV, que corresponden a tres fonones cuadrupolares ($\nu_2 = 3$) acoplados, y un estado 3^- cuya energía $E_{3^-} = 2{,}083$ MeV no está relacionada con las anteriores y que corresponde a un fonón octupolar ($\nu_3 = 1$) con frecuencia $f_3 = 5{,}04\cdot 10^{20}$ Hz (figura 13.2, derecha).

13.4.2. Modelo rotacional

En núcleos muy alejados de números mágicos, especialmente con $150 < A < 190$ o $A > 220$, el estado fundamental puede estar asociado a una deformación permanente. La forma más habitual se aproxima a un elipsoide de revolución o esferoide, que tiene un eje de simetría, y la coordenada radial de la superficie del núcleo puede expresarse entonces en términos del armónico esférico $Y_{20}(\theta)$ (ec. 4.22) multiplicado por el *parámetro de deformación cuadrupolar* $\beta \equiv \alpha_{20}$:

$$R(\theta) = R_0 \left[1 + \beta \, Y_{20}(\theta)\right] = R_0 \left[1 + \beta \, \sqrt{\frac{5}{16\pi}} \, (3\cos^2\theta - 1)\right] \tag{13.31}$$

donde R_0 es el radio de la esfera que encierra el mismo volumen que el núcleo.

En los núcleos con deformación permanente aparecen movimientos colectivos de rotación de los nucleones superficiales en torno a un eje distinto del de simetría, asociados a energías de excitación discretas que en conjunto constituyen un *espectro* o *banda rotacional*.

Un núcleo con la forma descrita por la ec. 13.31 tiene simetría rotacional respecto al eje z, y si se considera como un sólido rígido su hamiltoniano de rotación es (ec. 4.35):

$$H_{rot.} = \frac{I^2}{2\mathcal{I}} \tag{13.32}$$

donde I es el operador de momento angular de rotación global del núcleo y $\mathcal{I}$ es el momento de inercia nuclear. Las energías de este hamiltoniano son (ec. 4.36):

$$E_{rot.} = \frac{\hbar^2}{2\mathcal{I}} \, i(i+1) \tag{13.33}$$

donde i es el número cuántico de momento angular de rotación nuclear, asociado al módulo al cuadrado del operador I.

En núcleos con simetría axial las funciones de onda de los estados nucleares son simétricas respecto a reflexión en el plano perpendicular al eje de simetría c, que contiene los ejes a y b, o, de manera equivalente, respecto a una rotación de 180° en torno al eje a o al eje b. En estados nucleares con momento angular y paridad $J^\pi = 0^+$, como el fundamental de los núcleos par-par, las funciones de onda con esa simetría solo son distintas de cero si el número cuántico de rotación colectiva i es par, $i = \{0, 2, 4, ...\}$, y corresponden a los armónicos esféricos $Y_{im_i}(\theta,\varphi)$ (ecs. 4.19, 4.22). Los números cuánticos de momento angular total y paridades de los estados de la banda rotacional son entonces, en orden creciente de energía, $J^\pi = \{0^+, 2^+, 4^+, 6^+, ...\}$. La separación energética entre dos niveles consecutivos aumenta conforme crece i, según se deduce de la ec. 13.33, en contraste con las bandas vibracionales para fonones de un mismo tipo, donde la separación entre niveles consecutivos es constante.

Si se considera el núcleo como un sólido rígido con forma de elipsoide de revolución con β pequeño, el momento de inercia hasta orden β viene dado por:

$$\mathcal{I} = \mathcal{I}_a = \frac{1}{5} M \left(R_b^2 + R_c^2\right) \approx \frac{2}{5} M R_0^2 \left(1 + \sqrt{\frac{5}{16\pi}} \, \beta\right)$$

$$\approx 537 \, A^{5/3} \, (1 + 0{,}32 \, \beta) \, \frac{\text{MeV}}{c^2} \, \text{fm}^2 \tag{13.34}$$

donde los semiejes R_b y R_c se han obtenido de la ec. 13.31 como $R_b = R(\pi/2)$ y $R_c = R(0)$, y donde la masa nuclear se ha estimado como $M \approx Au$ y el radio del volumen esférico equivalente como $R_0 \approx 1{,}2\,A^{1/3}$ fm. Experimentalmente se observa que el momento de inercia de los núcleos toma un valor intermedio entre el correspondiente a un sólido rígido (cuyos elementos constituyentes se desplazan y a la vez rotan individualmente para generar la rotación del conjunto) y el correspondiente a un fluido irrotacional (cuyos elementos constituyentes se desplazan para generar la rotación del conjunto, pero no rotan individualmente). Esto se debe a que la fuerza nuclear fuerte, dado su corto alcance, solamente liga fuertemente los nucleones próximos entre sí, pero no es capaz de sustentar la estructura del núcleo completo como si fuera un sólido perfectamente rígido. Por otro lado, el valor del momento de inercia aumenta con la energía de rotación debido al *efecto de distorsión centrífuga*, que tiende a aumentar la deformación del núcleo. En consecuencia, en un espectro experimental las separaciones entre niveles rotacionales consecutivos no aumentan tan rápido como se deduce de la ec. 13.33, donde el momento de inercia se ha supuesto constante.

Ejemplo: Espectro rotacional y momento de inercia del hafnio 174

En el núcleo de hafnio 174 ($Z = 72$, $N = 102$) el estado fundamental tiene espín y paridad $J^\pi = 0^+$, el primer estado excitado tiene $J^\pi = 2^+$ y energía de excitación $E_{2+} = 0{,}091$ MeV, el segundo estado excitado tiene $J^\pi = 4^+$ y $E_{4+} = 0{,}297$ MeV, y el tercer estado excitado tiene $J^\pi = 6^+$ y $E_{6+} = 0{,}608$ MeV. Con el modelo colectivo se puede analizar la estructura de banda rotacional de este espectro experimental y obtener el momento de inercia del núcleo.

Los cuatro primeros estados presentan intervalos de energía cada vez mayores conforme crece la excitación, y sus números cuánticos de espín J son compatibles con los de una banda rotacional con origen en un estado con $J = 0$. Así, el estado fundamental, con $J^\pi = 0^+$ como corresponde a un núcleo con Z y N pares, tiene número cuántico de rotación $i = 0$ y puede interpretarse como el origen de una banda rotacional. Los siguientes estados excitados tienen números cuánticos de rotación 2, 4 y 6, respectivamente (figura 13.2, izquierda).

De la expresión de las energías del hamiltoniano de rotación (ec. 13.33) se obtiene la diferencia de energía entre el primer estado excitado y el estado fundamental:

$$E_{2+} - E_{0+} = \frac{\hbar^2}{2\mathcal{I}}\,2(2+1) - \frac{\hbar^2}{2\mathcal{I}}\,0(0+1) = \frac{3\,\hbar^2}{\mathcal{I}}$$

de donde se puede obtener el momento de inercia del núcleo:

$$\mathcal{I} = \frac{3\,\hbar^2}{E_{2+} - E_{0+}} = \frac{3\,(\hbar c)^2}{(E_{2+} - E_{0+})\,c^2} = \frac{3\,(197{,}3\ \text{MeV·fm})^2}{0{,}091\ \text{MeV}\,c^2} = 1{,}28 \cdot 10^6\,\frac{\text{MeV}}{c^2}\ \text{fm}^2$$

Las unidades obtenidas son adecuadas para un momento de inercia, ya que corresponden a masa (MeV/c^2) multiplicada por distancia al cuadrado (fm^2).

Si se escoge otro estado excitado para hacer el cálculo, por ejemplo el de $J^\pi = 6^+$, el momento de inercia resultante es $\mathcal{I} = 1{,}34 \cdot 10^6$ $\text{MeV}/c^2 \cdot \text{fm}^2$. Este valor es un poco mayor que el anterior, algo esperable dado que el estado considerado ahora tiene mayor energía cinética de rotación y la fuerza centrífuga asociada deforma más el núcleo. En consecuencia, las separaciones entre niveles rotacionales más excitados aumentan más despacio (figura 13.2, izquierda).

Si se considera el núcleo como un sólido rígido con forma de elipsoide de revolución con parámetro de deformación $\beta \approx 0{,}3$, masa $M \approx Au = 1{,}62 \cdot 10^5$ MeV/c^2 y radio del volumen esférico equivalente $R_0 \approx 1{,}2\, A^{1/3}$ fm $= 6{,}7$ fm, el momento de inercia (ec. 13.34) resulta $\mathcal{I}_{rig.} \approx 3{,}18 \cdot 10^6$ $\text{MeV}/c^2 \cdot \text{fm}^2$. El momento de inercia del núcleo con la misma forma, pero considerado como un fluido irrotacional, resulta $\mathcal{I}_{flu.} \approx (9/8\pi) M R_0^2 \beta^2 \approx 0{,}23 \cdot 10^6$ $\text{MeV}/c^2 \cdot \text{fm}^2$. Se comprueba que el momento de inercia $\mathcal{I}$ obtenido antes a partir de las energías de excitación experimentales cumple $\mathcal{I}_{flu.} < \mathcal{I} < \mathcal{I}_{rig.}$.

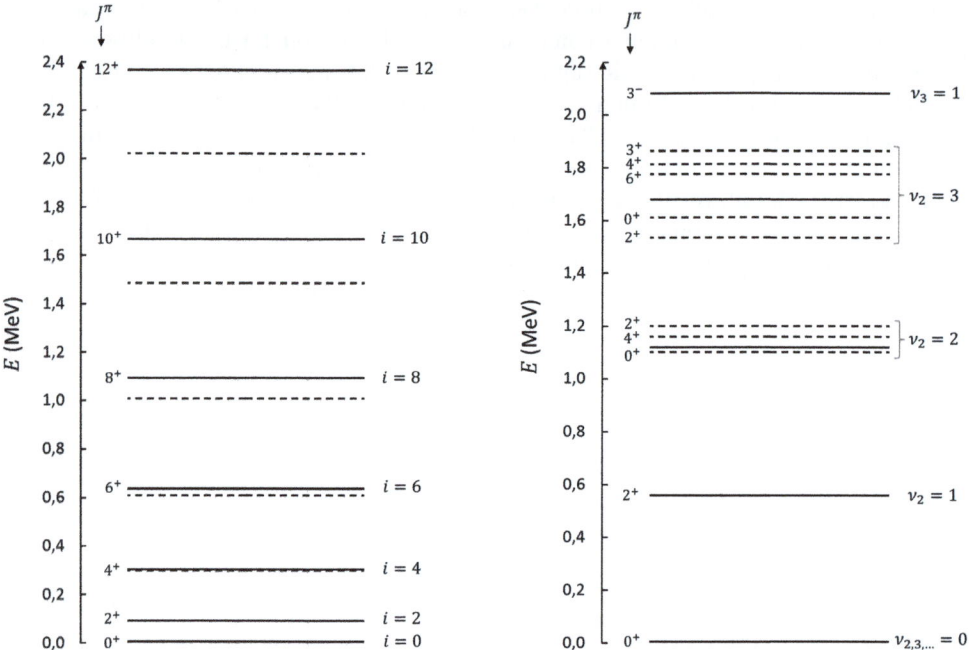

Figura 13.2. Izquierda: espectro rotacional de un núcleo en aproximación de rotor rígido (líneas continuas, en las que se indica a la derecha el número cuántico rotacional i y a la izquierda el espín y paridad J^π) y espectro experimental del hafnio 174 (líneas discontinuas). **Derecha: espectro vibracional de un núcleo en aproximación de oscilador armónico** (líneas continuas, en las que se indica a la derecha el valor del número cuántico vibracional cuadrupolar ν_2 u octupolar ν_3) y espectro experimental del teluro 120 (líneas discontinuas, en las que se indica a la izquierda el espín y paridad J^π). En ambos espectros las líneas discontinuas de los dos primeros niveles experimentales quedan superpuestas a las líneas continuas de los modelos teóricos.

14. Desintegraciones nucleares

En algunos núcleos, denominados radiactivos, resulta energéticamente favorable su transformación en otros núcleos diferentes o bien un cambio en su estado de energía, procesos que van acompañados de la emisión de partículas y que se denominan desintegraciones nucleares. Existen tres tipos principales: desintegración alfa, basada en la actuación combinada de las interacciones nuclear fuerte y electromagnética, desintegración beta, causada por la interacción débil, y desintegración gamma, de origen electromagnético. En las dos primeras cambia la composición del núcleo, es decir, el número de protones y/o neutrones que contiene, mientras que en la gamma cambia el estado de energía, ya que se trata de una desexcitación electromagnética. Un núcleo radiactivo se caracteriza por su constante de desintegración o su vida media, y el número de ellos que se desintegran en una muestra grande sigue las leyes de la radiactividad, de carácter estadístico, aplicables a cualquier tipo de desintegración.

14.1. Radiactividad

La *radiactividad* es el fenómeno por el que un núcleo inestable o radiactivo se desintegra, es decir, se transforma espontáneamente en otro núcleo o pasa a un estado de energía diferente, a la vez que emite partículas. El núcleo o estado nuclear que se desintegra se denomina inicial o padre, y el núcleo o estado nuclear al que se convierte tras la desintegración se denomina final o hijo.

Un isótopo radiactivo con una composición de protones y neutrones y un estado de energía dados se caracteriza por una *constante de desintegración* λ, que expresa su probabilidad de desintegración por unidad de tiempo (apdo. 8.5).

El ritmo de desintegración promedio en una muestra grande de núcleos radiactivos de un mismo tipo, que recibe el nombre de *actividad A*, se define como:

$$A(t) = -\frac{dN(t)}{dt} \tag{14.1}$$

donde $N(t)$ es el número promedio de núcleos radiactivos presentes en la muestra en cada instante. La actividad es proporcional a la probabilidad de desintegración del isótopo por unidad de tiempo, es decir, a su constante de desintegración multiplicada por el número promedio de núcleos presentes en la muestra en cada instante:

$$A(t) = \lambda\, N(t) \tag{14.2}$$

De las dos expresiones anteriores se obtiene una ecuación diferencial para el número promedio de núcleos radiactivos que quedan en la muestra en función del tiempo, cuya solución, denominada *ley de decaimiento exponencial*, es (figura 8.5):

$$N(t) = N(0)\, e^{-\lambda t} \tag{14.3}$$

donde $N(0)$ es el número de núcleos radiactivos presentes inicialmente en la muestra (ver también la deducción que conduce a la ec. 8.35, donde el número promedio de núcleos en cada instante se simboliza como $\bar{N}(t)$ y el número inicial como N_0).

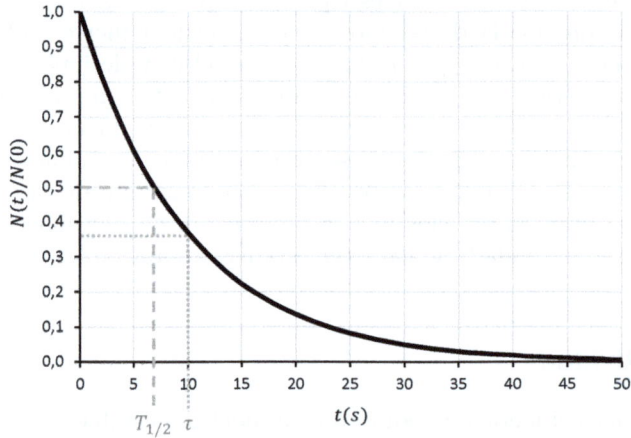

Figura 14.1. Número de núcleos radiactivos presentes en una muestra respecto al número inicial, $N(t)/N(0)$, en función del tiempo, según la ley de decaimiento exponencial, para vida media $\tau = 10$ s (línea punteada) y semivida $T_{1/2} = 6{,}93$ s (línea discontinua).

La dependencia temporal de la actividad se puede escribir entonces como:

$$A(t) = A(0)\, e^{-\lambda t} \tag{14.4}$$

donde $A(0) = \lambda\, N(0)$ es la actividad inicial de la muestra.

Se define la *vida media* τ de un isótopo como el promedio de tiempo que permanecen sus núcleos sin desintegrarse. La densidad de probabilidad de que un núcleo se desintegre en un instante de tiempo t es el diferencial del número total de núcleos desintegrados en el intervalo $(0, t)$, que, usando la ec. 14.3, resulta: $|d(N(0) - N(t))| = |dN(t)| = N(0) \lambda e^{-\lambda t} dt$. El promedio de tiempos se obtiene multiplicando cada valor del tiempo por la probabilidad de que un núcleo se desintegre en ese instante, integrando a todos los posibles valores del tiempo y normalizando la distribución de probabilidad:

$$\tau = \frac{\int_0^\infty t \, N(0) \, \lambda \, e^{-\lambda t} \, dt}{\int_0^\infty N(0) \, \lambda \, e^{-\lambda t} \, dt} = \frac{\int_0^\infty t \, e^{-\lambda t} \, dt}{\int_0^\infty e^{-\lambda t} \, dt} = \frac{1/\lambda^2}{1/\lambda} = \frac{1}{\lambda} \qquad (14.5)$$

es decir, la vida media es la inversa de la constante de desintegración.

La *semivida* o *vida mitad* $T_{1/2}$ de un isótopo es el tiempo tras el cual se desintegran en promedio la mitad de los núcleos presentes en una muestra grande. Empleando de nuevo la ec. 14.3, al cabo de un tiempo $t = T_{1/2}$ se cumple por definición:

$$\frac{N(T_{1/2})}{N(0)} = 1/2 \quad \Rightarrow \quad e^{-\lambda T_{1/2}} = 1/2 \quad \Rightarrow \quad T_{1/2} = \frac{\ln 2}{\lambda} = \tau \ln 2 \qquad (14.6)$$

Si en un núcleo son posibles desintegraciones a varios estados finales diferentes, la constante de desintegración total λ es la suma de las *constantes de desintegración parciales* λ_i a cada uno de ellos:

$$\lambda = \sum_i \lambda_i \qquad (14.7)$$

El cociente entre la constante de desintegración a un estado final dado y la constante de desintegración total es el *cociente de ramificación*, f_i:

$$f_i = \frac{\lambda_i}{\lambda} = \frac{\tau}{\tau_i} \qquad (14.8)$$

Los posibles estados finales distintos pueden ser diferentes estados de energía (fundamental o excitados) de un mismo núcleo final, o bien núcleos diferentes si el núcleo padre es inestable frente a desintegraciones de distintos tipos. Por ejemplo, si un núcleo puede sufrir desintegraciones de tipo α y de tipo β^-, cada una tiene una probabilidad relativa dada por los cocientes de ramificación f_α y f_{β^-}, y se tiene $\lambda = \lambda_\alpha + \lambda_{\beta^-}$, o bien $\tau^{-1} = \tau_\alpha^{-1} + \tau_{\beta^-}^{-1}$.

14.1.1. Cadenas radiactivas

En una *cadena radiactiva* los núcleos hijo que se producen tras la desintegración de un isótopo radiactivo son también radiactivos, y los núcleos hijo de aquellos también lo son, y así sucesivamente hasta llegar a un isótopo estable, dando lugar a una sucesión de isótopos $1 \to 2 \to 3 \to \cdots \to k \to \cdots \to n$. La dependencia temporal

del número de núcleos de cada isótopo de la cadena presentes en una muestra viene
dada por un sistema de ecuaciones diferenciales de la forma:

$$
\begin{cases}
\dfrac{dN_1(t)}{dt} = -\lambda_1 \, N_1(t) \\
\qquad \cdots \\
\dfrac{dN_k(t)}{dt} = -\lambda_k \, N_k(t) + \lambda_{k-1} \, N_{k-1}(t) \\
\qquad \cdots \\
\dfrac{dN_n(t)}{dt} = \lambda_{n-1} \, N_{n-1}(t)
\end{cases}
\qquad (14.9)
$$

Se observa que el ritmo de variación de la cantidad de núcleos de un isótopo intermedio de la cadena, N_k, tiene dos contribuciones: una positiva, ya que se crean como
producto de la desintegración del núcleo anterior, y al mismo ritmo que él, y una
negativa, ya que a su vez se desintegran en el núcleo siguiente.

El sistema de ecuaciones se resuelve usando el número inicial de núcleos de cada
isótopo, $N_i(0)$, como conjunto de condiciones iniciales. La solución analítica para el
número de núcleos presentes de cada isótopo en cada momento viene dada por la
fórmula de Bateman:

$$
N_k(t) = \sum_{i=1}^{k} \left\{ N_i(0) \left(\prod_{j=i}^{k-1} \lambda_j \right) \left[\sum_{j=i}^{k} \left(\frac{e^{-\lambda_j t}}{\prod\limits_{p=i,\neq j}^{k} (\lambda_p - \lambda_j)} \right) \right] \right\}
\qquad (14.10)
$$

En la cadena más simple posible, formada por tres isótopos: $1 \to 2 \to 3$ (donde
el tercero es estable), para una muestra inicialmente pura del primero de ellos (es
decir, cuando solo $N_1(0)$ es distinto de cero), la solución del sistema es:

$$
N_1(t) = N_1(0) \, e^{-\lambda_1 t}
$$
$$
N_2(t) = N_1(0) \, \frac{\lambda_1}{(\lambda_1 - \lambda_2)} \left(e^{-\lambda_2 t} - e^{-\lambda_1 t} \right)
$$
$$
N_3(t) = N_1(0) \left[\frac{1}{(\lambda_1 - \lambda_2)} \left(\lambda_2 \, e^{-\lambda_1 t} - \lambda_1 \, e^{-\lambda_2 t} \right) + 1 \right]
\qquad (14.11)
$$

Estas expresiones describen una disminución exponencial de la cantidad del isótopo
1, el único presente inicialmente en la muestra, y un crecimiento monótono de la
cantidad del isótopo 3, que es estable. La cantidad del isótopo 2 crece inicialmente
conforme el isótopo 1 se transforma en él, pero llega un momento en que su propia
actividad ($\lambda_2 N_2$) supera el ritmo de producción, y su cantidad comienza a disminuir.
Así, la cantidad del isótopo 2, así como su actividad, alcanzan un valor máximo en
un cierto instante de tiempo, en el que se cumple $dN_2(t)/dt = 0$.

En una cadena radiactiva se alcanza el *equilibrio secular* cuando la vida media
de uno de los isótopos es mucho mayor que la de sus hijos radiactivos de la cadena.

En el caso sencillo de una cadena formada por tres isótopos el equilibrio secular se da cuando la vida media del isótopo 1 es mucho mayor que la del isótopo 2. La cantidad de núcleos del isótopo 2 crece hasta que su actividad iguala a su ritmo de producción, alcanzándose un valor de equilibrio en el que las actividades de ambos isótopos son prácticamente iguales. En este caso la condición de equilibrio secular es $\tau_1 >> \tau_2$, que implica $\lambda_1 << \lambda_2$, y por tanto la ecuación del número de núcleos del isótopo 2 obtenida en 14.11 puede aproximarse tras un cierto intervalo de tiempo como:

$$N_2(t) \approx N_1(0) \, \frac{\lambda_1}{(-\lambda_2)} \left(-e^{-\lambda_1 \, t}\right) \quad \Rightarrow \quad \lambda_2 \, N_2(t) \approx \lambda_1 \, N_1(0) \, e^{-\lambda_1 \, t}$$

$$\Rightarrow \quad \lambda_2 \, N_2(t) \approx \lambda_1 \, N_1(t) \quad \Rightarrow \quad A_2(t) \approx A_1(t) \tag{14.12}$$

es decir, las actividades de ambos isótopos acaban siendo similares.

Existen cuatro *cadenas* o *series radiactivas naturales*, cuyos isótopos se transforman unos en otros mediante desintegraciones alfa, que reducen el número másico en 4 unidades, o mediante desintegraciones beta, que no cambian el número másico. En consecuencia, todos los isótopos que aparecen en una misma serie tienen números másicos iguales o que se diferencian en múltiplos de 4. La serie que contiene los isótopos con $A = 4k$, con $k \in \mathbb{N}$, se denomina serie del torio y el isótopo inicial es el torio 232, con una semivida de $1,4 \cdot 10^{10}$ años. La serie que contiene los isótopos con $A = 4k + 3$ se denomina serie del actinio, que comienza con el uranio 235, con semivida $7,0 \cdot 10^8$ años. La serie que contiene los isótopos con $A = 4k + 2$ se denomina serie del uranio-radio, que comienza con el uranio 238, con semivida $4,5 \cdot 10^9$ años. Y la serie que contiene los isótopos con $A = 4k + 1$ se denomina serie del neptunio, que comienza con el neptunio 237, con semivida $2,1 \cdot 10^6$ años. Los isótopos de las tres primeras series están presentes en la Tierra, ya que sus isótopos iniciales tienen semividas suficientemente largas como para que una cantidad no despreciable de núcleos aún no se haya desintegrado. Además, esas semividas son mucho más largas que la de cualquiera de sus hijos en la serie, de modo que se encuentran en equilibrio secular, es decir, todos los isótopos radiactivos de la serie se desintegran aproximadamente al mismo ritmo, porque sus actividades son similares.

14.2. Desintegración alfa

En una desintegración alfa un núcleo pesado, con número másico $A \gtrsim 106$, emite un núcleo de ^{4}He o *partícula alfa* (α), que tiene una energía de ligadura especialmente alta en comparación con otros núcleos ligeros. El núcleo final queda con dos protones y dos neutrones menos que el inicial, que son los que forman la partícula alfa, y por tanto en este proceso el número de protones y el número de neutrones se conservan por separado. La desintegración alfa se puede representar como:

$$^A_Z\text{X} \rightarrow \, ^{A-4}_{Z-2}\text{Y} + \, ^4_2\text{He}$$

La energía liberada en la desintegración, o valor Q (ec. 12.8), se puede escribir en función de las masas nucleares m o de las masas atómicas $\mathcal{M}$, cuya diferencia es aproximadamente la masa de los electrones de la corteza atómica (ec. 12.3), como:

$$Q_\alpha = \left[m(^A_Z X) - m(^{A-4}_{Z-2} Y) - m(^4_2 \text{He}) \right] c^2$$
$$\approx \left[(\mathcal{M}(^A_Z X) - Z\, m_e) - (\mathcal{M}(^{A-4}_{Z-2} Y) - (Z-2)\, m_e) - (\mathcal{M}(^4_2 \text{He}) - 2\, m_e) \right] c^2$$
$$= \left[\mathcal{M}(^A_Z X) - \mathcal{M}(^{A-4}_{Z-2} Y) - \mathcal{M}(^4_2 \text{He}) \right] c^2 \tag{14.13}$$

donde se han despreciado las energías de ligadura de los electrones al introducir las masas atómicas. También puede expresarse en términos de energías de ligadura nucleares (ec. 12.1) como:

$$Q_\alpha = B(^{A-4}_{Z-2} Y) + B(^4_2 \text{He}) - B(^A_Z X) \tag{14.14}$$

Los valores Q anteriores se refieren a la transición desde el estado fundamental del núcleo inicial al estado fundamental del núcleo final. Si el núcleo final queda en un estado excitado con energía $E^*(^{A-4}_{Z-2} Y)$, la energía liberada neta es:

$$Q^*_\alpha = Q_\alpha - E^*(^{A-4}_{Z-2} Y) \tag{14.15}$$

Por conservación de la energía, la energía liberada en la reacción se transforma en energía cinética que se reparte entre los productos, que son el núcleo final y la partícula alfa: $Q^*_\alpha = T_Y + T_\alpha$. Por conservación de momento lineal, suponiendo el núcleo inicial en reposo, se tiene $\vec{p}_Y = -\vec{p}_\alpha$, y por tanto sus módulos son iguales, $p_Y = p_\alpha$. De ambas condiciones se puede deducir la energía cinética no relativista (ya que $T_\alpha << m_\alpha$) con la que se emite la partícula alfa teniendo en cuenta el retroceso del núcleo final:

$$Q^*_\alpha = T_Y + T_\alpha = \frac{p_Y^2}{2m_Y} + T_\alpha = \frac{p_\alpha^2}{2m_Y} + T_\alpha = \frac{p_\alpha^2}{2m_\alpha} \frac{m_\alpha}{m_Y} + T_\alpha = T_\alpha \frac{m_\alpha}{m_Y} + T_\alpha$$

$$= T_\alpha \left(1 + \frac{m_\alpha}{m_Y} \right) \qquad \Rightarrow \qquad T_\alpha = Q^*_\alpha \left(1 + \frac{m_\alpha}{m_Y} \right)^{-1} \tag{14.16}$$

Aunque el proceso sea energéticamente favorable, es decir, $Q^*_\alpha > 0$, la desintegración no se produce necesariamente de manera inmediata debido a que la partícula alfa tiene que atravesar una barrera de energía potencial coulombiana antes de ser emitida, dada por:

$$V_C(r) = \alpha \hbar c \, \frac{zZ'}{r} \tag{14.17}$$

donde Z' y z son las cargas en unidades e del núcleo hijo y de la partícula alfa ($z = 2$) respectivamente, es decir, sus números atómicos. Además, si la partícula alfa se emite con un cierto momento angular orbital L_α respecto al núcleo, aparece una contribución centrífuga a la barrera de potencial, dada por (ec. 4.33):

$$V_{cent}(r) = \frac{\hbar^2}{2m_\alpha} \frac{L_\alpha(L_\alpha + 1)}{r^2} \tag{14.18}$$

14.2.1. Teoría de Gamow

En la *teoría de Gamow* de la desintegración alfa, desarrollada en 1928 por George Gamow e independientemente por Ronald Gurney y Edward Condon, se supone en primer lugar que la partícula alfa se preforma en el interior del núcleo con una probabilidad que depende del solapamiento entre la función de onda inicial ψ_X y la final $\psi_Y\psi_\alpha$: $\delta \approx |\langle\psi_Y\psi_\alpha|\psi_X\rangle|^2 \lesssim 1$. Una vez preformada adquiere una cierta energía cinética, de manera que se desplaza de un lado a otro en el interior del núcleo colisionando periódicamente con la barrera de potencial, que comienza aproximadamente en la superficie nuclear. En cada colisión existe una cierta probabilidad de atravesar la barrera por efecto túnel (apdo. 3.4.2), y cuando eso ocurre la partícula es emitida por el núcleo y tiene lugar la desintegración propiamente dicha. En esta teoría se estima la constante de desintegración λ_α de un núcleo que sufre desintegración alfa como el producto de la frecuencia f de colisión de la partícula alfa con la barrera de potencial y la probabilidad P de que la partícula atraviese la barrera por efecto túnel tras cada colisión: $\lambda_\alpha = f\,P$.

La frecuencia de colisión depende de la velocidad v_α de la partícula alfa en el interior del núcleo y de la distancia a que recorre entre colisiones consecutivas con la barrera de potencial[41]:

$$f \approx \frac{v_\alpha}{a} = \frac{1}{a}\left[\frac{2(Q_\alpha^* + V_0)}{m_\alpha}\right]^{\frac{1}{2}} \tag{14.19}$$

donde la velocidad de la partícula alfa se ha expresado en función de su energía cinética en el interior del núcleo, que es la suma de la energía liberada en su formación, Q_α^* (ec. 14.15), y la profundidad V_0 del pozo de potencial nuclear fuerte, aproximadamente rectangular, en el que se encuentra ligada antes de ser emitida (figura 14.2). La distancia a, suponiendo que la partícula alfa cruza diametralmente el núcleo hijo, se puede estimar como la separación entre los centros de ambos cuando están en contacto, es decir, la suma de sus radios: $a \approx R_Y + R_\alpha$. En ese punto se sitúa aproximadamente el máximo de la barrera de potencial, ya que es donde empieza a actuar la interacción nuclear fuerte, de muy corto alcance, que origina el pozo de profundidad V_0.

Para estimar la probabilidad de transmisión de la partícula alfa a través de la barrera de potencial, ésta se puede dividir en porciones rectangulares de anchura Δ y altura V igual a la de la barrera en cada punto (figura 14.2). La probabilidad de transmisión p de cada una de esas barreras rectangulares viene dada aproximadamente por (ec. 3.69, con $\mathcal{T} \equiv p$, $E \equiv Q_\alpha^*$, $V_0 \equiv V$, $k_2 \equiv k$, $a \equiv \Delta$):

$$p \approx \frac{16\,Q_\alpha^*\,(V - Q_\alpha^*)}{V^2}\,e^{-2k\Delta} \approx e^{-2k\Delta} \tag{14.20}$$

---

[41] En este cálculo de la frecuencia se ha despreciado un factor 2 en el denominador (la partícula choca dos veces con la barrera cada vez que recorre cuatro veces la distancia a), ya que la posición de la barrera es relativamente incierta, como también lo es la propia definición del radio nuclear.

donde k es el número de onda angular (ec. 3.65 para k_2):

$$k = \frac{1}{\hbar} \left[2m_\alpha \left(V - Q_\alpha^* \right) \right]^{\frac{1}{2}} \tag{14.21}$$

La probabilidad de transmisión de la barrera completa es el producto de las probabilidades de transmisión de todas las porciones rectangulares:

$$P = \prod_i p_i = \prod_i e^{-2k_i \Delta} = e^{-2\sum_i k_i \Delta} = e^{-2G} \tag{14.22}$$

donde k_i es diferente para cada una de las porciones rectangulares porque sus alturas V_i van cambiando, y donde $G = \sum_i k_i \Delta$ recibe el nombre de *factor de Gamow*. Cuando se reduce la anchura Δ de cada barrera rectangular a un tamaño infinitesimal en la coordenada radial, $\Delta \to dr$, el número de onda pasa a ser una función continua de la coordenada radial, $k_i \to k(r)$, y el sumatorio se convierte en una integral en esa coordenada:

$$
\begin{aligned}
G &= \int_a^b k(r)\, dr = \int_a^b \frac{1}{\hbar} \left[2m_\alpha \left(V(r) - Q_\alpha^* \right) \right]^{\frac{1}{2}} dr \\
&= \left(\frac{2m_\alpha}{\hbar^2 Q_\alpha^*} \right)^{\frac{1}{2}} zZ\, \alpha\hbar c \left\{ \arccos \left[\left(\frac{a}{b} \right)^{\frac{1}{2}} \right] - \left[\left(\frac{a}{b} \right) \left(1 - \frac{a}{b} \right) \right]^{\frac{1}{2}} \right\}
\end{aligned} \tag{14.23}
$$

donde los límites de integración a y b son los valores de la coordenada radial en los que comienza y termina la barrera de potencial para una partícula alfa con energía cinética Q_α^* (figura 14.2). En $r = a$ la barrera de potencial alcanza aproximadamente su máximo, y suponiendo únicamente potencial coulombiano (ec. 14.17) y no centrífugo (es decir, para $L_\alpha = 0$), se tiene:

$$V_C^{max} = V_C(a) = \alpha\hbar c \,\frac{zZ'}{a} \tag{14.24}$$

En $r = b$ la altura de la barrera coulombiana coincide por definición con Q_α^*:

$$Q_\alpha^* = V_C(b) = \alpha\hbar c \,\frac{zZ'}{b} \tag{14.25}$$

De las dos expresiones anteriores se deduce el siguiente cociente:

$$\frac{a}{b} = \frac{Q_\alpha^*}{V_C^{max}} \tag{14.26}$$

que se introduce en la ec. 14.23 dando lugar a una expresión que se desarrolla en serie de Taylor hasta primer orden en Q_α^*/V_C^{max}, cuyo valor es generalmente pequeño. Multiplicando la probabilidad total resultante para el paso de la barrera por efecto túnel (ec. 14.22) por la frecuencia de colisión de la partícula alfa con ella (ec. 14.19) se obtiene la siguiente estimación para la constante de desintegración alfa:

$$\lambda_\alpha \approx \frac{c}{a} \left(\frac{2 \left(Q_\alpha^* + V_0 \right)}{m_\alpha c^2} \right)^{\frac{1}{2}} \exp \left[-2Z\alpha\pi \left(\frac{2\, m_\alpha c^2}{Q_\alpha^*} \right)^{\frac{1}{2}} + 8 \left(\frac{\alpha m_\alpha c^2 a Z'}{\hbar c} \right)^{\frac{1}{2}} \right] \tag{14.27}$$

En esta expresión ya se ha particularizado $z = 2$ de la partícula alfa, Z' es el número atómico del núcleo hijo, Q_α^* es la energía liberada en la formación de la partícula alfa, m_α es la masa de esta última, a es la suma de los radios del núcleo hijo y de la partícula alfa y V_0 es la profundidad del pozo de potencial nuclear fuerte, que se puede suponer constante con valor $V_0 \approx 35$ MeV.

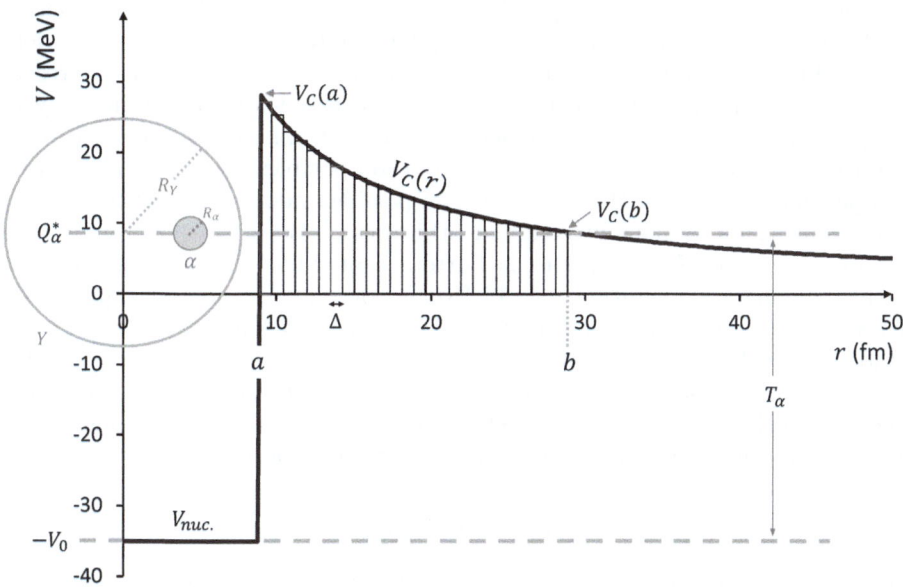

Figura 14.2. Representación esquemática de la energía potencial (nuclear fuerte $V_{nuc.}$ y coulombiana V_C) entre el núcleo hijo y la partícula alfa encerrada en su interior en función de la separación entre sus centros r, indicando los elementos principales que intervienen en la teoría de Gamow para la desintegración alfa.

La ec. 14.27 puede reescribirse aproximadamente como:

$$\log \lambda_\alpha = -\kappa_1 \frac{Z'}{Q_\alpha^{*\,1/2}} + \kappa_2 \qquad (14.28)$$

donde κ_1 y κ_2 son aproximadamente constantes. Esta expresión se denomina *regla de Geiger-Nuttall* y fue establecida 17 años antes del resultado teórico de Gamow a partir de medidas experimentales de las vidas medias alfa de diversos isótopos, que son inversamente proporcionales a sus constantes de desintegración λ_α, y de las distancias promedio que alcanzan en el aire las partículas alfa emitidas, que son directamente proporcionales a sus energías cinéticas $T_\alpha \approx Q_\alpha^*$.

Además de lo tenido en cuenta en los desarrollos anteriores, existen otras propiedades nucleares que pueden influir en el valor de su constante de desintegración alfa. Por ejemplo, en un núcleo deformado a lo largo de un cierto eje de simetría las partículas alfa se emiten con más facilidad en la dirección de deformación, porque la distancia del centro a la superficie nuclear es mayor y por tanto la barrera coulombiana es más baja y es más probable atravesarla por efecto túnel.

14.2.2. Reglas de selección en transiciones alfa

La partícula alfa tiene espín y paridad $J_\alpha^\pi = 0^+$ y es emitida con un cierto valor del número cuántico de momento angular orbital respecto al centro del núcleo, L_α. Por conservación del momento angular, L_α puede tomar valores enteros en un intervalo definido por los espines de los estados nucleares inicial y final: $|J_i - J_f| \leq L_\alpha \leq J_i + J_f$. Por conservación de paridad, si los estados nucleares inicial y final tienen paridades iguales, $\Pi_f = \Pi_i$, sólo son posibles valores de L_α pares, y si tienen paridades distintas, $\Pi_f \neq \Pi_i$, sólo son posibles valores de L_α impares, ya que la paridad asociada al momento angular orbital es $(-1)^{L_\alpha}$.

Cuanto mayor es L_α, mayor es la barrera centrífuga que tiene que superar la partícula alfa para ser emitida (ec. 14.18), y por tanto menor es la probabilidad relativa de esa transición. Por otro lado, las transiciones a estados cada vez más excitados del núcleo final reducen su probabilidad debido a que el valor Q_α^* (ec. 14.15) es menor. Además, las funciones de onda de estados cada vez más excitados del núcleo final suelen diferir más de la del estado fundamental inicial, lo que reduce su solapamiento y por tanto la probabilidad de preformación δ de la partícula alfa.

Ejemplo: Reglas de selección y tipo de transición alfa

El estado fundamental del einstenio 253, con espín y paridad $J^\pi = 7/2^+$, se desintegra alfa a un estado excitado del berkelio 249 con espín y paridad $J^\pi = 9/2^+$.

Por conservación del momento angular, la partícula alfa tiene que emitirse con número cuántico de momento angular orbital en el intervalo $|7/2 - 9/2| \leq L_\alpha \leq 7/2 + 9/2 \Rightarrow 1 \leq L_\alpha \leq 8$. Como no hay cambio de paridad entre los estados nucleares inicial y final, $\Pi_f = \Pi_i$, el valor de L_α debe ser par. Así, la transición puede tener $L_\alpha = \{2, 4, 6, 8\}$, siendo más probable el caso $L_\alpha = 2$.

14.3. Desintegración beta

La desintegración beta nuclear consiste en la transformación de un protón en un neutrón, o viceversa, ambos ligados en los núcleos inicial y final, respectivamente. A nivel fundamental, el proceso está causado por la interacción débil y mediado por los bosones $W^\pm$ (apdo. 9.4), y consiste en la transformación de un quark de sabor u en un quark de sabor d, o viceversa, en el interior de un nucleón que permanece ligado en el núcleo, participando además un leptón cargado (electrón o positrón) y un leptón neutro (neutrino o antineutrino electrónicos).

Existen tres tipos principales de desintegración nuclear de tipo beta. En la desintegración beta menos (β^-), un neutrón se transforma en protón y se crean y emiten un electrón y un antineutrino electrónico (figura 14.3):

$$^A_Z X \rightarrow \ ^A_{Z+1}Y + e^- + \bar{\nu}_e$$

En la desintegración beta más (β^+), un protón se transforma en neutrón y se crean y emiten un positrón y un neutrino electrónico:

$$^A_Z X \rightarrow \ ^A_{Z-1}Y + e^+ + \nu_e$$

En la captura electrónica (C.E.), un protón absorbe un electrón, habitualmente uno de los ligados en orbitales del átomo, y se transforma en neutrón, y se crea y emite un neutrino electrónico:

$$^A_Z X + e^- \rightarrow \ ^A_{Z-1}Y + \nu_e$$

En todos estos procesos se cumplen las leyes de conservación (apdo. 9.10) de la carga eléctrica, del número bariónico (A nucleones al inicio y al final) y del número leptónico ($+1$ en los leptones e^- y ν_e y -1 en los antileptones e^+ y $\bar{\nu}_e$). En cambio, no se conserva el sabor o tipo de los leptones ni de los quarks que forman los nucleones, como corresponde a un proceso causado por la interacción débil.

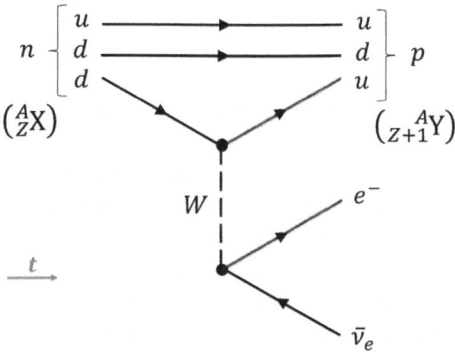

Figura 14.3. Diagrama de Feynman de la desintegración nuclear β^-, en la que un quark de sabor d de un neutrón del núcleo inicial $^A_Z X$ cambia a sabor u, formando un protón en el núcleo final $_{Z+1}^{A}Y$, mediante la producción de un bosón W^- virtual, que a su vez se desintegra en el electrón (e^-) y el antineutrino electrónico ($\bar{\nu}_e$) que son emitidos.

La energía liberada, o valor Q (ec. 12.8), en cada uno de estos tipos de desintegración beta se puede escribir en función de las masas nucleares m o de las masas atómicas $\mathcal{M}$ (ec. 12.3) como:

$$\begin{aligned}
Q_{\beta^-} &= \left[m(^A_Z X) - m(_{Z+1}^{A}Y) - m_e \right] c^2 \\
&\approx \left[(\mathcal{M}(^A_Z X) - Z\, m_e) - (\mathcal{M}(_{Z+1}^{A}Y) - (Z+1)\, m_e) - m_e \right] c^2 \\
&= \left[\mathcal{M}(^A_Z X) - \mathcal{M}(_{Z+1}^{A}Y) \right] c^2
\end{aligned} \qquad (14.29)$$

$$Q_{\beta^+} = \left[m(^A_Z X) - m(_{Z-1}^{A}Y) - m_e\right] c^2$$
$$\approx \left[(\mathcal{M}(^A_Z X) - Z\, m_e) - (\mathcal{M}(_{Z-1}^{A}Y) - (Z-1)\, m_e) - m_e\right] c^2$$
$$= \left[\mathcal{M}(^A_Z X) - \mathcal{M}(_{Z-1}^{A}Y) - 2m_e\right] c^2 \tag{14.30}$$

$$Q_{C.E.} = \left[m(^A_Z X) + m_e - m(_{Z-1}^{A}Y)\right] c^2 - b_e$$
$$\approx \left[(\mathcal{M}(^A_Z X) - Z\, m_e) + m_e - (\mathcal{M}(_{Z-1}^{A}Y) - (Z-1)\, m_e)\right] c^2 - b_e$$
$$= \left[\mathcal{M}(^A_Z X) - \mathcal{M}(_{Z-1}^{A}Y)\right] c^2 - b_e \tag{14.31}$$

En estas expresiones se ha despreciado la masa de los neutrinos y las energías de ligadura de los electrones al introducir las masas atómicas, y se ha tenido en cuenta que la masa del electrón y del positrón son iguales, m_e. En el caso de la captura electrónica, se ha sustraído la energía necesaria para arrancar el electrón de la corteza del átomo antes de ser capturado por el núcleo, que es su energía de ligadura b_e.

Los valores Q anteriores se refieren a la transición desde el estado fundamental del núcleo inicial al estado fundamental del núcleo final. Si el núcleo final queda en un estado excitado con energía $E^*(_{Z\pm1}^{A}Y)$, la energía liberada neta es:

$$Q^*_{\beta^\pm, C.E.} = Q_{\beta^\pm, C.E.} - E^*(_{Z\pm1}^{A}Y) \tag{14.32}$$

14.3.1. Teoría de Fermi

En la teoría de Fermi de la desintegración beta, desarrollada por Enrico Fermi en 1933, se supone que la transformación de neutrón en protón, o viceversa, tiene lugar en el mismo punto del espacio en el que se crean o capturan los leptones involucrados. Así, esta teoría no contempla la mediación de un bosón $W^\pm$ virtual (figura 14.3), ya que es anterior a la formulación de las teorías cuánticas de campos, en particular de la relativa a la interacción débil. Sin embargo, se trata de una muy buena aproximación, dado el corto alcance del bosón $W^\pm$. Otra hipótesis de la teoría es que la interacción que causa la transformación es muy poco intensa en comparación con la que mantiene ligados los núcleos, por lo que se puede considerar una perturbación sobre esta. En términos actuales, esta hipótesis proviene del hecho de que la constante de acoplamiento efectiva de la interacción débil es varios órdenes de magnitud menor que la de la interacción fuerte entre nucleones. Ambas propiedades de la interacción débil, corto alcance e intensidad efectiva pequeña, están relacionadas con la gran masa de sus bosones mediadores (apdo. 9.4).

La constante de desintegración beta se obtiene en esta teoría a primer orden perturbativo empleando la regla de oro de Fermi (apdo. 8.4, ec. 8.25):

$$\lambda_\beta = \frac{2\pi}{\hbar} \left|\langle \psi_f | \mathcal{V} | \psi_i \rangle\right|^2 \rho(E_l) \tag{14.33}$$

Para desintegraciones de tipo β^+ y β^- (el desarrollo es análogo para captura electrónica), el elemento de matriz de la transición entre el estado inicial ψ_i y el estado final ψ_f se puede escribir como:

$$\langle \psi_f | \mathcal{V} | \psi_i \rangle = \int \psi_f^* \, \mathcal{V} \, \psi_i \, d^3\vec{r} = g \int [\psi_{N_f}^* \, \psi_e^* \, \psi_\nu^*] \, \mathcal{O} \, \psi_{N_i} \, d^3\vec{r} \qquad (14.34)$$

donde se ha extraído la constante de intensidad g del operador que produce la transición, $\mathcal{V} = g\mathcal{O}$, considerado como una perturbación constante, y donde la función de onda del estado final se ha escrito como producto de las funciones de onda del núcleo final ψ_{N_f}, del leptón cargado emitido ψ_e y del neutrino emitido ψ_ν. En la denominada *aproximación permitida* la pareja de leptones se emite con un valor nulo del número cuántico de momento angular orbital respecto al centro del núcleo, $L_l = 0$, y sus funciones de onda, representadas mediante ondas planas normalizadas a un volumen V, se pueden aproximar como:

$$\psi_{e,\nu}(\vec{r}) = \frac{1}{\sqrt{V}} \, e^{\frac{i}{\hbar} \vec{p}_{e,\nu} \cdot \vec{r}} = \frac{1}{\sqrt{V}} \left(1 + \frac{i}{\hbar} \, \vec{p}_{e,\nu} \cdot \vec{r} + \dots \right) \approx \frac{1}{\sqrt{V}} \qquad (14.35)$$

donde $\vec{p}_e$ o $\vec{p}_\nu$ son los momentos lineales del leptón cargado o del neutrino, respectivamente, y $\vec{r}$ es la posición en la que se han creado respecto al centro del núcleo. Introduciendo esta aproximación en el elemento de matriz 14.34 se obtiene:

$$\langle \psi_f | \mathcal{V} | \psi_i \rangle \approx \frac{g}{V} \int \psi_{N_f}^* \mathcal{O} \, \psi_{N_i} \, d^3\vec{r} = \frac{g}{V} \, M_{fi} \qquad (14.36)$$

donde se ha definido el elemento de matriz nuclear $M_{fi} = \langle \psi_{N_f} | \mathcal{O} | \psi_{N_i} \rangle$.

En cuanto a la densidad de estados finales $\rho(E_l)$, despreciando el retroceso del núcleo final puede obtenerse su diferencial como $d\rho(E_l) = dN_e dN_\nu / dE_l$, donde dE_l es el diferencial de energía total disponible para los dos leptones y dN es el diferencial del número de estados de leptón por debajo de un momento p, es decir, el número de estados con momento entre p y $p+dp$. Este último puede obtenerse a partir de la densidad de momentos de un gas de Fermi en un volumen de confinamiento V como $dN(p) = \widetilde{N}(p) \, dp$ (ec. 3.85), y empleándolo para ambos leptones se obtiene:

$$d\rho(E_l) = \frac{dN_e dN_\nu}{dE_l} = \left(\frac{p_e^2 V}{2\pi^2 \hbar^3} dp_e \right) \left(\frac{p_\nu^2 V}{2\pi^2 \hbar^3} dp_\nu \right) \frac{1}{dE_l} = \frac{p_e^2 p_\nu^2 \, V^2}{4\pi^4 \hbar^6} \frac{dp_\nu}{dE_l} \, dp_e \quad (14.37)$$

Con este resultado y el de la ec. 14.36, a partir de la ec. 14.33 se obtiene el siguiente diferencial de la constante de desintegración para transiciones beta permitidas:

$$d\lambda_\beta = \frac{2\pi}{\hbar} \, |\langle \psi_f | \mathcal{V} | \psi_i \rangle|^2 \, d\rho(E_l) = \frac{g^2 \, |M_{fi}|^2}{2\pi^3 \hbar^7} \, p_e^2 \, p_\nu^2 \, \frac{dp_\nu}{dE_l} \, dp_e \qquad (14.38)$$

que es independiente del volumen de confinamiento arbitrario V que se usó para normalizar las funciones de onda de los leptones (ec. 14.35) y para obtener su densidad de momentos en un gas de Fermi (ec. 3.85, introducida en la ec. 14.37).

La energía total relativista (ec. 1.11) de los leptones, despreciando la masa del neutrino ($m_\nu < 1$ eV/c^2), es $E_l = E_e + E_\nu \approx E_e + p_\nu c$, de donde se obtiene que el momento del neutrino es $p_\nu \approx (E_l - E_e)/c$, y por tanto $dp_\nu/dE_l \approx 1/c$. Por otro lado, despreciando de nuevo el retroceso del núcleo final se tiene que la energía liberada en la desintegración beta, Q_β (ecs. 14.29, 14.30), se reparte entre la energía cinética del electrón T_e y la energía total del neutrino E_ν (ya que su masa no está incluida en el cálculo de Q_β, aunque aquí se está despreciando de todos modos): $Q_\beta = T_e + E_\nu \approx T_e + p_\nu c$, de donde el momento del neutrino resulta $p_\nu \approx (Q_\beta - T_e)/c$. Empleando estos resultados, el diferencial de la constante de desintegración para transiciones permitidas queda:

$$d\lambda_\beta = \frac{g^2\,|M_{fi}|^2}{2\pi^3\hbar^7 c^3}\,p_e^2\,(Q_\beta - T_e)^2\,dp_e \tag{14.39}$$

En esta expresión se puede introducir un factor adicional, denominado *función de Fermi*, que depende de la carga del núcleo final y del momento del leptón cargado emitido, $F(Z', p_e)$, y que sirve para tener en cuenta el efecto de la interacción coulombiana entre ambos. Esencialmente, este factor surge al remplazar la función de onda del leptón cargado libre (ec. 14.35) por su autofunción en el pozo de potencial coulombiano creado por los protones del núcleo, y se puede obtener de manera aproximada no relativista como:

$$F(Z', p_e) \approx \frac{\kappa}{1 - e^{-\kappa}} \quad \text{con } \kappa = \pm\,2\pi\alpha Z'\,\frac{E_e}{p_e c} \tag{14.40}$$

donde el signo positivo de κ se refiere a la emisión de electrones y el signo negativo se refiere a la emisión de positrones. Para momentos bajos, en el caso de electrones se tiene $F \sim \kappa \sim 1/p_e$, que aumenta la probabilidad de emisión a momentos bajos, y en el caso de positrones se tiene $F \sim e^{-|\kappa|} \sim e^{-1/p_e}$, que reduce la probabilidad de emisión a momentos bajos con un factor exponencial decreciente que está relacionado con la probabilidad de atravesar por efecto túnel la barrera coulombiana nuclear, análoga a la que encuentra la partícula alfa, también cargada positivamente, antes de ser emitida por el núcleo (ec. 14.22).

Finalmente, la constante de desintegración beta se obtiene integrando la ec. 14.39, incluyendo la función de Fermi, sobre el momento del leptón cargado desde 0 hasta su valor máximo p_e^{max}:

$$\lambda_\beta = \frac{g^2\,|M_{fi}|^2}{2\pi^3\hbar^7 c^3} \int_0^{p_e^{max}} F(Z', p_e)\,p_e^2\,(Q_\beta - T_e)^2\,dp_e \tag{14.41}$$

La ec. 14.39 representa la probabilidad de emisión por unidad de tiempo de leptones cargados con momento entre p_e y $p_e + dp_e$. Para la densidad de momentos de los leptones cargados emitidos, incluyendo la función de Fermi, se tiene entonces:

$$\widetilde{N}_\beta(p_e) \propto \frac{d\lambda_\beta}{dp_e} \propto F(Z', p_e)\,p_e^2\,(Q_\beta - T_e)^2 \tag{14.42}$$

donde la energía cinética del electrón se expresa en función de su momento como $T_e = E_e - m_e c^2 = [(p_e c)^2 + (m_e c^2)^2]^{1/2} - m_e c^2$. La función $\widetilde{N}_\beta(p_e)$, o su análoga $\widetilde{N}_\beta(T_e)$, constituyen el *espectro* del leptón cargado emitido en una desintegración beta, que es el más sencillo de estudiar experimentalmente, pero se puede obtener también de manera análoga el espectro del neutrino. Se trata de espectros continuos, ya que en la desintegración beta se producen tres cuerpos, en contraste con la desintegración alfa, donde se producen solo dos (partícula alfa y núcleo final) cuya energía y momento quedan fijados por conservación (ec. 14.16). La representación de la cantidad $[\widetilde{N}_\beta(p_e)/(p_e^2\, F)]^{1/2}$ frente a la energía cinética del leptón cargado T_e se denomina *gráfica de Kurie*, y en el caso de transiciones permitidas, de acuerdo con la ec. 14.42, resulta una línea recta.

A partir de la expresión 14.41, incluyendo un factor para adimensionalizar, se construye la denominada *integral de Fermi*:

$$f = \frac{1}{m_e^5 c^7} \int_0^{p_e^{max}} F(Z', p_e)\, p_e^2\, (Q_\beta - T_e)^2\, dp_e \qquad (14.43)$$

Con la semivida $T_{1/2} = \ln 2/\lambda$ y la integral de Fermi se obtiene el factor $fT_{1/2}$, que se denomina *semivida comparativa*:

$$fT_{1/2} = \frac{2\ln 2\, \pi^3\, \hbar^7}{g^2\, m_e^5 c^4\, |M_{fi}|^2} \qquad (14.44)$$

Este factor solo depende de las funciones de onda nucleares inicial y final, y sus valores para diferentes núcleos, que varían entre 10^3 y 10^{22} segundos, se encuentran tabulados como $fT_{1/2}$ o bien como $\log(fT_{1/2})$ con $T_{1/2}$ introducido en segundos.

Si los estados nucleares inicial y final tienen espín y paridad $J^\pi = 0^+$, el elemento de matriz correspondiente es especialmente fácil de calcular y resulta $M_{fi} = \sqrt{2}$. En estos casos la medida del valor $fT_{1/2}$ permite deducir el valor de la constante de intensidad de la desintegración beta, que es $g = 0{,}88 \cdot 10^{-4}$ MeV·fm^3.

14.3.2. Reglas de selección en transiciones beta

La pareja de leptones acopla sus espines $1/2$ a espín total $S_l = 0$ (singlete) o $S_l = 1$ (triplete) y es emitida con un cierto valor del número cuántico de momento angular orbital respecto al centro del núcleo, L_l. Ambos momentos se acoplan a un cierto valor del número cuántico de momento angular total J_l. Por conservación del momento angular, J_l puede tomar valores enteros en un intervalo definido por los espines de los estados nucleares inicial y final: $|J_i - J_f| \leq J_l \leq J_i + J_f$. Por conservación de paridad, si los estados nucleares inicial y final tienen paridades iguales, $\Pi_f = \Pi_i$, sólo son posibles valores de L_l pares, y si tienen paridades distintas, $\Pi_f \neq \Pi_i$, sólo son posibles valores de L_l impares, ya que la paridad asociada al momento angular orbital es $(-1)^{L_l}$.

La transición beta más probable es la del valor más bajo posible de L_l que, acoplado con S_l, genera uno de los posibles valores del momento angular total J_l con que debe emitirse la pareja de leptones, según los estados nucleares inicial y final. El valor de L_l obtenido con este procedimiento determina el *grado de prohibición* de la transición: si $L_l = 0$, se denomina *permitida*, si $L_l = 1$ se denomina *primera prohibida*, si $L_l = 2$ se denomina *segunda prohibida*, etc. Las transiciones prohibidas

($L_l > 0$) requieren mantener términos en el desarrollo en serie de la ec. 14.35 más allá del primero, y resultan menos probables, pero no imposibles, a pesar de su denominación. La constante de desintegración es menor, o la vida media más larga, cuanto mayor es el grado de prohibición.

Las transiciones que requieren un acoplamiento de espines leptónicos a $S_l = 0$ son de *tipo Fermi*, y en ellas el operador de la transición nuclear es simplemente el escalera de isoespín $t_\pm$, que transforma un estado de protón ($m_t = 1/2$) en estado de neutrón ($m_t = -1/2$), o viceversa. Las transiciones que requieren un acoplamiento a $S_l = 1$ son de *tipo Gamow-Teller*, y en ellas el operador de la transición nuclear contiene además el vector de matrices de Pauli (ec. 4.41), $t_\pm \vec{\sigma}$. Para un L_l dado, pueden darse ambos tipos (transición mezcla) o solo uno de ellos (transición pura).

Ejemplo: Reglas de selección y tipo de transición beta

El estado fundamental del antimonio 122, con espín y paridad $J^\pi = 2^+$, se desintegra beta más a un estado excitado del estaño 122 con espín y paridad $J^\pi = 2^+$.

Por conservación del momento angular, la pareja de leptones (en este caso, positrón y neutrino electrónico) tiene que emitirse con número cuántico de momento angular total en el intervalo $|2-2| \le J_l \le 2+2 \Rightarrow 0 \le J_l \le 4$. Como hay cambio de paridad entre los estados nucleares inicial y final, $\Pi_f \ne \Pi_i$, el valor de L_l debe ser impar, $L_l = \{1, 3, 5,...\}$. Se comprueba en primer lugar el valor más bajo, que es $L_l = 1$. En las transiciones de tipo Fermi la pareja de leptones acopla sus espines a $S_l = 0$, que acoplado con $L_l = 1$ da lugar a valores de J_l en el intervalo $|L_l - S_l| \le J_l \le L_l + S_l \Rightarrow |1 - 0| \le J_l \le 1 + 0$, es decir, $J_l = 1$, que se encuentra en el intervalo establecido antes. En las transiciones de tipo Gamow-Teller la pareja de leptones acopla sus espines a $S_l = 1$, que acoplado con $L_l = 1$ da lugar a valores de J_l en el intervalo $|L_l - S_l| \le J_l \le L_l + S_l \Rightarrow |1 - 1| \le J_l \le 1 + 1$, es decir, $J_l = \{0, 1, 2\}$, que también contiene valores que se encuentran en el intervalo establecido antes. En conclusión, se trata de una transición beta primera prohibida ($L_l = 1$) mezcla de tipo Fermi ($S_l = 0$) y de tipo Gamow-Teller ($S_l = 1$).

Si ningún acoplamiento de $L_l = 1$ con $S_l = \{0, 1\}$ hubiera dado lugar a valores de J_l en el intervalo definido por los espines nucleares, habría que comprobar el siguiente valor posible, que es $L_l = 3$ (tercera prohibida), y así sucesivamente. Como $L_l = 1$ ha producido transiciones válidas, no es necesario comprobar valores más altos.

14.4. Desintegración gamma

En una desintegración gamma el núcleo pasa de un estado excitado a otro estado excitado de menor energía o al estado fundamental, emitiendo la diferencia de energía en forma de cuanto de radiación electromagnética, un fotón:

$$_Z^A X[E_i^*] \to {}_Z^A X[E_f^*] + \gamma$$

donde se ha indicado entre corchetes la energía de excitación inicial y final del núcleo. En este tipo de desintegración no cambia el número de protones ni de neutrones del núcleo, sino la cantidad de energía que tiene almacenada en forma de excitaciones de nucleones individuales o de carácter colectivo. Las desintegraciones gamma suelen producirse tras las desintegraciones alfa o beta en las que el núcleo final queda en un estado excitado. Pueden darse varias desintegraciones gamma seguidas, en forma de cascada, si la desexcitación completa del núcleo tiene lugar a través de uno o más estados de energía intermedios.

El valor Q de esta desintegración es simplemente la diferencia de energía de excitación entre el estado nuclear inicial y el final:

$$Q_\gamma = E_i^* - E_f^* \qquad (14.45)$$

La separación energética entre los niveles de un espectro nuclear se encuentra típicamente entre varios keV y varios MeV, que son las energías con las que se emiten los fotones en las desexcitaciones. Estas energías corresponden a radiación electromagnética en el rango de frecuencias $f = E/h$ entre 10^{19} Hz y 10^{21} Hz o en el rango de longitudes de onda $\lambda = hc/E$ entre 10^{-13} m y 10^{-11} m, aproximadamente, que pertenecen a la región gamma del espectro electromagnético, más energética que la radiación X, la ultravioleta o la visible.

Para relacionar estrictamente la energía liberada en una desintegración gamma, Q_γ, con la energía del fotón emitido, E_γ, es necesario aplicar la conservación de energía y momento lineal en el proceso. Por un lado, la energía liberada se reparte en energía cinética del núcleo final y energía total del fotón, $Q_\gamma = T_X + E_\gamma$, donde la energía del fotón, por carecer de masa, se relaciona con su momento como $E_\gamma = p_\gamma c$. Por otro lado, los módulos de los momentos del núcleo final y del fotón son iguales, $p_X = p_\gamma$. Con estas condiciones se obtiene:

$$Q_\gamma = T_X + E_\gamma = \frac{p_X^2}{2m_X} + E_\gamma = \frac{p_\gamma^2}{2m_X} + E_\gamma = \frac{E_\gamma^2/c^2}{2m_X} + E_\gamma \qquad (14.46)$$

$$\Rightarrow \quad \frac{E_\gamma^2}{2m_X c^2} + E_\gamma - Q_\gamma = 0 \quad \Rightarrow \quad E_\gamma = m_X c^2 \left(-1 \pm \sqrt{1 + \frac{2Q_\gamma}{m_X c^2}}\right) \approx Q_\gamma - \frac{Q_\gamma^2}{2m_X c^2}$$

donde la aproximación del último paso proviene del desarrollo en serie de Taylor de la raíz cuadrada hasta orden Q_γ^2, teniendo en cuenta que $2Q_\gamma/m_X c^2 \ll 1$, ya que la energía liberada Q_γ alcanza como máximo algunos MeV. La diferencia entre E_γ y Q_γ es pequeña, del orden de 10^{-4} MeV.

En los núcleos puede darse un proceso de desexcitación que compite con la desintegración gamma denominado *conversión interna*, que consiste en que el campo electromagnético del núcleo interactúa con el de los electrones atómicos, de forma que la energía de desexcitación nuclear se emplea en arrancar de su orbital uno de los electrones, con energía de ligadura atómica b_e, y en aportarle una energía cinética T_e. Los electrones de conversión interna se emiten entonces con energías cinéticas discretas $T_e = Q_\gamma - b_e$, al contrario que los procedentes de desintegraciones β^-, que tienen espectro continuo. Además, el fenómeno va acompañado de emisión de fotones de radiación X originados en desexcitaciones atómicas, en las que los electrones en orbitales de mayor energía pasan a ocupar el hueco dejado por el electrón arrancado.

La constante de desintegración total por desexcitación electromagnética (EM) de un estado nuclear tiene entonces dos contribuciones, la de desintegración gamma (γ) y la de conversión interna (C.I.), cada una caracterizada por una constante de desintegración parcial distinta:

$$\lambda_{EM} = \lambda_\gamma + \lambda_{C.I.} = \lambda_\gamma \left(1 + \alpha_{C.I.}\right) \tag{14.47}$$

donde $\alpha_{C.I.} = \lambda_{C.I.}/\lambda_\gamma$ es un coeficiente de conversión interna, que expresa la probabilidad relativa de conversión interna respecto a emisión gamma. Se pueden definir constantes de desintegración parciales por conversión interna, así como sus coeficientes $\alpha_{C.I.}$ asociados, específicos para cada capa o subcapa atómica, ya que la probabilidad de arrancar electrones de cada una de ellas es diferente.

14.4.1. Estimadores de Weisskopf

La constante de desintegración gamma puede obtenerse partiendo de un análogo de la regla de oro de Fermi para transiciones electromagnéticas inducidas, que proporciona el ritmo de transición. Para el caso de transiciones dipolares eléctricas viene dado por (ec. 8.45):

$$R_{i \to \Delta f} \approx \frac{e^2 \pi}{3\hbar^2 \epsilon_0} \, \xi(\omega) \, |\langle \varepsilon_f| \, \vec{r} \, |\varepsilon_i\rangle|^2 \tag{14.48}$$

donde $\xi(\omega)$ es la densidad de energía de la radiación electromagnética con frecuencia angular ω. A partir de esta expresión se puede estimar el ritmo de transición electromagnética espontánea (coeficiente A de Einstein, ec. 8.46), que en este contexto es la constante de desintegración gamma. Para transiciones dipolares eléctricas resulta:

$$\hat{\lambda}_{\gamma[E1]} = \frac{e^2}{3\pi\hbar c^3 \epsilon_0} \, \omega_\gamma^3 \, |\langle \varepsilon_f| \, \vec{r} \, |\varepsilon_i\rangle|^2 = \frac{4}{3} \frac{\alpha}{c^2} \, \omega_\gamma^3 \, |\langle \varepsilon_f| \, \vec{r} \, |\varepsilon_i\rangle|^2 \tag{14.49}$$

Estas transiciones corresponden a la emisión de un fotón de tipo eléctrico (E) con momento angular orbital respecto al centro del núcleo $L_\gamma = 1$, en las que actúa el operador $\sigma_{\gamma[E1]} = e\vec{r}$. De manera análoga pueden obtenerse las constantes de desintegración gamma para cualquier otro valor del momento angular L_γ (*multipolaridad*) de tipo eléctrico E o de tipo magnético M, $\lambda_{\gamma[EL_\gamma]}$ y $\lambda_{\gamma[ML_\gamma]}$, en las que intervienen los operadores electromagnéticos $\sigma_{\gamma[EL_\gamma]}$ y $\sigma_{\gamma[ML_\gamma]}$, respectivamente, y en las que aparecen otras potencias de la frecuencia ω_γ (o de la energía $Q_\gamma \approx E_\gamma = \hbar\omega_\gamma$).

Para calcular los elementos de matriz de las transiciones con un operador multipolar general pueden emplearse los *estimadores de Weisskopf*, que son válidos bajo los siguientes supuestos:

- La transición entre los estados nucleares inicial y final se debe a la transición de un único protón entre dos niveles de energía de nucleón individual, no a un proceso colectivo (rotacional o vibracional).

- En el estado inicial el protón tiene momento angular $l = 0$, es decir, la parte angular de su función de onda es $Y_{00}(\theta,\varphi) = 1/\sqrt{4\pi}$, y en el estado final el protón tiene $l = L_\gamma$ y su parte angular es $Y_{L_\gamma M_\gamma}(\theta,\varphi)$, donde L_γ es el momento angular que lleva el fotón emitido (su multipolaridad).

- Tanto en el estado inicial como en el final la parte radial de la función de onda del protón es constante en el interior del núcleo, hasta el radio nuclear R, y cero en el exterior, de manera que, una vez normalizada, es $\sqrt{3/R^3}$.

Con estas aproximaciones el elemento de matriz de una transición de tipo eléctrico de multipolaridad L_γ se puede estimar como:

$$\langle \varepsilon_f | \, \sigma_{\gamma[EL_\gamma]} \, | \varepsilon_i \rangle = \int \left(\sqrt{\frac{3}{R^3}} \, Y^*_{L_\gamma M_\gamma} \right) e \, r^{L_\gamma} \, Y_{L_\gamma M_\gamma} \left(\sqrt{\frac{3}{R^3}} \, Y_{00} \right) r^2 \, dr \, d\Omega$$

$$= \frac{3}{R^3} \frac{e}{\sqrt{4\pi}} \int_\Omega Y^*_{L_\gamma M_\gamma}(\theta,\varphi) \, Y_{L_\gamma M_\gamma}(\theta,\varphi) \, d\Omega \int_0^R r^{L_\gamma + 2} \, dr = \frac{3e \, R^{L_\gamma}}{\sqrt{4\pi} \, (L_\gamma + 3)} \quad (14.50)$$

Empleando este resultado e introduciendo factores adicionales (entre llaves) dependientes de L_γ, que proceden de una definición más precisa de los operadores multipolares de la radiación electromagnética con ondas esféricas, la constante de desintegración de tipo eléctrico con multipolaridad L_γ puede expresarse como:

$$\lambda_{\gamma[EL_\gamma]} = \frac{\alpha c}{(\hbar c)^{2L_\gamma + 1}} \left\{ \frac{2(L_\gamma + 1)}{L_\gamma [(2L_\gamma + 1)!!]^2} \right\} \left(\frac{3}{L_\gamma + 3} \right)^2 Q_\gamma^{2L_\gamma + 1} \, R^{2L_\gamma} \quad (14.51)$$

Realizando un desarrollo análogo para la constante de desintegración de tipo magnético con multipolaridad L_γ resulta:

$$\lambda_{\gamma[ML_\gamma]} = \frac{\alpha c}{(\hbar c)^{2L_\gamma - 1} (m_p c^2)^2} \left\{ \frac{2(L_\gamma + 1)}{L_\gamma [(2L_\gamma + 1)!!]^2} \right\} \cdot$$

$$\cdot \left(\frac{3}{L_\gamma + 2} \right)^2 \left(\frac{\mu_p^{(s)}}{\mu_N} - \frac{1}{L_\gamma + 1} \right)^2 Q_\gamma^{2L_\gamma + 1} \, R^{2L_\gamma - 2} \quad (14.52)$$

En estas expresiones, Q_γ es la energía liberada en la transición, $R \approx 1{,}2 \, A^{1/3}$ fm es el radio nuclear, m_p es la masa del protón y $\mu_p = (g_p^{(s)}/2) \, \mu_N = 2{,}793 \, \mu_N$ es el momento dipolar magnético del protón con $l = 0$, $j = s$ (ec. 13.23, en unidades μ_N). Los valores que se obtienen son solo aproximaciones muy crudas a los resultados experimentales, y se suelen emplear como unidades para expresar estos últimos.

En el caso de la conversión interna, el elemento de matriz de la transición nuclear es el mismo que para la desintegración gamma, pero contribuye también un elemento de matriz de transición electrónica, ya que en el estado inicial hay un electrón ligado al núcleo y en el estado final ese mismo electrón está libre con una cierta energía cinética. La función de onda del electrón inicial ligado, supuesta constante en el volumen ocupado por el núcleo, contribuye a la constante de desintegración con un factor aproximado $(Z/n)^3$ procedente de su normalización. Así, los coeficientes de conversión interna $\alpha_{C.I.} = \lambda_{C.I.}/\lambda_\gamma$ aumentan con el número atómico y son mayores para los orbitales más próximos al núcleo, con n bajo. Por otro lado, disminuyen con la energía liberada Q_γ y aumentan con la multipolaridad L_γ.

14.4.2. Reglas de selección en transiciones gamma

El fotón es emitido con un cierto valor del número cuántico de momento angular orbital respecto al centro del núcleo, L_γ (multipolaridad)[42]. Por conservación del momento angular, L_γ puede tomar valores enteros en un intervalo definido por los espines de los estados nucleares inicial y final: $|J_i - J_f| \leq L_\gamma \leq J_i + J_f$. Por conservación de paridad, si los estados nucleares inicial y final tienen paridades iguales, $\Pi_f = \Pi_i$, los valores de L_γ pares corresponden a transiciones de tipo eléctrico (EL_γ) y los valores de L_γ impares corresponden a transiciones de tipo magnético (ML_γ): $M1$, $E2$, $M3$, $E4$, $M5$, $E6$, etc.; y si los estados nucleares inicial y final tienen paridades distintas, $\Pi_f \neq \Pi_i$, los valores de L_γ pares corresponden a transiciones de tipo magnético (ML_γ) y los valores de L_γ impares corresponden a transiciones de tipo eléctrico (EL_γ): $E1$, $M2$, $E3$, $M4$, $E5$, $M6$, etc.

Las multipolaridades más bajas son más probables, y para una multipolaridad dada, las transiciones de tipo eléctrico son más probables que las de tipo magnético. De acuerdo con los estimadores de Weisskopf (ecs. 14.51 y 14.52), en núcleos medios y pesados una unidad adicional de L_γ reduce la constante de desintegración en un factor del orden de 10^{-5}, y para un L_γ dado la constante de desintegración en una transición de tipo eléctrico es un factor del orden de 10^2 mayor que en una transición de tipo magnético.

Ejemplo: Reglas de selección y tipo de transición gamma

El estado excitado del escandio 47 con espín y paridad $J^\pi = 3/2^+$ se desintegra gamma al estado fundamental, con espín y paridad $J^\pi = 7/2^-$.

Por conservación del momento angular, el fotón tiene que emitirse con número cuántico de momento angular orbital en el intervalo $|3/2 - 7/2| \leq L_\gamma \leq 3/2 + 7/2 \Rightarrow 2 \leq L_\gamma \leq 5$. Como hay cambio de paridad entre los estados nucleares inicial y final, $\Pi_f \neq \Pi_i$, los valores pares de L_γ van asociados a transiciones de tipo magnético, y los valores impares de L_γ van asociados a transiciones de tipo eléctrico. Así, la transición puede ser de tipo $M2$, $E3$, $M4$ o $E5$, siendo la de tipo $M2$ la más probable. Según los estimadores de Weisskopf, la constante de desintegración de la transición $E3$ es un factor del orden de $10^{-5} \cdot 10^2 = 10^{-3}$ la de la transición $M2$.

---

[42] El fotón tiene además espín y paridad intrínsecos $J_\gamma^\pi = 1^-$, pero sus posibles acoplamientos para obtener las reglas de selección ya están tenidos en cuenta en la definición de los operadores eléctrico y magnético involucrados en los dos tipos de transiciones.

15. Átomo de hidrógeno

El átomo más sencillo es el del isótopo hidrógeno 1 neutro (^{1}H, $Z = 1$), formado por un electrón y un protón ligados por la interacción electromagnética. La estructura es esencialmente la misma en los otros isótopos del hidrógeno (deuterio, ^{2}H, y tritio, ^{3}H), y en átomos hidrogenoides, que son átomos de otros elementos que han sido ionizados hasta quedar con un único electrón en la corteza (He$^+$, Li^{2+}, Be^{3+}, ...).

Las energías de estos sistemas se obtienen en primera aproximación resolviendo la ecuación de Schrödinger independiente del tiempo con un hamiltoniano a un cuerpo que contiene energía cinética y energía potencial coulombiana. A continuación se introducen correcciones sucesivas en el hamiltoniano, ΔH, debidas a efectos cada vez más pequeños (estructura fina, efecto Lamb, estructura hiperfina). El hamiltoniano también se modifica si el átomo se encuentra en un campo magnético o eléctrico externo (efectos Zeeman, Paschen-Back, Stark). Las correspondientes correcciones de las energías se pueden calcular en teoría de perturbaciones a primer orden como $\Delta E = \langle \hat{\varepsilon}^{(0)} | \Delta H | \hat{\varepsilon}^{(0)} \rangle \equiv \langle \Delta H \rangle$, tanto en el caso no degenerado como en el caso degenerado cuando se usa una base propia común a ciertos operadores de momento angular total.

15.1. Hamiltoniano de Bohr

El átomo de hidrógeno está formado por un electrón ligado por interacción coulombiana con un núcleo constituido por un único protón ($Z = 1$). Un *átomo hidrogenoide* es un ion de otro elemento ($Z > 1$) con un único electrón en la corteza. En primera aproximación, el hamiltoniano de estos sistemas contiene la energía cinética de los dos cuerpos constituyentes y la energía potencial coulombiana entre ambos:

$$H = T + V = -\frac{\hbar^2}{2m_e} \nabla_e^2 - \frac{\hbar^2}{2m_N} \nabla_N^2 - \alpha\hbar c \frac{Z}{r} \tag{15.1}$$

donde m_e es la masa del electrón, m_N es la masa del núcleo, α es la constante de estructura fina y $r = |\vec{r}_e - \vec{r}_N|$ es la separación entre electrón y núcleo.

Este hamiltoniano se puede separar en una parte para el movimiento del centro de masas y otra parte para el movimiento del núcleo y del electrón en torno al centro de masas. Esta última es equivalente al hamiltoniano de un sistema de un solo cuerpo que orbita a una distancia r del centro de masas y que tiene la masa reducida del sistema, dada por[43]:

$$m = \frac{m_N\, m_e}{m_N + m_e} \tag{15.2}$$

El hamiltoniano resultante de un solo cuerpo se denomina *hamiltoniano de Bohr*:

$$H = -\frac{\hbar^2}{2m}\nabla^2 - \alpha\hbar c\,\frac{Z}{r} \tag{15.3}$$

Demostración: Separación entre el movimiento del centro de masas y el movimiento con respecto a él en un sistema de dos cuerpos

En un sistema de dos cuerpos que orbitan en torno al centro de masas (figura 15.1, izquierda), situados en puntos diametralmente opuestos, se define el vector posición relativo entre ambos como $\vec{R} = \vec{r}_1 - \vec{r}_2$, con módulo $R = r_1 + r_2$, y el vector posición del centro de masas de ambos como $\vec{R}_{CM} = (m_1\vec{r}_1 + m_2\vec{r}_2)/(m_1 + m_2)$.

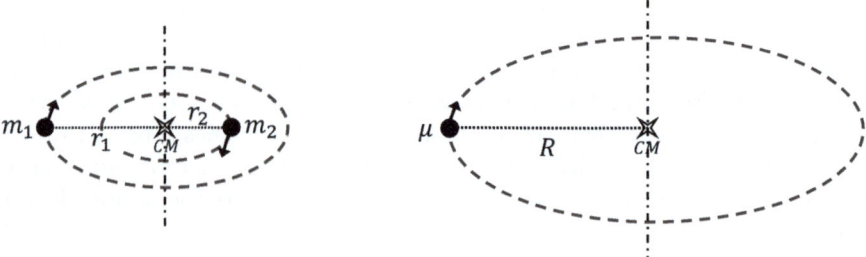

Figura 15.1. Izquierda: sistema formado por dos cuerpos de masas m_1 y m_2 situados en puntos diametralmente opuestos que orbitan en torno al centro de masas (CM) a distancias r_1 y r_2, respectivamente. Derecha: sistema dinámicamente equivalente formado por un solo cuerpo de masa reducida μ que gira en torno al centro de masas (CM) a distancia $R = r_1 + r_2$.

---

[43]La masa reducida es muy parecida a la del electrón, $m = 0{,}9995\,m_e$ para hidrógeno 1 y valores aún más próximos para los otros isótopos del hidrógeno y para átomos hidrogenoides, cuyos núcleos tienen masas mayores. En el caso de un átomo muónico, donde el electrón se remplaza por un muon con masa $m_\mu = 207\,m_e$, la diferencia es más apreciable, $m = 0{,}9\,m_\mu$.

La derivada respecto a la coordenada i del cuerpo κ ($\kappa = \{1, 2\}$) se puede expresar, aplicando la regla de la cadena, como:

$$\frac{\partial}{\partial r_{\kappa i}} = \frac{\partial R_{CMi}}{\partial r_{\kappa i}} \frac{\partial}{\partial R_{CMi}} + \frac{\partial R_i}{\partial r_{\kappa i}} \frac{\partial}{\partial R_i} = \frac{m_\kappa}{(m_1 + m_2)} \frac{\partial}{\partial R_{CMi}} \pm \frac{\partial}{\partial R_i}$$

donde el signo del segundo término es más para $\kappa = 1$ y menos para $\kappa = 2$. En términos de gradientes se puede escribir como $\vec{\nabla}_\kappa = [m_\kappa/(m_1 + m_2)] \vec{\nabla}_{CM} \pm \vec{\nabla}$.

Empleando este resultado, el hamiltoniano del sistema de dos cuerpos, que contiene la energía cinética de ambos y la energía potencial entre ellos, se puede reescribir en función de las coordenadas del centro de masas y de la coordenada relativa como:

$$
\begin{aligned}
H &= -\frac{\hbar^2}{2m_1} \nabla_1^2 - \frac{\hbar^2}{2m_2} \nabla_2^2 + V(R) \\
&= -\frac{\hbar^2}{2m_1} \left[\frac{m_1^2}{(m_1 + m_2)^2} \nabla_{CM}^2 + \nabla^2 + 2 \frac{m_1}{(m_1 + m_2)} \vec{\nabla}_{CM} \cdot \vec{\nabla} \right] \\
&\quad - \frac{\hbar^2}{2m_2} \left[\frac{m_2^2}{(m_1 + m_2)^2} \nabla_{CM}^2 + \nabla^2 - 2 \frac{m_2}{(m_1 + m_2)} \vec{\nabla}_{CM} \cdot \vec{\nabla} \right] + V(R) \\
&= -\frac{\hbar^2}{2(m_1 + m_2)} \nabla_{CM}^2 - \frac{\hbar^2(m_1 + m_2)}{2m_1 m_2} \nabla^2 + V(R) \\
&= -\frac{\hbar^2}{2M_T} \nabla_{CM}^2 - \frac{\hbar^2}{2\mu} \nabla^2 + V(R)
\end{aligned}
$$

donde $M_T = m_1 + m_2$ es la masa total del sistema y $\mu = m_1 m_2/(m_1 + m_2)$ es su masa reducida. El hamiltoniano se puede separar entonces en un hamiltoniano de traslación global del sistema, dependiente de las coordenadas de su centro de masas y de la masa total:

$$H_{CM} = -\frac{\hbar^2}{2M_T} \nabla_{CM}^2$$

y en un hamiltoniano intrínseco, dependiente de la coordenada relativa entre ambos cuerpos y de la masa reducida:

$$H' = -\frac{\hbar^2}{2\mu} \nabla^2 + V(R)$$

En el caso de átomos de hidrógeno o hidrogenoides se emplea la notación $\mu \equiv m$ para la masa reducida y $R \equiv r$ para la coordenada relativa, siendo la energía potencial $V(r) = -\alpha \hbar c \, Z/r$.

15.1.1. Energías

En primer lugar, se establece la ecuación de Schrödinger independiente del tiempo en tres dimensiones para el átomo de hidrógeno con el hamiltoniano de Bohr H (ec. 15.3):

$$H\,\phi(r,\theta,\varphi) = E\,\phi(r,\theta,\varphi) \tag{15.4}$$

donde E son las energías y $\phi(r,\theta,\varphi)$ son las partes espaciales de las autofunciones de onda del átomo de hidrógeno en coordenadas esféricas. Escribiendo el hamiltoniano como en la ec. 4.26, resulta:

$$H = \frac{1}{2m}\left[P_r^2 + \frac{1}{r^2}\,L^2\right] - \alpha\hbar c\,\frac{Z}{r} \tag{15.5}$$

donde P_r^2 es el operador momento radial al cuadrado (ec. 4.27) y L^2 es el operador momento angular orbital al cuadrado (ec. 4.16).

La parte espacial de la autofunción de onda, u *orbital atómico*, se puede expresar como producto de una parte radial y de una parte angular (ec. 4.29):

$$\phi_{nlm_l}(r,\theta,\varphi) = R_{nl}(r)\,Y_{lm_l}(\theta,\varphi) \tag{15.6}$$

donde la parte angular $Y_{lm_l}(\theta,\varphi)$ es un armónico esférico, autofunción del operador L^2 (ec. 4.30). Introduciendo esta función de onda factorizada y el cambio de variable radial $U(r) = rR(r)$ resulta la siguiente ecuación de Schrödinger radial (ec. 4.32):

$$-\frac{\hbar^2}{2m}\frac{d^2U(r)}{dr^2} + \left[\frac{\hbar^2}{2m}\frac{l(l+1)}{r^2} - \alpha\hbar c\frac{Z}{r}\right]U(r) = E\,U(r) \tag{15.7}$$

donde aparece el término de potencial centrífugo (ec. 4.33) junto al término de energía potencial coulombiana.

Las soluciones de la ecuación angular solo existen para valores enteros del *número cuántico orbital* o *azimutal*, $l = \{0, 1, 2, 3, ...\}$, y el *número cuántico magnético* solo puede tomar los valores $m_l = \{-l, -l+1, -l+2, ..., 0, ..., l-2, l-1, l\}$ (apdo. 4.3). A su vez, para los valores permitidos de l la ecuación radial 15.7 solo tiene soluciones válidas para ciertas energías E_n, que son los autovalores del hamiltoniano de Bohr y que se pueden expresar en función del *número cuántico principal*, con posibles valores $n = \{l+1, l+2, l+3, ...\}$.

Fijando en primer lugar la energía a través del número cuántico principal n, los posibles valores que pueden tomar los números cuánticos anteriores se expresan de manera más conveniente como:

$$n = \{1, 2, 3, ...\} \tag{15.8}$$

$$l = \{0, 1, 2, ..., n-1\} \tag{15.9}$$

$$m_l = \{-l, -l+1, -l+2, ..., 0, ..., l-2, l-1, l\} \tag{15.10}$$

El número cuántico principal es la suma del número cuántico orbital l y del número cuántico de nodo radial n_r (introducido en el apdo. 13.3, que se define como el número de ceros de la función $rR(r)$, incluyendo el de $r = 0$): $n = n_r + l$. Se emplea esta combinación porque con un potencial coulombiano las energías tienen la misma dependencia en n_r y en l. El valor mínimo de n_r es 1 y por tanto, para un n dado, el valor máximo de l es $n - 1$. El valor del número cuántico orbital l se suele indicar en notación espectroscópica: s para $l = 0$, p para $l = 1$, d para $l = 2$, f para $l = 3$, g para $l = 4$, y sucesivamente en orden alfabético.

En función del número cuántico principal n los posibles valores de la energía vienen dados por:

$$E_n = -\frac{Z^2}{n^2} \frac{\alpha^2 mc^2}{2} \tag{15.11}$$

Estas energías están degeneradas, ya que a cada valor E_n le corresponden n^2 autoestados con diferentes valores de l y m_l, representados como $|nlm_l\rangle \equiv R_{nl}(r)Y_{lm_l}(\theta,\varphi)$. Para el átomo de hidrógeno ($Z = 1$), en el estado fundamental ($n = 1$) la energía es $E_1 = -\alpha^2 mc^2/2 = -13{,}6$ eV y para cualquier otro estado se puede obtener como $E_n = E_1/n^2$. Para cualquier estado de un átomo hidrogenoide se puede obtener como $E_n \approx E_1 Z^2/n^2$.

El cambio de energía en la transición entre un estado inicial con n_i y un estado final con n_f viene dada por la *fórmula de Rydberg*:

$$\Delta E_{n_i,n_f} = E_{n_f} - E_{n_i} = -\left(\frac{1}{n_f^2} - \frac{1}{n_i^2}\right)\frac{Z^2 \alpha^2 mc^2}{2} \tag{15.12}$$

Las líneas de emisión ($\Delta E_{n_i,n_f} < 0$) o absorción ($\Delta E_{n_i,n_f} > 0$) del espectro electromagnético del átomo de hidrógeno se organizan en *series espectrales* según el número cuántico n' del estado con menor energía de la transición: Lyman (simbolizada Ly, para $n' = 1$), Balmer (H, $n' = 2$), Paschen (P, $n' = 3$), Brackett (Br, $n' = 4$), Pfund (Pf, $n' = 5$), Humphreys (Hu, $n' = 6$), etc. El cambio del número cuántico principal en la transición se indica mediante grafías griegas: α ($|\Delta n| = 1$), β ($|\Delta n| = 2$), γ ($|\Delta n| = 3$), δ ($|\Delta n| = 4$), ε ($|\Delta n| = 5$), etc. Así, por ejemplo, la línea espectral Ly-α de emisión corresponde a la transición con $n_f = n' = 1$ y $n_i = n_f + |\Delta n| = 1 + 1 = 2$, en la que el átomo de hidrógeno emite una energía de 10,2 eV.

15.1.2. Autofunciones de onda

La parte angular de la autofunción de onda solo existe para ciertos valores de los números cuánticos orbital l y magnético m_l, y viene dada por los armónicos esféricos $Y_{lm_l}(\theta,\varphi)$ (apdo. 4.3, tabla 4.22). Estas funciones son complejas para $m_l \neq 0$, pero a partir de ellas se pueden construir funciones reales como combinaciones lineales de la forma $[Y_{l-m_l} + (-1)^{m_l} Y_{lm_l}]/\sqrt{2}$ o de la forma $i[Y_{lm_l} - (-1)^{m_l} Y_{l-m_l}]/\sqrt{2}$, que también son autofunciones (ya que las energías no dependen de m_l). Estas funciones resultan fácilmente interpretables en coordenadas cartesianas y su uso es habitual en química (ver apdos. 18.5, 18.6). Por ejemplo, para el caso $l = 1$ (orbital p), los tres orbitales con $m_l = \{-1,0,1\}$ pueden combinarse para dar lugar a los orbitales

p_x, p_y, p_z, cuyas partes angulares reales se definen como:

$$Y_{p_x} \equiv \frac{1}{\sqrt{2}} \left(Y_{1\,-1} - Y_{1\,1} \right) = \sqrt{\frac{3}{4\pi}} \,\operatorname{sen}\theta \,\cos\varphi = \sqrt{\frac{3}{4\pi}} \frac{x}{r} \qquad (15.13)$$

$$Y_{p_y} \equiv \frac{i}{\sqrt{2}} \left(Y_{1\,-1} + Y_{1\,1} \right) = \sqrt{\frac{3}{4\pi}} \,\operatorname{sen}\theta \,\operatorname{sen}\varphi = \sqrt{\frac{3}{4\pi}} \frac{y}{r} \qquad (15.14)$$

$$Y_{p_z} \equiv Y_{1\,0} = \sqrt{\frac{3}{4\pi}} \,\cos\theta = \sqrt{\frac{3}{4\pi}} \frac{z}{r} \qquad (15.15)$$

donde se han dado sus expresiones en coordenadas esféricas y cartesianas (con $r = \sqrt{x^2 + y^2 + z^2}$). De manera análoga, se pueden construir partes angulares reales para los orbitales d, f, etc.

La parte radial de la autofunción de onda, $R_{nl}(r) = U_{nl}(r)/r$, donde $U_{nl}(r)$ es la solución de la ec. 15.7, también está restringida a ciertos valores de números cuánticos, en este caso el principal n y el orbital l, y se puede expresar como:

$$R_{nl}(r) = \left(\frac{2}{na} \right)^{\frac{3}{2}} \left[\frac{(n-l-1)!}{2n\,[(n+l)!]^3} \right]^{\frac{1}{2}} e^{-\frac{r}{na}} \left(\frac{2r}{na} \right)^l \left[L^{2l+1}_{(n+l)-(2l+1)}(2r/na) \right] \quad (15.16)$$

donde el *polinomio asociado de Laguerre* $L^p_{q-p}(x)$ se define como:

$$L^p_{q-p}(x) = (-1)^p \frac{d^p}{dx^p} \left[e^x \frac{d^q}{dx^q} \left(e^{-x}\,x^q \right) \right] \qquad (15.17)$$

El parámetro a es el radio clásico (en el modelo de Bohr) de la primera órbita del electrón, dado por:

$$a \approx \frac{a_0}{Z} \qquad (15.18)$$

donde la constante a_0 es el *radio de Bohr* (radio clásico de la primera órbita del electrón en el átomo de hidrógeno), definida como:

$$a_0 \equiv \frac{\hbar c}{\alpha m c^2} = 0{,}0529 \,\text{nm} \qquad (15.19)$$

Las partes radiales de las autofunciones de onda del átomo de hidrógeno para $n \leq 3$ son las siguientes (figura 15.2):

$$R_{10} = 2\,a^{-\frac{3}{2}}\,e^{-\frac{r}{a}} \qquad\qquad R_{30} = \frac{2}{\sqrt{27}}\,a^{-\frac{3}{2}} \left[1 - \frac{2}{3}\frac{r}{a} + \frac{2}{27}\left(\frac{r}{a}\right)^2 \right] e^{-\frac{r}{3a}}$$

$$R_{20} = \frac{1}{\sqrt{2}}\,a^{-\frac{3}{2}} \left(1 - \frac{1}{2}\frac{r}{a} \right) e^{-\frac{r}{2a}} \qquad\qquad R_{31} = \frac{8}{27\sqrt{6}}\,a^{-\frac{3}{2}} \left(1 - \frac{1}{6}\frac{r}{a} \right)\frac{r}{a}\,e^{-\frac{r}{3a}}$$

$$R_{21} = \frac{1}{\sqrt{24}}\,a^{-\frac{3}{2}}\frac{r}{a}\,e^{-\frac{r}{2a}} \qquad\qquad R_{32} = \frac{4}{81\sqrt{30}}\,a^{-\frac{3}{2}} \left(\frac{r}{a}\right)^2 e^{-\frac{r}{3a}}$$

$$(15.20)$$

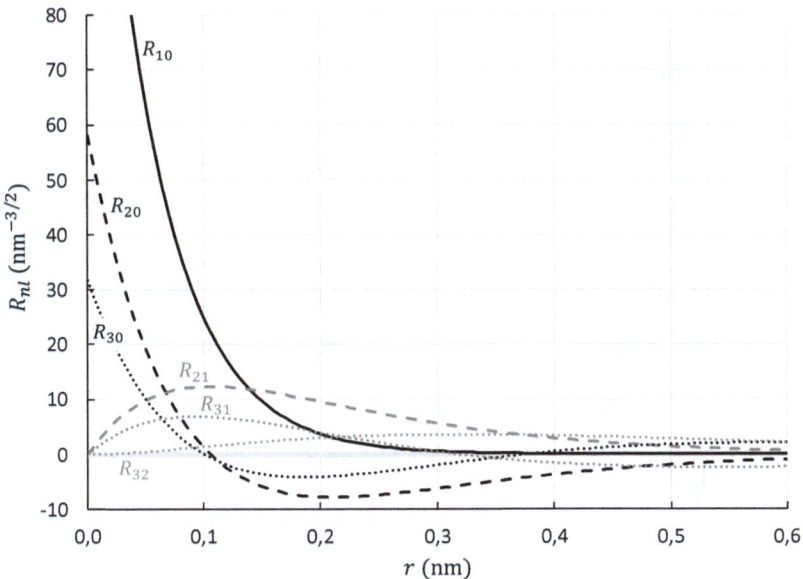

Figura 15.2. Partes radiales de las autofunciones de onda del átomo de hidrógeno, R_{nl} en nm$^{-3/2}$, en función de la coordenada radial r en nm, para $n = 1$ (línea continua), $n = 2$ (líneas discontinuas) y $n = 3$ (líneas punteadas).

Cada una de las autofunciones de onda está asociada a una *densidad de probabilidad* (total), definida como:

$$\rho_{nlm_l}(r,\theta) = |\phi_{nlm_l}(r,\theta,\varphi)|^2 = [R_{nl}(r)]^2 \, |Y_{lm_l}(\theta,\varphi)|^2 \qquad (15.21)$$

que no depende del ángulo azimutal φ porque este solo aparece como argumento de una exponencial compleja en el armónico esférico (ec. 4.19), que aquí se introduce con su módulo. A partir de esta densidad se obtiene la probabilidad de encontrar el electrón en el volumen diferencial dV entre (r,θ,φ) y $(r + dr, \theta + d\theta, \varphi + d\varphi)$ como:

$$\rho_{nlm_l}(r,\theta)\, dV = [R_{nl}(r)]^2 \, |Y_{lm_l}(\theta,\varphi)|^2 \, r^2 \, \text{sen}\,\theta \, dr \, d\theta \, d\varphi \qquad (15.22)$$

La *densidad de probabilidad radial* (figura 15.3) se define como:

$$P_{nl}(r) = [R_{nl}(r)]^2 \, r^2 \qquad (15.23)$$

A partir de esta densidad se obtiene la probabilidad de encontrar el electrón en el intervalo diferencial de la coordenada radial entre r y $r + dr$ como:

$$P_{nl}(r)\, dr = [R_{nl}(r)]^2 \, r^2 \, dr \qquad (15.24)$$

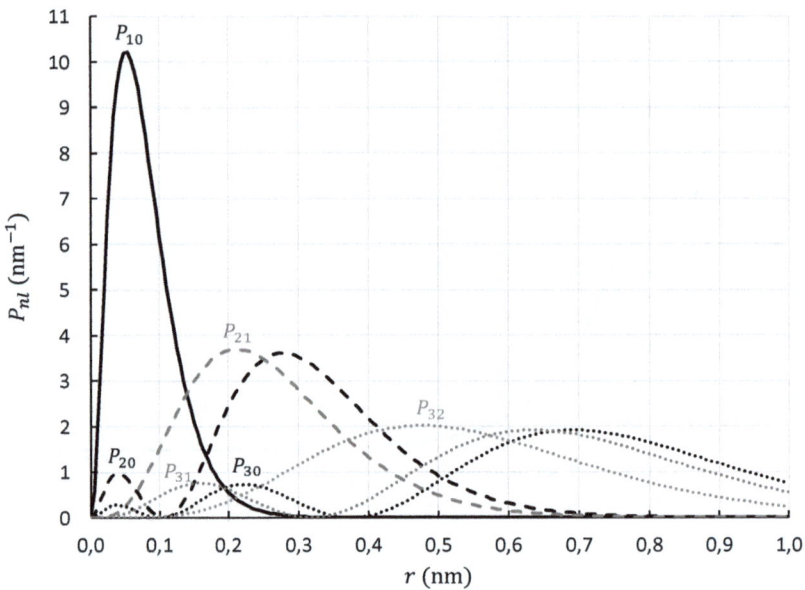

Figura 15.3. Densidades de probabilidad radial del átomo de hidrógeno, P_{nl} en nm^{-1}, en función de la coordenada radial r en nm, para $n = 1$ (línea continua), $n = 2$ (líneas discontinuas) y $n = 3$ (líneas punteadas).

El valor esperado de una potencia de la coordenada radial en los estados del átomo de hidrógeno se define como:

$$\langle r^k \rangle_{nl} = \langle \phi_{nlm_l} | r^k | \phi_{nlm_l} \rangle = \int_V |\phi_{nlm_l}(r,\theta,\varphi)|^2 \, r^k \, dV = \int_0^\infty P_{nl}(r) \, r^k \, dr \quad (15.25)$$

Para las tres primeras potencias positivas de la coordenada radial los resultados son:

$$\langle r \rangle_{nl} = \frac{a}{2} \left[3n^2 - l(l+1) \right] \quad (15.26)$$

$$\langle r^2 \rangle_{nl} = \frac{n^2 a^2}{2} \left[5n^2 - 3\,l(l+1) + 1 \right] \quad (15.27)$$

$$\langle r^3 \rangle_{nl} = \frac{n^2 a^3}{8} \left\{ n^2 \left[35n^2 - 30\,l(l+1) + 25 \right] + 3\,l(l+1)\left[l(l+1) - 6 \right] \right\} \quad (15.28)$$

Y para las tres primeras potencias negativas los resultados son:

$$\langle r^{-1} \rangle_{nl} = \frac{1}{n^2 a} \quad (15.29)$$

$$\langle r^{-2} \rangle_{nl} = \frac{1}{n^3 a^2 \, (l + 1/2)} \quad (15.30)$$

$$\langle r^{-3} \rangle_{nl} = \frac{1}{n^3 a^3 \, l(l + 1/2)(l + 1)} \quad (15.31)$$

Los valores esperados de tres potencias consecutivas de la coordenada radial se relacionan entre sí mediante la expresión de Kramers:

$$\frac{k+1}{n^2}\langle r^k\rangle_{nl} - (2k+1)\,a\,\langle r^{k-1}\rangle_{nl} + \frac{k}{4}\left[(2l+1)^2 - k^2\right]\,a^2\,\langle r^{k-2}\rangle_{nl} = 0 \quad (15.32)$$

15.2. Estructura fina

15.2.1. Corrección relativista a la energía cinética

Si el momento del electrón p no es muy grande, de manera que pc es pequeño en comparación con el equivalente en energía de su masa, mc^2, entonces la expresión relativista de su energía cinética (ec. 1.13) se puede desarrollar como:

$$T = E - mc^2 = \sqrt{m^2c^4 + p^2c^2} - mc^2$$

$$= mc^2\left[\sqrt{1 + \left(\frac{p}{mc}\right)^2} - 1\right] = \frac{p^2}{2m} - \frac{p^4}{8m^3c^2} + ... \quad (15.33)$$

El primer término es la energía cinética no relativista y el segundo es la corrección a orden más bajo, que se tratará como una perturbación al hamiltoniano de Bohr:

$$\Delta H_R = -\frac{p^4}{8m^3c^2} \quad (15.34)$$

Del hamiltoniano de Bohr se puede deducir la siguiente expresión para la cuarta potencia del momento lineal:

$$H = \frac{p^2}{2m} + V \;\Rightarrow\; \frac{p^2}{2m} = H - V \;\Rightarrow\; p^4 = 4m^2\left[H^2 + V^2 - HV - VH\right] \quad (15.35)$$

En teoría de perturbaciones, la corrección a primer orden de la energía debida al nuevo hamiltoniano perturbado se obtiene a través del valor esperado de la perturbación en el estado sin perturbar:

$$\Delta E_R = \langle \Delta H_R\rangle = -\frac{1}{2mc^2}\left(\langle H^2\rangle + \langle V^2\rangle - \langle HV\rangle - \langle VH\rangle\right)$$

$$= -\frac{1}{2mc^2}\left(E_n^2 + \langle V^2\rangle - 2E_n\langle V\rangle\right) \quad (15.36)$$

Introduciendo las expresiones del potencial coulombiano, $V = -\alpha\hbar c\, r^{-1}$, y de los valores esperados $\langle r^{-1}\rangle$ y $\langle r^{-2}\rangle$ (ecs. 15.29 y 15.30), se obtiene la siguiente corrección de la energía a primer orden debida a efectos relativistas en la energía cinética:

$$\Delta E_R = -\alpha^4 mc^2\,\frac{1}{2n^4}\left[\frac{n}{(l+1/2)} - \frac{3}{4}\right] \quad (15.37)$$

15.2.2. Interacción espín-órbita

En el sistema de referencia de un electrón con número cuántico orbital $l \neq 0$, es el núcleo (un protón en el caso del hidrógeno 1) el que orbita a su alrededor, creando en la posición del electrón un campo magnético dado por (ec. 20.44):

$$\vec{\mathcal{B}} = \frac{1}{2} \frac{\alpha\hbar}{emc} \frac{1}{r^3} \vec{L} \tag{15.38}$$

donde $\vec{L} = \vec{r} \times m\vec{v}$ es el momento angular orbital del electrón, α es la constante de estructura fina y e es la carga del protón.

Por otro lado, el espín del electrón está asociado a un momento dipolar magnético dado por (ec. 20.28):

$$\vec{\mu}_e^{(s)} = -g_e^{(s)} \frac{e}{2m} \vec{S} \tag{15.39}$$

donde $g_e^{(s)}$ es el factor g de espín del electrón (ec. 20.29), y donde se ha supuesto $m = m_e$ (masa reducida del sistema igual a la del electrón).

La interacción del momento dipolar magnético de espín del electrón con el campo magnético creado por el protón se puede considerar como una perturbación al hamiltoniano de Bohr, dada por (ec. 20.18, ec. 20.45):

$$\Delta H_{SO} = -\vec{\mu}_e^{(s)} \cdot \vec{\mathcal{B}} = \frac{g_e^{(s)}}{4} \frac{\alpha\hbar}{m^2c} \frac{1}{r^3} \vec{L} \cdot \vec{S} = \frac{g_e^{(s)}}{8} \frac{\alpha\hbar}{m^2c} \frac{1}{r^3} \left(J^2 - L^2 - S^2 \right) \tag{15.40}$$

donde el producto escalar $\vec{L} \cdot \vec{S}$ se ha expresado en función del momento angular total del electrón $\vec{J} = \vec{L} + \vec{S}$ (suma del orbital y el de espín) como en la ec. 13.15:

$$J^2 = (\vec{L} + \vec{S})^2 = L^2 + S^2 + 2\,\vec{L} \cdot \vec{S} \quad \Rightarrow \quad \vec{L} \cdot \vec{S} = \frac{1}{2} \left(J^2 - L^2 - S^2 \right) \tag{15.41}$$

Aunque las energías del hamiltoniano sin perturbar (el de Bohr) están degeneradas, se puede emplear la teoría de perturbaciones a primer orden para el caso no degenerado usando los autovectores del hamiltoniano sin perturbar $|n\,l\,s\,j\,m_j\rangle$, que también son autovectores de J^2 y J_z con números cuánticos j y m_j, respectivamente[44]. La corrección a primer orden de la energía por interacción espín-órbita resulta:

$$\begin{aligned}
\Delta E_{SO} = \langle \Delta H_{SO} \rangle &= \frac{g_e^{(s)}}{8} \frac{\alpha\hbar}{m^2c} \left\langle \frac{1}{r^3} \right\rangle \left(\langle J^2 \rangle - \langle L^2 \rangle - \langle S^2 \rangle \right) \\
&= \alpha^4 mc^2 \frac{[j(j+1) - l(l+1) - 3/4]}{4\,n^3\,l\,(l+1/2)\,(l+1)}
\end{aligned} \tag{15.42}$$

donde se ha sustituido $g_e^{(s)} = 2$ y $s = 1/2$ y se ha introducido la expresión del valor esperado $\langle r^{-3} \rangle$ (ec. 15.31).

---

[44]Los operadores J^2 y J_z conmutan con el hamiltoniano sin perturbar y con esta perturbación, y cumplen con el resto de condiciones necesarias para que el uso de la base propia común permita aplicar teoría de perturbaciones para el caso no degenerado (apdo. 6.3).

15.2.3. Término de Darwin

Para un electrón con $l = 0$ aparece una perturbación del hamiltoniano dada por:

$$\Delta H_D = \frac{\hbar^2}{8m^2c^2}\,\nabla^2 V = \frac{\hbar^2}{8m^2c^2}\,(-\alpha\hbar c)\,\nabla^2\!\left(\frac{1}{r}\right)$$

$$= -\frac{\alpha\hbar^3}{8m^2c}\left(-4\pi\delta(\vec{r})\right) = \frac{\alpha\pi\hbar^3}{2m^2c}\,\delta(\vec{r}) \tag{15.43}$$

Empleando teoría de perturbaciones a primer orden, la corrección de la energía debida a esta perturbación, denominada *término de Darwin*, resulta:

$$\Delta E_D = \langle\Delta H_D\rangle = \frac{\alpha\pi\hbar^3}{2m^2c}\langle\delta(\vec{r})\rangle = \frac{\alpha\pi\hbar^3}{2m^2c}\,|\phi_{n00}(0)|^2\,\delta_{l,0} = \frac{\alpha\pi\hbar^3}{2m^2c}\,|R_{n0}(0)|^2\,|Y_{00}|^2\,\delta_{l,0}$$

$$= \frac{\alpha\pi\hbar^3}{2m^2c}\left|\left(\frac{2}{na_0}\right)^{\frac{3}{2}}\left[\frac{(n-1)!}{2n\,(n!)^3}\right]^{\frac{1}{2}}\left[L^1_{n-1}(0)\right]\right|^2\frac{1}{4\pi}\,\delta_{l,0} = \alpha^4 mc^2\,\frac{1}{2n^3}\,\delta_{l,0} \tag{15.44}$$

donde se han introducido las expresiones de la parte radial $R_{n0}(0)$ (ec. 15.16) y de la parte angular $(Y_{00} = 1/\sqrt{4\pi})$ de la función de onda $\phi_{n00}(r)$ en $r = 0$.

Esta corrección no tiene análogo clásico y puede interpretarse en teoría cuántica de campos como el efecto de la interacción del electrón con los pares virtuales electrón-positrón que se crean y destruyen continuamente en su entorno. En mecánica cuántica relativista puede interpretarse de manera equivalente como una interferencia entre estados de energía positiva y negativa que produce una rápida fluctuación aparente en la posición del electrón, denominada *zitterbewegung*[45].

15.2.4. Corrección de estructura fina completa

Las tres correcciones anteriores son todas de orden $\alpha^4 mc^2$ y se agrupan en la corrección de *estructura fina*:

$$\Delta E_F = \Delta E_R + \delta_{l,0}\,\Delta E_D + (1 - \delta_{l,0})\,\Delta E_{SO} \tag{15.45}$$

cuya expresión completa es:

$$\Delta E_F = -\alpha^4 mc^2\,\frac{1}{4n^4}\left(\frac{2n}{j + 1/2} - \frac{3}{2}\right) \tag{15.46}$$

Esta corrección depende de los números cuánticos n y j, pero no de l. Para un nivel de energía con n dado, la corrección rompe su degeneración en j dando lugar a

---

[45] Esta fluctuación en la posición del electrón es, de acuerdo con el principio de incertidumbre, de orden $\lambda \sim c\Delta t \sim c(\hbar/\Delta E) \sim \hbar/mc$. Da lugar a una energía potencial del electrón promediada en su entorno que, desarrollada en serie hasta orden $(\vec{\delta r})^2$ e introduciendo los promedios de las fluctuaciones $\overline{\vec{\delta r}} \sim 0$ y $\overline{(\vec{\delta r})^2} \sim \lambda^2$, es $\overline{V}(\vec{r}+\vec{\delta r}) \sim V(\vec{r}) + \lambda^2\,\nabla^2 V(\vec{r})$. Por tanto, $\Delta H_D \sim (\hbar^2/m^2c^2)\,\nabla^2 V$.

n subniveles con energías diferentes, todos ellos por debajo de la energía del nivel inicial, ya que la corrección siempre es negativa.

Las correcciones incluidas en la estructura fina son de origen relativista y pueden obtenerse resolviendo la ecuación de Dirac (versión relativista de la ecuación de Schrödinger para partículas de espín 1/2), de donde resultan las siguientes energías, que se dan sin demostración únicamente con carácter ilustrativo:

$$
E_{nj} = mc^2 \left\{ \left[1 + \left(\frac{\alpha}{n - j - 1/2 + ((j + 1/2)^2 - \alpha^2)^{1/2}} \right)^2 \right]^{-\frac{1}{2}} - 1 \right\} \quad (15.47)
$$

Estas energías son exactas, en el sentido de que no provienen de una aproximación perturbativa. La corrección de estructura fina se obtiene de esta expresión desarrollándola en serie de Taylor en la constante de estructura fina hasta orden α^4.

15.3. Efecto Lamb

El *efecto Lamb* surge en el marco de la electrodinámica cuántica como correcciones a la interacción entre el electrón y el núcleo debidas a fluctuaciones cuánticas. Están asociadas a diagramas de Feynman con bucles (figura 9.5, derecha) que se interpretan como un apantallamiento de la carga del núcleo debido a la producción de pares virtuales electrón-positrón en su entorno (polarización del vacío), como una modificación de la masa del electrón (renormalización de la masa), y como una modificación del momento dipolar magnético del electrón (momento magnético anómalo).

La corrección de la energía debida al efecto Lamb viene dada por:

$$
\Delta E_L = \alpha^5 mc^2 \frac{1}{4n^3} \left[k(n,l) \pm (1 - \delta_{l,0}) \frac{1}{\pi} \frac{1}{(j + 1/2)(l + 1/2)} \right] \quad (15.48)
$$

con $j = l \pm 1/2$, donde $k(n,l) < 0{,}05$, excepto para $l = 0$, donde $k(n,0) \approx 13$.

15.4. Estructura hiperfina

15.4.1. Interacción del espín nuclear con la órbita electrónica

Un electrón con número cuántico orbital $l \neq 0$ orbita alrededor del núcleo creando un campo magnético en la posición de este dado por:

$$
\vec{B} = -\frac{\alpha \hbar}{emc} \frac{1}{r^3} \vec{L} \quad (15.49)
$$

donde $\vec{L} = \vec{r} \times m\vec{v}$ es el momento angular orbital del electrón, que tiene carga $-e$, y α es la constante de estructura fina (se trata de la ec. 15.38 o 20.44 con signo opuesto y sin el factor de Thomas 1/2).

Por otro lado, el espín del núcleo, que es un protón en el caso del hidrógeno 1, está asociado a un momento dipolar magnético dado por (ec. 20.31):

$$\vec{\mu}_p^{(s)} = g_p^{(s)} \frac{e}{2m_p} \vec{S}_p \tag{15.50}$$

donde el factor g de espín del protón es $g_p^{(s)} = 5{,}586$ (ec. 20.32).

La interacción del momento dipolar magnético de espín del protón con el campo magnético creado por el movimiento orbital del electrón se puede considerar como una perturbación del hamiltoniano, dada por (ec. 20.18):

$$\Delta H_{S_p O} = -\vec{\mu}_p^{(s)} \cdot \vec{\mathcal{B}} = g_p^{(s)} \frac{\alpha\hbar}{2mm_p c} \frac{1}{r^3} \vec{L} \cdot \vec{S}_p \tag{15.51}$$

15.4.2. Interacción del espín nuclear con el espín electrónico

El espín del núcleo, que es un protón en el caso del hidrógeno 1, está asociado a un momento dipolar magnético $\vec{\mu}_p^{(s)}$ (ec. 15.50), que a su vez crea el siguiente campo magnético:

$$\vec{\mathcal{B}}_{\mu_p} = \frac{\mu_0}{4\pi} \frac{1}{r^3} \left[\frac{3(\vec{\mu}_p^{(s)} \cdot \vec{r})\,\vec{r}}{r^2} - \vec{\mu}_p^{(s)} \right] + \frac{2\mu_0}{3} \vec{\mu}_p^{(s)} \delta(\vec{r})$$

$$= \frac{g_p^{(s)} e\,\mu_0}{2m_p} \left\{ \frac{1}{4\pi r^3} \left[3(\vec{S}_p \cdot \hat{r})\,\hat{r} - \vec{S}_p \right] + \frac{2}{3} \vec{S}_p\, \delta(\vec{r}) \right\} \tag{15.52}$$

Por otro lado, el espín del electrón está asociado a un momento dipolar magnético $\vec{\mu}_e^{(s)}$, que ya apareció en la estructura fina para $m = m_e$ (ec. 15.39). La interacción del momento dipolar magnético de espín del electrón con el campo magnético creado por el momento dipolar magnético de espín del protón se puede considerar como una perturbación del hamiltoniano, dada por (ec. 20.18):

$$\Delta H_{S_p S} = -\vec{\mu}_e^{(s)} \cdot \vec{\mathcal{B}}_{\mu_p}$$

$$= \frac{g_e^{(s)} g_p^{(s)} \pi\alpha\hbar}{mm_p c} \left\{ \frac{1}{4\pi r^3} \left[3(\vec{S}_p \cdot \hat{r})(\vec{S} \cdot \hat{r}) - \vec{S}_p \cdot \vec{S} \right] + \frac{2}{3} (\vec{S}_p \cdot \vec{S})\, \delta(\vec{r}) \right\} \tag{15.53}$$

que se ha reescrito introduciendo $\mu_0 = 1/(\epsilon_0 c^2)$ y la constante de estructura fina $\alpha = e^2/(4\pi\epsilon_0\hbar c)$.

15.4.3. Corrección de estructura hiperfina completa

Las dos perturbaciones anteriores (espín del protón con órbita del electrón y espín del protón con espín del electrón) son del mismo orden y se agrupan para dar lugar a la corrección de *estructura hiperfina*. Aunque las energías del hamiltoniano sin perturbar (el de Bohr con las dos correcciones previas, la fina y la de Lamb) están degeneradas, se puede emplear la teoría de perturbaciones a primer orden para el caso no degenerado usando los autovectores del hamiltoniano sin perturbar $|nlsjs_pfm_f\rangle$, que también son autovectores de los operadores F^2 y F_z, con números cuánticos f y m_f respectivamente, siendo $\vec{F} = \vec{L} + \vec{S} + \vec{S}_p = \vec{J} + \vec{S}_p$ el momento angular total del átomo (suma del total del electrón y del de espín del protón)[46].

La corrección a primer orden de la energía, que da lugar a la estructura hiperfina completa, resulta:

$$\Delta E_{HF} = \Delta E_{S_pO} + \Delta E_{S_pS} = \langle\Delta H_{S_pO}\rangle + \langle\Delta H_{S_pS}\rangle = \frac{g_p^{(s)}\alpha\hbar}{2mm_pc}\left\{\langle r^{-3}\rangle\langle\vec{L}\cdot\vec{S}_p\rangle\right.$$

$$\left. + 2g_e^{(s)}\pi\left\{\frac{\langle r^{-3}\rangle}{4\pi}\left[3\langle(\vec{S}_p\cdot\hat{r})(\vec{S}\cdot\hat{r})\rangle - \langle\vec{S}_p\cdot\vec{S}\rangle\right] + \frac{2}{3}\langle\vec{S}_p\cdot\vec{S}\rangle\langle\delta(\vec{r})\rangle\right\}\right\} \quad (15.54)$$

donde $\langle r^{-3}\rangle$ se obtiene de la ec. 15.31. Para $l = 0$ el único término que contribuye es el último, donde $\langle\delta(\vec{r})\rangle = |\phi_{n00}(0)|^2\,\delta_{l,0} = (n^3a_0^3\,\pi)^{-1}\,\delta_{l,0}$ (que aparece también en el término de Darwin, ec. 15.44) y donde $\langle\vec{S}_p\cdot\vec{S}\rangle$ puede expresarse como:

$$\langle\vec{S}_p\cdot\vec{S}\rangle = \frac{1}{2}\left(\langle F^2\rangle - \langle S_p^2\rangle - \langle S^2\rangle\right) = \frac{\hbar^2}{2}\left(f(f+1) - \frac{3}{2}\right) \quad (15.55)$$

ya que en el caso $\vec{L} = 0$ se tiene $\vec{F} = \vec{S} + \vec{S}_p$, con números cuánticos $s = 1/2$, $s_p = 1/2$ y $f = \{0, 1\}$.

Introduciendo en la ec. 15.54 todos los valores esperados y sustituyendo $g_e^{(s)} = 2$ se obtiene para cualquier valor de l:

$$\Delta E_{HF} = \pm\frac{m}{m_p}\,\alpha^4mc^2\,\frac{g_p^{(s)}}{4}\,\frac{1}{n^3\,(f+1/2)\,(l+1/2)} \quad (15.56)$$

donde el signo global corresponde al de la combinación de la que proviene el número cuántico f, que solo puede tomar los valores $f = j \pm 1/2$ (ya que $s_p = 1/2$). Así, la estructura hiperfina en un átomo con espín nuclear $1/2$ separa en dos todas las energías que provienen del hamiltoniano de Bohr con correcciones fina y de Lamb[47].

15.5. Resumen de correcciones de las energías

Las correcciones de las energías del átomo de hidrógeno debidas a interacciones entre momentos dipolares magnéticos asociados a momentos angulares, que han sido tratadas en el marco de una teoría electromagnética semiclásica, son:

---

[46]Los operadores F^2 y F_z conmutan con el hamiltoniano sin perturbar y con esta perturbación, y cumplen con el resto de condiciones necesarias para que el uso de la base propia común permita aplicar teoría de perturbaciones para el caso no degenerado (apdo. 6.3.).

[47]Por ejemplo, el estado fundamental del átomo de hidrógeno 1, con $n = 1$, $l = 0$, $j = 1/2$, se separa en dos niveles con $f = 1$ y $f = 0$. La diferencia de energía entre ambos es $5,88 \cdot 10^{-6}$ eV y la radiación electromagnética correspondiente a transiciones entre ellos tiene longitud de onda $\lambda = 21$ cm, que se conoce como la línea de 21 cm del hidrógeno.

- Corrección por interacción del espín del electrón con su movimiento orbital (espín-órbita), incluida en la estructura fina, de orden $\alpha^4 mc^2$.
- Corrección por interacción del espín del protón con el movimiento orbital del electrón, incluida en la estructura hiperfina, de orden $(m/m_p)\,\alpha^4 mc^2$.
- Corrección por interacción del espín del protón con el espín del electrón, incluida en la estructura hiperfina, de orden $(m/m_p)\,\alpha^4 mc^2$.

Además, se han introducido las siguientes correcciones:

- Corrección debida a la modificación relativista de la energía cinética del electrón, incluida en la estructura fina, de orden $\alpha^4 mc^2$.
- Correcciones debidas a perturbaciones más allá del primer orden en la interacción electrón-protón en el marco de la electrodinámica cuántica, incluidas en la estructura fina para $l = 0$ (término de Darwin), de orden $\alpha^4 mc^2$, y en el efecto Lamb, de orden $\alpha^5 mc^2$.

Con respecto a las energías del hamiltoniano de Bohr, de orden $\alpha^2 mc^2$ y que dependen únicamente del número cuántico n (ec. 15.11), la estructura fina introduce una corrección de orden $10^{-2}\,\%$ y rompe la degeneración en j, el efecto Lamb introduce una corrección de orden $10^{-4}\,\%$ y rompe la degeneración en l, y la estructura hiperfina introduce una corrección de orden $10^{-5}\,\%$ y rompe la degeneración en f.

Otra posible corrección de las energías que se puede tener en cuenta se debe a la extensión espacial del núcleo, que en el hamiltoniano de Bohr se considera puntual. La perturbación del hamiltoniano, ΔH_V, puede definirse de manera aproximada como la diferencia entre el potencial electrostático en el interior de un núcleo esférico de radio R_N con distribución uniforme de carga y el creado por una partícula puntual con la misma carga. Para un átomo hidrogenoide con Z protones, la corrección de la energía del estado fundamental a primer orden en teoría de perturbaciones resulta:

$$\Delta E_{V(0)} = \langle 1\,0\,0|\,\Delta H_V\,|1\,0\,0\rangle \approx \frac{2}{5}\,\alpha\hbar c\,\frac{Z^4}{a_0^3}\,R_N^2 \tag{15.57}$$

Estimando el radio nuclear como $R_N \approx 1{,}2\,A^{1/3}$ fm (ec. 12.11), se obtiene para esta corrección $\Delta E_{V(0)} \approx 6\cdot 10^{-9}\,A^{2/3}\,Z^4$ eV, que en el caso del hidrógeno es muy pequeña[48]. Para estados excitados, la densidad de probabilidad del electrón se concentra a mayor distancia del núcleo y por tanto el solapamiento entre sus funciones de onda es menor y se reduce el valor esperado $\langle n\,l\,m_l|\Delta H_V|n\,l\,m_l\rangle$.

15.6. Transiciones electromagnéticas

Los autoestados del hamiltoniano de Bohr, incluyendo la parte de espín del electrón, son $\phi_{nlm_l}(\vec{r})\,\chi_{sm_s} \equiv |n\,l\,m_l\rangle \otimes |s\,m_s\rangle$. La probabilidad de transición dipolar eléctrica (apdo. 8.6, ec. 8.44) entre dos de estos estados, para radiación electromagnética no

---

[48] En átomos muónicos, donde el electrón se remplaza por un muon con masa $207\,m_e$, este orbita a una distancia promedio del núcleo menor, aumentando el solapamiento entre sus funciones de onda y por tanto el efecto de esta corrección. De hecho, los átomos muónicos se pueden emplear para estudiar la distribución de carga en los núcleos a través de su efecto en las energías atómicas.

polarizada e incidente en todas direcciones, depende del siguiente elemento de matriz del operador posición del electrón:

$$\left(\langle n_f\, l_f\, m_{lf} | \otimes \langle s_f\, m_{sf} | \right) \vec{r} \left(| n_i\, l_i\, m_{li} \rangle \otimes | s_i\, m_{si} \rangle \right)$$
$$= \langle n_f\, l_f\, m_{lf} |\, \vec{r}\, | n_i\, l_i\, m_{li} \rangle\; \delta_{s_f, s_i}\; \delta_{m_{sf}, m_{si}} \tag{15.58}$$

De la parte espacial resultan las siguientes *reglas de selección orbitales*:

$$\Delta l = \pm 1 \qquad\qquad \Delta m_l = \{0,\, \pm 1\} \tag{15.59}$$

El cambio en una unidad de l implica que hay un cambio de paridad entre las funciones de onda inicial y final, $\pi_i \neq \pi_f$ (*regla de Laporte*), ya que la paridad de los armónicos esféricos $|l\, m_l\rangle \equiv Y_{lm_l}(\theta, \varphi)$ viene dada por $(-1)^l$ (ec. 4.23).

De la parte de espín resultan las siguientes *reglas de selección de espín*:

$$\Delta s = 0 \qquad\qquad \Delta m_s = 0 \tag{15.60}$$

La regla $\Delta s = 0$ se cumple trivialmente porque solo hay un electrón ($s = 1/2$ fijo).

Las transiciones que cumplen las reglas de selección dipolares eléctricas anteriores se dice que son *permitidas*, mientras que las que no lo hacen se denominan *prohibidas*, que no lo son estrictamente porque pueden tener lugar con multipolaridades de orden mayor que la dipolar eléctrica (dipolar magnética, cuadrupolar eléctrica, etc.) o mediante más de un fotón, pero son mucho menos probables que las permitidas, si estas últimas existen. Por ejemplo, el estado $|n\, l\, m_l\rangle = |2\,0\,0\rangle$ tiene por debajo en energía el estado $|1\,0\,0\rangle$, pero no puede acceder a él mediante un transición dipolar eléctrica porque $\Delta l = 0$. Así, la desexcitación electromagnética de ese estado es muy poco probable (su principal vía es por emisión de dos fotones), y se dice que es *metaestable*. En cambio, la transición del estado $|2\,1\,m_l\rangle$ al $|1\,0\,0\rangle$ sí es permitida, ya que $\Delta l = 1$.

Si se incluye en el hamiltoniano la corrección de estructura fina, de manera que sus autoestados lo son también de los operadores de momento angular total J^2 y J_z, $|n\, l\, s\, j\, m_j\rangle$, resultan las siguientes *reglas de selección de momento angular total*:

$$\Delta j = \{0,\, \pm 1\} \qquad\qquad \Delta m_j = \{0,\, \pm 1\} \tag{15.61}$$

Estas reglas derivan de las anteriores, e incluyen $\Delta j = 0$ porque j puede permanecer igual aunque l cambie en una unidad. La regla para m_j, y las anteriores para m_l y m_s, no son relevantes para transiciones en general, ya que las energías no dependen de esos números cuánticos, excepto si el átomo se encuentra en un campo magnético externo (apdo. 15.7).

Demostración: Reglas de selección para transiciones dipolares eléctricas entre autoestados de L^2, L_z

Estas reglas de selección de transiciones permitidas (dipolares eléctricas) se pueden demostrar a través de los elementos de matriz entre un autoestado inicial $|i\rangle \equiv |l_i m_{li}\rangle$ y un autoestado final $|f\rangle \equiv |l_f m_{lf}\rangle$ de diversos conmutadores entre las componentes cartesianas del operador de momento angular orbital (L_x, L_y,

L_z) y del operador posición $(x,\, y,\, z)$.

Los elementos de matriz de los conmutadores $[L_z, \kappa]$, con $\kappa = \{x, y, z\}$, son:

$$\langle f| \, [L_z, \kappa] \, |i\rangle = \langle f| \, L_z \kappa \, |i\rangle - \langle f| \, \kappa L_z \, |i\rangle = (m_{lf} - m_{li}) \, \hbar \, \langle f| \, \kappa \, |i\rangle$$

Por otro lado, usando las expresiones para los conmutadores de las ecs. 4.24, esos mismos elementos de matriz resultan:

$$\langle f| \, [L_z, x] \, |i\rangle = i\hbar \, \langle f| \, y \, |i\rangle \qquad \langle f| \, [L_z, y] \, |i\rangle = -i\hbar \, \langle f| \, x \, |i\rangle \qquad \langle f| \, [L_z, z] \, |i\rangle = 0$$

Igualando los dos resultados anteriores para $[L_z, z]$ se obtiene:

$$(m_{lf} - m_{li}) \, \hbar \, \langle f| \, z \, |i\rangle = 0$$

de manera que, para que $\langle f| \, z \, |i\rangle \neq 0$, es necesario que $\Delta m_l \equiv m_{lf} - m_{li} = 0$.

Igualando los dos resultados anteriores para $[L_z, x]$, por un lado, y para $[L_z, y]$, por otro, se obtiene:

$$\langle f| \, y \, |i\rangle = -i \, (m_{lf} - m_{li}) \, \langle f| \, x \, |i\rangle$$
$$\langle f| \, x \, |i\rangle = i \, (m_{lf} - m_{li}) \, \langle f| \, y \, |i\rangle$$

y de ambas ecuaciones se deduce:

$$\langle f| \, y \, |i\rangle = -i \, (m_{lf} - m_{li}) \, i \, (m_{lf} - m_{li}) \, \langle f| \, y \, |i\rangle$$
$$\Rightarrow \quad \left((m_{lf} - m_{li})^2 - 1 \right) \langle f| \, y \, |i\rangle = 0$$

de manera que, para que $\langle f| \, y \, |i\rangle \neq 0$ y $\langle f| \, x \, |i\rangle \neq 0$ (ya que son proporcionales entre sí), es necesario que $(m_{lf} - m_{li})^2 - 1 = 0$, es decir, $\Delta m_l \equiv m_{lf} - m_{li} = \pm 1$.

En conclusión, para que al menos una de las componentes cartesianas del vector $\langle f| \, \vec{r} \, |i\rangle$ no se anule tiene que cumplirse $\Delta m_l = \{0, \pm 1\}$.

A continuación, se construye el siguiente conmutador:

$$\left[L^2, [L^2, \vec{r}] \right] = \left[L^2, L^2 \, \vec{r} \right] - \left[L^2, \vec{r} \, L^2 \right] = L^4 \, \vec{r} + \vec{r} \, L^4 - 2 \, L^2 \, \vec{r} \, L^2$$

y se calculan sus elementos de matriz:

$$\langle f| \left[L^2, [L^2, \vec{r}] \right] |i\rangle = \langle f| \, L^4 \, \vec{r} \, |i\rangle + \langle f| \, \vec{r} \, L^4 \, |i\rangle - 2\langle f| \, L^2 \, \vec{r} \, L^2 \, |i\rangle$$
$$= \left\{ \left(l_f(l_f + 1)\hbar^2 \right)^2 + \left(l_i(l_i + 1)\hbar^2 \right)^2 - 2l_f(l_f + 1)\hbar^2 l_i(l_i + 1)\hbar^2 \right\} \langle f| \, \vec{r} \, |i\rangle$$
$$= \hbar^4 \left(l_f(l_f + 1) - l_i(l_i + 1) \right)^2 \langle f| \, \vec{r} \, |i\rangle$$

Por otro lado, usando el conmutador $[L^2, [L^2, \vec{r}]] = 2\hbar^2 \left(L^2\,\vec{r} + \vec{r}\,L^2\right)$ (ver demostración abajo), el mismo elemento de matriz resulta:

$$\langle f|\,[L^2,[L^2,\vec{r}]]\,|i\rangle = 2\hbar^2 \Big(\langle f|\,L^2\,\vec{r}\,|i\rangle + \langle f|\,\vec{r}\,L^2\,|i\rangle\Big)$$

$$= 2\hbar^4 \Big(l_f(l_f+1) + l_i(l_i+1)\Big)\langle f|\,\vec{r}\,|i\rangle$$

Igualando los dos resultados anteriores se obtiene:

$$\hbar^4 \Big(l_f(l_f+1) - l_i(l_i+1)\Big)^2 \langle f|\vec{r}|i\rangle = 2\hbar^4 \Big(l_f(l_f+1) + l_i(l_i+1)\Big)\langle f|\,\vec{r}\,|i\rangle$$

$$\Rightarrow \quad \hbar^4 \left\{\Big(l_f(l_f+1) - l_i(l_i+1)\Big)^2 - 2\Big(l_f(l_f+1) + l_i(l_i+1)\Big)\right\}\langle f|\,\vec{r}\,|i\rangle = 0$$

de manera que, para que $\langle f|\,\vec{r}\,|i\rangle \neq 0$, es necesario que:

$$\Big(l_f(l_f+1) - l_i(l_i+1)\Big)^2 - 2\Big(l_f(l_f+1) + l_i(l_i+1)\Big) = 0$$

$$\Rightarrow \quad \Big((l_f+l_i+1)^2 - 1\Big)\Big((l_f-l_i)^2 - 1\Big) = 0$$

es decir, tiene que cumplirse $\Delta l \equiv l_f - l_i = \pm 1$, que anula el segundo factor[a].

La expresión del conmutador $[L^2,[L^2,\vec{r}]]$ usada arriba puede obtenerse a partir de las ecs. 4.24 y 4.25 y de $[L^2, L_x] = [L^2, L_y] = 0$:

$$[L^2,[L^2,z]] = 2i\hbar \left([L^2, xL_y] - [L^2, yL_x] - i\hbar\,[L^2, z]\right)$$

$$= 2i\hbar \left(x[L^2, L_y] + [L^2, x]L_y - y[L^2, L_x] - [L^2, y]L_x - i\hbar\,[L^2, z]\right)$$

$$= 2i\hbar \left([L^2, x]L_y - [L^2, y]L_x - i\hbar\,[L^2, z]\right)$$

$$= 2i\hbar \Big(2i\hbar\,(yL_z - zL_y - i\hbar x)L_y - 2i\hbar\,(zL_x - xL_z - i\hbar y)L_x - i\hbar\,[L^2, z]\Big)$$

$$= -2\hbar^2 \Big(2(yL_z - zL_y - i\hbar x)L_y - 2(zL_x - xL_z - i\hbar y)L_x - L^2 z + zL^2\Big)$$

$$= 2\hbar^2 \left(zL^2 + L^2 z\right) - 4\hbar^2 \Big((yL_z - i\hbar x)L_y + (xL_z + i\hbar y)L_x + zL_z^2\Big)$$

$$= 2\hbar^2 \left(zL^2 + L^2 z\right) - 4\hbar^2 \Big(L_z y L_y + L_z x L_x + L_z z L_z\Big)$$

$$= 2\hbar^2 \left(zL^2 + L^2 z\right) - 4\hbar^2 \, L_z \,(\vec{r}\cdot\vec{L}) = 2\hbar^2 \left(zL^2 + L^2 z\right)$$

donde en el último paso se ha tenido en cuenta que $\vec{L} = \vec{r} \times \vec{p}$ es perpendicular a $\vec{r}$, y por tanto $\vec{r} \cdot \vec{L} = 0$. Análogamente se obtiene $[L^2,[L^2,x]] = 2\hbar^2 \left(xL^2 + L^2 x\right)$ y $[L^2,[L^2,y]] = 2\hbar^2 \left(yL^2 + L^2 y\right)$, de manera que $[L^2,[L^2,\vec{r}]] = 2\hbar^2 \left(\vec{r}L^2 + L^2\,\vec{r}\right)$.

---

[a]El primer factor solo se puede anular si $l_f = l_i = 0$, pero en ese caso se tiene: $\langle f|x|i\rangle = (4\pi)^{-1}\int_{-\infty}^{\infty}\int_{-\infty}^{\infty}\int_{-\infty}^{\infty} R_{n_f 0}(r)\,x\,R_{n_i 0}(r)\,dx\,dy\,dz$, que se anula porque el integrando es una función impar en x (las funciones $R(r)$ de la coordenada radial r son pares en x). Lo mismo ocurre para los elementos de matriz de y y de z, y por tanto para $\langle f|\,\vec{r}\,|i\rangle$.

Ejemplo: Transiciones dipolares eléctricas en el átomo de hidrógeno

Se buscan las transiciones dipolares eléctricas permitidas desde el estado fundamental a estados excitados con $n = 2$ del átomo de hidrógeno inducidas por radiación electromagnética polarizada en la dirección z.

Resolución:
La probabilidad de transición viene dada por (ec. 8.43):

$$P_{i \to \Delta f}(t) \approx \frac{q^2 \pi}{\hbar^2 \epsilon_0} \, \xi(\omega_{fi}) \left| \langle \varepsilon_f^{(0)}(\omega_{fi}) | \, z \, | \varepsilon_i^{(0)} \rangle \right|^2 t$$

En este caso la carga q es la del electrón, $-e$, el estado inicial es el fundamental del hidrógeno, $|\varepsilon_i^{(0)}\rangle \equiv |n_i \, l_i \, m_{li}\rangle = |1\,0\,0\rangle$, y los posibles estados finales con $n_f = 2$ son $|\varepsilon_f^{(0)}\rangle \equiv |n_f \, l_f \, m_{lf}\rangle = \{|2\,0\,0\rangle, |2\,1\,0\rangle, |2\,1\pm1\rangle\}$. La frecuencia natural de la transición viene dada por $\omega_{fi} = (E_f^{(0)} - E_i^{(0)})/\hbar \approx (E_1/n_f^2 - E_1/n_i^2)/\hbar = -3E_1/(4\hbar)$ (ec. 15.11), con $E_1 = -13{,}6$ eV.

La probabilidad de transición se anula si lo hace el elemento de matriz que contiene. En coordenadas esféricas se tiene $z = r \cos\theta$, el elemento diferencial de volumen es $dV = r^2 \operatorname{sen}\theta \, dr \, d\theta \, d\varphi$, y el elemento de matriz de la transición viene dado por:

$$\langle n_f \, l_f \, m_{lf} | \, z \, | 1\,0\,0\rangle = \int_V \phi^*_{n_f l_f m_{lf}}(r,\theta,\varphi) \, r \, \cos\theta \, \phi_{100}(r,\theta,\varphi) \, dV$$

$$= \int_0^\infty R^*_{n_f l_f}(r) \, R_{10}(r) \, r^3 \, dr \int_0^{2\pi} \int_0^{\pi} Y^*_{l_f m_{lf}}(\theta,\varphi) \, Y_{00}(\theta,\varphi) \, \cos\theta \, \operatorname{sen}\theta \, d\theta \, d\varphi$$

Los únicos factores que pueden anularse en esta expresión son las integrales angulares, que son (tomando los armónicos esféricos de las ecs. 4.22 e ignorando los factores constantes):

- Para $|n_f \, l_f \, m_{lf}\rangle = |2\,0\,0\rangle$:
$$\int_0^\pi \cos\theta \, \operatorname{sen}\theta \, d\theta \int_0^{2\pi} d\varphi = -\tfrac{1}{2} \left. \cos^2\theta \right|_0^\pi \left. \varphi \right|_0^{2\pi} = 0$$

- Para $|n_f \, l_f \, m_{lf}\rangle = |2\,1\,0\rangle$:
$$\int_0^\pi \cos^2\theta \, \operatorname{sen}\theta \, d\theta \int_0^{2\pi} d\varphi = -\tfrac{1}{3} \left. \cos^3\theta \right|_0^\pi \left. \varphi \right|_0^{2\pi} = 4\pi/3$$

- Para $|n_f \, l_f \, m_{lf}\rangle = |2\,1\pm1\rangle$:
$$\int_0^\pi \cos\theta \, \operatorname{sen}^2\theta \, d\theta \int_0^{2\pi} e^{\mp i\varphi} \, d\varphi = \tfrac{1}{3} \left. \operatorname{sen}^3\theta \right|_0^\pi \left. (\operatorname{sen}\varphi \pm i\cos\varphi) \right|_0^{2\pi} = 0$$

Por tanto, para radiación polarizada en la dirección z la probabilidad de transición dipolar eléctrica entre el estado fundamental y estados excitados con $n_f = 2$ del átomo de hidrógeno solo es distinta de cero para el estado final $|n_f \, l_f \, m_{lf}\rangle = |2\,1\,0\rangle$. Esta transición cumple las reglas de selección orbitales generales para radiación en cualquier dirección de polarización e incidencia (ec. 15.59), ya que $\Delta l = 1$ y $\Delta m = 0$ (esta última es la regla de selección específica para radiación polarizada en la dirección z).

15.7. Efectos Zeeman y Paschen-Back

En el seno de un campo magnético externo con intensidad $\vec{\mathcal{B}}$, el hamiltoniano del átomo tiene una contribución adicional dada por (ec. 20.18):

$$\Delta H_{mag} = -(\vec{\mu}_e^{(s)} + \vec{\mu}_e^{(l)}) \cdot \vec{\mathcal{B}} = \frac{e}{2m} (2\vec{S} + \vec{L}) \cdot \vec{\mathcal{B}} \tag{15.62}$$

donde $\vec{\mu}_e^{(l)}$ y $\vec{\mu}_e^{(s)}$ son los momentos dipolares magnéticos del electrón asociados a su momento angular orbital (ec. 20.27), con $g_e^{(l)} = 1$, y a su momento angular de espín (ec. 20.28), con $g_e^{(s)} = 2$, respectivamente.

Para un campo magnético externo débil en comparación con el campo interno del átomo, el hamiltoniano de interacción 15.62 puede considerarse una perturbación al hamiltoniano de Bohr con estructura fina, que da origen al *efecto Zeeman* y que conviene escribir como:

$$\Delta H_Z = \frac{e}{2m} (\vec{J} + \vec{S}) \cdot \vec{\mathcal{B}} \tag{15.63}$$

A primer orden en teoría de perturbaciones y para un campo magnético en la dirección z, la corrección de la energía para los autoestados del hamiltoniano sin perturbar acoplados por interacción espín-órbita a buen momento angular total, $|n\,l\,s\,j\,m_j\rangle$, viene dada por (ecs. 20.35 - 20.39):

$$\begin{aligned} \Delta E_Z = \langle \Delta H_Z \rangle &= \frac{e}{2m} \langle \vec{J} + \vec{S} \rangle \cdot \vec{\mathcal{B}} \\ &= \frac{e\hbar}{2m} \mathcal{B} \left(1 + \frac{j(j+1) - l(l+1) + s(s+1)}{2j(j+1)} \right) m_j \end{aligned} \tag{15.64}$$

Esta modificación y ruptura de la degeneración de los niveles de energía depende del número cuántico magnético m_j y da lugar a $2j + 1$ subniveles distintos.

Si el campo magnético externo es intenso en comparación con el campo interno del átomo, su interacción por separado con los momentos magnéticos orbital y de espín domina sobre la interacción espín-órbita entre ellos. El hamiltoniano de interacción con ese campo, que da origen al *efecto Paschen-Back*, es $H_{PB} = \Delta H_{mag}$ (ec. 15.62). Los estados $|n\,l\,m_l\,s\,m_s\rangle$ son autoestados del hamiltoniano completo, suma del hamiltoniano de Bohr H y de H_{PB}, y por tanto se pueden obtener las energías exactas sin necesidad de recurrir a la teoría de perturbaciones. Para un campo magnético externo en la dirección z vienen dadas por:

$$\begin{aligned} E_{nm_lm_s} = \langle H + H_{PB} \rangle &= E_n + \frac{e}{2m} \langle 2\vec{S} + \vec{L} \rangle \cdot \vec{\mathcal{B}} \\ &= -\frac{1}{n^2} \frac{\alpha^2 mc^2}{2} + \frac{e\hbar}{2m} \mathcal{B} (2m_s + m_l) \end{aligned} \tag{15.65}$$

Esta modificación y ruptura de la degeneración de los niveles de energía depende de los números cuánticos magnéticos m_l y m_s, dando lugar a tantos subniveles como diferentes valores existan de la combinación $2m_s + m_l$. Sobre ella puede obtenerse la corrección de estructura fina a partir de una perturbación al hamiltoniano $H + H_{PB}$.

Si el campo magnético externo tiene intensidad similar al campo interno del átomo, tanto la interacción con él como la estructura fina deben considerarse como una perturbación conjunta al hamiltoniano de Bohr, dada por $\Delta H' = \Delta H_Z + \Delta H_F$. Se puede emplear entonces la teoría de perturbaciones para el caso degenerado, usando o bien los autoestados $|n\, l\, s\, j\, m_j\rangle$, que simplifican el cálculo de $\langle \Delta H_F \rangle$, o bien los autoestados $|n\, l\, m_l\, s\, m_s\rangle$, que simplifican el cálculo de $\langle \Delta H_Z \rangle$.

15.8. Efecto Stark

En el seno de un campo eléctrico externo uniforme en la dirección z con intensidad $\mathcal{E}$, el hamiltoniano del átomo tiene una contribución adicional dada por (ec. 20.13):

$$\Delta H_S = -\vec{p} \cdot \vec{\mathcal{E}} = e\, \vec{r} \cdot \vec{\mathcal{E}} = e\mathcal{E}\, z = e\mathcal{E}\, r \cos\theta \tag{15.66}$$

donde $\vec{p} = -e\,\vec{r}$ es el momento dipolar eléctrico del electrón y la posición z se ha escrito en coordenadas esféricas. Para campos eléctricos relativamente débiles, este término adicional puede tratarse como una perturbación al hamiltoniano de Bohr que domina sobre la corrección de estructura fina, y que da origen al *efecto Stark*.

Para $n > 1$ las energías tienen degeneración n^2, y usando los autoestados $|n\, l\, m_l\rangle$ del hamiltoniano sin perturbar (la parte de espín no interviene), es necesario emplear teoría de perturbaciones para el caso degenerado (apdo. 6.3), donde las correcciones de la energía a primer orden son los autovalores $\Delta E_{n,i}$, con $i = \{1, 2, \ldots, n^2\}$, de la matriz cuyos elementos vienen definidos por:

$$\Delta H_{S\,ab} = \langle n\, l_a\, m_{la}|\, \Delta H_S\, |n\, l_b\, m_{lb}\rangle = e\mathcal{E}\, \langle n\, l_a\, m_{la}|\, r\cos\theta\, |n\, l_b\, m_{lb}\rangle \tag{15.67}$$

donde l_a, m_{la} y l_b, m_{lb} son todas las posibles parejas de valores de esos números cuánticos compatibles con el valor de n dado.

Para los primeros valores de n se tiene:

- El nivel de energía $n = 1$ del hamiltoniano sin perturbar no está degenerado, con autoestado único $|1\,0\,0\rangle$. En presencia de un campo eléctrico externo la corrección de la energía a primer orden es $\Delta E_1 = 0$.
- El nivel de energía $n = 2$ del hamiltoniano sin perturbar tiene degeneración 4, con autoestados $|200\rangle$, $|211\rangle$, $|210\rangle$, $|21\,\text{-}1\rangle$. En presencia de un campo eléctrico externo estos estados forman 4 combinaciones lineales independientes a orden cero, con correcciones de la energía a primer orden dadas por $\Delta E_{2,1} = 3a_0 e\mathcal{E}$, $\Delta E_{2,2} = -3a_0 e\mathcal{E}$, $\Delta E_{2,3} = 0$, $\Delta E_{2,4} = 0$ (3 distintas).
- El nivel de energía $n = 3$ del hamiltoniano sin perturbar tiene degeneración 9, con autoestados $|3\,0\,0\rangle$, $|3\,1\,1\rangle$, $|3\,1\,0\rangle$, $|3\,1\,\text{-}1\rangle$, $|3\,2\,2\rangle$, $|3\,2\,1\rangle$, $|3\,2\,0\rangle$, $|3\,2\,\text{-}1\rangle$, $|3\,2\,\text{-}2\rangle$. En presencia de un campo eléctrico externo estos estados forman 9 combinaciones lineales independientes a orden cero, con correcciones de la energía a primer orden dadas por $\Delta E_{3,1} = 9a_0 e\mathcal{E}$, $\Delta E_{3,2} = -9a_0 e\mathcal{E}$, $\Delta E_{3,3} = (9/2)a_0 e\mathcal{E}$, $\Delta E_{3,4} = (9/2)a_0 e\mathcal{E}$, $\Delta E_{3,5} = -(9/2)a_0 e\mathcal{E}$, $\Delta E_{3,6} = (-9/2)a_0 e\mathcal{E}$, $\Delta E_{3,7} = 0$, $\Delta E_{3,8} = 0$, $\Delta E_{3,9} = 0$ (5 distintas).

Demostración: Efecto Stark en el átomo de hidrógeno mediante teoría de perturbaciones estacionarias

En el seno de un campo eléctrico externo uniforme en la dirección z, el hamiltoniano del átomo de hidrógeno puede escribirse como $H = H^{(0)} + \Delta H$, donde $H^{(0)}$ es el hamiltoniano de Bohr y el término adicional ΔH, que puede tratarse como una perturbación si es pequeño, viene dado por:

$$\Delta H = e\mathcal{E}\, z = e\mathcal{E}\, r \cos\theta$$

donde e es la carga del electrón, $\mathcal{E}$ es la intensidad del campo eléctrico externo uniforme en la dirección de la coordenada z, y esta última se ha reescrito en coordenadas esféricas.

El hamiltoniano sin perturbar $H^{(0)}$ tiene energías $E_k^{(0)}$ y autoestados $|\hat{\varepsilon}_{k,i}^{(0)}\rangle$. El índice $k = \{1, 2, ...\}$ distingue las diferentes energías, que solo dependen del número cuántico principal n (por tanto, se puede identificar k con n) y vienen dadas por $E_n^{(0)} = -\alpha^2 mc^2/2n^2 = -13{,}6/n^2$ eV. Los autoestados del hamiltoniano sin perturbar se pueden identificar por sus números cuánticos principal n, de momento angular orbital l y de su tercera componente m_l (se ignora el espín): $|\hat{\varepsilon}_{n,i}^{(0)}\rangle \equiv |n\, l_i\, m_{li}\rangle$. El índice $i = \{1, 2, ..., g_n\}$ distingue los diferentes autoestados (y números cuánticos asociados) del mismo nivel de energía n, con degeneración $g_n = n^2$. En el hamiltoniano completo se rompe la degeneración y por tanto sus energías $E_{n,i}$ dependen también en general del índice i.

El nivel de energía $n = 1$ del hamiltoniano sin perturbar tiene como único autoestado:

$$|\hat{\varepsilon}_1^{(0)}\rangle \equiv |1\,0\,0\rangle = Y_{00}(\theta,\varphi)\, R_{10}(r) = \left(\frac{1}{4\pi}\right)^{\frac{1}{2}} 2\, a_0^{-\frac{3}{2}}\, e^{-\frac{r}{a_0}}$$

Empleando teoría de perturbaciones para el caso no degenerado, la corrección de la energía a primer orden es:

$$\mu E_1^{(1)} = \langle\hat{\varepsilon}_1^{(0)}|\, \Delta H\, |\hat{\varepsilon}_1^{(0)}\rangle = e\mathcal{E}\,\langle 1\,0\,0|\, z\,|1\,0\,0\rangle = e\mathcal{E}\,\langle 1\,0\,0|\, r\cos\theta\,|1\,0\,0\rangle$$

$$= e\mathcal{E} \int_0^{2\pi}\int_0^{\pi}\int_0^{\infty} Y_{00}^*(\theta,\varphi)\, R_{10}^*(r)\, r\cos\theta\, Y_{00}(\theta,\varphi)\, R_{10}(r)\, r^2\,\operatorname{sen}\theta\, dr\, d\theta\, d\varphi$$

$$= \frac{e\mathcal{E}}{\pi\, a_0^3}\left[\int_0^{2\pi} d\varphi\right]\left[\underbrace{\int_0^{\pi} d\theta\, \cos\theta\,\operatorname{sen}\theta}_{0}\right]\left[\int_0^{\infty} dr\, r^3\, e^{-\frac{2r}{a_0}}\right] = 0$$

El nivel de energía $n = 2$ del hamiltoniano sin perturbar tiene degeneración $g_2 = 4$, siendo sus autoestados:

$$|\hat{\varepsilon}_{2,1}^{(0)}\rangle \equiv |2\,0\,0\rangle = Y_{00}(\theta,\varphi)\, R_{20}(r) = \left(\frac{1}{4\pi}\right)^{\frac{1}{2}}\frac{1}{\sqrt{2}}\, a_0^{-\frac{3}{2}}\left(1 - \frac{r}{2a_0}\right) e^{-\frac{r}{2a_0}}$$

$$|\hat{\varepsilon}_{2,2}^{(0)}\rangle \equiv |2\,1\,0\rangle = Y_{10}(\theta,\varphi)\,R_{21}(r) = \left(\frac{3}{4\pi}\right)^{\frac{1}{2}} \cos\theta \,\frac{1}{\sqrt{24}}\, a_0^{-\frac{3}{2}}\,\frac{r}{a_0}\,e^{-\frac{r}{2a_0}}$$

$$|\hat{\varepsilon}_{2,3}^{(0)}\rangle \equiv |2\,1\,1\rangle = Y_{11}(\theta,\varphi)\,R_{21}(r) = -\left(\frac{3}{8\pi}\right)^{\frac{1}{2}} \mathrm{sen}\,\theta \,e^{i\varphi}\,\frac{1}{\sqrt{24}}\, a_0^{-\frac{3}{2}}\,\frac{r}{a_0}\,e^{-\frac{r}{2a_0}}$$

$$|\hat{\varepsilon}_{2,4}^{(0)}\rangle \equiv |2\,1\,{-1}\rangle = Y_{1-1}(\theta,\varphi)\,R_{21}(r) = \left(\frac{3}{8\pi}\right)^{\frac{1}{2}} \mathrm{sen}\,\theta \,e^{-i\varphi}\,\frac{1}{\sqrt{24}}\, a_0^{-\frac{3}{2}}\,\frac{r}{a_0}\,e^{-\frac{r}{2a_0}}$$

En este caso es necesario emplear teoría de perturbaciones para el caso degenerado, para lo cual se construye la matriz formada por los elementos $\Delta H_{2,ab} = \langle \hat{\varepsilon}_{2,a}^{(0)} | \Delta H | \hat{\varepsilon}_{2,b}^{(0)}\rangle$. Casi todos valen cero, porque sus integrales angulares se anulan, excepto en los dos elementos siguientes:

$$\langle \hat{\varepsilon}_{2,1}^{(0)} | \Delta H | \hat{\varepsilon}_{2,2}^{(0)}\rangle = \langle \hat{\varepsilon}_{2,2}^{(0)} | \Delta H | \hat{\varepsilon}_{2,1}^{(0)}\rangle^* = e\mathcal{E}\,\langle 2\,0\,0 | \,r\cos\theta\,|2\,1\,0\rangle$$

$$= e\mathcal{E}\int_0^{2\pi}\int_0^{\pi}\int_0^{\infty} Y_{00}^*(\theta,\varphi)\,R_{20}^*(r)\,r\cos\theta\,Y_{10}(\theta,\varphi)\,R_{21}(r)\,r^2\,\mathrm{sen}\,\theta\,dr\,d\theta\,d\varphi$$

$$= \frac{e\mathcal{E}}{16\pi\,a_0^4}\left[\int_0^{2\pi} d\varphi\right]\left[\int_0^{\pi} d\theta\,\cos^2\theta\,\mathrm{sen}\,\theta\right]\left[\int_0^{\infty} dr\,r^4\left(1-\frac{r}{2a_0}\right)e^{-\frac{r}{a_0}}\right]$$

$$= \frac{e\mathcal{E}}{16\pi\,a_0^4}\,[2\pi]\left[\frac{2}{3}\right]\left[\int_0^{\infty} dr\,r^4\,e^{-\frac{r}{a_0}} - \frac{1}{2a_0}\int_0^{\infty} dr\,r^5\,e^{-\frac{r}{a_0}}\right]$$

$$= \frac{e\mathcal{E}}{12\,a_0^4}\left[4!\,a_0^5 - \frac{1}{2a_0}5!\,a_0^6\right] = \frac{e\mathcal{E}}{12\,a_0^4}\left[-36\,a_0^5\right] = -3a_0 e\mathcal{E}$$

Introduciendo estos elementos en la expresión matricial del sistema de ecuaciones que surge en teoría de perturbaciones a primer orden se obtiene:

$$\begin{pmatrix} 0 & -3a_0 e\mathcal{E} & 0 & 0 \\ -3a_0 e\mathcal{E} & 0 & 0 & 0 \\ 0 & 0 & 0 & 0 \\ 0 & 0 & 0 & 0 \end{pmatrix}\begin{pmatrix} \alpha_{2,i1} \\ \alpha_{2,i2} \\ \alpha_{2,i3} \\ \alpha_{2,i4} \end{pmatrix} = \mu E_{2,i}^{(1)}\begin{pmatrix} \alpha_{2,i1} \\ \alpha_{2,i2} \\ \alpha_{2,i3} \\ \alpha_{2,i4} \end{pmatrix}$$

Para calcular los cuatro autovalores $\mu E_{2,1}^{(1)}$, $\mu E_{2,2}^{(1)}$, $\mu E_{2,3}^{(1)}$, $\mu E_{2,4}^{(1)}$, se resuelve la ecuación característica del sistema, que en este caso puede hacerse en dos partes porque la matriz es diagonal por bloques. Para el primer bloque se tiene:

$$\begin{vmatrix} -\mu E_{2,i}^{(1)} & -3a_0 e\mathcal{E} \\ -3a_0 e\mathcal{E} & -\mu E_{2,i}^{(1)} \end{vmatrix} = 0 \quad \Rightarrow \quad \left(\mu E_{2,i}^{(1)}\right)^2 - (3a_0 e\mathcal{E})^2 = 0$$

que da como resultado los autovalores $\mu E_{2,1}^{(1)} = 3a_0 e\mathcal{E}$ y $\mu E_{2,2}^{(1)} = -3a_0 e\mathcal{E}$. Para el segundo bloque, cuyos elementos son todos cero, los autovalores resultantes son: $\mu E_{2,3}^{(1)} = 0$ y $\mu E_{2,4}^{(1)} = 0$. Los autovectores normalizados asociados son (transpuestos): $\vec{\alpha}_{2,1} = \frac{1}{\sqrt{2}}(1\,{-}1\,0\,0)^t$, $\vec{\alpha}_{2,2} = \frac{1}{\sqrt{2}}(1\,1\,0\,0)^t$, $\vec{\alpha}_{2,3} = (0\,0\,1\,0)^t$, $\vec{\alpha}_{2,4} = (0\,0\,0\,1)^t$. Las componentes de estos autovectores permiten calcular los autovectores del hamiltoniano completo a orden cero a partir de los autovectores del hamiltoniano sin perturbar conocidos inicialmente:

$$|\varepsilon_{2,1}^{(0)}\rangle = \sum_{j=1}^{4} \alpha_{2,1j} |\hat{\varepsilon}_{2,j}^{(0)}\rangle = \frac{1}{\sqrt{2}}\left(|\hat{\varepsilon}_{2,1}^{(0)}\rangle - |\hat{\varepsilon}_{2,2}^{(0)}\rangle\right) \equiv \frac{1}{\sqrt{2}}\left(|2\,0\,0\rangle - |2\,1\,0\rangle\right)$$

$$|\varepsilon_{2,2}^{(0)}\rangle = \sum_{j=1}^{4} \alpha_{2,2j} |\hat{\varepsilon}_{2,j}^{(0)}\rangle = \frac{1}{\sqrt{2}}\left(|\hat{\varepsilon}_{2,1}^{(0)}\rangle + |\hat{\varepsilon}_{2,2}^{(0)}\rangle\right) \equiv \frac{1}{\sqrt{2}}\left(|2\,0\,0\rangle + |2\,1\,0\rangle\right)$$

$$|\varepsilon_{2,3}^{(0)}\rangle = \sum_{j=1}^{4} \alpha_{2,3j} |\hat{\varepsilon}_{2,j}^{(0)}\rangle = |\hat{\varepsilon}_{2,3}^{(0)}\rangle \equiv |2\,1\,1\rangle$$

$$|\varepsilon_{2,4}^{(0)}\rangle = \sum_{j=1}^{4} \alpha_{2,4j} |\hat{\varepsilon}_{2,j}^{(0)}\rangle = |\hat{\varepsilon}_{2,4}^{(0)}\rangle \equiv |2\,1\,{-}1\rangle$$

Estos autovectores están asociados a energías que, al introducir una perturbación en forma de campo eléctrico externo, toman los siguientes valores hasta primer orden en teoría de perturbaciones (para una intensidad del campo $\mathcal{E}$ introducida en V/m):

$$E_{2,1} \approx E_{2,1}^{(0)} + \mu E_{2,1}^{(1)} = -13{,}6/2^2 \text{ eV} + 3a_0 e\mathcal{E} \approx (-3{,}4 + 1{,}59 \cdot 10^{-10}\,\mathcal{E})\text{ eV}$$

$$E_{2,2} \approx E_{2,2}^{(0)} + \mu E_{2,2}^{(1)} = -13{,}6/2^2 \text{ eV} - 3a_0 e\mathcal{E} \approx (-3{,}4 - 1{,}59 \cdot 10^{-10}\,\mathcal{E})\text{ eV}$$

$$E_{2,3} \approx E_{2,3}^{(0)} + \mu E_{2,3}^{(1)} = -13{,}6/2^2 \text{ eV} + 0 \approx -3{,}4\,\text{eV}$$

$$E_{2,4} \approx E_{2,4}^{(0)} + \mu E_{2,4}^{(1)} = -13{,}6/2^2 \text{ eV} + 0 \approx -3{,}4\,\text{eV}$$

16. Átomo de helio

El átomo de helio contiene un núcleo con dos protones ($Z = 2$) y uno o dos neutrones (^{3}He y ^{4}He, respectivamente). En el átomo de helio neutro, que tiene dos electrones en la corteza, puede estudiarse de manera sencilla su influencia mutua, que tiene dos orígenes principales: la interacción electromagnética (repulsión coulombiana) y el postulado de simetrización, que da lugar a una fuerza de intercambio por tratarse de dos fermiones indistinguibles próximos entre sí.

16.1. Hamiltoniano para electrones independientes

El hamiltoniano del átomo de helio en *aproximación de electrones independientes*, que ignora la repulsión coulombiana entre ellos, puede escribirse como suma de las energías cinéticas de los dos electrones y de sus energías potenciales de interacción coulombiana con el núcleo (con $Z = 2$), del que se encuentran a distancias $r_1 = |\vec{r}_1|$ y $r_2 = |\vec{r}_2|$:

$$H = -\frac{\hbar^2}{2m_e}\nabla_1^2 - \frac{\hbar^2}{2m_e}\nabla_2^2 + \alpha\hbar c\left[-\frac{Z}{r_1} - \frac{Z}{r_2}\right] \tag{16.1}$$

16.1.1. Energías

Las energías correspondientes a este hamiltoniano son:

$$E_{n_a n_b} = \left(\frac{1}{n_a^2} + \frac{1}{n_b^2}\right) Z^2\, E_1 \tag{16.2}$$

donde n_a y n_b son los números cuánticos principales de los estados de cada uno de los dos electrones y $E_1 = -13{,}6$ eV es la energía del estado fundamental ($n = 1$) del átomo de hidrógeno. En esta aproximación se tiene que:

- La energía del estado fundamental, correspondiente a $n_a = 1$ y $n_b = 1$, es $E_{11} = -108{,}8$ eV.
- La energía de los estados excitados, correspondientes a $n_a = 1$ y $n_b > 1$, son $E_{1n_b} = -54{,}4 \left(1 + 1/n_b^2\right)$ eV. Por ejemplo, la energía del primer estado excitado es $E_{12} = -68{,}0$ eV y la energía del segundo estado excitado es $E_{13} = -60{,}4$ eV.
- La energía del nivel de ionización, correspondiente a $n_a = 1$ y $n_b \to \infty$, es decir, con un electrón desligado (infinitamente alejado), es $E_{1\infty} = -54{,}4$ eV.

Los estados con $n_a > 1$ y $n_b > 1$ no están ligados porque su energía es mayor que la del nivel de ionización. Por ejemplo, $E_{22} = -27{,}2$ eV $> E_{1\infty}$.

Puede resultar conveniente situar el origen de las energías en el nivel de ionización, de manera que todos los estados ligados tengan energía negativa y los no ligados, positiva. Trasladar las energías para que $\hat{E}_{1\infty} = 0$ implica sumar 54,4 eV, resultando, por ejemplo, $\hat{E}_{11} = -54{,}4$ eV, $\hat{E}_{12} = -13{,}6$ eV, $\hat{E}_{13} = -6{,}0$ eV, etc.

16.1.2. Autofunciones de onda

Las autofunciones de onda del hamiltoniano 16.1 se pueden construir como producto de una parte espacial $\varphi(\vec{r}_1,\vec{r}_2)$ y una parte de espín Ξ:

$$\Phi(\vec{r}_1,\vec{r}_2) = \varphi(\vec{r}_1,\vec{r}_2)\,\Xi \tag{16.3}$$

La parte espacial compuesta puede expresarse como producto de las funciones de onda de dos átomos de helio hidrogenoide (ion He$^+$, con $Z = 2$), $\phi_{nlm_l}(\vec{r}_i)$, que dependen de los números cuánticos n, l, m_l de cada electrón, y se pueden acoplar a buen número cuántico de momento angular orbital total L y de su tercera componente M_L a través de coeficientes de Clebsch-Gordan. Finalmente, introduciendo una simetrización definida bajo intercambio de los electrones, resulta:

$$\varphi^{\pm}_{n_a l_a n_b l_b; L M_L}(\vec{r}_1,\vec{r}_2) = \tfrac{1}{\sqrt{2}} \sum_{m_{l_a},m_{l_b}} \langle l_a m_{l_a} l_b m_{l_b} | L M_L \rangle \cdot$$

$$\cdot \left[\phi_{n_a l_a m_{l_a}}(\vec{r}_1)\,\phi_{n_b l_b m_{l_b}}(\vec{r}_2) \pm \phi_{n_b l_b m_{l_b}}(\vec{r}_1)\,\phi_{n_a l_a m_{l_a}}(\vec{r}_2) \right] \tag{16.4}$$

donde la combinación lineal con signo más (φ^+) es simétrica y la combinación con signo menos (φ^-) es antisimétrica. En los estados ligados del átomo de helio uno de los electrones tiene siempre los números cuánticos $n_a = 1$, $l_a = 0$, $m_{l_a} = 0$, y por tanto los números cuánticos del otro electrón se pueden identificar con los acoplados: $l_b = L$, $m_{l_b} = M_L$. En este caso los coeficientes de Clebsch-Gordan valen todos 1, y renombrando $n_b = n$, la parte espacial resulta:

$$\varphi^{\pm}_{10nL; L M_L}(\vec{r}_1,\vec{r}_2) = \tfrac{1}{\sqrt{2}} \left[\phi_{100}(\vec{r}_1)\,\phi_{nLM_L}(\vec{r}_2) \pm \phi_{nLM_L}(\vec{r}_1)\,\phi_{100}(\vec{r}_2) \right] \tag{16.5}$$

donde conviene aligerar la notación eliminando los números cuánticos magnéticos:

$$\varphi^{\pm}_{1n; L}(\vec{r}_1,\vec{r}_2) = \tfrac{1}{\sqrt{2}} \left[\phi_{10}(\vec{r}_1)\,\phi_{nL}(\vec{r}_2) \pm \phi_{nL}(\vec{r}_1)\,\phi_{10}(\vec{r}_2) \right] \tag{16.6}$$

En cuanto a la parte de espín compuesta, puede corresponder a:

- Un acoplamiento a $S = 0$ (singlete, $\mathbb{S}$) de los espines de los dos electrones, $\Xi_{SM_S} = \Xi_{0\,0}^{\mathbb{S}}$ (ec. 4.62), que es antisimétrico bajo intercambio entre ellos:

$$\Xi_{0\,0}^{\mathbb{S}} = \tfrac{1}{\sqrt{2}} \left(|\uparrow\downarrow\rangle - |\downarrow\uparrow\rangle \right)$$

- Un acoplamiento a $S = 1$ (triplete, $\mathbb{T}$) de los espines de los dos electrones, $\Xi_{SM_S} = \Xi_{1M_S}^{\mathbb{T}}$ (ecs. 4.63 - 4.65), que es simétrico bajo intercambio entre ellos:

$$\Xi_{1\,+1}^{\mathbb{T}} = |\uparrow\uparrow\rangle$$
$$\Xi_{1\,0}^{\mathbb{T}} = \tfrac{1}{\sqrt{2}} \left(|\uparrow\downarrow\rangle + |\downarrow\uparrow\rangle \right)$$
$$\Xi_{1\,-1}^{\mathbb{T}} = |\downarrow\downarrow\rangle$$

Para que la función de onda completa (ec. 16.3) sea antisimétrica bajo intercambio de los dos electrones, la parte de espín singlete $\Xi_{0\,0}^{\mathbb{S}}$ debe ir multiplicada por la parte espacial φ^+ y la parte de espín triplete $\Xi_{1M_S}^{\mathbb{T}}$ debe ir multiplicada por la parte espacial φ^-, que con notación aligerada se escribe como:

$$\Phi_{1n;L}^{\pm}(\vec{r}_1,\vec{r}_2) = \tfrac{1}{\sqrt{2}} \left[\phi_{10}(\vec{r}_1)\,\phi_{nL}(\vec{r}_2) \pm \phi_{nL}(\vec{r}_1)\,\phi_{10}(\vec{r}_2) \right] \Xi^{\binom{\mathbb{S}}{\mathbb{T}}} \qquad (16.7)$$

Para el estado fundamental, con $n = 1$ y $l_b = L = 0$, la parte espacial es necesariamente simétrica porque las funciones de onda individuales son iguales, y por tanto la parte de espín es necesariamente antisimétrica (singlete):

$$\Phi_{11;0}(\vec{r}_1,\vec{r}_2) = \phi_{10}(\vec{r}_1)\,\phi_{10}(\vec{r}_2)\,\Xi^{\mathbb{S}} \qquad (16.8)$$

Las funciones de onda 16.7 forman una base propia del hamiltoniano del átomo de helio en aproximación de electrones independientes (ec. 16.1). Cualquier combinación lineal de ellas con un n fijo es autofunción de ese hamiltoniano asociada a la energía E_{1n} (ec. 16.2), que está degenerada porque no depende de los números cuánticos acoplados L, M_L, S, M_S.

16.2. Hamiltoniano con interacción entre electrones

El hamiltoniano del átomo de helio que incluye la repulsión coulombiana entre los dos electrones es:

$$H = -\frac{\hbar^2}{2m_e}\nabla_1^2 - \frac{\hbar^2}{2m_e}\nabla_2^2 + \alpha\hbar c \left[-\frac{Z}{r_1} - \frac{Z}{r_2} + \frac{1}{r_{12}} \right] \qquad (16.9)$$

con $Z = 2$ y donde $r_{12} = |\vec{r}_1 - \vec{r}_2|$ es la separación entre los dos electrones.

Se pueden obtener cotas superiores a las energías de este hamiltoniano mediante el método variacional (cap. 7), empleando como funciones de onda de prueba las de tipo $\Phi_{1n;L}^{\pm}$ (ec. 16.7) construidas en el apartado anterior (que son autofunciones exactas del hamiltoniano 16.1, pero no de este):

$$\widetilde{E}_{1n;L}^{\pm} = \frac{\langle \Phi_{1n;L}^{\pm} | H | \Phi_{1n;L}^{\pm} \rangle}{\langle \Phi_{1n;L}^{\pm} | \Phi_{1n;L}^{\pm} \rangle} = E_{1n} + \alpha\hbar c \left(J_{1n;L} \pm K_{1n;L} \right) \qquad (16.10)$$

donde E_{1n} son las energías del átomo de helio en aproximación de electrones independientes (ec. 16.2), $J_{1n;L}$ es una *integral directa* y $K_{1n;L}$ es una *integral de intercambio* o *integral de canje*.

La integral directa está asociada a la repulsión coulombiana entre las distribuciones de densidad de carga de los dos electrones, y viene dada por:

$$J_{1n;L} = \int_{\vec{r}_1} \int_{\vec{r}_2} |\phi_{10}(\vec{r}_1)|^2 \left(\frac{1}{r_{12}}\right) |\phi_{nL}(\vec{r}_2)|^2 \, d^3\vec{r}_1 \, d^3\vec{r}_2 \tag{16.11}$$

Esta integral siempre es positiva y por tanto siempre reduce la ligadura de los electrones en el átomo. Su valor disminuye conforme crece n ($= n_b$), es decir, conforme se aleja del valor $n_a = 1$ del otro electrón, porque el solapamiento entre ambas funciones de onda, y por tanto la repulsión entre sus cargas, disminuye. Para n fija, el valor de la integral aumenta conforme crece L ($= l_b$), porque en este caso el solapamiento entre ambas funciones de onda aumenta: el valor esperado de la coordenada radial en las funciones de onda del átomo hidrogenoide con $n > 1$, $\langle r \rangle_{nl}$ (ec. 15.26), disminuye al aumentar l y se acerca al de la función de onda con $n = 1$.

La integral de intercambio también está asociada a la interacción coulombiana, pero no tiene análogo clásico, ya que es consecuencia de la simetrización de las funciones de onda (proviene del segundo término de la ec. 16.6), y viene dada por:

$$K_{1n;L} = \int_{\vec{r}_1} \int_{\vec{r}_2} \phi_{10}^*(\vec{r}_1) \, \phi_{nL}^*(\vec{r}_2) \left(\frac{1}{r_{12}}\right) \phi_{nL}(\vec{r}_1) \, \phi_{10}(\vec{r}_2) \, d^3\vec{r}_1 \, d^3\vec{r}_2 \tag{16.12}$$

Esta integral siempre es positiva, pero menor que la integral directa, y su valor también disminuye conforme crece n.

Demostración: Energías del átomo de helio mediante el método variacional

Se emplea la función de onda de prueba 16.7 con $\Phi_{ab}^\pm(\vec{r}_1, \vec{r}_2) \equiv \Phi_{1n;L}^\pm(\vec{r}_1, \vec{r}_2)$, cuya parte de espín está normalizada, $\langle \Xi^{\binom{S}{T}} | \Xi^{\binom{S}{T}} \rangle = 1$, y cuya parte espacial está construida con funciones de onda del átomo de helio hidrogenoide $\phi_a(\vec{r}_i) \equiv \phi_{10}(\vec{r}_i)$ y $\phi_b(\vec{r}_i) \equiv \phi_{nL}(\vec{r}_i)$ (con $i = \{1, 2\}$), que son ortonormales, $\langle \phi_a(\vec{r}_i) | \phi_b(\vec{r}_i) \rangle = \delta_{a,b}$.

La norma del denominador de la cota superior a la energía 16.10 es:

$$\langle \Phi_{ab}^\pm | \Phi_{ab}^\pm \rangle = \tfrac{1}{2} \int_{\vec{r}_1} |\phi_a(\vec{r}_1)|^2 \, d^3\vec{r}_1 \int_{\vec{r}_2} |\phi_b(\vec{r}_2)|^2 \, d^3\vec{r}_2$$

$$+ \tfrac{1}{2} \int_{\vec{r}_1} |\phi_b(\vec{r}_1)|^2 \, d^3\vec{r}_1 \int_{\vec{r}_2} |\phi_a(\vec{r}_2)|^2 \, d^3\vec{r}_2$$

$$\pm \tfrac{1}{2} \int_{\vec{r}_1} \phi_a^*(\vec{r}_1) \, \phi_b(\vec{r}_1) \, d^3\vec{r}_1 \overset{0}{\int_{\vec{r}_2} \phi_b^*(\vec{r}_2) \, \phi_a(\vec{r}_2) \, d^3\vec{r}_2}$$

$$\pm \tfrac{1}{2} \int_{\vec{r}_1} \phi_b^*(\vec{r}_1) \, \phi_a(\vec{r}_1) \, d^3\vec{r}_1 \overset{0}{\int_{\vec{r}_2} \phi_a^*(\vec{r}_2) \, \phi_b(\vec{r}_2) \, d^3\vec{r}_2}$$

$$= \tfrac{1}{2} + \tfrac{1}{2} \pm 0 \pm 0 = 1$$

El valor esperado del hamiltoniano 16.9 que aparece en el numerador de la cota superior a la energía 16.10 es:

$$\langle \Phi_{ab}^{\pm} | \, H \, | \Phi_{ab}^{\pm} \rangle = \tfrac{1}{2} \int_{\vec{r}_1} \int_{\vec{r}_2} \phi_a^*(\vec{r}_1) \, \phi_b^*(\vec{r}_2) \, H \, \phi_a(\vec{r}_1) \, \phi_b(\vec{r}_2) \, d^3\vec{r}_1 \, d^3\vec{r}_2$$

$$+ \tfrac{1}{2} \int_{\vec{r}_1} \int_{\vec{r}_2} \phi_b^*(\vec{r}_1) \, \phi_a^*(\vec{r}_2) \, H \, \phi_b(\vec{r}_1) \, \phi_a(\vec{r}_2) \, d^3\vec{r}_1 \, d^3\vec{r}_2$$

$$\pm \tfrac{1}{2} \int_{\vec{r}_1} \int_{\vec{r}_2} \phi_a^*(\vec{r}_1) \, \phi_b^*(\vec{r}_2) \, H \, \phi_b(\vec{r}_1) \, \phi_a(\vec{r}_2) \, d^3\vec{r}_1 \, d^3\vec{r}_2$$

$$\pm \tfrac{1}{2} \int_{\vec{r}_1} \int_{\vec{r}_2} \phi_b^*(\vec{r}_1) \, \phi_a^*(\vec{r}_2) \, H \, \phi_a(\vec{r}_1) \, \phi_b(\vec{r}_2) \, d^3\vec{r}_1 \, d^3\vec{r}_2$$

$$= \tfrac{1}{2} \langle H \rangle_{1a;2b} + \tfrac{1}{2} \langle H \rangle_{1b;2a} \pm \tfrac{1}{2} \langle H \rangle_{1a;2b;1b;2a} \pm \tfrac{1}{2} \langle H \rangle_{1b;2a;1a;2b}$$

$$= \langle H \rangle_{1a;2b} \pm \langle H \rangle_{1a;2b;1b;2a}$$

donde se ha usado que $\langle H \rangle_{1a;2b} = \langle H \rangle_{1b;2a}$ y $\langle H \rangle_{1a;2b;1b;2a} = \langle H \rangle_{1b;2a;1a;2b}$, ya que las coordenadas de los electrones 1 y 2, sobre las que se integra en todo el espacio, son intercambiables.

El primero de los términos obtenidos se puede escribir como:

$$\langle H \rangle_{1a;2b} = \int_{\vec{r}_1} \int_{\vec{r}_2} \phi_a^*(\vec{r}_1) \, \phi_b^*(\vec{r}_2) \, H \, \phi_a(\vec{r}_1) \, \phi_b(\vec{r}_2) \, d^3\vec{r}_1 \, d^3\vec{r}_2$$

$$= \int_{\vec{r}_1} \phi_a^*(\vec{r}_1) \left(-\frac{\hbar}{2m_e} \nabla_1^2 - \alpha \hbar c \, \frac{Z}{r_1} \right) \phi_a(\vec{r}_1) \, d^3\vec{r}_1 \int_{\vec{r}_2} \phi_b^*(\vec{r}_2) \, \phi_b(\vec{r}_2) \, d^3\vec{r}_2$$

$$+ \int_{\vec{r}_1} \phi_a^*(\vec{r}_1) \, \phi_a(\vec{r}_1) \, d^3\vec{r}_1 \int_{\vec{r}_2} \phi_b^*(\vec{r}_2) \left(-\frac{\hbar}{2m_e} \nabla_2^2 - \alpha \hbar c \, \frac{Z}{r_2} \right) \phi_b(\vec{r}_2) \, d^3\vec{r}_2$$

$$+ \alpha \hbar c \int_{\vec{r}_1} \int_{\vec{r}_2} \phi_a^*(\vec{r}_1) \, \phi_b^*(\vec{r}_2) \left(\frac{1}{r_{12}} \right) \phi_a(\vec{r}_1) \, \phi_b(\vec{r}_2) \, d^3\vec{r}_1 \, d^3\vec{r}_2$$

$$= Z^2 E_a \int_{\vec{r}_1} |\phi_a(\vec{r}_1)|^2 \, d^3\vec{r}_1 \int_{\vec{r}_2} |\phi_b(\vec{r}_2)|^2 \, d^3\vec{r}_2$$

$$+ Z^2 E_b \int_{\vec{r}_1} |\phi_a(\vec{r}_1)|^2 \, d^3\vec{r}_1 \int_{\vec{r}_2} |\phi_b(\vec{r}_2)|^2 \, d^3\vec{r}_2$$

$$+ \alpha \hbar c \int_{\vec{r}_1} \int_{\vec{r}_2} |\phi_a(\vec{r}_1)|^2 \left(\frac{1}{r_{12}} \right) |\phi_b(\vec{r}_2)|^2 \, d^3\vec{r}_1 \, d^3\vec{r}_2$$

$$= Z^2 (E_a + E_b) + \alpha \hbar c \, J_{ab}$$

donde se han introducido las energías del átomo de hidrógeno para el hamiltoniano de Bohr (ec. 15.11), E_a para n_a y E_b para n_b, y la integral directa J_{ab} (ec. 16.11).

El segundo de los términos obtenidos se puede escribir como:

$$\langle H \rangle_{1a;2b;1b;2a} = \int_{\vec{r}_1} \int_{\vec{r}_2} \phi_a^*(\vec{r}_1)\,\phi_b^*(\vec{r}_2)\,H\,\phi_b(\vec{r}_1)\,\phi_a(\vec{r}_2)\,d^3\vec{r}_1\,d^3\vec{r}_2$$

$$= \int_{\vec{r}_1} \phi_a^*(\vec{r}_1)\left(-\frac{\hbar}{2m_e}\nabla_1^2 - \alpha\hbar c\,\frac{Z}{r_1}\right)\phi_b(\vec{r}_1)\,d^3\vec{r}_1 \underbrace{\int_{\vec{r}_2} \phi_b^*(\vec{r}_2)\,\phi_a(\vec{r}_2)\,d^3\vec{r}_2}_{0}$$

$$+ \underbrace{\int_{\vec{r}_1} \phi_a^*(\vec{r}_1)\,\phi_b(\vec{r}_1)\,d^3\vec{r}_1}_{0} \int_{\vec{r}_2} \phi_b^*(\vec{r}_2)\left(-\frac{\hbar}{2m_e}\nabla_2^2 - \alpha\hbar c\,\frac{Z}{r_2}\right)\phi_a(\vec{r}_2)\,d^3\vec{r}_2$$

$$+ \alpha\hbar c \int_{\vec{r}_1} \int_{\vec{r}_2} \phi_a^*(\vec{r}_1)\,\phi_b^*(\vec{r}_2)\left(\frac{1}{r_{12}}\right)\phi_b(\vec{r}_1)\,\phi_a(\vec{r}_2)\,d^3\vec{r}_1\,d^3\vec{r}_2$$

$$= 0 + 0 + \alpha\hbar c\,K_{ab}$$

donde se ha introducido la integral de intercambio K_{ab} (ec. 16.12).

El resultado final para la cota superior a la energía, sustituyendo $Z = 2$, es:

$$\widetilde{E}_{ab}^{\pm} = \frac{\langle \Phi_{ab}^{\pm}|H|\Phi_{ab}^{\pm}\rangle}{\langle \Phi_{ab}^{\pm}|\Phi_{ab}^{\pm}\rangle} = \frac{\langle H \rangle_{1a;2b} \pm \langle H \rangle_{1a;2b;1b;2a}}{1} = 4(E_a + E_b) + \alpha\hbar c(J_{ab} \pm K_{ab})$$

donde $4(E_a + E_b) \equiv E_{ab}$ es la energía del átomo de helio en aproximación de electrones independientes con números cuánticos principales n_a y n_b (ec. 16.2).

Es importante destacar que la estructura de las partes espaciales $\varphi_{1n;L}^{+}$ y $\varphi_{1n;L}^{-}$ (ec. 16.6) y la ruptura de la degeneración energética asociada a ellas tienen su origen en la interacción coulombiana entre los dos electrones, no en el postulado de simetrización. Este hecho puede ilustrarse partiendo de funciones de onda compuestas sin simetrización definida, $\phi_{10}(\vec{r}_1)\,\phi_{nL}(\vec{r}_2)$ y $\phi_{nL}(\vec{r}_1)\,\phi_{10}(\vec{r}_2)$, que son autofunciones exactas del hamiltoniano de electrones independientes asociadas a la misma energía, debido a la indistinguibilidad entre los dos electrones (degeneración de intercambio). Se realiza entonces con ellas un cálculo en teoría de perturbaciones para el caso degenerado (apdo. 6.3) considerando la interacción coulombiana entre los dos electrones, $\Delta H = \alpha\hbar c/r_{12}$, como perturbación al hamiltoniano de electrones independientes. A primer orden perturbativo para el caso degenerado se obtiene un sistema de ecuaciones (ec. 6.24) cuya matriz de coeficientes es:

$$\begin{pmatrix} \langle\phi_{10}(\vec{r}_1)\phi_{nL}(\vec{r}_2)|\,\Delta H\,|\phi_{10}(\vec{r}_1)\phi_{nL}(\vec{r}_2)\rangle & \langle\phi_{10}(\vec{r}_1)\phi_{nL}(\vec{r}_2)|\,\Delta H\,|\phi_{nL}(\vec{r}_1)\phi_{10}(\vec{r}_2)\rangle \\ \langle\phi_{nL}(\vec{r}_1)\phi_{10}(\vec{r}_2)|\,\Delta H\,|\phi_{10}(\vec{r}_1)\phi_{nL}(\vec{r}_2)\rangle & \langle\phi_{nL}(\vec{r}_1)\phi_{10}(\vec{r}_2)|\,\Delta H\,|\phi_{nL}(\vec{r}_1)\phi_{10}(\vec{r}_2)\rangle \end{pmatrix}$$

$$\equiv \alpha\hbar c \begin{pmatrix} J_{1n;L} & K_{1n;L} \\ K_{1n;L} & J_{1n;L} \end{pmatrix} \qquad (16.13)$$

que se ha expresado en función de las integrales directa y de intercambio. Con las coordenadas de los autovectores de esta matriz se construyen las partes espaciales de las autofunciones de onda a orden cero del hamiltoniano completo en la base de partida, resultando las mismas combinaciones lineales que definen $\varphi^+_{1n;L}$ y $\varphi^-_{1n;L}$ (ec. 16.6). Los autovalores de la matriz, que corresponden a las correcciones a primer orden de las energías del hamiltoniano completo, son $\Delta E^+_{1n;L} = \alpha\hbar c\,(J_{1n;L} + K_{1n;L})$ y $\Delta E^-_{1n;L} = \alpha\hbar c\,(J_{1n;L} - K_{1n;L})$, que coinciden con el término adicional que aparece en la cota obtenida con el método variacional (ec. 16.10). Se comprueba así que la ruptura de la degeneración energética entre esos dos estados no se debe a la aplicación del postulado de simetrización a las funciones de onda de partida, sino a la introducción de la interacción coulombiana. Lo que sí es un efecto exclusivo del postulado de simetrización es que cada parte espacial, $\varphi^+_{1n;L}$ y $\varphi^-_{1n;L}$, va asociada necesariamente a una parte de espín específica, Ξ^S y Ξ^T respectivamente, para que la función de onda completa sea antisimétrica bajo intercambio de los dos electrones.

Esta correlación estricta entre simetrización espacial y acoplamiento de espín permite reescribir la perturbación coulombiana $\Delta H = \alpha\hbar c/r_{12}$ como un hamiltoniano efectivo de interacción entre los espines de los electrones[49], dado por:

$$\widetilde{\Delta H} = \kappa_{1n;L} + \gamma_{1n;L}\,\vec{s}_1\cdot\vec{s}_2 = \alpha\hbar c\left(J_{1n;L} - \frac{K_{1n;L}}{2} - \frac{2}{\hbar^2}\,K_{1n;L}\,\vec{s}_1\cdot\vec{s}_2\right) \quad (16.14)$$

donde $\vec{s}_1\cdot\vec{s}_2 = \frac{1}{2}(S^2 - s_1^2 - s_2^2)$, con autovalores $\frac{\hbar^2}{2}[S(S+1) - 3/2]$. Las autofunciones y los autovalores de este hamiltoniano efectivo coinciden con los del hamiltoniano coulombiano ($\varphi^+_{1n;L}$ y $\Delta E^+_{1n;L}$ para $S = 0$ y $\varphi^-_{1n;L}$ y $\Delta E^-_{1n;L}$ para $S = 1$).

Las cotas a las energías obtenidas con el método variacional, ec. 16.10, aunque se han expresado y demostrado para estados con cualquier valor de n, L y S, solo son aplicables al estado fundamental y a algunos estados excitados[50], incluyendo el primero. Sin embargo, el desarrollo perturbativo muestra que el papel de las integrales directas y de intercambio es aplicable a cualquier estado.

En los resultados anteriores, tanto variacionales como perturbativos, se obtiene que las integrales directa $J_{1n;L}$ y de intercambio $K_{1n;L}$ (ambas positivas) se suman para obtener la energía de los estados $\Phi^+_{1n;L}$, que tienen parte de espín singlete Ξ^S, mientras que se restan para obtener la energía de los estados $\Phi^-_{1n;L}$, que tienen parte de espín triplete Ξ^T. Por esta razón, para un estado con n y L dados, el estado triplete tiene menor energía que el singlete (siempre que existan ambos), que es un caso particular de una de las *reglas de Hund* (apdo. 17.6). La diferencia de energía

---

[49] A pesar de su forma, este hamiltoniano efectivo no representa una interacción entre los momentos dipolares magnéticos asociados a los espines de los electrones, que también existe pero es mucho más débil. Un hamiltoniano análogo a este y con el mismo origen electrostático (no magnético), denominado hamiltoniano de Heisenberg, puede emplearse para describir la orientación colectiva de los espines de los electrones, en este caso ligados a átomos distintos próximos entre sí, que da lugar a propiedades magnéticas de los sólidos como el ferro-, el antiferro- o el ferrimagnetismo.

[50] Aquellos para los que la función de onda de prueba 16.7 es ortogonal a todas las funciones de onda exactas asociadas a energías menores que la buscada, que se cumple cuando todas ellas tienen valores de los números cuánticos L o S distintos al de la función de prueba (apdo. 7.1.).

entre los dos estados es:

$$\widetilde{E}_{1n;L}^{+} - \widetilde{E}_{1n;L}^{-} = 2\alpha\hbar c\, K_{1n;L} \tag{16.15}$$

Basándose en las funciones de onda aproximadas 16.7 se puede dar un argumento cualitativo para este resultado. En los estados con espín triplete la parte espacial $\varphi_{1n;L}^{-}$ es antisimétrica, asociada a una mayor separación promedio entre los electrones con respecto al caso simétrico (fuerza de intercambio, apdo. 5.3). Como la interacción entre los electrones es repulsiva, esta disposición reduce la energía del sistema respecto a la de los estados con espín singlete, cuya parte espacial $\varphi_{1n;L}^{+}$ es simétrica. Cálculos más sofisticados muestran también que en los estados triplete las distribuciones espaciales de los dos electrones reducen el apantallamiento de la carga nuclear que ejerce un electrón sobre el otro, lo que favorece su ligadura frente al caso singlete.

Energía del estado fundamental y apantallamiento de la carga nuclear

Para el estado fundamental del helio ($n = 1$, $L = 0$), la cota de energía que proporciona el método variacional con la función de onda de prueba 16.8 es:

$$\widetilde{E}_{11;0} = \frac{\langle \Phi_{11;0}|H|\Phi_{11;0}\rangle}{\langle \Phi_{11;0}|\Phi_{11;0}\rangle} = E_{11} + \alpha\hbar c\, J_{11;0} \tag{16.16}$$

donde solo contribuye la integral directa dada por:

$$J_{11;0} = \int_{\vec{r}_1} \int_{\vec{r}_2} |\phi_{10}(\vec{r}_1)|^2 \left(\frac{1}{r_{12}}\right) |\phi_{10}(\vec{r}_2)|^2 \, d^3\vec{r}_1 \, d^3\vec{r}_2 \tag{16.17}$$

La energía de los electrones independientes es $E_{11} = 2Z^2 E_1 = -108{,}8$ eV y el valor de la integral directa es $J_{11;0} = -(5/2)E_1 = 34{,}0$ eV. La cota de energía resulta entonces $\widetilde{E}_{11;0} = -74{,}8$ eV ($-20{,}4$ eV trasladada tal que $\hat{E}_{1\infty} = 0$), mientras que el valor experimental en el estado fundamental es $-79{,}0$ eV ($-24{,}6$ eV trasladada).

Para mejorar este resultado se puede remplazar en la función de onda de prueba la carga del núcleo Z por una carga apantallada Q, que es la que siente uno de los electrones debido al apantallamiento causado por la distribución de carga del otro electrón. El resultado es:

$$\widetilde{E}_{11;0}(Q) = \frac{\langle \Phi_{11;0}(Q)| H |\Phi_{11;0}(Q)\rangle}{\langle \Phi_{11;0}(Q)|\Phi_{11;0}(Q)\rangle} = \left(4Z - 2Q - \frac{5}{4}\right) Q\, E_1 \tag{16.18}$$

A continuación, en aplicación del método variacional (apdo. 7.2), se minimiza esta función respecto al parámetro Q, obteniéndose $\widetilde{E}_{11;0}(\hat{Q}) = -77{,}5$ eV (para $\hat{Q} = 1{,}7$), que es una cota superior mejorada para la energía del estado fundamental.

En conclusión, los resultados obtenidos con distintas aproximaciones y el valor experimental de la energía del estado fundamental del átomo de helio son los siguientes (se indican entre paréntesis los valores trasladados tal que $\hat{E}_{1\infty} = 0$):

- Aproximación de electrones independientes: $-108{,}8$ eV ($-54{,}4$ eV).

- Método variacional de partida: $-74{,}8$ eV ($-20{,}4$ eV).
- Método variacional mejorado (carga nuclear apantallada): $-77{,}5$ eV ($-23{,}1$ eV).
- Experimental: $-79{,}0$ eV ($-24{,}6$ eV).

Demostración: Energía del estado fundamental del átomo de helio mediante el método variacional con parámetro de carga nuclear apantallada

La función de onda de prueba del estado fundamental (ec. 16.8), que está normalizada, se puede expresar con una dependencia en el parámetro de carga nuclear apantallada Q como $\Phi_{11;0}(r_1, r_2; Q) = \phi_{10}(r_1; Q)\, \phi_{10}(r_2; Q)\, \Xi^{\mathbb{S}}$, donde la función de onda del estado fundamental de un átomo hidrogenoide con carga nuclear Q (en unidades e) es:

$$\phi_{10}(r_i; Q) = R_{10}(r_i; Q)\, Y_{00} = 2\left(\frac{Q}{a_0}\right)^{\frac{3}{2}} e^{-\frac{Q\, r_i}{a_0}}\, \frac{1}{\sqrt{4\pi}} = \frac{1}{\sqrt{\pi}}\left(\frac{Q}{a_0}\right)^{\frac{3}{2}} e^{-\frac{Q\, r_i}{a_0}}$$

El hamiltoniano 16.9 se puede separar en tres términos, $H = H_{(1)} + H_{(2)} + H_{(12)}$. Los dos primeros corresponden a hamiltonianos de electrón independiente, que pueden reescribirse en función de la carga apantallada como:

$$H_{(i)} = -\frac{\hbar^2}{2m_e}\nabla_i^2 - \alpha\hbar c\,\frac{Z}{r_i} = -\frac{\hbar^2}{2m_e}\nabla_i^2 - \alpha\hbar c\,\frac{Q}{r_i} + \alpha\hbar c\,\frac{(Q-Z)}{r_i}$$

El valor esperado de $H_{(1)}$ con la función de onda dada arriba es:

$$\langle\Phi_{11;0}(r_1, r_2; Q)|\, H_{(1)}\, |\Phi_{11;0}(r_1, r_2; Q)\rangle$$

$$= \int_{\vec{r}_1} \phi_{10}^*(r_1; Q)\left(-\frac{\hbar^2}{2m_e}\nabla_1^2 - \alpha\hbar c\,\frac{Q}{r_1} + \alpha\hbar c\,\frac{(Q-Z)}{r_1}\right)\phi_{10}(r_1; Q)\, d^3\vec{r}_1 \cdot$$

$$\cdot \int_{\vec{r}_2} \phi_{10}^*(r_2; Q)\, \phi_{10}(r_2; Q)\, d^3\vec{r}_2$$

$$= \int_{\vec{r}_1} \phi_{10}^*(r_1; Q)\left(-\frac{\hbar^2}{2m_e}\nabla_1^2 - \alpha\hbar c\,\frac{Q}{r_1}\right)\phi_{10}(r_1; Q)\, d^3\vec{r}_1$$

$$+ \alpha\hbar c\,(Q-Z)\int_{\vec{r}_1} \phi_{10}^*(r_1; Q)\left(\frac{1}{r_1}\right)\phi_{10}(r_1; Q)\, d^3\vec{r}_1$$

$$= Q^2 E_1 + \alpha\hbar c\,(Q-Z)\,\frac{Q}{a_0} = (2Z - Q)\, Q\, E_1$$

donde se han usado las ecs. 15.29 y 15.18 (con $n = 1$ y carga nuclear Q) y se ha introducido $E_1 = -\alpha\hbar c/2a_0$ (ecs. 15.11, 15.19), que es la energía del estado fundamental del átomo de hidrógeno. El cálculo del valor esperado de $H_{(2)}$ es análogo y el resultado es el mismo.

Por otro lado, el valor esperado del hamiltoniano de interacción entre los dos electrones $H_{(12)} = \alpha\hbar c/r_{12}$, que es la integral directa $J_{11;0}(Q)$ (ec. 16.17), tras un cálculo algo más laborioso resulta:

$$\langle\Phi_{11;0}(r_1,r_2;Q)|\,H_{(12)}\,|\Phi_{11;0}(r_1,r_2;Q)\rangle$$

$$= \alpha\hbar c \int_{\vec{r}_1}\int_{\vec{r}_2} |\phi_{10}(r_1;Q)|^2 \left(\frac{1}{r_{12}}\right)|\phi_{10}(r_2;Q)|^2\,d^3\vec{r}_1\,d^3\vec{r}_2 = \alpha\hbar c\frac{5}{8}\frac{Q}{a_0} = -\frac{5}{4}QE_1$$

La cota de energía resultante en función de la carga apantallada Q es:

$$\tilde{E}_{11;0}(Q) = \frac{\langle\Phi_{11;0}(r_1,r_2;Q)|\,(H_{(1)}+H_{(2)}+H_{(12)})\,|\Phi_{11;0}(r_1,r_2;Q)\rangle}{\langle\Phi_{11;0}(r_1,r_2;Q)|\Phi_{11;0}(r_1,r_2;Q)\rangle}$$

$$= 2\big[(2Z-Q)\,Q\,E_1\big] - \frac{5}{4}\,Q\,E_1 = (4Z-2Q)\,Q\,E_1 - \frac{5}{4}\,Q\,E_1$$

El valor del parámetro Q que minimiza esta expresión cumple:

$$\left.\frac{d\tilde{E}_{11;0}(Q)}{dQ}\right|_{\hat{Q}} = \left(4Z - 4\hat{Q} - \frac{5}{4}\right)E_1 = 0$$

de donde se obtiene que la carga nuclear apantallada que minimiza esta cota de energía es $\hat{Q} = Z - 5/16 = 1{,}7$ en unidades e.

Con estos resultados se obtiene finalmente que la cota a la energía del estado fundamental usando la carga nuclear no apantallada ($Q = Z = 2$) es:

$$\tilde{E}_{11;0}(Z) = \left(4Z - 2Z\right)Z\,E_1 - \frac{5}{4}\,Z\,E_1 = -74{,}8\ \text{eV}$$

mientras que usando la carga nuclear apantallada que minimiza la cota variacional ($Q = \hat{Q} = 1{,}7$) resulta:

$$\tilde{E}_{11;0}(\hat{Q}) = \left(4Z - 2\hat{Q}\right)\hat{Q}\,E_1 - \frac{5}{4}\,\hat{Q}\,E_1 = -77{,}5\ \text{eV}$$

16.3. Espectro

Los estados de energía individuales ocupados por los dos electrones del átomo de helio, identificados por sus números cuánticos principales y orbitales, constituyen su *configuración electrónica*, indicada como $(n_a l_a n_b l_b)$, donde los valores de l se expresan en notación espectroscópica: s $(l = 0)$, p $(l = 1)$, d $(l = 2)$, f $(l = 3)$, etc.

Si se especifican los números cuánticos orbital y de espín a los que se acoplan los dos electrones, se define un *término espectral*, indicado como $(n_a l_a n_b l_b)^{2S+1}L$, donde el número cuántico de espín total S aparece con su multiplicidad asociada $2S+1$ (puede ser 1, correspondiente a $\Xi^{\mathbb{S}}$, o 3, correspondiente a $\Xi^{\mathbb{T}}$), y el número cuántico de momento angular orbital total L se expresa en notación espectroscópica con letras mayúsculas: S $(L=0)$, P $(L=1)$, D $(L=2)$, F $(L=3)$, etc. Para el hamiltoniano 16.9 la degeneración del término espectral viene dada por $(2S+1)(2L+1)$, que son las posibles combinaciones de valores de los números cuánticos magnéticos totales

M_L y M_S, de los que no dependen las energías.

En la aproximación de electrones independientes solo los estados compuestos asociados a diferentes configuraciones electrónicas pueden tener energías distintas, en particular para diferentes valores de n. Al considerar los efectos de la repulsión coulombiana entre los electrones y de la antisimetrización de la función de onda total, que introducen una dependencia de la energía con los momentos angulares acoplados, los términos espectrales procedentes de una misma configuración adquieren energías diferentes. El estado fundamental es $(1s1s)^1S$, escrito también $(1s^2)^1S$. Los estados ligados excitados, por orden de energía creciente, son: $(1s2s)^3S$, $(1s2s)^1S$, $(1s2p)^3P$, $(1s2p)^1P$, $(1s3s)^3S$, $(1s3s)^1S$, $(1s3p)^3P$, $(1s3p)^1P$, $(1s3d)^3D$, $(1s3d)^1D$, ... (figura 16.1).

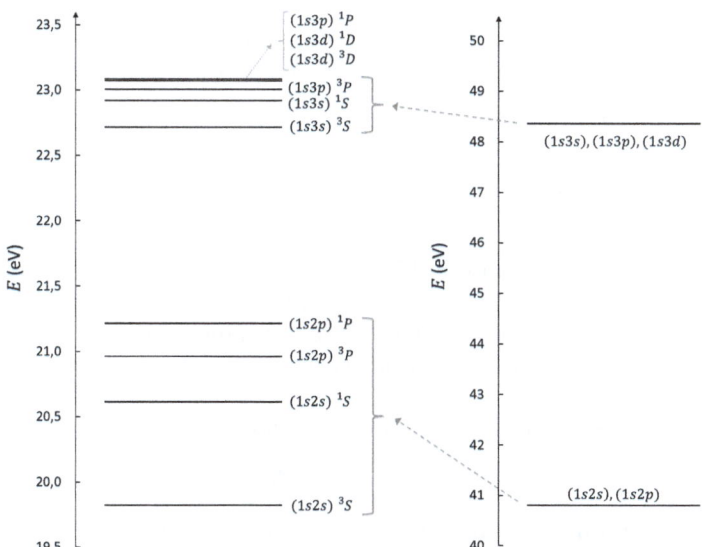

Figura 16.1. Espectro del átomo de helio ($Z = 2$) neutro. Izquierda: energías experimentales en eV, indicando configuración electrónica y término espectral. Derecha: energías en eV en aproximación de electrones independientes, indicando configuración electrónica. En ambos espectros la escala de energías es diferente, el primer estado excitado se ha situado en la misma posición vertical y no se muestra el estado fundamental $(1s1s)^1S$ (situado en la energía 0).

Además, entre los electrones del átomo de helio actúan otras interacciones más débiles causadas por acoplamientos entre momentos dipolares magnéticos asociados a momentos angulares, que modifican las energías de los términos espectrales e introducen dependencias en el número cuántico de momento angular total J: entre espín y órbita de un mismo electrón (análoga a la interacción espín-órbita del hidrógeno, apdo. 15.2.2), entre órbitas de los dos electrones, entre espín de un electrón y órbita del otro y entre espines de los dos electrones. En el espectro del átomo de helio más abundante, el isótopo ^{4}He, no aparece una estructura hiperfina (análoga a la del hidrógeno, apdo. 15.4) porque su núcleo, con número par de protones y neutrones, tiene momento angular total (espín) cero.

16.4. Transiciones electromagnéticas

Las autoestados del hamiltoniano 16.9 del átomo de helio pueden expresarse como $\Phi_{1n;LM_L SM_S}(\vec{r}_1,\vec{r}_2) = \varphi_{1n;LM_L}(\vec{r}_1,\vec{r}_2)\,\Xi_{SM_S} \equiv |1\,n\,L\,M_L\rangle \otimes |S\,M_S\rangle$. La probabilidad de transición dipolar eléctrica (apdo. 8.6, ec. 8.44) entre dos de estos estados de energía, para radiación electromagnética no polarizada e incidente en todas direcciones, depende del siguiente elemento de matriz de la suma de los operadores posición de los dos electrones:

$$\langle 1\,n_f\,L_f\,M_{Lf}|\otimes \langle S_f\,M_{Sf}|\,(\vec{r}_1 + \vec{r}_2)\,|1\,n_i\,L_i\,M_{Li}\rangle \otimes |S_i\,M_{Si}\rangle$$
$$= \langle 1\,n_f\,L_f\,M_{Lf}|\,(\vec{r}_1 + \vec{r}_2)\,|1\,n_i\,L_i\,M_{Li}\rangle\,\langle S_f\,M_{Sf}|S_i\,M_{Si}\rangle$$
$$= \langle 1\,n_f\,L_f\,M_{Lf}|\,(\vec{r}_1 + \vec{r}_2)\,|1\,n_i\,L_i\,M_{Li}\rangle\,\delta_{S_f,S_i}\,\delta_{M_{Sf},M_{Si}} \qquad (16.19)$$

De la parte espacial resultan las siguientes *reglas de selección orbitales*:

$$\Delta L = \pm 1 \qquad\qquad \Delta M_L = \{0,\,\pm 1\} \qquad\qquad (16.20)$$

que son análogas a las del átomo de hidrógeno (ec. 15.59) porque las transiciones entre estados ligados del helio involucran un cambio de estado de un único electrón, $\Delta l_b = \Delta L$, $\Delta m_{l_b} = \Delta M_L$, mientras que el otro permanece en $l_a = 0$. El cambio en una unidad de $l_b = L$ implica cambio de paridad entre los estados inicial y final, $\Pi_i \neq \Pi_f$ (regla de Laporte).

De la parte de espín resultan las siguientes *reglas de selección de espín*:

$$\Delta S = 0 \qquad\qquad \Delta M_S = 0 \qquad\qquad (16.21)$$

Estas reglas implican que las transiciones entre estados con parte de espín singlete (Ξ_{00}^S) y estados con parte de espín triplete ($\Xi_{1M_S}^T$) son muy poco probables, aunque no imposibles, porque las correcciones relativistas mezclan las partes orbitales y de espín. El conjunto de todos los estados de energía con espín singlete recibe el nombre de *parahelio* y el conjunto de todos los estados de energía con espín triplete recibe el nombre de *ortohelio*. Ambos conjuntos existen de manera prácticamente independiente debido a la pequeña probabilidad de que ocurran transiciones electromagnéticas entre ellos.

Algunos estados de energía son *metaestables*, que implica que la transición desde ellos a un estado de energía menor es muy poco probable porque viola las reglas de selección dipolares eléctricas. Así, el término espectral $(1s2s)^1S$ del parahelio es metaestable porque solo tiene por debajo en energía el término $(1s2s)^3S$ del ortohelio, cuya transición no cumple ni $\Delta S = 0$ ni $\Delta L = \pm 1$, y el término $(1s1s)^1S$ del parahelio (el estado fundamental), cuya transición no cumple $\Delta L = \pm 1$. Por otro lado, el término $(1s2s)^3S$ del ortohelio es metaestable porque solo tiene por debajo en energía el término $(1s1s)^1S$ del parahelio (el estado fundamental), cuya transición no cumple ni $\Delta S = 0$ ni $\Delta L = \pm 1$.

17. Átomos polielectrónicos

En átomos con varios electrones puede suponerse que las interacciones entre ellos y con el núcleo contribuyen a crear un campo medio, en el que se mueven de manera independiente unos de otros. El campo medio puede calcularse de manera aproximada mediante diversos procedimientos, como el método de Hartree o de Hartree-Fock o el modelo de Thomas-Fermi. Las energías y funciones de onda de los electrones, así como la ocupación máxima de cada nivel de energía según el principio de exclusión, que determina la configuración electrónica, permiten explicar las propiedades más importantes de los átomos y cómo se organizan en la tabla periódica. Las interacciones entre los electrones no incluidas en el campo medio dan lugar a acoplamientos entre sus momentos angulares, que permiten explicar los espectros atómicos y las transiciones electromagnéticas asociadas.

17.1. Hamiltoniano

El hamiltoniano de un átomo con $\mathcal{N}$ electrones en la corteza y número atómico Z puede escribirse como suma de las energías cinéticas de cada uno de los electrones y de las energías potenciales debidas a la interacción coulombiana de cada uno de los electrones con el núcleo, con separación $r_i = |\vec{r_i}|$, y con el resto de electrones, con separación $r_{ij} = |\vec{r_i} - \vec{r_j}|$:

$$H = \sum_i^{\mathcal{N}} \left(-\frac{\hbar^2}{2m_e} \nabla_i^2 - \alpha \hbar c \frac{Z}{r_i} \right) + \sum_{i,\,j<i}^{\mathcal{N}} \alpha \hbar c \frac{1}{r_{ij}} \tag{17.1}$$

Se puede introducir una energía potencial a un cuerpo, el *campo medio* $U(r)$, que es un promedio de las interacciones dos a dos entre los electrones y de las interacciones de cada uno de ellos con el núcleo. El hamiltoniano se puede escribir entonces como:

$$H = \left[\sum_i^{\mathcal{N}} \left(-\frac{\hbar^2}{2m_e}\nabla_i^2 + U(r_i)\right)\right] + \left[-\sum_i^{\mathcal{N}}\alpha\hbar c\,\frac{Z}{r_i} + \sum_{i,\,j<i}^{\mathcal{N}}\alpha\hbar c\,\frac{1}{r_{ij}} - \sum_i^{\mathcal{N}}U(r_i)\right]$$

$$(17.2)$$

El primer término entre corchetes, que contiene el campo medio, es una suma de *hamiltonianos de partícula individual*, mientras que el segundo término es una suma de *interacciones residuales*. Esta composición es análoga a la empleada para el hamiltoniano nuclear en el modelo de capas (apdo. 13.8), en el que las partículas en cuestión son nucleones en lugar de electrones, sometidos también a un campo medio (nuclear) y a interacciones residuales entre ellos.

La repulsión coulombiana entre los electrones suele ser demasiado intensa como para poder considerarla una perturbación sobre la parte de energías cinéticas y energías potenciales de atracción coulombiana con el núcleo, pero el conjunto de interacciones residuales sí podría tratarse como una perturbación sobre la parte de energías cinéticas y energías potenciales en el campo medio.

17.2. Teoría de Hartree

En la *teoría de Hartree* se construye un campo medio atómico $U(r)$, que es un campo central con simetría esférica, a través del siguiente procedimiento:

- Se comienza con una aproximación a la energía potencial promedio de cada electrón en la corteza atómica. En general, para $r \to 0$ el promedio debe tender al potencial coulombiano creado por el núcleo, $U(r) = -\alpha\hbar c\, Z/r$, mientras que para $r \to \infty$ debe tender a $U(r) = -\alpha\hbar c(Z-\mathcal{N}+1)/r$, debido al *apantallamiento* de la carga nuclear causado por los $\mathcal{N}-1$ electrones restantes. Entre ambos límites se establece una variación suave.
- Se resuelve la ecuación de Schrödinger para cada electrón con esa energía potencial promedio (también podría usarse una diferente para cada electrón), generalmente mediante métodos numéricos, y se obtienen las autofunciones $\phi_i(r_i)$ y las energías ε_i individuales.
- Se sitúan los $\mathcal{N}$ electrones en los niveles resultantes con energías más bajas, teniendo en cuenta la ocupación máxima (la degeneración) de cada uno de ellos según el principio de exclusión. La función de onda compuesta por todos los electrones se obtiene como el producto de las funciones de onda individuales de los niveles ocupados, $\Phi(\vec{r}_1, ..., \vec{r}_{\mathcal{N}}) = \prod_i^{\mathcal{N}} \phi_i(\vec{r}_i)$ (sin antisimetrizar).
- Con las funciones de onda de los niveles ocupados se calcula la distribución de densidad de carga electrónica, $\rho_c(\vec{r}) = -e\sum_i^{\mathcal{N}}|\phi_i(\vec{r})|^2$, y se añade la distribución de densidad de carga nuclear. Aplicando el teorema de Gauss se obtiene la correspondiente energía potencial atómica promedio con simetría esférica, $U(r)$.
- Si esa energía potencial es muy parecida a la de partida, entonces constituye una buena aproximación al campo medio y las funciones de onda y energías individuales obtenidas en el segundo paso son una buena aproximación a las

exactas. Si, en cambio, la energía potencial obtenida es muy diferente a la de partida, se vuelve al segundo paso, pero empleando esta nueva energía potencial.

El método de Hartree es un procedimiento *iterativo*, porque el conjunto de pasos descritos se repite tantas veces como sea necesario hasta que los resultados convergen, es decir, hasta que difieren muy poco de una iteración a la siguiente. Se trata además de un método *auto-consistente*, porque la energía potencial promedio resultante, que se denomina *potencial de Hartree*, da lugar a un conjunto de estados individuales que al ser ocupados por los electrones producen ese mismo potencial.

Como resultados generales de este método se obtiene, por un lado, que el radio orbital de los electrones, interpretado como el valor de la coordenada radial donde la densidad de probabilidad radial es máxima, es aproximadamente $r_{max} \approx a_0/(Z-2)$ en la capa más interna (con número cuántico principal $n = 1$) y $r_{max} \approx na_0$ en la capa más externa, donde $a_0 = 0{,}0529$ nm es el radio orbital del electrón en el estado fundamental del átomo de hidrógeno (ec. 15.19). Así, el tamaño de los átomos, estimado como el radio orbital de la capa más externa, crece mucho más despacio que su número de electrones; por ejemplo, en el átomo de cesio neutro, con 55 electrones que ocupan hasta la capa $n = 6$, el radio estimado es 6 veces mayor que el del hidrógeno.

Por otro lado, para la energía de ligadura de los electrones se obtiene aproximadamente $E \approx (Z-2)^2 E_1$ en la capa más interna (con $n = 1$) y $E \approx E_1$ en la capa más externa, donde $E_1 = -13{,}6$ eV es la energía del electrón en el estado fundamental del átomo de hidrógeno. Estas expresiones concuerdan con la ec. 15.11 si se introduce una carga nuclear efectiva parcialmente apantallada por los electrones internos, Z_{ef}, en lugar de la carga nuclear total Z. En la capa más interna el apantallamiento es muy reducido y la carga nuclear efectiva es aproximadamente $Z_{ef} \approx Z - 2$, mientras que en la capa más externa el apantallamiento es mucho mayor, con una carga nuclear efectiva aproximada $Z_{ef} \approx n$.

Las estimaciones obtenidas para los radios orbitales y las energías de ligadura pueden desviarse de los valores experimentales en algunos casos en un factor 2 o 3. Por ejemplo, la energía de ligadura experimental del electrón más externo en el átomo de cesio neutro no es aproximadamente la del hidrógeno, sino 3 veces menor.

La parte espacial de las funciones de onda que se obtienen al resolver la ecuación de Schrödinger con el potencial de Hartree, que es esféricamente simétrico, se pueden separar en parte radial y parte angular:

$$\phi_{nlm_l}(r,\theta,\varphi) = \widetilde{R}_{nl}(r)\, Y_{lm_l}(\theta,\varphi) \tag{17.3}$$

Ambas partes dependen de los mismos números cuánticos que en el átomo de hidrógeno, n y l para la parte radial y l y m_l para la parte angular (apdo. 15.1.2). La parte angular es de hecho la misma que en el átomo de hidrógeno, un armónico esférico, que es la que aparece en cualquier sistema con campo central (apdo. 4.3.1).

Las energías asociadas a estas funciones de onda dependen del número cuántico principal n, como en el átomo de hidrógeno, pero también dependen explícitamente del número cuántico orbital l. En los estados con un n dado las densidades de probabilidad radial $\widetilde{P}_{nl}(r) = [\widetilde{R}_{nl}(r)]^2 r^2$ (análogas a la ec. 15.23) alcanzan sus valores máximos aproximadamente en el mismo intervalo de la coordenada radial, y forman una *capa atómica*. En cada capa los estados con un l dado tienen la misma energía y la misma densidad de probabilidad radial, y forman una *subcapa atómica*. La degeneración de la energía de una subcapa viene dada por $(2s+1)(2l+1) = 2(2l+1)$, que es el número de combinaciones de valores posibles de m_l (número de orbitales distintos) y de m_s. Así, una subcapa s ($l = 0$) tiene degeneración 2, una p ($l = 1$) tiene degeneración 6, una d ($l = 2$) tiene 10, una f ($l = 3$) tiene 14, etc.

De acuerdo con el principio de exclusión, el número máximo de electrones que se pueden situar en una subcapa viene dado por la degeneración de su energía. Una *subcapa cerrada* es aquella que está llena, es decir, cuya ocupación es máxima. En ese caso, la distribución de probabilidad conjunta de todos sus orbitales tiene simetría esférica, de manera que los átomos neutros con todas sus subcapas cerradas no producen un campo eléctrico externo.

Método de Hartree-Fock

El procedimiento que se ha descrito para obtener el campo medio en la teoría de Hartree es equivalente a la aplicación del método variacional (apdo. 7.2) al hamiltoniano atómico 17.1 con la función de onda de prueba $\Phi = \prod_i^N \phi_i$, que contiene los orbitales individuales ocupados respetando el principio de exclusión, pero que no está antisimetrizada. El *método de Hartree-Fock* es una generalización de este procedimiento, basado también en el método variacional, que incorpora la antisimetrización bajo intercambio de los electrones atómicos. El vector de estado antisimetrizado compuesto por N electrones se puede construir mediante un determinante de Slater de los vectores de estado individuales ortonormales (ec. 5.18):

$$\Phi = \frac{1}{\sqrt{N!}} \begin{vmatrix} |\varphi_1\rangle_1 & |\varphi_2\rangle_1 & \cdots & |\varphi_N\rangle_1 \\ |\varphi_1\rangle_2 & |\varphi_2\rangle_2 & \cdots & |\varphi_N\rangle_2 \\ \vdots & \vdots & \ddots & \vdots \\ |\varphi_1\rangle_N & |\varphi_2\rangle_N & \cdots & |\varphi_N\rangle_N \end{vmatrix} \tag{17.4}$$

donde $|\varphi_\mu\rangle_i$ es el vector que representa el estado individual φ_μ para el electrón i, y contiene una parte espacial y una parte de espín, $|\varphi_\mu\rangle_i = |\phi_\mu\rangle_i \otimes |\chi_\mu\rangle_i$, con $|\phi_\mu\rangle_i \equiv \phi_\mu(\vec{r}_i)$ y $|\chi_\mu\rangle_i \equiv |s_\mu\, m_{s\mu}\rangle_i = \{|\uparrow\rangle_i, |\downarrow\rangle_i\}$.

El valor esperado del hamiltoniano atómico 17.1 con el vector de estado antisimetrizado 17.4 puede expresarse como:

$$\langle \Phi | H | \Phi \rangle = \sum_\mu^N E_\mu + \alpha \hbar c \sum_{\mu,\, \nu < \mu}^N (J_{\mu\nu} - K_{\mu\nu}) \tag{17.5}$$

donde E_μ son energías de electrones independientes, es decir, en ausencia de interacciones entre ellos, $J_{\mu\nu}$ son elementos de matriz directos y $K_{\mu\nu}$ son elementos de matriz de intercambio o de canje, dados por:

$$E_\mu = \langle\varphi_\mu|_i \left(-\frac{\hbar^2}{2m_e}\nabla_i^2 - \alpha\hbar c \frac{Z}{r_i}\right)|\varphi_\mu\rangle_i$$

$$= \int_{\vec{r}_i} \varphi_\mu^*(\vec{r}_i) \left(-\frac{\hbar^2}{2m_e}\nabla_i^2 - \alpha\hbar c \frac{Z}{r_i}\right)\varphi_\mu(\vec{r}_i)\, d^3\vec{r}_i \tag{17.6}$$

$$J_{\mu\nu} = \langle\varphi_\mu|_i \otimes \langle\varphi_\nu|_j \left(\frac{1}{r_{ij}}\right)|\varphi_\mu\rangle_i \otimes |\varphi_\nu\rangle_j$$

$$= \int_{\vec{r}_i}\int_{\vec{r}_j} |\varphi_\mu(\vec{r}_i)|^2 \left(\frac{1}{r_{ij}}\right)|\varphi_\nu(\vec{r}_j)|^2\, d^3\vec{r}_i\, d^3\vec{r}_j \tag{17.7}$$

$$K_{\mu\nu} = \langle\varphi_\mu|_i \otimes \langle\varphi_\nu|_j \left(\frac{1}{r_{ij}}\right)|\varphi_\nu\rangle_i \otimes |\varphi_\mu\rangle_j$$

$$= \delta_{m_{s\mu},m_{s\nu}} \int_{\vec{r}_i}\int_{\vec{r}_j} \varphi_\mu^*(\vec{r}_i)\,\varphi_\nu^*(\vec{r}_j) \left(\frac{1}{r_{ij}}\right)\varphi_\nu(\vec{r}_i)\,\varphi_\mu(\vec{r}_j)\, d^3\vec{r}_i\, d^3\vec{r}_j \tag{17.8}$$

Las partes espaciales de los elementos de matriz $J_{\mu\nu}$ y $K_{\mu\nu}$ son integrales análogas a las del átomo de helio (ecs. 16.11 y 16.12, respectivamente), pero en este caso hay tantas como parejas de electrones se pueden formar en el átomo polielectrónico.

A continuación se minimiza el valor esperado 17.5 manteniendo la condición (ligadura) de ortonormalización de los vectores de estado individuales, $\langle\varphi_\mu|\varphi_\nu\rangle = \delta_{\mu,\nu}$, haciendo uso de un conjunto de multiplicadores de Lagrange $\lambda_{\mu\nu}$, que se puede transformar (diagonalizar) a un conjunto más reducido ε_μ, asociado a las condiciones de normalización $\langle\varphi_\mu|\varphi_\mu\rangle = 1$. Teniendo en cuenta estas ligaduras, la condición de minimización, es decir, de variación infinitesimal nula, se expresa como:

$$\delta\left[\langle\Phi|H|\Phi\rangle - \sum_\mu^N \varepsilon_\mu\left(\langle\varphi_\mu|\varphi_\mu\rangle - 1\right)\right] = 0 \tag{17.9}$$

La variación infinitesimal se puede introducir a través de los bra de los estados individuales, $\langle\delta\varphi_\mu|$, proporcionando el siguiente conjunto de ecuaciones interdependientes, una para cada valor de μ, denominadas *ecuaciones de Hartree-Fock*:

$$\left(-\frac{\hbar^2}{2m_e}\nabla_i^2 - \alpha\hbar c \frac{Z}{r_i}\right)|\varphi_\mu\rangle_i + \alpha\hbar c \sum_{\nu\neq\mu}^N \left[\langle\varphi_\nu|_j \left(\frac{1}{r_{ij}}\right)|\varphi_\nu\rangle_j\right]|\varphi_\mu\rangle_i$$

$$- \alpha\hbar c \sum_{\nu\neq\mu}^N \left[\langle\varphi_\nu|_j \left(\frac{1}{r_{ij}}\right)|\varphi_\mu\rangle_j\right]|\varphi_\nu\rangle_i = \varepsilon_\mu\,|\varphi_\mu\rangle_i \tag{17.10}$$

que pueden expresarse para cada vector de estado individual $|\varphi_\mu\rangle_i$ como:

$$\left(-\frac{\hbar^2}{2m_e}\nabla_i^2 + U_{HF\,i}\right)|\varphi_\mu\rangle_i = \varepsilon_\mu\,|\varphi_\mu\rangle_i \tag{17.11}$$

El potencial de Hartree-Fock U_{HF}, análogo al campo medio U construido en la teoría de Hartree, viene dado por $U_{HF\,i} = -\alpha\hbar c\, Z/r_i + U_{HF\,i}^{dir} - U_{HF\,i}^{int}$, donde los operadores de potencial directo y de potencial de intercambio actúan sobre un vector de estado individual $|\varphi_\mu\rangle_i$ como:

$$
\begin{aligned}
U_{HF\,i}^{dir}\,|\varphi_\mu\rangle_i &= \alpha\hbar c \sum_{\nu\neq\mu}^{\mathcal{N}} \left[\langle\varphi_\nu|_j \left(\frac{1}{r_{ij}}\right) |\varphi_\nu\rangle_j \right] |\varphi_\mu\rangle_i \\
&= \alpha\hbar c \sum_{\nu\neq\mu}^{\mathcal{N}} \left[\int_{\vec{r}_j} |\varphi_\nu(\vec{r}_j)|^2 \left(\frac{1}{r_{ij}}\right) d^3\vec{r}_j \right] \varphi_\mu(\vec{r}_i)\,\chi_{m_{s\mu}}
\end{aligned}
\tag{17.12}
$$

$$
\begin{aligned}
U_{HF\,i}^{int}\,|\varphi_\mu\rangle_i &= \alpha\hbar c \sum_{\nu\neq\mu}^{\mathcal{N}} \left[\langle\varphi_\nu|_j \left(\frac{1}{r_{ij}}\right) |\varphi_\mu\rangle_j \right] |\varphi_\nu\rangle_i \\
&= \alpha\hbar c \sum_{\nu\neq\mu}^{\mathcal{N}} \delta_{m_{s\mu},m_{s\nu}} \left[\int_{\vec{r}_j} \varphi_\nu(\vec{r}_j) \left(\frac{1}{r_{ij}}\right) \varphi_\mu(\vec{r}_j)\, d^3\vec{r}_j \right] \varphi_\nu(\vec{r}_i)\,\chi_{m_{s\nu}}
\end{aligned}
\tag{17.13}
$$

Las ecs. 17.11, a pesar de su forma análoga a ecuaciones de Schrödinger, no son ecuaciones de autovalores, ya que el operador de energía potencial U_{HF} depende de los propios vectores de estado individuales (ecs. 17.12, 17.13). Para resolver las ecuaciones se realiza un procedimiento iterativo similar al de la teoría de Hartree del que se obtiene, tras alcanzar la convergencia, un conjunto de vectores de estado individuales y un potencial de Hartree-Fock auto-consistentes.

Multiplicando las ecs. 17.10 por la izquierda por el bra $\langle\varphi_\mu|_i$ se obtiene que las cantidades ε_μ cumplen:

$$
\varepsilon_\mu = E_\mu + \alpha\hbar c \sum_{\nu\neq\mu}^{\mathcal{N}} (J_{\mu\nu} - K_{\mu\nu})
\tag{17.14}
$$

Esta expresión contiene la energía de un electrón independiente en el estado φ_μ junto con sus interacciones coulombianas directa y de intercambio con los demás electrones, y es aproximadamente igual en valor absoluto a la energía necesaria para arrancar un electrón en ese estado, resultado que se conoce como *teorema de Koopmans*. Por tanto, las cantidades ε_μ pueden interpretarse aproximadamente como las energías de ligadura asociadas a cada uno de los orbitales del átomo. Se trata tan solo de una aproximación, denominada de *orbitales congelados*, porque se está despreciando el hecho de que los orbitales del átomo una vez ionizado son ligeramente distintos a los del átomo neutro, ya que cuando este último pierde un electrón el resto de orbitales ocupados se relaja, es decir, el efecto de la antisimetrización disminuye al contar con un electrón menos. En relación con ello, la cantidad ε_μ no puede interpretarse como la contribución del electrón en el estado φ_μ a la energía de ligadura total del átomo, ya que la suma de las primeras, $\sum_\mu^{\mathcal{N}} \varepsilon_\mu$ (con ε_μ de la ec. 17.14), no coincide con la segunda (ec. 17.5): en el primer caso el sumatorio de las cantidades $J_{\mu\nu} - K_{\mu\nu}$ es para μ y $\nu \neq \mu$, mientras que en el segundo caso es para μ y $\nu < \mu$.

Modelo de Thomas-Fermi

El modelo de Thomas-Fermi es una versión cuántica del modelo clásico de gas ideal, en el que las partículas confinadas en un volumen no interaccionan entre sí. En este caso se aplica a los electrones de la corteza de átomos polielectrónicos, y tiene varios aspectos en común con el modelo de gas de Fermi que se emplea en física nuclear (apdo. 13.2). En el modelo de Thomas-Fermi se consideran volúmenes cúbicos dv suficientemente grandes como para contener muchos electrones, pero suficientemente pequeños como para que en su interior sea constante el potencial coulombiano $\xi(r)$ creado por el núcleo y por el resto de electrones del átomo. Así, los electrones confinados en cada uno de esos volúmenes se mueven libremente en su interior, y sus estados de energía pueden obtenerse resolviendo la ecuación de Schrödinger en un pozo cuadrado de paredes infinitas que encierra un volumen dv. De acuerdo con el principio de exclusión, en cada uno de los estados resultantes pueden situarse dos electrones con valores diferentes de la tercera componente de espín.

La densidad espacial de estados con momento inferior a uno dado, p, corresponde a la ec. 3.84 con un factor 2 adicional para tener en cuenta la degeneración asociada a la tercera componente de espín. De manera equivalente, la densidad de estados con energía cinética por debajo de un valor máximo dado, $T = p^2/(2m)$, resulta:

$$n(T) = \frac{(2mT)^{3/2}}{3\pi^2\hbar^3} \tag{17.15}$$

La energía total de los electrones es la suma de su energía cinética y de su energía potencial coulombiana $V(r) = -e\xi(r)$. Para que un electrón permanezca ligado en el átomo su energía total debe ser negativa, de manera que su energía cinética máxima en cada punto es $T(r) = -V(r) = e\xi(r)$.

La distribución espacial de la densidad de carga $\rho_c(r)$ está relacionada, por un lado, con la distribución espacial de la densidad de electrones como $\rho_c(r) = -en(r)$, y por otro lado, con el potencial coulombiano a través de la ecuación de Poisson, $\nabla^2\xi(r) = -\rho_c(r)/\epsilon_0$. Haciendo uso de estas dos relaciones y de las deducidas antes para la densidad n en función de la energía cinética máxima T (ec. 17.15) y de esta última en función del potencial coulombiano, $T(r) = e\xi(r)$, se obtiene:

$$\nabla^2\xi(r) = -\frac{\rho_c(r)}{\epsilon_0} = \frac{en(r)}{\epsilon_0} = \frac{e}{\epsilon_0}\frac{[2m\,T(r)]^{3/2}}{3\pi^2\hbar^3} = \frac{e}{\epsilon_0}\frac{[2m\,e\xi(r)]^{3/2}}{3\pi^2\hbar^3} \tag{17.16}$$

El potencial coulombiano $\xi(r)$ creado por el núcleo y los electrones de un átomo neutro se puede expresar como:

$$\xi(r) = -\frac{V(r)}{e} = \frac{\alpha\hbar c}{e}\frac{Z\chi(r)}{r} \tag{17.17}$$

donde $Z\chi(r) \equiv Z_{ef}(r)$, con $0 \leq \chi(r) \leq 1$, es una carga nuclear efectiva que tiene en cuenta el apantallamiento producido por los electrones en función de la distancia r al núcleo. Si se introduce esta expresión en la ec. 17.16 se obtiene una ecuación diferencial para la función de apantallamiento $\chi(\beta)$, que puede expresarse como:

$$\frac{d^2\chi(\beta)}{d\beta^2} = \frac{[\chi(\beta)]^{3/2}}{\beta^{1/2}} \tag{17.18}$$

donde se ha definido la siguiente variable adimensional:

$$\beta = \left[2\left(\frac{4}{3\pi}\right)^{2/3}\frac{Z^{1/3}}{a_0}\right]r \tag{17.19}$$

siendo a_0 el radio de Bohr (ec. 15.19). La función $\chi(\beta)$ que cumple $\chi(\beta \to 0) \to 1$ y $\chi(\beta \to \infty) \to 0$ es universal, es decir, es la misma para cualquier átomo neutro, ya que la distinción se introduce al pasar de la variable β a la coordenada radial r.

La densidad de carga que resulta de este método no es adecuada para valores pequeños o grandes de la coordenada r, pero sí para valores intermedios, donde se encuentran la mayoría de los electrones en los átomos complejos. Ello permite estimar correctamente propiedades globales como la energía total del átomo, pero no características relacionadas con los electrones externos, como la energía de ionización.

17.3. Construcción de la tabla periódica

La distribución de los electrones en las subcapas atómicas, por orden de energía creciente y respetando la ocupación máxima de cada una de ellas, se conoce como *principio de Aufbau* o de construcción de la tabla periódica y da lugar a la *configuración electrónica* del átomo en su estado fundamental.

Dentro de una capa atómica, con valor de n fijo, la probabilidad de que un electrón se encuentre próximo al núcleo es mayor cuanto menor es el valor de l, es decir, los orbitales con valores más bajos de l son más penetrantes que los de l más altos, ya que en estos últimos la contribución del potencial centrífugo es mayor (ec. 4.33). En la región cercana al núcleo el electrón es atraído por una mayor carga nuclear efectiva, ya que el resto de electrones apenas apantalla, y por tanto dentro de una capa atómica las subcapas con valores de l más bajos están más ligadas.

Por otro lado, en las capas más externas la dependencia de la energía con el valor de n es débil, ya que, según la teoría de Hartree, la carga nuclear efectiva es $Z_{ef} \sim n$, que cancela en gran medida la dependencia $\sim 1/n^2$ de la energía (como en la ec. 15.11). Por tanto, adquiere mayor influencia relativa el valor de l, de manera que las energías de subcapas pertenecientes a capas distintas pueden cruzarse. El resultado general, conocido como *regla de Madelung*, es que las subcapas más externas están más ligadas cuanto menor es su valor de $n + l$, y a igualdad de este valor, están más ligadas las que tienen menor valor de n. Aplicando esta regla, el orden de llenado de las subcapas de átomos neutros conforme crece el número atómico es:

$$1s,\ 2s,\ 2p,\ 3s,\ 3p,\ 4s,\ 3d,\ 4p,\ 5s,\ 4d,\ 5p,\ 6s,\ 4f,\ 5d,\ 6p,\ 7s,\ 5f,\ 6d,\ 7p, ... \tag{17.20}$$

Este orden de llenado no es necesariamente el orden de energía que tienen estas subcapas en un átomo ya formado, donde algunas de ellas ya no se encuentran en la capa más externa, sino que son internas, y la dependencia de su energía con el valor de l puede ser diferente.

Existe una diferencia de energía especialmente grande entre una subcapa s y la subcapa p que la precede. Por esa razón, las filas o *periodos* de la tabla periódica, numerados del 1 al 7, comienzan con los elementos cuyos electrones menos ligados se sitúan en una subcapa s. Conforme aumenta Z en los elementos del primer periodo, los electrones van ocupando la subcapa $1s$ ($Z = 1$ y $Z = 2$); en los elementos del segundo periodo los electrones adicionales van ocupando las subcapas $2s$ y $2p$ (desde $Z = 3$ hasta $Z = 10$); en el tercer periodo, las subcapas $3s$ y $3p$ (desde $Z = 11$ hasta $Z = 18$); en el cuarto periodo, las subcapas $4s$, $3d$ y $4p$ (desde $Z = 19$ hasta $Z = 36$); en el quinto periodo, las subcapas $5s$, $4d$ y $5p$ (desde $Z = 37$ hasta $Z = 54$); en el sexto periodo, las subcapas $6s$, $4f$, $5d$ y $6p$ (desde $Z = 55$ hasta $Z = 86$); y en el séptimo periodo, las subcapas $7s$, $5f$, $6d$ y $7p$ (desde $Z = 87$ hasta $Z = 118$).

Las columnas o *grupos* de la tabla periódica, numerados del 1 al 18, contienen elementos que en su estado fundamental presentan configuraciones electrónicas análogas en las subcapas más externas, lo que determina sus propiedades químicas. En los *grupos principales* (1 y 2 y del 13 al 18) se tienen las siguientes configuraciones electrónicas en la última subcapa ocupada: νs^1 en el grupo 1 (hidrógeno y *metales alcalinos*), νs^2 en el grupo 2 (*metales alcalinotérreos*), νp^1 en el grupo 13 (*térreos*), νp^2 en el grupo 14 (*carbonoideos*), νp^3 en el grupo 15 (*pnictógenos o nitrogenoideos*), νp^4 en el grupo 16 (*calcógenos o anfígenos*), νp^5 en el grupo 17 (*halógenos*) y νp^6 en el grupo 18 (*gases nobles*), excepto en el primero de ellos, el helio, que es $1s^2$. En todas estas configuraciones ν indica el periodo en el que se encuentra el elemento, que en este caso coincide con el número cuántico principal n de la subcapa.

En los grupos de los *elementos de transición* (del 3 al 12) la configuración electrónica de la última subcapa ocupada es en general $(\nu - 1)d^x$, con x desde 1 hasta 10, donde ν indica el periodo en el que se encuentra el elemento (con $\nu \geq 4$, de manera que $n \geq 3$ y por tanto existe $l = 2$). En los *elementos de transición interna*, la configuración electrónica de la última subcapa ocupada es en general $(\nu - 2)f^x$, con x desde 1 hasta 14, donde ν indica el periodo en el que se encuentra el elemento (con $\nu \geq 6$, de manera que $n \geq 4$ y por tanto existe $l = 3$); estos elementos del periodo $\nu = 6$ se denominan *lantánidos* o *tierras raras* y los del periodo $\nu = 7$ se denominan *actínidos*. La última subcapa ocupada en los elementos de transición, $(\nu - 1)d$, queda muy próxima en energía a la subcapa anterior, νs, y la última subcapa ocupada en los elementos de transición interna, $(\nu - 2)f$, queda muy próxima en energía a la subcapa siguiente, $(\nu - 1)d$, de manera que en algunos casos, debido a detalles de las interacciones residuales entre los electrones, alguno de ellos pasa de una subcapa a otra, dando lugar a configuraciones irregulares del estado fundamental[51].

---

[51] Los elementos de transición (se indica Z entre paréntesis) Cr (24), Cu (29), Nb (41), Mo (42), Ru (44), Rh (45), Ag (47), Pt (78), Au (79) tienen la configuración irregular νs^1 $(\nu - 1)d^{x+1}$ y el Pd (46) tiene la configuración irregular νs^0 $(\nu - 1)d^{x+2}$. Los elementos de transición interna La (57), Ce (58), Gd (64), Ac (89), Pa (91), U (92), Np (93), Cm (96) tienen la configuración irregular $(\nu - 2)f^{x-1}$ $(\nu - 1)d^1$ y el Th (90) tiene la configuración irregular $(\nu - 2)f^{x-2}$ $(\nu - 1)d^2$.

17.4. Propiedades periódicas

La configuración electrónica de los elementos presenta una variación periódica conforme aumenta el número atómico, como ha quedado patente en la construcción de la tabla periódica. En consecuencia, las propiedades físicas de los átomos que dependen de esa configuración electrónica, especialmente en la capa externa, presentan también una evolución periódica. Esas propiedades físicas son a su vez el origen de las características químicas de los átomos, que determinan las condiciones en las que forman estados ligados con otros átomos (enlaces químicos). Entre las propiedades periódicas más importantes se encuentran la *energía de ionización* y la *afinidad electrónica*, relacionadas con el radio atómico y con la carga nuclear efectiva.

La energía de ionización, E_I, es la energía mínima necesaria para arrancar el electrón menos ligado de un átomo neutro aislado en su estado fundamental, convirtiéndolo en un ion con una carga positiva, y su valor es siempre positivo.

La afinidad electrónica, E_A, es la energía liberada cuando se añade un electrón a un átomo neutro aislado en su estado fundamental, convirtiéndolo en un ion con una carga negativa. Se define de manera equivalente como la energía mínima necesaria para arrancar un electrón del ion con una carga negativa, es decir, como el cambio de energía en el proceso $X^- \rightarrow X + e^-$. La mayoría de átomos neutros liberan energía cuando adquieren un electrón adicional (los gases nobles son una de las excepciones), y por tanto su afinidad electrónica, con la definición dada aquí, es positiva.

La *electronegatividad* de un átomo se define como su tendencia a atraer los electrones compartidos con otros átomos en enlaces químicos. Es mayor cuanto más se opone a ceder uno de sus electrones (mayor energía de ionización) y cuanto más atrae a uno adicional (mayor afinidad electrónica). Así, por ejemplo, la definición cuantitativa de electronegatividad de Mulliken es simplemente la media aritmética de ambas magnitudes:

$$\chi = \frac{E_I + E_A}{2} \tag{17.21}$$

Los elementos con baja electronegatividad (más electropositivos), es decir, con tendencia a ceder electrones, se denominan *metales*, y los elementos con alta electronegatividad, es decir, con tendencia a atraer electrones, se denominan *no metales*. Son metales los elementos de la tabla periódica que quedan a la izquierda de la línea que une el boro con el polonio (grupos del 1 al 12 completos, excepto el H, elementos de transición interna, y parte de los grupos del 13 al 16), y no metales los que quedan a la derecha; los elementos en el entorno de esa línea divisoria reciben el nombre de *semimetales* o *metaloides*.

Conforme se avanza en una fila de la tabla periódica se incrementa la carga del núcleo, y por tanto la atracción que ejerce sobre los electrones, reduciéndose el radio de los orbitales. Por otro lado, los electrones se van situando en subcapas externas que se encuentran a una distancia parecida del núcleo, de manera que apenas se apantallan la carga nuclear unos a otros. En consecuencia, al avanzar de izquierda a derecha en una fila el radio atómico disminuye y cada vez es más difícil arrancar el electrón menos ligado (aumenta E_I) y más fácil ligar uno adicional (aumenta

E_A). La tendencia de E_A no es aplicable a los últimos elementos de cada fila, los gases nobles (con subcapa p externa completa), que poseen la afinidad más baja de su fila (puede ser negativa o cero); su energía de ionización, en cambio, sí es la más alta de su fila. Por el contrario, los primeros elementos de cada fila, los alcalinos (con un solo electrón en la subcapa s externa y con la subcapa p anterior completa), tienen muy baja energía de ionización y muy baja afinidad electrónica. Los penúltimos elementos de cada fila, los halógenos (a los que solo les falta un electrón para completar la subcapa p) tienen muy alta energía de ionización, solo superada por los gases nobles, y la mayor afinidad electrónica de su fila.

En una misma fila ν, para los elementos de transición, que van ocupando la subcapa $(\nu - 1)d$, y para los elementos de transición interna, que van ocupando la subcapa $(\nu - 2)f$, la energía de ionización no aumenta claramente conforme se avanza hacia la derecha, sino que se mantiene aproximadamente constante. La razón es que en esos átomos el electrón que se arranca con más facilidad se encuentra en la subcapa νs, para la que el apantallamiento de la carga nuclear es muy parecido en toda la fila porque los demás electrones son todos internos, incluidos los de las subcapas $(\nu - 1)d$ o $(\nu - 2)f$ que se van ocupando. De aquí se deduce que la subcapa νs tiene energía menos negativa (está menos ligada) que las subcapas $(\nu - 1)d$ o $(\nu - 2)f$, al contrario de lo que se observa en el orden de ocupación al aumentar Z, donde los electrones se sitúan antes en la subcapa νs porque está más ligada. Esto se debe a que las energías de estas subcapas están muy próximas entre sí y pequeños cambios en el apantallamiento de la carga nuclear conforme se van ocupando alteran su orden.

Otras excepciones al aumento de la energía de ionización conforme se avanza en una fila aparecen en los elementos del grupo 13, que tienen un solo electrón en la subcapa p que queda bien apantallado por los electrones de las subcapas cerradas s o d internas, de manera que tienen energías de ionización similares o más bajas que los elementos de los grupos de transición (del 3 al 12) e incluso del grupo 2 de la misma fila. También ocurre en algunos elementos del grupo 16 en comparación con los del grupo 15 de la misma fila, ya que en estos últimos, con tres electrones en la subcapa p, cada uno de ellos puede ocupar un orbital distinto (con $m_l = \{-1,0,1\}$), mientras que en los del grupo 16, con cuatro electrones en la subcapa p, dos de ellos tienen que situarse necesariamente en el mismo orbital (mismo m_l) y su repulsión reduce su ligadura y por tanto la energía de ionización.

Conforme se desciende en una columna de la tabla periódica la carga nuclear aumenta rápidamente, pero también crece significativamente el valor esperado de la coordenada radial de la subcapa más externa (al aumentar el valor del número cuántico n), así como el apantallamiento de la carga nuclear debido a los electrones internos, cuyo número también aumenta muy deprisa. En consecuencia, al descender en una columna el radio atómico aumenta y cada vez es más fácil arrancar el electrón menos ligado (disminuye E_I) y más difícil ligar uno adicional (disminuye E_A).

En conclusión, la energía de ionización, la afinidad electrónica, y, en consecuencia, la electronegatividad, tienden a aumentar desde la esquina inferior izquierda hacia la esquina superior derecha de la tabla periódica (excluyendo los gases nobles), teniendo en cuenta que no se trata de patrones estrictos y que existen irregularidades.

17.5. Interacción residual y momentos angulares

Las *interacciones residuales* entre los electrones, que son aquellas no incluidas en el potencial medio, consisten principalmente en una *interacción coulombiana residual* y en una *interacción espín-órbita*.

La interacción coulombiana residual tiende a acoplar entre sí los momentos angulares orbitales de los electrones, que no se conservan individualmente porque la interacción residual, que no es un campo central, no tiene simetría esférica. La energía es más negativa para acoplamientos más grandes, es decir, para valores mayores del número cuántico orbital acoplado L. Un argumento cualitativo clásico se obtiene en el caso de dos electrones en un campo central que maximizan su separación, y por tanto minimizan su repulsión, cuando se sitúan en puntos diametralmente opuestos de una misma órbita plana y se mueven en el mismo sentido. Sus momentos angulares orbitales están entonces alineados y su acoplamiento es el mayor posible. Desde el punto de vista cuántico, las distribuciones de probabilidad electrónicas con mayor concentración en un plano (el ecuatorial) son las de valores más altos de $|m_l|$, que producen a su vez los mayores valores de $|M_L|$ y por tanto de L.

Al analizar las energías del átomo de helio teniendo en cuenta la interacción entre sus dos electrones (apdo. 16.2), también aparecía una dependencia en L, pero opuesta a la discutida aquí. En aquel caso se debía a que los niveles de energía del helio están asociados a configuraciones electrónicas distintas: los estados ligados tienen siempre un electrón con $n_a = 1$, $l_a = 0$, mientras que el otro electrón tiene n_b y l_b arbitrarios, y necesariamente $L = l_b$. En el caso contemplado aquí los distintos valores de L aparecen para una misma configuración electrónica y se deben a diferentes acoplamientos entre los momentos orbitales individuales de los electrones.

La interacción coulombiana residual, unida a la simetrización requerida en las funciones de onda, también tiende a acoplar entre sí los espines de los electrones. La energía es más negativa para acoplamientos más grandes, es decir, para valores mayores del número cuántico de espín acoplado S. Algunos argumentos al respecto se dieron para el caso de los dos electrones del átomo de helio (apdo. 16.2), basados en el efecto de la fuerza de intercambio asociada a la simetrización de la parte espacial y en el efecto del apantallamiento de la carga nuclear que producen unos electrones sobre otros. Esto último es especialmente relevante en átomos polielectrónicos, donde el apantallamiento se reduce cuando los electrones se distribuyen en distintos orbitales, donde pueden tomar el mismo valor de m_s y dar lugar a un mayor valor de la suma $|M_S|$ y por tanto de S (en un mismo orbital dos electrones tienen necesariamente valores de m_s opuestos, por el principio de exclusión).

En cuanto a la interacción residual espín-órbita, el hamiltoniano (ec. 20.43) es:

$$H_{SO} = \kappa \, \frac{1}{r} \frac{dU(r)}{dr} \, \vec{l} \cdot \vec{s} \qquad (17.22)$$

donde $\vec{l}$ y $\vec{s}$ son los momentos angulares orbital y de espín de un electrón y $U(r)$ es la energía potencial promedio (de Hartree) del electrón. Esta interacción tiende a acoplar los momentos angulares orbital y de espín de cada electrón a buen momento angular total $\vec{j}$. La energía es más negativa para el acoplamiento más bajo, es decir, para el menor valor del número cuántico de momento angular total, que es $j = l - s = l - 1/2$. Cuanto mayor es el número atómico Z del átomo, más rápido es el descenso de la energía potencial conforme aumenta la coordenada radial para aproximarse a cero fuera del átomo, cuyo radio, de acuerdo con los resultados de la teoría de Hartree, crece mucho más despacio que Z. En consecuencia, la derivada $dU(r)/dr$ es mayor en valor absoluto cuanto mayor es Z, y por tanto más intensa es la interacción espín-órbita.

Dependiendo de cuál de las dos interacciones residuales descritas sea más importante en un átomo dado, surgen dos tipos principales de acoplamientos entre los momentos angulares de los electrones. Por un lado, el *acoplamiento L-S* o *de Russell-Saunders* se produce en átomos con Z pequeña, donde domina la interacción coulombiana residual sobre la de espín-órbita. En primer lugar, los electrones acoplan sus momentos angulares orbitales entre sí para dar un momento angular orbital atómico $\vec{L} = \sum_i \vec{l}_i$, y acoplan sus espines entre sí para dar un espín atómico $\vec{S} = \sum_i \vec{s}_i$. A continuación, actúa un promedio de las interacciones espín-órbita de todos los electrones, dada por $H_{SO} = K_{L,S}(r)\,\vec{L} \cdot \vec{S}$, que acopla los momentos angulares orbital y de espín atómicos para dar un momento angular total atómico $\vec{J} = \vec{L} + \vec{S}$.

Por otro lado, el *acoplamiento j-j* se produce en átomos con Z grande, donde domina la interacción espín-órbita sobre la coulombiana residual. En primer lugar, cada electrón acopla su momento angular orbital y su espín para dar un momento angular total $\vec{j} = \vec{l} + \vec{s}$. A continuación, actúa la interacción coulombiana residual, que acopla los momentos angulares totales $\vec{j}$ de todos los electrones para dar un momento angular total atómico $\vec{J} = \sum_i \vec{j}_i$.

Los electrones situados en una subcapa cerrada, cuya ocupación es máxima, acoplan a cero todos sus números cuánticos de momento angular, de manera que los momentos angulares atómicos L, S y J vienen determinados únicamente por el acoplamiento de los electrones situados en las subcapas parcialmente ocupadas, que se denominan *electrones activos* u *ópticamente activos*. Si todos los electrones se encuentran en subcapas cerradas, el átomo tiene $L = 0$, $S = 0$, $J = 0$, y por tanto su momento dipolar magnético es nulo, de manera que no produce un campo magnético en el exterior. Además, la distribución de carga en ese átomo tiene simetría esférica, y si además es neutro, tampoco produce un campo eléctrico en el exterior (apdo. 17.2). En conclusión, los átomos con todas las subcapas cerradas interaccionan muy poco con otros átomos, es decir, son poco activos químicamente, especialmente si además es difícil excitar alguno de sus electrones para dar lugar a configuraciones con capas incompletas. Así ocurre en los gases nobles, cuya subcapa νp completa está muy alejada en energía de la subcapa siguiente, $(\nu + 1)s$, y por tanto su energía de excitación es alta.

17.6. Espectro

La distribución de los electrones en las subcapas atómicas respetando el principio de exclusión determina la configuración electrónica del átomo, y los electrones activos resultantes (los situados fuera de subcapas cerradas) acoplan sus momentos angulares orbitales y de espín. En el acoplamiento L-S, al especificar los valores de los momentos angulares atómicos L y S queda definido un *término espectral*, con degeneración $(2L+1)(2S+1)$, y al especificar además el valor de J queda definido un *nivel*, con degeneración $2J + 1$. La notación espectroscópica de un nivel es $^{2S+1}L_J^\Pi$, donde el valor de L se representa por una letra mayúscula (S, P, D, F, ...) y donde la paridad, dada por $\Pi = (-1)^{l_1+\cdots+l_n}$, se suele indicar únicamente si es -1 (impar, *odd*) con el superíndice $^\circ$.

Los electrones activos que se encuentran en la misma subcapa se denominan *electrones equivalentes* (análogo a los nucleones equivalentes en el modelo de capas nuclear, apdo. 13.3.1). Para ellos, el postulado de simetrización de la función de onda compuesta restringe los posibles valores de L y S a los que se pueden acoplar sus momentos angulares orbitales y de espín, reduciendo los posibles términos espectrales y niveles a los que dan lugar.

El orden de energía de los diferentes términos y niveles que surgen en el acoplamiento L-S para la configuración electrónica fundamental, que es la de menor energía, viene determinado por las *reglas de Hund*, que son las siguientes:

- Tiene energía más negativa el término con mayor valor del número cuántico de espín total S (regla de máxima multiplicidad).
- Para un S dado, tiene energía más negativa el término con mayor valor del número cuántico orbital total L.
- Para un S y un L dados:
  - En una subcapa ocupada menos de la mitad de su máximo, tiene energía más negativa el nivel con menor valor del número cuántico de momento angular total J.
  - En una subcapa ocupada más de la mitad de su máximo, tiene energía más negativa el nivel con mayor valor del número cuántico de momento angular total J.

Estas reglas solo son válidas estrictamente para determinar el término y nivel más ligado de los que surgen de la configuración electrónica fundamental. Para configuraciones, términos y niveles excitados no siempre proporcionan el orden correcto de sus energías.

Identificando los electrones activos de la configuración electrónica fundamental y aplicando las reglas de Hund a sus acoplamientos de momentos angulares se puede obtener el nivel fundamental de los átomos de cada elemento. Para los elementos con un único electrón activo, los números cuánticos atómicos son los que tiene ese electrón en su subcapa, $L = l$ y $S = s = 1/2$, y por tanto $J = 1/2$, de manera que el nivel fundamental es $^2S_{1/2}$ en el grupo 1 (configuración s^1), $^2D_{3/2}$ en el grupo 3 (configuración d^1) y $^2P_{1/2}$ en el grupo 13 (configuración p^1). Para los elementos con subcapa cerrada, es decir, sin electrones activos, los únicos números cuánticos atómicos posibles son $L = S = J = 0$, correspondiente al nivel $^1S_0$, como ocurre en el grupo 2 (s^2), en el grupo 12 (d^{10}) y en el grupo 18 (p^6). En el resto de grupos es necesario acoplar los momentos angulares de los electrones activos y aplicar las reglas de Hund, resultando como nivel fundamental $^3P_0$ en el grupo 14 (p^2), $^4S_{3/2}$

en el grupo 15 (p^3), $^3P_2$ en el grupo 16 (p^4) y $^2P_{3/2}$ en el grupo 17 (p^5). Para los demás grupos de transición y para los elementos de transición interna los niveles fundamentales son más irregulares, porque lo son sus configuraciones electrónicas.

Ejemplo: Espectro del átomo de carbono

La configuración electrónica del estado fundamental del átomo de carbono ($Z = 6$) neutro es $1s^2\, 2s^2\, 2p^2$. La subcapa externa $2p$ está incompleta porque tiene dos electrones y su ocupación máxima es seis. Esos son los dos electrones activos del átomo, que son equivalentes porque están en la misma subcapa. Sus números cuánticos son $n_1 = n_2 = 2$, $l_1 = l_2 = 1$ y, como siempre para electrones, $s_1 = s_2 = 1/2$.

El número cuántico de momento angular orbital atómico L puede tomar valores desde $|l_1 - l_2|$ hasta $l_1 + l_2$ de uno en uno, es decir, $L = \{0, 1, 2\}$ y el número cuántico de espín atómico S puede tomar valores desde $|s_1 - s_2|$ hasta $s_1 + s_2$ de uno en uno, es decir, $S = \{0, 1\}$. Por tanto, los términos espectrales que podrían surgir de esa configuración electrónica son: ^1S, ^3S, ^1P, ^3P, ^1D, ^3D. Sin embargo, algunos de ellos son incompatibles con el postulado de simetrización.

Bajo intercambio de los dos electrones los vectores de estado asociados a los términos con $L = \{0, 2\}$ (S y D) tienen parte espacial simétrica y los asociados a los términos con $L = 1$ (P) tienen parte espacial antisimétrica, para cualquiera de los posibles valores del número cuántico de tercera componente orbital M_L. Como ejemplo, puede analizarse el caso del estado $L = 2$, $M_L = 0$ del ejemplo b del apdo. 4.6, en cuya expresión en base desacoplada se comprueba que al intercambiar los números cuánticos de los sistemas 1 y 2 la combinación lineal resultante es la misma que la inicial, es decir, se trata de un vector de estado simétrico. Por otra parte, bajo intercambio de los dos electrones los vectores de estado asociados a los términos con $S = 0$ (multiplicidad $2S + 1 = 1$) tienen parte de espín antisimétrica y los asociados a los términos con $S = 1$ (multiplicidad $2S+1 = 3$) tienen parte de espín simétrica, para cualquiera de los posibles valores del número cuántico de tercera componente de espín M_S (como se puede comprobar en sus expresiones en base desacoplada del apdo. 4.6.1). En conclusión, para que el vector de estado completo sea antisimétrico, solo son posibles las combinaciones de $L = \{0, 2\}$ con $S = 0$ y de $L = 1$ con $S = 1$, es decir, ^1S, ^3P, ^1D.

El número cuántico de momento angular total atómico J puede tomar valores desde $|L - S|$ hasta $L + S$ de uno en uno. Para el término ^1S, con $L = 0$ y $S = 0$, solo es posible $J = 0$; para el término ^3P, con $L = 1$ y $S = 1$, resulta $J = \{0, 1, 2\}$; y para el término ^1D, con $L = 2$ y $S = 0$, solo es posible $J = 2$. En conclusión, los niveles posibles son $^1S_0$, $^3P_0$, $^3P_1$, $^3P_2$, $^1D_2$, todos con paridad $\Pi = (-1)^{l_1+l_2} = (-1)^2 = +1$.

De acuerdo con las reglas de Hund, están más ligados los niveles con $S = 1$ que los niveles con $S = 0$. Dentro del grupo con $S = 1$ y $L = 1$, dado que la subcapa $2p$ está ocupada menos de la mitad de su máximo, está más ligado el nivel de menor J, que es $J = 0$. En conclusión, el nivel de menor energía, es decir, el nivel fundamental del átomo, es $^3P_0$, que coincide con el dato experimental. Estas mismas reglas se pueden aplicar para ordenar en energía todos los niveles, aunque no está garantizado que sea correcto. Dentro del grupo con $S = 1$ y $L = 1$ la energía crecería con J, y dentro del grupo con $S = 0$ estaría más ligado el nivel con $L = 2$ (D) que el nivel con $L = 0$ (S), de manera que el orden completo sería $^3P_0 < \,^3P_1 < \,^3P_2 < \,^1D_2 < \,^1S_0$, que coincide con el experimental (figura 17.1).

Si el átomo de carbono se encuentra en una configuración electrónica excitada, por ejemplo $1s^2\, 2s^2\, 2p^1\, 3s^1$, los electrones activos, con números cuánticos $n_1 = 2$, $l_1 = 1$ y $n_2 = 3$, $l_2 = 0$ (ambos con $s = 1/2$), ya no son equivalentes y el postulado de simetrización no obliga a descartar ninguno de los niveles que surgen, que en este caso son: $^1P_1$, $^3P_0$, $^3P_1$, $^3P_2$. Aplicando las reglas de Hund se puede proponer el orden de energía $^3P_0 < \,^3P_1 < \,^3P_2 < \,^1P_1$, que en este caso también coincide con el experimental (figura 17.1), a pesar de que la configuración no es la fundamental.

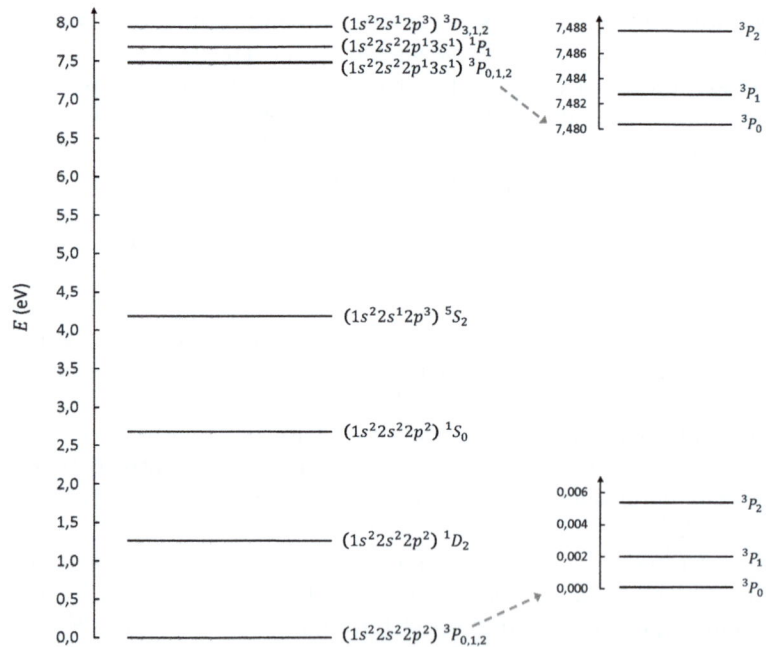

Figura 17.1. Espectro experimental del átomo de carbono ($Z = 6$) neutro donde aparecen, entre otros, los niveles asociados a la configuración electrónica fundamental $1s^2\, 2s^2\, 2p^2$ y a la configuración electrónica excitada $1s^2\, 2s^2\, 2p^1\, 3s^1$.

17.7. Transiciones electromagnéticas

El *espectro óptico* de un átomo surge de las transiciones electromagnéticas entre sus niveles de energía más bajos. Para transiciones dipolares eléctricas (apdo. 8.6) en un átomo con acoplamiento L-S las reglas de selección estrictas, que tienen que cumplirse necesariamente, son:

$$\Delta J = \{0,\ \pm 1\}\ (\text{sin } 0 \to 0) \qquad\qquad \Pi_i \neq \Pi_f \qquad (17.23)$$

es decir, el número cuántico de momento angular total atómico debe permanecer igual (sin incluir la transición de $J_i = 0$ a $J_f = 0$) o cambiar en una unidad, y la paridad debe cambiar (regla de Laporte).

Además de las anteriores, las siguientes reglas, aunque no son estrictas, deben cumplirse para que la transición tenga una probabilidad significativa, y se denomina entonces dipolar permitida:

$$\Delta l = \pm 1 \qquad \Delta L = \{0,\ \pm 1\}\ (\text{sin } 0 \to 0) \qquad \Delta S = 0 \qquad (17.24)$$

es decir, un electrón debe moverse a otra subcapa cambiando en una unidad su número cuántico orbital individual l, el número cuántico orbital atómico debe permanecer igual (sin incluir la transición de $L_i = 0$ a $L_f = 0$, que es imposible si l cambia en una unidad) o cambiar en una unidad, y el número cuántico de espín atómico debe permanecer igual[52].

Por ejemplo, en el átomo de sodio ($Z = 11$) neutro la configuración electrónica fundamental $1s^2\ 2s^2\ 2p^6\ 3s^1$ da lugar al nivel $^2S_{1/2}$ y la configuración excitada $1s^2\ 2s^2\ 2p^6\ 3p^1$ da lugar a los niveles $^2P^o_{1/2}$ y $^2P^o_{3/2}$. Las transiciones $^2P^o_{3/2} \to {}^2S_{1/2}$ y $^2P^o_{1/2} \to {}^2S_{1/2}$, que implican un cambio de subcapa del electrón activo ($3p \to 3s$), son dipolares permitidas, ya que ambas cumplen $\Pi_i \neq \Pi_f$, $\Delta l = -1$, $\Delta L = -1$, $\Delta S = 0$, con $\Delta J = -1$ en la primera de ellas y $\Delta J = 0$ en la segunda. Estas dos transiciones forman el conocido como doblete del sodio, que son dos líneas de emisión en el espectro visible de color amarillo-anaranjado con energías aproximadas de 2,1 eV (longitud de onda 590,3 nm) y separadas entre sí $2,1 \cdot 10^{-3}$ eV.

Por otro lado, el *espectro de rayos X* de un átomo surge de transiciones electromagnéticas a subcapas electrónicas internas, cuando se arranca un electrón de alguna de ellas y el hueco resultante es ocupado por otro electrón procedente de una subcapa de mayor energía. Para transiciones dipolares eléctricas las reglas de selección para los números cuánticos del electrón involucrado, análogas a las del único electrón del átomo de hidrógeno (apdo. 15.6), son:

$$\Delta l = \pm 1 \qquad\qquad \Delta j = \{0,\ \pm 1\}\ (\text{sin } 0 \to 0) \qquad (17.25)$$

---

[52]La regla de cambio de l no es estricta porque los estados atómicos pueden contener una pequeña mezcla de configuraciones electrónicas distintas, y la regla de no cambio de S no es estricta porque la interacción espín-órbita y otros efectos relativistas sobre los electrones, que son más intensos cuanto mayor es la Z del núcleo, mezclan estados con diferente valor de S.

es decir, en el electrón que pasa a ocupar el agujero el número cuántico orbital debe cambiar en una unidad y el número cuántico angular total debe permanecer igual (sin incluir la transición de $j_i = 0$ a $j_f = 0$) o cambiar en una unidad.

17.8. Comparativa entre estructura atómica y nuclear

La estructura de los átomos polielectrónicos, obtenida a partir de un campo medio (apdo. 17.2) con interacciones residuales (apdo. 17.5), y la estructura de los núcleos, especialmente la descrita por el modelo de capas (apdo. 13.3), presentan semejanzas y diferencias en los siguientes aspectos:

- Potencial medio:

En átomos hidrogenoides el único electrón siente el potencial coulombiano creado por el núcleo, mientras que en átomos polielectrónicos cada electrón siente el potencial o campo medio electromagnético creado por el núcleo y por los demás electrones, que no es coulombiano y que puede obtenerse mediante métodos como el de Hartree, el de Hartree-Fock o el de Thomas-Fermi (apdo. 17.2).

En los núcleos cada nucleón siente el potencial medio nuclear fuerte creado por los demás nucleones, de tipo Woods-Saxon (ec. 13.13), que es un intermedio entre un pozo cuadrado y un pozo de oscilador armónico. Es distinto para neutrones y para protones, y estos últimos sienten además un campo medio electromagnético. El campo medio nuclear puede obtenerse de manera análoga al atómico a través del método de Hartree-Fock usando interacciones adecuadas entre los nucleones. Este método incorpora la antisimetrización del vector de estado compuesto, cuyo efecto en el caso nuclear no se puede despreciar porque los nucleones se encuentran muy próximos entre sí. Se obtiene así un campo medio auto-consistente cuya dependencia en la coordenada radial tiende a la mencionada forma de Woods-Saxon.

La función de onda de partícula individual en un campo medio con simetría esférica se puede factorizar en una parte angular, que siempre es un armónico esférico $Y(\theta, \varphi)$, y en una parte radial $R(r)$, que es distinta para electrones y nucleones, porque la dependencia radial es diferente en el campo medio atómico y en el nuclear.

- Niveles de partícula individual y sus números cuánticos:

En núcleos se emplea el número cuántico de nodo radial n_r, que indica el número de nodos (ceros) de la función $rR(r)$ del nucleón (apdo. 13.3). Los números cuánticos de nodo radial n_r y de momento angular orbital l del nucleón, que son independientes entre sí, determinan su energía en el campo medio nuclear. Al introducir la interacción espín-órbita, los niveles de energía resultantes, que son las subcapas nucleares, se identifican por los números cuánticos n_r, l y j, y tienen degeneración $2j + 1$ para cada tipo de nucleón.

En átomos se emplea el número cuántico principal n, que es la suma de los números cuánticos de nodo radial y de momento angular orbital del electrón, $n = n_r + l$ (apdo. 15.1.1). Se usa esta combinación porque en un potencial coulombiano, como el de un átomo hidrogenoide, las energías tienen la misma dependencia en n_r y en l. Los posibles valores que pueden tomar n y l están relacionados, porque el valor mínimo de n_r es 1 y por tanto para un n dado el valor máximo posible de l es $n - 1$. Los números cuánticos n y l de un electrón determinan su energía en el campo medio atómico (o solo n en el caso del campo coulombiano de un átomo hidrogenoide, ec. 15.11). Así, los niveles de energía, que son las subcapas atómicas, se identifican por los números cuánticos n y l, y tienen degeneración $2(2l+1)$. En el caso de una interacción espín-órbita intensa (acoplamiento j-j), las subcapas atómicas se identifican por los números cuánticos n, l y j, y tienen degeneración $2j + 1$.

- Cierre de subcapas:

Tanto en átomos como en núcleos las partículas en subcapas completas (cerradas) acoplan sus momentos angulares a orbital total $L = 0$ y a espín total $S = 0$ y/o a global $J = 0$, de manera que el momento dipolar magnético es nulo, y la distribución de carga tiene simetría esférica, y por tanto los momentos eléctricos también son nulos.

En átomos existe una separación energética especialmente grande entre las subcapas s y p, lo que da lugar a las propiedades de los gases nobles. En núcleos existe una separación energética especialmente grande entre ciertas subcapas, lo que da lugar a las propiedades de los núcleos mágicos. Los átomos nobles y los núcleos mágicos tienen estructuras particularmente estables, con energías de excitación y de ionización/separación muy altas.

- Partículas activas:

En átomos, los electrones (ópticamente) activos son los situados fuera de subcapas cerradas.

En núcleos, los nucleones activos son los situados fuera de subcapas cerradas, y especialmente los situados fuera de capas cerradas (los que exceden un número mágico). En el modelo de capas extremo solo se considera activo el protón y/o el neutrón desapareado (impar), cuyo momento angular y paridad determinan los del estado nuclear completo (apdo. 13.3.1). El resto de nucleones se acoplan por parejas a momento angular $J = 0$ debido a la interacción de apareamiento.

- Acoplamientos de momentos angulares:

En átomos con Z pequeña o intermedia domina el acoplamiento L-S de los electrones, es decir, fuera de subcapas cerradas estos acoplan sus momentos angulares orbitales entre sí y sus espines entre sí debido a una interacción coulombiana residual sin simetría esférica. En átomos con Z grande domina el acoplamiento j-j de los electrones, es decir, fuera de subcapas cerradas cada electrón acopla su espín y su momento angular orbital debido a una interacción residual espín-órbita (apdo. 17.5), de carácter electromagnético y con origen relativista (apdo. 15.2.4).

En los núcleos domina siempre el acoplamiento j-j de los nucleones, es decir, fuera de subcapas cerradas cada nucleón acopla su espín y su momento angular orbital debido a una interacción residual espín-órbita (apdo. 13.3) con origen en la interacción nuclear fuerte. Esta es mucho más intensa que en el caso atómico y su signo es opuesto: para un l dado la subcapa de nucleón con j más alta tiene menor energía, mientras que en átomos con acoplamiento j-j dominante la subcapa de electrón con j más alta tienen mayor energía.

18. Enlaces atómicos y molécula de hidrógeno

Los átomos pueden establecer enlaces entre sí causados por la interacción electromagnética, que varían desde el carácter puramente iónico, cuando se produce una transferencia completa de electrones, hasta el carácter puramente covalente, cuando los electrones son compartidos equitativamente, que solo se da estrictamente entre átomos iguales. El sistema ligado que surge de un enlace covalente es la molécula covalente, siendo las más simples la de hidrógeno ionizada, H_2^+, formada por dos núcleos de hidrógeno y un solo electrón, y la de hidrógeno neutra, H_2, formada por dos núcleos de hidrógeno y dos electrones, en la que es necesario tener en cuenta la influencia mutua entre estos últimos. La estructura de las moléculas covalentes, ya sean diatómicas como la de hidrógeno o poliatómicas, puede analizarse mediante la teoría del enlace de valencia o mediante la teoría de orbitales moleculares, entre otras. Entre las moléculas actúan además fuerzas intermoleculares de origen electromagnético que pueden dar lugar a enlaces débiles entre ellas.

18.1. Enlace iónico

En un *enlace iónico* entre dos átomos, el de menor energía de ionización (E_I) cede electrones al de mayor afinidad electrónica (E_A) (apdo. 17.4), tendiendo ambos a cerrar las subcapas externas. Los iones positivo y negativo resultantes se atraen, pero si se acercan demasiado se incrementa la repulsión eléctrica entre sus núcleos y la fuerza de intercambio (apdo. 5.3) entre los electrones de ambos. Los núcleos se sitúan entonces a una *distancia internuclear de equilibrio R_0*, en la que el valor de la energía potencial entre ambos, $V(R_0)$, alcanza un mínimo.

La *energía de disociación D_0* de un enlace iónico es la energía necesaria para separar infinitamente en forma de átomos neutros los iones que lo forman, es decir, la energía potencial en valor absoluto a la distancia internuclear de equilibrio menos la energía necesaria para transferir los electrones entre los átomos neutros:

$$D_0 = |V(R_0)| - (E_I - E_A) \tag{18.1}$$

Este valor será corregido posteriormente con la energía vibracional de punto cero de la molécula (ec. 19.26). La energía de ionización se refiere al sistema aislado formado por los dos iones ligados, es decir, a la molécula iónica, que es la unidad que compone una sustancia en estado gaseoso. En cambio, en estado sólido o líquido son varios los iones que rodean a uno dado, de manera que sus energías de ligadura son diferentes a las de la molécula. Lo mismo ocurre en disolución acuosa, donde varias moléculas de agua, con dipolos eléctricos permanentes, se orientan y rodean cada ion.

Ejemplo: Enlace iónico entre los átomos de cloro y de sodio

El átomo de cloro (Cl, $Z = 17$), que es un halógeno con configuración electrónica $1s^2\, 2s^2\, 2p^6\, 3s^2\, 3p^5$, tiende a captar un electrón adicional liberando una energía (afinidad electrónica) $E_A = 3{,}6$ eV, que es relativamente alta. En el átomo de sodio (Na, $Z = 11$), que es un alcalino con configuración electrónica $1s^2\, 2s^2\, 2p^6\, 3s^1$, un electrón puede ser arrancado aplicando una energía (de ionización) $E_I = 5{,}1$ eV, que es relativamente baja. La energía necesaria para transferir un electrón del Na al Cl es por tanto $5{,}1 - 3{,}6 = 1{,}5$ eV. Una vez formados los iones (con cargas $+1$ el Na y -1 el Cl, en unidades de e), la energía potencial entre ellos a partir de una cierta separación R es principalmente coulombiana, $V_c = -\alpha\hbar c/R$. Conforme se reduce la separación comienzan a actuar fuerzas de repulsión y de intercambio, y la energía potencial se hace positiva y tiende a infinito. La energía potencial alcanza un valor mínimo en $R_0 \approx 0{,}24$ nm, dado por $V(R_0) = -5{,}8$ eV. Para esa distancia internuclear de equilibrio la energía de disociación de la molécula iónica NaCl es $D_0 = 5{,}8 - (5{,}1 - 3{,}6) = 4{,}3$ eV.

18.2. Enlace covalente

En un *enlace covalente* dos átomos se mantienen unidos debido a que la distribución de carga de algunos de sus electrones se concentra preferentemente en la región situada entre los dos núcleos, ejerciendo atracción hacia ellos. En muchos casos se puede interpretar como la compartición de una pareja de electrones entre dos átomos, con los que ambos completan sus subcapas externas.

Debido a la gran diferencia de masa entre los electrones y los núcleos, el movimiento de los primeros es muy rápido en comparación con el de los segundos, y en aproximación adiabática (apdo. 8.1), que en este contexto se denomina *aproximación de Born-Oppenheimer*, la función de onda molecular se puede separar en una *parte electrónica* y en una *parte nuclear*. El hamiltoniano molecular completo y la separación aproximada de sus autofunciones en parte electrónica, de la que trata este capítulo, y en parte nuclear, de la que se ocupa el capítulo siguiente, se analizan en el apdo. 19.1.

Para estudiar la parte electrónica se puede suponer que los núcleos se mantienen separados a una distancia fija R y que los electrones se mueven en el potencial creado por los núcleos en esa posición. Las funciones de onda y las energías de los electrones se obtienen entonces resolviendo la ecuación de Schrödinger con ese potencial. La dependencia paramétrica de las energías con la distancia internuclear R da lugar a las *curvas de potencial electrónico*, $E(R)$. En el caso de orbitales *enlazantes* estas curvas presentan un mínimo, que se alcanza en la *distancia internuclear de equilibrio* R_0 y que define la longitud del enlace. La *energía de disociación* D_0 de la molécula covalente es la energía necesaria para separar infinitamente los átomos que la forman, que se obtiene como la diferencia entre la energía en valor absoluto de la molécula ligada en su estructura de equilibrio y la suma de las energías en valor absoluto de sus átomos por separado:

$$D_0 = |E(R_0)| - \sum_i |E_i| \tag{18.2}$$

Este valor será corregido posteriormente con la energía vibracional de punto cero de la molécula (ec. 19.26).

La curva de potencial electrónico de orbitales enlazantes puede describirse de manera aproximada mediante el *potencial de Morse*:

$$E(R) = D_0 \left(1 - e^{-b\,(R-R_0)}\right)^2 \tag{18.3}$$

donde b es un parámetro con dimensiones de longitud inversa.

En moléculas diatómicas las curvas de potencial electrónico asociadas a dos estados con las mismas propiedades respecto a una transformación de simetría del hamiltoniano no se cruzan entre sí, es decir, $E_1(R) \neq E_2(R) \; \forall R$. Esas simetrías incluyen (ver apdo. 18.6) la rotación en torno al eje internuclear, asociada al número cuántico Λ de proyección del momento orbital total sobre ese eje, la rotación en el espacio de espín, asociada al número cuántico S de espín total, la inversión de las coordenadas espaciales (paridad) en moléculas homonucleares, asociada al tipo gerade o ungerade, y la reflexión bajo un plano que contiene los núcleos en moléculas homonucleares con $\Lambda = 0$, asociada al tipo $+$ o $-$.

Demostración: Regla de no cruce entre curvas de potencial electrónico con la misma simetría

Se tienen dos curvas de potencial electrónico próximas entre sí para una distancia internuclear $\bar{R}$, $E_1(\bar{R}) \approx E_2(\bar{R})$, asociadas a las autofunciones electrónicas Ψ_1 y Ψ_2, todo ello correspondiente a un hamiltoniano electrónico $H(\bar{R})$, por ejemplo el de la ec. 18.5 para la molécula H_2^+ o el de la ec. 18.16 para la molécula H_2. Para una distancia internuclear ligeramente distinta, $\bar{R} + \Delta R$, el hamiltoniano se puede aproximar por su desarrollo en serie de Taylor hasta primer orden como:

$$H(\bar{R} + \Delta R) \approx H(\bar{R}) + \left.\frac{\partial H(R)}{\partial R}\right|_{R=\bar{R}} \Delta R$$

Renombrando $H \equiv H(\bar{R}+\Delta R)$, $H^{(0)} \equiv H(\bar{R})$, $\Delta H \equiv (\partial H(R)/\partial R)|_{R=\bar{R}} \Delta R$, $E_1(\bar{R}) \equiv E_1$, $E_2(\bar{R}) \equiv E_2$, la matriz de H en la base propia de $H^{(0)}$ en el sistema de dos niveles considerado es:

$$H = \begin{pmatrix} \langle \Psi_1 | H^{(0)} | \Psi_1 \rangle & \langle \Psi_1 | H^{(0)} | \Psi_2 \rangle \\ \langle \Psi_2 | H^{(0)} | \Psi_1 \rangle & \langle \Psi_2 | H^{(0)} | \Psi_2 \rangle \end{pmatrix} + \begin{pmatrix} \langle \Psi_1 | \Delta H | \Psi_1 \rangle & \langle \Psi_1 | \Delta H | \Psi_2 \rangle \\ \langle \Psi_2 | \Delta H | \Psi_1 \rangle & \langle \Psi_2 | \Delta H | \Psi_2 \rangle \end{pmatrix}$$

$$= \begin{pmatrix} E_1 & 0 \\ 0 & E_2 \end{pmatrix} + \begin{pmatrix} \Delta H_{11} & \Delta H_{12} \\ \Delta H_{12}^* & \Delta H_{22} \end{pmatrix} = \begin{pmatrix} E_1 + \Delta H_{11} & \Delta H_{12} \\ \Delta H_{12}^* & E_2 + \Delta H_{22} \end{pmatrix}$$

Las autofunciones de este nuevo hamiltoniano son combinaciones lineales de las de $H^{(0)}$, Ψ_1 y Ψ_2, y las energías exactas asociadas vienen dadas por:

$$\widehat{E}_{1,2} = \frac{1}{2}\Bigg[E_1 + \Delta H_{11} + E_2 + \Delta H_{22}$$

$$\pm \sqrt{\left[E_1 + \Delta H_{11} - E_2 - \Delta H_{22}\right]^2 + 4|\Delta H_{12}|^2} \Bigg]$$

Para que las dos curvas de potencial electrónico que se encuentran próximas entre sí en $R = \bar{R}$ se crucen en $R = \bar{R} + \Delta R$ tiene que cumplirse:

$$\widehat{E}_1 - \widehat{E}_2 = \sqrt{\left[E_1 + \Delta H_{11} - E_2 - \Delta H_{22}\right]^2 + 4|\Delta H_{12}|^2} = 0$$

$$\Rightarrow \quad \begin{cases} \Delta H_{12} = 0 \\ E_1 + \Delta H_{11} - E_2 - \Delta H_{22} = 0 \end{cases}$$

En general, cada una de estas dos ecuaciones resultantes se cumple para un valor distinto de ΔR, es decir, no lo hacen simultáneamente. Sin embargo, si el elemento de matriz $\Delta H_{12} \equiv \langle \Psi_1 | \Delta H | \Psi_2 \rangle$ es idénticamente nulo, el cruce de las dos curvas de potencial electrónico se produce en el valor de ΔR para el que se cumple la segunda de las ecuaciones. El elemento ΔH_{12} es idénticamente nulo cuando los estados Ψ_1 y Ψ_2 tienen autovalores distintos respecto a transformaciones de simetría de la molécula, que conmutan con el hamiltoniano H o ΔH. Así, si la transformación A cumple $[\Delta H, A] = 0$ y $A |\Psi_1\rangle = a_1 |\Psi_1\rangle$, $A |\Psi_2\rangle = a_2 |\Psi_2\rangle$, entonces $\langle \Psi_1 | [\Delta H, A] | \Psi_2 \rangle = 0$ implica que:

$$\langle \Psi_1 | \Delta H\, A | \Psi_2 \rangle - \langle \Psi_1 | A\, \Delta H | \Psi_2 \rangle = (a_2 - a_1)\, \Delta H_{12} = 0$$

Si $a_1 = a_2$, entonces ΔH_{12} puede tomar cualquier valor, que podría ser cero para algún ΔR concreto, pero distinto en general del que satisface la otra ecuación, de manera que no se cumplen ambas simultáneamente. En conclusión, si Ψ_1 y Ψ_2 tienen las mismas características respecto a una simetría del hamiltoniano, sus curvas de potencial asociadas $E_1(R)$ y $E_2(R)$ no se cruzan.

Si en un enlace covalente aumenta la electronegatividad (ec. 17.21) de uno de los átomos, la densidad de probabilidad de la pareja de electrones compartida se desplaza hacia el entorno de ese átomo y se aleja del otro, es decir, los electrones pasan más tiempo en promedio en las proximidades del átomo más electronegativo. Si la electronegatividad de un átomo aumenta mucho con respecto a la del otro, la pareja de electrones queda prácticamente fija en el primero, que se convierte en anión, ya que recupera su electrón compartido y captura el que compartía el otro átomo, que queda como catión. Entre ambos átomos se establece entonces un enlace iónico, que es en realidad un caso extremo de enlace covalente en el que los dos átomos difieren significativamente en su electronegatividad. Solo un enlace entre átomos del mismo elemento puede considerarse covalente puro, mientras que ningún enlace puede considerarse iónico puro, ya que el catión mantiene siempre una cierta influencia sobre el electrón cedido al átomo con el que se enlaza. De esto se deduce que dos átomos con electronegatividades muy diferentes, por ejemplo uno de los grupos 1 o 2 (metal) y otro de los grupos 16 o 17 (no metal), tienden a formar un enlace con alto carácter iónico, mientras que dos átomos con electronegatividades similares tienden a formar un enlace con mayor carácter covalente.

En un enlace entre átomos diferentes la distribución asimétrica de la distribución de probabilidad de los electrones compartidos puede producir un momento dipolar eléctrico molecular, definido como el valor esperado del operador correspondiente (ec. 20.7):

$$\vec{\mathscr{P}} = e \langle \Psi | \vec{r} | \Psi \rangle \tag{18.4}$$

donde $|\Psi\rangle$ es el vector de estado molecular. En moléculas diatómicas el momento dipolar eléctrico es mayor cuanto más diferentes son las electronegatividades de los dos átomos, es decir, cuanta mayor atracción ejerce hacia los electrones uno de los átomos respecto al otro, o, de manera equivalente, cuanto mayor es el carácter iónico del enlace. Una unidad habitual para el momento dipolar eléctrico es el debye ($1\,\mathrm{D} = 0{,}02082\, e \cdot \mathrm{nm}$). En moléculas iónicas el momento dipolar eléctrico toma los valores más altos, por ejemplo 8,0 D en KCl, 8,5 D en NaCl, o 10,0 D en CsCl. En moléculas covalentes formadas por elementos distintos toma valores más bajos, por ejemplo 0,12 D en CO, 0,15 D en NO o 0,38 D en HI, y se denominan *moléculas polares*. En moléculas diatómicas *homonucleares* (formadas por dos átomos iguales) el momento dipolar eléctrico es nulo, y se dice que son *moléculas no polares*. El enlace covalente polar entre dos átomos distintos puede considerarse un intermedio entre el enlace iónico y el enlace covalente puro, acercándose más al primero conforme aumenta la polaridad.

18.3. Molécula de hidrógeno ionizada

La molécula de hidrógeno ionizada H_2^+ es un sistema ligado constituido por dos protones y un electrón, que surge del enlace covalente entre dos átomos de hidrógeno del isótopo ^1H y la pérdida de uno de los dos electrones. Si los protones se encuentran en posiciones fijas separados una distancia $R = |\vec{R}|$, el hamiltoniano del sistema puede escribirse como:

$$H = -\frac{\hbar^2}{2m_e}\nabla^2 + \alpha\hbar c\left[-\frac{1}{r_A} - \frac{1}{r_B} + \frac{1}{R}\right] \tag{18.5}$$

donde los términos que aparecen son, en este orden, la energía cinética del electrón y las energías potenciales coulombianas del electrón con el protón A (siendo $r_A = |\vec{r}_A|$ su distancia), con el protón B (siendo $r_B = |\vec{r}_B|$ su distancia), y de los dos protones entre sí. Si se sitúa el protón A en el origen de coordenadas, el vector posición del electrón se puede expresar como $\vec{r} = \vec{r}_A$ o bien como $\vec{r} = \vec{R} + \vec{r}_B$ (figura 18.1).

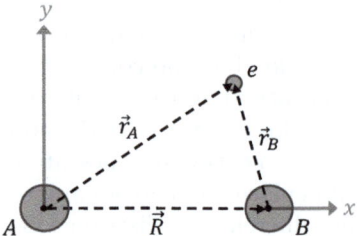

Figura 18.1. Esquema de la molécula de hidrógeno ionizada H_2^+, con un núcleo (protón A) situado en el origen de coordenadas. Se indican con líneas discontinuas los vectores posición de un núcleo respecto al otro (protón B), $\vec{R}$, y del electrón (e) respecto a cada núcleo, $\vec{r}_A$ y $\vec{r}_B$.

La ecuación de Schrödinger con el hamiltoniano 18.5, $H\Psi(\vec{r}) = E\Psi(\vec{r})$, puede resolverse de manera exacta empleando coordenadas elípticas confocales (ξ, η, φ), definidas como $\xi = (r_A + r_B)/R$ (con $1 \le \xi \le \infty$, siendo las líneas de ξ constante elipses con focos en A y B), $\eta = (r_A - r_B)/R$ (con $-1 \le \eta \le 1$, siendo las líneas de η constante hipérbolas con focos en A y B) y φ (con $0 \le \varphi \le 2\pi$, ángulo azimutal respecto al eje internuclear). Las autofunciones de onda se pueden factorizar entonces como $\Psi(\xi,\eta,\varphi) = \Xi(\xi)\,\mathcal{H}(\eta)\,\Phi(\varphi)$. Al resolver la ecuación de Schrödinger se obtiene por un lado la autofunción $\Phi(\varphi) = e^{ik\varphi}$, con $k = \{0, \pm 1, \pm 2, ...\}$, y las otras dos autofunciones cumplen las siguientes ecuaciones diferenciales:

$$\frac{d}{d\xi}\left[(\xi^2 - 1)\frac{d\Xi(\xi)}{d\xi}\right]$$
$$+ \left[\frac{m_e c^2}{2(\hbar c)^2}R^2\left(E - \frac{\alpha\hbar c}{R}\right)\xi^2 + \frac{2\alpha m_e c^2}{\hbar c}R\,\xi - \frac{k^2}{\xi^2 - 1} + \lambda\right]\Xi(\xi) = 0 \tag{18.6}$$

$$\frac{d}{d\eta}\left[(1-\eta^2)\frac{d\mathcal{H}(\eta)}{d\eta}\right]$$

$$-\left[\frac{m_e c^2}{2(\hbar c)^2}R^2\left(E-\frac{\alpha\hbar c}{R}\right)\eta^2+\frac{k^2}{1-\eta^2}+\lambda\right]\mathcal{H}(\eta)=0 \tag{18.7}$$

Las autofunciones $\Xi(\xi)$ y $\mathcal{H}(\eta)$ así definidas son exactas, pero no se pueden expresar de forma analítica. Se pueden identificar mediante los números cuánticos n_ξ y n_η, respectivamente, que indican su número de nodos (ceros) y son análogos a los números cuánticos atómicos l y n_r, que también indican número de nodos angulares y radiales, respectivamente.

Para los estados de menor energía de la molécula H_2^+ la parte espacial de la autofunción de onda puede construirse de manera aproximada como combinación lineal de dos autofunciones del átomo de hidrógeno en su estado fundamental ($n=1$, $l=0$) asociadas a cada uno de los dos protones, $\phi_{1s}(\vec{r}_A)$ y $\phi_{1s}(\vec{r}_B)$, donde se está empleando notación espectroscópica en el subíndice ($\phi_{1s}\equiv\phi_{10}$). La distribución de probabilidad resultante es compatible con la simetría del potencial creado por los dos protones respecto al plano que pasa por el centro de la molécula y es perpendicular al eje internuclear. La función de onda completa, producto de la parte espacial y de la parte de espín (χ) del único electrón, es:

$$\Psi^\pm(\vec{r})=\tfrac{1}{\sqrt{2}}\left[\phi_{1s}(\vec{r}_A)\pm\phi_{1s}(\vec{r}_B)\right]\chi=\tfrac{1}{\sqrt{2}}\left[\phi_{1s}(\vec{r})\pm\phi_{1s}(\vec{r}-\vec{R})\right]\chi \tag{18.8}$$

donde la parte espacial se ha expresado también en función del vector posición del electrón con origen de coordenadas en el núcleo A ($\vec{r}_A=\vec{r}$ y $\vec{r}_B=\vec{r}-\vec{R}$).

Aplicando el método variacional, las cotas superiores a las energías del hamiltoniano 18.5 empleando las funciones de onda de prueba 18.8 resultan:

$$\widetilde{E}^\pm=\frac{\langle\Psi^\pm|H|\Psi^\pm\rangle}{\langle\Psi^\pm|\Psi^\pm\rangle}=E_{1s}+\alpha\hbar c\,\frac{G\pm S}{1\pm I} \tag{18.9}$$

donde $E_{1s}=-13{,}6$ eV es la energía del estado fundamental del átomo de hidrógeno y donde se han introducido la integral de solapamiento entre dos funciones de onda atómicas I y las integrales G y S relacionadas con las interacciones coulombianas entre los constituyentes del sistema, definidas como:

$$I=\int\phi_{1s}^*(\vec{r}_A)\,\phi_{1s}(\vec{r}_B)\,d^3\vec{r}=\int\phi_{1s}^*(\vec{r}_B)\,\phi_{1s}(\vec{r}_A)\,d^3\vec{r} \tag{18.10}$$

$$G=\frac{1}{R}-\int|\phi_{1s}(\vec{r}_A)|^2\,\frac{1}{r_B}\,d^3\vec{r} \tag{18.11}$$

$$S=\frac{I}{R}-\int\phi_{1s}^*(\vec{r}_A)\,\frac{1}{r_A}\,\phi_{1s}(\vec{r}_B)\,d^3\vec{r} \tag{18.12}$$

Para estas integrales pueden obtenerse las siguientes expresiones analíticas de su dependencia paramétrica con la distancia internuclear R (figura 18.2):

$$I(R)=\left[1+\frac{R}{a_0}+\frac{1}{3}\left(\frac{R}{a_0}\right)^2\right]e^{-\frac{R}{a_0}} \tag{18.13}$$

$$G(R) = \frac{1}{R}\left(1 + \frac{R}{a_0}\right) e^{-\frac{2R}{a_0}} \tag{18.14}$$

$$S(R) = \frac{1}{R}\left[I - \left(1 + \frac{R}{a_0}\right)\frac{R}{a_0}\, e^{-\frac{R}{a_0}}\right] \tag{18.15}$$

donde a_0 es el radio de Bohr (ec. 15.19). Las integrales I y G son siempre positivas, mientras que la integral S es negativa en cierto intervalo de valores de la distancia internuclear R. La curva de potencial $\widetilde{E}^{+}(R)$, asociada a la función de onda Ψ^{+} y que contiene en su expresión el término con $G + S$, toma valores menores que la energía de la molécula disociada, que es E_{1s}, en un cierto intervalo de R y alcanza un valor mínimo en $R = R_0$, que es la separación internuclear de equilibrio o longitud de enlace. Para la función de onda de prueba 18.8 se obtiene $R_0 = 0,13$ nm y $\widetilde{E}^{+}(R_0) = -15,4$ eV. Por tanto, la función Ψ^{+} representa un *orbital enlazante* aproximado de la molécula. En cambio, la curva de potencial $\widetilde{E}^{-}(R)$, asociada a la función de onda Ψ^{-} y que contiene en su expresión el término con $G - S$, no presenta ningún mínimo, sino que disminuye monótonamente conforme aumenta R, de manera que la función Ψ^{-} representa un *orbital antienlazante* aproximado de la molécula (figura 18.2).

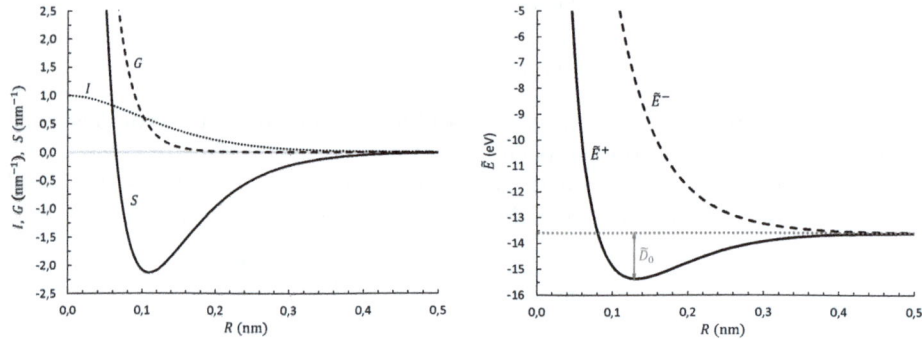

Figura 18.2. Para la molécula de hidrógeno ionizada H_2^{+}, izquierda: valor de la integral de solapamiento I (adimensional, línea punteada) y de las integrales G (en nm^{-1}, línea discontinua) y S (en nm^{-1}, línea continua) en función de la distancia internuclear R en nm; derecha: curvas de potencial electrónico en eV a partir de las cotas superiores a las energías obtenidas con el método variacional, $\widetilde{E}^{+}$ (línea continua) y $\widetilde{E}^{-}$ (línea discontinua), en función de la distancia internuclear R en nm, indicando la energía de la molécula disociada (línea punteada horizontal) y la energía de disociación $\widetilde{D}_0$.

La molécula de hidrógeno ionizada se disocia en un hidrógeno neutro H, con energía de ligadura electrón-protón $E_1 = -13,6$ eV, y en un hidrógeno ionizado H^{+}, sin energía de ligadura ya que se trata de un protón desnudo ($E_2 = 0$). La energía de disociación (ec. 18.2) resulta $\widetilde{D}_0 = |\widetilde{E}^{+}(R_0)| - |E_1| - |E_2| = 15,4 - 13,6 = 1,8$ eV. La curva de potencial, y en particular su valor mínimo, que se obtiene con el método variacional es una cota superior al valor exacto, y por tanto el valor dado para la energía de disociación $\widetilde{D}_0$ es una cota inferior. El valor exacto que se obtiene con el mismo hamiltoniano es 2,8 eV, que aún debe ser corregido con la energía vibracional de punto cero de la molécula (ec. 19.26). El valor experimental es $D_{exp} = 2,65$ eV, correspondiente a una separación internuclear de equilibrio de 0,105 nm.

Demostración: Curvas de potencial de la molécula de hidrógeno ionizada mediante el método variacional

Se emplea la función de onda de prueba 18.8, cuya parte de espín está normalizada, $\langle \chi | \chi \rangle = 1$, y cuya parte espacial está construida con funciones de onda del estado fundamental del átomo de hidrógeno, $\phi_{1s}(\vec{r}_X)$ (con $X = \{A, B\}$), que están normalizadas, $\langle \phi_{1s}(\vec{r}_X) | \phi_{1s}(\vec{r}_X) \rangle = 1$.

La norma que aparece en el denominador de la cota superior a la energía 18.9 es:

$$\langle \Psi^\pm | \Psi^\pm \rangle = \tfrac{1}{2} \int |\phi_{1s}(\vec{r}_A)|^2 \, d^3\vec{r} + \tfrac{1}{2} \int |\phi_{1s}(\vec{r}_B)|^2 \, d^3\vec{r}$$

$$\pm \tfrac{1}{2} \int \phi_{1s}^*(\vec{r}_A) \, \phi_{1s}(\vec{r}_B) \, d^3\vec{r} \pm \tfrac{1}{2} \int \phi_{1s}^*(\vec{r}_B) \, \phi_{1s}(\vec{r}_A) \, d^3\vec{r}$$

$$= \tfrac{1}{2} + \tfrac{1}{2} \pm \tfrac{1}{2} I \pm \tfrac{1}{2} I = 1 \pm I$$

donde se ha introducido la integral de solapamiento I (ec. 18.10).

El valor esperado del hamiltoniano 18.5 que aparece en el numerador de la cota superior a la energía 18.9 es:

$$\langle \Psi^\pm | H | \Psi^\pm \rangle = \tfrac{1}{2} \int \phi_{1s}^*(\vec{r}_A) \, H \, \phi_{1s}(\vec{r}_A) \, d^3\vec{r} + \tfrac{1}{2} \int \phi_{1s}^*(\vec{r}_B) \, H \, \phi_{1s}(\vec{r}_B) \, d^3\vec{r}$$

$$\pm \tfrac{1}{2} \int \phi_{1s}^*(\vec{r}_A) \, H \, \phi_{1s}(\vec{r}_B) \, d^3\vec{r} \pm \tfrac{1}{2} \int \phi_{1s}^*(\vec{r}_B) \, H \, \phi_{1s}(\vec{r}_A) \, d^3\vec{r}$$

$$= \tfrac{1}{2} \langle H \rangle_{A;A} + \tfrac{1}{2} \langle H \rangle_{B;B} \pm \tfrac{1}{2} \langle H \rangle_{A;B} \pm \tfrac{1}{2} \langle H \rangle_{B;A} = \langle H \rangle_{A;A} \pm \langle H \rangle_{A;B}$$

donde se ha tenido en cuenta que $\langle H \rangle_{A;A} = \langle H \rangle_{B;B}$ y $\langle H \rangle_{A;B} = \langle H \rangle_{B;A}$, ya que las coordenadas del electrón con respecto a la posición del núcleo A y del núcleo B, sobre las que se integra en todo el espacio, son intercambiables.

El primero de los términos obtenidos se puede escribir como:

$$\langle H \rangle_{A;A} = \int \phi_{1s}^*(\vec{r}_A) \, H \, \phi_{1s}(\vec{r}_A) \, d^3\vec{r}$$

$$= \int \phi_{1s}^*(\vec{r}_A) \left(-\frac{\hbar^2}{2m_e} \nabla^2 - \alpha \hbar c \frac{1}{r_A} \right) \phi_{1s}(\vec{r}_A) \, d^3\vec{r}$$

$$+ \alpha \hbar c \int \phi_{1s}^*(\vec{r}_A) \left(-\frac{1}{r_B} + \frac{1}{R} \right) \phi_{1s}(\vec{r}_A) \, d^3\vec{r}$$

$$= E_{1s} \int |\phi_{1s}(\vec{r}_A)|^2 \, d^3\vec{r} + \alpha \hbar c \int |\phi_{1s}(\vec{r}_A)|^2 \left(-\frac{1}{r_B} + \frac{1}{R} \right) d^3\vec{r} = E_{1s} + \alpha \hbar c \, G$$

donde se ha introducido la integral G (ec. 18.11).

El segundo de los términos obtenidos se puede escribir como:

$$\langle H \rangle_{A;B} = \int \phi_{1s}^*(\vec{r}_A)\, H\, \phi_{1s}(\vec{r}_B)\, d^3\vec{r}$$

$$= \int \phi_{1s}^*(\vec{r}_A) \left(-\frac{\hbar^2}{2m_e}\nabla^2 - \alpha\hbar c\, \frac{1}{r_B} \right) \phi_{1s}(\vec{r}_B)\, d^3\vec{r}$$

$$+ \alpha\hbar c \int \phi_{1s}^*(\vec{r}_A) \left(-\frac{1}{r_A} + \frac{1}{R} \right) \phi_{1s}(\vec{r}_B)\, d^3\vec{r}$$

$$= E_{1s} \int \phi_{1s}^*(\vec{r}_A)\, \phi_{1s}(\vec{r}_B)\, d^3\vec{r} + \alpha\hbar c \int \phi_{1s}^*(\vec{r}_A) \left(-\frac{1}{r_A} + \frac{1}{R} \right) \phi_{1s}(\vec{r}_B)\, d^3\vec{r}$$

$$= E_{1s}\, I + \alpha\hbar c\, S$$

donde se han introducido las integrales I (ec. 18.10) y S (ec. 18.12).

El resultado final para la cota superior a la energía es:

$$\widetilde{E}^{\pm} = \frac{\langle \Psi^{\pm}|H|\Psi^{\pm}\rangle}{\langle \Psi^{\pm}|\Psi^{\pm}\rangle} = \frac{\langle H \rangle_{A;A} \pm \langle H \rangle_{A;B}}{\langle \Psi^{\pm}|\Psi^{\pm}\rangle}$$

$$= \frac{E_{1s}\,(1 \pm I) + \alpha\hbar c\,(G \pm S)}{1 \pm I} = E_{1s} + \alpha\hbar c\, \frac{G \pm S}{1 \pm I}$$

Las integrales I, G, S pueden expresarse analíticamente como función paramétrica de la distancia internuclear R. Situando el protón A en el origen de coordenadas y el protón B sobre el eje x a una distancia R del primero (figura 18.1), se tiene:

$$r_A = |\vec{r}_A| = r$$

$$r_B = |\vec{r}_B| = \left(r^2 + R^2 - 2rR\cos\theta \right)^{1/2}$$

Así, para un R fijo, el problema queda expresado en términos de las coordenadas esféricas del único electrón del sistema, siendo r su distancia al origen (coordenada radial) y θ el ángulo que forma su vector posición $\vec{r}$ con el eje x. Se introduce entonces en los integrandos la función de onda del estado fundamental del átomo de hidrógeno en coordenadas esféricas, dada por $\phi_{1s}(r) = R_{10}(r)\, Y_{00} = (\pi a_0^3)^{-1/2}\, e^{-r/a_0}$, donde a_0 es el radio de Bohr. Por ejemplo, la integral I se resuelve como:

$$I = \int \phi_{1s}^*(\vec{r}_A)\, \phi_{1s}(\vec{r}_B)\, d^3\vec{r}$$

$$= \frac{1}{\pi a_0^3} \int_0^{2\pi} \int_0^{\pi} \int_0^{\infty} e^{-\frac{r}{a_0}}\, e^{-\frac{\left(r^2+R^2-2rR\cos\theta\right)^{1/2}}{a_0}}\, r^2\, \mathrm{sen}\,\theta\, dr\, d\theta\, d\varphi$$

$$= \frac{2}{a_0^3} \int_0^\infty e^{-\frac{r}{a_0}} r^2 \left(\int_0^\pi e^{-\frac{\left(r^2+R^2-2rR\cos\theta\right)^{1/2}}{a_0}} \operatorname{sen}\theta \, d\theta \right) dr$$

$$= \frac{2}{a_0^3} \int_0^\infty e^{-\frac{r}{a_0}} r^2 \left(\frac{1}{rR} \int_{|r-R|}^{r+R} e^{-\frac{\gamma}{a_0}} \gamma \, d\gamma \right) dr = \left[1 + \frac{R}{a_0} + \frac{1}{3} \left(\frac{R}{a_0} \right)^2 \right] e^{-\frac{R}{a_0}}$$

donde se ha efectuado el cambio de variable $\gamma = r_B = \left(r^2 + R^2 - 2rR\cos\theta \right)^{1/2}$.

18.4. Molécula de hidrógeno

La molécula de hidrógeno neutra H_2 es un sistema ligado constituido por dos protones y dos electrones, que surge del enlace covalente entre dos átomos de hidrógeno del isótopo ^{1}H. Si los protones se encuentran en posiciones fijas separados una distancia $R = |\vec{R}|$, el hamiltoniano del sistema puede escribirse como:

$$H = -\frac{\hbar^2}{2m_e} \nabla_1^2 - \frac{\hbar^2}{2m_e} \nabla_2^2 + \alpha\hbar c \left[-\frac{1}{r_{A1}} - \frac{1}{r_{A2}} - \frac{1}{r_{B1}} - \frac{1}{r_{B2}} + \frac{1}{r_{12}} + \frac{1}{R} \right] \quad (18.16)$$

donde los términos que aparecen son, en este orden, la energía cinética de los electrones 1 y 2 y las energías potenciales coulombianas de los electrones 1 y 2 con el protón A (siendo $r_{A1} = |\vec{r}_{A1}|$ y $r_{A2} = |\vec{r}_{A2}|$ sus respectivas distancias) y con el protón B (siendo $r_{B1} = |\vec{r}_{B1}| = |\vec{r}_{A1} - \vec{R}|$ y $r_{B2} = |\vec{r}_{B2}| = |\vec{r}_{A2} - \vec{R}|$ sus respectivas distancias), de ambos electrones entre sí (siendo $r_{12} = |\vec{r}_{A1} - \vec{r}_{A2}| = |\vec{r}_{B1} - \vec{r}_{B2}|$ su distancia) y de ambos protones entre sí. Si se sitúa el protón A en el origen de coordenadas, los vectores posición de cada electrón se pueden expresar como $\vec{r}_1 = \vec{r}_{A1}$ o bien $\vec{r}_1 = \vec{R} + \vec{r}_{B1}$ y $\vec{r}_2 = \vec{r}_{A2}$ o bien $\vec{r}_2 = \vec{R} + \vec{r}_{B2}$, con $\vec{r}_{12} = \vec{r}_1 - \vec{r}_2$ (figura 18.3).

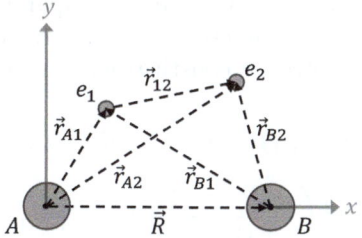

Figura 18.3. Esquema de la molécula de hidrógeno H_2, con un núcleo (protón A) situado en el origen de coordenadas. Se indican con líneas discontinuas los vectores posición de un núcleo respecto al otro (protón B), $\vec{R}$, de los electrones (e_1 y e_2) respecto a cada núcleo, $\vec{r}_{A1}, \vec{r}_{A2}, \vec{r}_{B1}, \vec{r}_{B2}$, y de un electrón respecto al otro, $\vec{r}_{12}$.

18.4.1. Molécula de hidrógeno en la teoría del enlace de valencia

En la *teoría del enlace de valencia* la parte espacial de la autofunción de onda electrónica de la molécula se construye de manera aproximada a partir del producto de las autofunciones de onda atómicas de los electrones que participan en el enlace, introduciendo una simetrización definida bajo su intercambio. La parte de espín corresponde al acoplamiento de los espines de los electrones, también con simetrización definida. La autofunción de onda completa es el producto de ambas partes, que debe ser antisimétrico bajo intercambio de los electrones por tratarse de fermiones indistinguibles. Estas funciones de onda se denominan *de Heitler-London*.

Para los estados de menor energía de la molécula H_2 la parte espacial de la autofunción de onda se construye en esta teoría a partir del producto de las autofunciones de los dos átomos de hidrógeno en su estado fundamental, con simetrización definida bajo su intercambio. La distribución de probabilidad resultante es compatible con la simetría del potencial creado por los dos protones respecto al plano que pasa por el centro de la molécula y es perpendicular al eje internuclear. Esa parte espacial se combina con la parte de espín de dos electrones acoplados a singlete ($S = 0$), Ξ^{S}, que es antisimétrico, o a triplete ($S = 1$), Ξ^{T}, que es simétrico, para formar una función de onda completa antisimétrica bajo intercambio de los dos electrones:

$$\Psi^{\pm}(\vec{r}_1,\vec{r}_2) = \tfrac{1}{\sqrt{2}} \left[\phi_{1s}(\vec{r}_{A1})\, \phi_{1s}(\vec{r}_{B2}) \pm \phi_{1s}(\vec{r}_{B1})\, \phi_{1s}(\vec{r}_{A2}) \right] \Xi^{\binom{\mathrm{S}}{\mathrm{T}}} \tag{18.17}$$

Aplicando el método variacional, las cotas superiores a las energías del hamiltoniano 18.16 empleando las funciones de onda de prueba 18.17 resultan:

$$\widetilde{E}^{\pm} = \frac{\langle \Psi^{\pm} | H | \Psi^{\pm} \rangle}{\langle \Psi^{\pm} | \Psi^{\pm} \rangle} = 2E_{1s} + \alpha\hbar c\, \frac{G \pm S}{1 \pm I^2} \tag{18.18}$$

donde $E_{1s} = -13{,}6$ eV es la energía del estado fundamental del átomo de hidrógeno y donde se han introducido la integral de solapamiento entre dos funciones de onda atómicas I y las integrales directa G y de intercambio S relacionadas con las interacciones coulombianas entre los constituyentes del sistema, definidas como:

$$I = \int_{\vec{r}_1} \phi^*_{1s}(\vec{r}_{(A,B)1})\, \phi_{1s}(\vec{r}_{(B,A)1})\, d^3\vec{r}_1 = \int_{\vec{r}_2} \phi^*_{1s}(\vec{r}_{(A,B)2})\, \phi_{1s}(\vec{r}_{(B,A)2})\, d^3\vec{r}_2 \tag{18.19}$$

$$G = \frac{1}{R} + \int_{\vec{r}_1}\int_{\vec{r}_2} |\phi_{1s}(\vec{r}_{A1})|^2 \left(-\frac{1}{r_{A2}} - \frac{1}{r_{B1}} + \frac{1}{r_{12}} \right) |\phi_{1s}(\vec{r}_{B2})|^2\, d^3\vec{r}_1\, d^3\vec{r}_2 \tag{18.20}$$

$$S = \frac{I^2}{R} + \int_{\vec{r}_1}\int_{\vec{r}_2} \phi^*_{1s}(\vec{r}_{A1})\, \phi^*_{1s}(\vec{r}_{B2}) \left(-\frac{1}{r_{A1}} - \frac{1}{r_{B2}} + \frac{1}{r_{12}} \right) \cdot$$
$$\cdot\, \phi_{1s}(\vec{r}_{B1})\, \phi_{1s}(\vec{r}_{A2})\, d^3\vec{r}_1\, d^3\vec{r}_2 \tag{18.21}$$

De manera análoga a lo que ocurría con la molécula ionizada H_2^+ (apdo. 18.3), la curva de potencial $\widetilde{E}^+(R)$, asociada a la función de onda Ψ^+, toma valores menores que la energía de la molécula disociada, que es $2E_{1s}$, en un cierto intervalo de R y alcanza un valor mínimo en $R = R_0$. Para la función de onda de prueba 18.17 se obtiene $R_0 = 0{,}087$ nm y $\widetilde{E}^+(R_0) = -30{,}4$ eV. Por tanto, la función Ψ^+, asociada a acoplamiento de espín singlete, representa un orbital enlazante aproximado de la molécula. En cambio, la función Ψ^-, asociada a acoplamiento de espín triplete, representa un orbital antienlazante aproximado.

El hecho de que una función de onda con parte espacial simétrica y parte de espín singlete tenga menor energía que una con parte espacial antisimétrica y parte de espín triplete contrasta con el caso del átomo de helio, que también contiene dos electrones, pero en el que el acoplamiento triplete está más ligado que el singlete cuando ambos son posibles para una configuración dada (apdo. 16.2). En el caso del átomo de helio resulta energéticamente favorable que los dos electrones, que se repelen, tiendan a estar más separados entre sí, a lo que contribuye una parte espacial antisimétrica. En cambio, en el caso de la molécula de hidrógeno resulta energéticamente favorable que los dos electrones tiendan a mantenerse relativamente juntos en la región situada entre los dos núcleos para ejercer atracción entre ellos y mantener el enlace, a lo que contribuye una parte espacial simétrica.

La molécula de hidrógeno neutra se disocia en dos átomos de hidrógeno neutros, cada uno con energía de ligadura electrón-protón $E_1 = E_2 = -13{,}6$ eV. La energía de disociación (ec. 18.2) resulta $\widetilde{D}_0 = |\widetilde{E}^+(R_0)| - |E_1| - |E_2| = 30{,}4 - 13{,}6 - 13{,}6 = 3{,}2$ eV. La curva de potencial, y en particular su valor mínimo, que se obtiene con el método variacional es una cota superior al valor exacto, y por tanto el valor dado para la energía de disociación $\widetilde{D}_0$ es una cota inferior. El valor exacto que se obtiene con el mismo hamiltoniano es 4,8 eV, que aún debe ser corregido con la energía vibracional de punto cero de la molécula (ec. 19.26). El valor experimental es $D_{exp} = 4{,}5$ eV, correspondiente a una separación internuclear de equilibrio de 0,074 nm.

Demostración: Curvas de potencial de la molécula de hidrógeno neutra mediante el método variacional en la teoría del enlace de valencia

Se emplea la función de onda de prueba 18.17, cuya parte de espín está normalizada, $\langle \Xi^{\left(\frac{S}{T}\right)} | \Xi^{\left(\frac{S}{T}\right)} \rangle = 1$, y cuya parte espacial está construida con funciones de onda del estado fundamental del átomo de hidrógeno, $\phi_{1s}(\vec{r}_{Xi})$ (con $X = \{A, B\}$, $i = \{1, 2\}$), que están normalizadas, $\langle \phi_{1s}(\vec{r}_{Xi}) | \phi_{1s}(\vec{r}_{Xi}) \rangle = 1$.

La norma que aparece en el denominador de la cota superior a la energía 18.18 es:

$$\langle \Psi^\pm | \Psi^\pm \rangle = \tfrac{1}{2} \int_{\vec{r}_1} |\phi_{1s}(\vec{r}_{A1})|^2 \, d^3\vec{r}_1 \int_{\vec{r}_2} |\phi_{1s}(\vec{r}_{B2})|^2 \, d^3\vec{r}_2$$

$$+ \tfrac{1}{2} \int_{\vec{r}_1} |\phi_{1s}(\vec{r}_{B1})|^2 \, d^3\vec{r}_1 \int_{\vec{r}_2} |\phi_{1s}(\vec{r}_{A2})|^2 \, d^3\vec{r}_2$$

$$\pm \tfrac{1}{2} \int_{\vec{r}_1} \phi_{1s}^*(\vec{r}_{A1}) \, \phi_{1s}(\vec{r}_{B1}) \, d^3\vec{r}_1 \int_{\vec{r}_2} \phi_{1s}^*(\vec{r}_{B2}) \, \phi_{1s}(\vec{r}_{A2}) \, d^3\vec{r}_2$$

$$\pm \tfrac{1}{2} \int_{\vec{r}_1} \phi_{1s}^*(\vec{r}_{B1}) \, \phi_{1s}(\vec{r}_{A1}) \, d^3\vec{r}_1 \int_{\vec{r}_2} \phi_{1s}^*(\vec{r}_{A2}) \, \phi_{1s}(\vec{r}_{B2}) \, d^3\vec{r}_2$$

$$= \tfrac{1}{2} + \tfrac{1}{2} \pm \tfrac{1}{2} I^2 \pm \tfrac{1}{2} I^2 = 1 \pm I^2$$

donde se ha introducido la integral de solapamiento I (ec. 18.19).

El valor esperado del hamiltoniano 18.16 que aparece en el numerador de la cota superior a la energía 18.18 es:

$$\langle \Psi^\pm | H | \Psi^\pm \rangle = \tfrac{1}{2} \int_{\vec{r}_1} \int_{\vec{r}_2} \phi_{1s}^*(\vec{r}_{A1}) \, \phi_{1s}^*(\vec{r}_{B2}) \, H \, \phi_{1s}(\vec{r}_{A1}) \, \phi_{1s}(\vec{r}_{B2}) \, d^3\vec{r}_1 \, d^3\vec{r}_2$$

$$+ \tfrac{1}{2} \int_{\vec{r}_1} \int_{\vec{r}_2} \phi_{1s}^*(\vec{r}_{B1}) \, \phi_{1s}^*(\vec{r}_{A2}) \, H \, \phi_{1s}(\vec{r}_{B1}) \, \phi_{1s}(\vec{r}_{A2}) \, d^3\vec{r}_1 \, d^3\vec{r}_2$$

$$\pm \tfrac{1}{2} \int_{\vec{r}_1} \int_{\vec{r}_2} \phi_{1s}^*(\vec{r}_{A1}) \, \phi_{1s}^*(\vec{r}_{B2}) \, H \, \phi_{1s}(\vec{r}_{B1}) \, \phi_{1s}(\vec{r}_{A2}) \, d^3\vec{r}_1 \, d^3\vec{r}_2$$

$$\pm \tfrac{1}{2} \int_{\vec{r}_1} \int_{\vec{r}_2} \phi_{1s}^*(\vec{r}_{B1}) \, \phi_{1s}^*(\vec{r}_{A2}) \, H \, \phi_{1s}(\vec{r}_{A1}) \, \phi_{1s}(\vec{r}_{B2}) \, d^3\vec{r}_1 \, d^3\vec{r}_2$$

$$= \tfrac{1}{2} \langle H \rangle_{A1;B2} + \tfrac{1}{2} \langle H \rangle_{B1;A2} \pm \tfrac{1}{2} \langle H \rangle_{A1;B2;B1;A2} \pm \tfrac{1}{2} \langle H \rangle_{B1;A2;A1;B2}$$

$$= \langle H \rangle_{A1;B2} \pm \langle H \rangle_{A1;B2;B1;A2}$$

donde se ha tenido en cuenta que $\langle H \rangle_{A1;B2} = \langle H \rangle_{B1;A2}$ y que $\langle H \rangle_{A1;B2;B1;A2} = \langle H \rangle_{B1;A2;A1;B2}$, ya que las coordenadas de los electrones 1 y 2, sobre las que se integra en todo el espacio, son intercambiables.

El primero de los términos obtenidos se puede escribir como:

$$\langle H \rangle_{A1;B2} = \int_{\vec{r}_1} \int_{\vec{r}_2} \phi_{1s}^*(\vec{r}_{A1}) \, \phi_{1s}^*(\vec{r}_{B2}) \, H \, \phi_{1s}(\vec{r}_{A1}) \, \phi_{1s}(\vec{r}_{B2}) \, d^3\vec{r}_1 \, d^3\vec{r}_2$$

$$= \int_{\vec{r}_1} \phi_{1s}^*(\vec{r}_{A1}) \left(-\frac{\hbar}{2m_e} \nabla_1^2 - \alpha\hbar c \, \frac{1}{r_{A1}} \right) \phi_{1s}(\vec{r}_{A1}) \, d^3\vec{r}_1 \int_{\vec{r}_2} \phi_{1s}^*(\vec{r}_{B2}) \, \phi_{1s}(\vec{r}_{B2}) \, d^3\vec{r}_2$$

$$+ \int_{\vec{r}_1} \phi_{1s}^*(\vec{r}_{A1}) \, \phi_{1s}(\vec{r}_{A1}) \, d^3\vec{r}_1 \int_{\vec{r}_2} \phi_{1s}^*(\vec{r}_{B2}) \left(-\frac{\hbar}{2m_e} \nabla_2^2 - \alpha\hbar c \, \frac{1}{r_{B2}} \right) \phi_{1s}(\vec{r}_{B2}) \, d^3\vec{r}_2$$

$$+ \alpha\hbar c \int_{\vec{r}_1} \int_{\vec{r}_2} \phi_{1s}^*(\vec{r}_{A1}) \, \phi_{1s}^*(\vec{r}_{B2}) \left(-\frac{1}{r_{A2}} - \frac{1}{r_{B1}} + \frac{1}{r_{12}} + \frac{1}{R} \right) \cdot$$

$$\cdot \, \phi_{1s}(\vec{r}_{A1}) \, \phi_{1s}(\vec{r}_{B2}) \, d^3\vec{r}_1 \, d^3\vec{r}_2$$

$$= E_{1s} \int_{\vec{r}_1} |\phi_{1s}(\vec{r}_{A1})|^2 \, d^3\vec{r}_1 \int_{\vec{r}_2} |\phi_{1s}(\vec{r}_{B2})|^2 \, d^3\vec{r}_2$$

$$+ E_{1s} \int_{\vec{r}_1} |\phi_{1s}(\vec{r}_{A1})|^2 \, d^3\vec{r}_1 \int_{\vec{r}_2} |\phi_{1s}(\vec{r}_{B2})|^2 \, d^3\vec{r}_2$$

$$+ \alpha\hbar c \int_{\vec{r}_1} \int_{\vec{r}_2} |\phi_{1s}(\vec{r}_{A1})|^2 \left(-\frac{1}{r_{A2}} - \frac{1}{r_{B1}} + \frac{1}{r_{12}} + \frac{1}{R} \right) |\phi_{1s}(\vec{r}_{B2})|^2 \, d^3\vec{r}_1 \, d^3\vec{r}_2$$

$$= 2 \, E_{1s} + \alpha\hbar c \, G$$

donde se ha introducido la integral directa G (ec. 18.20).

El segundo de los términos obtenidos se puede escribir como:

$$\langle H \rangle_{A1;B2;B1;A2} = \int_{\vec{r}_1} \int_{\vec{r}_2} \phi_{1s}^*(\vec{r}_{A1}) \, \phi_{1s}^*(\vec{r}_{B2}) \, H \, \phi_{1s}(\vec{r}_{B1}) \, \phi_{1s}(\vec{r}_{A2}) \, d^3\vec{r}_1 \, d^3\vec{r}_2$$

$$= \int_{\vec{r}_1} \phi_{1s}^*(\vec{r}_{A1}) \left(-\frac{\hbar}{2m_e} \nabla_1^2 - \alpha\hbar c \, \frac{1}{r_{B1}} \right) \phi_{1s}(\vec{r}_{B1}) d^3\vec{r}_1 \int_{\vec{r}_2} \phi_{1s}^*(\vec{r}_{B2}) \phi_{1s}(\vec{r}_{A2}) d^3\vec{r}_2$$

$$+ \int_{\vec{r}_1} \phi_{1s}^*(\vec{r}_{A1}) \phi_{1s}(\vec{r}_{B1}) d^3\vec{r}_1 \int_{\vec{r}_2} \phi_{1s}^*(\vec{r}_{B2}) \left(-\frac{\hbar}{2m_e} \nabla_2^2 - \alpha\hbar c \, \frac{1}{r_{A2}} \right) \phi_{1s}(\vec{r}_{A2}) d^3\vec{r}_2$$

$$+ \alpha\hbar c \int_{\vec{r}_1} \int_{\vec{r}_2} \phi_{1s}^*(\vec{r}_{A1}) \, \phi_{1s}^*(\vec{r}_{B2}) \left(-\frac{1}{r_{A1}} - \frac{1}{r_{B2}} + \frac{1}{r_{12}} + \frac{1}{R} \right) \cdot$$
$$\cdot \, \phi_{1s}(\vec{r}_{B1}) \, \phi_{1s}(\vec{r}_{A2}) \, d^3\vec{r}_1 \, d^3\vec{r}_2$$

$$= E_{1s} \int_{\vec{r}_1} \phi_{1s}^*(\vec{r}_{A1}) \, \phi_{1s}(\vec{r}_{B1}) \, d^3\vec{r}_1 \int_{\vec{r}_2} \phi_{1s}^*(\vec{r}_{B2}) \, \phi_{1s}(\vec{r}_{A2}) \, d^3\vec{r}_2$$

$$+ E_{1s} \int_{\vec{r}_1} \phi_{1s}^*(\vec{r}_{A1}) \, \phi_{1s}(\vec{r}_{B1}) \, d^3\vec{r}_1 \int_{\vec{r}_2} \phi_{1s}^*(\vec{r}_{B2}) \, \phi_{1s}(\vec{r}_{A2}) \, d^3\vec{r}_2$$

$$+ \alpha\hbar c \int_{\vec{r}_1} \int_{\vec{r}_2} \phi_{1s}^*(\vec{r}_{A1}) \, \phi_{1s}^*(\vec{r}_{B2}) \left(-\frac{1}{r_{A1}} - \frac{1}{r_{B2}} + \frac{1}{r_{12}} + \frac{1}{R} \right) \cdot$$
$$\cdot \, \phi_{1s}(\vec{r}_{B1}) \, \phi_{1s}(\vec{r}_{A2}) \, d^3\vec{r}_1 \, d^3\vec{r}_2$$

$$= E_{1s} \, I^2 + E_{1s} \, I^2 + \alpha\hbar c \, S = 2 \, E_{1s} \, I^2 + \alpha\hbar c \, S$$

donde se ha introducido la integral de solapamiento I (ec. 18.19) y la integral de intercambio S (ec. 18.21).

El resultado final para la cota superior a la energía es:

$$\widetilde{E}^{\pm} = \frac{\langle \Psi^{\pm} | H | \Psi^{\pm} \rangle}{\langle \Psi^{\pm} | \Psi^{\pm} \rangle} = \frac{\langle H \rangle_{A1;B2} \pm \langle H \rangle_{A1;B2;B1;A2}}{\langle \Psi^{\pm} | \Psi^{\pm} \rangle} =$$

$$= \frac{2 \, E_{1s} \, (1 \pm I^2) + \alpha\hbar c \, (G \pm S)}{1 \pm I^2} = 2 \, E_{1s} + \alpha\hbar c \, \frac{G \pm S}{1 \pm I^2}$$

18.4.2. Molécula de hidrógeno en la teoría de orbitales moleculares

En la *teoría de orbitales moleculares* se construyen en primer lugar las partes espaciales de las funciones de onda individuales de los electrones, que se denominan *orbitales moleculares*, como combinaciones lineales de autofunciones de onda atómicas. A continuación, todos los electrones de la molécula se distribuyen en esos orbitales moleculares, dando lugar a la *configuración electrónica molecular*. La parte espacial de la autofunción de onda compuesta se construye a partir del producto de los orbitales moleculares ocupados, con simetrización definida bajo intercambio de los electrones. La parte de espín corresponde al acoplamiento de los espines de los electrones, también con simetrización definida. La autofunción de onda completa es el producto de ambas partes, que debe ser antisimétrico bajo intercambio de los electrones por tratarse de fermiones indistinguibles.

Para los estados de menor energía de la molécula H_2 se construyen los orbitales moleculares como combinaciones lineales de las autofunciones del átomo de hidrógeno en su estado fundamental con respecto a cada uno de los dos núcleos (A y B), dando lugar a los orbitales de tipo *gerade* (σ_g) y de tipo *ungerade* (σ_u):

$$\psi_{1\sigma_g}(\vec{r}_i) = \frac{1}{\sqrt{2}} \left[\phi_{1s}(\vec{r}_{Ai}) + \phi_{1s}(\vec{r}_{Bi}) \right] \tag{18.22}$$

$$\psi_{1\sigma_u}(\vec{r}_i) = \frac{1}{\sqrt{2}} \left[\phi_{1s}(\vec{r}_{Ai}) - \phi_{1s}(\vec{r}_{Bi}) \right] \tag{18.23}$$

recordando que, si se sitúa el núcleo A en el origen de coordenadas, entonces $\vec{r}_{Ai} = \vec{r}_i$ y $\vec{r}_{Bi} = \vec{r}_i - \vec{R}$. Estas funciones de onda son análogas a las empleadas para la molécula de hidrógeno ionizada (parte espacial de la ec. 18.8). En aquel caso se referían al único electrón de la molécula, mientras que en este caso se construyen por separado para cada uno de los dos electrones de la molécula ($\psi_{1\sigma}(\vec{r}_i)$ con $i = \{1, 2\}$). Estas funciones no están normalizadas, ya que los orbitales de átomos distintos no son ortogonales entre sí, de manera que la norma de $\psi_{1\sigma_g}(\vec{r}_i)$ es $\sqrt{1+I}$ y la de $\psi_{1\sigma_u}(\vec{r}_i)$ es $\sqrt{1-I}$, con $I = \langle \phi_{1s}(\vec{r}_{Ai}) | \phi_{1s}(\vec{r}_{Bi}) \rangle$.

La terminología gerade-ungerade es aplicable a moléculas que poseen simetría de inversión respecto a un punto (centrosimétricas), como ocurre con las diatómicas homonucleares (que contienen núcleos iguales) respecto al punto medio del segmento que une los dos núcleos. Si se invierten las coordenadas espaciales respecto a ese punto, la función de onda gerade queda igual, que corresponde a paridad par, y la ungerade cambia de signo, que corresponde a paridad impar. En los orbitales 18.22 y 18.23 esta inversión equivale al intercambio entre los dos núcleos, lo que tiene implicaciones en la estructura de la función de onda molecular completa (apdo. 19.3).

Una vez formados los orbitales moleculares del H_2 se distribuyen en ellos los dos electrones de la molécula, dando lugar a diferentes configuraciones electrónicas: $1\sigma_g 1\sigma_g$ (fundamental), y $1\sigma_g 1\sigma_u$ y $1\sigma_u 1\sigma_u$ (excitadas). La parte espacial compuesta se construye a partir del producto de los orbitales moleculares ocupados, con simetrización definida bajo intercambio de los dos electrones. Por último, esa parte espacial se combina con la parte de espín de dos electrones acoplados a singlete ($S = 0$), Ξ^S, que es antisimétrico, o a triplete ($S = 1$), Ξ^T, que es simétrico, para formar las siguientes funciones de onda completas antisimétricas bajo intercambio de los dos electrones:

$$\Psi_{1(^1\Sigma_g^+)}(\vec{r}_1, \vec{r}_2) = \psi_{1\sigma_g}(\vec{r}_1)\, \psi_{1\sigma_g}(\vec{r}_2)\, \Xi^S \tag{18.24}$$

$$\Psi_{2(^3\Sigma_u^+)}(\vec{r}_1, \vec{r}_2) = \frac{1}{\sqrt{2}} \left[\psi_{1\sigma_g}(\vec{r}_1)\, \psi_{1\sigma_u}(\vec{r}_2) - \psi_{1\sigma_u}(\vec{r}_1)\, \psi_{1\sigma_g}(\vec{r}_2) \right] \Xi^T \tag{18.25}$$

$$\Psi_{3(^1\Sigma_u^+)}(\vec{r}_1, \vec{r}_2) = \frac{1}{\sqrt{2}} \left[\psi_{1\sigma_g}(\vec{r}_1)\, \psi_{1\sigma_u}(\vec{r}_2) + \psi_{1\sigma_u}(\vec{r}_1)\, \psi_{1\sigma_g}(\vec{r}_2) \right] \Xi^S \tag{18.26}$$

$$\Psi_{4(^1\Sigma_g^+)}(\vec{r}_1, \vec{r}_2) = \psi_{1\sigma_u}(\vec{r}_1)\, \psi_{1\sigma_u}(\vec{r}_2)\, \Xi^S \tag{18.27}$$

La primera de estas funciones de onda corresponde al estado fundamental de la molécula de hidrógeno y las otras tres corresponden a estados excitados. Las curvas de potencial electrónico asociadas a 18.24 y 18.26 presentan un mínimo a cierta separación internuclear de equilibrio $R = R_0$, que da lugar a estados ligados estables (simbolizados $X\,^1\Sigma_g^+$ y $B\,^1\Sigma_u^+$, respectivamente), mientras que las asociadas a 18.25 y 18.27 decrecen monótonamente conforme aumenta R y son por tanto estados disociativos. Las funciones 18.24 y 18.27, ambas $^1\Sigma_g^+$, tienen las mismas características de simetría: $\Lambda = 0$, $S = 0$, tipo gerade, tipo + (apdo. 18.6), y por tanto sus respectivas curvas de potencial no se cruzan para ningún valor de R (apdo. 18.2).

Algunas de las funciones de onda construidas en la teoría de orbitales moleculares pueden emplearse como funciones de onda de prueba en el método variacional para obtener una cota superior a la energía correspondiente. Por ejemplo, para el estado fundamental se tiene:

$$\widetilde{E}_{X(^1\Sigma_g^+)} = \frac{\langle \Psi_{X(^1\Sigma_g^+)} | H | \Psi_{X(^1\Sigma_g^+)} \rangle}{\langle \Psi_{X(^1\Sigma_g^+)} | \Psi_{X(^1\Sigma_g^+)} \rangle} \qquad (18.28)$$

que proporciona el valor $\widetilde{E}_{X(^1\Sigma_g^+)} = -29{,}9$ eV para una separación internuclear de equilibrio $R_0 = 0{,}098$ nm, y la correspondiente cota inferior a la energía de disociación es $\widetilde{D}_0 = 2{,}7$ eV. Estos valores están más alejados de los exactos que los que proporciona la teoría del enlace de valencia (apdo. 18.4.1).

Al introducir la expresión del orbital molecular $\psi_{1\sigma_g}$ (ec. 18.22) en la función de onda del estado fundamental molecular $\Psi_{1(^1\Sigma_g^+)}$ (ec. 18.24), resulta:

$$\begin{aligned}
\Psi_{1(^1\Sigma_g^+)}(\vec{r}_1, \vec{r}_2) &= \psi_{1\sigma_g}(\vec{r}_1)\,\psi_{1\sigma_g}(\vec{r}_2)\,\Xi^{\mathbb{S}} \\
&= \tfrac{1}{2}\left[\phi_{1s}(\vec{r}_{A1})\,\phi_{1s}(\vec{r}_{B2}) + \phi_{1s}(\vec{r}_{B1})\,\phi_{1s}(\vec{r}_{A2}) \right. \\
&\quad \left. + \phi_{1s}(\vec{r}_{A1})\,\phi_{1s}(\vec{r}_{A2}) + \phi_{1s}(\vec{r}_{B1})\,\phi_{1s}(\vec{r}_{B2}) \right] \Xi^{\mathbb{S}} \qquad (18.29)
\end{aligned}$$

que puede interpretarse como la suma de los dos términos siguientes:

$$\Psi_{1(^1\Sigma_g^+)}^{[C]}(\vec{r}_1, \vec{r}_2) = \tfrac{1}{2}\left[\phi_{1s}(\vec{r}_{A1})\,\phi_{1s}(\vec{r}_{B2}) + \phi_{1s}(\vec{r}_{B1})\,\phi_{1s}(\vec{r}_{A2}) \right] \Xi^{\mathbb{S}} \qquad (18.30)$$

$$\Psi_{1(^1\Sigma_g^+)}^{[I]}(\vec{r}_1, \vec{r}_2) = \tfrac{1}{2}\left[\phi_{1s}(\vec{r}_{A1})\,\phi_{1s}(\vec{r}_{A2}) + \phi_{1s}(\vec{r}_{B1})\,\phi_{1s}(\vec{r}_{B2}) \right] \Xi^{\mathbb{S}} \qquad (18.31)$$

donde el primero representa un enlace covalente, ya que contiene productos de funciones de onda de dos átomos de hidrógeno neutros (protón A con electrón 1 y protón B con electrón 2, o viceversa), mientras que el segundo representa un enlace iónico, ya que contiene productos de funciones de onda de dos átomos de hidrógeno ionizados H^- y H^+ (protón A con electrones 1 y 2 y protón B desnudo, o viceversa).

En conjunto, la función de onda 18.29 disocia incorrectamente, ya que lo hace con igual probabilidad en dos hidrógenos neutros, $H + H$, y en dos hidrógenos ionizados, $H^- + H^+$, sobreestimando la contribución iónica al enlace. Este es uno de los motivos por los que la teoría de orbitales moleculares proporciona peores resultados que la teoría del enlace de valencia, cuya función de onda representa un enlace covalente puro. En ambas teorías el resultado aproximado se puede mejorar mediante una contribución iónica dependiente de un parámetro variacional respecto al cual se minimiza la cota a la energía. Por ejemplo, en teoría de orbitales moleculares puede usarse la siguiente función de prueba dependiente del parámetro λ:

$$\Psi_{1(^1\Sigma_g^+)}(\vec{r}_1, \vec{r}_2; \lambda) = \Psi_{1(^1\Sigma_g^+)}^{[C]}(\vec{r}_1, \vec{r}_2) + \lambda\,\Psi_{1(^1\Sigma_g^+)}^{[I]}(\vec{r}_1, \vec{r}_2) \qquad (18.32)$$

También se pueden mejorar los resultados empleando funciones de onda atómicas modificadas por la presencia del otro átomo, en lugar de las de los átomos aislados (ϕ_{1s}), o empleando funciones de onda moleculares con una dependencia explícita en la separación entre los electrones, para tener en cuenta su repulsión coulombiana en la propia función de onda además de en el hamiltoniano. Además, en la teoría de orbitales moleculares se pueden mejorar los resultados incorporando en la función de onda una mezcla de configuraciones electrónicas, por ejemplo la del estado fundamental y la de un estado excitado a través de un parámetro variacional, como en la siguiente combinación de 18.24 y 18.27:

$$\Psi_{1,4(^1\Sigma_g^+)}(\vec{r}_1,\vec{r}_2;\lambda) = \left[\psi_{1\sigma_g}(\vec{r}_1)\,\psi_{1\sigma_g}(\vec{r}_2) + \lambda\,\psi_{1\sigma_u}(\vec{r}_1)\,\psi_{1\sigma_u}(\vec{r}_2)\right] \Xi^{\mathbb{S}} \qquad (18.33)$$

18.5. Teoría del enlace de valencia general

En la teoría del enlace de valencia los electrones que contribuyen a los enlaces ocupan orbitales atómicos de cada uno de los dos átomos participantes, que solapan entre sí al formar el enlace. En general, se definen distintos tipos de enlace según los orbitales atómicos que se solapan y la posición relativa en que lo hacen. En los enlaces de tipo σ la densidad de probabilidad de los electrones se concentra entre los núcleos de los átomos enlazados, y surgen del solapamiento de orbitales atómicos con simetría esférica, de tipo s, o del solapamiento frontal (a lo largo de su eje de simetría) de orbitales atómicos sin simetría esférica como los de tipo p, d o los híbridos que se describirán a continuación. Por ejemplo, el solapamiento de los orbitales $1s$ de dos átomos de hidrógeno da lugar al enlace σ de la molécula H_2, descrito por la función de onda Ψ^+ de la ec. 18.17. En los enlaces de tipo π la densidad de probabilidad de los electrones se concentra por encima y por debajo de un plano que contiene los núcleos de los átomos enlazados, y surgen del solapamiento lateral (perpendicular a su eje de simetría) de orbitales atómicos sin simetría esférica.

En la teoría del enlace de valencia se contempla la posibilidad de que los orbitales de los electrones de valencia de un mismo átomo se combinen entre sí para formar *orbitales híbridos*, que a continuación participan en enlaces mediante solapamiento con orbitales puros o híbridos de otros átomos. Como paso previo a la hibridación, en algunos átomos los electrones de valencia son excitados a subcapas de mayor energía. En cualquier caso, la hibridación requiere una cierta cantidad de energía, que se recupera cuando se forman los enlaces.

La hibridación de tipo sp combina el orbital s con uno de los tres orbitales p, por ejemplo p_z (ec. 15.15), para producir los dos orbitales siguientes:

$$\phi_{[sp](1)}(\vec{r}) = \tfrac{1}{\sqrt{2}}\left[\phi_s(\vec{r}) + \phi_{p_z}(\vec{r})\right] \qquad (18.34)$$

$$\phi_{[sp](2)}(\vec{r}) = \tfrac{1}{\sqrt{2}}\left[\phi_s(\vec{r}) - \phi_{p_z}(\vec{r})\right] \qquad (18.35)$$

Estos orbitales se orientan en sentidos opuestos sobre una misma recta, formando entre ellos un ángulo de 180° y dando lugar a una geometría molecular lineal.

La hibridación de tipo sp^2 combina el orbital s con dos de los tres orbitales p, por ejemplo p_x y p_y (ecs. 15.13, 15.14), para producir los tres orbitales siguientes:

$$\phi_{[sp^2](1)}(\vec{r}) = \frac{1}{\sqrt{3}}\,\phi_s(\vec{r}) + \frac{\sqrt{2}}{\sqrt{3}}\,\phi_{p_y}(\vec{r}) \tag{18.36}$$

$$\phi_{[sp^2](2)}(\vec{r}) = \frac{1}{\sqrt{3}}\,\phi_s(\vec{r}) + \frac{1}{\sqrt{2}}\,\phi_{p_x}(\vec{r}) - \frac{1}{\sqrt{6}}\,\phi_{p_y}(\vec{r}) \tag{18.37}$$

$$\phi_{[sp^2](3)}(\vec{r}) = \frac{1}{\sqrt{3}}\,\phi_s(\vec{r}) - \frac{1}{\sqrt{2}}\,\phi_{p_x}(\vec{r}) - \frac{1}{\sqrt{6}}\,\phi_{p_y}(\vec{r}) \tag{18.38}$$

Estos orbitales se orientan hacia los vértices de un triángulo, formando entre ellos ángulos de 120° y dando lugar a una geometría molecular triangular plana.

La hibridación de tipo sp^3 combina el orbital s con los tres orbitales p (ecs. 15.13 - 15.15) para producir los cuatro orbitales siguientes:

$$\phi_{[sp^3](1)}(\vec{r}) = \frac{1}{2}\left[\phi_s(\vec{r}) + \phi_{p_x}(\vec{r}) + \phi_{p_y}(\vec{r}) + \phi_{p_z}(\vec{r})\right] \tag{18.39}$$

$$\phi_{[sp^3](2)}(\vec{r}) = \frac{1}{2}\left[\phi_s(\vec{r}) - \phi_{p_x}(\vec{r}) - \phi_{p_y}(\vec{r}) + \phi_{p_z}(\vec{r})\right] \tag{18.40}$$

$$\phi_{[sp^3](3)}(\vec{r}) = \frac{1}{2}\left[\phi_s(\vec{r}) - \phi_{p_x}(\vec{r}) + \phi_{p_y}(\vec{r}) - \phi_{p_z}(\vec{r})\right] \tag{18.41}$$

$$\phi_{[sp^3](4)}(\vec{r}) = \frac{1}{2}\left[\phi_s(\vec{r}) + \phi_{p_x}(\vec{r}) - \phi_{p_y}(\vec{r}) - \phi_{p_z}(\vec{r})\right] \tag{18.42}$$

Estos orbitales se orientan hacia los vértices de una pirámide de cuatro caras triangulares, formando entre ellos ángulos de 109,5° y dando lugar a una geometría molecular tetraédrica.

Ejemplo: Moléculas con hibridación

Un ejemplo de molécula con hibridación sp es el cloruro de berilio, $BeCl_2$, donde el átomo de berilio, con configuración fundamental en la capa más externa $2s^2$, se excita a la configuración $2s^1\,2p^1$ y de esta a la configuración de orbitales híbridos $2[sp]^2$, que representa dos electrones situados en orbitales híbridos $[sp]$, cada uno de los cuales forma un enlace de tipo σ con el orbital $3p$ de un átomo de cloro, orientados hacia lados opuestos de una recta (molécula lineal).

Otro ejemplo de hibridación sp es la molécula de etino (acetileno), $HC\equiv CH$, que tiene un enlace triple entre los dos átomos de carbono. En este caso los átomos de carbono pasan de la configuración fundamental $2s^2\,2p^2$ a la excitada $2s^1\,2p^3$ y de esta a la de orbitales híbridos $2[sp]^2\,2p^2$; a continuación, los dos orbitales híbridos forman enlaces de tipo σ con el orbital $1s$ de un átomo de hidrógeno y con un orbital $2[sp]$ del otro átomo de carbono, dispuestos en una recta. Los dos orbitales $2p$ no hibridados del átomo de carbono forman dos enlaces de tipo π con los del otro carbono, perpendiculares entre sí y a la recta de los enlaces híbridos, completando el triple enlace entre los carbonos.

Un ejemplo de molécula con hibridación sp^2 es el trifluoruro de boro, BF_3, donde el átomo de boro, con configuración fundamental en la capa más externa $2s^2\,2p^1$, se excita a la configuración $2s^1\,2p^2$ y de esta a la configuración de orbitales híbridos $2[sp^2]^3$, que representa tres electrones situados en orbitales híbridos $[sp^2]$, cada uno de los cuales forma un enlace de tipo σ con el orbital $2p$ de un átomo de flúor, orientados hacia los vértices de un triángulo regular (molécula plana).

Otro ejemplo de hibridación sp^2 es la molécula de eteno (etileno), $H_2C{=}CH_2$, que tiene un enlace doble entre los dos átomos de carbono. En este caso los átomos de carbono pasan de la configuración fundamental $2s^2\,2p^2$ a la excitada $2s^1\,2p^3$ y de esta a la de orbitales híbridos $2[sp^2]^3\,2p^1$; a continuación, los tres orbitales híbridos forman enlaces de tipo σ con los orbitales $1s$ de dos átomos de hidrógeno y con un orbital $2[sp^2]$ del otro átomo de carbono, dispuestos en un plano. El orbital $2p$ no hibridado del átomo de carbono forma un enlace de tipo π con el del otro carbono, perpendiculares al plano de los enlaces híbridos, completando el doble enlace entre los carbonos.

Un ejemplo de molécula con hibridación sp^3 es el metano, CH_4, donde el átomo de carbono, con configuración fundamental en la capa más externa $2s^2\,2p^2$, se excita a la configuración $2s^1\,2p^3$ y de esta a la configuración de orbitales híbridos $2[sp^3]^4$, que representa cuatro electrones situados en orbitales híbridos $[sp^3]$, cada uno de los cuales forma un enlace de tipo σ con el orbital $1s$ de un átomo de hidrógeno, orientados hacia los vértices de un tetraedro regular. En la molécula de amoniaco, NH_3, el átomo de nitrógeno pasa de la configuración $2s^2\,2p^3$ directamente a la $2[sp^3]^5$, que tiene un orbital híbrido completo con dos electrones, y los otros tres con un solo electrón forman enlaces σ con los orbitales $1s$ de tres átomos de hidrógeno. En la molécula de agua, H_2O, el átomo de oxígeno pasa de la configuración $2s^2\,2p^4$ directamente a la $2[sp^3]^6$, que tiene dos orbitales híbridos completos con dos electrones, y los otros dos con un solo electrón forman enlaces σ con los orbitales $1s$ de dos átomos de hidrógeno. En estas dos últimas moléculas, al contrario que en la de CH_4, los orbitales híbridos no son todos equivalentes, ya que algunos están completos con dos electrones del propio átomo hibridado, mientras que otros forman enlace con un átomo distinto, y por tanto los ángulos varían respecto al tetraedro regular ($107{,}8°$ en los enlaces $H{-}N{-}H$ del amoniaco y $104{,}5°$ en el enlace $H{-}O{-}H$ del agua).

Otro ejemplo de hibridación sp^3 es la molécula de etano, $H_3C{-}CH_3$, que tiene un enlace simple entre los dos átomos de carbono. En este caso los átomos de carbono pasan de la configuración fundamental $2s^2\,2p^2$ a la excitada $2s^1\,2p^3$ y de esta a la de orbitales híbridos $2[sp^3]^4$; a continuación, los cuatro orbitales híbridos forman enlaces de tipo σ con los orbitales $1s$ de tres átomos de hidrógeno y con un orbital $2[sp^3]$ del otro átomo de carbono, que es el enlace simple entre los carbonos.

18.6. Teoría de orbitales moleculares general

Los orbitales moleculares tienen una distribución de probabilidad que se extiende más allá de un solo átomo, encerrando dos o más de los núcleos que forman parte de la molécula. Estos orbitales se construyen como combinaciones lineales de orbitales atómicos (método LCAO, por sus siglas en inglés: *linear combination of atomic orbitals*). La combinación lineal de dos orbitales atómicos produce dos orbitales moleculares ortogonales. Por un lado, un *orbital enlazante*, que surge de la interferencia constructiva entre los orbitales atómicos, tiene menor energía (más negativa) que estos y su densidad de probabilidad se concentra entre los núcleos, contribuyendo a su ligadura. Por otro lado, un *orbital antienlazante*, que surge de la interferencia destructiva entre los orbitales atómicos, tiene mayor energía que estos y su densidad de probabilidad se concentra fuera de la región entre los núcleos (donde llega a anularse), es decir, en el lado de cada núcleo opuesto al otro núcleo.

Tanto los orbitales moleculares como los orbitales híbridos de la teoría del enlace de valencia (apdo. 18.5) surgen de combinaciones lineales entre orbitales atómicos, pero los primeros involucran orbitales de diferentes átomos de una molécula, y por tanto encierran más de un núcleo, mientras que los segundos involucran orbitales de distinto tipo de un mismo átomo, que se encuentra bajo la influencia de otro átomo con el que va a formar un enlace, y por tanto encierran un único núcleo, es decir, siguen siendo orbitales atómicos.

Dependiendo del tipo de orbitales atómicos implicados en la combinación lineal, los orbitales moleculares resultantes presentan diferentes simetrías. En los orbitales de tipo σ, tanto enlazantes (σ) como antienlazantes (σ^*), la densidad de probabilidad de los electrones se distribuye de forma simétrica en torno al eje internuclear, y corresponden a una proyección del momento angular orbital del electrón sobre ese eje $\lambda = 0$ (si el eje se alinea con la dirección z, entonces $\lambda = |m_l|$). Los dos electrones de este orbital forman un enlace de tipo σ, equivalente al que se define en la teoría del enlace de valencia. Este tipo de orbitales puede surgir de las combinaciones lineales de dos orbitales atómicos s:

$$\psi_{\sigma_{ss}}(\vec{r}_i) = \frac{1}{\sqrt{2}} \left[\phi_s(\vec{r}_{Ai}) + \phi_s(\vec{r}_{Bi}) \right] \tag{18.43}$$

$$\psi_{\sigma_{ss}^*}(\vec{r}_i) = \frac{1}{\sqrt{2}} \left[\phi_s(\vec{r}_{Ai}) - \phi_s(\vec{r}_{Bi}) \right] \tag{18.44}$$

Estos orbitales moleculares son los que aparecieron en la descripción de la molécula de hidrógeno (apdo. 18.4.2), pero allí se empleó la terminología gerade-ungerade, que hace referencia a su comportamiento bajo inversión respecto al centro de simetría en moléculas homonucleares: el enlazante $\psi_{\sigma_{ss}}$ corresponde a $\psi_{1\sigma_g}$ (ec. 18.22) y el antienlazante $\psi_{\sigma_{ss}^*}$ corresponde $\psi_{1\sigma_u}$ (ec. 18.23).

Los orbitales de tipo σ también pueden surgir de las combinaciones lineales de dos orbitales atómicos p con ejes de simetría alineados con el eje internuclear (situado, por ejemplo, en la dirección z):

$$\psi_{\sigma_{pp}}(\vec{r}_i) = \frac{1}{\sqrt{2}} \left[\phi_{p_z}(\vec{r}_{Ai}) - \phi_{p_z}(\vec{r}_{Bi}) \right] \tag{18.45}$$

$$\psi_{\sigma_{pp}^*}(\vec{r}_i) = \frac{1}{\sqrt{2}} \left[\phi_{p_z}(\vec{r}_{Ai}) + \phi_{p_z}(\vec{r}_{Bi}) \right] \tag{18.46}$$

En este caso, al contrario que para dos orbitales s, la combinación lineal con signo menos es la que produce el orbital enlazante, ya que las amplitudes de probabilidad de las regiones que solapan tienen signo opuesto.

También pueden formarse orbitales σ mediante combinaciones lineales de un orbital atómico s y uno p con eje de simetría alineado con el eje internuclear:

$$\psi_{\sigma_{sp}}(\vec{r}_i) = \frac{1}{\sqrt{2}} \left[\phi_s(\vec{r}_{Ai}) + \phi_{p_z}(\vec{r}_{Bi}) \right] \tag{18.47}$$

$$\psi_{\sigma_{sp}^*}(\vec{r}_i) = \frac{1}{\sqrt{2}} \left[\phi_s(\vec{r}_{Ai}) - \phi_{p_z}(\vec{r}_{Bi}) \right] \tag{18.48}$$

En los orbitales de tipo π, tanto enlazantes (π) como antienlazantes (π^*), la densidad de probabilidad de los electrones se concentra por encima y por debajo del eje internuclear (existe un plano nodal, con densidad nula, que pasa por ese eje), y corresponden a una proyección del momento angular orbital del electrón sobre el eje internuclear $\lambda = 1$. Los dos electrones de este orbital forman un enlace de tipo π, equivalente al que se define en la teoría del enlace de valencia. Estos orbitales pueden surgir de las combinaciones lineales de dos orbitales atómicos p con ejes de simetría perpendiculares al eje internuclear:

$$\psi_{\pi_{pp}}(\vec{r}_i) = \tfrac{1}{\sqrt{2}} \left[\phi_{p_{x,y}}(\vec{r}_{Ai}) + \phi_{p_{x,y}}(\vec{r}_{Bi}) \right] \tag{18.49}$$

$$\psi_{\pi_{pp}^*}(\vec{r}_i) = \tfrac{1}{\sqrt{2}} \left[\phi_{p_{x,y}}(\vec{r}_{Ai}) - \phi_{p_{x,y}}(\vec{r}_{Bi}) \right] \tag{18.50}$$

Los orbitales moleculares de tipo σ y π también pueden formarse a partir de orbitales atómicos d o f, y estos últimos también pueden dar lugar en casos excepcionales a orbitales moleculares de tipo δ, con $\lambda = 2$, o de tipo ϕ, con $\lambda = 3$, respectivamente.

Solo es necesario construir los orbitales moleculares que provienen de orbitales atómicos próximos en energía y que solapan significativamente. Por ejemplo, en una molécula diatómica homonuclear generalmente no se combinan orbitales atómicos con distinto número cuántico principal (p. ej., $1s$ y $2s$) o los que se orientan en direcciones distintas (p. ej., $2p_x$ y $2p_y$). Estos orbitales apenas se modifican al aproximarse los dos átomos, y sus combinaciones reciben el nombre de *orbitales no enlazantes*, que ni favorecen ni obstaculizan los enlaces. Por ejemplo, en una molécula diatómica heteronuclear como el cloruro de hidrógeno, HCl, el orbital $1s$ del hidrógeno solo solapa significativamente con el orbital $3p$ del cloro orientado a lo largo del eje internuclear, dando lugar a los orbitales moleculares σ_{1s3p} y σ_{1s3p}^*, de los cuales solo se ocupa el primero con dos electrones. El resto de orbitales ocupados del cloro apenas se ven afectados por la proximidad del hidrógeno y se comportan como orbitales no enlazantes.

Una vez formados los orbitales moleculares se distribuyen en ellos todos los electrones de la molécula atendiendo al principio de exclusión, lo que determina la configuración electrónica molecular. Los orbitales moleculares para moléculas diatómicas formadas por átomos iguales o de Z similar son, en orden creciente de energía (de más a menos ligado)[53]: σ_{1s1s}, σ_{1s1s}^*, σ_{2s2s}, σ_{2s2s}^*, π_{2p2p}, σ_{2p2p}, π_{2p2p}^*, σ_{2p2p}^*. La estabilidad de un enlace en esta teoría se puede cuantificar mediante el *orden de enlace*, que es la diferencia entre el número de electrones en orbitales moleculares enlazantes y el número de electrones en orbitales moleculares antienlazantes, dividido entre dos. Un orden de enlace cero o negativo es un indicio de que la molécula

---

[53]Los orbitales σ_{2p2p} deberían estar más ligados que los π_{2p2p}, pero los orbitales completos σ_{1s1s} y σ_{2s2s} acumulan una alta densidad electrónica en la misma región que el orbital σ_{2p2p} (entre ambos núcleos), causando una repulsión coulombiana que aumenta la energía de este último por encima de la del orbital π_{2p2p}. Conforme aumenta la carga nuclear los orbitales atómicos s y p se alejan y el efecto disminuye, de modo que en las moléculas O_2 y F_2 cambia el orden y el orbital σ_{2p2p} está más ligado que el π_{2p2p}.

no existe o es muy inestable. Algunos ejemplos de configuraciones electrónicas moleculares en el estado fundamental (con el orden de enlace dado entre paréntesis) son: H_2^+: σ_{1s1s}^1 (0,5); H_2: σ_{1s1s}^2 (1); He_2^+: $\sigma_{1s1s}^2 \sigma_{1s1s}^{*1}$ (0,5); He_2: $\sigma_{1s1s}^2 \sigma_{1s1s}^{*2}$ (0); Li_2: $\sigma_{1s1s}^2 \sigma_{1s1s}^{*2} \sigma_{2s2s}^2$ (1); Be_2: $\sigma_{1s1s}^2 \sigma_{1s1s}^{*2} \sigma_{2s2s}^2 \sigma_{2s2s}^{*2}$ (0); B_2: $\sigma_{1s1s}^2 \sigma_{1s1s}^{*2} \sigma_{2s2s}^2 \sigma_{2s2s}^{*2} \pi_{2p2p}^2$ (1); C_2: $\sigma_{1s1s}^2 \sigma_{1s1s}^{*2} \sigma_{2s2s}^2 \sigma_{2s2s}^{*2} \pi_{2p2p}^4$ (2); N_2: $\sigma_{1s1s}^2 \sigma_{1s1s}^{*2} \sigma_{2s2s}^2 \sigma_{2s2s}^{*2} \pi_{2p2p}^4 \sigma_{2p2p}^2$ (3); O_2: $\sigma_{1s1s}^2 \sigma_{1s1s}^{*2} \sigma_{2s2s}^2 \sigma_{2s2s}^{*2} \sigma_{2p2p}^2 \pi_{2p2p}^4 \pi_{2p2p}^{*2}$ (2).

La parte espacial de la función de onda electrónica de la molécula se construye a partir del producto de los orbitales moleculares ocupados, con simetrización definida bajo intercambio de dos cualesquiera de los electrones, y se combina con una parte de espín acoplado, también con simetrización definida, para formar la función de onda electrónica completa de la molécula, que debe ser antisimétrica bajo intercambio de dos cualesquiera de sus electrones.

En la teoría de orbitales moleculares los niveles electrónicos en moléculas diatómicas vienen definidos por:

- El espín al que se acoplan los electrones, S. En orbitales moleculares cerrados (completos) el acoplamiento es $S = 0$.
- La proyección sobre el eje internuclear del momento angular orbital al que se acoplan los electrones, Λ. En orbitales moleculares cerrados (completos) el acoplamiento es $\Lambda = 0$.
- La paridad de la función de onda al invertir la posición de los núcleos respecto al centro de simetría en moléculas homonucleares (que contienen núcleos iguales): par (gerade, g) o impar (ungerade, u).
- La paridad de la función de onda al reflejar la molécula respecto a un plano que contiene los núcleos, en el caso de orbitales Σ ($\Lambda = 0$): par ($+$) o impar ($-$).

A partir de estos números cuánticos, los niveles electrónicos moleculares se identifican con la expresión $K\ ^{2S+1}\Lambda_{g,u}^{\pm}$, donde K son letras latinas mayúsculas para estados con el mismo valor de S que el fundamental y minúsculas para el resto, que se asignan por orden alfabético conforme crece la energía, aunque existen bastantes excepciones por razones históricas (la X se emplea para el estado fundamental); y donde Λ se indica en notación espectroscópica como letras griegas mayúsculas: Σ ($\Lambda = 0$), Π ($\Lambda = 1$), Δ ($\Lambda = 2$), Φ ($\Lambda = 3$), etc. El superíndice $+$ o $-$, que indica la paridad respecto al plano nuclear, solo aparece cuando $\Lambda = 0$, y el subíndice g o u, que indica la paridad respecto al centro de simetría de la molécula, solo aparece si esta lo tiene.

18.6.1. Moléculas poliatómicas y aproximación de Hückel

En una molécula poliatómica puede construirse un orbital molecular a partir de n de sus átomos como una combinación lineal arbitraria de orbitales atómicos ϕ_i de cada uno de ellos:

$$|\psi\rangle = \sum_{i=1}^{n} c_i |\phi_i\rangle \tag{18.51}$$

Este orbital molecular puede emplearse como función de onda de prueba en el método variacional siguiendo un procedimiento análogo, pero no idéntico, al del método de

Ritz (apdo. 7.3). En ese método se parte de una combinación lineal general de elementos de una base ortonormal (ec. 7.7), mientras que en este caso los orbitales atómicos no forman un conjunto ortogonal porque cada uno se refiere a un átomo distinto.

Aplicando el método variacional se calculan las cotas superiores a las energías y se minimizan respecto a las amplitudes c_i de la combinación lineal, que se toman como parámetros variacionales, obteniéndose el siguiente sistema de ecuaciones:

$$\sum_{j=1}^{n} c_j \left(\langle H_{k;j} \rangle - \widetilde{E}\, I_{k;j} \right) = 0 \tag{18.52}$$

con $k = \{1, 2, ..., n\}$, donde $\langle H_{k;j} \rangle = \langle \phi_k | H | \phi_j \rangle$ y $I_{k;j} = \langle \phi_k | \phi_j \rangle$. En forma matricial puede escribirse como:

$$\begin{pmatrix} \langle H_{1;1} \rangle - \widetilde{E}\, I_{1;1} & \langle H_{1;2} \rangle - \widetilde{E}\, I_{1;2} & \cdots & \langle H_{1;n} \rangle - \widetilde{E}\, I_{1;n} \\ \langle H_{2;1} \rangle - \widetilde{E}\, I_{2;1} & \langle H_{2;2} \rangle - \widetilde{E}\, I_{2;2} & \cdots & \langle H_{2;n} \rangle - \widetilde{E}\, I_{2;n} \\ \vdots & \vdots & \ddots & \vdots \\ \langle H_{n;1} \rangle - \widetilde{E}\, I_{n;1} & \langle H_{n;2} \rangle - \widetilde{E}\, I_{n;2} & \cdots & \langle H_{n;n} \rangle - \widetilde{E}\, I_{n;n} \end{pmatrix} \begin{pmatrix} c_1 \\ c_2 \\ \vdots \\ c_n \end{pmatrix} = \begin{pmatrix} 0 \\ 0 \\ \vdots \\ 0 \end{pmatrix}$$

$$\tag{18.53}$$

Este sistema homogéneo tiene soluciones no triviales para un conjunto de n valores de las cotas de energía, $\widetilde{E}^{[m]}$ con $m = \{1, 2, ..., n\}$, que anulan el determinante de la matriz de coeficientes. Para cada $\widetilde{E}^{[m]}$ la solución del sistema es un conjunto de valores $c_i^{[m]}$, con $i = \{1, 2, ..., n\}$, que determinan la combinación lineal de orbitales atómicos que define el orbital molecular (ec. 18.51).

En el caso de una molécula diatómica la matriz de coeficientes tiene dimensión dos. Empleando la notación $\langle H_{1;1} \rangle \equiv \alpha_1$, $\langle H_{2;2} \rangle \equiv \alpha_2$, $\langle H_{1;2} \rangle = \langle H_{2;1} \rangle \equiv \beta$, $I_{1;2} = I_{2;1} \equiv I$ y suponiendo orbitales atómicos normalizados, $I_{1;1} = I_{2;2} = 1$, los dos posibles valores de las cotas de energía, con notación $\widetilde{E}^{[1]} \equiv \widetilde{E}^+$ y $\widetilde{E}^{[2]} \equiv \widetilde{E}^-$, son:

$$\widetilde{E}^{\pm} = \frac{-2\beta\, I + (\alpha_1 + \alpha_2) \pm \sqrt{[2\beta\, I - (\alpha_1 + \alpha_2)]^2 - 4(1 - I^2)(\alpha_1 \alpha_2 - \beta^2)}}{2(1 - I^2)} \tag{18.54}$$

Si se supone un solapamiento despreciable entre los dos orbitales atómicos, $I \approx 0$, la ec. 18.54 se simplifica a:

$$\widetilde{E}^{\pm} \approx \frac{1}{2} \left[(\alpha_1 + \alpha_2) \pm (\alpha_1 - \alpha_2) \sqrt{1 + \left(\frac{2\beta}{\alpha_1 - \alpha_2} \right)^2} \right] \tag{18.55}$$

Si la molécula diatómica es homonuclear, como la de hidrógeno, se tiene $\alpha_1 = \alpha_2 = \alpha$ y la ec. 18.54 se reduce a:

$$\widetilde{E}^{\pm} = \frac{\alpha \pm \beta}{1 \pm I} \tag{18.56}$$

Para la separación internuclear de equilibrio, en la que $\beta < 0$, la energía más baja (más ligada) es $\widetilde{E}^+$ y corresponde a un orbital molecular enlazante, mientras que $\widetilde{E}^-$ corresponde a un orbital molecular antienlazante. Este resultado es el mismo que se obtuvo para la molécula de hidrógeno ionizada (apdo. 18.3), ya que se usaron funciones de onda análogas a las de los orbitales moleculares de la molécula de hidrógeno neutra (con la notación A y B para cada átomo, $\langle H_{A;A} \rangle = \langle H_{B;B} \rangle \equiv \alpha$ y $\langle H_{A;B} \rangle \equiv \beta$).

Si la molécula diatómica es heteronuclear, se tiene $\alpha_1 - \alpha_2 \approx E_1 - E_2$, donde E_1 y E_2 son las energías de los dos orbitales atómicos involucrados (ver expresión de $\langle H_{A;A} \rangle \equiv \alpha$ en la molécula de hidrógeno ionizada), que para los orbitales más externos corresponden aproximadamente a las energías de ionización de los átomos. Si la diferencia de energías es muy grande, y por tanto lo es $\alpha_1 - \alpha_2$, entonces las energías de los orbitales moleculares son muy parecidas a las de los orbitales atómicos, $\widetilde{E}^+ \approx \alpha_1$ y $\widetilde{E}^- \approx \alpha_2$, de manera que el efecto enlazante o antienlazante es despreciable (se trata de orbitales no enlazantes). Por otro lado, si el solapamiento entre los dos orbitales es pequeño, entonces también lo es en general β, y de nuevo se obtiene $\widetilde{E}^+ \approx \alpha_1$ y $\widetilde{E}^- \approx \alpha_2$. Estos argumentos explican por qué en los orbitales moleculares relevantes, es decir, con importante efecto enlazante o antienlazante, intervienen habitualmente solo orbitales atómicos de valencia: los orbitales internos de un átomo y los de valencia de otros suelen estar alejados en energía, y el solapamiento entre orbitales internos de distintos átomos es generalmente pequeño.

Para moléculas con muchos átomos (n grande), especialmente cuando son del mismo elemento, la resolución de la ec. 18.53 se puede simplificar introduciendo la *aproximación de Hückel*, en la que:

- Todas las integrales de solapamiento entre orbitales atómicos valen cero, $I_{k;j} = 0$ ($k \neq j$), y todas las integrales de norma de orbitales atómicos valen uno, $I_{k;k} = 1$.
- El valor esperado del hamiltoniano molecular toma el mismo valor en todos los orbitales atómicos, $\langle H_{k;k} \rangle = \alpha$.
- Los elementos de matriz del hamiltoniano molecular son iguales para toda pareja de orbitales atómicos adyacentes, $\langle H_{k;j} \rangle = \langle H_{j;k} \rangle = \beta$, donde los átomos k y j son contiguos en la molécula.
- Los elementos de matriz del hamiltoniano molecular son cero para toda pareja de orbitales atómicos no adyacentes, $\langle H_{k;j} \rangle = \langle H_{j;k} \rangle = 0$, donde los átomos k y j no son contiguos en la molécula, es decir, están unidos entre sí a través de otros átomos.

Con estas aproximaciones el sistema de ecuaciones 18.53 queda:

$$\begin{pmatrix} \alpha & \langle H_{1;2} \rangle & \cdots & \langle H_{1;n} \rangle \\ \langle H_{2;1} \rangle & \alpha & \cdots & \langle H_{2;n} \rangle \\ \vdots & \vdots & \ddots & \vdots \\ \langle H_{n;1} \rangle & \langle H_{n;2} \rangle & \cdots & \alpha \end{pmatrix} \begin{pmatrix} c_1 \\ c_2 \\ \vdots \\ c_n \end{pmatrix} = \widetilde{E} \begin{pmatrix} c_1 \\ c_2 \\ \vdots \\ c_n \end{pmatrix} \qquad (18.57)$$

donde los elementos de matriz que no se han remplazado, $\langle H_{k;j} \rangle$ con $k \neq j$, valen β o 0. Este sistema se puede resolver como un problema de autovalores, en el que las posibles cotas de energía, $\widetilde{E}^{[m]}$, se obtienen como los autovalores de la matriz de coeficientes del sistema, y las amplitudes de la combinación lineal que define cada orbital molecular, $c_i^{[m]}$, se obtienen como los coeficientes del autovector asociado a cada uno de los autovalores.

Demostración: Teoría de orbitales moleculares para una molécula poliatómica y aproximación de Hückel

Empleando como función de onda de prueba la combinación lineal general de orbitales atómicos $|\psi\rangle = \sum_{i=1}^{n} c_i |\phi_i\rangle$, el método variacional proporciona las siguientes cotas de energía:

$$\widetilde{E}(c_i) = \frac{\langle \psi(c_i)|H|\psi(c_i)\rangle}{\langle \psi(c_i)|\psi(c_i)\rangle} = \frac{\displaystyle\sum_{i=1}^{n}\sum_{j=1}^{n} c_i^* c_j \langle \phi_i|H|\phi_j\rangle}{\displaystyle\sum_{i=1}^{n}\sum_{j=1}^{n} c_i^* c_j \langle \phi_i|\phi_j\rangle} = \frac{\displaystyle\sum_{i=1}^{n}\sum_{j=1}^{n} c_i^* c_j \langle H_{i;j}\rangle}{\displaystyle\sum_{i=1}^{n}\sum_{j=1}^{n} c_i^* c_j I_{i;j}}$$

con $\langle H_{i;j}\rangle = \langle \phi_i|H|\phi_j\rangle$ y $I_{i;j} = \langle \phi_i|\phi_j\rangle$. Las derivadas de esta expresión respecto a los coeficientes complejo-conjugados c_k^* resultan:

$$\frac{\partial \widetilde{E}(c_i^*)}{\partial c_k^*} = \frac{\left(\displaystyle\sum_{j=1}^{n} c_j \langle H_{k;j}\rangle\right)\left(\displaystyle\sum_{i=1}^{n}\sum_{j=1}^{n} c_i^* c_j I_{i;j}\right) - \left(\displaystyle\sum_{i=1}^{n}\sum_{j=1}^{n} c_i^* c_j \langle H_{i;j}\rangle\right) c_j I_{k;j}}{\left(\displaystyle\sum_{i=1}^{n}\sum_{j=1}^{n} c_i^* c_j I_{i;j}\right)^2}$$

$$= \frac{\displaystyle\sum_{j=1}^{n} c_j \langle H_{k;j}\rangle - \widetilde{E} c_j I_{k;j}}{\displaystyle\sum_{i=1}^{n}\sum_{j=1}^{n} c_i^* c_j I_{i;j}}$$

donde se ha sustituido la expresión para $\widetilde{E}$ en el último paso. En los mínimos de la función $\widetilde{E}(c_i)$ su derivada, en particular su numerador, tiene que anularse, de donde:

$$\frac{\partial \widetilde{E}(c_i^*)}{\partial c_k^*} \equiv 0 \qquad \Rightarrow \qquad \sum_{j=1}^{n} c_j \left(\langle H_{k;j}\rangle - \widetilde{E} I_{k;j}\right) = 0$$

cuya forma matricial es la ec. 18.53. Para que este sistema de n ecuaciones tenga soluciones no triviales, es decir, para que las incógnitas c_j no sean todas iguales a cero, es necesario que el rango de la matriz de coeficientes del sistema sea menor que su dimensión n, lo que implica que su determinante tiene que ser cero. Esto solo se cumple para un cierto conjunto de n valores de $\widetilde{E}$, $\widetilde{E}^{[m]}$ con $m = \{1, 2, ..., n\}$.

En el caso de una molécula diatómica la ecuación matricial se reduce a:

$$\begin{pmatrix} \langle H_{1;1} \rangle - \widetilde{E} \, I_{1;1} & \langle H_{1;2} \rangle - \widetilde{E} \, I_{1;2} \\ \langle H_{2;1} \rangle - \widetilde{E} \, I_{2;1} & \langle H_{2;2} \rangle - \widetilde{E} \, I_{2;2} \end{pmatrix} \begin{pmatrix} c_1 \\ c_2 \end{pmatrix} = \begin{pmatrix} 0 \\ 0 \end{pmatrix}$$

Renombrando $\langle H_{1;1} \rangle = \alpha_1$, $\langle H_{2;2} \rangle = \alpha_2$, $\langle H_{1;2} \rangle = \langle H_{2;1} \rangle = \beta$, $I_{1;2} = I_{2;1} = I$ y suponiendo los orbitales atómicos normalizados, $I_{1;1} = I_{2;2} = 1$, el sistema queda:

$$\begin{pmatrix} \alpha_1 - \widetilde{E} & \beta - \widetilde{E} \, I \\ \beta - \widetilde{E} \, I & \alpha_2 - \widetilde{E} \end{pmatrix} \begin{pmatrix} c_1 \\ c_2 \end{pmatrix} = \begin{pmatrix} 0 \\ 0 \end{pmatrix}$$

La condición de anulación del determinante de la matriz de coeficientes proporciona:

$$\begin{vmatrix} \alpha_1 - \widetilde{E} & \beta - \widetilde{E} \, I \\ \beta - \widetilde{E} \, I & \alpha_2 - \widetilde{E} \end{vmatrix} = 0 \quad \Rightarrow \quad (\alpha_1 - \widetilde{E})(\alpha_2 - \widetilde{E}) - (\beta - \widetilde{E} \, I)^2 = 0$$

cuyas soluciones son los dos valores $\widetilde{E}^{\pm}$ de la ec. 18.54.

En la aproximación de Hückel todas las integrales de solapamiento valen cero, $I_{k;j} = 0$ ($k \neq j$), y todas las integrales de norma valen uno, $I_{k;k} = 1$, de manera que la ecuación matricial, con $\langle H_{k;k} \rangle = \alpha$, toma la forma de la ec. 18.57. Los posibles valores de $\widetilde{E}$, $\widetilde{E}^{[m]}$, son en este caso los autovalores de la matriz de coeficientes, y los coeficientes del autovector asociado a cada uno de ellos, $c_i^{[m]}$, son las amplitudes de las combinaciones lineales de orbitales atómicos que definen cada orbital molecular.

Ejemplo: Orbitales moleculares en aproximación de Hückel para las moléculas de eteno y benceno

En la molécula de eteno, $H_2C=CH_2$, uno de los enlaces entre los átomos de carbono puede describirse mediante un orbital molecular construido con los orbitales p no hibridados de esos dos átomos, que puede analizarse en aproximación de Hückel, aunque en este caso tan sencillo no sería necesario. Indicando los orbitales p de cada carbono como 1 y 2, los valores esperados del hamiltoniano molecular son $\langle H_{1;1} \rangle = \langle H_{2;2} \rangle = \alpha$, ya que los dos átomos son iguales, y los elementos de matriz son $\langle H_{1;2} \rangle = \langle H_{2;1} \rangle = \beta$, ya que los dos átomos son contiguos. El sistema de ecuaciones 18.57 queda:

$$\begin{pmatrix} \alpha & \beta \\ \beta & \alpha \end{pmatrix} \begin{pmatrix} c_1 \\ c_2 \end{pmatrix} = \widetilde{E} \begin{pmatrix} c_1 \\ c_2 \end{pmatrix}$$

Los autovalores de la matriz de coeficientes del sistema (primera matriz de la izquierda), son $\widetilde{E}^{[1]} = \alpha + \beta$ y $\widetilde{E}^{[2]} = \alpha - \beta$, que están asociados a los autovectores de coordenadas $\left(c_1^{[1]} \; c_2^{[1]} \right) = (1/\sqrt{2} \; 1/\sqrt{2})$ y $\left(c_1^{[2]} \; c_2^{[2]} \right) = (1/\sqrt{2} \; -1/\sqrt{2})$, respectivamente. De aquí se deduce que los dos orbitales p pueden formar los dos orbitales moleculares siguientes (de tipo π, ecs. 18.49 y 18.50):

$$\psi^{[1]}(\vec{r}) = \frac{1}{\sqrt{2}} \left[\phi_p(\vec{r}_A) + \phi_p(\vec{r}_B) \right]$$
$$\psi^{[2]}(\vec{r}) = \frac{1}{\sqrt{2}} \left[\phi_p(\vec{r}_A) - \phi_p(\vec{r}_B) \right]$$

donde los átomos (o sus núcleos) 1 y 2 se han indicado aquí como A y B, siguiendo la notación usada para los orbitales moleculares de H_2 en el apdo. 18.4.2 y de otras moléculas diatómicas en el apdo. 18.6. Las correspondientes cotas de energía son $\widetilde{E}^{[1]} = \alpha + \beta$ y $\widetilde{E}^{[2]} = \alpha - \beta$, respectivamente, siendo la primera de ellas la más baja, porque β toma valores negativos en la estructura de equilibrio de la molécula. En la configuración fundamental los dos electrones procedentes de los orbitales atómicos p se sitúan en el orbital molecular $\Psi^{[1]}$, que constituye el segundo enlace entre los dos carbonos, y la cota de energía total resultante es $\widetilde{E}_T = 2\widetilde{E}^{[1]} = 2\alpha + 2\beta$.

En la molécula de benceno, C_6H_6, cada átomo de carbono tiene, como en el eteno, tres orbitales híbridos sp^2, dos de los cuales forman enlaces σ con sendos átomos de carbono, dando lugar a una cadena cerrada hexagonal denominada anillo bencénico. Además, cada carbono mantiene un orbital p no hibridado que se sitúa en perpendicular al plano del anillo. Estos seis orbitales p podrían combinarse dos a dos entre parejas de carbonos contiguos para formar orbitales moleculares π localizados, quedando en la cadena tres enlaces simples σ y tres enlaces dobles σ y π, dispuestos alternativamente. Sin embargo, resulta energéticamente favorable la formación de *orbitales moleculares deslocalizados* (enlace aromático), que se extienden a toda la molécula porque provienen de la combinación de los orbitales p de los seis carbonos. Para obtenerlos se puede emplear la aproximación de Hückel, teniendo en cuenta que en esta molécula los orbitales atómicos adyacentes son los de los carbonos 1 y 2, 2 y 3, 3 y 4, 4 y 5, 5 y 6, y también 6 y 1, ya que la cadena está cerrada formando un anillo. Así, los elementos de matriz del hamiltoniano molecular son $\langle H_{1;2} \rangle = \langle H_{2;3} \rangle = \langle H_{3;4} \rangle = \langle H_{4;5} \rangle = \langle H_{5;6} \rangle = \langle H_{6;1} \rangle = \beta$, recordando además que $\langle H_{k;j} \rangle = \langle H_{j;k} \rangle$, y todos los demás son cero. El sistema de ecuaciones 18.57

queda en este caso:

$$
\begin{pmatrix}
\alpha & \beta & 0 & 0 & 0 & \beta \\
\beta & \alpha & \beta & 0 & 0 & 0 \\
0 & \beta & \alpha & \beta & 0 & 0 \\
0 & 0 & \beta & \alpha & \beta & 0 \\
0 & 0 & 0 & \beta & \alpha & \beta \\
\beta & 0 & 0 & 0 & \beta & \alpha
\end{pmatrix}
\begin{pmatrix}
c_1 \\ c_2 \\ c_3 \\ c_4 \\ c_5 \\ c_6
\end{pmatrix}
= \widetilde{E}
\begin{pmatrix}
c_1 \\ c_2 \\ c_3 \\ c_4 \\ c_5 \\ c_6
\end{pmatrix}
$$

Los autovalores de la matriz de coeficientes del sistema son las cotas de energía, y para la disposición molecular en la que $\beta < 0$ el orden creciente de energía (de más a menos ligado) es: $\widetilde{E}^{[1]} = \alpha + 2\beta$, $\widetilde{E}^{[2]} = \widetilde{E}^{[3]} = \alpha + \beta$, $\widetilde{E}^{[4]} = \widetilde{E}^{[5]} = \alpha - \beta$ y $\widetilde{E}^{[6]} = \alpha - 2\beta$. En la configuración electrónica molecular fundamental los seis electrones procedentes de los orbitales atómicos p se sitúan en los orbitales $\psi^{[1]}$, $\psi^{[2]}$ y $\psi^{[3]}$, dos en cada uno de ellos, dando lugar a la cota de energía total:

$$
E_T = 2\widetilde{E}^{[1]} + 2\widetilde{E}^{[2]} + 2\widetilde{E}^{[3]} = 2(\alpha + 2\beta) + 2(\alpha + \beta) + 2(\alpha + \beta) = 6\alpha + 8\beta
$$

En el caso de los tres orbitales π localizados comentados antes, que tendrían cada uno de ellos la energía que se obtuvo en el ejemplo del eteno, $2\alpha + 2\beta$, la energía total sería $6\alpha + 6\beta$. Se deduce entonces que la deslocalización de los orbitales moleculares obtenida mediante la combinación de los seis orbitales p de los carbonos en el benceno reduce la energía una cantidad $2|\beta|$.

18.7. Valencia

La *capa de valencia* es el conjunto de orbitales que contienen los electrones más externos y menos ligados de un átomo, denominados *electrones de valencia*, que son susceptibles de formar enlaces químicos con otros átomos cuando son transferidos (en los enlaces iónicos) o compartidos (en los enlaces covalentes). La capa de valencia en los elementos de los grupos principales (grupos 1 y 2 y 13 a 18 de la tabla periódica) contiene las subcapas νs y νp, en los elementos de transición (grupos 3 a 12) se añade la subcapa $(\nu - 1)d$, y en los elementos de transición interna se añade además la subcapa $(\nu - 2)f$, donde ν es en todos los casos el periodo (fila) de la tabla periódica en que se encuentra el elemento (apdo. 17.3).

La *valencia* de un átomo expresa su capacidad de combinación para formar moléculas, y puede definirse como el número máximo de átomos de hidrógeno (o de otro elemento con valencia uno) con los que puede formar un enlace químico. Se puede distinguir entre una valencia para enlaces iónicos y una valencia para enlaces covalentes, pero ambas están relacionadas con la configuración o con los acoplamientos de los momentos angulares de los electrones en la capa de valencia del átomo.

La *valencia iónica* o *electrovalencia* de un elemento es el número de electrones que el átomo puede ceder o capturar con facilidad, que depende de su configuración electrónica (apdo. 17.3), y que para el primer electrón cedido o capturado se cuantifica mediante la energía de ionización o la afinidad electrónica del átomo, respectivamente (apdo. 17.4). El valor máximo de esta valencia corresponde al número de electrones fuera de capa cerrada, es decir, al número de electrones de valencia, o bien al número de electrones que faltan para completar la capa. Los elementos que ceden más fácilmente electrones son los del grupo 1 (configuración s^1), con valencia iónica 1; los del grupo 2 (s^2), con valencia iónica 2, o 1 en algunos compuestos; y los del grupo 13 (s^2p^1), con valencia 3, o 2 o 1 en algunos compuestos. Los elementos que capturan más fácilmente electrones son los del grupo 17 (s^2p^5), con valencia 1; y los del grupo 16 (s^2p^4), con valencia 2, o 1 en algunos compuestos.

La *valencia covalente* o *covalencia* de un elemento puede asociarse al número de electrones de valencia *desapareados*, que son los que tienen sus espines alineados (con el mismo valor del número cuántico de tercera componente de espín, m_s) y por tanto están disponibles para formar acoplamientos singlete (a espín total $S = 0$) con electrones desapareados de otros átomos en orbitales enlazantes. Así ocurre, por ejemplo, en el orbital $\Psi^+(\vec{r}_1,\vec{r}_2)$ de la molécula de hidrógeno (ec. 18.17), cuya parte de espín singlete $\Xi^\mathbb{S}$ surge del acoplamiento entre los electrones desapareados (trivialmente, por ser únicos) de los dos átomos de hidrógeno. En un nivel atómico con número cuántico de espín acoplado S (apdo. 17.6), el valor máximo de $|M_S|$ es S, que se alcanza cuando se alinean los espines de $2S$ electrones, es decir, el número máximo de electrones desapareados es $2S$. Normalmente los átomos establecen enlaces cuando se encuentran en su nivel fundamental o en un excitado de baja energía. Los elementos del grupo 1, con un solo electrón de valencia que da lugar al nivel fundamental $^2S_{1/2}$ ($S = 1/2$), tienen valencia covalente 1 y la parte de espín de su función de onda es $|\uparrow\rangle$ o $|\downarrow\rangle$. Los del grupo 2, con nivel fundamental $^1S_0$ ($S = 0$), tendrían valencia 0, pero presentan niveles excitados de baja energía ^3P ($S = 1$) que les permiten actuar con valencia 2; en este último caso la parte de espín acoplado de su función de onda es $|\uparrow\uparrow\rangle$ o $|\downarrow\downarrow\rangle$ (ecs. 4.63 y 4.65). Los del grupo 13, con nivel fundamental $^2P_{1/2}$ ($S = 1/2$), tienen valencia 1, pero presentan niveles excitados de baja energía ^4P ($S = 3/2$) que les permiten actuar también con valencia 3; en este último caso la parte de espín acoplado de su función de onda es $|\uparrow\uparrow\uparrow\rangle$ o $|\downarrow\downarrow\downarrow\rangle$ (ecs. 10.7 y 10.10, usadas en aquel contexto para el acoplamiento de tres quarks). Los del grupo 14, con nivel fundamental $^3P_0$ ($S = 1$), tienen valencia 2, pero presentan un nivel excitado de baja energía $^5S_2$ ($S = 2$) que les permite actuar también con valencia 4.

En la tabla 18.1 se recogen las valencias iónicas y covalentes de los grupos principales que se deducen de los argumentos simplificados expuestos.

Como regla general, las combinaciones químicas más estables de los elementos son aquellas en las que el átomo queda con sus subcapas externas completas (apdo. 17.5). Para conseguirlo, los enlaces pueden añadir electrones al átomo, ya sea por captura o por compartición, hasta completar su capa de valencia inicial, o bien retirar electrones, ya sea por cesión o por compartición, hasta vaciar su capa de valencia inicial y dejar la inmediatamente inferior, que estaba completa, como nueva capa de

Tabla 18.1. Configuración electrónica fundamental de la capa de valencia, nivel atómico fundamental y algunas valencias iónicas y covalentes de los elementos de los grupos principales de la tabla periódica

	Grupo 1	Grupo 2	Grupo 13	Grupo 14
Configuración fund.	s^1	s^2	$s^2 p^1$	$s^2 p^2$
Nivel fund.	$^2 S_{1/2}$	$^1 S_0$	$^2 P_{1/2}$	$^3 P_0$
Valencias iónicas	1	1, 2	1, 2, 3	1, 2, 3, 4
Valencias covalentes	1	2	1, 3	2, 4

	Grupo 15	Grupo 16	Grupo 17	Grupo 18
Config. fund.	$s^2 p^3$	$s^2 p^4$	$s^2 p^5$	$s^2 p^6$
Nivel fund.	$^4 S_{3/2}$	$^3 P_2$	$^2 P_{3/2}$	$^1 S_0$
Valencias iónicas	1, 2, 3	1, 2	1	0
Valencias covalentes	1, 3, 5	2, 4, 6	1, 3, 5, 7	0

valencia. Los elementos de los grupos principales completan su capa de valencia con 8 electrones que se disponen en la configuración de gas noble $\nu s^2 \, \nu p^6$ (excepto para hidrógeno y helio, que es $1s^2$), lo que se conoce como *regla del octete*; los elementos de transición lo hacen con 18 electrones en la configuración $(\nu - 1)d^{10} \, \nu s^2 \, \nu p^6$, y los elementos de transición interna lo hacen con 32 electrones en la configuración $(\nu - 2)f^{14} \, (\nu - 1)d^{10} \, \nu s^2 \, \nu p^6$.

Algunos elementos presentan valencias covalentes que excederían los 8 electrones en la capa de valencia $\nu s \, \nu p$, lo que se denomina *octete expandido*. Este hecho puede deberse a la inclusión en la capa de valencia de la subcapa νd y a la formación con ella de orbitales híbridos $[sp^3 d^{\xi}]$, análogos a los descritos en el apdo. 18.5, cuya disposición espacial es compatible con algunas geometrías moleculares conocidas[54]. Una interpretación alternativa que permite mantener la regla del octete original consiste en considerar la formación de enlaces tanto covalentes como iónicos entre diferentes átomos o grupos de ellos dentro de la misma molécula[55].

---

[54] La hibridación de tipo $sp^3 d$, aplicable p. ej. a la molécula de tricloruro de fósforo PCl$_3$, produce una geometría bipiramidal trigonal; la hibridación de tipo $sp^3 d^2$, aplicable p. ej. a la molécula de hexafluoruro de azufre SF$_6$, produce una geometría octaédrica; y la hibridación de tipo $sp^3 d^3$, aplicable p. ej. a la molécula de heptafluoruro de yodo IF$_7$, produce una geometría bipiramidal pentagonal.

[55] Por ejemplo, la molécula SF$_6$, cuya estructura es atribuible a la hibridación $sp^3 d^2$, puede interpretarse también como la molécula covalente doblemente ionizada (SF$_4$)$^{2+}$ unida mediante enlace iónico con dos aniones de flúor, F$^-$. En (SF$_4$)$^{2+}$ se cumple la regla del octete, ya que los cuatro átomos de F, del grupo 17, comparten cada uno una pareja de electrones con el ion S^{2+}, con configuración análoga a la del grupo 14, de manera que todos los átomos adquieren ocho electrones en su capa de valencia. El carácter iónico se distribuye por igual entre todos los enlaces S-F de la molécula mediante una combinación lineal de estructuras resonantes.

18.8. Reacciones químicas

En las reacciones químicas un conjunto de moléculas o átomos, los *reactivos*, se transforma en un conjunto distinto, los *productos*, mediante la ruptura y formación de enlaces químicos. Todas las reacciones químicas pueden describirse en términos de transferencia total o parcial de electrones, individualmente o emparejados, entre los átomos participantes, lo que implica una redistribución de las densidades de probabilidad electrónica.

La energía liberada en una reacción química puede calcularse de la misma manera que en el caso de reacciones entre partículas (ec. 9.12) o entre núcleos (ec. 12.8) como el equivalente en energía de la diferencia entre la masa de los átomos y moléculas iniciales y la masa de los átomos y moléculas finales:

$$Q = \left(\sum_i m_i - \sum_f m_f \right) c^2 \tag{18.58}$$

Si este valor es positivo, la reacción química es energéticamente favorable, y si es negativo, no lo es. Sin embargo, este procedimiento no resulta práctico porque las únicas energías que cambian al romperse y formarse enlaces químicos son las de ligadura de los electrones, que son muy pequeñas en comparación con la energía equivalente de las masas de los electrones y de los núcleos, que no varían en una reacción química porque no se crean ni destruyen partículas ni se transforman núcleos. Lo habitual en química es definir para cada sustancia una energía de formación tomando como referencia (energía cero) la que tienen sus elementos constituyentes en su forma más estable en condiciones fijas de presión y temperatura[56].

Ejemplo: Energías de ligadura y liberada en una reacción química de hidrógeno

En el átomo de hidrógeno, la masa de sus constituyentes es:
$m_p + m_e = 938272088{,}16 \text{ eV}/c^2 + 510998{,}95 \text{ eV}/c^2 = 938783087{,}11 \text{ eV}/c^2$.
La masa del átomo en el estado fundamental se obtiene añadiendo la masa equivalente a la energía de ligadura (negativa) del sistema:
$m(\text{H}) = m_p + m_e - b(\text{H})/c^2 = 938783087{,}11 \text{ eV}/c^2 - 13{,}6 \text{ eV}/c^2 =$
$= 938783073{,}51 \text{ eV}/c^2$.
En la molécula de hidrógeno H_2, la masa de sus constituyentes es:
$2(m_p + m_e) = 1877566174{,}22 \text{ eV}/c^2$.

---

[56]También es habitual en química trabajar con sistemas que contienen grandes cantidades de sustancia, en lugar de con átomos y moléculas individuales que reaccionan de manera aislada, y para ello es útil definir su estado termodinámico mediante variables extensivas, que dependen de la cantidad de sustancia (como masa o volumen), y variables intensivas, que no dependen de la cantidad de sustancia y que solo tienen sentido en conjuntos de muchas partículas (como temperatura o presión). A partir de estas variables se definen potenciales termodinámicos, como la energía interna, la entalpía, la energía de Helmholtz o la energía de Gibbs, cuya variación en procesos que cumplen ciertas condiciones permite determinar si ocurren o no espontáneamente y obtener el trabajo (mecánico o de otro tipo) que realizan o el calor que liberan los sistemas.

La masa de la molécula en el estado fundamental se obtiene añadiendo la masa equivalente a la energía de ligadura (negativa) del sistema. En este ejemplo se tomará la cota obtenida en el apdo. 18.4.1 ($\widetilde{E}^+(R_0) = -30{,}4$ eV), resultando:
$m(H_2) = 2(m_p + m_e) - b(H_2)/c^2 \approx 1877566174{,}22 \text{ eV}/c^2 - 30{,}4 \text{ eV}/c^2 =$
$= 1877566143{,}82 \text{ eV}/c^2$.

La energía liberada en la reacción química $H + H \to H_2$ es entonces:
$Q = [2m(H) - m(H_2)] c^2 \approx 2 \cdot 938783073{,}51 \text{ eV} - 1877566143{,}82 \text{ eV} = 3{,}20 \text{ eV}$.
Este mismo resultado se puede obtener también como:
$Q = 2[-b(H)] - [-b(H_2)] \approx 2(-13{,}6 \text{ eV}) - (-30{,}4 \text{ eV}) = 3{,}20 \text{ eV}$.
Este valor es la energía de disociación aproximada de la molécula H_2 que se obtuvo en el apdo. 18.4.1, que a su vez es la energía del enlace covalente entre los dos átomos de hidrógeno.

Se observa que las energías de ligadura en átomos y moléculas son un factor 10^8 - 10^9 más pequeñas que las energías equivalentes a las masas de las partículas constituyentes[a]. En las reacciones químicas, donde el tipo de partículas o núcleos, y por tanto sus masas, no cambian, resulta poco práctico trabajar con tantas cifras significativas cuando solo van a cambiar unas pocas de ellas (las próximas a las unidades si se usan eV).

---

[a]También son un factor 10^5 - 10^6 más pequeñas que las energías de ligadura nucleares. En el átomo de deuterio (^2H), la energía de ligadura entre el protón y el neutrón en el núcleo es -2224575 eV, mientras que la energía de ligadura entre el electrón y el núcleo es $-13{,}6$ eV.

Según el tipo de enlace químico establecido y el origen de los electrones que lo forman, las reacciones químicas pueden clasificarse a grandes rasgos en alguno de los cuatro tipos siguientes:

- *Reacciones ácido-base* (de Lewis), que consisten en la ruptura y/o formación de *enlaces covalentes dativos* por compartición de una pareja de electrones que es aportada por una sola de las especies químicas (átomo o molécula) participantes (en los enlaces covalentes usuales cada especie aporta uno de los electrones de la pareja compartida). La especie que aporta la pareja de electrones es una *base de Lewis* y la especie que la acepta es un *ácido de Lewis*[57]; la especie resultante del enlace no tiene carácter ácido ni básico y se denomina *aducto* o *complejo*.
- *Reacciones de precipitación*, que consisten en la ruptura y/o formación de enlaces covalentes dativos polares, con marcado carácter iónico, por compartición de una pareja de electrones que es aportada por una sola de las especies participantes. Se trata por tanto de reacciones similares a las de ácido-base de Lewis,

---

[57]Las reacciones ácido-base se han definido tradicionalmente como procesos de transferencia de protones (átomos de hidrógeno ionizados), como en la teorías de Arrhenius o de Brønsted-Lowry, en las que los ácidos ceden protones y las bases los aceptan, y se define el pH como el logaritmo decimal de la inversa de la concentración de protones en disolución acuosa: pH = -log [H^+]. En la teoría de Lewis, el protón pasa de ser la entidad cedida por los ácidos a ser en sí mismo un ácido, ya que puede formar un enlace covalente dativo aceptando la pareja de electrones que aporta una base. Esta teoría, mucho más general, es aplicable a especies que no contienen hidrógeno.

pero entre especies con electronegatividades muy diferentes, de manera que la pareja de electrones permanece más tiempo en promedio cerca de la especie más electronegativa. Suelen producirse entre iones presentes en una disolución acuosa, que al combinarse forman una especie insoluble que precipita.

- *Reacciones entre radicales*, que consisten en la ruptura y/o formación de enlaces covalentes por compartición de una pareja de electrones a la que cada especie participante, que tiene un electrón desapareado y se denomina *radical*, contribuye con un electrón.

- *Reacciones de óxido-reducción* (*rédox*), que consisten en la ruptura y/o formación de enlaces iónicos, por transferencia completa de electrones, o de enlaces covalentes polares, por transferencia parcial de electrones, entre las especies participantes. La especie que cede electrones es un *agente reductor*, que se oxida, y la especie que capta electrones es un *agente oxidante*, que se reduce.

18.9. Fuerzas intermoleculares y redes

Entre moléculas o entre moléculas y átomos individuales pueden aparecer fuerzas atractivas que dan lugar a estados ligados, que son los *estados de agregación* de la materia como el gaseoso, el líquido o el sólido, que pueden extenderse hasta tamaños macroscópicos. En los gases, cuya densidad es baja, pueden identificarse las moléculas iónicas o covalentes individuales que se han tratado en este capítulo. En cambio, en líquidos y sólidos en ocasiones no es posible identificar moléculas individuales, o bien sus propiedades son diferentes a las de las moléculas aisladas, debido a la influencia de las moléculas del entorno, que se encuentran muy próximas.

18.9.1. Fuerzas intermoleculares y redes moleculares y covalentes

Entre moléculas covalentes y/o átomos, ambos neutros, pueden aparecer *fuerzas intermoleculares*, que habitualmente son más débiles que los enlaces químicos. Su intensidad está directamente relacionada con los puntos de fusión y ebullición de las sustancias formadas por estas especies, es decir, con la energía necesaria para pasar a los estados líquido y gaseoso, respectivamente, en los que la energía cinética de las moléculas contrarresta en cierta medida la atracción ejercida por las fuerzas intermoleculares. En los gases reales (no ideales) el efecto de las fuerzas intermoleculares es mucho más pequeño que en líquidos o sólidos, pero también existe.

Las fuerzas intermoleculares más importantes involucran interacciones entre momentos dipolares eléctricos, tanto permanentes (ec. 18.4) como instantáneos inducidos, y se denominan en general *fuerzas de Van der Waals*, que son de varios tipos:

- *Fuerzas de orientación* (*de Keesom*), que actúan entre dos moléculas polares, es decir, con momento dipolar eléctrico permanente. Pueden ser atractivas o repulsivas según la orientación relativa entre los dipolos, pero ambas contribuciones tienden a compensarse conforme aumenta la temperatura y con ello la energía cinética de rotación molecular. Los *enlaces* o *puentes de hidrógeno* son un tipo particularmente intenso de estas fuerzas, que se forman entre un átomo de hidrógeno en un enlace covalente polar (p. ej., $N-H$, $O-H$, $F-H$) de una molécula y un átomo muy electronegativo (p. ej., N, O, F) de otra (o de la misma) molécula.

- *Fuerzas de inducción o polarización (de Debye)*, siempre atractivas, que actúan entre una molécula polar y otra que no lo es, pero en la que se induce un momento dipolar eléctrico instantáneo por la influencia de la primera.
- *Fuerzas de dispersión (de London)*, siempre atractivas, que actúan entre dos moléculas no polares que se inducen mutuamente momentos dipolares eléctricos instantáneos.

Además de los tipos anteriores, a cortas distancias las fuerzas intermoleculares tienen siempre una componente repulsiva debida a las fuerzas de intercambio entre los electrones de las moléculas, al tratarse de fermiones indistinguibles.

La acción de una fuerza intermolecular isótropa o promediada en todas direcciones, fuertemente repulsiva a distancias cortas y atractiva a distancias intermedias, puede aproximarse mediante el *potencial de Lennard-Jones* o *potencial 12-6*:

$$V_{LJ}(r) = 4\varepsilon \left[\left(\frac{\sigma}{r} \right)^{12} - \left(\frac{\sigma}{r} \right)^{6} \right] \tag{18.59}$$

donde r es la distancia entre las moléculas o átomos neutros, σ es un parámetro que define la distancia a la que se anula el potencial y $-\varepsilon$ es el valor mínimo del potencial, que se alcanza en $r = 2^{1/6}\,\sigma$.

Las redes tridimensionales de moléculas covalentes ligadas mediante fuerzas intermoleculares son distintas de las *redes covalentes*, en las que la estructura tridimensional se mantiene mediante enlaces covalentes entre los átomos constituyentes, que son en general más fuertes que las fuerzas intermoleculares. En consecuencia, las sustancias que forman redes covalentes tienen elevados puntos de fusión y ebullición, son insolubles y de gran dureza en estado sólido (tabla 18.2).

Ejemplo: Redes moleculares y covalentes en diamante, cuarzo y grafito

El diamante está formado exclusivamente por carbono, C. Cada átomo de C presenta hibridación sp^3 y forma enlaces covalentes con otros cuatro átomos de C orientados hacia los vértices de un tetraedro (apdo. 18.5), creando una red covalente tridimensional.

El cuarzo está formado por silicio, Si, y oxígeno, O. Cada átomo de Si presenta hibridación sp^3 y forma enlaces covalentes con cuatro átomos de O orientados hacia los vértices de un tetraedro. Cada átomo de O, con valencia 2, forma a su vez un enlace covalente con otro átomo de Si, y así sucesivamente, creando una red covalente tridimensional. Como cada uno de los cuatro átomos de O es compartido entre dos átomos de Si, la proporción resultante en el cuarzo es 2 a 1, expresada en la fórmula química SiO_2. La molécula covalente aislada SiO_2, aunque tiene la misma fórmula química, contiene un enlace covalente doble (uno de tipo σ y otro de tipo π) entre el átomo de Si (con hibridación sp) y cada uno de los dos átomos de O.

El dióxido de azufre, SO_2, está formado por azufre, S, y oxígeno, O. Está formado por moléculas covalentes polares, ya que el O es más electronegativo que el S, y por tanto los electrones compartidos pasan en promedio más tiempo en las proximidades del primero. Además, la molécula no es lineal, de manera que la distribución de carga es asimétrica y produce un momento dipolar eléctrico permanente. Las interacciones entre los momentos dipolares de estas moléculas (fuerzas de orientación) crean redes moleculares tridimensionales a ciertas temperaturas.

El grafito está formado exclusivamente por carbono, como el diamante (ambos son *formas alótropas* de este elemento, es decir, tienen la misma composición pero diferente estructura tridimensional en un mismo estado de agregación). En este caso, cada átomo de C presenta hibridación sp^2 y forma enlaces covalentes con otros tres átomos de C situados en un mismo plano y orientados hacia los vértices de un triángulo, creando una red covalente bidimensional, es decir, una capa de grosor monoatómico que se denomina grafeno. Los orbitales p no hibridados de todos los carbonos, que se sitúan en perpendicular a la capa por encima y por debajo, se combinan para formar un orbital molecular de tipo π deslocalizado, análogo al de la molécula de benceno (apdo. 18.6.1), pero que en este caso se extiende a lo largo de toda la capa. Las capas se unen entre sí mediante fuerzas intermoleculares creando la estructura tridimensional del grafito, que combina por tanto enlaces covalentes e intermoleculares. El grafito es buen conductor de la electricidad en cualquier dirección paralela a las capas de carbonos, gracias al orbital π deslocalizado, y es un material blando o quebradizo porque, aunque las capas en sí son muy resistentes, se separan unas de otras con facilidad.

18.9.2. Redes iónicas

Los iones que en estado gaseoso forman moléculas iónicas individuales, en estado sólido se disponen en *redes iónicas*, en las que cada ion ejerce atracción coulombiana hacia varios iones de carga opuesta, creando estructuras tridimensionales. El número de iones de carga opuesta que rodean a uno dado depende de sus cargas y de sus tamaños, estos últimos cuantificados mediante los radios iónicos. Los sólidos formados por redes iónicas presentan puntos de fusión altos, son duros y malos conductores del calor y la electricidad (tabla 18.2).

Para calcular la energía de ligadura de una red iónica se puede aplicar el procedimiento del *ciclo de Born-Haber*, que comienza con los elementos constituyentes de la red en su forma natural y continúa con los siguientes pasos: formación del gas de átomos neutros de cada uno de los elementos, formación de los iones correspondientes (cationes y aniones), y unión de estos para formar la red iónica en estado sólido. La energía asociada a este último paso es la *energía reticular*, que se obtiene como la energía del proceso global (desde la forma natural de los elementos a la red iónica) menos las energías de formación del gas de átomos neutros y las de ionización.

Ejemplo: Red iónica del cloruro sódico

En una red iónica ordenada (cristal) de cloruro sódico, NaCl, cada catión de sodio, Na^+, tiene como vecinos más próximos seis aniones de cloro, Cl^-, con una separación entre sus núcleos de 0,28 nm, mayor que la existente en las moléculas aisladas de NaCl, que es de 0,24 nm (ejemplo del apdo. 18.1). En particular, la estructura cristalina del NaCl es de tipo cúbico centrado en las caras, en la que un Na^+ se sitúa en el centro de un cubo, doce Na^+ en los centros de las aristas, ocho Cl^- en los vértices y seis Cl^- en los centros de las caras (estos últimos son los más próximos al Na^+ del centro del cubo). Cada uno de estos cubos o celdas unitarias está rodeado por otros iguales, quedando compartida cada cara entre dos cubos, cada arista entre cuatro cubos y cada vértice entre ocho cubos. Así, en promedio a cada celda le corresponden cuatro Na^+ y cuatro Cl^-, es decir, una relación uno a uno que se representa por la fórmula química NaCl, la misma que para la molécula iónica individual.

La reacción global de formación de la red iónica a partir de los elementos constituyentes, todos ellos en su forma natural, es: $Na_{(s)} + \frac{1}{2}Cl_{2(g)} \rightarrow NaCl_{(s)}$, donde los subíndices (s) y (g) indican estado sólido y estado gaseoso, respectivamente. El ciclo de Born-Haber que da lugar a esta reacción es el siguiente:

- formación de los átomos neutros individuales en estado gaseoso:
  $Na_{(s)} \rightarrow Na_{(g)}$ y $\frac{1}{2}Cl_{2(g)} \rightarrow Cl_{(g)}$;
- formación de los iones correspondientes:
  $Na_{(g)} \rightarrow Na^+_{(g)} + e^-$ y $Cl_{(g)} + e^- \rightarrow Cl^-_{(g)}$;
- combinación de los iones para formar la red iónica en estado sólido:
  $Na^+_{(g)} + Cl^-_{(g)} \rightarrow NaCl_{(s)}$.

A partir de la energía involucrada en el proceso global, en la formación del gas de átomos neutros y en las ionizaciones del Na (energía de ionización) y del Cl (afinidad electrónica con signo negativo), se deduce que la energía reticular del NaCl es de aproximadamente 8 eV. Este valor es mayor que la energía de enlace (energía de disociación) de la molécula iónica individual de NaCl, que es 4,3 eV (apdo. 18.1).

18.9.3. Redes metálicas

Una *red metálica* está constituida por átomos metálicos (con baja electronegatividad, y por tanto alta tendencia a ceder electrones), cuyos orbitales de valencia se combinan como en la ec. 18.51 para dar lugar a tantos orbitales colectivos deslocalizados como átomos participen. Las energías asociadas a esos orbitales pueden obtenerse mediante un procedimiento análogo al de la aproximación de Hückel (apdo. 18.6.1). En este caso, debido al gran número de átomos involucrados, las energías de los orbitales resultantes forman un intervalo prácticamente continuo, que se denomina *banda de conducción*. La banda contiene energías menores que la que tendrían los orbitales localizados, de manera análoga a lo que ocurre en el enlace aromático de la molécula de benceno.

El enlace metálico se basa en la atracción electrostática entre los electrones deslocalizados de la banda de conducción y los cationes de los átomos metálicos que han cedido esos electrones. Los sólidos formados por redes metálicas tienen puntos de fusión y grados de dureza variados, pero son muy buenos conductores del calor y la electricidad debido a la gran movilidad que tienen los electrones en la banda de conducción (tabla 18.2).

Tabla 18.2. Tipos de redes, unidades constituyentes, fuerzas o enlaces entre unidades que sustentan la red y algunas propiedades físicas de los sólidos resultantes

Red	Unidades	Fuerza o enlace	Propiedades físicas
Molecular	Moléculas covalentes o átomos (neutros)	Fuerzas intermoleculares	Bajo punto de fusión, blandos, quebradizos, malos conductores de calor y electricidad
Covalente	Moléculas covalentes	Enlace covalente	Alto punto de fusión, duros, malos conductores de calor y electricidad (en general)
Iónica	Moléculas iónicas	Enlace iónico	Alto punto de fusión, duros, quebradizos, malos conductores de calor y electricidad
Metálica	Cationes metálicos	Enlace metálico	Puntos de fusión variados, varios grados de dureza, quebradizos, buenos conductores de calor y electricidad

19. Espectros moleculares

La autofunción de onda completa de una molécula diatómica puede separarse de manera aproximada en una parte relativa a los electrones y en una parte relativa a los núcleos, y esta última se puede separar a su vez en una parte asociada al movimiento vibracional de los núcleos respecto a su separación de equilibrio y en una parte asociada al movimiento rotacional de los núcleos en torno a su centro de masas. Las energías correspondientes a cada una de estas partes constituyen los espectros electrónico, vibracional y rotacional de la molécula, que dan lugar a las transiciones electromagnéticas rotacionales, vibro-rotacionales y electro-vibro-rotacionales.

19.1. Hamiltoniano molecular

El hamiltoniano de una molécula diatómica formada por $\mathcal{N}$ electrones y los dos núcleos A (masa M_A y Z_A protones) y B (masa M_B y Z_B protones) es:

$$H = -\frac{\hbar^2}{2M_A}\nabla_A^2 - \frac{\hbar^2}{2M_B}\nabla_B^2 - \frac{\hbar^2}{2m_e}\sum_i^{\mathcal{N}}\nabla_i^2$$

$$+ \alpha\hbar c\left(-\sum_i^{\mathcal{N}}\frac{Z_A}{r_{Ai}} - \sum_i^{\mathcal{N}}\frac{Z_B}{r_{Bi}} + \sum_{i,\,j<i}^{\mathcal{N}}\frac{1}{r_{ij}} + \frac{Z_A Z_B}{R}\right) \tag{19.1}$$

donde los términos que aparecen son, en este orden, las energías cinéticas del núcleo A, del núcleo B y de los $\mathcal{N}$ electrones, y las energías potenciales coulombianas de los $\mathcal{N}$ electrones con el núcleo A (siendo $r_{Ai} = |\vec{r}_{Ai}|$ sus respectivas distancias) y con el núcleo B (siendo $r_{Bi} = |\vec{r}_{Bi}|$ sus respectivas distancias), de los $\mathcal{N}$ electrones entre sí (siendo $r_{ij} = |\vec{r}_i - \vec{r}_j|$ sus respectivas distancias) y de los dos núcleos entre sí (siendo $R = |\vec{R}_A - \vec{R}_B|$ su distancia).

Los electrones y los núcleos están sujetos a interacciones coulombianas de intensidad similar, pero los primeros son mucho más ligeros que los segundos y se mueven más deprisa. Así, ante un cambio en la posición de los núcleos, los electrones recuperan rápidamente una distribución de equilibrio, y a su vez los núcleos se ven afectados por el campo medio de equilibrio creado por los electrones. Este hecho se puede tener en cuenta a través de la *aproximación de Born-Oppenheimer*, que es de tipo adiabático (apdo. 8.1) y que permite factorizar la función de onda de la molécula en una *parte nuclear* ψ_N, que solo depende de las coordenadas de los núcleos, y en una *parte electrónica* ψ_e, que depende de las coordenadas de los electrones y cuya dependencia con las coordenadas nucleares es muy débil y se desprecia:

$$\Psi(\vec{R}_A,\vec{R}_B,\vec{r}_i) \approx \psi_N(\vec{R}_A,\vec{R}_B)\,\psi_e(\vec{r}_i) \tag{19.2}$$

El *hamiltoniano electrónico*, que solo afecta a la parte electrónica de la función de onda y que incluye la repulsión coulombiana entre los núcleos, es:

$$H_e = -\frac{\hbar^2}{2m_e}\sum_i^{\mathcal{N}}\nabla_i^2 + \alpha\hbar c\left(-\sum_i^{\mathcal{N}}\frac{Z_A}{r_{Ai}} - \sum_i^{\mathcal{N}}\frac{Z_B}{r_{Bi}} + \sum_{i,\,j<i}^{\mathcal{N}}\frac{1}{r_{ij}} + \frac{Z_A Z_B}{R}\right) \tag{19.3}$$

La ecuación de Schrödinger correspondiente es:

$$H_e\,\psi_e(\vec{r}_i) = E_e\,\psi_e(\vec{r}_i) \tag{19.4}$$

donde E_e son las energías asociadas a la parte electrónica. Esta ecuación se puede resolver para cada valor de la separación entre los núcleos, R, proporcionando la curva de potencial electrónico en la que se mueven, $E_e(R)$, cuyo valor mínimo se alcanza para la separación de equilibrio entre los núcleos.

Los términos restantes del hamiltoniano solo afectan a la parte nuclear de la función de onda, y la ecuación de Schrödinger correspondiente es:

$$\left[-\frac{\hbar^2}{2M_A}\nabla_A^2 - \frac{\hbar^2}{2M_B}\nabla_B^2 + E_e(R)\right]\psi_N(\vec{R}_A,\vec{R}_B) = E\,\psi_N(\vec{R}_A,\vec{R}_B) \tag{19.5}$$

que incorpora el potencial electrónico $E_e(R)$ obtenido antes y donde E son las energías totales de la molécula asociadas a la función de onda molecular completa Ψ (ec. 19.2). En esta ecuación se identifica el *hamiltoniano nuclear* como:

$$H_N = -\frac{\hbar^2}{2M_A}\nabla_A^2 - \frac{\hbar^2}{2M_B}\nabla_B^2 + E_e(R) \tag{19.6}$$

Demostración: Aproximación de Born-Oppenheimer para una molécula diatómica

La función de onda de la molécula diatómica se factoriza en parte nuclear, que solo depende de las coordenadas de los núcleos, y en parte electrónica, que depende de las coordenadas de los $\mathcal{N}$ electrones y a priori también de las coordenadas de los dos núcleos, $\Psi(\vec{R}_A,\vec{R}_B,\vec{r}_i) = \psi_N(\vec{R}_A,\vec{R}_B)\,\psi_e(\vec{R}_A,\vec{R}_B,\vec{r}_i)$.

El hamiltoniano molecular completo H se puede separar en un hamiltoniano electrónico H_e (ec. 19.3) que contiene las energías cinéticas y potenciales de los electrones y la repulsión coulombiana entre los núcleos, y en un hamiltoniano de energía cinética nuclear $\widetilde{H}_N$ dado por:

$$\widetilde{H}_N = -\frac{\hbar^2}{2M_A}\nabla_A^2 - \frac{\hbar^2}{2M_B}\nabla_B^2$$

La dependencia de la parte electrónica con las coordenadas nucleares ($X = \{A, B\}$) es muy débil, de modo que las derivadas $\nabla_X \psi_e$ y $\nabla_X^2 \psi_e$, mucho más pequeñas que la de la parte nuclear $\nabla_X^2 \psi_N$, se pueden despreciar:

$$\nabla_X^2 [\psi_e \psi_N] = \nabla_X [\psi_e \nabla_X \psi_N + \psi_N \nabla_X \psi_e]$$
$$= \psi_e \nabla_X^2 \psi_N + \psi_N \nabla_X^2 \psi_e + 2\,\nabla_X \psi_e \nabla_X \psi_N \approx \psi_e \nabla_X^2 \psi_N$$

y por tanto $\widetilde{H}_N \psi_e \psi_N \approx \psi_e \widetilde{H}_N \psi_N$. Teniendo en cuenta esta aproximación y que el hamiltoniano electrónico H_e no contiene derivadas respecto a las coordenadas nucleares, la actuación del hamiltoniano completo sobre la función de onda completa puede escribirse como:

$$H\,\Psi(\vec{R}_A,\vec{R}_B,\vec{r}_i) = (H_e + \widetilde{H}_N)\left[\psi_e(\vec{R}_A,\vec{R}_B,\vec{r}_i)\,\psi_N(\vec{R}_A,\vec{R}_B)\right]$$
$$\approx \psi_N(\vec{R}_A,\vec{R}_B)\,H_e\,\psi_e(\vec{R}_A,\vec{R}_B,\vec{r}_i) + \psi_e(\vec{R}_A,\vec{R}_B,\vec{r}_i)\,\widetilde{H}_N\,\psi_N(\vec{R}_A,\vec{R}_B)$$

La ecuación de Schrödinger para el hamiltoniano completo, siendo E las energías totales, puede escribirse entonces como:

$$H\,\Psi = E\,\Psi \quad \Rightarrow \quad \psi_N\,H_e\,\psi_e + \psi_e\,\widetilde{H}_N\,\psi_N = E\,\psi_N\,\psi_e$$
$$\Rightarrow \quad H_e\,\psi_e = \left[E - \frac{1}{\psi_N}\,\widetilde{H}_N\,\psi_N\right]\psi_e$$

Esta expresión es la ecuación de Schrödinger para la parte electrónica de la función de onda molecular, $H_e\,\psi_e = E_e\,\psi_e$, donde las energías son:

$$E_e = E - \frac{1}{\psi_N}\,\widetilde{H}_N\,\psi_N$$

La expresión anterior se puede reescribir como:

$$(\widetilde{H}_N + E_e)\,\psi_N = E\,\psi_N$$

que es la ecuación de Schrödinger para la parte nuclear de la función de onda molecular, $H_N\,\psi_N = E\,\psi_N$, donde el hamiltoniano nuclear completo viene dado por $H_N = \widetilde{H}_N + E_e$ (ec. 19.6).

El sistema formado por las dos ecuaciones de Schrödinger obtenidas en este desarrollo, $H_e\psi_e = E_e\psi_e$ y $H_N\psi_N = E\psi_N$, constituye la ecuación de Schrödinger de la molécula completa en la aproximación de Born-Oppenheimer.

El hamiltoniano nuclear puede separarse a su vez en una parte para el movimiento del centro de masas de los núcleos, que no da lugar a estados excitados y se ignora, y en una parte para el movimiento de los núcleos respecto a él. Esta última es equivalente al hamiltoniano de un sistema de un solo cuerpo que orbita a una distancia R del centro de masas y que tiene la masa reducida del sistema, dada por:

$$\mu = \frac{M_A \, M_B}{M_A + M_B} \tag{19.7}$$

La ecuación de Schrödinger correspondiente al sistema de un solo cuerpo es[58]:

$$\left[-\frac{\hbar^2}{2\mu} \nabla_R^2 + E_e(R) \right] \psi_N(\vec{R}) = E \, \psi_N(\vec{R}) \tag{19.8}$$

Empleando coordenadas esféricas para el vector posición respecto al centro de masas, $\vec{R} = (R, \theta, \varphi)$, la parte espacial de la función de onda nuclear se puede factorizar como:

$$\psi_N(\vec{R}) = \psi_v(R) \, \psi_r(\theta, \varphi) \tag{19.9}$$

La *parte vibracional*, $\psi_v(R)$, solo depende de la coordenada radial (distancia entre los núcleos) y está asociada al movimiento vibracional de los núcleos, es decir, a la variación periódica de su separación en torno al valor de equilibrio (figura 19.1, derecha). Las energías correspondientes a ese movimiento, E_v, constituyen el *espectro vibracional* o *banda vibracional* de la molécula.

La *parte rotacional*, $\psi_r(\theta, \varphi)$, solo depende de las coordenadas angulares (las del cuerpo con masa reducida al que se ha transformado el sistema inicial de dos cuerpos) y está asociada al movimiento rotacional de los núcleos, es decir, a su rotación en torno al centro de masas (figura 19.1, izquierda). Las energías correspondientes a ese movimiento, E_r, constituyen al *espectro rotacional* o *banda rotacional* de la molécula.

El hamiltoniano nuclear puede expresarse como en la ec. 4.26, con un término de energía cinética radial que contiene el operador momento radial al cuadrado, P_R^2 (ec. 4.27) y un término de energía cinética angular que contiene el operador momento angular de rotación molecular (análogo al momento orbital, ec. 4.16) al cuadrado, J^2. Por su parte, la energía potencial solo depende de la separación entre los núcleos, es decir, de la coordenada radial R, no de sus posiciones especificadas por las coordenadas angulares. Así, el *hamiltoniano nuclear rotacional* H_r, que es de la forma de la ec. 4.35 con momento de inercia $\mathcal{I} = \mu R^2$, actúa sobre la parte angular y viene dado por:

$$H_r = \frac{1}{2\mu R^2} \, J^2 = -\frac{\hbar^2}{2\mu R^2} \left[\frac{1}{\operatorname{sen} \theta} \frac{d}{d\theta} \left(\operatorname{sen} \theta \frac{d}{d\theta} \right) + \frac{1}{\operatorname{sen}^2 \theta} \frac{d^2}{d\varphi^2} \right] \tag{19.10}$$

---

[58] Ver demostración de la separación entre el movimiento del centro de masas y el movimiento con respecto a él para un sistema de dos cuerpos, apdo. 15.1., figura 15.1.

y el *hamiltoniano nuclear vibracional* H_v actúa sobre la parte radial y viene dado por:

$$H_v = \frac{1}{2\mu} P_R^2 = -\frac{\hbar^2}{2\mu R^2} \frac{d}{dR} \left(R^2 \frac{d}{dR} \right) + E_e(R) \qquad (19.11)$$

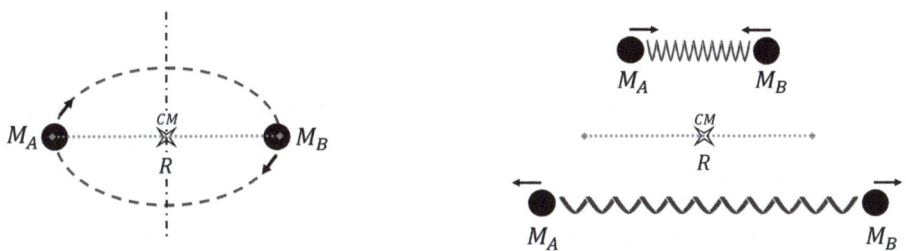

Figura 19.1. Representación esquemática del movimiento de los dos núcleos de una molécula diatómica, con masas M_A y M_B y separados por una distancia de equilibrio R. Izquierda: movimiento rotacional en torno al centro de masas (CM). Derecha: movimiento vibracional respecto a la separación de equilibrio.

19.2. Espectros moleculares

La ecuación de Schrödinger para la parte nuclear rotacional es:

$$H_r\, \psi_r(\theta,\varphi) = E_r\, \psi_r(\theta,\varphi) \quad \Rightarrow \quad \frac{1}{2\mu R^2} J^2\, \psi_r(\theta,\varphi) = E_r\, \psi_r(\theta,\varphi) \qquad (19.12)$$

Las funciones ψ_r son las autofunciones del operador J^2, es decir, los armónicos esféricos (ecs. 4.19, 4.22): $\psi_r(\theta,\varphi) = Y_{JM_J}(\theta,\varphi)$. Los autovalores asociados son $\hbar^2 J(J+1)$, donde $J = \{0, 1, 2, ...\}$ es en este caso el *número cuántico de rotación molecular*. Las energías rotacionales son entonces:

$$E_r = \frac{\hbar^2}{2\mu R^2} J(J+1) \qquad (19.13)$$

Cada energía rotacional, con un J dado, tiene degeneración $2J + 1$, que es el número de valores distintos que puede tomar el número cuántico M_J de proyección del momento angular rotacional sobre el eje internuclear de la molécula.

En la *aproximación de rotor rígido* se considera que la separación entre los núcleos es constante e igual a la de equilibrio, $R = R_0$, y las energías rotacionales son (ec. 4.36):

$$E_r = \frac{\hbar^2}{2\mu R_0^2} J(J+1) = \frac{\hbar^2}{2\mathcal{I}} J(J+1) = B\, J(J+1) \qquad (19.14)$$

donde $\mathcal{I}$ es el *momento de inercia* de la molécula diatómica en aproximación de rotor rígido:

$$\mathcal{I} = \mu R_0^2 \tag{19.15}$$

y B es la *constante rotacional* de la molécula:

$$B = \frac{\hbar^2}{2\mathcal{I}} \tag{19.16}$$

El espectro rotacional resultante es análogo al que presentan los núcleos deformados, ec. 13.33. En aquel caso las energías están asociadas al movimiento de rotación colectiva de los nucleones superficiales en torno a ejes que pasan por el centro de masas del núcleo y no son ejes de simetría, mientras que en el caso de las moléculas las energías están asociadas a la rotación de los núcleos en torno a ejes que pasan por el centro de masas de la molécula y no son ejes de simetría (en moléculas diatómicas el eje de simetría es el internuclear).

En la aproximación de rotor rígido los niveles de energía rotacional consecutivos, con números cuánticos J y $J+1$, están separados por un intervalo de energía que aumenta con J (figura 19.2), dado por:

$$\Delta E_r = B\,(J+1)(J+1+1) - B\,J(J+1) = 2B\,(J+1) \tag{19.17}$$

Los núcleos que rotan en torno al centro de masas están sometidos a una fuerza centrífuga que tiende a aumentar su separación de equilibrio R_0 y por tanto también el momento de inercia $\mathcal{I}$ de la molécula, disminuyendo su constante rotacional B. Así, en un modelo más realista es necesario introducir *correcciones por distorsión centrífuga* en las energías rotacionales, cuyo efecto es que los intervalos de energía entre niveles consecutivos aumentan con J más despacio que en la aproximación de rotor rígido (figura 19.2). El movimiento vibracional molecular, en el que los núcleos se acercan y se separan periódicamente, también modifica el valor esperado de su separación al cuadrado, afectando al valor del momento de inercia $\mathcal{I}$. Este también depende del nivel de energía electrónico en el que se encuentra la molécula, ya que el mínimo de cada curva de potencial electrónico ocurre a una separación de equilibrio $R = R_0$ diferente.

Por otro lado, la ecuación de Schrödinger para la parte nuclear vibracional es:

$$H_v\,\psi_v(R) = E_v\,\psi_v(R) \quad \Rightarrow \quad \left[-\frac{\hbar^2}{2\mu}\frac{d^2}{dR^2} + E_e(R)\right]\widetilde{\psi}_v(R) = E_v\,\widetilde{\psi}_v(R) \tag{19.18}$$

donde se ha introducido la función $\widetilde{\psi}_v(R) = R\psi_v(R)$. En la *aproximación de oscilador armónico* el potencial electrónico $E_e(R)$ cerca del mínimo, $R = R_0$, puede escribirse como:

$$E_e(R) \approx E_e(R_0) + \frac{1}{2}\,K\,(R - R_0)^2 \tag{19.19}$$

donde K es la curvatura (segunda derivada) de la curva de potencial electrónico en el mínimo:

$$K = \left. \frac{d^2 E_e(R)}{dR^2} \right|_{R=R_0} \tag{19.20}$$

Por ejemplo, para un potencial electrónico de tipo Morse (ec. 18.3), $K = 2D_0 b^2$.

Trasladando el cero de energía a su valor en el mínimo, $E_e(R_0) = 0$, el hamiltoniano vibracional toma la forma de un hamiltoniano de oscilador armónico unidimensional con constante de recuperación K:

$$H_{v[osc]} = -\frac{\hbar^2}{2\mu} \frac{d^2}{dR^2} + \frac{1}{2} K (R - R_0)^2 \tag{19.21}$$

Comparando el segundo término con la expresión del potencial de oscilador armónico unidimensional para un cuerpo de masa μ (en este caso, la reducida del sistema) que oscila en torno a la posición de equilibrio con frecuencia angular ω, $V = (1/2)\,\mu\omega^2 x^2$ (apdo. 5.5), se deduce:

$$\omega = \sqrt{\frac{K}{\mu}} \tag{19.22}$$

Las energías del hamiltoniano de oscilador armónico (apdo. 5.5) son:

$$E_v = \hbar\omega \left(\nu + \frac{1}{2} \right) \tag{19.23}$$

donde $\nu = \{0, 1, 2, ...\}$ es en este caso el *número cuántico de vibración molecular*.

El espectro vibracional resultante es análogo al que presentan los núcleos, ec. 13.30. En aquel caso las energías están asociadas al movimiento de vibración colectiva de los nucleones superficiales respecto a sus distancias de equilibrio al centro de masas del núcleo, mientras que en el caso de las moléculas las energías están asociadas a la vibración de los núcleos respecto a sus distancias de equilibrio al centro de masas de la molécula (en moléculas diatómicas, consiste en la variación periódica de la separación internuclear respecto a la de equilibrio, R_0).

En la aproximación de oscilador armónico los niveles de energía vibracional consecutivos, con números cuánticos ν y $\nu + 1$, están separados por un intervalo de energía constante (figura 19.2), dado por:

$$\Delta E_v = \hbar\omega \left(\nu + 1 - \frac{1}{2} \right) - \hbar\omega \left(\nu - \frac{1}{2} \right) = \hbar\omega \tag{19.24}$$

El estado fundamental vibracional, correspondiente a $\nu = 0$ (ec. 5.36), no tiene energía cero, sino la denominada *energía vibracional de punto cero*:

$$E_{v(0)} = \frac{\hbar\omega}{2} \tag{19.25}$$

La energía de ligadura (negativa) de una molécula en su estructura de equilibrio no es estrictamente la del mínimo de la curva del potencial electrónico, ya que siempre contiene esta contribución de energía vibracional de punto cero, que es positiva. Esto afecta a la energía de disociación de la molécula, ec. 18.1 o ec. 18.2, que debe corregirse como:

$$D = D_0 - E_{v(0)} \tag{19.26}$$

La aproximación parabólica de la curva de potencial electrónico (ec. 19.19) es válida cerca del mínimo, $R \approx R_0$. Lejos de él, la curva de potencial se desvía de la parábola que caracteriza al oscilador armónico y se aproxima a la forma del potencial de Morse (ec. 18.3), lo que afecta a las energías de los niveles vibracionales excitados. Así, en un modelo más realista es necesario introducir *correcciones anarmónicas* en las energías vibracionales, cuyo efecto es que los intervalos de energía entre niveles consecutivos disminuyen con ν, en lugar de permanecer constantes como en la aproximación de oscilador armónico (figura 19.2). Las energías vibracionales también dependen del nivel de energía electrónico en el que se encuentra la molécula, ya que la curvatura del potencial electrónico en el mínimo, K, es diferente en cada uno de ellos, y por tanto lo es la frecuencia de vibración ω.

Demostración: Hamiltoniano vibracional

La ecuación de Schrödinger para la parte vibracional es:

$$H_v \, \psi_v(R) = E_v \, \psi_v(R) \; \Rightarrow \; \left[-\frac{\hbar^2}{2\mu} \frac{1}{R^2} \frac{d}{dR} \left(R^2 \frac{d}{dR} \right) + E_e(R) \right] \psi_v(R) = E_v \, \psi_v(R)$$

$$\Rightarrow \; \left[-\frac{\hbar^2}{2\mu} \frac{d^2}{dR^2} + E_e(R) \right] \widetilde{\psi}_v(R) = E_v \, \widetilde{\psi}_v(R)$$

donde se ha introducido la función $\widetilde{\psi}_v(R) = R\psi_v(R)$, que simplifica la forma del hamiltoniano. El desarrollo en serie de Taylor de la energía potencial en torno a la posición de equilibrio, $R = R_0$, hasta segundo orden en R, es:

$$E_e(R) \approx E_e(R_0) + \frac{1}{2} \left. \frac{d^2 E_e(R)}{dR^2} \right|_{R=R_0} (R - R_0)^2$$

donde no aparece término a primer orden en R porque la primera derivada de la curva de potencial se anula en $R = R_0$, al tratarse de un mínimo. Introduciendo esta aproximación en la ecuación de Schrödinger anterior y redefiniendo la coordenada radial con respecto a la posición de equilibrio como $R' = R - R_0$ se obtiene:

$$\left[-\frac{\hbar^2}{2\mu} \frac{d^2}{dR^2} + E_e(R_0) + \frac{1}{2} \left. \frac{d^2 E_e(R)}{dR^2} \right|_{R=R_0} (R - R_0)^2 \right] \widetilde{\psi}_v(R) = E_v \, \widetilde{\psi}_v(R)$$

$$\Rightarrow \left[-\frac{\hbar^2}{2\mu}\frac{d^2}{dR'^2} + E_e(R_0) + \frac{1}{2}\left.\frac{d^2 E_e(R')}{dR'^2}\right|_{R'=0} R'^2 \right] \widetilde{\psi}_v(R' + R_0) = E_v \widetilde{\psi}_v(R' + R_0)$$

Por último, se traslada el cero de energía a su valor en el mínimo, $E_e(R_0) = 0$, y se redefine la parte vibracional como $\widehat{\psi}_v(R') = \widetilde{\psi}_v(R' + R_0)$:

$$\left[-\frac{\hbar^2}{2\mu}\frac{d^2}{dR'^2} + \frac{1}{2}\left.\frac{d^2 E_e(R')}{dR'^2}\right|_{R'=0} R'^2 \right] \widehat{\psi}_v(R') = E_v \, \widehat{\psi}_v(R')$$

El hamiltoniano de esta ecuación de Schrödinger (factor entre corchetes) puede reescribirse como:

$$H = -\frac{\hbar^2}{2\mu}\frac{d^2}{dR'^2} + \frac{1}{2}KR'^2$$

y corresponde al de un oscilador armónico unidimensional con la restricción $R' > -R_0$ (para que $R > 0$), que siempre se cumple para la condición de R' pequeña en la que esta aproximación es válida. La segunda derivada, o curvatura, del potencial electrónico en el mínimo se identifica con la constante de recuperación del oscilador, $K = \mu\omega^2$, siendo μ la masa del cuerpo que oscila y ω la frecuencia angular de oscilación. Las funciones $\widehat{\psi}_v(R')$ son las autofunciones del oscilador armónico (ecs. 5.39 - 5.42) y las energías correspondientes son $E_{osc} = \hbar\omega(\nu + 1/2)$, con $\nu = \{0, 1, 2, ...\}$ (ec. 5.43).

La siguiente expresión para las energías vibracionales y rotacionales de una molécula diatómica, consideradas conjuntamente y para un estado electrónico dado, incluye las correcciones a las aproximaciones de oscilador armónico y de rotor rígido comentadas anteriormente:

$$E_{vr}(\nu, J) = f\left(\nu + \frac{1}{2}\right) + B\,J(J+1) - f\chi\left(\nu + \frac{1}{2}\right)^2 -$$
$$- D\,[J(J+1)]^2 - \alpha\left(\nu + \frac{1}{2}\right)J(J+1) \tag{19.27}$$

donde los parámetros vibracionales y rotacionales que aparecen, denominados *constantes espectroscópicas*, son: $f = \omega/2\pi$, frecuencia vibracional en aproximación de oscilador armónico, cuyo valor en unidades espectroscópicas (con $h = 1$, p. ej. cm^{-1}) coincide con el de la energía del cuanto de vibración, hf; $f\chi$, principal corrección anarmónica de la energía vibracional, donde χ es la constante de anarmonicidad; B, constante rotacional en aproximación de rotor rígido; D, principal corrección por distorsión centrífuga de la energía rotacional; y α, corrección de la energía rotacional dependiente del nivel vibracional. En la tabla 19.1 aparecen los valores de estas constantes espectroscópicas para los tres primeros niveles electrónicos de la molécula de hidrógeno, H_2.

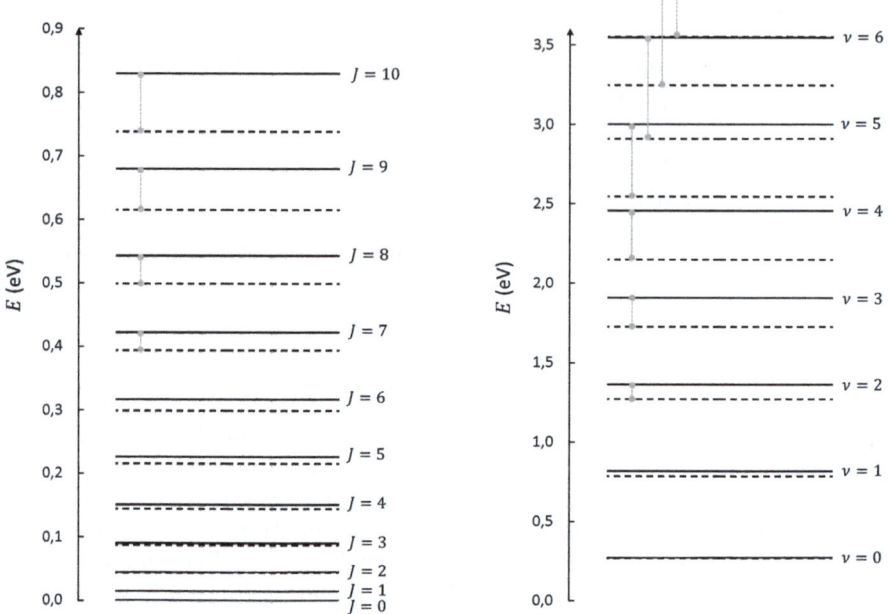

Figura 19.2. Izquierda: espectro rotacional de una molécula diatómica en aproximación de rotor rígido (líneas continuas, indicando el número cuántico rotacional J) e incluyendo correcciones por distorsión centrífuga y vibración de punto cero (líneas discontinuas). Derecha: espectro vibracional de una molécula diatómica en aproximación de oscilador armónico (líneas continuas, indicando el número cuántico vibracional ν) e incluyendo correcciones anarmónicas (líneas discontinuas). En ambos espectros se han empleado los valores de las constantes espectroscópicas de H_2 (tabla 19.1).

Tabla 19.1. Energías de excitación E_{exc} en cm^{-1}, separación de equilibrio entre los núcleos R_0 en nm y constantes espectroscópicas de la ec. 19.27 en cm^{-1} para los tres primeros niveles electrónicos de la molécula de hidrógeno

Nivel electrónico	E_{exc} $[cm^{-1}]$	R_0 $[nm]$	f $[cm^{-1}]$	$f\chi$ $[cm^{-1}]$	B $[cm^{-1}]$	D $[cm^{-1}]$	α $[cm^{-1}]$
$X\,^1\Sigma_g^+$	0	0,074144	4401,21	121,330	60,853	0,0471	3,062
$B\,^1\Sigma_u^+$	91700,0	0,12928	1358,09	20,888	20,015	0,0163	1,185
$C\,^1\Pi_u$	100089,8	0,10327	2443,77	69,524	31,362	0,0223	1,644

Ejemplo: Constantes espectroscópicas y estructura molecular de los isotopólogos de la molécula de hidrógeno H_2 y HD

En el nivel electrónico fundamental de la molécula H_2 la frecuencia vibracional armónica es $f = 4401,21$ cm^{-1} y la constante rotacional como rotor rígido es $B = 60,853$ cm^{-1} (tabla 19.1). Con estos datos de constantes espectroscópicas de H_2 se pueden deducir parámetros de la estructura molecular como la separación de equilibrio entre los núcleos o la curvatura del potencial electrónico de esa molécula y de sus isotopólogos, que difieren únicamente en los isótopos de los elementos que contienen.

La constante rotacional se puede expresar en eV multiplicando por $hc = 1/8065$ eV·cm (ec. 1.21), resultando $B = 7,54 \cdot 10^{-3}$ eV. A partir de ella se puede obtener el momento de inercia de la molécula (ec. 19.16) como:

$$\mathcal{I} = \frac{\hbar^2}{2B} = \frac{(\hbar c)^2}{2Bc^2} = \frac{(197,3 \text{ MeV·fm})^2}{2 \cdot 7,54 \cdot 10^{-3} \cdot 10^{-6} \text{ MeV } c^2} = 2,58 \cdot 10^{12} \text{ MeV}/c^2 \cdot \text{fm}^2$$

que son unas unidades adecuadas para un momento de inercia, ya que tienen dimensiones de masa (en MeV$/c^2$) por distancia al cuadrado (en fm^2).

La masa reducida de la molécula de H_2 es:

$$\mu = \frac{m_p \, m_p}{m_p + m_p} = \frac{m_p}{2} = 469,13 \text{ MeV}/c^2$$

Con este resultado y el del momento de inercia se puede deducir la separación de equilibrio entre los núcleos de los dos átomos de hidrógeno (ec. 19.15):

$$R_0 = \sqrt{\frac{\mathcal{I}}{\mu}} = \sqrt{\frac{2,58 \cdot 10^{12} \text{ MeV}/c^2 \cdot \text{fm}^2}{469,13 \text{ MeV}/c^2}} = 7,42 \cdot 10^4 \text{ fm} = 0,0742 \text{ nm}$$

A partir de la frecuencia de vibración $f = \omega/2\pi$ se puede obtener la curvatura del potencial electrónico en su mínimo (ec. 19.22):

$$K = \omega^2 \mu = (2\pi f)^2 \, \mu = (2\pi \cdot 4401,21 \text{ cm}^{-1} c)^2 \cdot 469,13 \text{ MeV}/c^2$$
$$= 3,588 \cdot 10^{11} \text{ MeV/cm}^2 = 3588 \text{ eV/nm}^2$$

donde el valor de f en cm^{-1} se ha multiplicado por el factor c para expresarlo en eV, pero no se ha introducido el valor de c porque se cancela. Con este dato se puede obtener la energía vibracional de punto cero de la molécula (ec. 19.25) primero en cm^{-1} y después en eV multiplicando por $hc = 1/8065$ eV·cm:

$$E_{v(0)} = \frac{f}{2} = \frac{4401,21 \text{ cm}^{-1}}{2} = 2200,61 \text{ cm}^{-1} = 0,27 \text{ eV}$$

Se puede suponer que la separación de equilibrio entre los núcleos R_0 y la curvatura del potencial electrónico K son iguales en las moléculas que contienen distintos isótopos del mismo elemento, ya que estos parámetros se obtienen de la parte electrónica, que en aproximación de Born-Oppenheimer se ha separado de la parte nuclear, y en el hamiltoniano electrónico (ec. 19.3) solo intervienen las interacciones coulombianas de los núcleos, que dependen de sus cargas pero no de sus masas.

Para la molécula de HD, que contiene un átomo del isótopo 1 (H) y otro del isótopo 2 (D, deuterio) del elemento hidrógeno, la masa reducida es:

$$\mu(\text{HD}) \approx \frac{m_p\,(m_p + m_n)}{m_p + (m_p + m_n)} = 625{,}66\,\text{MeV}/c^2$$

Como la constante rotacional es inversamente proporcional a μ y la frecuencia de vibración es inversamente proporcional a $\sqrt{\mu}$, los valores de estas constantes para la molécula HD se pueden calcular a partir de los obtenidos para H_2 de la siguiente manera:

$$B(\text{HD}) = B(\text{H}_2)\,\frac{\mu(\text{H}_2)}{\mu(\text{HD})} = 7{,}54 \cdot 10^{-3}\,\text{eV}\,\frac{469{,}13}{625{,}66} = 5{,}65 \cdot 10^{-3}\,\text{eV}$$

$$f(\text{HD}) = f(\text{H}_2)\,\frac{\sqrt{\mu(\text{H}_2)}}{\sqrt{\mu(\text{HD})}} = 4401{,}21\,\text{cm}^{-1}\,\frac{\sqrt{469{,}13}}{\sqrt{625{,}66}} = 3810{,}97\,\text{cm}^{-1}$$

Su energía vibracional de punto cero es:

$$E_{v(0)}(\text{HD}) = \frac{f(\text{HD})}{2} = \frac{3810{,}97\,\text{cm}^{-1}}{2} = 1905{,}49\,\text{cm}^{-1} = 0{,}24\,\text{eV}$$

La molécula HD se puede formar a partir de la molécula H_2 mediante la reacción de sustitución $H_2 + D \leftrightarrow HD + H$. La energía de disociación D_0 (ec. 18.2), que solo depende de interacciones coulombianas, se supone igual en ambas moléculas, pero la energía de disociación corregida sustrayendo la energía vibracional de punto cero (ec. 19.26) es mayor en la molécula HD que en H_2, ya que $E_{v(0)}(\text{HD}) < E_{v(0)}(\text{H}_2)$. En consecuencia, es más difícil romper una molécula de HD para formar H_2 que al contrario, y el equilibrio de la reacción de sustitución se desplaza hacia la derecha. Este pequeño efecto, denominado fraccionamiento isotópico, es especialmente significativo a temperaturas bajas ($T < 20$ K), razón por la cual la proporción de moléculas de HD con respecto a las de H_2 en el medio interestelar frío es entre 100 y 10000 veces mayor de lo que correspondería según la abundancia isotópica del átomo de D en el universo, que es de unos 15 átomos por cada millón de átomos de H.

La diferencia de energía total entre dos niveles moleculares se obtiene como la diferencia de energía electrónica, de energía vibracional y de energía rotacional:

$$\Delta E = \Delta E_e + \Delta E_v + \Delta E_r \tag{19.28}$$

La separación típica de energía entre dos niveles electrónicos consecutivos es $\Delta E_e \sim$ 10 eV, entre dos niveles vibracionales consecutivos es $\Delta E_v \sim 0{,}1$ eV y entre dos niveles rotacionales consecutivos es $\Delta E_r \sim 0{,}001$ eV. Así, sobre cada nivel electrónico, caracterizado por su separación internuclear de equilibrio R_0 y su curvatura en el mínimo K, se establece una banda vibracional independiente, y a su vez sobre cada nivel vibracional se establece una banda rotacional independiente.

En un gas que contiene una gran cantidad de moléculas el número de ellas que se encuentra en cada nivel de energía, que es la población P del nivel, se puede estimar mediante la distribución de Boltzmann, que depende de la energía del nivel y de la temperatura absoluta T del gas. La población del nivel rotacional excitado con número cuántico J, cuya degeneración es $g_J = 2J + 1$, relativa a la del nivel rotacional fundamental $J = 0$, cuya degeneración es $g_0 = 1$, viene dada por:

$$\frac{P(J)}{P(0)} = \frac{g_J\, e^{-E_{r(J)}/kT}}{g_0\, e^{-E_{r(0)}/kT}} = (2J + 1)\, e^{-BJ(J+1)/kT} \tag{19.29}$$

donde $k = 8{,}617 \cdot 10^{-5}$ eV/K es la constante de Boltzmann. La población del nivel vibracional excitado con número cuántico ν relativa a la del estado vibracional fundamental $\nu = 0$, ambos sin degeneración, viene dada por:

$$\frac{P(\nu)}{P(0)} = \frac{e^{-E_{v(\nu)}/kT}}{e^{-E_{v(0)}/kT}} = e^{-\hbar\omega\nu/kT} \tag{19.30}$$

19.3. Autofunciones de onda moleculares

La autofunción de onda completa de la molécula $\boldsymbol{\Psi}$ se factoriza de manera aproximada en parte electrónica Ψ_e, que contiene parte espacial ψ_e y parte de espín acoplado de los electrones Ξ_e (como en las ecs. 18.17 o 18.24 - 18.27 para H$_2$), y en parte nuclear Ψ_N, que se factoriza a su vez en parte espacial rotacional ψ_r, parte espacial vibracional ψ_v, y parte de espín acoplado de los núcleos Ξ_N:

$$\boldsymbol{\Psi} = \Psi_e\, \Psi_N = [\psi_e\, \Xi_e]\, [\psi_r\, \psi_v\, \Xi_N] \tag{19.31}$$

En moléculas homonucleares, cuyos núcleos son indistinguibles, es necesario imponer la simetrización, en el caso de núcleos bosónicos (espín entero), o la antisimetrización, en el caso de núcleos fermiónicos (espín semientero), de la función de onda completa bajo intercambio de los núcleos. En moléculas homonucleares diatómicas, bajo intercambio de los dos núcleos indistinguibles, se tiene que:

- La parte nuclear vibracional ψ_v siempre es simétrica (en moléculas poliatómicas sí pueden darse modos de vibración antisimétricos).
- La parte nuclear rotacional ψ_r en un estado con número cuántico rotacional J es simétrica si J es par y es antisimétrica si J es impar, ya que en este caso la simetrización de la función de onda bajo intercambio de los dos núcleos equivale a su paridad, es decir, a su comportamiento bajo inversión de las coordenadas espaciales, que en los armónicos esféricos está dada por $(-1)^J$.

- La parte electrónica Ψ_e (en concreto su parte espacial ψ_e) tiene simetrizaciones distintas en diferentes estados[59], por ejemplo es simétrica en los estados Σ_g^+ o Σ_u^- y antisimétrica en los estados Σ_u^+ o Σ_g^- (apdo. 18.6).
- La parte de espín nuclear Ξ_N puede ser simétrica o antisimétrica, según el acoplamiento de los espines nucleares.

Ejemplo: Simetrización de la función de onda de la molécula de hidrógeno

Los dos núcleos de la molécula de hidrógeno H_2 son protones, con espín $1/2$ (semientero). Al tratarse de dos fermiones indistinguibles, la función de onda molecular completa tiene que ser antisimétrica bajo su intercambio. El estado fundamental electrónico es $^1\Sigma_g^+$ (ec. 18.24), que es simétrico. La parte vibracional siempre es simétrica en una molécula diatómica. Si los dos espines nucleares se acoplan a espín total $S = 0$ (singlete), que es antisimétrico, se denomina *parahidrógeno*, y entonces su parte rotacional debe ser simétrica, es decir, solo tiene estados rotacionales con J par. Si los dos espines nucleares se acoplan a espín total $S = 1$ (triplete), que es simétrico, se denomina *ortohidrógeno*, y entonces su parte rotacional debe ser antisimétrica, es decir, solo tiene estados rotacionales con J impar.

En resumen, para la molécula de hidrógeno en el estado electrónico fundamental se tiene (siendo $[S]$ simétrico y $[A]$ antisimétrico):

- Parahidrógeno: $\Psi_{[A]} = \Psi_{e(^1\Sigma_g^+)\,[S]} \otimes \psi_{v\,[S]} \otimes \psi_{r(J\,par)\,[S]} \otimes \Xi_{N(S=0)\,[A]}.$
- Ortohidrógeno: $\Psi_{[A]} = \Psi_{e(^1\Sigma_g^+)\,[S]} \otimes \psi_{v\,[S]} \otimes \psi_{r(J\,impar)\,[A]} \otimes \Xi_{N(S=1)\,[S]}.$

Si la molécula de hidrógeno se encuentra en un estado electrónico excitado antisimétrico, por ejemplo $^1\Sigma_u^+$ (ec. 18.26), entonces se tiene:

- Parahidrógeno: $\Psi_{[A]} = \Psi_{e(^1\Sigma_u^+)\,[A]} \otimes \psi_{v\,[S]} \otimes \psi_{r(J\,impar)\,[A]} \otimes \Xi_{N(S=0)\,[A]}.$
- Ortohidrógeno: $\Psi_{[A]} = \Psi_{e(^1\Sigma_u^+)\,[A]} \otimes \psi_{v\,[S]} \otimes \psi_{r(J\,par)\,[S]} \otimes \Xi_{N(S=1)\,[S]}.$

La simetrización que se está tratando aquí se refiere en todo momento al intercambio de los núcleos indistinguibles, no de los electrones. Así, la parte electrónica completa Ψ_e en el estado fundamental $^1\Sigma_g^+$ (ec. 18.24) es antisimétrica bajo intercambio de los dos electrones, como debe ser por tratarse de fermiones indistinguibles, pero es simétrica bajo intercambio de los dos núcleos. Para comprobarlo, se observa que su parte espacial ψ_e (su parte de espín Ξ_e no está relacionada con los núcleos) está formada por el producto de dos orbitales moleculares $1\sigma_g$, y que estos orbitales, que tienen $\lambda = 0$, quedan igual al intercambiar los núcleos A y B (ec. 18.22) y por tanto son simétricos, de modo

---

[59]En una molécula diatómica con eje internuclear en la dirección z el intercambio entre los dos núcleos es equivalente a la inversión $\vec{R} \to -\vec{R}$, que a su vez es equivalente a una rotación de 180° en torno al eje y de la molécula completa, seguida de la reflexión de las coordenadas electrónicas respecto al plano xz ($y_i \to -y_i$) y de su inversión respecto al centro de simetría molecular ($\vec{r}_i \to -\vec{r}_i$). Esta equivalencia permite determinar la simetrización de la parte electrónica de la función de onda molecular Ψ_e bajo intercambio de los dos núcleos indistinguibles.

que $\Psi_{e(^1\Sigma_g^+)\,[S]} = \psi_{1\sigma_g\,[S]} \otimes \psi_{1\sigma_g\,[S]} \otimes \Xi_e$. En cambio, la parte electrónica en el estado excitado $^1\Sigma_u^+$ (ec. 18.26), que también es antisimétrica bajo intercambio de los dos electrones, es antisimétrica bajo intercambio de los dos núcleos, porque su parte espacial contiene productos de orbitales moleculares $1\sigma_g$ y $1\sigma_u$, el primero simétrico y el segundo antisimétrico al intercambiar los núcleos A y B (ecs. 18.22, 18.23), de manera que $\Psi_{e(^1\Sigma_u^+)\,[A]} = \psi_{1\sigma_g\,[S]} \otimes \psi_{1\sigma_u\,[A]} \otimes \Xi_e$.

Por otro lado, la simetrización de la función de onda completa solo es aplicable cuando los núcleos son indistinguibles, es decir, deben ser no solo del mismo elemento, sino también del mismo isótopo, y además es esencial identificar si ese isótopo es fermiónico o bosónico. Así, considerando los isótopos hidrógeno 1 (H) e hidrógeno 2 (D, deuterio), la molécula H_2 contiene dos núcleos indistinguibles fermiónicos (dos protones) y su función de onda completa debe ser antisimétrica bajo su intercambio; la molécula HD contiene dos núcleos distintos (un protón y un deuterón) y su función de onda completa no requiere una simetrización específica; y la molécula D_2 contiene dos núcleos indistinguibles bosónicos (dos deuterones, con espín 1) y su función de onda completa debe ser simétrica bajo su intercambio.

19.4. Transiciones electromagnéticas

Entre los niveles de energía electrónicos, vibracionales y rotacionales de las moléculas pueden darse transiciones electromagnéticas (apdo. 8.6). El conjunto de energías de las transiciones constituye el *espectro electromagnético* de emisión o absorción de la molécula, que se obtiene como diferencias entre las energías de su espectro de niveles y corresponden a las energías del fotón emitido o absorbido. En la representación gráfica del espectro electromagnético las energías de las transiciones suelen situarse en el eje horizontal con valor creciente hacia la derecha (p. ej., figuras 19.3, 19.4, 19.6), mientras que en un espectro de niveles las energías de los estados suelen situarse en el eje vertical con valor creciente hacia arriba (p. ej., figuras 19.2, 19.5), como en el resto de estructuras de la materia. Además, en los espectros electromagnéticos la altura de las líneas puede representar la intensidad de las transiciones en un gas de moléculas (p. ej., figura 19.6), que viene determinada por la población de los niveles moleculares, que a su vez depende de la temperatura del gas (ecs. 19.29, 19.30).

Espectro electromagnético rotacional

Las energías de las transiciones electromagnéticas entre dos niveles rotacionales en aproximación de rotor rígido vienen dadas por:

$$E_{EM(r)} = |\Delta E_r| = B\,[J'(J'+1) - J''(J''+1)] \tag{19.32}$$

donde J' y J'' son los números cuánticos rotacionales del nivel con mayor energía y del nivel con menor energía de la transición, respectivamente. Estas transiciones ocurren principalmente a través de la interacción del campo electromagnético con el momento dipolar eléctrico permanente de la molécula $\mathscr{P}$ (ec. 18.4). En las moléculas en las que este es nulo, como las diatómicas homonucleares, no ocurren transiciones rotacionales dipolares, pero sí pueden darse a través de multipolos superiores, como el cuadrupolar eléctrico, aunque son mucho menos probables.

La regla de selección asociada a las transiciones dipolares eléctricas entre dos niveles rotacionales es:

$$\Delta J = J_f - J_i = \pm 1 \tag{19.33}$$

donde J_f y J_i son los números cuánticos rotacionales de los niveles final e inicial de la transición, respectivamente (ver demostración de reglas de selección orbitales en apdo. 15.6, que en este caso se refieren al momento orbital de los núcleos en torno al centro de masas de la molécula). Aplicando esta regla, las energías de las transiciones dipolares eléctricas puramente rotacionales, en las que $J' = J'' + 1$ (ya que deben diferenciarse en una unidad y J', por definición, está asociado al nivel de mayor energía), resultan:

$$E_{EM(r)} = 2BJ' = 2B(J'' + 1) \tag{19.34}$$

De esta expresión, que depende linealmente del número cuántico J' o J'', se deduce que la diferencia de energía electromagnética entre dos transiciones dipolares rotacionales consecutivas (para J' y para $J'+1$) es siempre $2B$, es decir, en aproximación de rotor rígido las transiciones del espectro electromagnético dipolar eléctrico puramente rotacional están equiespaciadas en energía, con una diferencia dada por el doble de la constante rotacional de la molécula (figura 19.3). La radiación electromagnética asociada a estas transiciones, con energía $E_{EM(r)} \sim 0{,}001$ eV, se sitúa típicamente en la región de microondas.

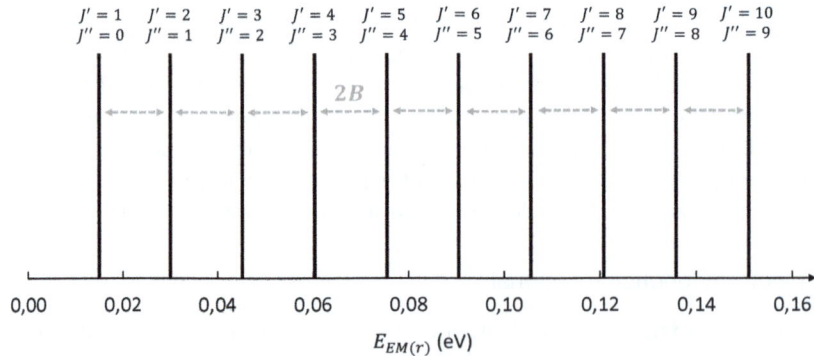

Figura 19.3. Espectro electromagnético rotacional dipolar eléctrico en aproximación de rotor rígido. Se indican los números cuánticos rotacionales J de los dos niveles conectados por cada transición, con prima para el nivel de mayor energía y con doble prima para el nivel de menor energía, y la separación energética $2B$ entre transiciones.

El espectro electromagnético rotacional que se acaba de analizar se produce en moléculas con momento dipolar eléctrico permanente por emisión o absorción de radiación electromagnética con una energía específica (ec. 19.32). Otra manera de producir transiciones entre niveles rotacionales moleculares es a través de la dispersión (scattering) de radiación, es decir, mediante un proceso en el que un fotón de energía arbitraria incide sobre la molécula, interactúa con ella y es emitido a continuación con una energía que puede ser igual a la inicial (*dispersión elástica* o *Rayleigh*) o diferente (*dispersión inelástica* o *Raman*). Por conservación de la energía, la del fotón emitido (final) tiene que ser igual a la del fotón incidente (inicial) menos el cambio de energía de la molécula, $\hbar\omega_{EMf} = \hbar\omega_{EMi} - \Delta E_r$. Para una energía fija, pero arbitraria, del fotón incidente, el conjunto de energías discretas del fotón saliente, $\hbar\omega_{EMf}$, constituye el *espectro Raman* de la molécula. El proceso puede interpretarse como una transición dipolar de segundo orden en la que el fotón incidente es absorbido por la molécula, que pasa a un estado intermedio virtual y a continuación se desexcita a un estado de menor energía emitiendo el fotón saliente. En cada uno de estos dos pasos se aplica la regla de selección dipolar eléctrica rotacional, dando lugar a la regla $\Delta J = 0$ (Rayleigh) o $\Delta J = \pm 2$ (Raman). Así, la separación energética entre las líneas del espectro Raman es el doble que en el espectro rotacional usual ($4B$ en lugar de $2B$). El espectro Raman es más intenso cuando los estados virtuales intermedios coinciden con estados reales del espectro molecular y existen varios de ellos con energías próximas entre sí y a los estados inicial y final. Las transiciones en las que el nivel final tiene más energía que el inicial ($\Delta E_r > 0$) dan lugar a las *líneas Stokes*, con energías menores que la línea Rayleigh (en la que $\hbar\omega_{EMf} = \hbar\omega_{EMi}$), mientras que las transiciones en las que el nivel final tiene menos energía que el inicial ($\Delta E_r < 0$) dan lugar a las *líneas anti-Stokes*, con energías mayores que la línea Rayleigh. En las moléculas con momento dipolar eléctrico permanente nulo, como las diatómicas homonucleares, la radiación electromagnética incidente puede inducir un momento instantáneo que permite las transiciones entre los niveles rotacionales que producen el espectro Raman.

Espectro electromagnético vibracional

Las energías de las transiciones electromagnéticas entre dos niveles vibracionales en aproximación de oscilador armónico vienen dadas por:

$$E_{EM(v)} = |\Delta E_v| = \hbar\omega\left(\nu' - \nu''\right) \tag{19.35}$$

donde ν' y ν'' son los números cuánticos vibracionales del nivel con mayor energía y del nivel con menor energía de la transición, respectivamente. Estas transiciones ocurren principalmente a través de la interacción del campo electromagnético con un momento dipolar eléctrico permanente de la molécula (ec. 18.4) que varía a lo largo de la dirección de vibración, $d\mathscr{P}/dR \neq 0$. En las moléculas diatómicas homonucleares, que carecen de momento dipolar eléctrico permanente, no ocurren transiciones vibracionales dipolares, pero sí pueden darse a través de multipolos superiores. En moléculas diatómicas heteronucleares el momento dipolar eléctrico varía a lo largo de la dirección de vibración, que es la del eje internuclear, y en moléculas poliatómicas también puede variar a lo largo de alguna dirección de vibración, incluso si la molécula en equilibrio carece de momento dipolar eléctrico permanente (a través de modos de vibración asimétricos).

La regla de selección asociada a transiciones dipolares eléctricas entre dos niveles vibracionales en la aproximación de oscilador armónico es:

$$\Delta\nu = \nu_f - \nu_i = \pm 1 \tag{19.36}$$

donde ν_f y ν_i son los números cuánticos vibracionales de los niveles final e inicial de la transición, respectivamente (ver demostración al final de este apartado). Aplicando esta regla, las energías de las transiciones dipolares eléctricas puramente vibracionales, en las que $\nu' = \nu'' + 1$ (ya que deben diferenciarse en una unidad y ν', por definición, está asociado al nivel de mayor energía), resultan:

$$E_{EM(v)} = \hbar\omega \tag{19.37}$$

De esta expresión, que no depende del número cuántico ν' o ν'', se deduce que todas las transiciones dipolares vibracionales en aproximación de oscilador armónico tienen la misma energía electromagnética (coinciden en el mismo punto del espectro), y que la frecuencia de la radiación ($\omega_{EM} = E_{EM(v)}/\hbar$) coincide con la frecuencia de vibración de la molécula ω (figura 19.4). La radiación electromagnética asociada a estas transiciones, con energía $E_{EM(v)} \sim 0{,}1$ eV, se sitúa típicamente en la región infrarroja.

De manera análoga al caso rotacional, existe un espectro Raman asociado a transiciones entre niveles vibracionales, que se produce en procesos de dispersión de fotones en los que se induce un momento dipolar eléctrico instantáneo en la molécula, aunque el permanente sea cero.

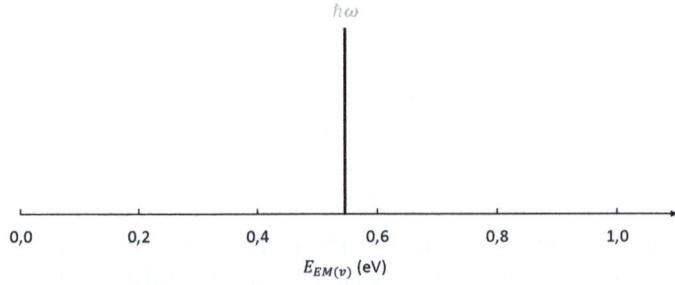

Figura 19.4. Espectro electromagnético vibracional dipolar eléctrico en aproximación de oscilador armónico. Se indica la energía $\hbar\omega$ común a todas las transiciones.

Espectro electromagnético vibro-rotacional

Las transiciones vibracionales conllevan necesariamente un cambio de nivel rotacional, ya que el inicial y el final pertenecen a bandas rotacionales basadas en dos niveles vibracionales distintos. Por esa razón, desde el punto de vista experimental es más relevante el espectro electromagnético vibro-rotacional, que implica a la vez cambio de nivel vibracional y de nivel rotacional, y cuyas transiciones tienen energías:

$$E_{EM(vr)} = |\Delta E_v + \Delta E_r| = \hbar\omega\,(\nu' - \nu'') + B_{\nu'}J'(J'+1) - B_{\nu''}J''(J''+1)$$

$$(19.38)$$

donde $B_{\nu'}$ y $B_{\nu''}$ son las constantes rotacionales en los niveles vibracionales con ν' y con ν'', respectivamente, cuyos valores son en general diferentes, pero que en aproximación de rotor rígido se consideran iguales ($B_{\nu'} = B_{\nu''} = B$). El número cuántico rotacional J' corresponde al nivel de mayor energía en la transición, que en este caso pertenece a la banda rotacional basada en el nivel vibracional de mayor energía, con número cuántico vibracional ν'. Así, en este espectro se pueden dar transiciones con $J' < J''$, ya que los niveles rotacionales basados en el nivel vibracional ν' tienen todos mayor energía que los basados en el nivel vibracional ν''; en cambio, en las transiciones puramente rotacionales se tiene necesariamente $J' > J''$.

Las reglas de selección dipolares eléctricas más habituales en transiciones vibro-rotacionales son:

$$\Delta J = J_f - J_i = \pm 1 \qquad (19.39)$$

$$\Delta \nu = \nu_f - \nu_i = \pm 1 \qquad (19.40)$$

Aplicando estas reglas a la ec. 19.38, en aproximaciones de rotor rígido y de oscilador armónico, resultan dos tipos de transiciones vibro-rotacionales (figura 19.5):

- Transiciones de la *rama R*, cuando $J' = J'' + 1$ (con $J'' = \{0, 1, 2, ...\}$), simbolizadas como $R(J'')$ y cuyas energías son:

$$E_{EM(vr[R])} = \hbar\omega + 2B(J''+1) \qquad (19.41)$$

- Transiciones de la *rama P*, cuando $J' = J'' - 1$ (con $J'' = \{1, 2, 3, ...\}$), simbolizadas como $P(J'')$ y cuyas energías son:

$$E_{EM(vr[P])} = \hbar\omega - 2BJ'' \qquad (19.42)$$

En niveles electrónicos con $\Lambda \neq 0$ (de tipo Π, Δ, etc.) de moléculas diatómicas o en moléculas poliatómicas, las transiciones dipolares eléctricas pueden cumplir también $\Delta J = 0$ (sin $0 \rightarrow 0$), es decir $J' = J''$ (con $J'' = \{1, 2, 3, ...\}$), donde este número cuántico corresponde en realidad al acoplamiento del momento angular de rotación molecular con el momento angular electrónico (orbital y/o de espín) en la dirección del eje internuclear. Estas transiciones constituyen la *rama Q*, se simbolizan como $Q(J'')$ y sus energías son $E_{EM(vr[Q])} = \hbar\omega$ (independientes de J''), de manera que todas las transiciones tienen la misma energía y por tanto se superponen en el mismo punto del espectro (figura 19.5).

En resumen, en las aproximaciones de oscilador armónico y de rotor rígido las transiciones del espectro electromagnético vibro-rotacional dipolar eléctrico (figura 19.6) están equiespaciadas en energía en las ramas R y P por el doble de la constante rotacional, $2B$. Ambas ramas están separadas en energía por el cuádruple de la constante rotacional, $4B$. El punto medio de esa separación entre ramas,

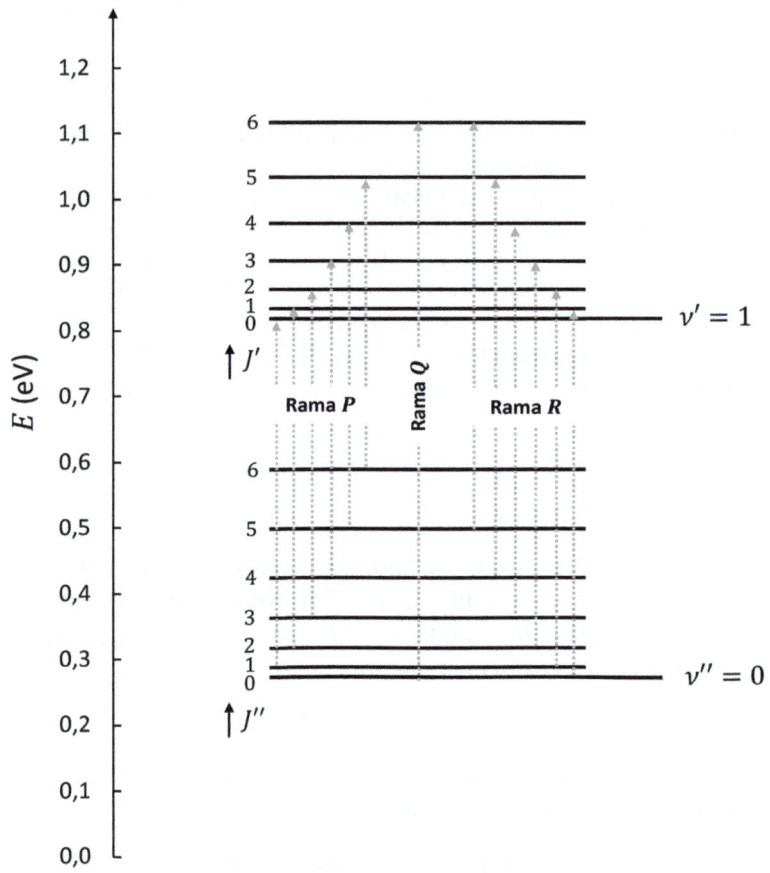

Figura 19.5. Transiciones dipolares eléctricas entre niveles rotacionales (en aproximación de rotor rígido) pertenecientes a bandas basadas en dos niveles vibracionales contiguos (en aproximación de oscilador armónico), que constituyen el espectro electromagnético vibro-rotacional. Se indican las ramas a las que pertenecen las transiciones, P, R o Q, y los números cuánticos rotacionales J y vibracionales ν, con prima en los niveles de mayor energía y con doble prima en los niveles de menor energía.

denominado *origen de banda*, coincide con la energía del cuanto de vibración de la molécula, $\hbar\omega$, donde no aparece ninguna transición (o bien se concentra la rama Q en las moléculas en las que es posible).

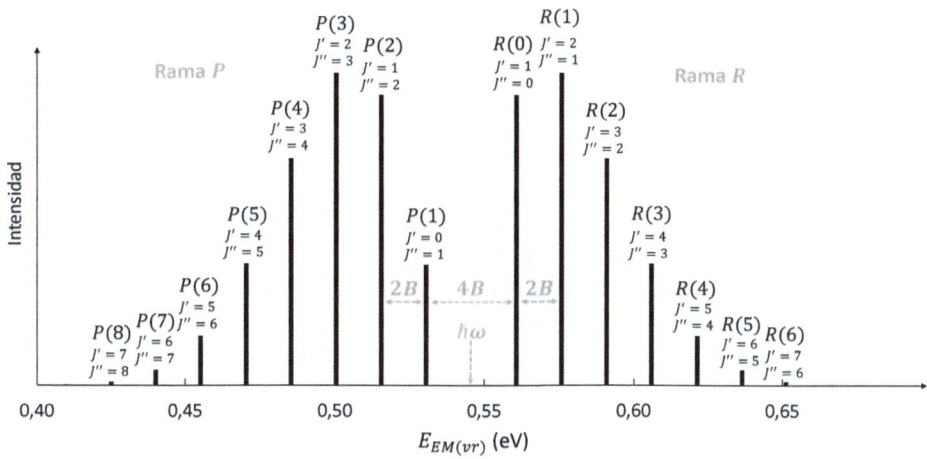

Figura 19.6. Espectro electromagnético vibro-rotacional dipolar eléctrico en aproximación de oscilador armónico y de rotor rígido. El eje vertical muestra la intensidad de las transiciones para una cierta temperatura del gas (ec. 19.29). Se indican los números cuánticos rotacionales J de los dos niveles conectados por cada transición, con prima para el nivel de mayor energía y con doble prima para el nivel de menor energía (ver figura 19.5), y la notación de las transiciones en cada rama, $R(J'')$ o $P(J'')$. También se indican las separaciones energéticas $2B$ entre las transiciones y $4B$ entre las dos ramas y la energía $\hbar\omega$ en la que se sitúa el origen de banda.

Ejemplo: Obtención de las constantes espectroscópicas de una molécula diatómica a partir de su espectro electromagnético

En el espectro electromagnético del gas de monóxido de carbono, CO, se observan líneas en las siguientes frecuencias (en cm^{-1}): $f_{EM(1)} = 2134{,}63$, $f_{EM(2)} = 2138{,}46$, $f_{EM(3)} = 2146{,}16$, $f_{EM(4)} = 2150{,}03$ y $f_{EM(5)} = 2153{,}94$. Con estos datos pueden deducirse algunas constantes espectroscópicas de la molécula CO.

Los valores de las frecuencias $f_{EM(i)}$ en cm^{-1} coinciden con los valores de las energías $E_{EM(i)}$ en las mismas unidades. Las diferencias entre las frecuencias o energías de las transiciones consecutivas en cm^{-1} son: $f_{EM(5)} - f_{EM(4)} = 3{,}91$, $f_{EM(4)} - f_{EM(3)} = 3{,}87$, $f_{EM(3)} - f_{EM(2)} = 7{,}70$ y $f_{EM(2)} - f_{EM(1)} = 3{,}83$. Se observa que entre $f_{EM(3)}$ y $f_{EM(2)}$ hay aproximadamente el doble de separación que entre las otras frecuencias consecutivas, de lo que se deduce que se trata de un espectro vibro-rotacional (como el de la figura 19.6) con origen de banda en el punto medio de ese intervalo. Con esa información se pueden identificar las transiciones mediante la rama a la que pertenecen (P o R) y el número cuántico rotacional del nivel de menor energía involucrado (J''): $f_{EM(1)}$ es $P(2)$, $f_{EM(2)}$ es $P(1)$, $f_{EM(3)}$ es $R(0)$, $f_{EM(4)}$ es $R(1)$, $f_{EM(5)}$ es $R(2)$.

La diferencia de energía entre dos transiciones consecutivas del espectro en cada una de las ramas es igual al doble de la constante rotacional, $2B$. En este caso las diferencias son en promedio $3{,}86$ cm^{-1}, y por tanto la constante rotacional resulta:

$$B = \frac{3{,}86 \text{ cm}^{-1}}{2} = 1{,}93 \text{ cm}^{-1}$$

y multiplicando por $hc = 1/8065$ eV·cm se obtiene $B = 2{,}4 \cdot 10^{-4}$ eV. También se pueden escoger las energías de las dos transiciones que encierran el origen de banda, cuya diferencia es cuatro veces la constante rotacional.

La energía electromagnética del origen de la banda vibro-rotacional coincide con la energía del cuanto de vibración de la molécula o, de manera equivalente, la frecuencia electromagnética del origen de banda coincide con la frecuencia de vibración de la molécula:

$$f = f_{EM(2)} + \frac{f_{EM(3)} - f_{EM(2)}}{2} = f_{EM(2)} + 2B = 2142{,}31 \text{ cm}^{-1}$$

y multiplicando por $c = 3 \cdot 10^{10}$ cm/s se obtiene $f = 6{,}43 \cdot 10^{13}$ Hz.

Espectro electromagnético electro-vibro-rotacional

Las transiciones entre dos niveles electrónicos suelen involucran también cambios de nivel vibracional y de nivel rotacional, dando lugar a un espectro electromagnético electro-vibro-rotacional, cuyas energías vienen dadas por:

$$E_{EM(evr)} = |\Delta E_e + \Delta E_v + \Delta E_r| = (E'_e - E''_e) + (E'_\nu - E''_\nu) + (E'_r - E''_r) \quad (19.43)$$

que en aproximación de oscilador armónico y de rotor rígido resultan:

$$E_{EM(evr)} = (E_{\Omega'} - E_{\Omega''}) + \left[\hbar\omega_{\Omega'}\left(\nu' + \frac{1}{2}\right) - \hbar\omega_{\Omega''}\left(\nu'' + \frac{1}{2}\right)\right] \quad (19.44)$$
$$+ [B_{\Omega'}J'(J'+1) - B_{\Omega''}J''(J''+1)]$$

donde $\omega_{\Omega'}$ y $\omega_{\Omega''}$ son las frecuencias angulares de vibración y $B_{\Omega'}$ y $B_{\Omega''}$ son las constantes rotacionales en el nivel electrónico de mayor energía ($E_{\Omega'}$) y en el nivel electrónico de menor energía ($E_{\Omega''}$) de la transición, respectivamente. Del mismo modo, los números cuánticos vibracional y rotacional ν' y J' se refieren al nivel de mayor energía y ν'' y J'' se refieren al nivel de menor energía de la transición. La radiación electromagnética asociada a estas transiciones, con energía $E_{EM(evr)} \sim 10$ eV, se sitúa típicamente en la región visible.

En el espectro electromagnético electro-vibro-rotacional aparecen ramas análogas a las del espectro vibro-rotacional (R, P, Q), pero en este caso las dos constantes rotacionales involucradas, $B_{\Omega'}$ y $B_{\Omega''}$, no se pueden considerar aproximadamente iguales, ya que corresponden a niveles electrónicos distintos. Habitualmente se tiene $B_{\Omega'} < B_{\Omega''}$, debido a que la separación internuclear de equilibrio, que es inversamente proporcional a la constante rotacional, suele ser mayor en los niveles electrónicos de mayor energía, $R_{0\Omega'} > R_{0\Omega''}$. A causa de ello, en una de las ramas, habitualmente la rama R, las transiciones sucesivas van reduciendo su separación en energía conforme esta aumenta. En consecuencia, las transiciones se van acumulando conforme se acercan a una cierta energía denominada *cabeza de banda*, a partir de la cual cada transición tiene menor energía que la inmediatamente anterior.

Demostración: Energías de transiciones electro-vibro-rotacionales y origen de la cabeza de banda

En las energías de las transiciones electro-vibro-rotacionales (ecs. 19.43, 19.44) se tiene:

- Para la rama R, en la que $J' = J'' + 1$:

$$E_{EM(evr[R])} = \Delta E_e + \Delta E_v + [B_{\Omega'}(J'' + 1)(J'' + 2) - B_{\Omega''}J''(J'' + 1)]$$
$$= \Delta E_e + \Delta E_v + \left[(B_{\Omega'} + B_{\Omega''})(J'' + 1) + (B_{\Omega'} - B_{\Omega''})(J'' + 1)^2\right]$$

- Para la rama P, en la que $J' = J'' - 1$:

$$E_{EM(evr[P])} = \Delta E_e + \Delta E_v + [B_{\Omega'}J''(J'' - 1) - B_{\Omega''}J''(J'' + 1)]$$
$$= \Delta E_e + \Delta E_v + \left[-(B_{\Omega'} + B_{\Omega''})J'' + (B_{\Omega'} - B_{\Omega''})J''^2\right]$$

- Para la rama Q, en la que $J' = J''$:

$$E_{EM(evr[Q])} = \Delta E_e + \Delta E_v + [B_{\Omega'}J''(J'' + 1) - B_{\Omega''}J''(J'' + 1)]$$
$$= \Delta E_e + \Delta E_v + [(B_{\Omega'} - B_{\Omega''})J''(J'' + 1)]$$

Habitualmente se cumple:

$$R_{0\Omega'} > R_{0\Omega''} \quad \Rightarrow \quad \mathcal{I}' > \mathcal{I}'' \quad \Rightarrow \quad B_{\Omega'} < B_{\Omega''} \quad \Rightarrow \quad (B_{\Omega'} - B_{\Omega''}) < 0$$

Teniendo en cuenta esta condición y que el factor $(J'' + 1)^2$ crece con J'' más deprisa que el factor $J'' + 1$, en la expresión para las energías de la rama R el término entre corchetes decrece conforme aumenta el valor de J'', pasando de un valor positivo cada vez más pequeño a un valor cada vez más negativo. Así, las energías $E_{EM(evr[R])}$ aumentan cada vez más despacio y van acumulándose en un cierto punto del espectro (cabeza de banda), a partir del cual comienzan a reducirse.

Las transiciones electrónicas ocurren principalmente a través de la interacción del campo electromagnético con el momento dipolar eléctrico permanente de la molécula (ec. 18.4), que da lugar a las siguientes reglas de selección dipolares eléctricas:

- Para el espín total: $\Delta S = 0$.
- Para la proyección del momento angular orbital total sobre el eje internuclear en moléculas diatómicas: $\Delta\Lambda = \{0, \pm 1\}$.
- Para el tipo de simetría en moléculas diatómicas homonucleares (con centro de simetría): cambio de gerade a ungerade, o viceversa (apdo. 18.4.2, 18.6); esta regla es la análoga a la de cambio de paridad, o regla de Laporte, en transiciones dipolares atómicas.
- Para el número cuántico rotacional en moléculas diatómicas: $\Delta J = \pm 1$ (si algún nivel electrónico tiene $\Lambda \neq 0$, también $\Delta J = 0$ sin $0 \to 0$).

No existen reglas de selección estrictas para el número cuántico vibracional ν, pero la intensidad de las transiciones viene determinada por los *factores de Franck-Condon*, definidos como el módulo al cuadrado del solapamiento entre las funciones de onda vibracionales inicial y final:

$$F_{FC} = \left| \int \psi_{vf}^*(R)\, \psi_{vi}(R)\, d^3\vec{R} \right|^2 \qquad (19.45)$$

Cuando los niveles electrónicos inicial y final corresponden a distancias internucleares de equilibrio R_0 considerablemente distintas, el solapamiento es habitualmente mayor entre niveles vibracionales con valores de ν' y ν'' muy diferentes. Esto se debe a que cuanto más excitado es un nivel vibracional (mayor valor de ν), mayor es la anchura del potencial (de oscilador o de Morse) que le afecta y por tanto más se extiende su función de onda a lo largo de la coordenada R, lo que permite un mayor solapamiento con funciones de onda vibracionales localizadas a cierta distancia en R, como las que están basadas en un nivel electrónico distinto.

Demostración: Reglas de selección vibracionales y factores de Franck-Condon

El operador de momento dipolar eléctrico (ec. 20.7) puede escribirse como la suma de un término que actúa sobre la parte nuclear y de un término que actúa sobre la parte electrónica de la función de onda molecular:

$$\vec{p} = \vec{p}_N + \vec{p}_e = \sum_k eZ_k\, \vec{R}_k - \sum_i e\, \vec{r}_i$$

donde $\vec{R}_k$ y $\vec{r}_i$ son los vectores posición de todos los núcleos, cada uno con carga eZ_k, y de todos los electrones, cada uno con carga $-e$, respectivamente.

La probabilidad de transición dipolar eléctrica entre dos autoestados electro-vibracionales moleculares $|\psi_e\, \psi_v\rangle$ es proporcional al módulo al cuadrado del elemento de matriz del operador $\vec{p}$, dado por:

$$\langle \psi_{ef}\, \psi_{vf}|\, \vec{p}\, |\psi_{ei}\, \psi_{vi}\rangle = \langle \psi_{ef}\, \psi_{vf}|\, (\vec{p}_N + \vec{p}_e)\, |\psi_{ei}\, \psi_{vi}\rangle$$
$$\approx \langle \psi_{ef}|\psi_{ei}\rangle\, \langle \psi_{vf}|\, \vec{p}_N\, |\psi_{vi}\rangle + \langle \psi_{vf}|\psi_{vi}\rangle\, \langle \psi_{ef}|\, \vec{p}_e\, |\psi_{ei}\rangle$$

donde se ha despreciado la débil dependencia de la parte electrónica con las coordenadas nucleares. La parte nuclear rotacional se puede ignorar en este desarrollo, porque la integral sobre coordenadas angulares de cada componente del momento $\vec{p}$ proporciona simplemente un factor constante, para una pareja dada de niveles rotacionales inicial J_i y final J_f.

En transiciones vibracionales en las que no cambia el nivel electrónico se tiene $\langle \psi_{ef} | \psi_{ei} \rangle = 1$, mientras que los estados vibracionales inicial y final, que son distintos y están basados en el mismo nivel electrónico, son ortogonales, $\langle \psi_{vf} | \psi_{vi} \rangle = 0$, y por tanto el elemento de matriz queda:

$$\langle \psi_{ef}\, \psi_{vf} | \, \vec{p} \, | \psi_{ei}\, \psi_{vi} \rangle = \langle \psi_{vf} | \, \vec{p}_N \, | \psi_{vi} \rangle$$

Expresando este elemento en formalismo de funciones de onda, la integral para la coordenada radial, que contiene el factor R^2 del diferencial de volumen en coordenadas esféricas, resulta:

$$\int \psi_{vf}^*(R) \, \vec{p}_N(R) \, \psi_{vi}(R) \, R^2 \, dR = \int \widehat{\psi}_{vf}^*(R) \, \vec{p}_N(R) \, \widehat{\psi}_{vi}(R) \, dR$$

$$\approx \vec{p}_N(R_0) \int \widehat{\psi}_{vf}^*(R) \, \widehat{\psi}_{vi}(R) \, dR + \left. \frac{d\vec{p}_N}{dR} \right|_{R=R_0} \int \widehat{\psi}_{vf}^*(R) \, (R - R_0) \, \widehat{\psi}_{vi}(R) \, dR$$

que se ha reescrito en términos de las funciones $\widehat{\psi}_v(R) = R\psi_v(R)$, que suelen considerarse de manera aproximada autofunciones de oscilador armónico (ec. 5.39, demostración del apdo. 19.2). En el último paso el operador $\vec{p}_N(R)$ se ha desarrollado en serie de Taylor hasta primer orden en la coordenada radial R en torno a su valor de equilibrio R_0, que es una aproximación adecuada porque en la vibración molecular la variación de la distancia internuclear es normalmente pequeña. La integral del término a orden cero se anula porque las autofunciones de oscilador distintas son ortogonales. En la integral del término a orden uno en R se puede hacer uso de la relación de recurrencia entre polinomios de Hermite (ec. 5.41), de donde se obtiene que si la autofunción de oscilador $\widehat{\psi}_{vi}(R)$ esta asociada al número cuántico vibracional ν_i, entonces el producto $R\,\widehat{\psi}_{vi}(R)$ se puede escribir como combinación lineal de las autofunciones asociadas a los números cuánticos $\nu_i + 1$ y $\nu_i - 1$. Como las autofunciones distintas son ortogonales, la integral del segundo término se anula a menos que $\nu_f = \nu_i + 1$ o $\nu_f = \nu_i - 1$. En conclusión, la regla de selección de este número cuántico para transiciones dipolares eléctricas entre dos niveles vibracionales sin cambio de nivel electrónico es $\Delta\nu = \pm 1$, en aproximación de oscilador armónico.

Por otro lado, en el caso de transiciones electro-vibracionales los estados electrónicos inicial y final son distintos y por tanto ortogonales, $\langle \psi_{ef} | \psi_{ei} \rangle = 0$, de manera que el elemento de matriz queda:

$$\langle \psi_{ef}\, \psi_{vf} | \, \vec{p} \, | \psi_{ei}\, \psi_{vi} \rangle = \langle \psi_{vf} | \psi_{vi} \rangle \, \langle \psi_{ef} | \, \vec{p}_e \, | \psi_{ei} \rangle$$

En este caso los estados vibracionales inicial y final no son ortogonales porque están basados en niveles electrónicos distintos, es decir, son autoestados de pozos de potencial electrónico diferentes. El módulo al cuadrado de su producto escalar es el factor de Franck-Condon:

$$F_{FC} = |\langle \psi_{vf} | \psi_{vi} \rangle|^2 = \left| \int \psi_{vf}^*(R)\, \psi_{vi}(R)\, d^3\vec{R} \right|^2 = \left| 4\pi \int \widehat{\psi}_{vf}^*(R)\, \widehat{\psi}_{vi}(R)\, dR \right|^2$$

Del elemento de matriz electrónico, $\langle \psi_{ef} | \vec{p}_e | \psi_{ei} \rangle$, se deducen las reglas de selección electrónicas para transiciones dipolares eléctricas relativas a los números cuánticos de espín total, S, y de proyección del momento angular orbital total sobre el eje internuclear, Λ.

Ejemplo: Energías de transiciones electro-vibro-rotacionales en la molécula H_2

En un gas de hidrógeno a muy baja temperatura se puede suponer que sus moléculas se encuentran únicamente en los dos primeros niveles rotacionales ($J'' = \{0,1\}$) basados en el nivel vibracional fundamental ($\nu'' = 0$) del nivel electrónico fundamental ($X\,^1\Sigma_g^+$). Obtener las energías absorbidas en las transiciones más probables a los dos primeros niveles vibracionales ($\nu' = \{0,1\}$) del primer nivel electrónico excitado ($B\,^1\Sigma_u^+$), que pertenecen a la banda de Lyman.

Resolución:

El espín acoplado en ambos niveles electrónicos es $S = 0$ (que da la multiplicidad 1 indicada como superíndice a la izquierda en la notación del nivel), de manera que se cumple la regla de selección dipolar para el espín, $\Delta S = 0$. La regla de selección dipolar para el número cuántico rotacional es en este caso $\Delta J = \pm 1$ ($\Delta J = 0$ no es posible porque los niveles electrónicos tienen $\Lambda = 0$), de manera que desde los niveles rotacionales poblados ($J'' = \{0,1\}$) solo se pueden dar las transiciones $J'' = 0 \to J' = 1$, que es la $R(0)$, $J'' = 1 \to J' = 2$, que es la $R(1)$, y $J'' = 1 \to J' = 0$, que es la $P(1)$. En conclusión, las transiciones pedidas, indicadas como $[\nu',\nu'']\rho(J'')$, con $\rho = \{R,P\}$, son: $[0,0]R(0)$, $[0,0]R(1)$, $[0,0]P(1)$, $[1,0]R(0)$, $[1,0]R(1)$, $[1,0]P(1)$.

Las energías de estas transiciones en aproximación de rotor rígido y de oscilador armónico se obtienen de la ec. 19.44 usando los datos de la tabla 19.1 para las energías de los niveles electrónicos E, las frecuencias vibracionales f (equivalentes a $\hbar\omega$ en unidades espectroscópicas) y las constantes rotacionales B. En el nivel electrónico excitado $\Omega' \equiv B\,^1\Sigma_u^+$ se tiene $E_{\Omega'} = 91700{,}0$ cm^{-1}, $f_{\Omega'} = 1358{,}09$ cm^{-1}, $B_{\Omega'} = 20{,}015$ cm^{-1}, y en el nivel electrónico fundamental $\Omega'' \equiv X\,^1\Sigma_g^+$ se tiene $E_{\Omega''} = 0$ cm^{-1}, $f_{\Omega''} = 4401{,}21$ cm^{-1}, $B_{\Omega''} = 60{,}853$ cm^{-1}. Los resultados son:

$$E_{[0,0]R(0)} = (91700{,}0 - 0) + [1358{,}09\,(0 + 1/2) - 4401{,}21\,(0 + 1/2)]$$
$$+ [20{,}015 \cdot 1(1+1) - 60{,}853 \cdot 0(0+1)] = 90218{,}47 \text{ cm}^{-1}$$

$$E_{[0,0]R(1)} = (91700,0 - 0) + [1358,09\,(0 + 1/2) - 4401,21\,(0 + 1/2)]$$
$$+ [20,015 \cdot 2(2 + 1) - 60,853 \cdot 1(1 + 1)] = 90176,83 \text{ cm}^{-1}$$
$$E_{[0,0]P(1)} = (91700,0 - 0) + [1358,09\,(0 + 1/2) - 4401,21\,(0 + 1/2)]$$
$$+ [20,015 \cdot 0(0 + 1) - 60,853 \cdot 1(1 + 1)] = 90056,73 \text{ cm}^{-1}$$
$$E_{[1,0]R(0)} = (91700,0 - 0) + [1358,09\,(1 + 1/2) - 4401,21\,(0 + 1/2)]$$
$$+ [20,015 \cdot 1(1 + 1) - 60,853 \cdot 0(0 + 1)] = 91576,56 \text{ cm}^{-1}$$
$$E_{[1,0]R(1)} = (91700,0 - 0) + [1358,09\,(1 + 1/2) - 4401,21\,(0 + 1/2)]$$
$$+ [20,015 \cdot 2(2 + 1) - 60,853 \cdot 1(1 + 1)] = 91534,91 \text{ cm}^{-1}$$
$$E_{[1,0]P(1)} = (91700,0 - 0) + [1358,09\,(1 + 1/2) - 4401,21\,(0 + 1/2)]$$
$$+ [20,015 \cdot 0(0 + 1) - 60,853 \cdot 1(1 + 1)] = 91414,83 \text{ cm}^{-1}$$

19.5. Desexcitación electrónica

Tras la excitación de una molécula desde su nivel electrónico fundamental a otro nivel electrónico de mayor energía por absorción de un fotón, la desexcitación puede tener lugar mediante diversos mecanismos:

- *Fotodisociación*: se rompe el enlace que mantiene ligada la molécula y los fragmentos resultantes (átomos o moléculas más pequeñas) adquieren energía cinética. Se produce cuando en la transición participa un nivel electrónico disociativo, en el que la curva de potencial electrónico decrece monótonamente con la distancia internuclear, resultando energéticamente favorable que se rompa el enlace y que los fragmentos se separen.
- *Reemisión*: se emite un fotón con la misma energía que el fotón absorbido.
- *Fluorescencia*: se emite un fotón con menor energía que el fotón absorbido. Se puede producir cuando la molécula pierde parte de su energía mediante colisiones con otras, pasando a niveles vibracionales de menor energía, y posteriormente tiene lugar la desexcitación electromagnética a un nivel electrónico inferior.
- *Fosforescencia*: similar a la fluorescencia, pero ocurre en intervalos de tiempo mucho más largos porque la transición tiene lugar a través de un nivel electrónico intermedio metaestable. Se puede producir cuando, tras varias desexcitaciones parciales de la molécula por colisiones, la función de onda del nivel vibracional alcanzado tiene un solapamiento relativamente grande con la de un nivel vibracional de un nivel electrónico excitado con distinto acoplamiento de espín que el inicial (por ejemplo, uno singlete y otro triplete). La desexcitación electromagnética desde este nivel electrónico al fundamental, ambos con acoplamientos de espín distintos, viola la regla de selección de espín $\Delta S = 0$. Sin embargo, esta violación puede darse debido a la interacción espín-órbita y otros efectos relativistas sobre los electrones, aunque es muy poco probable y por tanto la transición tarda más en producirse.

20. Apéndice: relaciones electromagnéticas

Se recogen aquí algunas magnitudes y relaciones electromagnéticas, deducidas mediante argumentos clásicos o semiclásicos, que aparecen en varias de las estructuras de la materia descritas en los capítulos anteriores. Se describen los momentos electromagnéticos de un sistema, su interacción con campos externos, la relación del momento dipolar magnético de una partícula con su momento angular orbital, de espín o total, y el origen de la interacción espín-órbita a partir del campo magnético creado por una carga en movimiento.

20.1. Desarrollo multipolar y momentos electromagnéticos

El potencial electrostático asociado a una distribución finita de carga se puede escribir en forma de *desarrollo multipolar* expresado en coordenadas esféricas como:

$$\Phi(\vec{r}) = \frac{1}{4\pi\epsilon_0} \sum_{l=0}^{\infty} \sum_{m=-l}^{l} \frac{4\pi}{2l+1} \, q_{lm} \, \frac{Y_{lm}(\theta,\varphi)}{r^{l+1}} \tag{20.1}$$

donde $Y_{lm}(\theta,\varphi)$ son armónicos esféricos (ecs. 4.19, 4.22) y q_{lm} son los *momentos multipolares eléctricos* asociados a una distribución de densidad de carga $\rho(\vec{r})$, que en coordenadas esféricas vienen dados por:

$$q_{lm} = \int \rho(\vec{r}\,') \, r'^l \, Y_{lm}^*(\theta',\varphi') \, d^3\vec{r}\,' \tag{20.2}$$

con $m = \{-l, \, -l+1, \, ..., \, l-1, \, l\}$, y cumplen $q_{l\,-m} = (-1)^m \, q_{lm}^*$. El momento con $l = 0$ es el monopolar, los momentos con $l = 1$ son los dipolares, con $l = 2$ son los cuadrupolares, etc.

En mecánica cuántica los momentos multipolares eléctricos son observables, representados por operadores:

$$q_{lm} = e\, r^l\, Y_{lm}^*(\theta,\varphi) \tag{20.3}$$

donde e es la unidad de carga. Se pueden calcular sus valores esperados como $\langle\psi|q_{lm}|\psi\rangle$, donde $|\psi\rangle$ es el vector que representa el estado cuántico del conjunto de cargas del sistema, y el módulo al cuadrado de su representación como función de onda, $|\psi(r,\theta,\varphi)|^2$, equivale a la distribución de densidad de carga en el sistema, en unidades e.

El desarrollo multipolar del potencial electrostático en coordenadas cartesianas es:

$$\Phi(\vec{r}) = \frac{1}{4\pi\epsilon_0}\left[\frac{q}{r} + \frac{\vec{p}\cdot\vec{r}}{r^3} + \frac{1}{2}\sum_{i,j} Q_{ij}\frac{r_i r_j}{r^5} + ...\right] \tag{20.4}$$

donde q es la carga eléctrica, $\vec{p}$ es el vector momento dipolar eléctrico, con componentes:

$$p_i = \int \rho(\vec{r}\,')\, r_i'\, d^3\vec{r}\,' \tag{20.5}$$

y Q_{ij} son las componentes del tensor momento cuadrupolar eléctrico de traza nula:

$$Q_{ij} = \int \rho(\vec{r}\,')\left(3r_i'r_j' - r'^2\,\delta_{i,j}\right) d^3\vec{r}\,' \tag{20.6}$$

donde $i,j = \{x,y,z\}$, con $r_x \equiv x$, $r_y \equiv y$, $r_z \equiv z$.

En mecánica cuántica estos momentos multipolares eléctricos son observables, representados por operadores:

$$p_i = e\, r_i \tag{20.7}$$

$$Q_{ij} = e\left(3r_i r_j - r^2\,\delta_{i,j}\right) \tag{20.8}$$

y sus valores esperados vienen dados por $\langle\psi|p_i|\psi\rangle$ y $\langle\psi|Q_{ij}|\psi\rangle$.

Los momentos en coordenadas esféricas (ec. 20.2) monopolar q_{00}, dipolares q_{1m} y cuadrupolares q_{2m} se relacionan con los momentos en coordenadas cartesianas carga q, dipolares p_i (ec. 20.5) y cuadrupolares Q_{ij} (ec. 20.6) como:

$$q_{00} = \sqrt{\frac{1}{4\pi}}\, q \qquad\qquad q_{20} = \sqrt{\frac{5}{16\pi}}\, Q_{zz}$$

$$q_{10} = \sqrt{\frac{3}{4\pi}}\, p_z \qquad\qquad q_{21} = -\sqrt{\frac{15}{72\pi}}\left(Q_{xz} - iQ_{yz}\right) \tag{20.9}$$

$$q_{11} = -\sqrt{\frac{3}{8\pi}}\left(p_x - ip_y\right) \qquad q_{22} = \sqrt{\frac{15}{288\pi}}\left(Q_{xx} - 2iQ_{xy} - Q_{yy}\right)$$

Cuando un sistema con distribución de carga $\rho(\vec{r})$ se sitúa en un potencial eléctrico externo $\Phi_{ext}(\vec{r})$ la energía electrostática del sistema es:

$$E_E = \int \rho(\vec{r})\,\Phi_{ext}(\vec{r})\,d^3\vec{r} \tag{20.10}$$

El potencial electrostático externo en el entorno de un sistema situado en el origen puede desarrollarse en serie de Taylor como:

$$\Phi_{ext}(\vec{r}) = \Phi_{ext}(0) + \vec{r}\cdot\vec{\nabla}\Phi_{ext}(\vec{r})\Big|_{\vec{r}=0} + \frac{1}{2}\sum_{i,j} r_i r_j \frac{\partial^2\Phi_{ext}(\vec{r})}{\partial r_i \partial r_j}\Big|_{\vec{r}=0} + \dots$$

$$= \Phi_{ext}(0) - \vec{r}\cdot\vec{\mathcal{E}}_{ext}(0) - \frac{1}{6}\sum_{i,j}\left(3 r_i r_j - r^2\delta_{i,j}\right)\frac{\partial\mathcal{E}_{ext\,j}(\vec{r})}{\partial r_i}\Big|_{\vec{r}=0} + \dots \tag{20.11}$$

donde se ha introducido la relación entre el campo eléctrico y el potencial, $\vec{\mathcal{E}}_{ext}(\vec{r}) = -\vec{\nabla}\Phi(\vec{r})_{ext}$, y donde se ha restado el término $(r^2/6)\,\vec{\nabla}\cdot\vec{\mathcal{E}}_{ext}(0)$, que es nulo ya que las fuentes que crean el campo externo se suponen alejadas del sistema y por tanto se cumple $\vec{\nabla}\cdot\vec{\mathcal{E}}_{ext} = 0$. Introduciendo este desarrollo en la ec. 20.10 y teniendo en cuenta las definiciones 20.5 y 20.6, resulta:

$$E_E = q\,\Phi_{ext}(0) - \vec{p}\cdot\vec{\mathcal{E}}_{ext}(0) - \frac{1}{6}\sum_{i,j} Q_{ij}\frac{\partial\mathcal{E}_{ext\,j}(\vec{r})}{\partial r_i}\Big|_{\vec{r}=0} + \dots \tag{20.12}$$

Así, la carga interacciona con el potencial, el momento dipolar con el campo y el momento cuadrupolar con el gradiente del campo. En particular, la energía electrostática de un dipolo eléctrico ideal en $\vec{r} = 0$ en el seno de un campo eléctrico externo viene dada por $E_{E(dip.)} = -\vec{p}\cdot\vec{\mathcal{E}}_{ext}(0)$, que en mecánica cuántica corresponde al hamiltoniano:

$$H_{E(dip.)} = -\vec{p}\cdot\vec{\mathcal{E}}_{ext}(0) \tag{20.13}$$

De manera análoga a la ec. 20.1, el potencial magnetostático escalar asociado a una distribución finita de momentos magnéticos, válido en una región alejada de ellos, se puede escribir en forma de desarrollo multipolar expresado en coordenadas esféricas como:

$$\Theta(\vec{r}) = \frac{\mu_0}{4\pi}\sum_{l=0}^{\infty}\sum_{m=-l}^{l}\frac{4\pi}{2l+1}\,m_{lm}\,\frac{Y_{lm}(\theta,\varphi)}{r^{l+1}} \tag{20.14}$$

donde m_{lm} son los *momentos multipolares magnéticos* asociados a una *distribución de densidad de momento magnético* $\vec{\mathfrak{m}}(\vec{r})$, originada tanto por corrientes de cargas como por espines, que en coordenadas esféricas vienen dados por:

$$m_{lm} = \int \vec{\mathfrak{m}}(\vec{r}\,')\cdot\vec{\nabla}\left[r'^l\,Y_{lm}^*(\theta',\varphi')\right]d^3\vec{r}\,' \tag{20.15}$$

con $m = \{-l, -l + 1, ..., l - 1, l\}$, y cumplen $m_{l-m} = (-1)^m\, m_{lm}^*$. No aparece momento con $l = 0$ (monopolar), y los momentos con $l = 1$ son los dipolares, con $l = 2$ son los cuadrupolares, etc.

En mecánica cuántica los momentos multipolares magnéticos son observables, representados por operadores (ver apdo. 20.2 para el caso del operador momento dipolar magnético). Se pueden calcular sus valores esperados como $\langle \psi | m_{lm} | \psi \rangle$, donde $|\psi\rangle$ es el vector que representa el estado cuántico del conjunto de momentos magnéticos del sistema.

Como en el caso electrostático, el desarrollo multipolar del potencial magnetostático y los momentos magnéticos que contiene se pueden expresar también en coordenadas cartesianas. En particular, los momentos dipolares magnéticos en coordenadas esféricas, m_{1m}, se relacionan con los momentos en coordenadas cartesianas, μ_i, con $i = \{x, y, z\}$, como:

$$m_{10} = \sqrt{\frac{3}{4\pi}}\, \mu_z \qquad\qquad m_{11} = -\sqrt{\frac{3}{8\pi}}\, (\mu_x - i\mu_y) \qquad (20.16)$$

Cuando un sistema con distribución de momento magnético $\vec{\mathfrak{m}}(\vec{r})$ se sitúa en un potencial magnético escalar externo $\Theta_{ext}(\vec{r})$, relacionado con el campo magnético como $\vec{\mathcal{B}}_{ext}(\vec{r}) = -\vec{\nabla}\Theta(\vec{r})_{ext}$, la energía magnetostática del sistema es:

$$E_M = \int \vec{\mathfrak{m}}(\vec{r}) \cdot \vec{\nabla}\Theta_{ext}(\vec{r})\, d^3\vec{r} = -\int \vec{\mathfrak{m}}(\vec{r}) \cdot \vec{\mathcal{B}}_{ext}(\vec{r})\, d^3\vec{r} \qquad (20.17)$$

Introduciendo en esta expresión un desarrollo en serie de Taylor del potencial magnetostático análogo al de la ec. 20.11, o del campo magnético asociado, se obtiene que el momento dipolar interacciona con el campo, el momento cuadrupolar lo hace con el gradiente del campo, etc., como ocurría en la ec. 20.12, aunque en este caso no aparece el monopolo. En particular, la energía magnetostática para un dipolo magnético ideal en $\vec{r} = 0$ en el seno de un campo magnético externo viene dada por $E_{M(dip.)} = -\vec{\mu} \cdot \vec{\mathcal{B}}_{ext}(0)$, que en mecánica cuántica corresponde al hamiltoniano:

$$H_{M(dip.)} = -\vec{\mu} \cdot \vec{\mathcal{B}}_{ext}(0) \qquad (20.18)$$

20.2. Momento dipolar magnético y momento angular

Desde el punto de vista clásico, una partícula de carga e (la del electrón en valor absoluto), velocidad v y masa m que se mueve en una órbita circular de radio r y longitud $2\pi r$ genera una intensidad de corriente dada por la carga dividida entre el tiempo empleado en recorrer la órbita, $I = e/(2\pi r/v)$. El momento dipolar magnético asociado a esa corriente es perpendicular al plano de la órbita y su módulo es el producto de la intensidad I por el área A que encierra:

$$\vec{\mu} = I\, A\, \hat{u} = \frac{e}{2\pi r/v}\, \pi r^2\, \hat{u} = \frac{e\, v\, r}{2}\, \hat{u} = \frac{e}{2m}\, \vec{L} \qquad (20.19)$$

donde se ha introducido el momento angular orbital $\vec{L}$ de la partícula, que para una órbita circular viene dado por $\vec{L} = \vec{r} \times \vec{p} = \vec{r} \times m\vec{v} = mvr\,\hat{u}$, donde $\hat{u}$ es el vector unitario perpendicular al plano de la órbita, es decir, a $\vec{r}$ y a $\vec{p}$.

Para la contribución del espín al momento dipolar magnético de la partícula se emplea una expresión análoga a 20.19, pero remplazando el momento orbital $\vec{L}$ por el momento de espín $\vec{S}$ e introduciendo un factor adicional, denominado *factor g*, que tiene en cuenta el efecto del momento de espín con respecto al del momento orbital, este último análogo al momento angular clásico.

Para partículas elementales con carga Q (en unidades e) la contribución orbital $\vec{\mu}^{(l)}$ y la contribución de espín $\vec{\mu}^{(s)}$ se pueden generalizar como:

$$\vec{\mu}^{(l)} = Q\,\frac{e}{2m}\,\vec{L} \tag{20.20}$$

$$\vec{\mu}^{(s)} = g^{(s)}\,Q\,\frac{e}{2m}\,\vec{S} \tag{20.21}$$

donde, para partículas elementales de espín $1/2$ como el electrón o los quarks, el factor g de espín toma el valor[60] $g^{(s)} = 2$.

En física atómica, molecular y nuclear aparecen a menudo los momentos dipolares magnéticos orbitales y de espín del electrón, del protón y del neutrón, que suelen expresarse de alguna de las siguientes formas generales:

$$\vec{\mu}^{(l)} = g^{(l)}\,\frac{e}{2m}\,\vec{L} = g^{(l)}\,\frac{\mu_\Gamma}{\hbar}\,\vec{L} = \gamma^{(l)}\,\vec{L} \tag{20.22}$$

$$\vec{\mu}^{(s)} = g^{(s)}\,\frac{e}{2m}\,\vec{S} = g^{(s)}\,\frac{\mu_\Gamma}{\hbar}\,\vec{S} = \gamma^{(s)}\,\vec{S} \tag{20.23}$$

donde se ha introducido un factor g orbital por analogía con el de espín. En estas expresiones aparece el *cociente giromagnético* o *razón giromagnética* γ, que es el factor de proporcionalidad directa entre el momento angular y el momento dipolar magnético y viene dado por:

$$\gamma = g\,\frac{e}{2m} = g\,\frac{\mu_\Gamma}{\hbar} \tag{20.24}$$

También se ha introducido el *magnetón* μ_Γ, que suele emplearse como unidad del momento dipolar magnético. Si m es la masa del electrón, se denomina *magnetón de Bohr* (μ_B), y si m es la masa del protón, se denomina *magnetón nuclear* (μ_N). Sus valores en unidades de MeV dividido por Tesla (T) son:

$$\mu_B = \frac{e\hbar}{2m_e} = 5{,}79 \cdot 10^{-11}\ \text{MeV/T} \tag{20.25}$$

$$\mu_N = \frac{e\hbar}{2m_p} = 3{,}15 \cdot 10^{-14}\ \text{MeV/T} \tag{20.26}$$

---

[60] Este valor no tiene en cuenta efectos que surgen en teoría cuántica de campos y que dan lugar al momento magnético anómalo, aunque son pequeños. En el caso del electrón, el valor teniendo en cuenta esos efectos es $g_e^{(s)} = 2{,}00232$.

Los momentos dipolares magnéticos orbital y de espín del electrón son:

$$\vec{\mu}_e^{(l)} = -g_e^{(l)} \frac{e}{2m_e} \vec{L} = -g_e^{(l)} \frac{\mu_B}{\hbar} \vec{L} \tag{20.27}$$

$$\vec{\mu}_e^{(s)} = -g_e^{(s)} \frac{e}{2m_e} \vec{S} = -g_e^{(s)} \frac{\mu_B}{\hbar} \vec{S} \tag{20.28}$$

donde aparece explícitamente el signo negativo de la carga del electrón (ecs. 20.20 y 20.21 con $Q = -1$), ya que así se emplean habitualmente, y donde los factores g orbital y de espín del electrón toman los valores:

$$g_e^{(l)} = 1 \qquad\qquad g_e^{(s)} = 2 \tag{20.29}$$

Los momentos dipolares magnéticos orbital y de espín de protón y neutrón son:

$$\vec{\mu}_{p,n}^{(l)} = g_{p,n}^{(l)} \frac{e}{2m_p} \vec{L} = g_{p,n}^{(l)} \frac{\mu_N}{\hbar} \vec{L} \tag{20.30}$$

$$\vec{\mu}_{p,n}^{(s)} = g_{p,n}^{(s)} \frac{e}{2m_p} \vec{S} = g_{p,n}^{(s)} \frac{\mu_N}{\hbar} \vec{S} \tag{20.31}$$

donde los factores g orbital y de espín de protón y neutrón toman los valores[61]:

$$g_p^{(l)} = 1 \qquad\qquad g_p^{(s)} = 5{,}586 \tag{20.32}$$

$$g_n^{(l)} = 0 \qquad\qquad g_n^{(s)} = -3{,}826 \tag{20.33}$$

El momento dipolar magnético total de una partícula, suma del asociado a su movimiento orbital y del asociado a su espín, es:

$$\vec{\mu} = \vec{\mu}^{(l)} + \vec{\mu}^{(s)} = \left[g^{(l)} \vec{L} + g^{(s)} \vec{S} \right] \frac{\mu_\Gamma}{\hbar} = \left[g^{(l)} \vec{J} + (g^{(s)} - g^{(l)}) \vec{S} \right] \frac{\mu_\Gamma}{\hbar} \tag{20.34}$$

donde $\vec{J} = \vec{L} + \vec{S}$ es el momento angular total. En un sistema donde se conserva $\vec{J}$, los momentos orbital $\vec{L}$ y de espín $\vec{S}$ precesionan en torno a la dirección que define $\vec{J}$, y por tanto sus promedios temporales coinciden con sus proyecciones sobre esa dirección. También se conserva J_z, de manera que m_j es buen número cuántico, aunque m_l y m_s no lo son. En el caso de $\vec{S}$, su proyección sobre la dirección de $\vec{J}$ es:

$$\vec{S}_J = \left(\vec{S} \cdot \frac{\vec{J}}{|\vec{J}|} \right) \frac{\vec{J}}{|\vec{J}|} = \frac{\vec{S} \cdot \vec{J}}{J^2} \vec{J} = \frac{\vec{S} \cdot (\vec{L} + \vec{S})}{J^2} \vec{J} = \frac{\vec{S} \cdot \vec{L} + S^2}{J^2} \vec{J}$$

$$= \frac{\frac{1}{2}(J^2 - L^2 - S^2) + S^2}{J^2} \vec{J} = \frac{J^2 - L^2 + S^2}{2J^2} \vec{J} \tag{20.35}$$

Por tanto, el momento dipolar magnético total (ec. 20.34) promediado en el tiempo, que es el proyectado sobre la dirección de $\vec{J}$, resulta:

$$\vec{\mu}_J = \left[g^{(l)} \vec{J} + (g^{(s)} - g^{(l)}) \vec{S}_J \right] \frac{\mu_\Gamma}{\hbar}$$

---

[61] Los factores g de espín del protón y del neutrón, que son partículas compuestas, dependen de su estructura interna, y pueden estimarse, por ejemplo, usando el vector de estado de estas partículas en el modelo de quarks (ejemplo del apdo. 10.4.).

$$= \left[g^{(l)} + (g^{(s)} - g^{(l)}) \frac{J^2 - L^2 + S^2}{2J^2} \right] \vec{J} \frac{\mu_\Gamma}{\hbar} \qquad (20.36)$$

Su valor esperado en un estado con buenos números cuánticos j y m_j es:

$$\langle \vec{\mu}_J \rangle = \left[g^{(l)} + (g^{(s)} - g^{(l)}) \frac{\langle J^2 \rangle - \langle L^2 \rangle + \langle S^2 \rangle}{2 \langle J^2 \rangle} \right] \langle \vec{J} \rangle \frac{\mu_\Gamma}{\hbar}$$

$$= \left[g^{(l)} + (g^{(s)} - g^{(l)}) \frac{j(j+1) - l(l+1) + s(s+1)}{2\, j(j+1)} \right] \langle \vec{J} \rangle \frac{\mu_\Gamma}{\hbar} \qquad (20.37)$$

El factor entre corchetes, que es similar a un factor g para el momento angular total $\vec{J}$, se denomina *factor de Landé*:

$$g^{(j)} = g^{(l)} + (g^{(s)} - g^{(l)}) \frac{j(j+1) - l(l+1) + s(s+1)}{2\, j(j+1)} \qquad (20.38)$$

De la ec. 20.37 se obtiene para la proyección sobre el eje z del momento dipolar magnético total:

$$\langle \mu_z \rangle = g^{(j)} \langle J_z \rangle \frac{\mu_\Gamma}{\hbar} = g^{(j)} \, m_j \, \mu_\Gamma \qquad (20.39)$$

Esta expresión aparece en la definición de momento dipolar magnético nuclear (apdos. 12.6, 13.3.2), en la que se particulariza para $m_j = j$, y también en el efecto Zeeman atómico (apdo. 15.7).

20.3. Campo magnético e interacción espín-órbita

En un átomo la intensidad del campo eléctrico creado por el núcleo sobre un electrón orbital, con carga $-e$, es:

$$\vec{\mathcal{E}} = \frac{1}{(-e)} \vec{F} = \frac{1}{(-e)} \left(-\frac{dV}{dr} \frac{\vec{r}}{r} \right) = \frac{1}{e} \frac{dV}{dr} \frac{\vec{r}}{r} \qquad (20.40)$$

donde $\vec{r}$ es el vector posición del electrón respecto al núcleo, con módulo r, $\vec{F}$ es la fuerza ejercida sobre el electrón y V es su energía potencial. En el sistema de referencia del electrón, que se mueve con velocidad $\vec{v}$ respecto al núcleo, ese campo eléctrico genera un campo magnético de intensidad[62]:

$$\vec{\mathcal{B}} = -\frac{1}{c^2} \vec{v} \times \vec{\mathcal{E}} = -\frac{1}{c^2} \vec{v} \times \left(\frac{1}{e} \frac{dV}{dr} \frac{\vec{r}}{r} \right)$$

---

[62] En el sistema de referencia del electrón, este se encuentra en reposo y el núcleo orbita a su alrededor. Al tratarse de una carga en movimiento, el núcleo genera un campo magnético en el punto donde se encuentra el electrón. La expresión empleada para ese campo magnético se deduce de la transformación de Lorentz del campo eléctrico creado por el núcleo al pasar al sistema de referencia en el que este se encuentra en movimiento.

$$= - \frac{1}{ec^2} \frac{1}{r} \frac{dV}{dr} \, \vec{v} \times \vec{r} = \frac{1}{emc^2} \frac{1}{r} \frac{dV}{dr} \, \vec{L} \tag{20.41}$$

que se ha expresado en función del momento orbital del electrón, $\vec{L} = \vec{r} \times \vec{p} = -m\vec{v} \times \vec{r}$.

El hamiltoniano de *interacción espín-órbita* (*SO*) surge de la interacción entre el campo magnético asociado al movimiento orbital del electrón (ec. 20.41) y el momento dipolar magnético de espín del electrón (ec. 20.28). A partir de la ec. 20.18 se obtiene:

$$H'_{SO} = - \vec{\mu}_e^{(s)} \cdot \vec{\mathcal{B}} = - \left(-g_e^{(s)} \frac{e}{2m} \, \vec{S} \right) \cdot \left(\frac{1}{emc^2} \frac{1}{r} \frac{dV}{dr} \, \vec{L} \right)$$

$$= \frac{g_e^{(s)}}{2m^2c^2} \frac{1}{r} \frac{dV}{dr} \, \vec{L} \cdot \vec{S} \tag{20.42}$$

Esta expresión se ha obtenido en el sistema de referencia en el que el electrón se encuentra en reposo, que no es inercial porque su movimiento orbital requiere aceleración. Para corregirlo, es necesario introducir un factor adicional $1/2$ que resulta del efecto acumulado de las transformaciones de Lorentz aplicadas para pasar continuamente de un sistema de referencia inercial a otro (precesión de Thomas):

$$H_{SO} = \frac{g_e^{(s)}}{4m^2c^2} \frac{1}{r} \frac{dV}{dr} \, \vec{L} \cdot \vec{S} \tag{20.43}$$

Este resultado, con el factor $1/2$ de Thomas incluido, se puede obtener también en el sistema de referencia en el que el núcleo se encuentra en reposo (sistema de laboratorio). En este sistema la carga nuclear solo crea campo eléctrico, pero el electrón se encuentra en movimiento y su momento dipolar magnético de espín genera un momento dipolar eléctrico que interacciona con el campo eléctrico del núcleo.

En el caso del átomo de hidrógeno, la energía potencial del electrón en el campo creado por el protón es la coulombiana, $V(r) = -\alpha\hbar c/r$, y el campo magnético sobre él, con el factor de Thomas incluido, es:

$$\vec{\mathcal{B}} = \frac{1}{2} \frac{1}{emc^2} \frac{1}{r} \frac{d}{dr} \left(-\alpha\hbar c \frac{1}{r} \right) \vec{L} = \frac{1}{2} \frac{\alpha\hbar}{emc} \frac{1}{r^3} \, \vec{L} \tag{20.44}$$

El hamiltoniano de interacción espín-órbita 20.43 resulta entonces:

$$H_{SO} = \frac{g_e^{(s)}}{4} \frac{\alpha\hbar}{m^2c} \frac{1}{r^3} \, \vec{L} \cdot \vec{S} \tag{20.45}$$

La interacción espín-órbita descrita en este apartado es de origen electromagnético (a nivel más fundamental, surge al incorporar los postulados de la relatividad especial en la mecánica cuántica, ver apdo. 15.2.4), y tiene por tanto un papel relevante en física atómica y molecular. En física nuclear aparece una interacción análoga a esta y con el mismo nombre (ec. 13.3), que es un ingrediente esencial del modelo de capas nuclear, pero su origen no es relativista ni está relacionado con la interacción electromagnética, sino con la interacción nuclear fuerte.

Bibliografía

Se recogen aquí algunas obras de referencia relacionadas con el contenido de este libro, de su mismo nivel o superior. Se organizan en bibliografía general sobre el formalismo de la mecánica cuántica, que en muchos casos también incluyen aplicaciones a algunas estructuras de la materia, bibliografía general sobre estructuras de la materia, bibliografía específica sobre física nuclear y de partículas y bibliografía específica sobre física atómica y molecular. Se indican con [*] los textos que pueden considerarse introductorios y por tanto adecuados para un primer acercamiento a la disciplina (a grandes rasgos, para asignaturas de tercer curso y algunas de cuarto curso de grado), y se indican con [**] los textos más avanzados que tratan los temas con mayor amplitud y profundidad, y que resultan más apropiados para algunas asignaturas de cuarto curso de grado o para postgrado.

Mecánica cuántica

L. Ballentine, *Quantum mechanics: A modern development* (2nd ed.), World Scientific Publishing, 2015. [**]

C. Cohen-Tannoudji, B. Diu, F. Laloë, *Quantum mechanics* (2nd ed.), Vols. I, II, III, Wiley-VCH, 2020. [*] - [**]

R. P. Feynman, R. B. Leighton, M. Sands, *The Feynman lectures on physics. Vol. 3 Quantum mechanics*, Basic Books, 2011. [*]

D. D. Fitts, *Principles of quantum mechanics, as applied to chemistry and chemical physics*, Cambridge University Press, 1999. [*]

S. Gasiorowicz, *Quantum physics* (3rd ed.), John Wiley & Sons, 2003. [*]

D. J. Griffiths, D. F. Schroeter, *Introduction to quantum mechanics* (3rd ed.), Cambridge University Press, 2018. [*]

C. J. Isham, *Lectures on quantum theory*, Imperial College Press, 1995. [**]

E. Merzbacher, *Quantum Mechanics* (3rd ed.), John Wiley & Sons, 1997. [**]

A. Messiah, *Quantum mechanics* (2nd ed.), Dover Publications, 2014. [**]

M. A. Nielsen, I. L. Chuang, *Quantum computation and quantum information*, Cambridge University Press, 2010. [**]

J. Retamosa, *Introducción a la física cuántica*, Alqua, 2004 (sin publicar). [*]

J. J. Sakurai, J. Napolitano, *Modern quantum mechanics* (3rd ed.), Cambridge University Press, 2020. [**]

L. Susskind, A. Friedman, *Quantum mechanics*, Basic Books, 2014. [*]

S. Weinberg, *Lectures on quantum mechanics*, Cambridge University Press, 2013. [**]

F. J. Induráin Muñoz, *Mecánica cuántica*, Ariel, 2003. [*]

B. Zwiebach, *Mastering quantum mechanics: Essentials, theory, and applications*, MIT Press, 2022. [*]

Estructuras de la materia

M. Alonso, E. Finn, *Física Vol. III. Fundamentos cuánticos y estadísticos*, Fondo Educativo Interamericano, 1971. [*]

J. J. Brehm, W. J. Mullin, *Introduction to the structure of matter: A course in modern physics*, John Wiley & Sons, 1989. [*]

R. Eisberg, R. Resnick, *Física cuántica. Átomos, moléculas, sólidos, núcleos y partículas*, Limusa, 2002. [*]

C. Sánchez del Río (coord.), *Física cuántica* (8ª ed.), Pirámide, 2023. [*]

Física nuclear y de partículas

W. N. Cottingham, D. A. Greenwood, *An introduction to nuclear physics* (2nd ed.), Cambridge University Press, 2001. [*]

T. W. Donnelly, J. A. Formaggio, B. R. Holstein, R. G. Milner, B. Surrow, *Foundations of nuclear and particle physics*, Cambridge University Press, 2017. [**]

D. Griffiths, *Introduction to elementary particles* (2nd ed.), Wiley-VCH, 2008. [*]

F. Halzen, A. D. Martin, *Quarks and leptons: An introductory course in modern particle physics*, John Wiley & Sons, 1984. [**]

K. S. Krane, *Introductory nuclear physics*, John Wiley & Sons, 1988. [*]

B. Povh, K. Rith, C. Scholz, F. Zetsche, W. Rodejohann, *Particles and nuclei, an introduction to the physical concepts* (7th ed.), Springer, 1995. [*]

W. S. C. Williams, *Nuclear and particle physics*, Oxford University Press, 1991.[*]

Física atómica y molecular

P. W. Atkins, R. S. Friedman, *Molecular quantum mechanics* (5th ed.), Oxford University Press, 2011. [*]

H. A. Bethe, E. E. Salpeter, *Quantum mechanics of one- and two-electron atoms*, Springer, 1957. [**]

B. H. Bransden, C. J. Joachain, Physics of atoms and molecules (2nd ed.), Pearson, 2006. [**]

G. Herzberg, *Atomic spectra and atomic structure* (2nd ed.), Dover Publications, 2003. [**]

G. Herzberg, *Molecular spectra and molecular structure: I. Spectra of diatomic molecules; II. Infrared and Raman spectra of polyatomic molecules; III. Electronic spectra and electronic structure of polyatomic molecules*, Krieger Publishing Company, 1989. [**]

J. Tennyson, *Astronomical spectroscopy: An introduction to the atomic and molecular physics of astronomical spectroscopy* (3rd ed.), World Scientific, 2019. [*]

G. K. Woodgate, *Elementary atomic structure* (2nd ed.), Oxford University Press, 1983. [**]